U0617208

高等学校电气工程及自动化专业系列教材

电工电子学

（第二版）

主　编　王智忠
副主编　杨章勇
主　审　蒋　军

西安电子科技大学出版社

内 容 简 介

本书涵盖了电工电子学的基本内容，共分为15章，主要包括电路模型和电路定律、线性电阻电路的分析方法、正弦交流电路、动态电路的时域分析、磁路与铁心线圈电路、交流电动机、电气控制系统、工业企业供配电与安全用电、半导体二极管和晶体管、基本放大电路、集成运算放大器及其应用、直流稳压电源、数字电路基础、组合逻辑电路、触发器和时序逻辑电路等内容，附录中介绍了仿真软件EWB在电工电子学中的应用等。每章后都有习题，并于书末附有部分参考答案。

本书可作为高等院校非电类各本科专业的教材，也可供有关技术人员参考。

图书在版编目(CIP)数据

电工电子学/王智忠主编. —2版. —西安：西安电子科技大学出版社，2017.11(2024.1重印)
ISBN 978-7-5606-4713-5

Ⅰ. ①电… Ⅱ. ①王… Ⅲ. ①电工 ②电工学 Ⅳ. ①TM ②TN01

中国版本图书馆CIP数据核字(2017)第244109号

策　　划　秦志峰
责任编辑　秦志峰
出版发行　西安电子科技大学出版社(西安市太白南路2号)
电　　话　(029)88202421　88201467　邮　　编　710071
网　　址　www.xduph.com　电子邮箱　xdupfxb001@163.com
经　　销　新华书店
印刷单位　陕西天意印务有限责任公司
版　　次　2017年11月第2版　2024年1月第7次印刷
开　　本　787毫米×1092毫米　1/16　印张　25
字　　数　592千字
定　　价　59.00元
ISBN 978-7-5606-4713-5/TM
XDUP 5005002-7

前　　言

“电工电子学”是我国高等院校非电类各专业学生学习电的基本知识的一门很重要的课程。目前不论强电还是弱电都已普及到我们日常工作和生活的方方面面，作为当代大学生，特别是各非电类专业的学生，都应该掌握一定的电的相关知识，全面提升自身的能力和素质。

本书主要内容包括电路原理、电机学、模拟电路、数字电路等，现有教材多注重知识体系的完整性，但在实际教学过程中，对于不同专业、不同教学学时很难按照教材完全实施，以达到预期的教学目的和效果。本书依据授课对象的不同，以最基本的原理、定理和方法为主导，以应用为目的，精选教学内容，删繁就简，够用为止，以利于学生在有限的时间内尽快掌握课程的精髓。

本书是在第一版教材的基础上，吸取各位同仁及学生们使用后所提出的意见和建议，做了进一步的完善和补充，主要体现在以下几个方面：

(1) 优化了课程内容。非电类专业学生是通过“电工电子学”课程的教学来使他们获得必备的电工与电子技术的基本理论知识，培养他们实际用电技能的。为适应我国经济建设和世界科技产业的迅猛发展，保证“电工电子学”教学能紧跟电子、电力、信息等领域的发展步伐，本书在编写过程中融合了电类学科的5门基础课程，并对教材内容体系进行了调整，减少了同类教材中偏难的部分，以必需、够用为度，略去了一些复杂的数学推导过程。这样全书结构合理，能使学生在有限的课时内学习到更多实用的电学知识。

(2) 注重实用性。书中增加了一些工程实例，使学生能够轻松掌握所学内容，同时培养了学生的工程意识和工程应用能力，因此本书更适用于地方工科院校应用型人才培养的教学要求。

(3) 适用性广泛。本书内容编写系统、全面，适用于机械设计制造及其自动化、材料科学与工程、车辆工程、能源与动力工程等专业，并且根据各学校不同课时的需要进行一定的取舍，即可达到各专业的培养目标。

(4) 体现了新颖性。本书更新了教材内容，紧跟时代步伐，及时引入了计算机仿真软件，使较复杂的电工电子电路硬件设计软件化。

(5) 便于自学。每章都精心挑选出了大量的例题和习题，其中包括一些考研真题，题型丰富，难易程度循序渐进，内容覆盖全书的知识点，学生通过习题的完成，可大大增强学习效果。书后还附有习题参考答案。

基于以上特点，主要从以下几个方面做了修订：

(1) 对一些内容做了调整，删除了原来的第8章电工测量和第16章模拟量与数字量的转换，还有第3章的3.8节非正弦周期电流电路，第4章的4.6节二阶电路内容。

(2) 由于用电安全的重要性，新增加了第8章工业企业供配电与安全用电内容，从而加强学生的用电安全意识。

（3）对书中的错误进行了改正，对课后习题参考答案进行了修正和补充。从而使教材内容结构更加紧凑，而且也照顾了学时上的限制。

陕西理工大学王智忠老师担任本书主编并负责统稿，杨章勇老师担任副主编。第1、2、5～8、13、14章由杨章勇老师编写，其他内容均由王智忠老师编写。

陕西理工大学蒋军教授在百忙之中对全书进行了审定，并提出了修改意见，在本书的编写过程中，单位同事和领导给予了大力支持，西安电子科技大学出版社的编辑也给予了热情的帮助，在此向他们表示衷心的感谢。在编写过程中参考了一些优秀教材，也向这些作者表示谢意。

由于编者水平有限，书中难免还有疏漏之处，敬请广大读者批评指正。

编　者

2017年8月

第一版前言

“电工电子学”课程是高等院校非电类各专业重要的一门专业技术基础课程，通过学习使学生能够掌握电路分析原理、模拟电子技术、数字电子技术、电机及电气控制等方面的基本理论，并获得一定的实践基本技能。随着现代科学技术的迅速发展和高等教育改革的不断深入，当今信息社会对人才素质的要求越来越高，使得“电工电子学”这门重要的技术基础课日益体现出其应用和推广的价值，也为该课程与不同专业学科领域的技术相互融合奠定了基础。我们编写此书的目的就是为了密切配合高等院校素质教育计划，努力提高教育质量，深化课程改革，注重内涵建设，着力于提高学生的综合素质。

本书在编写过程中力求适用、通俗易懂，以必需够用为度，略去了一些复杂的数学推导过程。本书介绍了电路的基本概念和定律、直流电阻电路的分析方法、正弦交流电路、动态电路的时域分析、磁路和铁心线圈、交流电动机、电气控制系统、电工测量、半导体二极管和晶体管、基本放大电路、集成运算放大器及应用、直流稳压电源、逻辑代数与集成门电路、组合逻辑电路、触发器和时序逻辑电路、模拟量和数字量之间的转换等内容，还简要介绍了仿真软件 EWB 的应用。

本书的参考课时为 90 课时。但由于非电类专业甚多，各专业对本课程的要求不一，学时也不尽相同，为了使教材更具有灵活性，课时少的专业采用此书时，教师可根据专业特点和学时数进行适当取舍，加有 * 的章节可以选择不讲，或供学生自学。考虑到实际教学和自学的需要，每章的后面都给出了一定数量的习题，并附有部分习题的参考答案或提示。

本书由陕西理工学院王智忠老师和杨章勇老师编写。全书由王智忠老师担任主编并负责统稿，杨章勇老师为副主编。各章节的编写具体分工如下：王智忠编写了第 3、4 章，第 9～12 章，第 15、16 章和附录；杨章勇编写了第 1、2 章，第 5～8 章，第 13、14 章。

陕西理工学院蒋军教授在百忙之中对全书进行了认真细致的审定，并提出了许多宝贵的意见和建议；在本书的编写过程中，单位同事和领导给予了极大的帮助；西安电子科技大学出版社的秦志峰编辑为本书的出版给予了热情帮助和大力支持。在此，向以上人员一并表示衷心的感谢。此外，本书编写时参考了许多优秀的教材，在此向这些作者表示感谢。

由于编者水平有限，书中难免有疏漏之处，恳请广大读者批评指正。

编　者

2013 年 4 月

目　录

第 1 章　电路模型和电路定律

电路是电工技术和电子技术的基础，学好电路的基本理论，特别是掌握电路的基本分析方法和基本定理，可对后续所要学习的电子电路、电机电路以及电气控制、电气测量等内容打下坚实的基础。本章主要介绍电路模型和电路定律，主要内容包括电流和电压的参考方向、欧姆定律、电压源和电流源、基尔霍夫定律以及电路中电位的概念与计算。

1.1　电路和电路模型

1.1.1　电路的基本知识

电路是电流流通的闭合路径，是应某种需要而由若干电气元件按一定方式组合起来的整体，主要用来实现能量的传输和转换，或实现信号的传递与处理。

电路的结构形式，按所实现的任务不同而多种多样，但无论是哪种电路，基本上都包括电源、负载和必要的中间环节这三个最基本的组成部分。电源是提供电能的设备，如发电机、干电池、信号源等；负载就是消耗电能的设备，如日光灯、电动机、冰箱、空调、电磁炉等；中间环节通常是一些连接导线、开关、接触器等辅助设备，用来连接电源与负载。

图 1－1 所示为电路分别在强电和弱电中的应用。图 1－1(a)是发电厂的发电机把热能、水能或原子能等转换成电能，通过变压器、传输线等中间设备输送至各用电设备；图 1－1(b)通过话筒把所接收的信号经过变换(放大)和传递，再由扬声器输出。

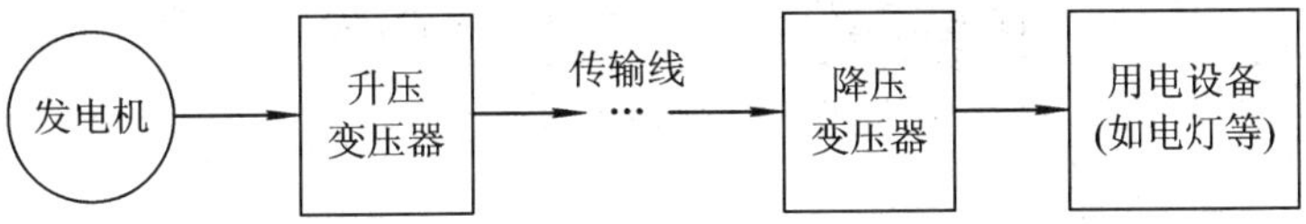

(a) 电力系统

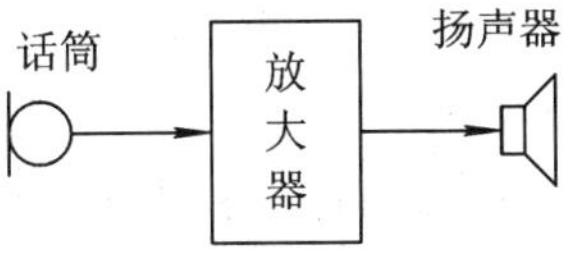

(b) 扩音器

图 1－1　电路在两种典型场合的应用示意图

无论是电能的传输和转换电路，还是信号的传递和处理电路，其中输入端的电源或信号源的电压、电流称为激励，用来推动电路的正常工作；由激励在电路各部分输出端所产生的电压和电流称为响应。分析电路，其实质就是分析激励和响应之间的关系。

1.1.2 电路模型

实际电路都是由一些起不同作用的电路元件或器件所组成的，诸如发电机、变压器、电动机、电池、晶体管以及各种电阻器和电容器等，这些元件或器件的电磁性质较为复杂。最简单的如一个白炽灯，它除了具有消耗电能的性质(电阻性)外，当通有电流时还会产生磁场，这就说明了它还具有电感的性质。但由于白炽灯的电感微小，可以忽略不计，于是可以认为白炽灯就是一个电阻元件。

为了便于对实际电路进行分析和数学描述，可以将实际电路元件理想化(或称模型化)，即在一定的条件下突出其主要的电磁性质，忽略其次要因素，把它近似地看做理想电路元件。由一些理想电路元件所组成的电路，就是实际电路的电路模型。电路模型是对实际电路电磁性质的科学抽象和高度概括。在实际的电路分析中主要有三种最基本的模型元件：只表征将电能转换成热能的电阻元件；只表征电场现象的电容元件；只表征磁场现象的电感元件。每一种理想化元件都有其各自的数学模型并有精确的数学定义。用抽象的理想化元件及其组合近似地替代实际电路，从而构成了与实际电路相应的电路模型，本书后文所提到的电路一般均指电路模型，简称电路。在电路图中，各种电路元件必须用规定的图形符号来表示。

例如，日常生活中所用的手电筒电路就是一个最简单的电路。如图 1-2 所示的电路是由干电池、小灯珠、手电筒壳(连接导体)组成的。干电池是一种电源，对电路提供电能；小灯珠是用电的器件，称为负载；连接导体可使电流构成通路。根据电路模型的定义，可以得到手电筒的电路模型，如图 1-2(b)所示。

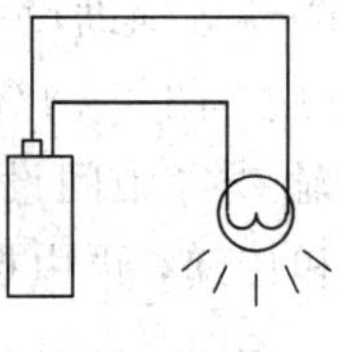
(a) 实际电路

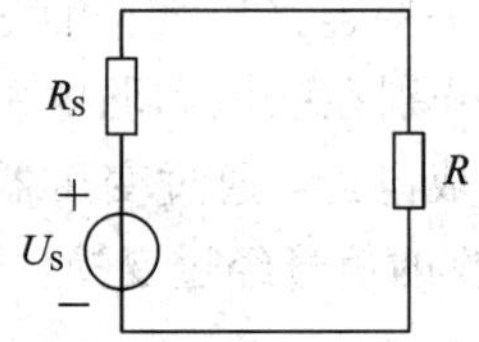

(b) 电路模型

图 1-2　手电筒电路

1.2 电路中的基本物理量

电路中涉及的物理量很多，诸如电荷、磁链、电压、电位、电流、时间、功率、能量等等，但是在电路问题分析中人们最关心的物理量是电流、电压、功率和能量。在具体展开分析、讨论电路问题之前，首先建立并深刻理解与这些物理量有关的基本概念是很重要的。

1.2.1 电流及其参考方向

1. 电流的基本概念

带电粒子或电荷在电场力作用下的定向运动形成电流，其大小用物理量电流来表示。电流在数值上等于单位时间内通过导体横截面的电荷量，即

$$i = \frac{dq}{dt} \tag{1-1}$$

在国际单位制(SI)中，时间 t 的单位是秒(s)，电荷量 q 的单位是库仑(C)，电流 i 的单位是安培(A)，电流的辅助单位还有毫安(mA)、微安(μA)、纳安(nA)等，它们之间的关系为

$$1\ \text{A} = 10^3\ \text{mA} = 10^6\ \mu\text{A} = 10^9\ \text{nA}$$

2. 电流的参考方向

关于电流的方向，人们把正电荷运动的方向规定为电流的实际方向。当负电荷或电子运动时，电流的实际方向就是负电荷运动方向的相反方向。

电流的实际方向是客观存在的，但在分析复杂电路时，很难用实际方向进行分析计算，原因之一是分析计算之前很难事先判定某支路中电流的实际方向，原因之二是当电流是交流量时，电流的实际方向随时间不断变化。解决的方法就是引入参考方向的概念。对于电流这种具有两个可能方向的物理量，可以任意选定一个方向作为某支路电流的参考方向，用箭头表示在电路图上。以此参考方向作为电路计算的依据，计算完毕后，就可以利用电流的正、负值结合电路图上原先指定的电流参考方向来反映电流的实际方向。

对于某一条支路，若在设定的参考方向下计算出 $i>0$，则表明电流的实际方向与设定的参考方向一致；反之，若计算出 $i<0$，则表明电流的实际方向与参考方向相反。图 1-3(a)和(b)表明了参考方向与实际方向的关系，图的上方为参考方向，下方为实际方向。

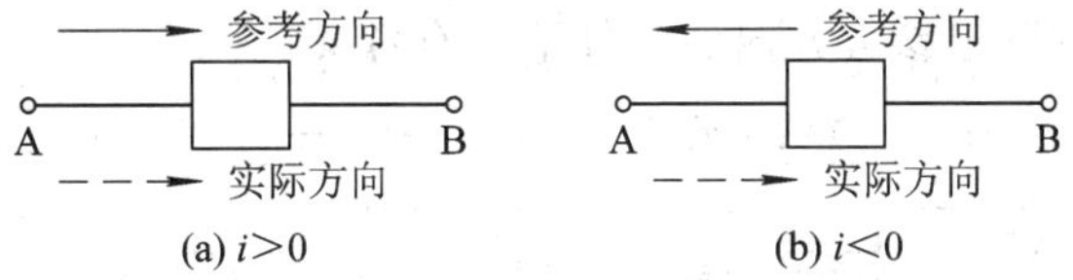

图 1-3　电流的参考方向和实际方向

参考方向一般用箭头(标在连接线旁)表示，也可以用双下标表示，如 i_{AB} 表示参考方向从 A 指向 B，显然，$i_{AB}=-i_{BA}$。

注意：此后在电路图上所标定的全是电流的参考方向，参考方向一经标定，列写方程分析电路时就以该方向为准，在整个计算过程中不能随意改变。电流值的正与负只有在设定参考方向的前提下才有意义。

1.2.2　电压及其参考极性

1. 电压的基本概念

在电路中，如果设正电荷由 a 点移动到 b 点时电场力所作的功为 dw，则 a、b 两点间 a 点到 b 点的电压为

$$u_{ab} = \frac{dw}{dq} \tag{1-2}$$

换句话说，电场力把单位正电荷由 a 点移动到 b 点所作的功在数值上等于 a、b 两点间的电压。如果 $u_{ab}>0$，由式(1-2)可知，当 $dq>0$ 时，$dw>0$，表明这时电场力作正功，作功的结果是正电荷在 a 点具有的电位能 W_a 减去在 b 点的电位能 W_b，差值 W_a-W_b 等于这段电路所具有的能量。若取电场或电路中的任一点为参考点，则由某点 a 到参考点的电压

u_{a0}称为 a 点的电位 V_a，其中电位参考点可以任意选取，工程上常选择大地、设备外壳或接地点作为参考点。参考点电位为零。

电压与电位的关系为：对于同一参考点而言，a、b 两点之间的电压等于这两点之间的电位差，即

$$u_{ab} = V_a - V_b \tag{1-3}$$

参考点选的不同，各点的电位也随之改变，但是不会影响两点之间的电压。在电路分析计算中，参考点一经选定，则不再改变。

在国际单位制(SI)中，能量 W 的单位是焦耳(J)；电荷量 q 的单位是库仑(C)；电压 u 的单位是伏特(V)，它的辅助单位有千伏(kV)、毫伏(mV)、微伏(μV)等，它们之间的关系为

$$1\ \text{kV} = 10^3\ \text{V},\quad 1\ \text{V} = 10^3\ \text{mV},\quad 1\ \text{V} = 10^6\ \mu\text{V}$$

2. 电压的参考方向

电压的实际方向是由高电位点指向低电位点的方向。习惯上把高电位点规定为正极性点，低电位点规定为负极性点。如同讨论电流的方向一样，也引用参考方向的概念。电压的参考方向就是假定的电压方向。如图 1-4 所示，图中方框代表一个元件或一段电路，实线箭头表示电压的参考方向，虚线箭头表示电压的实际方向。在设定的参考方向下，电压为正值时，参考方向与真实方向一致；反之电压为负值时，参考方向与真实极性相反。因此，在参考方向下，电压值的正或负可以反映电压的真实方向。同电流一样，两点间电压数值的正与负，只有在设定参考方向的条件下才有意义。

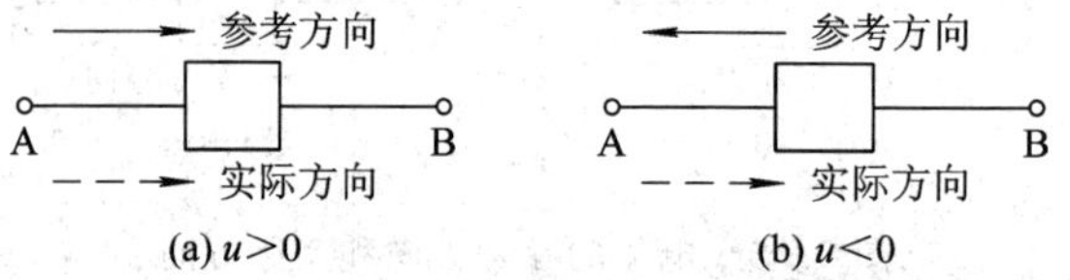

图 1-4　电压的参考方向和实际方向

电压的参考方向也可以用极性符号“+”和“-”标注在电路的两端，表示电压的参考方向为“+”端指向“-”端；也可用双下标表示，如用 u_{AB} 表示参考方向为由 A 指向 B，显然，$u_{AB} = -u_{BA}$。

另外，电动势则是指在电源内部非电场力把单位正电荷由低电位端移动到高电位端所作的功。

一般地讲，同一段电路的电流和电压的参考方向可以各自选定，不必强求一致。但为了分析方便，常选定同一元件的电流参考方向与电压参考方向一致，即电流流动方向和电压降方向一致。这样选择的某一段电路的电压和电流的参考方向，称为关联参考方向，如图 1-5(a)所示；否则，称为非关联参考方向，如图 1-5(b)所示。

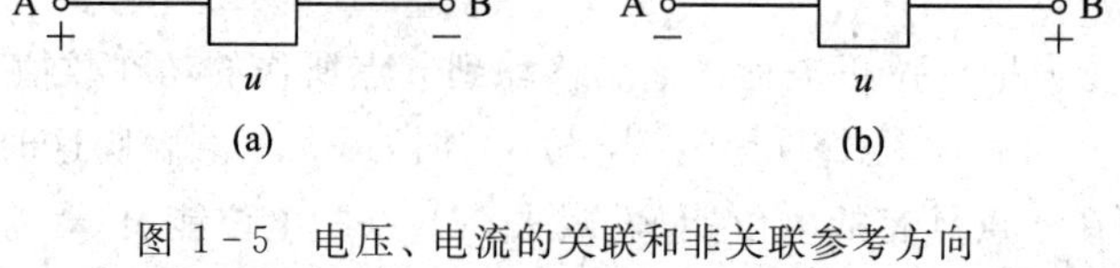

图 1-5　电压、电流的关联和非关联参考方向

1.2.3　功率和能量

在电路的分析和计算中，能量和功率的计算是十分重要的。这是因为电路在工作状况下总伴随有电能与其他形式能量的相互交换；另一方面，电气设备、电路部件本身都有功率的限制，在使用时要注意其电流值或电压值是否超过额定值，过载会使设备或部件损坏，或是不能正常工作。

电功率是电路中能量转换的速率，用符号 p 表示，即

$$p(t)=\frac{\mathrm{d}w}{\mathrm{d}t}=u(t)i(t) \tag{1-4}$$

在国际单位制中，功率的单位是瓦特(W)，能量的单位是焦耳(J)。

对于某元件而言，在元件的电压、电流关联参考方向下，意味着正电荷从电压的“+”极经元件到“−”极，电荷失去能量而元件获得能量。因为电压 u 表示单位电荷从“+”极流向“−”极失去的能量，电流 i 表示单位时间内流经元件的正电荷量，所以，二者的乘积就是元件吸收的功率。图 1-6 中 p 的箭头表示元件吸收的功率。

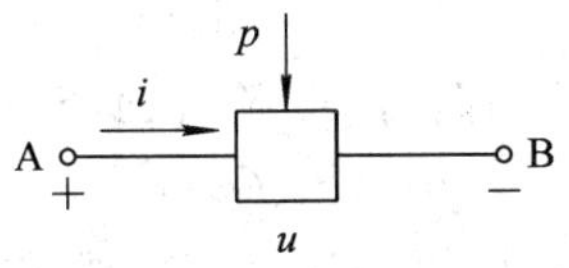

图 1-6　某元件的功率

由此可见，当 u、i 取关联参考方向时，若求得 $p>0$，则电路实际吸收功率；若 $p<0$，则电路吸收负功率，即实际发出功率。当 u、i 取非关联参考方向时，若求得 $p>0$，则电路实际发出功率；若 $p<0$，则电路实际吸收功率。

总之，电路中任一元件的功率等于该元件电压、电流的乘积，而元件实际上是吸收功率还是产生功率，可由电压、电流参考方向的关联性和功率值的正或负两者结合来确定。

另外，能量是功率对时间的积分，在 t_0 至 t 这段时间内电路吸收的能量可由下式来表示：

$$w=\int_{t_0}^{t}p\ \mathrm{d}t=\int_{t_0}^{t}ui\ \mathrm{d}t \tag{1-5}$$

当式(1-5)中 p 的单位为瓦时，能量 w 的单位为焦[耳]，符号为 J，它等于功率为1 W的用电设备在 1 s 内消耗的电能。工程和生活中还常用千瓦时(kW·h)作为电能的单位，1 kW·h 俗称 1 度(电)。

$$1\ \mathrm{kW\cdot h}=10^3\ \mathrm{W}\times 3600\ \mathrm{s}=3.6\times 10^6\ \mathrm{J}=3.6\ \mathrm{MJ}$$

【例 1-1】　图 1-7 所示元件中，$i=-5\ \sin\omega t$ A，$u=10\ \sin\omega t$ V，试求解该元件吸收的功率。

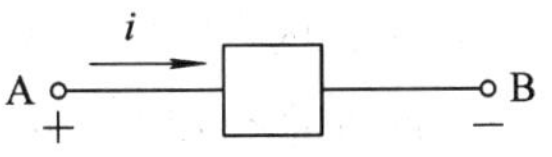

图 1-7　例 1-1 图

解　由于图中元件的电压和电流的参考方向为关联参考方向，则该元件吸收的功率为

$$p=ui=-5\ \sin\omega t\times 10\ \sin\omega t=-50\ \sin^2\omega t\ \mathrm{W}$$

计算结果表明，该元件的功率是随时间变化的，但始终是负值，表示该元件是一个电源元件，并始终是发出功率的。

1.3 欧 姆 定 律

1.3.1 欧姆定律的表达式

电阻器、灯泡、电炉等在一定条件下可以用电阻元件作为其模型。线性电阻元件是这样的理想元件；在电压和电流取关联参考方向下，在任何时刻它两端的电压和电流关系符合欧姆定律，即有

$$u(t)=R\cdot i(t) \tag{1-6}$$

式中，u、i 是电路变量，R 是表征电阻元件上电压、电流关系的参数，称为电阻。在国际单位制中，电阻的单位为欧姆，简称欧(Ω)。因此，字母符号 R 既表示电阻元件，又是电路的参数。

在并联电路计算中，为了计算的方便，还可用另外一个参数——电导来表征电阻元件。电导用符号 G 来表示，它是电阻的倒数，即

$$G=\frac{1}{R} \tag{1-7}$$

在国际单位制中，电导的单位为西门子，简称西(S)。所以欧姆定律还可以表示为

$$i(t)=Gu(t) \tag{1-8}$$

如果电阻元件的电压、电流取非关联参考方向，则欧姆定律应表示为

$$u(t)=-Ri(t) \quad 或 \quad i(t)=-Gu(t) \tag{1-9}$$

因此，应用欧姆定律时必须注意电阻元件的电压、电流参考方向是否关联。

1.3.2 线性电阻的伏安特性曲线

线性电阻元件的图形符号如图 1-8(a)所示，其伏安特性曲线如图 1-8(b)所示，是一条通过坐标原点的直线，其斜率就是元件的电阻 R，即 $R=\tan\alpha$。

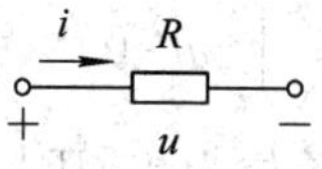

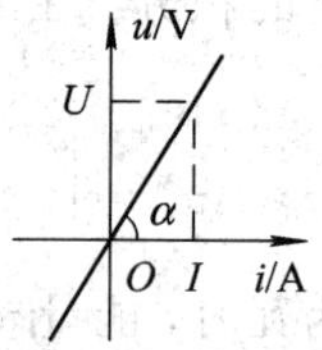

图 1-8 线性电阻元件

另外，电阻元件上的电压、电流在任何瞬间总是同时出现的，与该瞬间以前的电压、电流是无关的，所以电阻元件属于“无记忆”元件或“即时性”元件。

电阻元件在电压、电流的关联参考方向下，任意时刻线性电阻元件吸收的电功率为

$$p(t)=u(t)i(t)=Ri^2(t)=Gu^2(t) \tag{1-10}$$

电阻 R 和电导 G 是正实常数，故 $p\geqslant 0$，任何时刻的功率恒为非负值。这表明任何时刻电阻元件都不可能向外提供电能，它总是吸收电能并全部消耗掉。所以，线性电阻元件不仅是无源元件，还是耗能元件。

【例 1-2】 求一只额定功率为 50 W、额定电压为 220 V 的灯泡的额定电流及其电阻值。

解　由

$$P = UI = \frac{U^2}{R}$$

得

$$I = \frac{P}{U} = \frac{50}{220} = 0.227\ \text{A}$$

$$R = \frac{U^2}{P} = \frac{220^2}{50} = 968\ \Omega$$

线性电阻还有两种值得注意的特殊情况——开路和短路。一个二端元件不论其电压 u 是多大其电流恒等于零，则此电阻元件称为开路(断路)。在 $i-u$ 平面上，其特性曲线的斜率为无限大，即 $R=\infty$。类似地，一个二端电阻元件不论其电流 i 是多大，其电压恒等于零，则此电阻元件称为短路。在 $u-i$ 平面上，特性曲线的斜率为无限大，即 $G=\infty$；在 $i-u$ 平面上，其特性曲线的斜率为零，即 $R=0$。

1.4　电压源和电流源

电路中的耗能元件流过电流时，会不断消耗能量，因此，电路中必须有提供能量的装置，电路中的电源便是这一装置。常用的电源模型有两种，即电压源模型和电流源模型。

1.4.1　独立电压源

此处的“独立”二字是相对于后面将要介绍的受控电源的“受控”二字而言的，简单地讲，所谓独立电源，是指其对外特性由本身的参数决定，而不受外电路控制的电源。

1. 理想电压源

理想电压源是由内部损耗很小，以至于可以忽略的实际电源抽象得到的理想化二端电路元件。如果一个实际电源的输出电压与外接电路无关，即电压源输出电压的大小和方向与流经它的电流无关，也就是说无论接什么样的外电路，输出电压总保持为某一个给定值或某一个时间函数，则该电压源称为理想电压源。如果干电池的内阻为零，则无论外接负载如何，此干电池的端电压总保持为常数，可见内阻可以忽略的干电池就是一个最简单的理想电压源。

图 1-9(a)为理想电压源的电路符号，图 1-9(b)为直流理想电压源及其伏安特性曲线。它是一条与电流轴平行的直线，其纵坐标为直流理想电压源的电压参数 U_S。

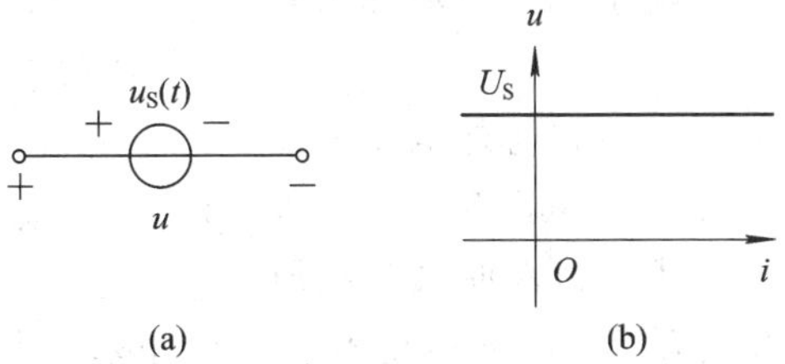

图 1-9　理想电压源及其伏安特性曲线

由理想电压源的特性可知，当它与外电路相接时，流经它的电流及电源的功率由外电路确定。如果它的电压 $U_S=0$，则此电压源的伏安特性曲线与电流轴重合，相当于短路，即电压为零的电压源相当于短路。电压源作为一个电路元件，可以向外电路发出功率，也可以从外电路吸收功率。当其电压、电流采用关联参考方向时，它与其他电路元件一样，满足吸收的功率 $p=ui$。当 $p>0$ 时，电压源实际吸收功率；当 $p<0$ 时，电压源实际对外发出功率。

2. 实际电源的电压源模型

理想电压源实际上是不存在的，不论是干电池还是发电机，在对外提供功率的同时，不可避免地存在内部的功率损耗。也就是说，实际的电源是存在内阻的。以干电池为例，带上负载后，端电压将低于定值电压 U_S，负载电流越大，端电压越低，图 1－10(a)表示实际电源与外电路相接，图 1－10(b)表示其伏安特性。由图 1－10(b)所示的实际电源的对外特性可见，u 是 i 的一次函数，可表示为

$$u = u_S - Ki \tag{1-11}$$

与上述特性曲线及其表达式相应的电路模型如图 1－10(c)所示。可见，实际电源的电压源模型是由理想电压源 u_S 与 $R_S=K$ 的内阻串联组成的。

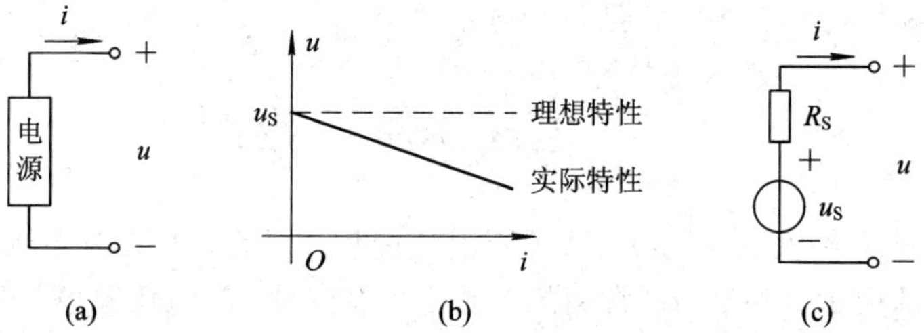

图 1－10 实际电源的电压源模型

1.4.2 独立电流源

1. 理想电流源

理想电流源又称恒流源，也是一个由实际电源抽象而来的理想化二端元件。该元件的电流与它两端的电压无关，总保持为某一给定值或给定的时间函数。光电池可作为一例，光电池的电流只与照度有关而与光电流本身的端电压无关。因此，理想电流源具备两个最基本的特点：一是其电流与外电路无关；二是其端电压可以是任意的，随着它连接的外电路的不同而不同。

图 1－11(a)为理想电流源的电路符号，图 1－11(b)为直流理想电流源的伏安特性曲线。它是一条与电压轴平行的直线，其横坐标为直流理想电流源的电流 I_S。

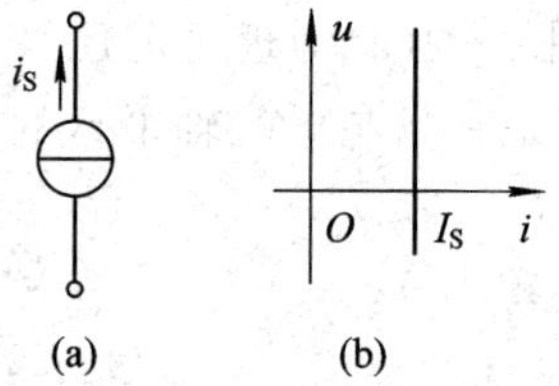

图 1－11 理想电流源及其伏安特性曲线

由理想电流源的特性可知，当它与外电路相接时，其两端电压及电源的功率由外电路确定。如果其电流 $I_S=0$，则此电流源的伏安特性曲线与电压轴重合，相当于开路，即电流为零的电流源相当于开路。电流源作为一个电路元件，当然也有吸收功率和发出功率之分，吸收功率和发出功率的计算与分析方法同电压源。

2. 实际电源的电流源模型

与理想电压源一样，理想电流源实际上也是不存在的，只是实际电源在一定条件下的近似模型。一个测量实际直流电流源外特性的电路及测得的伏安特性曲线如图 1－12(a)和

(b)所示。图中的伏安特性曲线可表示为

$$i = i_S - Gu \tag{1-12}$$

图 1-12(c)为实际电源的电流源模型。它为理想电流源 i_S与内电导 G 的并联。实际电源提供给外电路的电流等于 i_S减去电源内电导上的分流 Gu，内电导越大，分流越大，提供给外电路的电流就越小。当实际电源被短路时，其端电压等于零，内电导 G 上无电流，流经短接线的电流等于 i_S。

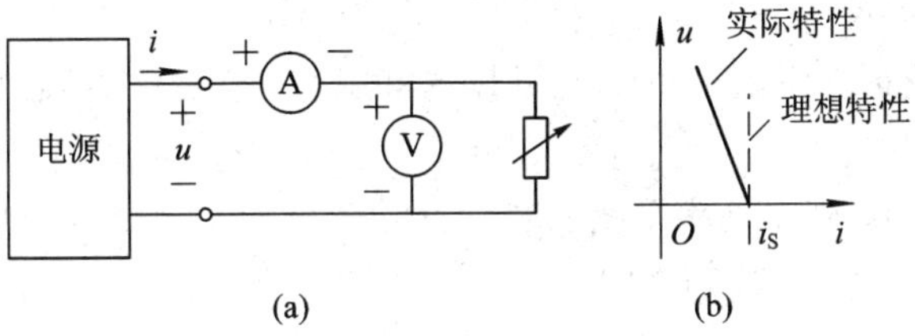

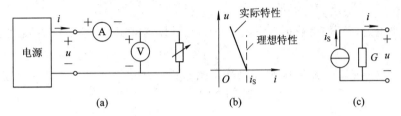

图 1-12　实际电源的电流源模型

【例 1-3】 计算图 1-13 所示电路中 4 Ω 电阻和 10 V 电压源的功率。

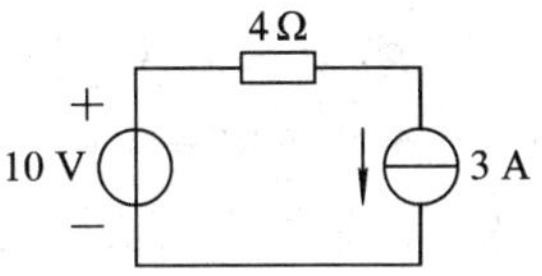

图 1-13　例 1-3 图

解　由理想电流源的特点可知，该电路中的电流为 3 A，所以 4 Ω 电阻吸收的功率为

$$P_1 = 4 \times 3^2 = 36\ \text{W}$$

对于 10 V 电压源而言，因为它的电流与电压是非关联参考方向，所以 10 V 电压源发出的功率为

$$P_2 = 10 \times 3 = 30\ \text{W}$$

1.5　电源的有载工作、开路与短路

电源在电路中的工作状态分为有载工作、开路和短路三种状态。现以最简单的直流电压源为例，分别讨论电源有载工作、开路与短路时的电流、电压和功率。此外，还将讨论几种电路中的概念问题。

1.5.1　电源的有载工作

将图 1-14 中的开关合上，接通电源与负载，这就是电源的有载工作状态。现在来分析它们的电压、电流及功率情况。其中 R 为负载电阻，R_0为电源内阻，E 为电源电动势。

对于图 1-14，利用全电路欧姆定律可求出电路中的电流：

$$I = \frac{E}{R_0 + R} \tag{1-13}$$

则负载两端的电压为

$$U = RI$$

并由上述两式可得出电源的外特性曲线方程为

$$U = E - R_0 I \tag{1-14}$$

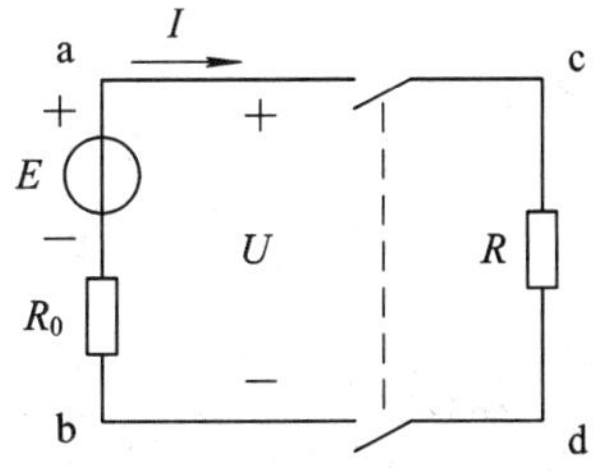

图 1-14　电源有载工作电路示意图

由式(1-14)可见，电源端电压小于电动势，两者之差为电流通过电源内阻所产生的电压降 $R_0 I$。电流愈大，则电源端电压下降得愈多。表示电源端电压 U 与输出电流 I 之间关系的曲线，称为电源的外特性曲线，如图 1-15 所示，其斜率与电源内阻有关。电源内阻一般很小。当 $R_0 \ll R$ 时，则

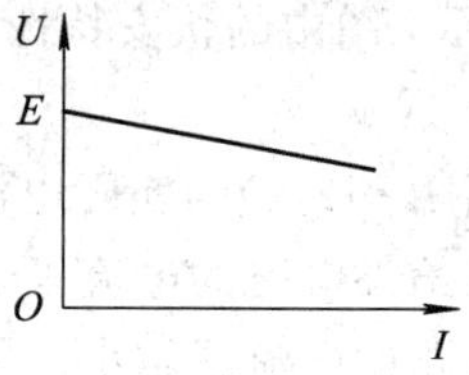

图 1-15　电源的外特性曲线

$$U \approx E$$

上式表明，当电流(负载)变化时，内阻很小的电源其端电压变化不大，这说明它带负载能力较强。

式(1-14)各项乘以电流 I，则得功率平衡式：

$$UI = EI - R_0 I^2 \qquad (1-15)$$

即

$$P = P_E - \Delta P$$

式中，$P_E = EI$ 是电源产生的功率；$\Delta P = R_0 I^2$ 是电源内阻上损耗的功率；$P = UI$ 是电源输出的功率。由此可以看出电源输出的功率取决于负载的大小。

电路中的电气设备及元器件的工作电流、电压和功率等都有其额定值，分别用 I_N、U_N、P_N 表示。当电气设备及元器件工作在额定状态时，称为满载；电流和功率低于额定值的工作状态称为轻载；高于额定值的工作状态称为过载。轻载状态下，设备不能充分发挥正常的效能，而过载又可能引起电气设备的损坏或缩短设备的使用寿命。例如，一个标有 1 W、400 Ω 的电阻，即表示该电阻的阻值为 400 Ω，额定功率为 1 W，由 $P = RI^2$ 的关系可求得它的额定电流为 0.05 A。使用时，若电流值超过额定值 0.05 A，就会使电阻过热，严重时甚至会损坏。因此在使用电气设备时，电压、电流和功率的实际值不一定等于它们的额定值。

【例 1-4】 有一只额定值为 5 W、500 Ω 的线绕电阻，求其额定电流 I_N 和额定电压 U_N 的值。

解

$$I_N = \sqrt{\frac{P_N}{R_N}} = \sqrt{\frac{5}{500}} = 0.1 \text{ A}$$

$$U_N = I_N R_N = 0.1 \times 500 = 50 \text{ V}$$

【例 1-5】 有一 220 V、40 W 的电灯，接在 220 V 的电源上，试求通过电灯的电流和电灯在 220 V 电压下工作时的电阻。如果每天用 4 个小时，则一个月消耗电能多少？(一个月按 30 天计算)

解

$$I = \frac{P}{U} = \frac{40}{220} = 0.182 \text{ A}$$

$$R = \frac{U}{I} = \frac{220}{0.182} = 1209 \text{ }\Omega$$

也可以用 $R = \frac{P}{I^2}$ 或 $R = \frac{U^2}{P}$ 来计算。

一个月的用电量为

$$W = Pt = 40 \text{ W} \times (4 \times 30)\text{h} = 0.04 \times 120 \text{ kW} \cdot \text{h} = 4.8 \text{ kW} \cdot \text{h}$$

1.5.2　电源开路

在图 1－14 中，开关打开，电源与负载断开，电路处于开路状态，也称为空载。

电路开路，相当于电源负载为无穷大，因此电路中电流为零。无电流，则电源内阻没有压降损耗 ΔU，电源的端电压 U 等于电源电动势 E，电源也不输出电能。

所以，电源开路时的特征可表示为

$$\left.\begin{aligned} & I = 0 \\ & U = U_{OC} = E \\ & P = 0 \end{aligned}\right\} \tag{1-16}$$

1.5.3　电源短路

在图 1－14 中，由于某种原因，电源两端被直接连在一起，称电路处于短路状态。

电源短路状态，外电阻可视为零。电源端电压也为零，电流不经过负载，电流回路中仅有很小的电源内阻 R_0，因此回路中的电流很大，这个电流称为短路电流，用 I_{SC}来表示。

所以，电源短路时的特征可表示为

$$\left.\begin{aligned} & U = 0 \\ & I = I_{SC} = \frac{E}{R_0} \\ & P_E = \Delta P = R_0 I^2,\ P = 0 \end{aligned}\right\} \tag{1-17}$$

电源处于短路状态，其危害是很大的，它会使电源或其他电气设备因严重发热而烧毁，因此应积极预防并在电路中增加安全保护措施。造成电源短路的原因主要有绝缘损坏或接线不当，因此在实际工作中要经常检查电气设备和线路的绝缘情况。此外，可在电源侧接入熔断器和自动断路器，当发生短路时，能迅速切断故障电路以防止电气设备的进一步损坏。

在电工电子技术中，为了某种需要，如改变一些参数的大小，可将部分电路或某些元件两端予以短接，这种人为地短接或进行某种短路实验，应该与短路事故相区别。

【例 1－6】　有一电源设备，额定输出功率为 400 W，额定电压为 110 V，电源内阻 R_0 为 1.38 Ω，当负载电阻分别为 50 Ω、10 Ω 和发生短路事故时，试求电源电动势 E 及上述不同负载情况下电源的输出功率。

解　先求电源的额定电流 I_N：

$$I_N = \frac{P_N}{U_N} = \frac{400}{110} = 3.64\ \text{A}$$

再求电源电动势 E：

$$E = U_N + I_N R_0 = 110 + 3.64 \times 1.38 = 115\ \text{V}$$

(1) 当 $R_L = 50\ \Omega$ 时，电路的电流为

$$I = \frac{E}{R_0 + R_L} = \frac{115}{1.38 + 50} = 2.24\ \text{A} < I_N\text{，电源轻载}$$

电源的输出功率为

$$P_{R_L} = UI = R_L I^2 = 50 \times 2.24^2 = 250.88\ \text{W} < P_N\text{，电源轻载}$$

(2) 当 $R_L = 10\ \Omega$ 时，电路的电流为

$$I=\frac{E}{R_0+R_L}=\frac{115}{1.38+10}=10.11\ \text{A}>I_N\text{，电源过载}$$

电源的输出功率为

$$P_{R_L}=UI=R_L I^2=10\times10.11^2=1022.12\ \text{W}>P_N\text{，电源过载}$$

(3) 当电路发生短路时，电源的短路电流为

$$I_{SC}=\frac{E}{R_0}=\frac{115}{1.38}\approx83.33\ \text{A}\approx23I_N$$

如此大的短路电流如不采取保护措施，即迅速切断电源，电源及导线等将会被毁坏。

1.6 受 控 源

前面1.4节所讨论的电源，是不受外电路影响而独立存在的电压源和电流源，因此称它们为独立电源。以下将要介绍的电源，通常称为受控电源，受控电源在诸如晶体管等电子器件的模拟中是必不可少的。

如果某一电源的电压或电流，受电路中其他部分的电压或电流的控制，或者说，该电源的电压或电流随电路中其他部分电压或电流的改变而变动，则称此种类型的电源为受控电源或非独立源，简称为受控源。

如果受控电源的电压或电流，随着电路中控制该电源的电压或电流成正比例变化，则称其为线性受控源。本书只讨论线性受控源。

根据某一线性受控源在电路中自身输出的是电压还是电流，可以将其分为受控电压源或受控电流源。再根据电路中其他部分对该受控源的控制量是电压还是电流，又可以将受控源分为电压控制型和电流控制型。因此，受控源共有以下四种：

- 电压控制电压源(Voltage Controlled Voltage Source，VCVS)
- 电流控制电压源(Current Controlled Voltage Source，CCVS)
- 电压控制电流源(Voltage Controlled Current Source，VCCS)
- 电流控制电流源(Current Controlled Current Source，CCCS)

如图1-16所示，为了与独立电源相区别，图中以菱形符号表示受控源。其中μ、β、γ、g称做受控源的控制系数。当这些系数均为常数时，被控量与控制量成比例，这种受控源就是线性受控源。

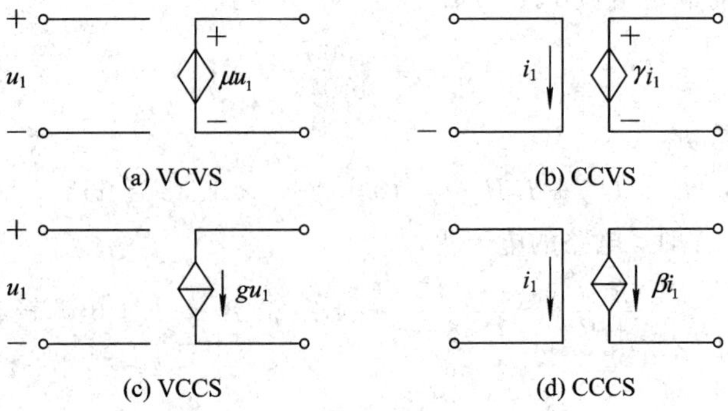

图1-16 受控源的图形及其符号

在同一线性电路中可以同时含有独立电源和受控源，但独立电源在电路中起着“激励”的作用，有了它电路中才会产生电压和电流；而受控源则不同，它的电压和电流是受电路中其他部分的电压或电流控制的。当控制量为零时，被控量也同时为零，它只反映了电路中某处的电压或电流能够控制另一处的电压或电流而已，它不起激励作用。

在电路分析中，对受控源的处理与独立电源并无原则区别，唯一要注意的是，对含有受控源的电路进行简化时，若受控电源还被保留，则不要把受控电源的控制量消除掉。

1.7　基尔霍夫定律

集总电路是由集总元件相互连接而成的，基尔霍夫定律是集总电路的基本定律。为了说明基尔霍夫定律，先介绍几个名词或术语。

（1）支路：电路中每一个二端元件称为一条支路。通常将流经元件的电流和元件的端电压分别称为支路电流和支路电压，它们是集总电路中分析和研究的对象。

（2）节点：电路中三条或三条以上支路的连接点称为节点。由图 1－17 可见，该电路有 5 条支路、3 个节点。

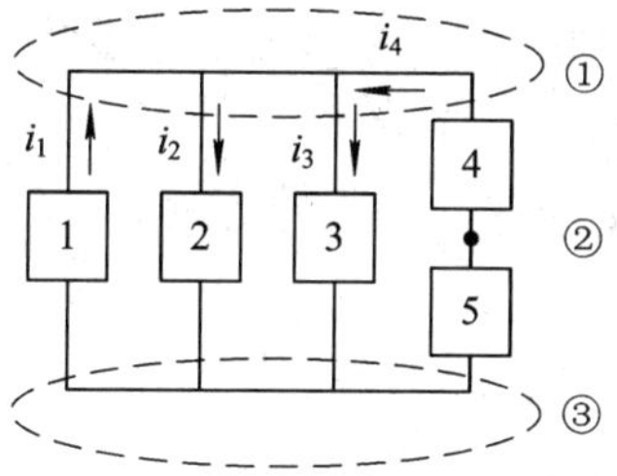

图 1－17　支路、节点和回路

在分析电路时，也可把支路看成是一个具有两个端钮而由多个元件串联而成的组合。例如，把图 1－17 中的元件 4 和 5 作为一条支路，那么连接点②就不能算做节点了。这时，该电路就有 4 条支路、2 个节点。

（3）回路：电路中的任一闭合路径称为回路。在图 1－17 中，元件 1、2，元件 1、4、5，元件 1、3 均构成回路，按回路的定义，该电路共有 6 个回路。

（4）网孔：其内部不包含任何支路的回路称为网孔。在图 1－17 中，元件 1、2 和元件 2、3 均构成网孔，该电路有 3 个网孔。一般把含元件较多的电路称为（电）网络。实际上，电路与（电）网络这两个名词并无明确的区别，一般可以混用。

如果将电路中各支路电流和电压作为变量，则这些变量将受到两类约束。一类是由元件的特性构成的约束，例如，线性电阻元件上的电压与电流为关联参考方向时，必须满足 $u=Ri$ 的关系（VCR），即元件的 VCR 约束，简称元件约束。另一类约束是由于元件的相互连接给支路电流之间或支路电压之间带来的约束，有时称为“几何”约束或“拓扑”约束，这类约束可由基尔霍夫定律确定。两类约束是电路分析的基本依据。

1.7.1　基尔霍夫电流定律（KCL）

基尔霍夫电流定律反映了电路中任一节点上各支路电流间的相互约束关系，具体表述

为：在集总参数电路中，任一时刻，对任何一个节点，所有流出节点的支路电流的代数和恒等于零，即

$$\sum i = 0 \tag{1-18}$$

此处的电流是以连接在该节点上的支路电流的参考方向来判断是流入节点还是流出节点的。如果流出节点，则该条支路的电流取“+”号，否则取“−”号。

以图 1-17 电路为例，对节点①应用 KCL，依据图上所标的各支路电流的参考方向，则有

$$-i_1 + i_2 + i_3 - i_4 = 0 \tag{1-19}$$

式(1-19)又可以写做

$$i_2 + i_3 = i_1 + i_4$$

在这个表示式中，流出节点的电流之和等于流入该节点的电流之和。因此，KCL 也可表述为：在集总参数电路中，任何时刻，对任何一个节点，所有流出节点的支路电流之和等于流入该节点的所有电流之和。

KCL 不仅适用于电路中的某一节点，而且还适用于包含几个节点的闭合面 S，称该闭合面为广义节点。图 1-18 所示电路中，用虚线表示的闭合面 S 包围了 3 个节点，对其中的每个节点写出其 KCL 方程：

$$-i_1 + i_4 - i_6 = 0$$
$$-i_2 - i_4 + i_5 = 0$$
$$-i_3 - i_5 + i_6 = 0$$

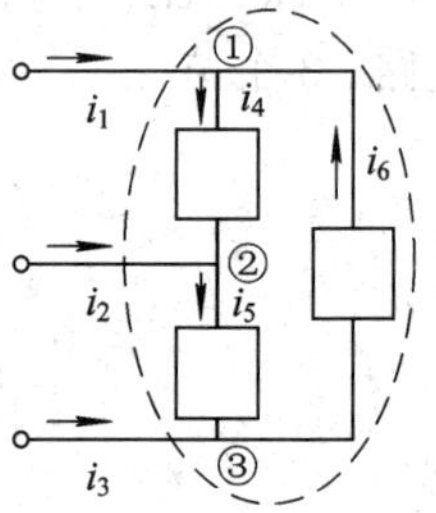

图 1-18　KCL 用图

把以上三式相加，可得

$$-i_1 - i_2 - i_3 = 0$$

该式表明，在集总参数电路中，通过任一闭合面的支路电流的代数和为零。这种假想的闭合面又称为广义节点。这是基尔霍夫电流定律的推广。

基尔霍夫电流定律的实质是电流连续性原理和电荷守恒原理的体现。电荷既不能创造，也不能消失，在任一时刻流入节点的电荷等于流出该节点的电荷。

1.7.2　基尔霍夫电压定律(KVL)

基尔霍夫电压定律反映了电路中任一回路各支路电压间的相互约束关系，具体表述为：在集总参数电路中，任一时刻，沿任何一个回路的所有支路电压的代数和恒等于零，即

$$\sum u = 0 \tag{1-20}$$

在建立 KVL 方程时，首先要选定回路的一个绕行方向，支路电压的参考方向与回路绕行方向一致时取“+”号，支路电压的参考方向与回路绕行方向相反时取“−”号。

图 1-19(a)为电路中的某一回路，假设该回路的绕行方向为顺时针方向，则 KVL 方程为

$$u_1 - u_2 + u_3 - u_4 = 0 \tag{1-21}$$

式(1-21)又可以改写为

$$u_1 + u_3 = u_2 + u_4$$

上式表明，节点 A、C 间的电压是单值的，即不论是沿着支路 1、2 还是沿着支路 3、4 构成的路径，这两个节点间的电压都是同一值，说明电压是与路径无关的。

KVL 不仅适用于闭合回路，也适用于非闭合电路中。例如在图 1－19(b)电路中，A、B 之间是断开的，但是还可对其应用 KVL 建立电路方程：

$$u_{AO} + u_{OB} + u_{BA} = 0$$

即

$$u_{AB} = u_{AO} - u_{BO}$$

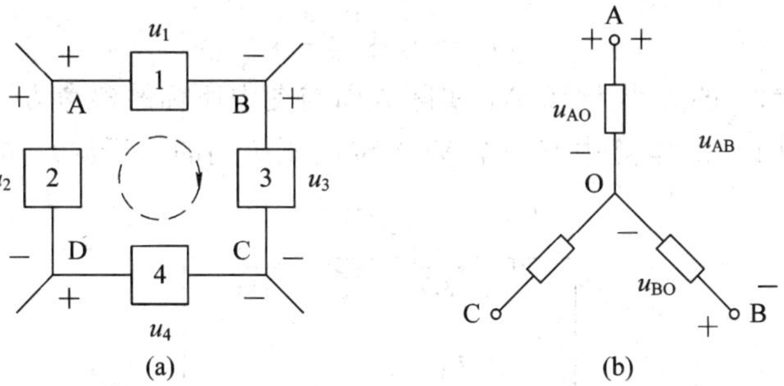

图 1－19　KVL 用图

基尔霍夫电压定律的实质是能量守恒定律在集总参数电路中的体现。从电压变量的定义容易理解 KVL 的正确性。如果单位正电荷从 a 点移动，沿着构成回路的各支路又回到 a 点，相当于求电压 u_{aa}，显然 $u_{aa}=0$，即该正电荷既没有得到能量，也没有失去能量。

【例 1－7】　如图 1－20 所示直流电路中，试求 I_1、I_2、I_3。

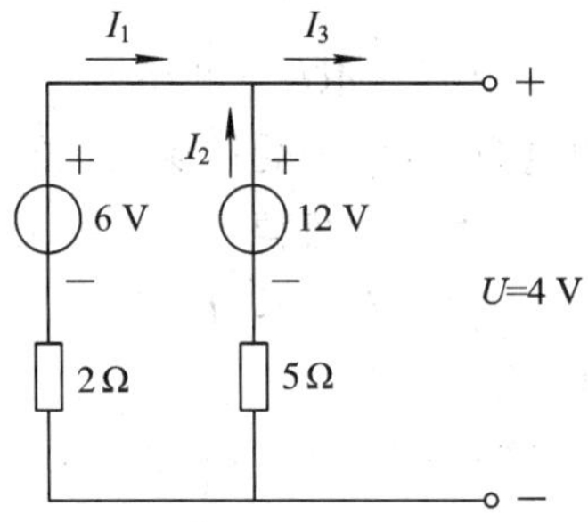

图 1－20　例 1－7 图

解　由右侧支路与 U 构成的假想回路利用 KVL 的推广形式得

$$12 - 5I_2 = 4$$

$$5I_2 = 8,\ I_2 = \frac{8}{5} = 1.6\ \text{A}$$

同样，由左侧支路利用 KVL 得

$$6 - 2I_1 = 4$$

$$I_1 = 1\ \text{A}$$

由 KCL 得知

$$I_3 = I_1 + I_2 = 2.6\ \text{A}$$

【例 1－8】　若图 1－21 电路中的电流 $i_2=3$ A，$i_3=5$ A，$i_4=-2$ A，求 i_1。

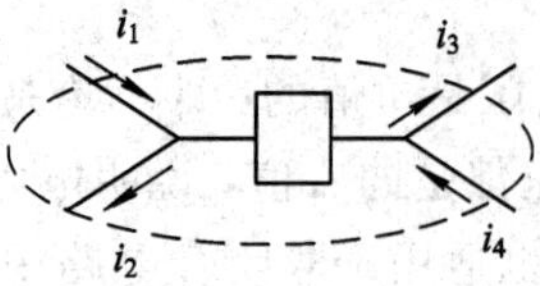

图 1-21 例 1-8 图

解 对图中虚线包围的闭合面，根据广义节点的 KCL，有

$$-i_1+i_2+i_3-i_4=0$$

所以

$$i_1=i_2+i_3-i_4$$

i_1=10 A，表示 i_1 的大小为 10 A，实际方向与图中所标的参考方向相同。

【例 1-9】 图 1-22 电路中有一个 VCVS(电压控制的电压源)，试求电路中的电流 I。

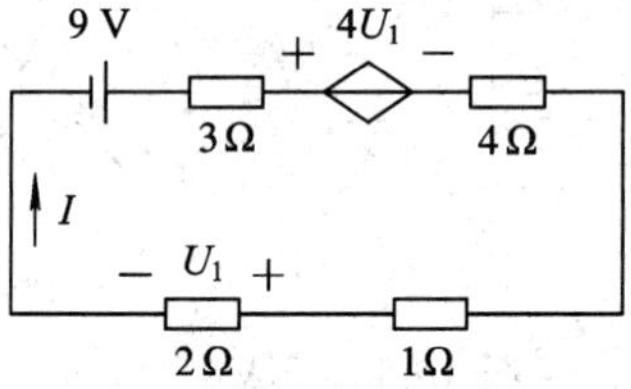

图 1-22 例 1-9 图

解 此电路中含有受控源，首先把它作为独立源看待。根据 KVL，有

$$(3+4+1+2)I+4U_1-9=0$$

即

$$10I+4U_1-9=0$$

可见，方程中多了一个未知量 U_1，U_1 是受控源的控制量，因此，需增加一个反映控制量 U_1 与求解量 I 之间关系的方程，由图中可得

$$U_1=2I$$

把此式代入 KVL 方程式中，有

$$10I+4\times(2I)-9=0$$

$$I=0.5\ \text{A}$$

1.8 电路中电位的概念与计算

我们知道两点间的电压就是两点间的电位差。在介绍某点具体的电位值时，必须以某一点的电位作为参考电位，否则是无意义的。

对电位的描述是这样的：在电路中指定某点作为参考点，规定其电位为零，电路中其他点与参考点之间的电压，称为该点的电位。

参考点可任意指定，但通常选择大地、接地点或电器设备的机壳为参考点，电路分析中常以多条支路的连接点作为参考点。

下面以图 1-23 所示电路为例，学习电路中电位的概念及计算。

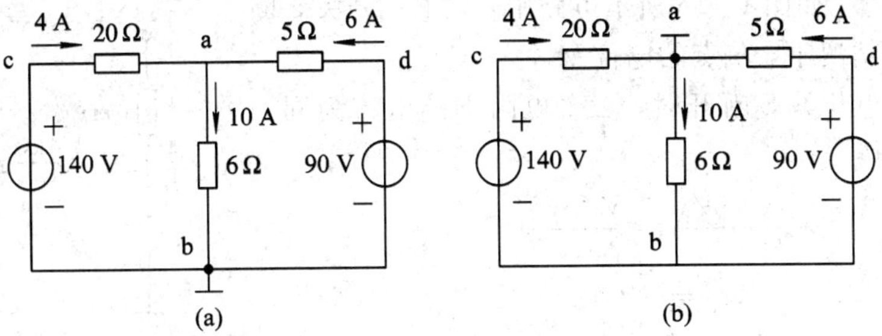

图 1-23　电路举例

在图 1-23(a)所示电路中，选择 b 点电位作为参考电位，则 $V_b=0$ V。

$V_a-V_b=U_{ab}$，则

$$V_a=U_{ab}=6\times 10=60\ \text{V}$$

$V_c-V_b=U_{cb}$，则

$$V_c=U_{cb}=20\times 4+10\times 6=140\ \text{V}$$

$V_d-V_b=U_{db}$，则

$$V_d=U_{db}=5\times 6+10\times 6=90\ \text{V}$$

在图 1-23(b)所示电路中，选择 a 点电位作为参考电位，则 $V_a=0$ V。

同理可得

$$V_b=-60\ \text{V}$$

$$V_c=80\ \text{V}$$

$$V_d=30\ \text{V}$$

从图 1-23(a)和(b)所示的电路可以看出：尽管电路中各点的电位与参考电位的选取有关，但任意两点间的电压值(即电位差)是不变的。图 1-23(a)和(b)所示电路中，a、b、c、d 四个点的电位值随参考点的不同而不同，但 a 点的电位比 b 点高 60 V、比 c 点和 d 点分别高80 V和 30 V，是相同的。

由以上计算结果可得如下结论：

(1) 在电路中不指明参考点而谈论某点的电位是没有意义的。

(2) 参考点选取得不同，电路中各点的电位值随之改变。但是任意两点之间的电位差(如 $U_{ab}=V_a-V_b$)是不变的，与参考点的选取无关，故电位是相对的，电压是绝对的。

电位参考点一旦选定，通常在电路中可不画电源部分，端点标以电压值。如图 1-23(a)电路可简化为图 1-24(a)、(b)所示电路。

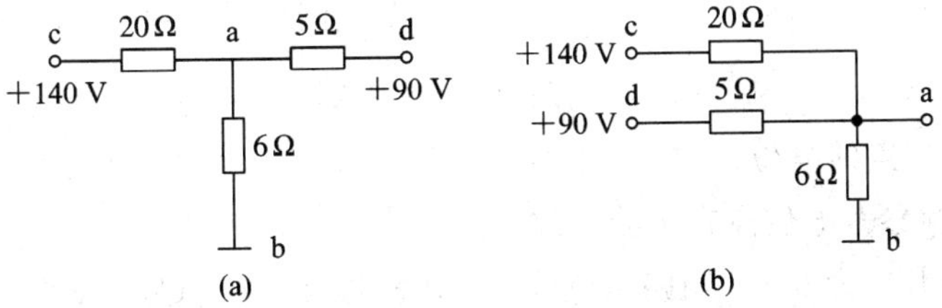

图 1-24　图 1-23(a)的简化电路

【例 1-10】 如图 1-25 所示电路中，试求在开关 S 断开和闭合两种情况下，A 点的电位 V_A。

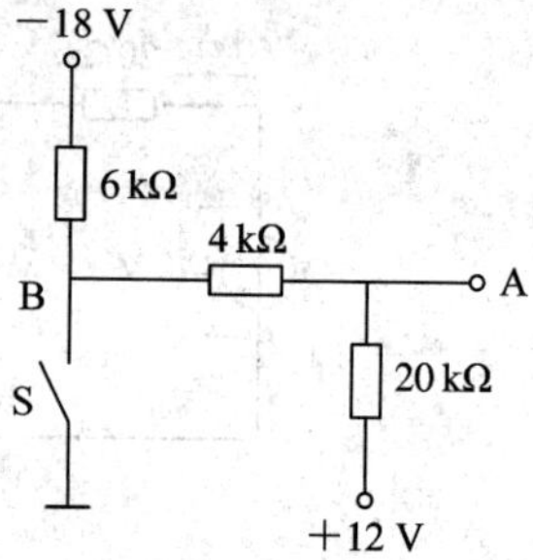

图 1-25　例 1-10 图

解　(1) 当开关 S 断开时，三个电阻中的电流为同一电流，因此可得

$$\frac{-18-V_A}{6+4}=\frac{V_A-12}{20}$$

$$V_A=-8\ \text{V}$$

(2) 当开关 S 闭合时，$V_B=0$ V，这时 4 kΩ 电阻和 20 kΩ 电阻为同一电流，因此可得

$$\frac{V_A}{4}=\frac{12-V_A}{20}$$

$$V_A=2\ \text{V}$$

【例 1-11】 计算图 1-26 所示电路中，A、B、C 各点的电位。

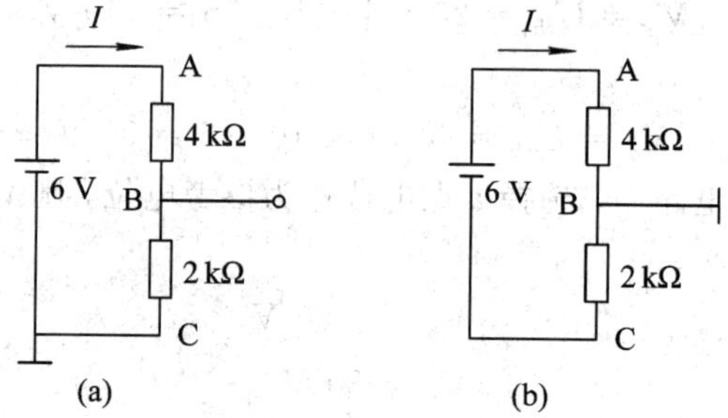

图 1-26　例 1-11 图

解　(1) 求图(a)各点的电位。

图中已给定的参考电位点在 C 点，故 $V_C=0$ V。

由欧姆定律得回路电流为

$$I=\frac{U}{R}=\frac{6}{4+2}=1\ \text{mA}$$

式中，$U=U_{AC}$为电源电压，为 6 V；R 为两个串联电阻之和。因此有

$$U_{AB}=1\times10^{-3}\times4\times10^{3}=4\ \text{V}$$

$$U_{BC}=1\times10^{-3}\times2\times10^{3}=2\ \text{V}$$

所以

$$V_A=U_{AC}=6\ \text{V}$$

$$V_B=U_{BC}=2\ \text{V}$$

(2) 求图(b)各点的电位。

图中已给定的参考电位点在 B 点，故 $V_B=0$ V。

U_{AC}为电源电压，为 6 V；回路电流为 1 mA；$U_{AB}=4$ V，$U_{BC}=2$ V，所以

$$V_A=U_{AB}=4\ \text{V}$$

$$V_C=-U_{BC}=-2\ \text{V}$$

习　题　1

1－1　简述电路中电流、电压假定参考方向的意义。

1－2　有人说“电路中两点之间的电压等于这两点之间的电位之差，因为这两点的电位数值随参考点的不同而改变，所以这两点间的电压值亦随参考点的不同而改变”，你同意他的观点吗？为什么？

1－3　电路如图 1－27 所示，其中电流 $i(t)=10\sin\pi t$ A，试求 $t=0.5$ s、5 s 时电流的瞬时值，并说明对应以上各时刻的电流真实方向。

图 1－27　习题 1－3 图

1－4　写出图 1－28 所示电路中的电压、电流关系式。

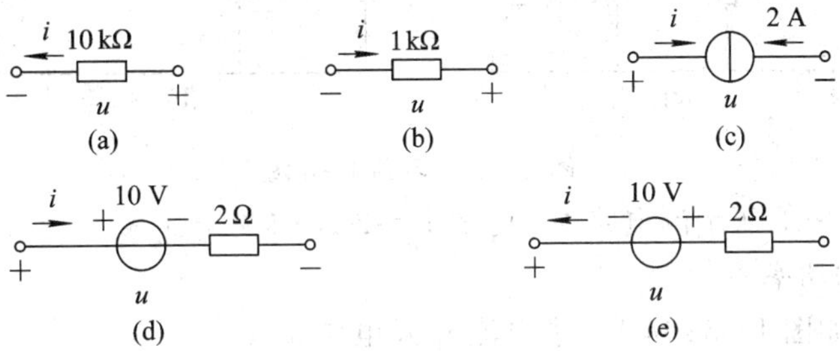

图 1－28　习题 1－4 图

1－5　试求图 1－29 所示电路中电压源、电流源及电阻的功率，并说明是吸收功率还是发出功率。

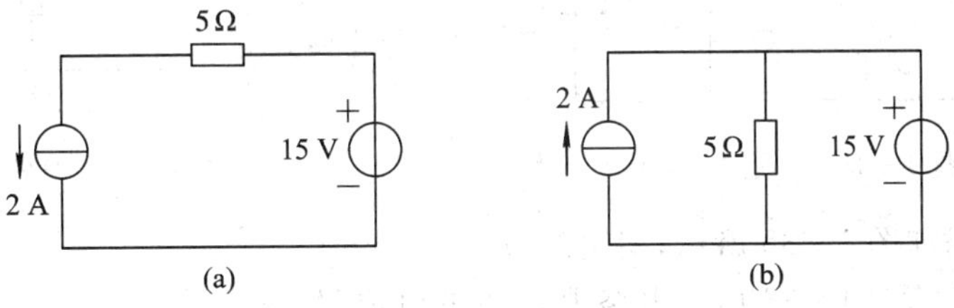

图 1－29　习题 1－5 图

1－6　电路如图 1－30 所示，利用 KCL 和 KVL 求解图中的电流 I。

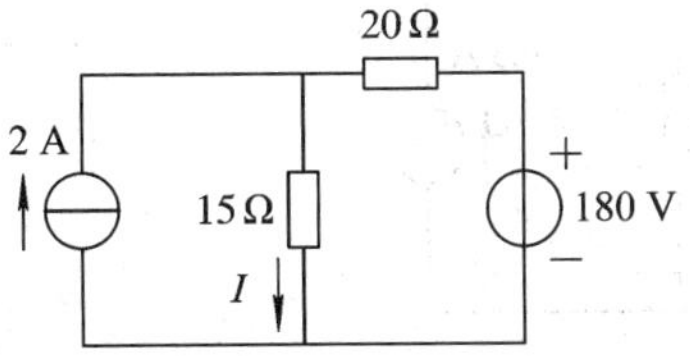

图 1－30　习题 1－6 图

1－7　某元件电压 u 和电流 i 的波形如图 1－31(a)、(b)所示，其中 u 和 i 为关联参考方向，试绘出该元件吸收功率 $p(t)$的波形，并计算该元件从 $t=0$ 至 $t=2$ s 期间所吸收的能量。

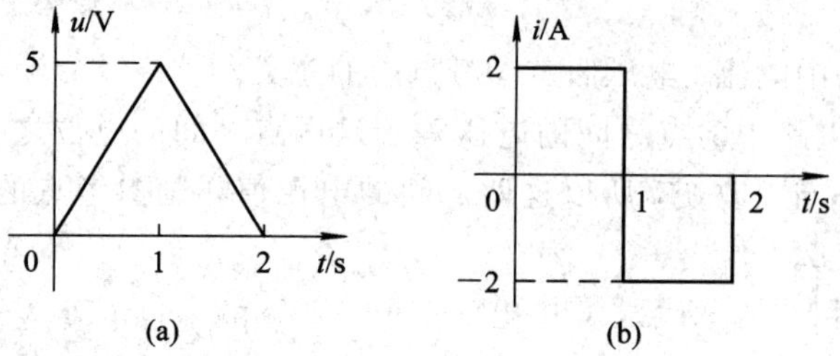

图 1-31　习题 1-7 图

1-8　电路如图 1-32 所示，求图(a)中的 I 和图(b)中的 U。

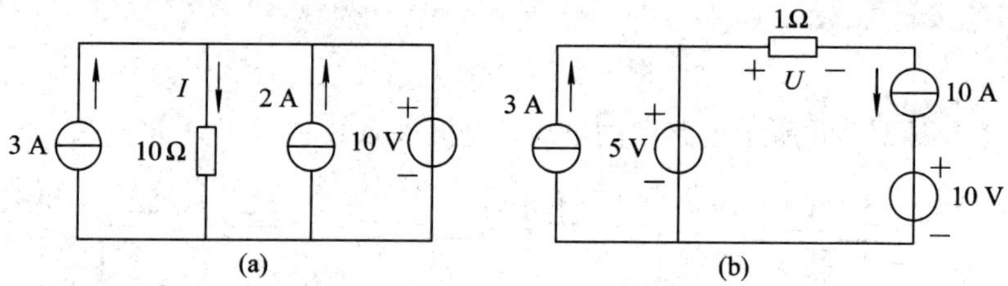

图 1-32　习题 1-8 图

1-9　在图 1-33 所示的电路中，已知 $I_1=2$ A，$I_3=-3$ A，$U_1=10$ V，$U_4=-5$ V，试求各元件吸收的功率。

1-10　电路如图 1-34 所示，求电流 i_1 及电压 u_{ab}。

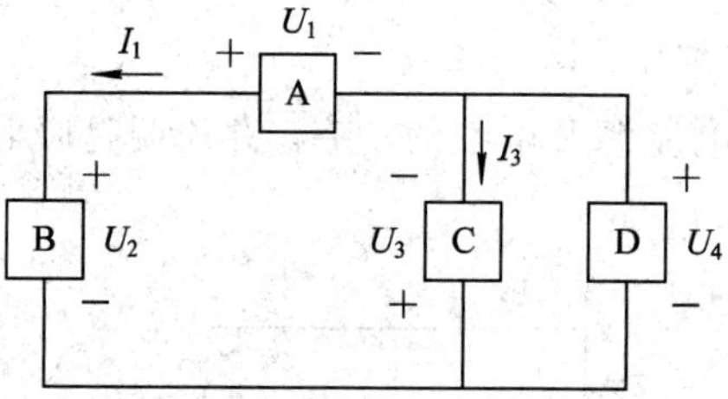

图 1-33　习题 1-9 图

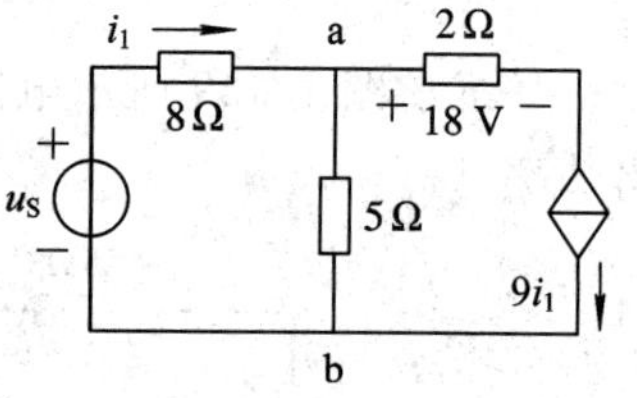

图 1-34　习题 1-10 图

1-11　电路如图 1-35 所示，求电压 u。

1-12　试计算图 1-36 所示电路中 A 点的电位 V_A。

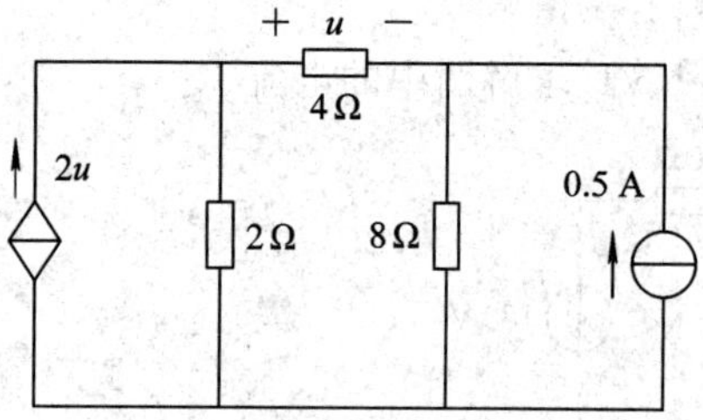

图 1-35　习题 1-11 图

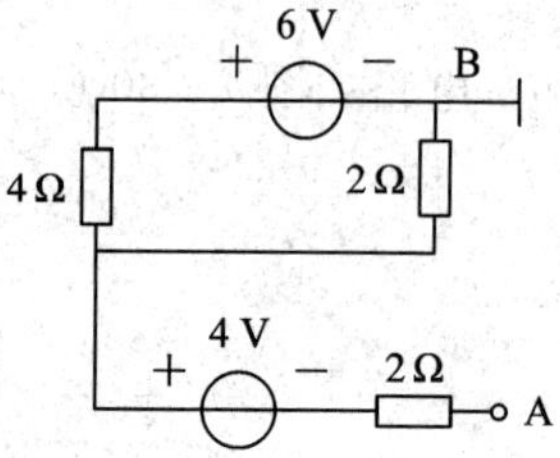

图 1-36　习题 1-12 图

1－13　试计算图1－37所示电路中的电位 V_a 和 V_b。

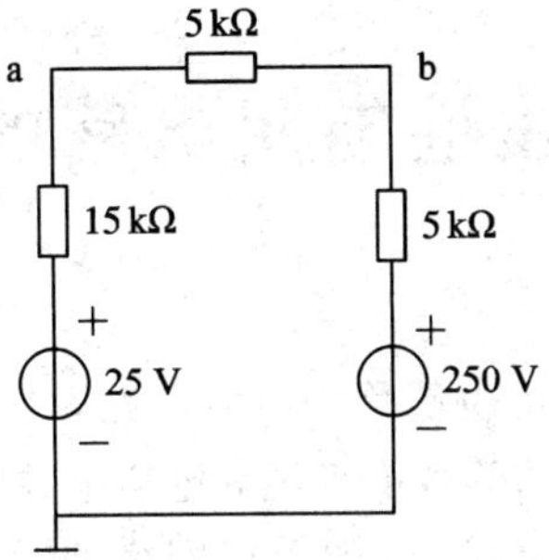

图1－37　习题1－13图

1－14　在图1－38所示电路中，电压源 $U_S=3$ V，电流源 $I_S=1$ A，$R_1=3$ Ω，$R_2=1$ Ω，$R_3=2$ Ω，求电压源 U_S 及电流源 I_S 对外的输出功率(即发出功率)。

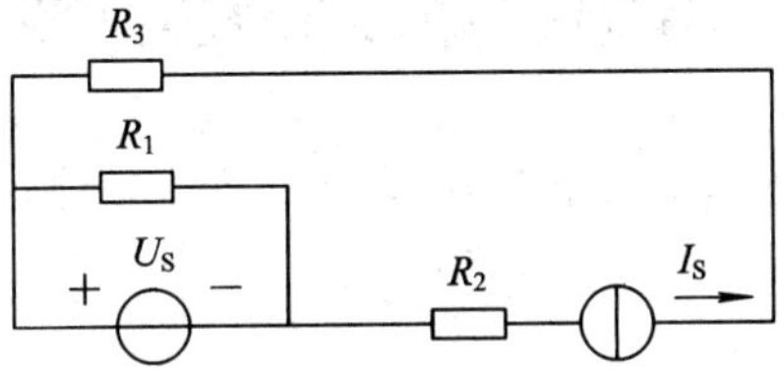

图1－38　习题1－14图

1－15　求解图1－39所示电路的开路电压 U_{OC}。

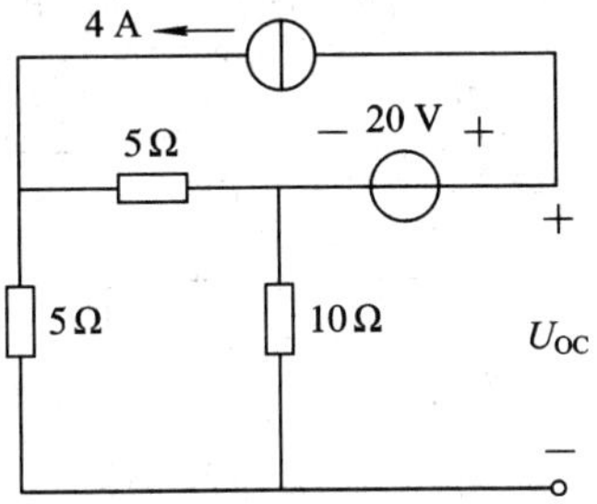

图1－39　习题1－15图

第 2 章　线性电阻电路的分析方法

由电阻元件和各种电源构成的电路称为电阻电路，当电源是直流时，该电路称为直流电路。本章将讨论线性电阻电路的等效变换法，包括串并联等效变换、Y-△等效变换、电源的等效变换、线性电路的叠加定理、含源单口网络的对外等效电路——戴维南定理与诺顿定理，介绍线性电阻电路的一般分析方法，包括支路电流法、节点电压法、网孔电流法，并简单介绍含受控源电路的分析方法。

2.1　电阻串、并联连接的等效变换

电阻的连接方式一般有串联、并联和混联(串并联)三种，这些电阻都可以用一个等效电阻 R_{eq} 来替代。

2.1.1　电阻的串联

将两个或更多的电阻按顺序一个接一个连接起来，且都通过同一电流，这种电阻的连接方式称为串联连接。如图 2-1 所示是两个电阻串联的电路。

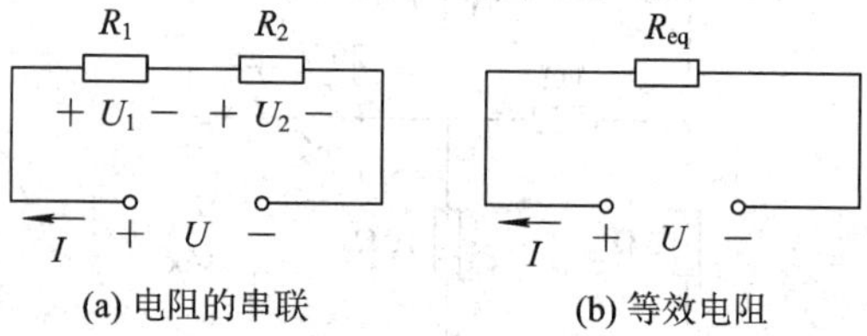

图 2-1　电阻的串联

如图 2-1(a)所示电路，由基尔霍夫电压定律可得

$$U = U_1 + U_2 = IR_1 + IR_2 = I(R_1 + R_2) \tag{2-1}$$

设 $R=R_1+R_2$，则

$$U = IR \tag{2-2}$$

比较式(2-1)和式(2-2)可得，在输入电压和电流不变的条件下，串联等效电阻其阻值为各串联电阻阻值的和，即

$$R_{eq} = R_1 + R_2 \tag{2-3}$$

当总电压为 U 的两个电阻串联时，其每一个电阻上的电压分别为

$$\left.\begin{aligned} U_1 &= IR_1 = \frac{U}{R_1+R_2}R_1 = \frac{R_1}{R_1+R_2}U \\ U_2 &= IR_2 = \frac{U}{R_1+R_2}R_2 = \frac{R_2}{R_1+R_2}U \end{aligned}\right\} \tag{2-4}$$

可见，各串联电阻具有分压作用。电阻阻值与分压呈正比关系，即电阻值越大，则分

压值越高。当某个电阻较其他电阻小很多时，小电阻的分压作用常可忽略不计。串联电阻可以起到限流的作用。有时为了限制负载中通过过大的电流，可以与负载串联一个限流电阻。另外，串联变阻器可以调节电路中的电流，或者得到不同的输出电压。电工仪表的表头也常串联一个适当的电阻，扩大表头的量程。

2.1.2　电阻的并联

将两个或更多的电阻并接在两个公共节点上，各电阻承受同一电压，这种电阻的连接方式称为并联连接。如图 2-2 所示是两个电阻并联的电路。

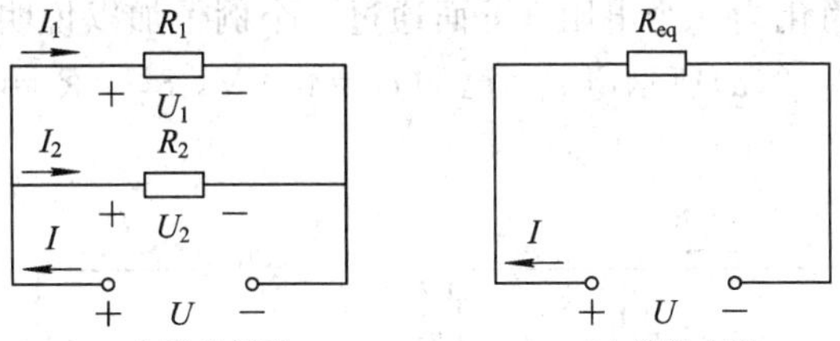

图 2-2　电阻并联电路

如图 2-2(a)所示电路，由基尔霍夫电流定律可得

$$I = I_1 + I_2 = \frac{U}{R_1} + \frac{U}{R_2} = U\left(\frac{1}{R_1} + \frac{1}{R_2}\right) \tag{2-5}$$

设$\frac{1}{R}=\frac{1}{R_1}+\frac{1}{R_2}$，则

$$I = \frac{U}{R} \tag{2-6}$$

比较式(2-5)和式(2-6)可得，在输入电压和电流不变的条件下，并联等效电阻其阻值的倒数为各并联电阻阻值倒数的和，即

$$\frac{1}{R_{eq}} = \frac{1}{R_1} + \frac{1}{R_2} \tag{2-7}$$

若将每个电阻用相应的电导来表示，式(2-7)也可写成

$$G_{eq} = G_1 + G_2 \tag{2-8}$$

当总电流为 I 的两个电阻并联时，其每一个电阻上的电流分别为

$$\left.\begin{aligned} I_1 &= \frac{R_2}{R_1 + R_2} I \\ I_2 &= \frac{R_1}{R_1 + R_2} I \end{aligned}\right\} \tag{2-9}$$

若采用电导来表示，则分流公式为

$$\left.\begin{aligned} I_1 &= \frac{G_1}{G_1 + G_2} I \\ I_2 &= \frac{G_2}{G_1 + G_2} I \end{aligned}\right\} \tag{2-10}$$

可见，并联电阻上电流的分配与电阻成反比，与电导成正比。并联电阻可以起到分流的作用，当某个电阻较其他电阻大很多时，大电阻的分流作用常可忽略不计。

一般负载都是并联运行的。并联的负载，处于同一电压之下，任何一个负载的工作情况基本上不受其他负载的影响。并联的负载电阻愈多(负载增加)，则总电阻愈小，电路中总电流和总功率也就愈大。但是每个负载的电流和功率却没有变动。并非一个电源可以带无穷个负载，电源的输出能力是有限的。电工仪表的表头也常并联一个适当的电阻，扩大表头的量程。

2.1.3 电阻的混联

电路既有串联电阻又有并联电阻，这种电阻的连接方式称为电阻的混联(也称串并联)。混联电阻也可以简化为一个电阻。下面通过一个例子加以说明。

【例 2-1】 如图 2-3(a)所示电路，已知 $U=400$ V，$R_1=R_2=10\ \Omega$，$R_3=20\ \Omega$，$R_4=32.5\ \Omega$，求 I、I_1、I_2。

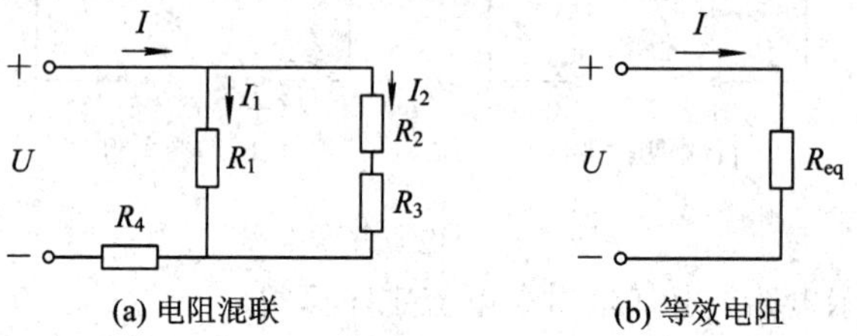

图 2-3 例 2-1 图

解 从图中可看出该电路的等效电阻是 $R_4+[R_1/\!/(R_2+R_3)]$，所以

$$R_{eq}=R_4+\frac{R_1(R_2+R_3)}{R_1+(R_2+R_3)}=32.5+\frac{10\times(10+20)}{10+(10+20)}=32.5+7.5=40\ \Omega$$

故电路中的总电流为

$$I=\frac{U}{R_{eq}}=\frac{400}{40}=10\ \text{A}$$

各支路电流应用分流公式并代入数据得

$$I_1=\frac{R_2+R_3}{R_1+(R_2+R_3)}\cdot I=0.75\times10=7.5\ \text{A}$$

$$I_2=\frac{R_1}{R_1+(R_2+R_3)}\cdot I=0.25\times10=2.5\ \text{A}$$

【例 2-2】 求图 2-4 电路的等效电阻 R_{ab}。已知 $R_1=R_2=1\ \Omega$，$R_3=R_4=2\ \Omega$，$R_5=4\ \Omega$。

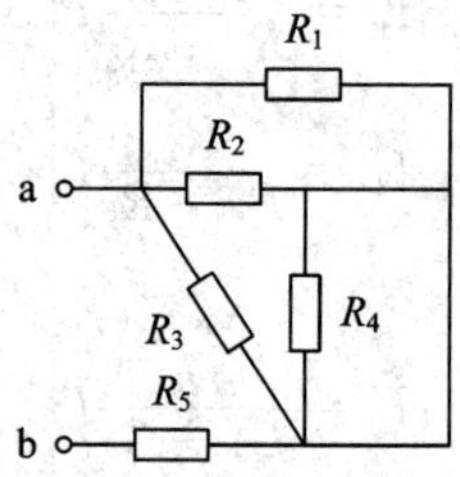

图 2-4 例 2-2 图

解 此电路为混联电路，从电路图上可以看到电阻 R_4 与短接线是并联的，所以电阻 R_4 被短路掉了，则

$$R_{ab} = (R_1 // R_2 // R_3) + R_5$$

代入电阻的阻值，可得

$$R_{ab} = (1 // 1 // 2) + 4 = 4.4\ \Omega$$

2.2　电阻星形连接与三角形连接的等效变换

在电路的计算中，将串联与并联的电阻化简为等效电阻，最为简便。但是有的电路，如图 2-5(a)所示的电路，五个电阻既非串联，也非并联，显然这种电路不能用电阻串并联来化简。

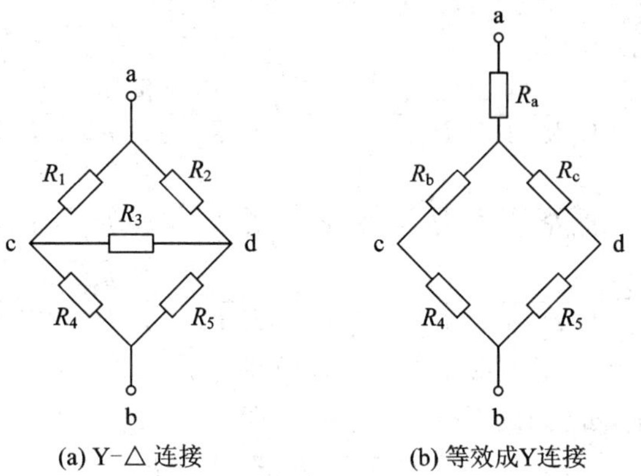

图 2-5　电阻 Y-△的连接结构

图 2-5(a)中，电阻 R_1、R_2 和 R_3 为电阻的三角形连接(常记为△连接)；电阻 R_2、R_3 和 R_5 为电阻的星形连接(常记为 Y 连接)。三角形连接的电阻形成一个环状，而星形连接中三个电阻有一个公共的节点。如果能将图 2-5(a)中 R_1、R_2 和 R_3 的△连接等效变换成电阻的 Y 连接形式，电路的结构形式就变为图 2-5(b)所示。显然，电路中的电阻是简单的串并联关系，这样可以对电路进行化简。

典型的电阻 Y 连接和△连接如图 2-6 所示，Y 连接的电阻与△连接的电阻等效变换的条件是对应端子之间施加相同的电压 u_{12}、u_{23} 和 u_{31}，流入对应端子的电流分别相等，即 $i_1 = i_1'$，$i_2 = i_2'$，$i_3 = i_3'$。

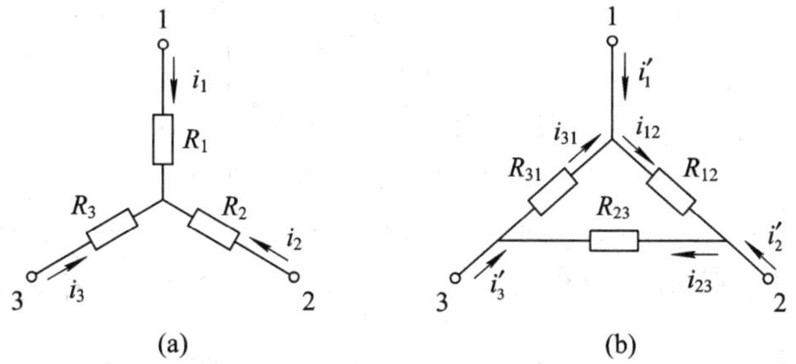

图 2-6　电阻 Y-△等效变换

满足上述条件后，就可以推导两种连接方式下参数之间的关系。

图 2-6(b)中，可以对△的三个顶点列 KCL 方程：

$$\left.\begin{aligned} i'_1 = i_{12} - i_{31} = \frac{u_{12}}{R_{12}} - \frac{u_{31}}{R_{31}} \\ i'_2 = i_{23} - i_{12} = \frac{u_{23}}{R_{23}} - \frac{u_{12}}{R_{12}} \\ i'_3 = i_{31} - i_{23} = \frac{u_{31}}{R_{31}} - \frac{u_{23}}{R_{23}} \end{aligned}\right\} \tag{2-11}$$

由图 2-6(a)可知，根据 KVL 的推广形式得

$$\begin{aligned} u_{12} &= R_1 i_1 - R_2 i_2 \\ u_{23} &= R_2 i_2 - R_3 i_3 \\ i_1 + i_2 + i_3 &= 0 \end{aligned}$$

可以解出端子电流

$$\left.\begin{aligned} i_1 &= \frac{R_3 u_{12}}{R_1R_2 + R_2R_3 + R_3R_1} - \frac{R_2 u_{31}}{R_1R_2 + R_2R_3 + R_3R_1} \\ i_2 &= \frac{R_1 u_{23}}{R_1R_2 + R_2R_3 + R_3R_1} - \frac{R_3 u_{12}}{R_1R_2 + R_2R_3 + R_3R_1} \\ i_3 &= \frac{R_2 u_{31}}{R_1R_2 + R_2R_3 + R_3R_1} - \frac{R_1 u_{23}}{R_1R_2 + R_2R_3 + R_3R_1} \end{aligned}\right\} \tag{2-12}$$

根据等效的条件，流入对应端子的电流应分别相等，即 $i_1 = i'_1$，$i_2 = i'_2$，$i_3 = i'_3$。所以式(2-11)和式(2-12)电压前面的系数应该相等，即

$$\left.\begin{aligned} R_{12} &= \frac{R_1R_2 + R_2R_3 + R_3R_1}{R_3} \\ R_{23} &= \frac{R_1R_2 + R_2R_3 + R_3R_1}{R_1} \\ R_{31} &= \frac{R_1R_2 + R_2R_3 + R_3R_1}{R_2} \end{aligned}\right\} \tag{2-13}$$

式(2-13)是将 Y 连接的电阻等效变换为△连接时各电阻的关系式。如果已知是△连接，则将其转换成 Y 连接的电阻时，可由式(2-13)求得

$$\left.\begin{aligned} R_1 &= \frac{R_{31}R_{12}}{R_{12} + R_{23} + R_{31}} \\ R_2 &= \frac{R_{23}R_{12}}{R_{12} + R_{23} + R_{31}} \\ R_3 &= \frac{R_{23}R_{31}}{R_{12} + R_{23} + R_{31}} \end{aligned}\right\} \tag{2-14}$$

式(2-14)是将△连接等效变换为 Y 连接时各电阻的关系式。

若 Y 连接中三个电阻值相等，即 $R_1 = R_2 = R_3 = R_Y$，则等效变换为△连接时三个电阻值也相等，$R_{12} = R_{23} = R_{31} = R_\triangle = 3R_Y$；反之，若△连接中三个电阻值相等，即 $R_{12} = R_{23} = R_{31} = R_\triangle$，则等效变换为 Y 连接时三个电阻值也相等，$R_1 = R_2 = R_3 = R_Y = \frac{1}{3}R_\triangle$。

【例 2-3】 电路如图 2-7(a)所示，试求解电流 I。

解 应用△-Y 等效变换，将图 2-7(a)中 acda 间三个电阻构成的△电阻等效变换为 Y 电阻，如图 2-7(b)所示。在图 2-7(b)中，设电流 I_1 和 I_2 如图所示，由分流公式可得

$$I_1 = \frac{1+1}{0.6+1.4+1+1} \times 4 = 2\ \text{A}$$

$$I_2 = \frac{1}{2} \times 4 = 2\ \text{A}$$

故对图 2-7(b)中 bcd 回路应用 KVL 得

$$U_{cd} = 1.4I_1 - 1 \times I_2 = 1.4 \times 2 - 1 \times 2 = 0.8\ \text{V}$$

再返回到图 2-7(a)，可得

$$I = \frac{U_{cd}}{2} = \frac{0.8}{2} = 0.4\ \text{A}$$

根据等效的概念，要求解电流 I，必须在原电路中求取。

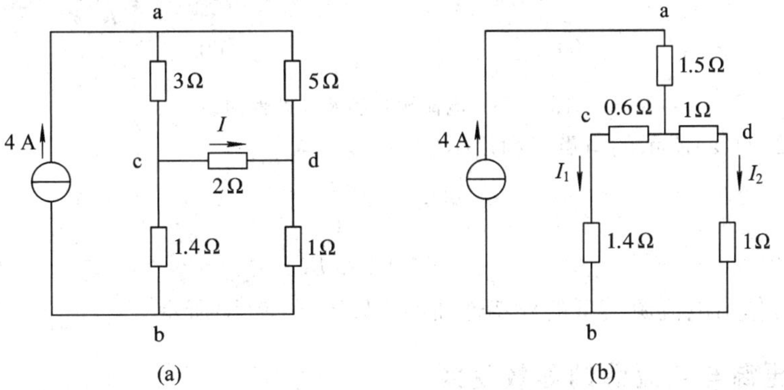

图 2-7　例 2-3 图

2.3　实际电源的两种模型之间的等效变换

在 1.4 节中已经介绍过，一个电源可以用两种不同的电路模型来表示。一种是以电压源与串联电阻的形式来表示的电路模型，称为电压源模型；另一种是用电流源与并联电阻的形式来表示的电路模型，称为电流源模型。

2.3.1　电压源和电流源的模型及外特性曲线

一个实际电源的电压源模型如图 2-8(a)所示。

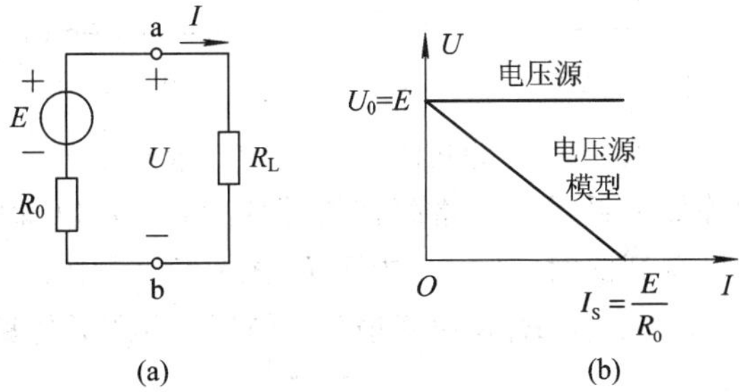

图 2-8　电压源模型及外特性曲线

根据图 2-8(a)所示的电路，对单回路电路应用 KVL 可得

$$U=E-IR_0 \tag{2-15}$$

由此电压方程可作出电压源模型的外特性曲线，如图 2-8(b)所示。

同样，电源除用电压源模型表示外，还可以用理想电流源和电阻相并联的电路表示，所组成的电源的电流源模型如图 2-9(a)所示。

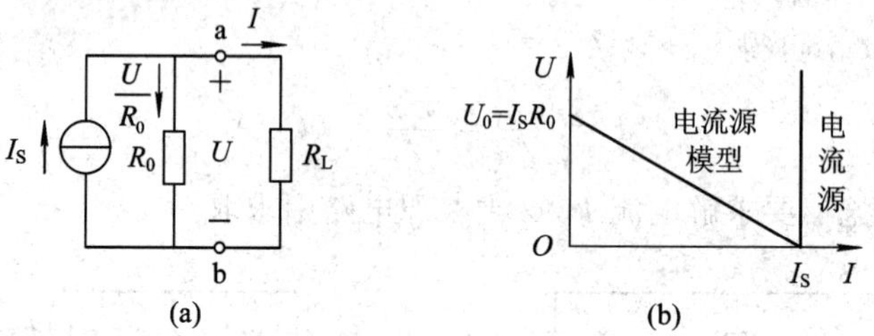

图 2-9　电流源模型及外特性曲线

根据图 2-9(a)所示的电路，利用 KCL 可得

$$I=I_S-\frac{U}{R_0}$$

即

$$U=I_SR_0-IR_0 \tag{2-16}$$

由方程可作出电流源模型的外特性曲线，如图 2-9(b)所示。

2.3.2　电压源与电流源的等效变换

对于同一个实际电源，若作出两种电路模型，则它们之间必然有一定的相互关系，即两者之间可以进行等效变换，从它们的外特性曲线来看，电压源和电流源的外特性曲线可以重合，或者从电压源外特性方程($U=E-IR_0$)和电流源外特性方程($U=I_SR_0-IR_0$)来看，两特性方程对于同一个负载完全相等。因此它们的电路模型之间是等效的，可以等效变换。

根据等效的条件得出 $E=I_SR_0$，等效后的电源的内阻保持不变，如图 2-10 所示。两种电源在等效的时候要注意方向，当电压源的电压上正下负时，等效替代的电流源的电流方向向上；反之电流源的电流方向向下。

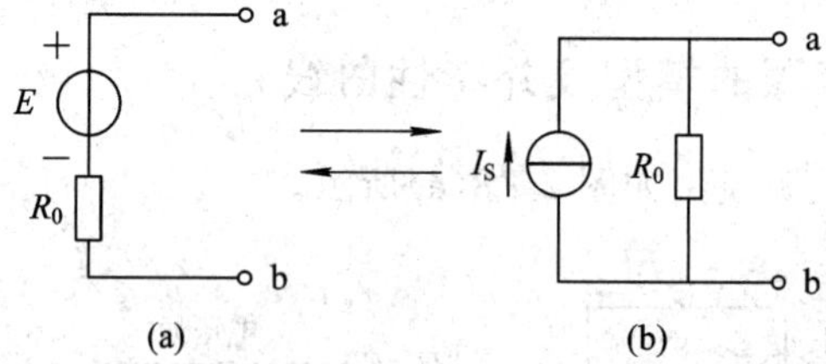

图 2-10　电压源与电流源的等效变换

电流源和电压源的等效关系对外电路而言是等效的，但对电源内部是不等效的。例如在图 2-10(a)中，当电压源开路时，$I=0$，内阻 R_0 无损耗；但在图 2-10(b)中，当电流源开路时，电源内部仍有电流，内阻 R_0 有功率损耗。同理，电压源短路时($R_L=0$)时，$U=0$，电源内部有电流，有损耗。

需要指出的是：

(1) 理想电压源($R_0=0$)和理想电流源($R_0=\infty$)的外特性不相等，故两者不可等效变换。

(2) 上述电压源是由电动势为 E 的理想电压源和内阻为 R_0 的电阻串联的电路，电流源是由电流为 I_S 的理想电流源和内阻为 R_0 的电阻并联的电路，两者是等效的。

【例 2-4】 分别求图 2-11 所示电路的等效电路。

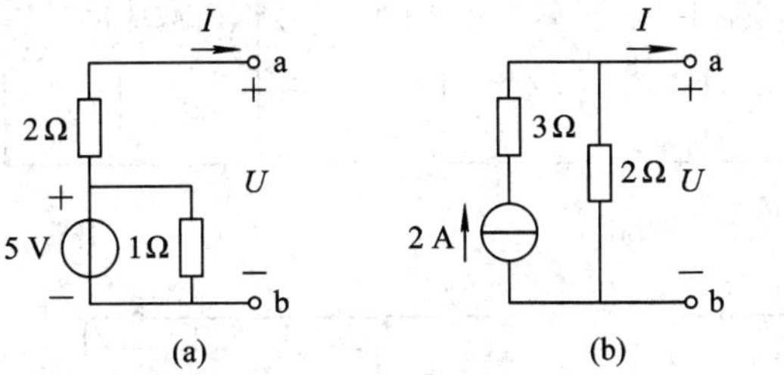

图 2-11　例 2-4 图

解　对图 2-11(a)，5 V 电压源与 1 Ω 的电阻相并联，可等效为 5 V 的电压源；进一步等效成电流源和电阻相并联的电路，电路的变换过程如图 2-12(a)所示。

对图 2-11(b)，2 A 电流源与 3 Ω 的电阻相串联，可等效为 2 A 的电流源；进一步等效成电压源和电阻相串联的电路，电路的变换过程如图 2-12(b)所示。

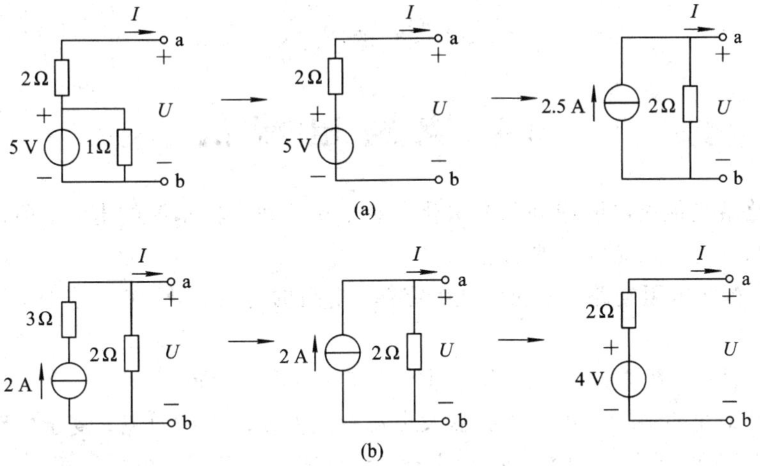

图 2-12　例 2-4 的求解过程图

【例 2-5】 利用电源的等效变换求图 2-13(a)所示电路中的电流 I。

解　将所求支路看做外电路，对 a、b 端左边电路进行等效变换，也就是进行简化。

由图 2-13(a)电路，将实际电流源(2 A 电流源并 2 Ω 电阻支路)等效变换为实际电压源(2 Ω 电阻串 4 V 电压源支路)，将实际电压源(4 Ω 电阻串 8 V 电压源支路)等效变换为实际电流源(4 Ω 电阻并 2 A 电流源支路)，如图(b)所示。

在图(b)中，2 Ω 电阻串联 2 Ω 电阻，等效为 4 Ω 电阻，如图(c)所示。在图(c)中，将 4 Ω 电阻串 4 V 电压源等效变换为 1 A 电流源并 4 Ω 电阻，如图(d)所示。

在图(d)中，1 A 电流源并 2 A 电流源等效为 3 A 电流源，4 Ω 电阻并联 4 Ω 电阻，等效为 2 Ω 电阻，如图(e)所示。

在图(e)所示电路中，利用分流公式可得电流 I 为

$$I=\frac{2}{2+4}\times 3=1\ \text{A}$$

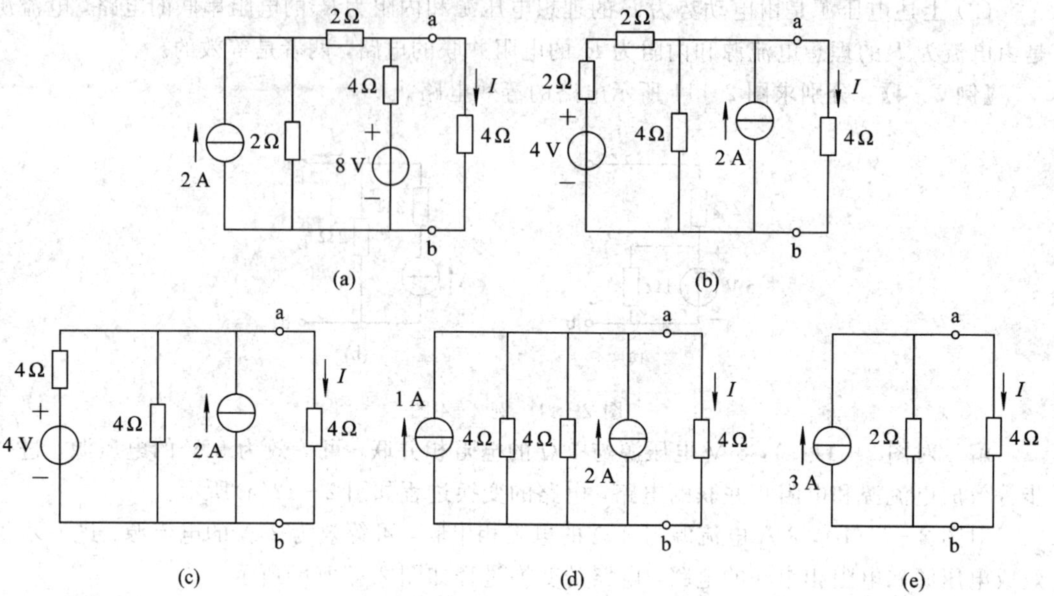

图 2-13　例 2-5 图

2.4　支路电流法

简单电路就是能用电阻串并联方法化简和电源等效变换求解的电路。前面讨论了简单电路的分析与计算方法，可归纳如下：

(1) 单电源多电阻电路。可利用欧姆定律、电阻的等效简化，以及分压、分流原理分析计算求得。

(2) 多电源多电阻电路。可采用电源等效变换方法化简求得。

复杂电路即是不能采用电阻串并联及电源等效变换求解的电路。复杂电路的分析求解应该用支路电流法、节点电压法、叠加定理、戴维南定理等方法分析计算。

本节主要介绍支路电流法。

所谓支路电流法，就是以支路电流为电路变量，应用 KCL 列写节点电流方程式，应用 KVL 列写回路电压方程式，求得各支路电流。支路电流法是电路分析中最基本的方法。

对于图 2-14 所示电路，支路数 $b=3$，节点数 $n=2$，共要列出 3 个独立方程。列方程前，必须先在电路图上标出未知支路电流以及电压或电动势的参考方向。

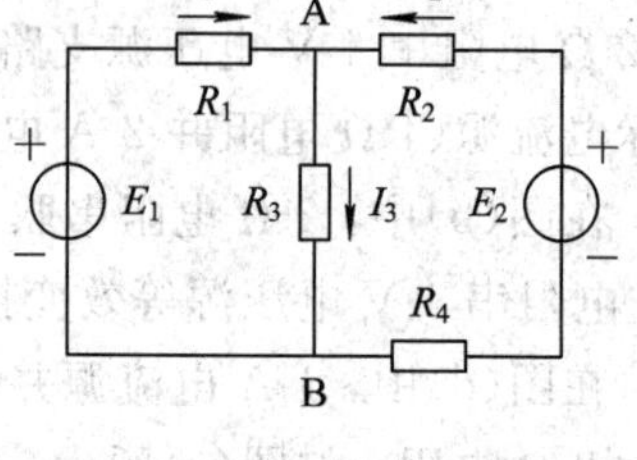

图 2-14　支路电流法的电路

首先，应用基尔霍夫电流定律(KCL)对节点 A 列出方程：

$$I_1+I_2-I_3=0 \qquad (2-17)$$

对节点 B 列出方程：

$$I_3-I_1-I_2=0 \qquad (2-18)$$

显然这两个方程是不独立的，一般对具有 n 个节点的电路应用 KCL 只能得到 $(n-1)$

个独立方程。

其次，应用基尔霍夫电压定律(KVL)列出其余 $b-(n-1)$ 个方程，通常取单孔回路(也称网孔)列出。图 2-14 中有两个单孔回路，对左边的单孔回路可列出方程：

$$-E_1+R_1I_1+R_3I_3=0 \tag{2-19}$$

对右边的单孔回路列出方程：

$$-E_2+(R_2+R_4)I_2+R_3I_3=0 \tag{2-20}$$

单孔回路的数目恰好等于 $[b-(n-1)]$ 个。

应用基尔霍夫电流定律和电压定律，共可列出 $(n-1)+[b-(n-1)]=b$ 个独立方程，所以能解出 b 条支路的电流。

由此可归纳出用支路电流法分析电路的步骤如下：

(1) 确定各支路电流的参考方向；

(2) 对独立节点列写 $n-1$ 个独立的 KCL 方程；

(3) 选 $[b-(n-1)]$ 个独立回路(对于平面电路，通常取网孔为独立回路)，对独立回路列出 $[b-(n-1)]$ 个以支路电流为变量的 KVL 方程。

(4) 联立求解上述 b 个独立方程，解得各支路电流，并以此求出其他参数。

【例 2-6】 在图 2-14 所示的电路中，$E_1=80$ V，$E_2=70$ V，$R_1=5\ \Omega$，$R_2=3\ \Omega$，$R_3=5\ \Omega$，$R_4=2\ \Omega$，试求各支路电流。

解 应用 KCL 和 KVL 列方程：

$$I_1+I_2-I_3=0$$
$$80=5I_1+5I_3$$
$$70=2I_2+5I_3+3I_2$$

解得

$$I_1=6\ \text{A},\ I_2=4\ \text{A},\ I_3=10\ \text{A}$$

【例 2-7】 电路如图 2-15 所示，已知 $E_1=6$ V，$E_2=16$ V，$I_S=2$ A，$R_1=2\ \Omega$，$R_2=2\ \Omega$，$R_3=2\ \Omega$，应用支路电流法求解各支路电流。

解 首先标定各支路电流的参考方向，利用 KCL 和 KVL 列方程。

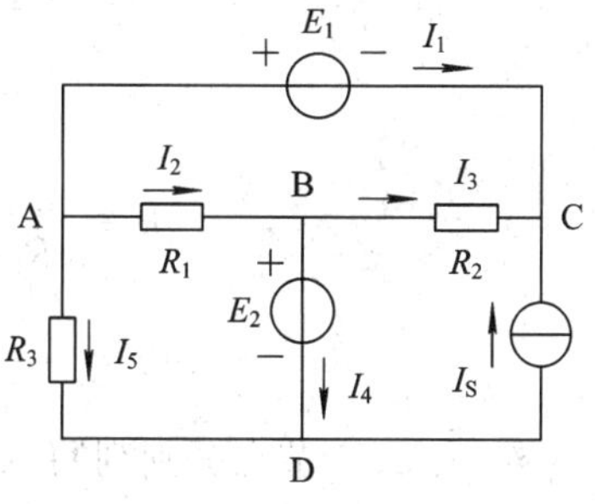

图 2-15　例 2-7 图

节点 A：

$$I_1+I_2+I_5=0$$

节点 B：

$$I_2-I_3-I_4=0$$

节点 C：

$$I_1+I_3+I_S=0$$

回路 ABCA：

$$E_1-I_3R_2-I_2R_1=0$$

回路 ABDA：

$$E_2-I_5R_3+I_2R_1=0$$

将已知量代入方程，联立求解以上 5 个独立方程组，可得

$$I_1=-6\ \text{A},\ I_2=-1\ \text{A},\ I_3=4\ \text{A},\ I_4=-5\ \text{A},\ I_5=7\ \text{A}$$

支路电流法列的方程较直观，但由于需列出等于支路数 b 的 KCL 和 KVL 方程，对复杂电路而言存在方程数目多的特点，因此，设法减少方程数目就成为其他网络分析方法的出发点。

2.5 节点电压法

给定的电路支路数目较多而节点数目较少时，可以把节点电压作为未知量对电路进行分析，节点电压法就是以节点电压为电路变量，直接列写独立节点的 KCL 方程，先解得节点电压，再求得其他参数的一种网络分析方法。

在电路中任选某一节点作为参考节点，其余节点到参考节点的电压称为对应节点的节点电压。一般选取连接支路数较多的点作为参考节点，可以减少计算量。由于电路中任何一条支路总是连接在两个节点之间或者节点与参考节点之间，因此，只要求出节点电压就可以采用欧姆定律计算出支路电流，进而求出任一元件两端的电压。这种以节点电压为变量，应用基尔霍夫电流定律(KCL)列出电路中的节点电压方程式，求解节点电压和各支路电流的方法称为节点电压法。图 2-16 所示电路包含四个节点。

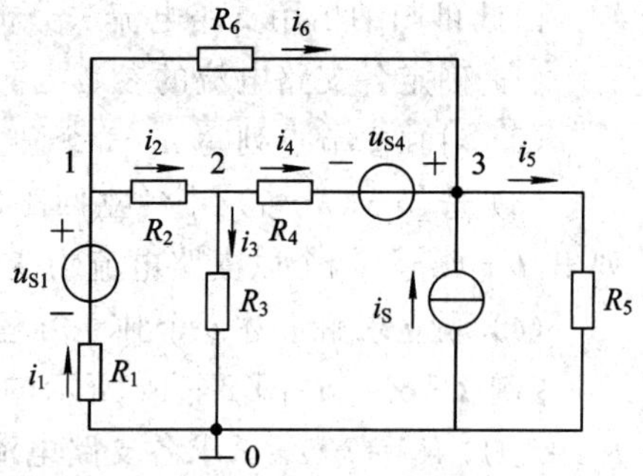

图 2-16　节点电压法示例

选 0 节点作为参考节点，由欧姆定律得出各条支路电流的表达式：

$$\left.\begin{aligned}
i_1 &= \frac{u_{S1}-u_{n1}}{R_1} = G_1(u_{S1}-u_{n1}) \\
i_2 &= \frac{u_{n1}-u_{n2}}{R_2} = G_2(u_{n1}-u_{n2}) \\
i_3 &= \frac{u_{n2}}{R_3} = G_3 u_{n2} \\
i_4 &= \frac{u_{n2}-u_{n3}+u_{S4}}{R_4} = G_4(u_{n2}-u_{n3}+u_{S4}) \\
i_5 &= \frac{u_{n3}}{R_5} = G_5 u_{n3} \\
i_6 &= \frac{u_{n1}-u_{n3}}{R_6} = G_6(u_{n1}-u_{n3})
\end{aligned}\right\} \tag{2-21}$$

对 1、2、3 节点分别列写 KCL 方程：

$$i_1 - i_2 - i_6 = 0$$
$$i_2 - i_3 - i_4 = 0$$
$$i_4 + i_S - i_5 + i_6 = 0$$

将式(2-21)代入以上三个 KCL 方程，可得

$$G_1(u_{S1}-u_{n1}) - G_2(u_{n1}-u_{n2}) - G_6(u_{n1}-u_{n3}) = 0$$
$$G_2(u_{n1}-u_{n2}) - G_3 u_{n2} - G_4(u_{n2}-u_{n3}+u_{S4}) = 0$$

$$G_4(u_{n2}-u_{n3}+u_{S4})+i_S-G_5u_{n3}+G_6(u_{n1}-u_{n3})=0$$

整理上式，得出节点电压的方程式：

$$(G_1+G_2+G_6)u_{n1}-G_2u_{n2}-G_6u_{n3}=G_1u_{S1}$$
$$-G_2u_{n1}+(G_2+G_3+G_4)u_{n2}-G_4u_{n3}=-G_4u_{S4}$$
$$-G_6u_{n1}-G_4u_{n2}+(G_4+G_5+G_6)u_{n3}=G_4u_{S4}+i_S$$

上面的节点电压方程式写成一般表达式：

$$\left.\begin{aligned}G_{11}u_{n1}+G_{12}u_{n2}+G_{13}u_{n3}&=i_{S11}\\G_{21}u_{n1}+G_{22}u_{n2}+G_{23}u_{n3}&=i_{S22}\\G_{31}u_{n1}+G_{32}u_{n2}+G_{33}u_{n3}&=i_{S33}\end{aligned}\right\}\tag{2-22}$$

具有相同下标的电导 G_{11}、G_{22} 和 G_{33} 分别称为节点 1、2 和 3 的自导，是与该节点相连的全部电导之和，自导总是为正值；具有不同下标的电导，如 G_{12}、G_{21}、G_{32} 等，G_{12} 和 G_{21} 称为节点 1 和 2 的互导，这里互导为负值。两个节点间没有支路相连接，互导为零。方程的右边表示流入该节点的电流源电流的代数和(若是电压源和电阻相串联的支路，则化成电流源和电导相并联的支路)。当电流源的电流流入该节点时取正值，流出该节点时取负值。

图 2－16 电路中的三个节点可以推广到 n 个节点，方程的形式不变，这里不再叙述。

综上所述，采用节点电压法解题的一般步骤如下：

(1) 标定各支路电压或电流的参考方向；

(2) 选取参考节点，对其他节点编号；

(3) 以节点电压为未知量，按节点电压的一般表达式列方程；

(4) 从方程组中解出各节点电压，并由节点电压计算各支路电压或电流。

【例 2－8】 在图 2－17 中，$U_{S1}=12$ V，$i_S=0.016$ A，$R_1=100$ Ω，$R_2=500$ Ω，$R_3=100$ Ω。试用节点电压法求解电流 I_1。

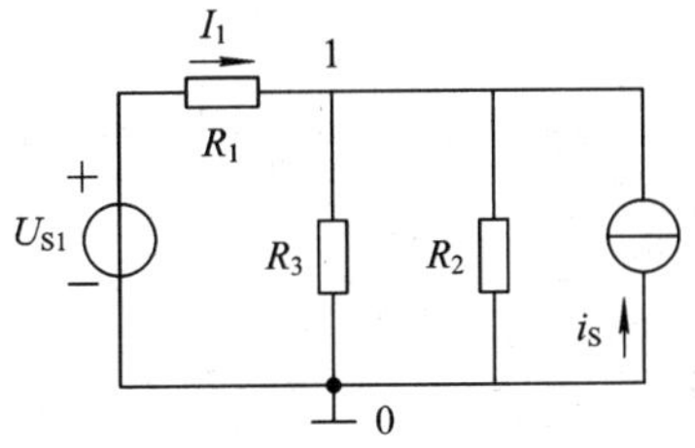

图 2－17　例 2－8 图

解　在图 2－17 中，共有两个节点，选取 0 为参考节点，1 为独立节点，列节点电压方程：

$$\left(\frac{1}{R_1}+\frac{1}{R_2}+\frac{1}{R_3}\right)u_{n1}=\frac{U_{S1}}{R_1}+i_S$$

则

$$u_{n1}=\frac{\dfrac{U_{S1}}{R_1}+i_S}{\dfrac{1}{R_1}+\dfrac{1}{R_2}+\dfrac{1}{R_3}}=\frac{\dfrac{12}{100}+0.016}{\dfrac{1}{100}+\dfrac{1}{500}+\dfrac{1}{100}}=6.18\text{ V}$$

所以电流 I_1 为

$$I_1=\frac{U_{S1}-u_{n1}}{R_1}=\frac{12-6.18}{100}=0.0582\ \text{A}$$

从上面的例题可知，只有两个节点且由多条支路并联组成的电路，当求其他电压、电流时，可以先求出两个节点的节点电压，然后再求支路电流及电压。

【例 2-9】 利用节点电压法求图 2-18 中各支路的电流。

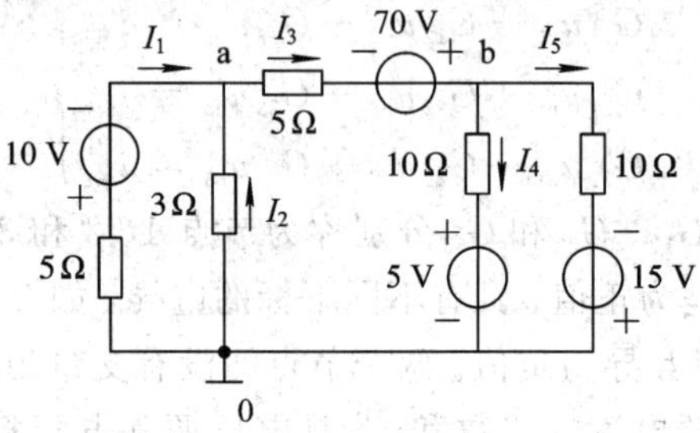

图 2-18　例 2-9 图

解　(1) 选取参考节点，标出各支路电流的参考方向。

(2) 按一般方法列写节点电压方程。

节点 a：
$$\left(\frac{1}{5}+\frac{1}{3}+\frac{1}{5}\right)u_{na}-\frac{1}{5}u_{nb}=-\frac{10}{5}-\frac{70}{5}$$

节点 b：
$$-\frac{1}{5}u_{na}+\left(\frac{1}{5}+\frac{1}{10}+\frac{1}{10}\right)u_{nb}=\frac{70}{5}+\frac{5}{10}-\frac{15}{10}$$

解方程组得
$$u_{na}=-15\ \text{V}$$
$$u_{nb}=25\ \text{V}$$

(3) 各支路电流为

$$I_1=\frac{-10-u_{na}}{5}=\frac{-10+15}{5}=1\ \text{A}$$

$$I_2=-\frac{u_{na}}{3}=-\frac{-15}{3}=5\ \text{A}$$

$$I_3=\frac{70+u_{na}-u_{nb}}{5}=\frac{70-15+40}{5}=6\ \text{A}$$

$$I_4=\frac{-5+u_{nb}}{10}=\frac{-10+25}{10}=2\ \text{A}$$

$$I_5=\frac{15+u_{nb}}{10}=\frac{15+25}{10}=4\ \text{A}$$

2.6 网孔电流法

前面所介绍的节点电压法对一个具有 b 条支路、n 个节点的电路，只需列 $(n-1)$ 个独立节点的 KCL 方程，即解决了支路电流法方程数目过多的问题，本节所介绍的网孔电流法则是只需列 $[b-(n-1)]$ 个彼此独立的 KVL 方程，即可对电路进行求解。

下面以图 2－19 电路为例来说明网孔电流方程。本电路共有 6 条支路和 4 个节点。网孔电流法是选网孔为独立回路，以假想的网孔电流为未知量，依据 KVL 列写方程的方法。所选网孔序号、网孔及网孔电流绕向如图 2－19 所示。

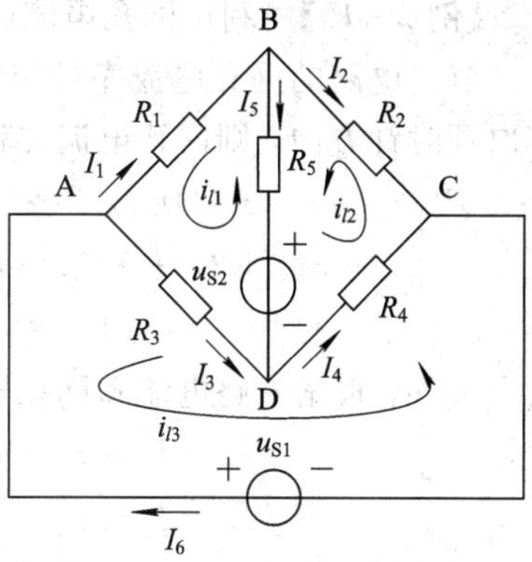

图 2－19 网孔电流法示例

图中，i_{l1}、i_{l2}、i_{l3}为所选的网孔电流，网孔电流一经选定，各支路电流都可以用网孔电流来表示，即

$$\left.\begin{aligned} I_1 &= -i_{l1} \\ I_2 &= -i_{l2} \\ I_3 &= i_{l1} - i_{l3} \\ I_4 &= i_{l2} - i_{l3} \\ I_5 &= i_{l2} - i_{l1} \\ I_6 &= -i_{l3} \end{aligned}\right\} \qquad (2-23)$$

对三个网孔分别列写 KVL 方程。

ABDA 网孔 1：　$R_1 I_1 + R_5 I_5 + u_{S2} - R_3 I_3 = 0$

BCDB 网孔 2：　$R_2 I_2 - R_4 I_4 - u_{S2} - R_5 I_5 = 0$

ADCA 网孔 3：　$R_3 I_3 + R_4 I_4 - u_{S1} = 0$

将式(2－23)代入三个网孔的 KVL 方程并整理，可得到网孔电流方程为

$$(R_1 + R_3 + R_5) i_{l1} - R_5 i_{l2} - R_3 i_{l3} = u_{S2}$$
$$-R_5 i_{l1} + (R_2 + R_4 + R_5) i_{l2} - R_4 i_{l3} = -u_{S2}$$
$$-R_3 i_{l1} - R_4 i_{l2} + (R_3 + R_4) i_{l3} = -u_{S1}$$

上式写成一般表达式为

$$\left.\begin{aligned} R_{11} i_{l1} + R_{12} i_{l2} + R_{13} i_{l3} &= u_{S11} \\ R_{21} i_{l1} + R_{22} i_{l2} + R_{23} i_{l3} &= u_{S22} \\ R_{31} i_{l1} + R_{32} i_{l2} + R_{33} i_{l3} &= u_{S33} \end{aligned}\right\} \qquad (2-24)$$

上式中具有相同下标的电阻 R_{11}、R_{22}和 R_{33}分别为网孔 1、2 和 3 的自电阻，是该网孔中的所有电阻之和，自电阻总为正值；具有不同下标的电阻，如 $R_{23}=R_{32}$为网孔 2 与网孔 3 的互电阻，互电阻的正负号与流过互电阻的两个网孔电流的方向有关，如果流过互电阻的两网孔电流方向相同，则互电阻为正，否则为负值。如果两个网孔之间没有互电阻，则值为零。方程的右边表示该网孔中的等效电压源的代数和，与网孔绕行方向相反的电压源为正，否则为负。

图 2－19 电路中的三个网孔可以推广到 n 个网孔，方程的形式不变，这里不再叙述。

综上所述，用网孔电流法解题的一般步骤如下：

(1) 选网孔为独立回路，标出网孔电流的方向和网孔序号。

(2) 用观察自电阻、互电阻的方法列写各网孔的 KVL 方程(以网孔电流为未知量)。

(3) 求解网孔电流。

(4) 用网孔电流求解各支路电流。

(5) 由支路电流及支路的 VCR 关系式求各支路电压。

【例 2-10】 利用网孔电流法求图 2-20 中的电流 I_1 和 I_2。

解 电路的网孔电流序号如图中所示，三个网孔电流都取顺时针方向，则网孔电流方程为

$$(6+4+3)i_{l1}-3i_{l2}-4i_{l3}=0$$
$$-3i_{l1}+(3+1)i_{l2}-i_{l3}=12$$
$$-4i_{l1}-i_{l2}+(4+2+1)i_{l3}=-12$$

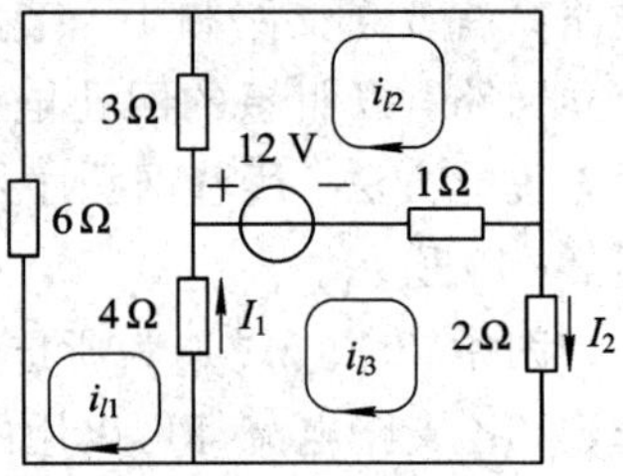

图 2-20 例 2-10 图

另外，根据支路电流和网孔电流之间的关系，可求得

$$I_1=i_{l3}-i_{l1}$$
$$I_2=i_{l3}$$

求解以上方程组可得到支路电流 I_1 和 I_2。

2.7 叠 加 定 理

从前面对支路电流法、节点电压法以及网孔电流法的学习，可以初步看出：对于多个电源组成的复杂电路，各条支路的电流是由这些电源共同作用产生的。本节将介绍的叠加定理就是指：对于线性电路，任何一条支路的电流或电压可以看成是各个电源分别作用时在此支路产生的电流或电压的代数和。

下面通过一个简单的例子加以验证。

如图 2-21(a)所示电路中有两个电源，支路中的电流 I_1 是这两个电源共同作用产生的。

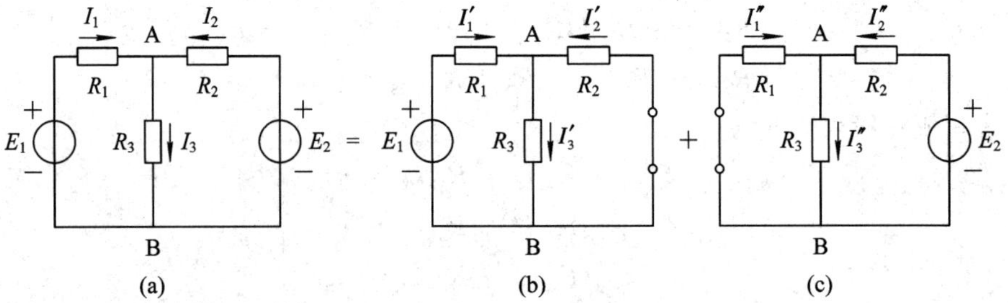

图 2-21 叠加定理

对于图 2-21(a)所示电路，应用 KCL 和 KVL 可列方程组：

$$\left.\begin{aligned}I_1+I_2-I_3&=0\\R_1I_1+R_3I_3&=E_1\\R_2I_2+R_3I_3&=E_2\end{aligned}\right\}\qquad(2-25)$$

解方程组，得

$$I_1=\frac{R_2+R_3}{R_1R_2+R_2R_3+R_3R_1}E_1-\frac{R_3}{R_1R_2+R_2R_3+R_3R_1}E_2$$

在以上方程中，可设

$$I_1'=\frac{R_2+R_3}{R_1R_2+R_2R_3+R_3R_1}E_1$$

$$I_1''=-\frac{R_3}{R_1R_2+R_2R_3+R_3R_1}E_2$$

于是

$$I_1 = I_1' + I_1''$$

显然，I_1'是电路中 E_1 单独作用时在 R_1 所在支路中产生的电流；I_1''是 E_2 单独作用时在 R_1 所在支路中产生的电流。I 为 I_1'和 I_1''的代数和。因为 I_1'和 I_1''的参考方向和 I_1 的方向相同，所以 $I_1 = I_1' + I_1''$。如果 I_1''的参考方向和 I_1 的方向相反，则表达式变为 $I_1 = I_1' - I_1''$。

在利用叠加定理分解电路时，电路中只有一个电源作用的含义就是将不作用的电源除去。电压源连接在电路中的两点采用导线来代替；电流源连接的两点采用开路的方法处理，实际电源的内阻要保留在电路中。

综上所述，可得到如下结论：

(1) 对于线性电路，任何一条支路的电流，可以看成是电路中各个电源(电压源或者电流源)分别单独作用时在此支路上所产生的电流的代数和。线性电路的这一性质称为叠加定理。

(2) 使用叠加定理时注意，此定理只能用来计算线性电路的电压和电流，对于非线性电路，叠加定理不适用。

(3) 叠加定理的数学依据是线性方程的可加性。支路电流法及节点电压法得到的是线性方程，因此所求解的电压和电流量可以叠加；而求功率所列的方程不是线性方程，因为电流和功率不成正比关系，也就是说得到的是非线性方程，所以不能叠加。显然，

$$P = RI_1^2 = R_1(I_1' + I_1'')^2 \neq R_1 I_1'^2 + R_1 I_1''^2$$

【例 2-11】 试求图 2-22(a)所示电路中的电压 U_{ab}。

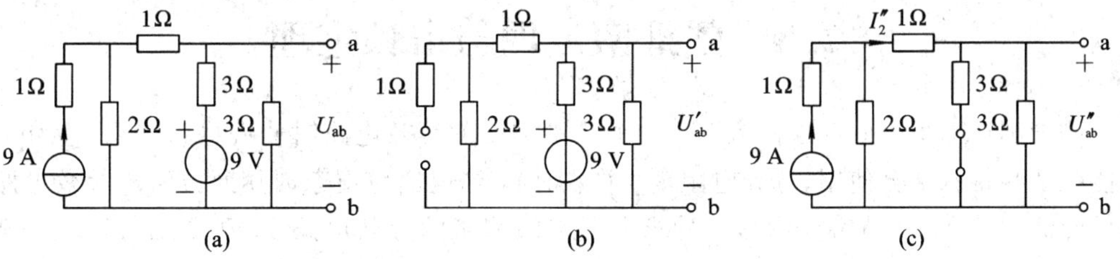

图 2-22　例 2-11 图

解　由叠加定理：电压源单独作用时，电流源用开路代替，等效电路如图 2-22(b)所示。可得

$$U'_{ab} = \frac{\dfrac{(1+2)\times 3}{(1+2)+3}}{3 + \dfrac{(1+2)\times 3}{(1+2)+3}} \times 9 = \frac{1.5}{3+1.5} \times 9 = 3\ \text{V}$$

电流源单独作用时，电压源用短路代替，等效电路如图 2-22(c)所示，则有

$$I''_2 = \frac{2}{2+1+\dfrac{3\times 3}{3+3}} \times 9 = \frac{2}{4.5} \times 9 = 4\ \text{A}$$

$$U''_{ab} = \frac{3\times 3}{3+3} I''_2 = 1.5 \times 4 = 6\ \text{V}$$

所以

$$U_{ab} = U'_{ab} + U'''_{ab} = 3 + 6 = 9\ \text{V}$$

【例 2-12】 试应用叠加定理求图 2-23(a)所示电路中的支路电流 I。已知 $E_1 = 12$ V，$I_S = 6$ A，$R_1 = 1\ \Omega$，$R_2 = 2\ \Omega$，$R_3 = 1\ \Omega$，$R_4 = 2\ \Omega$。

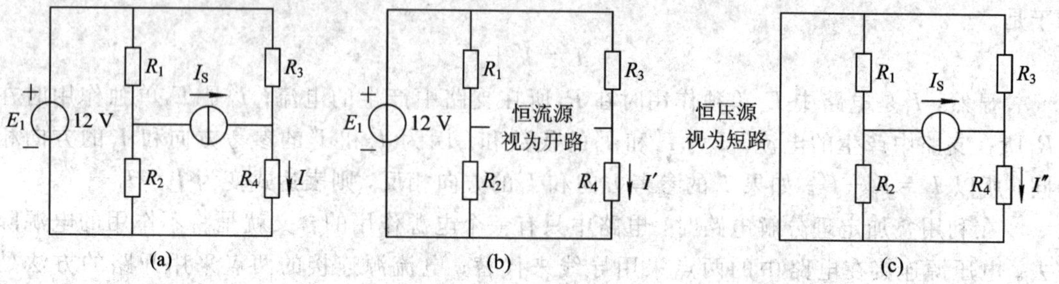

图 2-23　例 2-12 图

解　利用叠加定理，图 2-23(a)所示的电路可视为图 2-23(b)和图 2-23(c)的叠加。

$$I' = \frac{E_1}{(R_1+R_2)\ //\ (R_3+R_4)} \times \frac{R_1+R_2}{R_1+R_2+R_3+R_4}$$

$$= \frac{12}{\dfrac{(1\times 2)\times(1\times 2)}{(1+2)+(1+2)}} \times \frac{1+2}{(1+2)+(1+2)} = 4\ \text{A}$$

$$I'' = \frac{R_3}{R_3+R_4} \times I_S = \frac{1}{1+2} \times 6 = 2\ \text{A}$$

所以

$$I = I' + I'' = 4 + 2 = 6\ \text{A}$$

2.8　戴维南定理与诺顿定理

尽管利用电源等效变换的方法求含源二端网络的等效电路时使人感到直观、简单，但只能在某些特殊场合使用(例如电阻串、并联时)，当电路较复杂时用此方法求等效电路则比较麻烦。因此，本节将介绍另一种求含源二端网络的等效电路及 VCR 的方法——戴维南定理和诺顿定理。这两种方法对求含源二端网络的等效电路及 VCR 提出普遍适用的形式，故它们可适用于解决复杂网络的分析和计算问题，且应用更为广泛。

2.8.1　戴维南定理

戴维南定理：任意一个有源二端网络(如图 2-24(a)所示)，就其两个输出端(或负载 R_L)而言，总可与一个独立电压源和一个线性电阻串联的电路等效(如图 2-24(b)所示)。其中，独立电压源的电压值等于该有源二端网络的开路电压 U_0(如图 2-24(c)所示)；尤其

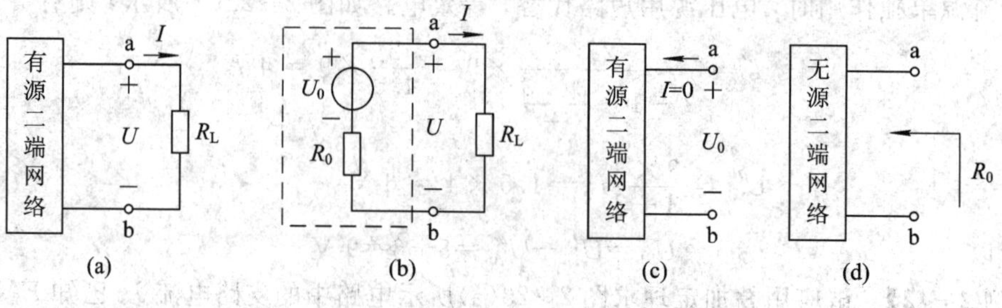

图 2-24　戴维南定理示意图

注意要把负载 R_L 断开，串联电阻 R_0 等于该有源二端网络内的独立源置零后得到的无源二端网络从输出端看入的等效电阻(如图 2-24(d)所示)。

该定理中的独立电压源与电阻串联的电路通常称为有源二端网络的戴维南等效电路(如图 2-24(b)所示)，串联电阻 R_0 也称为输出电阻。

戴维南定理可用叠加定理和替代定理证明。下面给出该定理的证明。

设在图 2-25(a)的电路中，ab 支路用一电流源置换，电流源的电流 I_S 与支路电流 I 相等(图 2-25(a))。这样置换后不会改变原有源二端网络各支路的电流和电压。

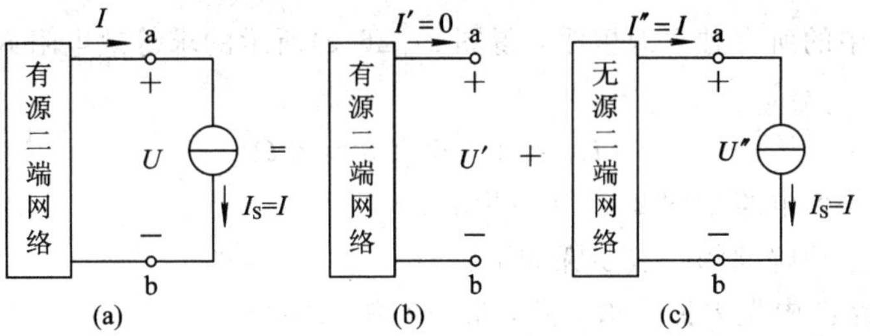

图 2-25　戴维南定理的证明

根据叠加原理，图 2-25(a)电路中的电流 I 和电压 U 是图 2-25(b)与(c)两个电路中相应电流(I'与 I'')和相应电压(U'与 U'')的叠加。在图 2-25(b)的电路中，除去理想电流源，保留了二端网络中所有的电源；此时，a 和 b 两端开路，即 $I'=0$，$U'=U_0$。在图 2-25(c)的电路中，只有理想电流源单独作用，有源二端网络中各电源均被除去而成为无源二端网络，其等效电阻为 R_0；此时，$I''=I_S=I$，$U''=-IR_0$。

由此可得

$$U=U'+U''=U_0-IR_0$$

因此，有源二端网络可用一个含源支路来等效代替，戴维南定理得证。

【例 2-13】 试求图 2-26(a)所示有源二端网络的戴维南等效电路。

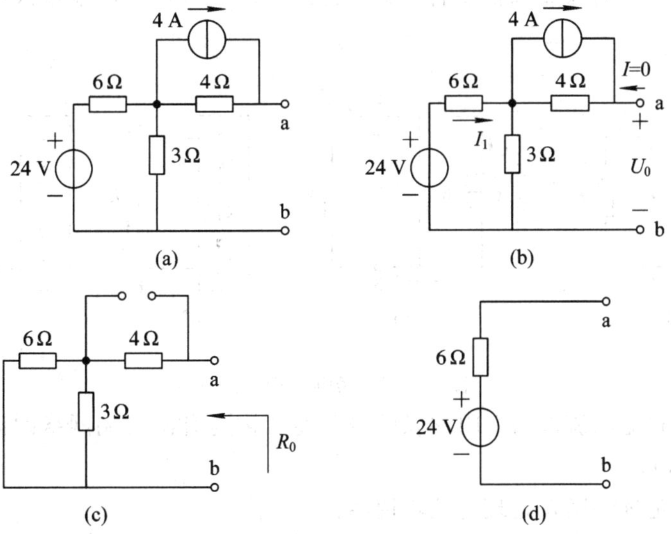

图 2-26　例 2-13 图

解 (1) 求开路电压 U_0。

求开路电压的电路如图 2-26(b)所示，因为 $I=0$，所以

$$(6+3)I_1 = 24, \quad I_1 = \frac{8}{3}\ \text{A}$$

故

$$U_0 = 4\times 4 + \frac{8}{3}\times 3 = 24\ \text{V}$$

(2) 求等效电阻 R_0。

将二端网络中的所有独立源置零，得图 2-26(c)所示的求等效电阻 R_0 的电路，则等效电阻为

$$R_0 = 4 + 6 \mathbin{/\!/} 3 = 6\ \Omega$$

因此可得戴维南等效电路如图 2-26(d)所示。

利用戴维南定理解题的一般步骤如下：

(1) 在原电路图中先去掉待求支路，形成有源二端网络；

(2) 求有源二端网络的开路电压 U_0；

(3) 求无源二端网络的等效电阻 R_0；

(4) 以实际电压源模型的形式画出戴维南等效电路，补充待求支路；

(5) 求待求支路的未知量。

2.8.2 诺顿定理

诺顿定理与戴维南定理有对偶关系，其内容表述如下：任意一个线性有源二端网络(如图 2-27(a)所示)，就其两个输出端(或负载 R_L)而言，总可与一个独立电流源和一个线性电阻并联的电路等效(如图 2-27(b)所示)。其中，独立电流源的电流等于该有源二端网络输出端的短路电流 I_S(如图 2-27(c)所示)。尤其注意要把负载 R_L 短路，并联电阻 R_0 等于该有源二端网络内的独立源置零后得到的无源二端网络从输出端看入的等效电阻(如图 2-27(d)所示)。

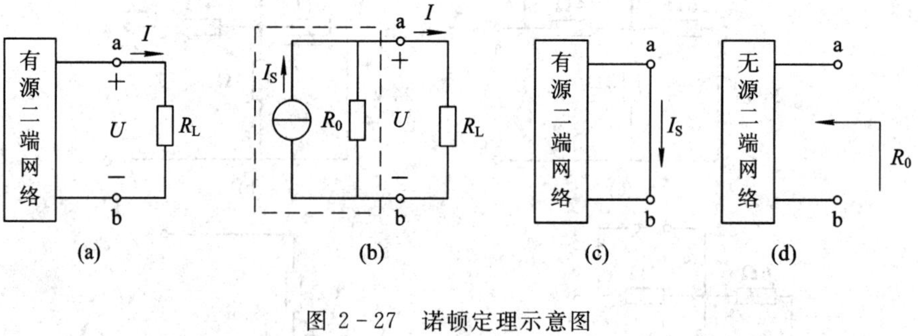

图 2-27 诺顿定理示意图

该定理中的独立电流源与电阻并联的电路通常称为有源二端网络的诺顿等效电路(如图 2-27(b)所示)。

应用戴维南定理和诺顿定理的几点说明：

(1) 应用戴维南定理和诺顿定理时，要求被等效的含源网络是线性的，且与外电路之间无耦合关系。

(2) 在求戴维南等效电路或诺顿等效电路中的电阻 R_0 时，应将二端网络中的所有独立源置零，但是遇到受控源时应保留在电路中。

(3) 当 $R_0 \neq 0$ 和 $R_0 \neq \infty$ 时，有源二端网络既有戴维南等效电路又有诺顿等效电路，且 U_0、I_S、R_0 三个参数之间存在如下关系：

$$R_0 = \frac{U_0}{I_S} \quad 或 \quad U_0 = I_S R_0$$

【例 2-14】 用诺顿定理求图 2-28(a)所示电路中的电流 I。

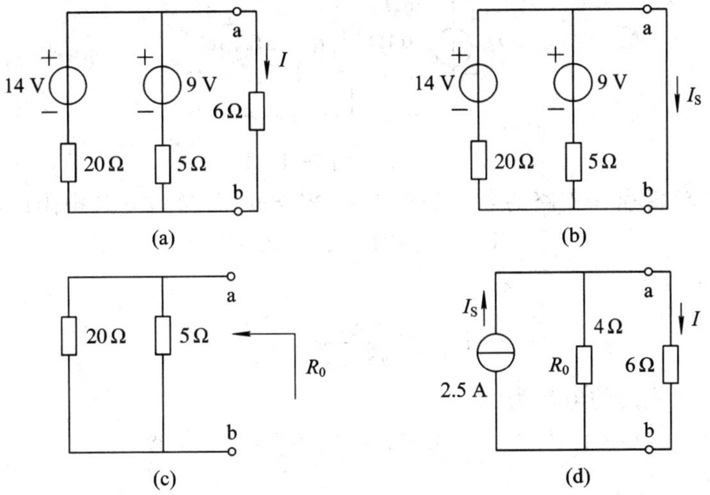

图 2-28　例 2-14 图

解　由图 2-28(b)求短路电流 I_S：

$$I_S = \left(\frac{14}{20} + \frac{9}{5}\right)\text{A} = 2.5\ \text{A}$$

由图 2-28(c)求等效电阻 R_0：

$$R_0 = (20 \mathbin{/\!/} 5) = 4\ \Omega$$

由以上两个参数可作出 ab 以左电路的诺顿等效电路，再并联 6 Ω 电阻得图 2-28(d)所示电路，由分流公式可得

$$I = \frac{R_0}{R_0 + 6} \times I_S = \frac{4}{4+6} \times 2.5 = 1\ \text{A}$$

在前面讲过，实际电源的电压源模型和电流源模型之间可以等效变换，所以，一个有源线性二端网络不仅可以用电压源模型等效替代，还可用电流源模型等效替代。用诺顿定理解题的步骤和戴维南定理相似。

2.9　受控电源电路的分析

对含有受控电源的线性电路，同样可以用前面几节所讲的电路分析方法进行分析与计算，具体处理方法如下：

(1) 在电路中先把受控电源当做独立电源对待，再利用前面所学的 VCR 关系列写受控量和电路中其他电压、电流之间的关系式。

(2) 受控电源之间同样也可以进行等效变换，受控电压源-串联电阻支路和受控电流源-并联电阻支路，它们之间也可以像独立源一样进行等效变换，但控制量(某支路的电压或电流)所在的支路应保持原来的结构。

以下我们用例题来说明含受控源电路的分析方法。

【例 2-15】 求图 2-29 所示电路中的电压 U_S，其中 $U=9.8$ V。

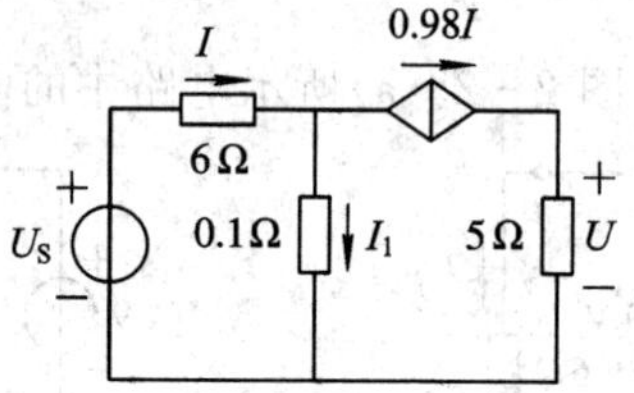

图 2-29 例 2-15 图

解 受控电流源所在支路的电流是 $0.98I$，根据欧姆定律，5 Ω 电阻的电压为

$$U = 0.98I \times 5 = 9.8 \text{ V}$$

由此可解出电流 I 为

$$I = \frac{9.8}{0.98 \times 5} = 2 \text{ A}$$

根据 KCL，0.1 Ω 支路的电流为

$$I_1 = I - 0.98I = 0.02I = 0.04 \text{ A}$$

根据 KVL，可得

$$U_S = 6I + 0.1I_1 = 6 \times 2 + 0.1 \times 0.04 = 12.004 \text{ V}$$

【例 2-16】 如图 2-30(a)所示电路，求电压 U。

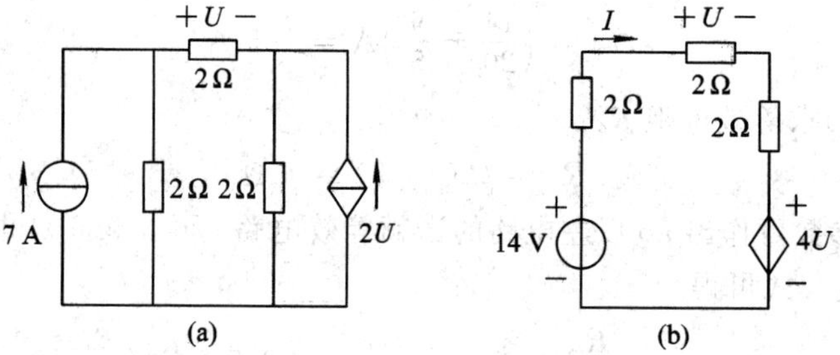

图 2-30 例 2-16 图

解 将电流源互换等效为电压源，如图 2-30(b)所示。设电流 I 的参考方向如图 2-30(b)所示，由欧姆定律可得

$$U = 2I$$

对图 2-30(b)的单回路电路应用 KVL，可得

$$2I + U + 2I + 4U - 14 = 0$$

将 $2I=U$ 代入上式，有

$$U + U + U + 4U = 14$$

解得

$$U = 2 \text{ V}$$

习　题　2

2-1　什么是节点电压法？节点电压法的实质是什么？

2-2　什么是网孔电流法？网孔电流法的实质是什么？

2-3　求图 2-31 所示电路的等效电阻 R_{ab}。

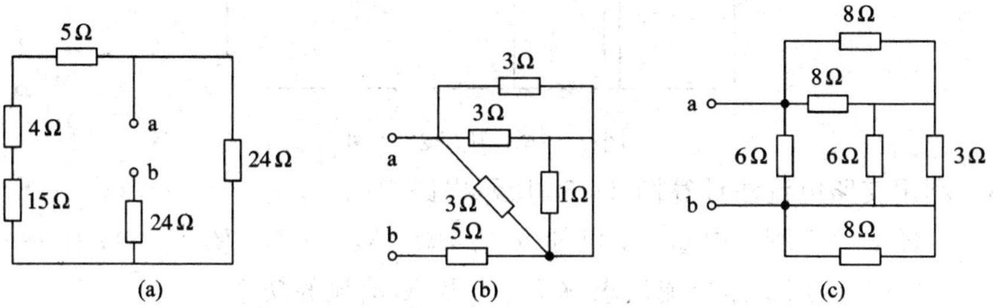

图 2-31　习题 2-3 图

2-4　求图 2-32 所示电路中 ab 端口的等效电阻 R_{ab}。

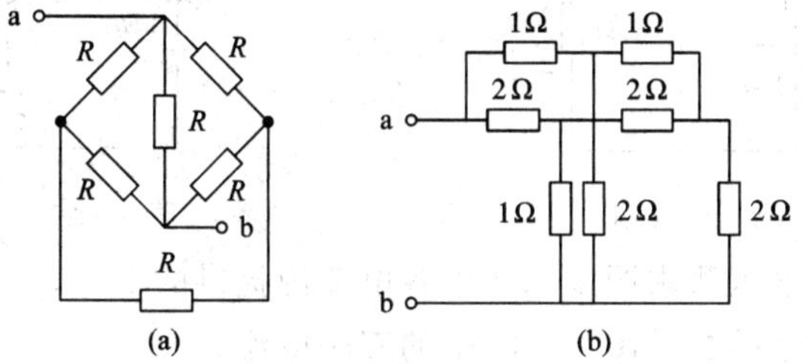

图 2-32　习题 2-4 图

2-5　图 2-33 所示电路中 N 为含源线性电阻网络。当 $R=10\ \Omega$ 时，$I=1$ A；当 $R=30\ \Omega$ 时，$I=0.5$ A。试求二端网络 N 的戴维南等效电路。

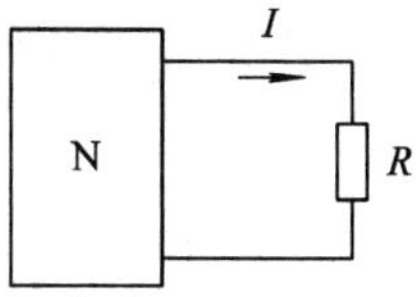

图 2-33　习题 2-5 图

2-6　将图 2-34 所示电路化为最简形式(电压源模型或电流源模型)。

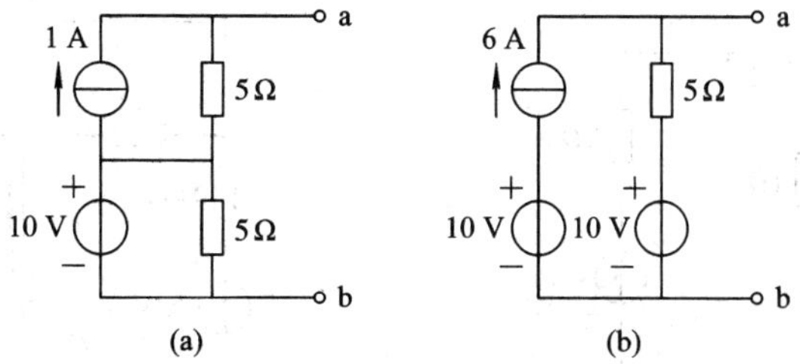

图 2-34　习题 2-6 图

2-7　利用电源的等效变换求解图 2-35 所示电路中的电流 I。

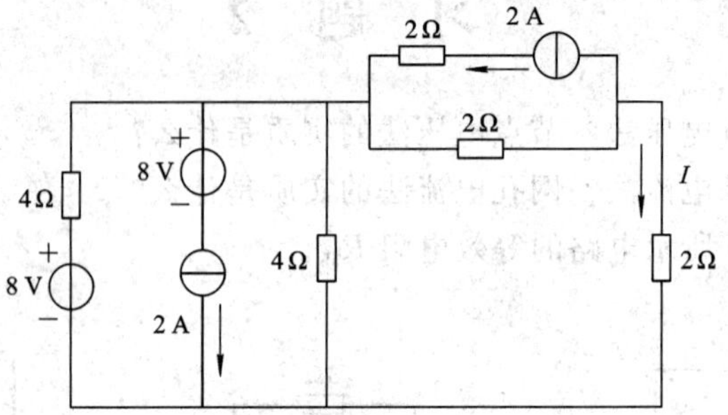

图 2-35　习题 2-7 图

2-8　利用支路电流法计算图 2-36 所示电路中的 i_1、i_2、i_3、u。

2-9　在图 2-37 所示电路中，已知 $R_1=4\ \Omega$，$R_2=1\ \Omega$，$R_3=5\ \Omega$，$R_4=2\ \Omega$，$U_{S1}=20\ V$，$U_{S2}=12\ V$。试用支路电流法求解 I_1、I_2 及 R_3 消耗的功率。

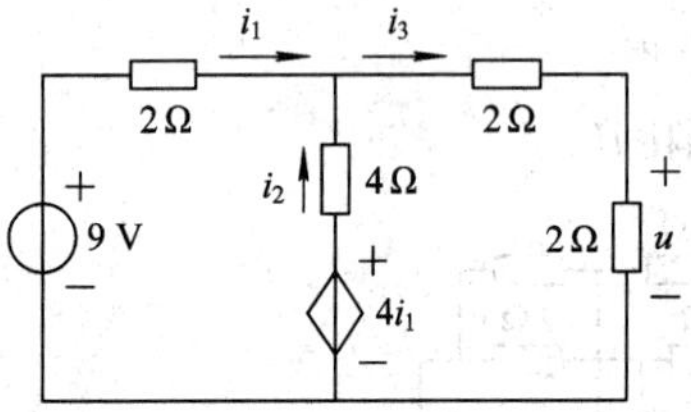

图 2-36　习题 2-8 图

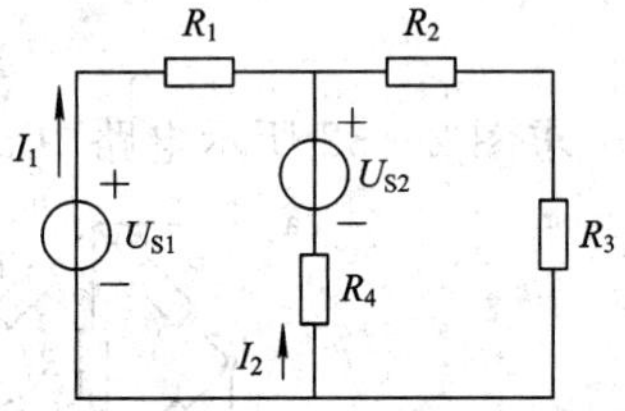

图 2-37　习题 2-9 图

2-10　利用节点电压法求图 2-38 中各电流源提供的功率。

2-11　利用节点电压法求图 2-39 中的支路电流。

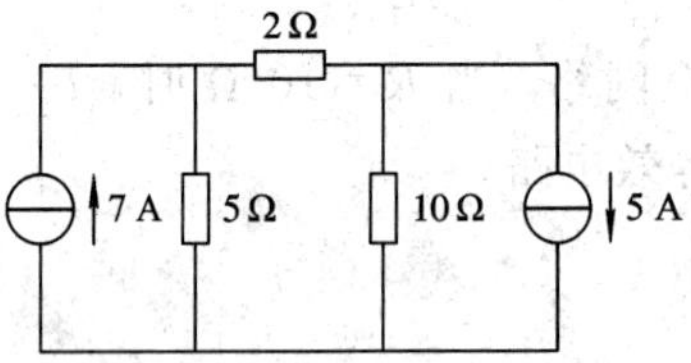

图 2-38　习题 2-10 图

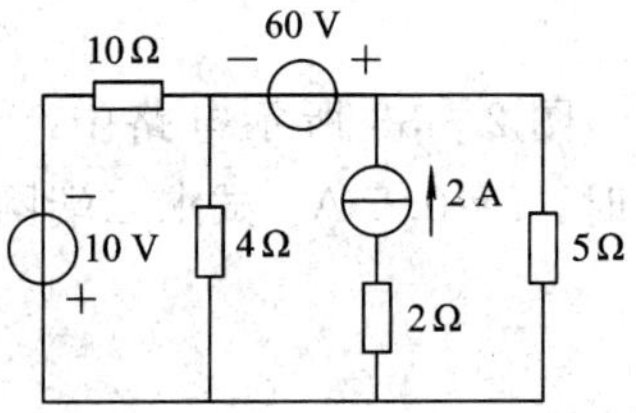

图 2-39　习题 2-11 图

2-12　试用网孔电流法求解图 2-40 所示电路中的电压 u。

2-13　试用网孔电流法求解图 2-41 所示电路中的电流 I。

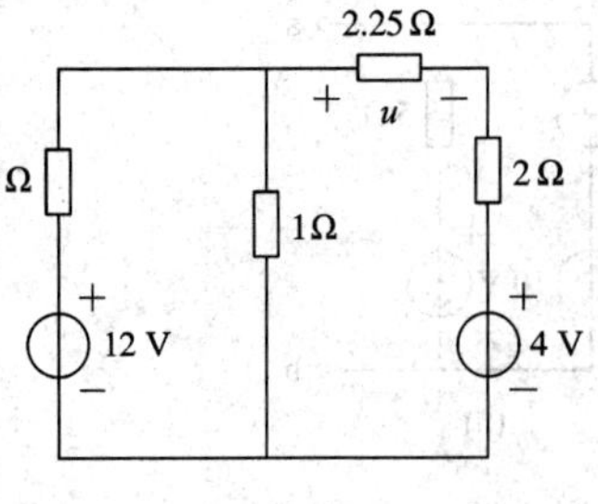

图 2-40　习题 2-12 图

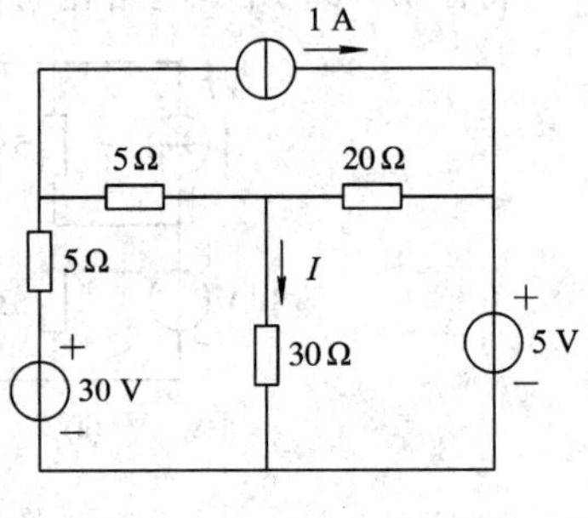

图 2-41　习题 2-13 图

2-14　利用叠加定理计算图 2-42 中 5 V 电压源的电流 I。

2-15　利用叠加定理求解图 2-43 电路中的电压 U。

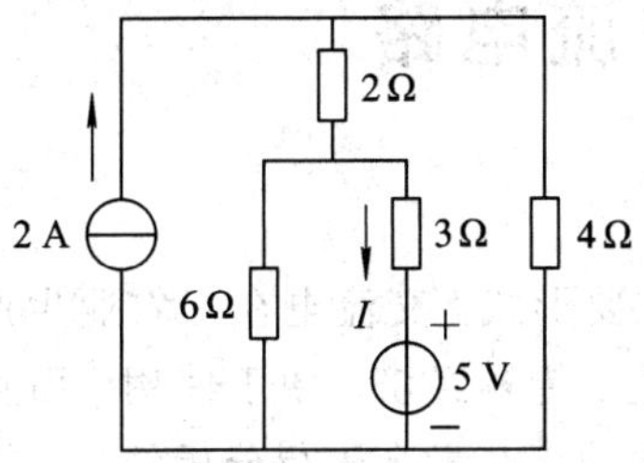

图 2-42　习题 2-14 图

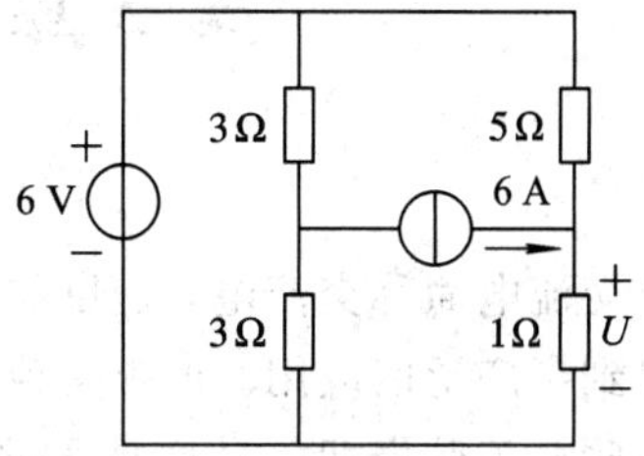

图 2-43　习题 2-15 图

2-16　求解图 2-44 电路中 ab 端口的戴维南等效电路。

2-17　求解图 2-45 电路的诺顿等效电路。

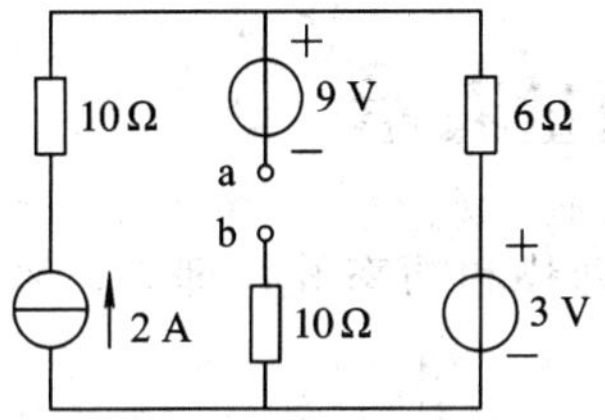

图 2-44　习题 2-16 图

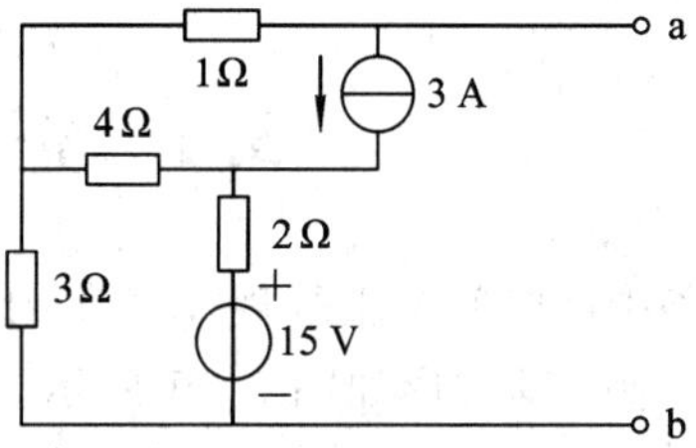

图 2-45　习题 2-17 图

2-18　试求图 2-46 所示电路的戴维南等效电路和诺顿等效电路。

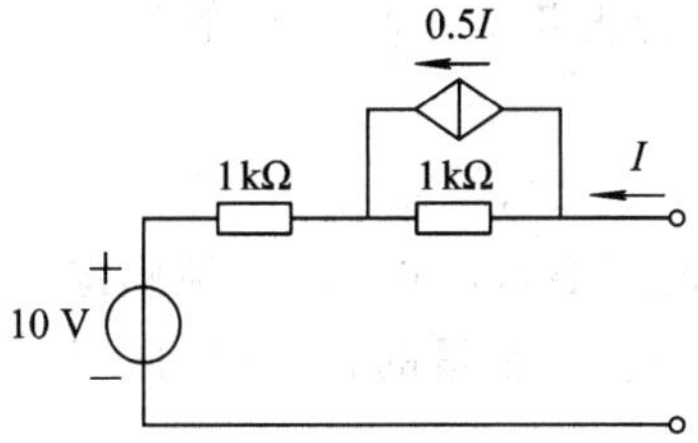

图 2-46　习题 2-18 图

第3章 正弦交流电路

正弦交流电简称交流电，是目前供电和用电的主要形式。交流电在工农业生产及日常生活中得到了广泛的应用。正弦交流电不仅容易产生、传输经济、便于使用，而且电子技术中的一些非正弦周期信号也是通过分解为不同频率的正弦量来进行分析的。

由于交流电是随时间不断变化的，有其特殊规律，所以研究交流电路要比研究直流电路复杂得多。本章主要讨论正弦交流电路的基本概念，正弦量的相量表示，各元件上电压、电流和功率的基本关系、基本规律及简单正弦交流电路的分析方法，三相电路的特点及基本分析方法。

3.1 正弦量及其相量表示

电路中随时间按正弦规律变化的电流、电压、电动势和功率等物理量，称为正弦量。以电流为例，其波形如图3-1所示。正弦量可以用时间 t 的正弦函数来表示，其数学表达式为

$$i(t) = I_m \sin(\omega t + \psi) \qquad (3-1)$$

式中，$i(t)$为正弦电流的瞬时值，I_m称为幅值或最大值，ω称为正弦量的角频率，ψ为正弦量在$t=0$时的相位，称为初相位。

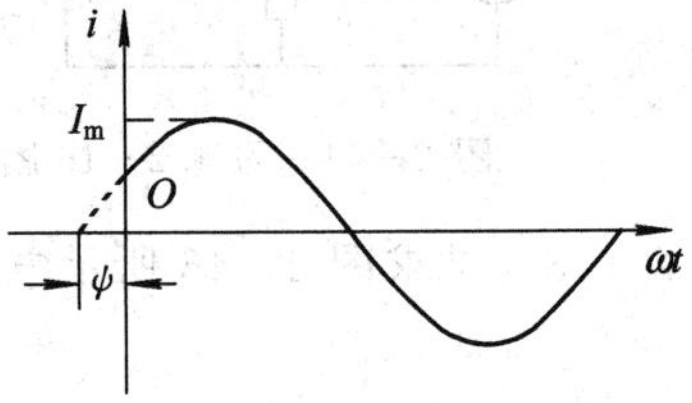

图3-1 正弦量的波形

I_m、ω和ψ分别用来表示一个正弦量的大小、变化速度和初始值，称为正弦量的三要素，可以唯一地确定一个正弦量。

正弦量的正方向通常指的是在正弦量的正半周的方向。

3.1.1 正弦量的三要素

1. 周期、频率与角频率

正弦量变化一次所需的时间称为周期，用 T 表示，单位是秒(s)；每秒变化的次数称为频率，用 f 表示，单位是赫兹(Hz)。由定义可知，频率与周期是互为倒数的关系，即

$$T = \frac{1}{f} \qquad (3-2)$$

通常，在我国和大部分国家都采用50 Hz作为电力标准频率，有些国家(如美国、日本等)采用60 Hz。这种频率在工业上应用广泛，习惯上称之为工频。

在其他不同的技术领域使用着各种不同的频率，工程中常以频率的高低来区分电路，如低频电路、高频电路等。千赫(kHz)和兆赫(MHz)是在高频下常用的频率单位。

$$1\ \text{kHz} = 10^3\ \text{Hz},\ 1\ \text{MHz} = 10^6\ \text{Hz}$$

正弦量表达式(3-1)中的ω是角频率，即正弦量每秒变化的弧度数。单位是弧度每秒

(rad/s)。因为正弦量一周期经历了 2π 弧度，所以角频率与频率及周期之间的关系为

$$\omega = 2\pi f = \frac{2\pi}{T} \tag{3-3}$$

式中，T、f 和 ω 三者的实质是一样的，都是反映正弦量变化快慢的量，只要知道其中之一，其余两个量皆可由式(3-3)求出。例如，我国电力系统所用的工频(50 Hz)频率的周期为

$$T = \frac{1}{f} = \frac{1}{50} = 0.02\ \text{s} = 20\ \text{ms}$$

其角频率为

$$\omega = 2\pi f = 2\pi \times 50 = 100\pi = 314\ \text{rad/s}$$

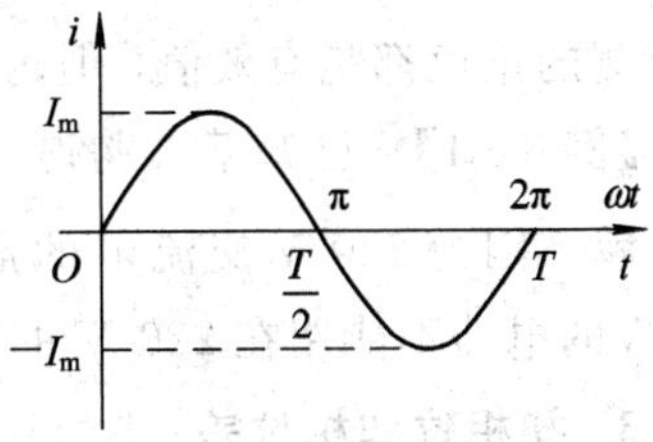

图 3-2　正弦波形

我们在画正弦交流电的波形时，既可用 t 作横坐标，也可用 ωt 作横坐标(如图 3-2 所示)。

2. 瞬时值、幅值(最大值)与有效值

正弦量在任一瞬时的值称为瞬时值，用小写字母来表示，如 i、u 及 e 分别表示电流、电压及电动势的瞬时值。正弦量的瞬时值中最大的值是幅值，也称为最大值，用带下标 m 的大写字母来表示，如 I_m、U_m 及 E_m 分别表示电流、电压及电动势的幅值。

正弦量的大小往往不是用它们的幅值或瞬时值来衡量的，而是用有效值(方均根值)来计量的。

有效值是用电流的热效应来定义的，即一个正弦电流 i 通过一个电阻时在一个周期内产生的热量，与一个直流电流 I 通过这个电阻时在同样的时间内产生的热量相等，则这个直流电流 I 的量值就叫做该正弦电流 i 的有效值，即

$$I^2 RT = \int_0^T Ri^2\, dt$$

由此，可得出周期电流的有效值为

$$I = \sqrt{\frac{1}{T}\int_0^T i^2\, dt} \tag{3-4}$$

由式(3-4)可看出，周期量的有效值等于它的瞬时值的平方在一个周期内的平均值再取平方根。因此，有效值又称为方均根值，该定义也同样适用于非正弦周期量。

当周期电流为正弦量 $i = I_m \sin(\omega t + \psi)$ 时，其有效值为

$$\begin{aligned} I &= \sqrt{\frac{1}{T}\int_0^T I_m^2 \sin^2(\omega t + \psi)\, dt} \\ &= \sqrt{\frac{I_m^2}{T}\int_0^T \frac{1 - \cos 2(\omega t + \psi)}{2}\, dt} \\ &= \sqrt{\frac{I_m^2}{2} - 0} = \frac{I_m}{\sqrt{2}} \end{aligned} \tag{3-5}$$

对于正弦电压和电动势，也有类似的结论：

$$U = \frac{U_m}{\sqrt{2}}, \quad E = \frac{E_m}{\sqrt{2}}$$

可见，对于正弦量而言，最大值是有效值的$\sqrt{2}$倍。有效值用大写字母表示，即 I、U、E 分别表示正弦电流、电压、电动势的有效值。平时说到正弦量的大小，如无特别说明，都是指有效值。例如交流电压 380 V 或 220 V，都是指它的有效值。一般的交流电流表和电压表所测的量值都是有效值，但耐压值、绝缘强度等则是指最大值。

【例 3-1】 已知某人购得一台耐压 300 V 的电器，是否可以用在 220 V 的线路上？

解 因为 220 V 交流电的最大值是 $U_m=\sqrt{2}U=220\sqrt{2}=311\ \text{V}>300\ \text{V}$，所以耐压 300 V的电器不能用在 220 V 的线路上。

3. 初相位和相位差

正弦量是随时间的变化而变化的，所取的计时起点不同，正弦量的初始值($t=0$ 时的值)就不同。式(3-1)中的 $\omega t+\psi$ 称为正弦量的相位角，简称相位。它反映出正弦量变化的进程。

$t=0$ 时正弦量的相位角 ψ 称为初相位角或初相。若波形从负到正的过零点在时间起点的左边，则 ψ 为正；若波形从负到正的过零点在时间起点的右边，则 ψ 为负；若波形从负到正的过零点和时间起点重合，则 ψ 为零。习惯上常取初相位角$|\psi|\leqslant 180°$。初相位决定了 $t=0$ 时正弦量的大小和方向，通常我们称初相位为零的正弦量为参考正弦量。

两个同频率正弦交流电的相位之差，称为相位差，用 φ 表示。例如图 3-3 所示两个同频率的交流电压和电流，初相位不相等，可用以下瞬时表达式表示：

$$i=I_m\sin(\omega t+\psi_i)$$
$$u=U_m\sin(\omega t+\psi_u)$$

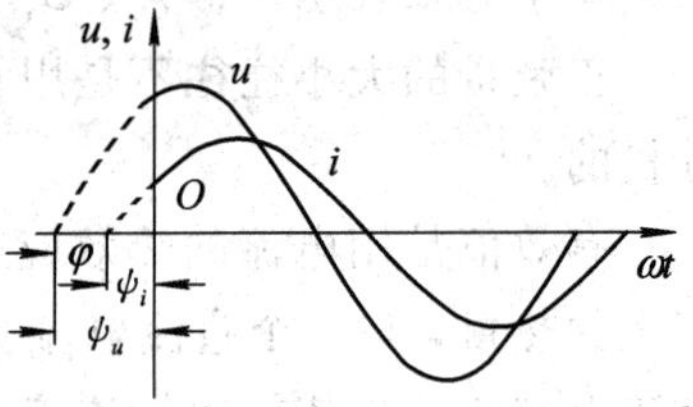

图 3-3 u 和 i 初相位不相等

u 和 i 的相位差为

$$\begin{aligned}\varphi&=(\omega t+\psi_u)-(\omega t+\psi_i)\\&=\psi_u-\psi_i\end{aligned}\tag{3-6}$$

相位差用来描述两个同频率正弦量的超前、滞后关系。因为两者的频率相同，因此相位差也是初相位之差，它指出了两个同频率正弦量随时间变化的先后次序。我们规定$|\varphi|\leqslant 180°$。

对于$\varphi=\psi_u-\psi_i$的取值，若 $\varphi>0$，则称 u 超前于 i，或者 i 滞后于 u；若 $\varphi=0$，则称 u 与 i 同相位；若 $\varphi=\pm 90°$，则称 u 和 i 相互正交；若 $\varphi=\pm 180°$，则称 u 和 i 反相。

注意：只有同频率的正弦量之间才有相位差，不同频率的正弦量比较相位差无意义。

【例 3-2】 已知 $u=15\sin(314t+45°)\text{V}$，$i=10\sin(314t-30°)\text{A}$，求：

(1) u 与 i 的相位差是多少？

(2) 在相位上哪个超前、哪个滞后？

解 (1) $\varphi=\psi_u-\psi_i=45°-(-30°)=75°$。

(2) 因为 $\varphi>0$，所以在相位上 u 比 i 超前 75°，或者说 i 比 u 滞后 75°。

3.1.2 正弦量的相量表示

在线性交流电路中，如果电路内所有的电源均为频率相同的正弦量，则电路中的电压、电流都是与电源频率相同的正弦量。在这种电路的分析计算中，将会遇到同频率的正弦量间的加、减、乘、除运算。用三角函数表达式进行运算将会带来十分繁杂的计算。为了方便计算，我们采用“相量表示法”。

设复平面中有一复数 A，如图 3-4 所示，它可用下列三种式子表示：

$$A = a + jb = r\cos\psi + jr\sin\psi = r(\cos\psi + j\sin\psi) \quad (\text{代数式}) \tag{3-7}$$

$$A = re^{j\psi} \quad (\text{指数式}) \tag{3-8}$$

$$A = r\angle\psi \quad (\text{极坐标式}) \tag{3-9}$$

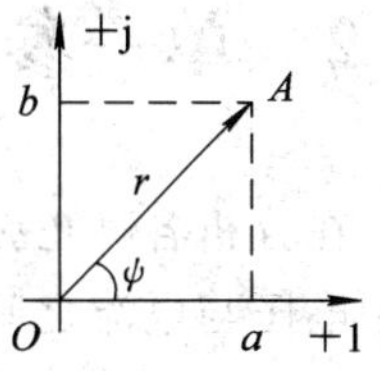

图 3-4　复数的表示

式(3-7)和式(3-8)中的 j 是复数的虚数单位，即 $j=\sqrt{-1}$，并由此得 $j^2=-1$，$\frac{1}{j}=-j$。

由此可见，一个复数由模和辐角两个特征来确定，而正弦量由幅值、初相位和频率三个特征来确定。但在分析线性电路时，电路中的激励和响应均为同频率的正弦量，频率是已知的，可以不必考虑。因此一个正弦量由幅值(或有效值)和初相位就可以确定了。

比照复数和正弦量，我们把正弦量的幅值或有效值用复数的模表示，把正弦量的初相位用复数的辐角表示，这样就可以把正弦量用复数表示了。

为了区别于一般复数，把表示正弦量的复数称为相量，并在大写字母上加“·”。例如，正弦电压 $u=U_m\sin(\omega t+\psi_u)$ 的相量式为

$$\dot{U} = U(\cos\psi + j\sin\psi) = Ue^{j\psi} = U\angle\psi \tag{3-10}$$

注意：相量只是表示正弦量，而不是等于正弦量。

画出的各正弦量的相量在复平面上的图形称为相量图。在相量图上能形象地看出各个正弦量的大小和相位关系。例如，在图 3-2 中用正弦波表示的电压 u 和电流 i 两个正弦量，用相量图表示则如图 3-5 所示，可以明确看出电压相量 $\dot{U}$ 与电流相量 $\dot{I}$ 的相位关系，电压相量 $\dot{U}$ 比电流相量 $\dot{I}$ 超前 φ 角度，即正弦电压 u 比正弦电流 i 超前 φ 角度。

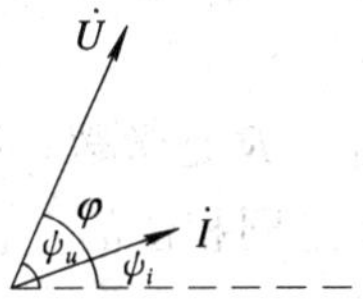

图 3-5　相量图

正弦量还可以用振幅相量或有效值相量来表示，但一般都用有效值相量表示。其表示方法是用正弦量的有效值作为复数相量的模，用初相角作为复数相量的辐角。

相量的引入方便了我们对同频率的正弦量之间的运算，然而相量只能表示正弦周期量，只有同频率的正弦周期量才能画在同一相量图上。

【例 3-3】 把下列正弦量用相量表示，并作相量图。

$$u = 311\sin(314t + 45°)\text{V}$$

$$i = 7.07\sin(314t - 30°)\text{A}$$

解　正弦电压的有效值 $U=0.707\times311=220$ V，初相 $\psi_u=45°$，所以它的相量为

$$\dot{U} = U\angle\psi_u = 220\angle45° \text{ V}$$

正弦电流的有效值 $I=0.707\times7.07=5$ A，初相 $\psi_i=-30°$，所以它的相量为

$$\dot{I} = I\angle\psi_i = 5\angle-30° \text{ A}$$

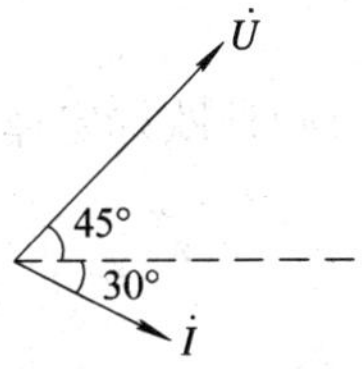

图 3-6　例 3-3 相量图

画出的相量图如图 3-6 所示。

3.2 单一参数的正弦交流电路和基尔霍夫定律的相量形式

在分析各种正弦交流电路时，必须先掌握单一参数(纯电阻、纯电容和纯电感)元件电路中电压与电流之间的关系，然后把其他电路作为单一参数电路的组合来分析。

3.2.1 电阻元件的交流电路

1. 电阻元件的电压与电流关系

纯电阻电路是最简单的交流电路，如图 3-7 所示。在日常生活中接触到的白炽灯、电炉、电烙铁等与交流电源组成的就是纯电阻交流电路。

当 u 和 i 取关联参考方向时，根据欧姆定律得出

$$u = Ri \tag{3-11}$$

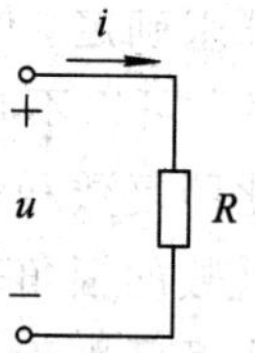

图 3-7 电阻元件

电阻元件的参数 $R=u/i$ 称为电阻，它具有对电流起阻碍作用的物理性质。

将式(3-11)两边乘以 i，并进行积分，则得

$$\int_0^t ui \,\mathrm{d}t = \int_0^t Ri^2 \,\mathrm{d}t \tag{3-12}$$

式(3-12)表明电能全部消耗在电阻元件上，转换为热能。因此，电阻元件是耗能元件。

设 $i=I_{\mathrm{m}}\sin(\omega t+\psi_i)$，$u=U_{\mathrm{m}}\sin(\omega t+\psi_u)$，则

$$u = Ri = RI_{\mathrm{m}}\sin(\omega t+\psi_i) = U_{\mathrm{m}}\sin(\omega t+\psi_u)$$

由于 R 是常数，所以有 $U_{\mathrm{m}}=RI_{\mathrm{m}}$，$\psi_i=\psi_u$，也就是说，在电阻元件的交流电路中，电流和电压是同相位的，电压的幅值(或有效值)与电流的幅值(或有效值)之比值就是电阻值 R，即

$$\left.\begin{aligned}\frac{U_{\mathrm{m}}}{I_{\mathrm{m}}} &= \frac{U}{I} = R\\ \varphi &= \psi_u - \psi_i = 0\end{aligned}\right\} \tag{3-13}$$

正弦量可以用相量表示，写出电压相量和电流相量，可得相量表示的电压与电流的关系，即

$$\dot{U} = U\mathrm{e}^{\mathrm{j}\psi_u}, \quad \dot{I} = I\mathrm{e}^{\mathrm{j}\psi_i}$$

$$\frac{\dot{U}}{\dot{I}} = \frac{U}{I}\mathrm{e}^{\mathrm{j}(\psi_u-\psi_i)} = \frac{U}{I}\mathrm{e}^{\mathrm{j}0^\circ} = R$$

或

$$\dot{U} = R\dot{I} \tag{3-14}$$

式(3-14)即欧姆定律的相量表示式。电阻元件电压与电流的相量图如图 3-8 所示。

图 3-8 电阻元件电压与电流的相量图

2. 电阻元件的功率关系

在任意瞬间，电压瞬时值 u 与电流瞬时值 i 的乘积，称为瞬时功率，用小写字母 p 表示。

若设流过电阻的电流 $i=I_m \sin\omega t$，其两端的电压 $u=U_m \sin\omega t$，则

$$\begin{aligned} p &= ui = U_m I_m \sin^2\omega t \\ &= \frac{U_m I_m}{2}(1-\cos 2\omega t) \\ &= UI(1-\cos 2\omega t) \end{aligned} \tag{3-15}$$

由式(3-15)可见，在电阻元件的交流电路中，电阻上的功率是由两部分组成的，第一部分是常数 UI，第二部分是幅值为 UI、以 2ω 的角频率随时间变化的交变量 $UI\cos 2\omega t$。p 随时间变化的波形如图 3-9 所示。

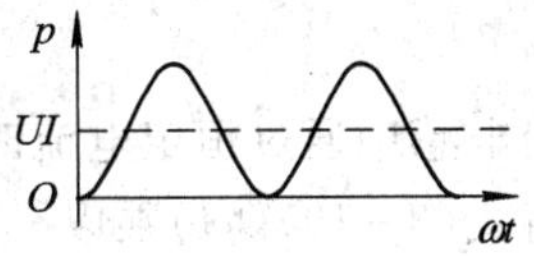

图 3-9　电阻元件的瞬时功率

由于电阻元件的交流电路中 u 与 i 同相，它们同时为正，同时为负，所以瞬时功率总是正值，即 $p\geqslant 0$，这表明电阻元件在取用电能，它把取用的电能转换为热能。

瞬时功率随时间不断变化，一般实用意义不大。一个周期内瞬时功率的平均值，称为平均功率，用大写字母 P 表示，单位是瓦特(W)。平均功率体现电路消耗电能的平均速度。在电阻电路中，平均功率为

$$P = \frac{1}{T}\int_0^T p\,\mathrm{d}t = \frac{1}{T}\int_0^T UI(1-\cos 2\omega t)\mathrm{d}t = UI = RI^2 = \frac{U^2}{R} \tag{3-16}$$

电阻电路的平均功率表达式与直流电路中电阻功率的形式相同，但式中的 U、I 则是正弦交流电的有效值。

【例 3-4】 把一个 100 Ω 的电阻元件接到电压为 $u=220\sqrt{2}\sin(314t-30°)$ V 的电源上，求其电流有效值及平均功率。若保持电压不变，而电源频率改为 5000 Hz，其电流有效值及平均功率又为多少？

解　因为电阻与频率无关，所以电压有效值不变时，电流有效值保持不变，则

$$I = \frac{U}{R} = \frac{220}{100} = 2.2\ \text{A}$$

$$P = UI = 220 \times 2.2 = 484\ \text{W}$$

3.2.2　电感元件的交流电路

1. 电感元件的电压和电流关系

图 3-10 是一个线性电感元件，它是线圈的理想化模型。电压和电流的参考方向如图中所示，符合右手螺旋定则。当电流 i 流过线圈时，在每匝线圈中将产生磁通 Φ，它通过每匝线圈。如果线圈匝数为 N，则电感元件的参数为

$$L = \frac{N\Phi}{i} \tag{3-17}$$

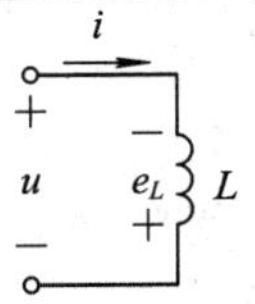

图 3-10　电感元件

L 称为电感或自感，是常数，它的单位是亨利(H)或毫亨(mH)。磁通的单位是韦伯(Wb)。线圈的匝数越多，其电感越

大；线圈中单位电流产生的磁通越大，电感也越大。

当电感元件中磁通 Φ 或电流 i 发生变化时，在规定参考方向下，电感元件中产生的感应电动势为

$$e_L = -N\frac{\mathrm{d}\Phi}{\mathrm{d}t} = -L\frac{\mathrm{d}i}{\mathrm{d}t} \tag{3-18}$$

根据基尔霍夫定律，对图 3-10 可写出

$$u + e_L = 0$$

或

$$u = -e_L = L\frac{\mathrm{d}i}{\mathrm{d}t} \tag{3-19}$$

当电感中通过恒定电流时，其上电压 u 为零，因此电感可视做短路。

将式(3-19)两边乘以 i，并进行积分，则得

$$\int_0^t ui\ \mathrm{d}t = \int_0^i Li\ \mathrm{d}i = \frac{1}{2}Li^2 \tag{3-20}$$

式(3-20)表明，电感元件中的磁场能量随流过电感的电流的变化而变化，大小为 $\frac{1}{2}Li^2$。电流增大时，磁场能量增大，电感元件从电源取用能量；电流减小时，磁场能量减小，电感元件向电源放还能量。因此，电感元件是储能元件。

在图 3-10 中，设电流 i 为正弦量，$i = I_m \sin\omega t$，当 u 和 i 取关联参考方向时，则由式(3-19)可得电感元件两端的电压为

$$\begin{aligned} u &= L\frac{\mathrm{d}I_m \sin\omega t}{\mathrm{d}t} = \omega L I_m \cos\omega t = \omega L I_m \sin(\omega t + 90°) \\ &= U_m \sin(\omega t + 90°) \end{aligned} \tag{3-21}$$

可以看出，流过电感的电流与电感两端的电压是同频率的正弦量，在相位上电流比电压滞后 90°。波形如图 3-11 所示。

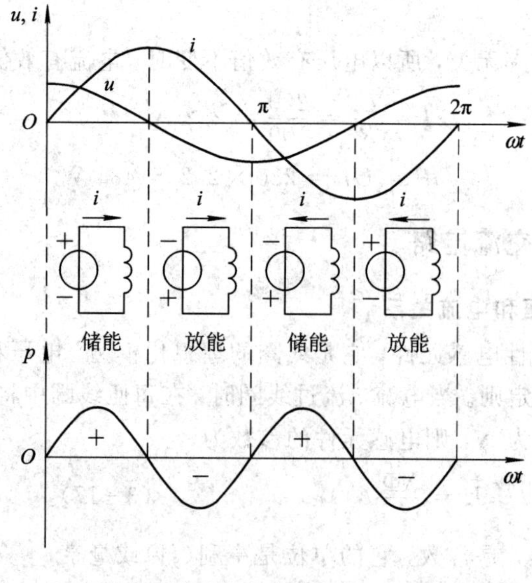

图 3-11　电感元件的交流电路电压、电流及功率波形

幅值（或有效值）的关系为

$$U_m = \omega L I_m \quad 或 \quad \frac{U_m}{I_m} = \frac{U}{I} = \omega L \tag{3-22}$$

式(3-22)表示电感元件的交流电路中，电压的幅值（或有效值）与电流的幅值（或有效值）之比为 ωL，它的单位还是欧姆(Ω)。当电压 U 一定时，ωL 越大，则电流 I 越小，可见它有对电流起抵抗作用的物理性质，所以称为感抗，用 X_L 表示，即

$$X_L = \omega L = 2\pi f L \tag{3-23}$$

感抗 X_L 与电感 L、频率 f 成正比。电感对高频电流的抵抗作用很大，而对直流电流 $X_L=0$，可视做短路。

如果用相量表示电压和电流的关系，则为

$$\dot{U} = U e^{j90^\circ}, \quad \dot{I} = I e^{j0^\circ}$$

$$\frac{\dot{U}}{\dot{I}} = \frac{U}{I} e^{j90^\circ} = jX_L$$

或

$$\dot{U} = jX_L \dot{I} = j\omega L \dot{I} \tag{3-24}$$

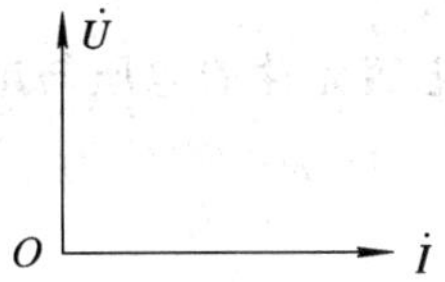

图 3-12　电感上的电压与电流相量图

式(3-24)表示电压的有效值等于电流的有效值与感抗的乘积，而在相位上电压超前电流 90°。电压和电流的相量图如图 3-12 所示。

2. 电感元件的功率关系

电感元件交流电路的瞬时功率 p 为

$$p = ui = U_m I_m \sin\omega t \sin(\omega t + 90^\circ) = \frac{U_m I_m}{2} \sin 2\omega t = UI \sin 2\omega t \tag{3-25}$$

由式(3-25)可知，p 是一个幅值为 UI、以 2ω 的角频率随时间变化的交变量。其波形如图 3-11 所示。在电流的第一个和第三个四分之一周期，p 为正值，电感元件处于储能状态，将电能转化为磁场能；而在第二个和第四个四分之一周期，p 为负值，电感元件处于放能状态，将磁场能转化为电场能送回给了电源。

电感元件的交流电路中，平均功率

$$P = \frac{1}{T}\int_0^T p \, dt = \frac{1}{T}\int_0^T UI \sin 2\omega t \, dt = 0$$

结果表明，电感元件是不消耗能量的，在电源与电感元件之间只发生能量的交换。当 $di/dt>0$ 时，电感把电能转换为磁场能存储下来；当 $di/dt<0$ 时，电感把磁场能转换为电能释放出去。为了衡量这种能量互换的规模，引入无功功率，用大写字母 Q 来表示，单位为乏(var)或千乏(kvar)，规定无功功率等于瞬时功率的幅值，即

$$Q = UI = X_L I^2 \tag{3-26}$$

无功功率不能理解为无用的功率，它用于衡量储能元件和电源之间交换能量的能力或规模。相对于无功功率，我们也把平均功率称为有功功率。

【例 3-5】　图 3-10 所示的电感元件的交流电路中，$u=220\sqrt{2}\sin(314t+20^\circ)$ V，电感 $L=0.1$ H，求电感电流 I。若电压值不变，频率变为 5000 Hz，电流 I 将变为多少？

解　当 $\omega=314$ rad/s 时，有

$$X_L = \omega L = 314 \times 0.1 = 31.4\ \Omega$$

$$I=\frac{U}{X_L}=\frac{220}{31.4}\approx 7.0\ \mathrm{A}$$

当 $f=5000$ Hz 时，有

$$X_L=2\pi fL=2\times 3.14\times 5000\times 0.1=3140\ \Omega$$

$$I=\frac{U}{X_L}=\frac{220}{3140}\approx 70\ \mathrm{mA}$$

可见，当电压有效值一定时，频率越高，流过电感的电流有效值就越小。利用此特性，工程上可将电感线圈用做高频扼流圈，以阻止高频信号通过。

3.2.3 电容元件的交流电路

1. 电容元件的电压与电流关系

图 3－13 是一个线性电容元件。电压和电流的参考方向如图中所示。其参数

$$C=\frac{q}{u} \tag{3-27}$$

称为电容，其单位是法拉(F)。由于法拉的单位太大，工程上常采用微法(μF)和皮法(pF)，它们之间的换算关系为

$$1\ \mathrm{F}=10^6\ \mu\mathrm{F}=10^{12}\ \mathrm{pF}$$

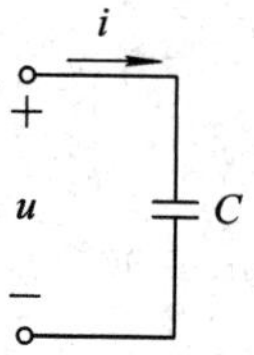

图 3－13　电容元件

当电容元件上电荷量 q 或电压 u 发生变化时，若电压与电流的参考方向相同，则在电路中产生的电流为

$$i=\frac{\mathrm{d}q}{\mathrm{d}t}=C\frac{\mathrm{d}u}{\mathrm{d}t} \tag{3-28}$$

若参考方向相反，则式(3－28)要加一负号。

将式(3－28)两边乘以 u，并进行积分，则得

$$\int_0^t ui\ \mathrm{d}t=\int_0^u Cu\ \mathrm{d}u=\frac{1}{2}Cu^2 \tag{3-29}$$

式(3－29)表明，电容元件中的电场能量随外加电压的变化而变化，大小为 $\frac{1}{2}Cu^2$。电压增高时，电场能量增大，电容元件从电源取用能量(充电)；电压降低时，电场能量减小，电容元件向电源放还能量(放电)。电容元件是储能元件。

在图 3－13 中，设电容两端所加正弦电压 $u=U_\mathrm{m}\sin\omega t$，则由式(3－28)可得

$$\begin{aligned}i&=C\frac{\mathrm{d}U_\mathrm{m}\sin\omega t}{\mathrm{d}t}\\&=\omega CU_\mathrm{m}\cos\omega t=\omega CU_\mathrm{m}\sin(\omega t+90^\circ)=I_\mathrm{m}\sin(\omega t+90^\circ)\end{aligned} \tag{3-30}$$

可以看出，流过电容的电流与电容两端所加电压是同频率的正弦量，在相位上电流比电压超前 90°，波形如图 3－14 所示。

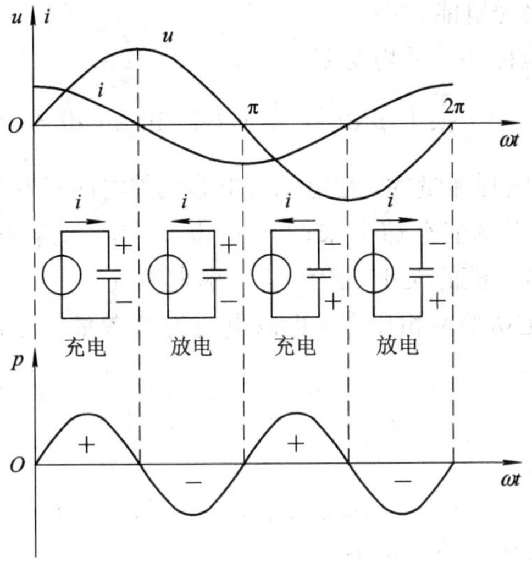

图 3－14　电容元件的交流电路电压、电流及功率波形

式(3－30)中：

$$I_m = \omega C U_m \quad 或 \quad \frac{U_m}{I_m} = \frac{U}{I} = \frac{1}{\omega C} \tag{3-31}$$

式(3－31)表示在电容元件的交流电路中，电压的幅值(或有效值)与电流的幅值(或有效值)之比为 $1/(\omega C)$，其单位还是欧姆(Ω)。当电压 U 一定时，$1/(\omega C)$越大，则电流 I 越小，可见它有对电流起抵抗作用的物理性质，所以称为容抗，用 X_C 表示，即

$$X_C = \frac{1}{\omega C} = \frac{1}{2\pi f C} \tag{3-32}$$

容抗 X_C 与电容 C、频率 f 成反比。电容对直流电流的 X_C 趋于无穷大，因此电容可视做开路。高频电流的 X_C 很小，因此电容元件具有隔断直流、导通交流的作用。

若用相量表示电压和电流的关系，则为

$$\dot{U} = U e^{j0°}, \quad \dot{I} = I e^{j90°}$$

$$\frac{\dot{U}}{\dot{I}} = \frac{U}{I} e^{-j90°} = -jX_C$$

或

$$\dot{U} = -jX_C \dot{I} = -j\frac{\dot{I}}{\omega C} = \frac{\dot{I}}{j\omega C} \tag{3-33}$$

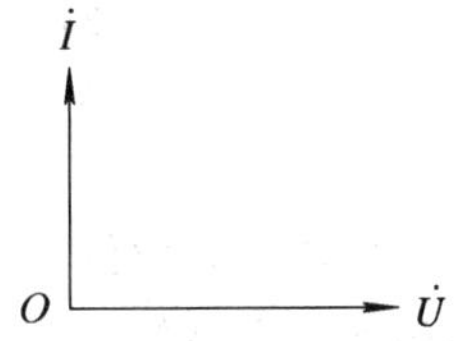

图 3－15　电容的电压与电流相量图

式(3－33)表示电压的有效值等于电流的有效值与容抗的乘积，而在相位上电压滞后电流 90°。电压和电流的相量如图 3－15 所示。

2. 电容元件的功率关系

对于图 3－13 所示的电容元件的交流电路，其瞬时功率 p 为

$$\begin{aligned} p &= ui = U_m I_m \sin\omega t \ \sin(\omega t + 90°) \\ &= U_m I_m \sin\omega t \ \cos\omega t = \frac{U_m I_m}{2} \sin 2\omega t = UI \ \sin 2\omega t \end{aligned} \tag{3-34}$$

由式(3－34)可知，p 是一个幅值为 UI、以 2ω 的角频率随时间变化的交变量，其波形如图 3－14 所示。在电压的第一个和第三个四分之一周期，p 为正值，电容元件处于充电状态，将电能转化为电场能；而在第二个和第四个四分之一周期，p 为负值，电容元件处于

放电状态，将电场能转化为电能。

在电容元件的交流电路中，平均功率

$$P = \frac{1}{T}\int_0^T p\ \mathrm{d}t = \frac{1}{T}\int_0^T UI\ \sin 2\omega t\ \mathrm{d}t = 0$$

结果表明，电容元件是不消耗能量的，在电源与电容元件之间只发生能量的交换。当 $\mathrm{d}u/\mathrm{d}t > 0$ 时，电容把电能转换为电场能存储下来；当 $\mathrm{d}u/\mathrm{d}t < 0$ 时，电容把电场能转换为电能释放出去。为了表示能量交换规模的大小，用无功功率来衡量。

为了同电感元件的无功功率相比较，也以电流为参考量，设 $i = I_m \sin\omega t$，则电容元件的电压为

$$u = U_m \sin(\omega t - 90°)$$

则瞬时功率为

$$p = ui = U_m I_m \sin\omega t\ \sin(\omega t - 90°) = -UI\ \sin 2\omega t$$

由此可见，电容元件的无功功率为

$$Q = -UI = -X_C I^2 \tag{3-35}$$

通过比较可以看出，电容性无功功率取负值，而电感性无功功率取正值，以示区别。

【例 3-6】 图 3-13 所示的电容元件的交流电路中，$u = 220\sqrt{2}\ \sin(314t + 20°)$ V，电容 $C = 25\ \mu$F，求电容电流 I。若电压值不变，频率改为 5000 Hz，电流 I 将变为多少？

解 当 $\omega = 314$ rad/s 时，有

$$X_C = \frac{1}{\omega C} = \frac{1}{314 \times 25 \times 10^{-6}} = 127.4\ \Omega$$

$$I = \frac{U}{X_C} = \frac{220}{127.4} = 1.73\ \mathrm{A}$$

当 $f = 5000$ Hz 时，有

$$X_C = \frac{1}{2\pi f C} = \frac{1}{2 \times 3.14 \times 5000 \times 25 \times 10^{-6}} = 1.274\ \Omega$$

$$I = \frac{U}{X_C} = \frac{220}{1.274} = 173\ \mathrm{A}$$

可见，当电压有效值一定时，频率越高，通过电容的电流就越大，说明电容对高频电流的阻力很小，容易使电流高频分量通过，利用这一特性可实现滤波功能。

3.2.4 基尔霍夫定律的相量形式

在正弦交流电路中，各支路电流都是同频率的正弦量。这些正弦电流用其相量表示，得到 KCL 的相量形式为

$$\sum \dot{I} = 0 \tag{3-36}$$

正弦交流电路中 KCL 的相量形式可表述如下：在正弦交流电路中，对任一节点，流入该节点的各支路电流相量的代数和恒为零。

在正弦交流电路中，各电压都是同频率的正弦量。这些正弦电压用其相量表示，得到 KVL 的相量形式为

$$\sum \dot{U} = 0 \tag{3-37}$$

正弦交流电路中 KVL 的相量形式可表述如下：在正弦交流电路中，沿任一回路各段电压相量的代数和恒为零。

3.3　阻抗与导纳

3.3.1　阻抗与导纳的概念

我们把正弦交流电路中电压相量与电流相量之比定义为阻抗，记为 Z，即

$$Z=\frac{\dot{U}}{\dot{I}} \tag{3-38}$$

这样，我们可以把三种元件电压、电流的相量关系用一种形式表述，即

$$\dot{U}=Z\dot{I} \tag{3-39}$$

式(3-39)常称为相量形式的欧姆定律，其中电压相量与电流相量的参考方向一致。阻抗的单位是欧姆(Ω)。

阻抗的倒数定义为导纳，记为 Y，即

$$Y=\frac{1}{Z} \tag{3-40}$$

或

$$Y=\frac{\dot{I}}{\dot{U}},\quad \dot{I}=Y\dot{U} \tag{3-41}$$

该式也常称为欧姆定律的相量形式。导纳的单位是西门子(S)。

引入阻抗与导纳的概念后，三种基本元件的阻抗与导纳分别是

$$Z_R=R,\qquad Y_R=\frac{1}{R}=G$$

$$Z_C=\frac{1}{\mathrm{j}\omega C}=-\mathrm{j}X_C,\qquad Y_C=\mathrm{j}\omega C=\mathrm{j}B_C$$

$$Z_L=\mathrm{j}\omega L=\mathrm{j}X_L,\qquad Y_L=\frac{1}{\mathrm{j}\omega L}=-\mathrm{j}B_L$$

可以看出，电容和电感的阻抗与导纳均为虚数，它们的阻抗可表示为 $Z=\mathrm{j}X$，X 称为电抗。

对电容来说，有

$$X_C=\frac{1}{\omega C} \tag{3-42}$$

X_C称为电容的电抗，简称容抗。

对电感来说，有

$$X_L=\omega L \tag{3-43}$$

X_L称为电感的电抗，简称感抗。

电容或电感的导纳可表示为 $Y=\mathrm{j}B$，B 称为电纳。

对电容来说，有

$$B_C=\omega C \tag{3-44}$$

B_C称为电容的电纳，简称容纳。

对电感来说，有

$$B_L = \frac{1}{\omega L} \tag{3-45}$$

B_L称为电感的电纳，简称感纳。

在图 3-16 所示的一般情况下，任意元件的正弦交流电路中，由 $\dot{U}=Ue^{j\psi_u}$ 和 $\dot{I}=Ie^{j\psi_i}$，有

$$Z = \frac{\dot{U}}{\dot{I}} = \frac{U}{I}e^{j(\psi_u-\psi_i)} = |Z|e^{j\varphi_Z} \tag{3-46}$$

$$Y = \frac{\dot{I}}{\dot{U}} = \frac{I}{U}e^{j(\psi_i-\psi_u)} = |Y|e^{j\varphi_Y} \tag{3-47}$$

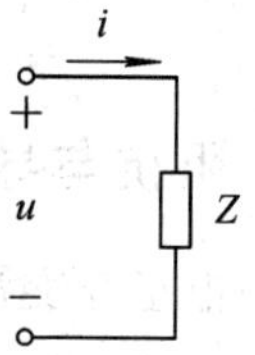

图 3-16　任意元件的交流电路

可以将阻抗 Z 和导纳 Y 用极坐标表示为

$$Z = |Z|\angle\varphi_Z,\quad Y = |Y|\angle\varphi_Y$$

其中，$|Z|=\frac{U}{I}$为阻抗的模；φ_Z为阻抗的辐角，是电压和电流的相位差，$\varphi_Z=\psi_u-\psi_i$；$|Y|=\frac{I}{U}$为导纳的模；φ_Y为导纳的辐角，是电流和电压的相位差，$\varphi_Y=\psi_i-\psi_u$。

可见，阻抗 Z 和导纳 Y 都是一般的复数，也可以表示为代数形式：

$$Z = R + jX,\quad Y = G + jB$$

阻抗也可用图 3-17 来表示，于是有

$$R = |Z|\cos\varphi_Z,\quad X = |Z|\sin\varphi_Z$$

单个的纯电阻、纯电感、纯电容元件其实都是这种一般正弦交流电路的特例，比如：

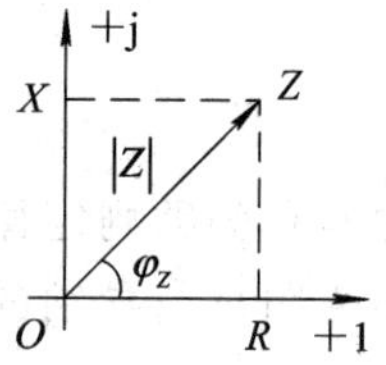

图 3-17　阻抗的表示

对于纯电阻电路，$Z=R$，$|Z|=R$，$\varphi_Z=0$；

对于纯电感电路，$Z=jX_L$，$|Z|=X_L$，$\varphi_Z=90°$；

对于纯电容电路，$Z=-jX_C$，$|Z|=X_C$，$\varphi_Z=-90°$。

由阻抗角 φ_Z的大小还可以判断交流电路的性质，$\varphi_Z=0$ 的交流电路称为电阻性电路；$\varphi_Z>0$ 的交流电路中电压超前电流，称为电感性电路；$\varphi_Z<0$ 的交流电路中电压滞后电流，称为电容性电路。同样，用导纳也可进行类似的表述和判断。

3.3.2　阻抗与导纳的串联和并联

1. 阻抗的串联

图 3-18(a)是阻抗串联的电路，所有阻抗通过同一电流相量 $\dot{I}$。

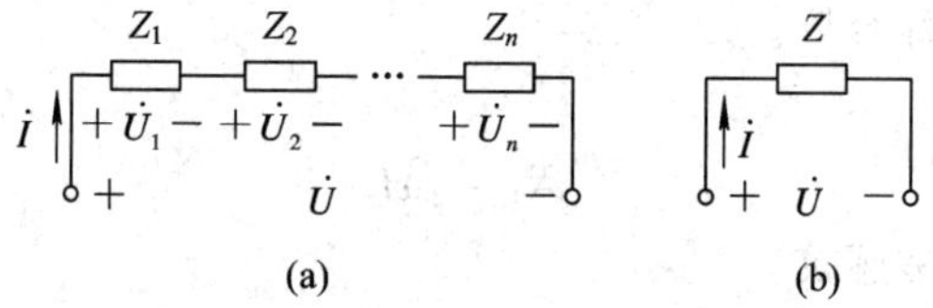

图 3-18　阻抗的串联

根据基尔霍夫电压定律的相量形式可写出：

$$\dot{U}=\dot{U}_1+\dot{U}_2+\cdots+\dot{U}_n=Z_1\dot{I}+Z_2\dot{I}+\cdots+Z_n\dot{I}=\sum_{k=1}^{n}Z_k\dot{I} \tag{3-48}$$

串联的阻抗可用一个等效阻抗 Z 来代替，如图 3-18(b)所示。根据欧姆定律的相量形式可写出：

$$\dot{U}=Z\dot{I} \tag{3-49}$$

比较式(3-48)和式(3-49)，可得

$$Z=Z_1+Z_2+\cdots+Z_n=\sum_{k=1}^{n}Z_k \tag{3-50}$$

阻抗串联时对总电压也有分压作用，对任一阻抗的端电压相量 $\dot{U}_k$ 有

$$\dot{U}_k=Z_k\dot{I}=Z_k\frac{\dot{U}}{Z}$$

即

$$\dot{U}_k=\frac{Z_k}{Z}\dot{U}\quad(k=1,2,\cdots,n) \tag{3-51}$$

2. 导纳的并联

图 3-19 是导纳并联的电路，所有导纳都有相同的电压相量 $\dot{U}$。根据基尔霍夫电流定律的相量形式可写出：

$$\dot{I}=\dot{I}_1+\dot{I}_2+\cdots+\dot{I}_n=Y_1\dot{U}+Y_2\dot{U}+\cdots+Y_n\dot{U}=\sum_{k=1}^{n}Y_k\dot{U} \tag{3-52}$$

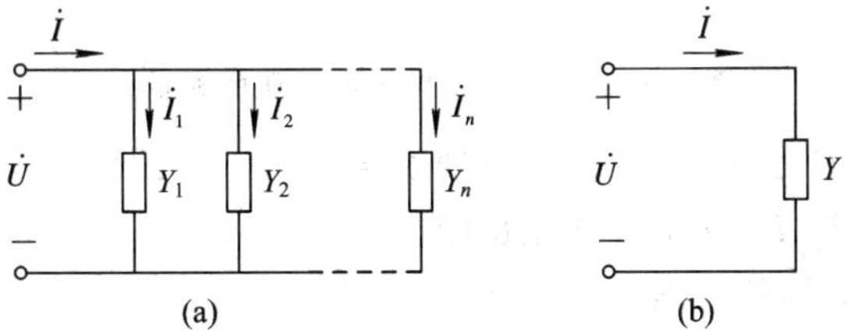

图 3-19　导纳的并联

并联导纳也可以用一个等效导纳来代替，如图 3-19(b)所示。根据欧姆定律的相量形式可写出：

$$\dot{I}=Y\dot{U} \tag{3-53}$$

比较式(3-52)和式(3-53)，可得

$$Y=Y_1+Y_2+\cdots+Y_n=\sum_{k=1}^{n}Y_k \tag{3-54}$$

导纳并联电路的分流公式为

$$\dot{I}_k=Y_k\dot{U}=Y_k\frac{\dot{I}}{Y}$$

即

$$\dot{I}_k=\frac{Y_k}{Y}\dot{I}\qquad(k=1,2,\cdots,n) \tag{3-55}$$

【例 3-7】 在图 3-20(a)中，已知阻抗 $Z_1=5.16+\mathrm{j}8\ \Omega$，阻抗 $Z_2=3.5-\mathrm{j}3\ \Omega$，电压 $\dot{U}=100\angle30^\circ$ V。求 $\dot{I}$、$\dot{U}_1$、$\dot{U}_2$，并作相量图。

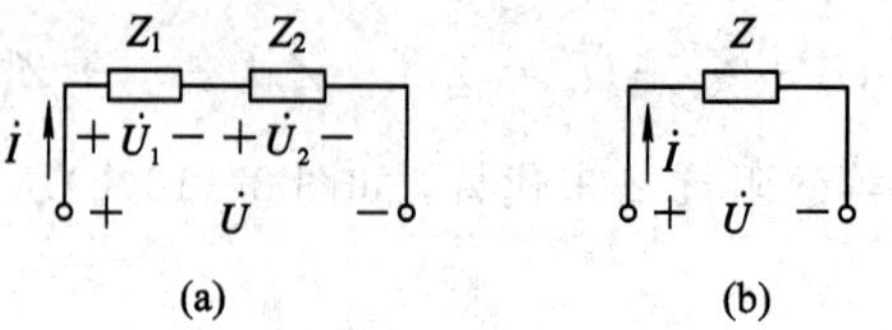

图 3-20　例 3-7 图

解　将图 3-20(a)等效为图 3-20(b)，则

$$Z=Z_1+Z_2=[(5.16+j8)+(3.5-j3)]\Omega=8.66+j5\ \Omega=10\angle 30^\circ\ \Omega$$

$$\dot{I}=\frac{\dot{U}}{Z}=\frac{100\angle 30^\circ}{10\angle 30^\circ}=10\angle 0^\circ\ \text{A}$$

$$\dot{U}_1=Z_1\dot{I}=(5.16+j8)\times 10\angle 0^\circ=95\angle 57.2^\circ\ \text{V}$$

$$\dot{U}_2=Z_2\dot{I}=(3.5-j3)\times 10\angle 0^\circ=46\angle -40.6^\circ\ \text{V}$$

电流与电压的相量图如图 3-21 所示。

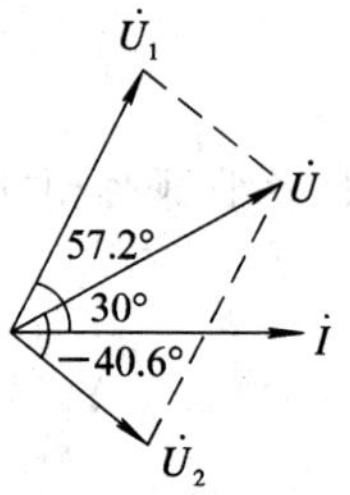

图 3-21　例 3-7 电流与电压的相量图

【例 3-8】　在图 3-22(a)中，已知导纳 $Y_1=0.12-j0.16$ S，$Y_2=0.08+j0.06$ S，电压 $\dot{U}=100\angle 0^\circ$ V。求 $\dot{I}$、$\dot{I}_1$、$\dot{I}_2$，并作相量图。

解　将图 3-22(a)等效为图 3-22(b)，则

$$\begin{aligned}Y&=Y_1+Y_2=(0.12-j0.16)+(0.08+j0.06)\\&=0.2-j0.1\\&=0.22\angle -26.5^\circ\text{S}\end{aligned}$$

$$\dot{I}=Y\dot{U}=0.22\angle -26.5^\circ\times 100\angle 0^\circ=22\angle -26.5^\circ\ \text{A}$$

$$\dot{I}_1=Y_1\dot{U}=(0.12-j0.16)\times 100\angle 0^\circ=20\angle -53^\circ\ \text{A}$$

$$\dot{I}_2=Y_2\dot{U}=(0.08+j0.06)\times 100\angle 0^\circ=10\angle 37^\circ\ \text{A}$$

电压与电流的相量图如图 3-23 所示。

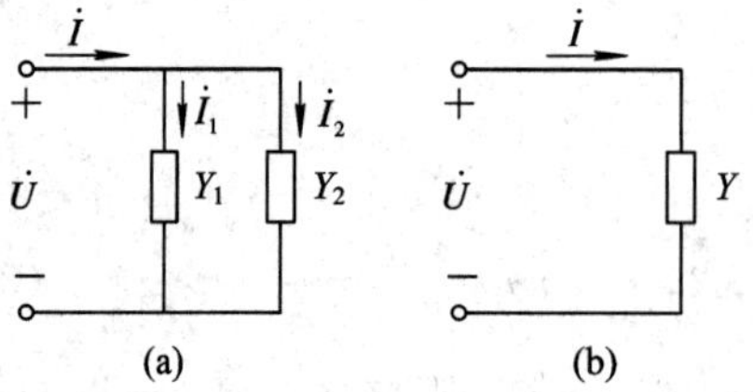

图 3-22　例 3-8 图

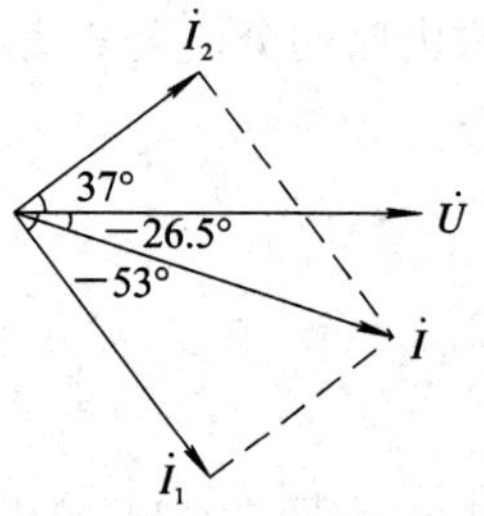

图 3-23　例 3-8 电压与电流的相量图

3.4　*RLC* 串并联交流电路

3.4.1　*RLC* 串联交流电路

RLC 串联交流电路如图 3-24(a)所示。当电路两端加上正弦交流电压 u 时，电路中各个元件流过同一电流 i。设电流在各个元件上产生的电压分别为 u_R、u_L 和 u_C，电流与各个电压的参考方向如图中所示，则根据 KVL 可列写出：

$$u = u_R + u_L + u_C$$

如用相量形式表示，可将图 3-24(a)画成图 3-24(b)，将图 3-24(b)称为 *RLC* 串联交流电路的相量模型。

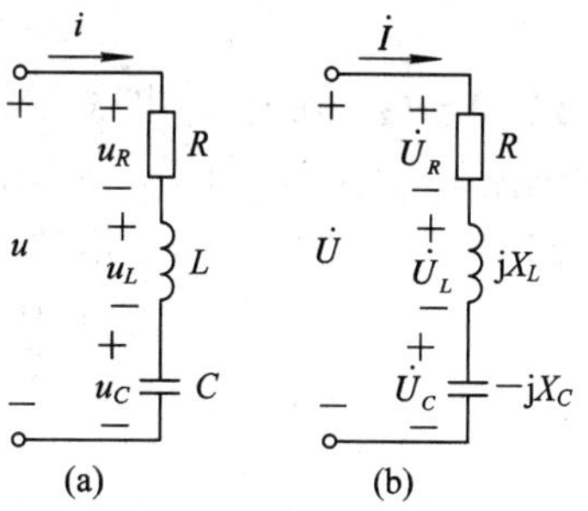

图 3-24　*RLC* 串联的交流电路

根据基尔霍夫电压定律的相量形式及欧姆定律的相量形式可列出：

$$\begin{aligned}\dot{U} &= \dot{U}_R + \dot{U}_C + \dot{U}_L \\ &= R\dot{I} - \mathrm{j}X_C\dot{I} + \mathrm{j}X_L\dot{I} \\ &= [R + \mathrm{j}(X_L - X_C)]\dot{I}\end{aligned} \tag{3-56}$$

将式(3-56)改写为

$$Z = \frac{\dot{U}}{\dot{I}} = R + \mathrm{j}(X_L - X_C) = R + \mathrm{j}X \tag{3-57}$$

式(3-57)是 *RLC* 串联电路的阻抗。阻抗的模，简称阻抗模，即

$$|Z| = \sqrt{R^2 + (X_L - X_C)^2} = \sqrt{R^2 + X^2} \tag{3-58}$$

体现电压、电流的大小关系，即

$$|Z| = \frac{U}{I} \tag{3-59}$$

阻抗的辐角，简称阻抗角，即

$$\varphi_Z = \arctan\frac{X}{R} = \arctan\frac{X_L - X_C}{R} \tag{3-60}$$

体现电压与电流之间的相位差。

用相量图描述电流与各电压的关系，如图 3-25 所示。图中设 $\dot{I}$ 初相为零。

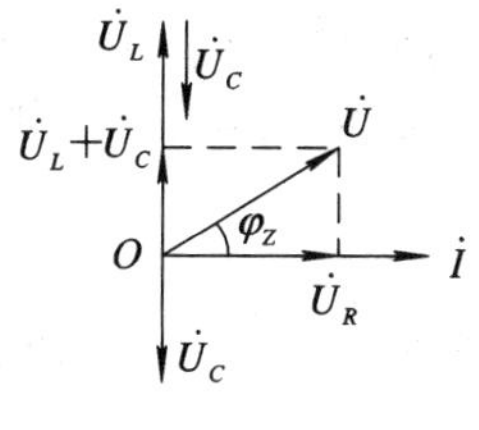

图 3-25　*RLC* 串联电路电流与电压的相量图

由式(3-57)可见，阻抗的实部为“阻”，虚部为“抗”，它表示了电路的电压与电流的大小(阻抗模 $|Z|$)及相位关系(阻抗角 φ_Z)。

当 $X_L > X_C$，即 $\varphi_Z > 0$ 时，称电路为感性；当 $X_L < X_C$，即 $\varphi_Z < 0$ 时，称电路为容性；当 $X_L = X_C$，即 $\varphi_Z = 0$ 时，称电路为电阻性。

对于 RLC 串联电路，流过电阻、电感、电容三元件的电流相同，因此可以绘制出电压、阻抗三角形，如图 3-26 所示，它们都是直角三角形。

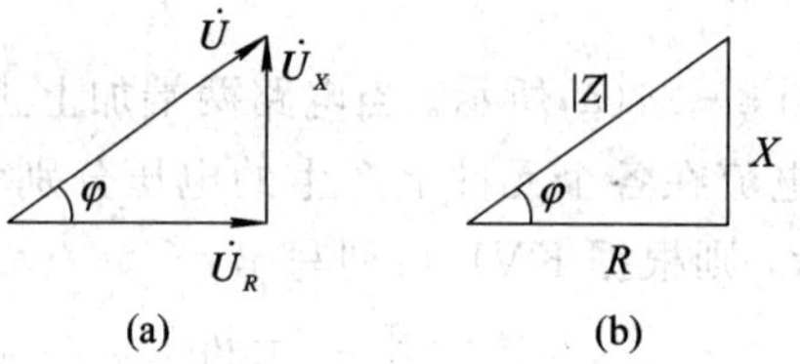

图 3-26 电压、阻抗三角形

【例 3-9】 在 RLC 串联交流电路中，已知 $U=20$ V，$R=6\ \Omega$，$X_L=18\ \Omega$，$X_C=10\ \Omega$，试求电流 I、U_R、U_C、U_L，并作出相量图。

解 设 $\dot{U}=20\angle 0°$ V，电路的阻抗为

$$Z = R + \mathrm{j}(X_L - X_C) = 6 + \mathrm{j}(18 - 10)$$
$$= 6 + \mathrm{j}8\ \Omega = 10\angle 53.1°\ \Omega$$

所以

$$\dot{I} = \frac{\dot{U}}{Z} = \frac{20\angle 0°}{10\angle 53.1°}\ \mathrm{A} = 2\angle -53.1°\ \mathrm{A}$$

各元件上的电压为

$$\dot{U}_R = \dot{I}R = 2\angle -53.1° \times 6\ \mathrm{V}$$
$$= 12\angle -53.1°\ \mathrm{V}$$
$$\dot{U}_L = \mathrm{j}\dot{I}X_L = 2\angle -53.1° \times 18\angle 90°\ \mathrm{V}$$
$$= 36\angle 36.9°\ \mathrm{V}$$
$$\dot{U}_C = -\mathrm{j}\dot{I}X_C = 2\angle -53.1° \times 10\angle -90°\ \mathrm{V}$$
$$= 20\angle -143.1°\ \mathrm{V}$$

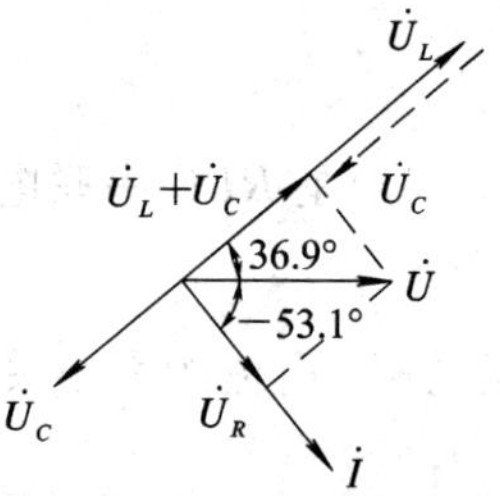

图 3-27 例 3-9 的相量图

相量图如图 3-27 所示，则

$$I = 2\ \mathrm{A},\ U_R = 12\ \mathrm{V},\ U_C = 20\ \mathrm{V},\ U_L = 36\ \mathrm{V}$$

【例 3-10】 有一 RL 电路，如图 3-28 所示，当输入直流电压为 9 V 时，$I=1.5$ A，当输入 $f=50$ Hz、$U=12$ V 的交流电压时，$I=1.2$ A。求：

(1) 电感 L 为多少？

(2) 若频率增加一倍，电压有效值不变，则 I 为多少？

解 (1) 当输入直流电压时，电感可视做短路，则

$$R = \frac{U}{I} = \frac{9}{1.5} = 6\ \Omega$$

当输入 $f=50$ Hz、$U=12$ V 的交流电压时，可求得电路的阻抗模为

$$|Z| = \frac{U}{I} = \frac{12}{1.2} = 10\ \Omega$$

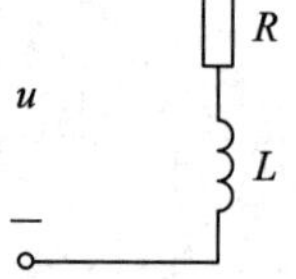

图 3-28 例 3-10 图

因为

$$|Z| = \sqrt{R^2 + X_L^2}$$

所以

$$X_L = \sqrt{|Z|^2 - R^2} = \sqrt{10^2 - 6^2} = 8\ \Omega$$

则

$$L = \frac{X_L}{2\pi f} = \frac{8}{100\pi} = 25.5\ \text{mH}$$

(2) 当频率增加一倍，电压有效值不变时，阻抗模为

$$|Z| = \sqrt{R^2 + X_L^2} = \sqrt{6^2 + (2\pi fL)^2} = \sqrt{36 + (2 \times 100\pi \times 25.5 \times 10^{-3})^2} = 17.1\ \Omega$$

所以此时电流有效值 I 为

$$I = \frac{U}{|Z|} = \frac{12}{17.1} = 0.7\ \text{A}$$

3.4.2　*RLC* 并联交流电路

RLC 并联交流电路如图 3-29(a)所示。电路中各元件具有相同的端电压。电压与各个电流的参考方向如图中所示。由导纳的概念可将图 3-29(a)画成图 3-29(b)，将图 3-29(b)称为 *RLC* 并联交流电路的相量模型。

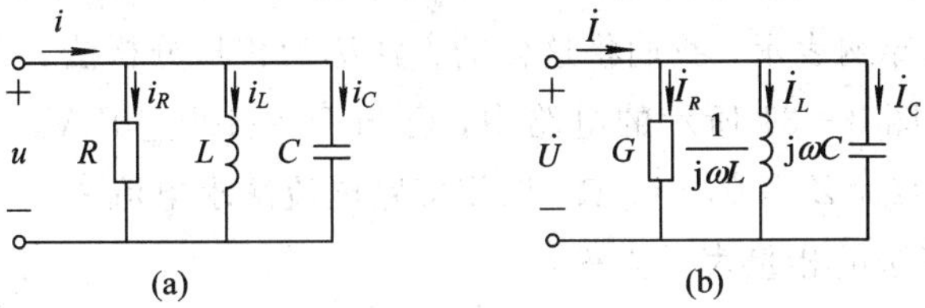

图 3-29　*RLC* 并联交流电路

根据基尔霍夫电流定律的相量形式及欧姆定律的相量形式可列出

$$\dot{I} = \dot{I}_R + \dot{I}_L + \dot{I}_C = G\dot{U} + \frac{1}{j\omega L}\dot{U} + j\omega C\dot{U} = \left[G + j\left(\omega C - \frac{1}{\omega L}\right)\right]\dot{U} \tag{3-61}$$

可将式(3-61)变换为

$$Y = \frac{\dot{I}}{\dot{U}} = G + j\left(\omega C - \frac{1}{\omega L}\right) = G + j(B_C - B_L) = G + jB \tag{3-62}$$

式(3-62)是 *RLC* 并联交流电路的导纳。

导纳的模，简称导纳模，即

$$|Y| = \sqrt{G^2 + (B_C - B_L)^2} = \sqrt{G^2 + B^2} \tag{3-63}$$

体现电压、电流的大小关系，即

$$|Y| = \frac{I}{U} \tag{3-64}$$

导纳的辐角，简称导纳角，即

$$\varphi_Y = \arctan\frac{B}{G} = \arctan\frac{B_C - B_L}{G} \tag{3-65}$$

体现电压与电流之间的相位差。

用相量图描述电压与各电流的关系，如图 3－30 所示。图中设 $\dot{U}$ 初相为零。

由式(3－62)可见，导纳的实部为“导”，虚部为“纳”，它反映了电路的电流与电压的大小(导纳模 $|Y|$)及相位关系(导纳角 φ_Y)。

当 $B_C>B_L$，即 $\varphi_Y>0$ 时，称电路为容性；当 $B_C<B_L$，即 $\varphi_Y<0$ 时，称电路为感性；当 $B_C=B_L$，即 $\varphi_Y=0$ 时，称电路为电阻性。

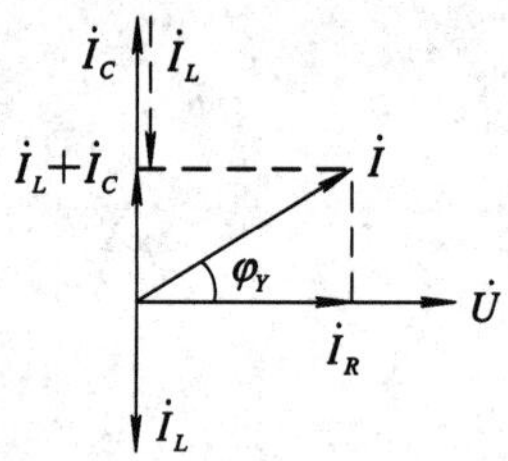

图 3－30　RLC 并联交流电路的相量图

3.5　正弦稳态电路的分析

3.5.1　正弦稳态电路的电压、电流分析

运用相量对复杂正弦稳态电路进行分析，首先应作出正弦稳态电路的相量模型，然后运用在电阻电路分析中所用的方法，如支路法、节点法、戴维南定理等进行分析。不同的是，在运用这些方法分析正弦稳态电路时，方法中的电压、电流均要用其相量表示，电阻用阻抗表示，电导用导纳表示，我们将这样的方法称为相量分析法。

【例 3－11】 在图 3－31 所示的电路中，已知 $\dot{U}_1=100\angle 0°$ V，$\dot{U}_2=60\angle 0°$ V，$Z_1=(1+\mathrm{j})\Omega$，$Z_2=(1+\mathrm{j})\Omega$，$Z_3=(2+\mathrm{j}2)\Omega$。试用支路电流法求电流 $\dot{I}_3$。

解　列支路电流法的相量表示方程：

$$\dot{I}_1+\dot{I}_2-\dot{I}_3=0$$
$$Z_1\dot{I}_1+Z_3\dot{I}_3=\dot{U}_1$$
$$Z_2\dot{I}_2+Z_3\dot{I}_3=\dot{U}_2$$

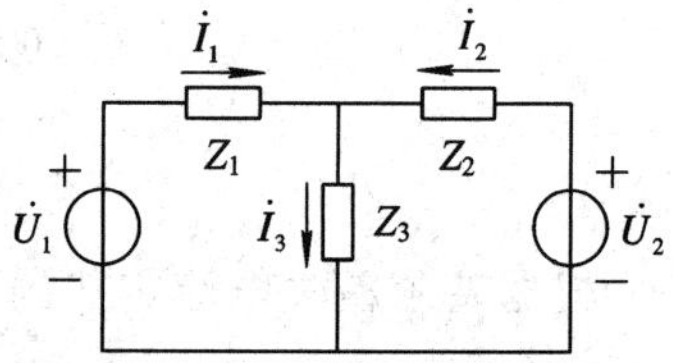

图 3－31　例 3－11 图

将已知数据代入方程，即

$$\dot{I}_1+\dot{I}_2-\dot{I}_3=0$$
$$(1+\mathrm{j})\dot{I}_1+(2+\mathrm{j}2)\dot{I}_3=100\angle 0°$$
$$(1+\mathrm{j})\dot{I}_2+(2+\mathrm{j}2)\dot{I}_3=60\angle 0°$$

解得

$$\dot{I}_3=16\sqrt{2}\angle -45°\ \mathrm{A}$$

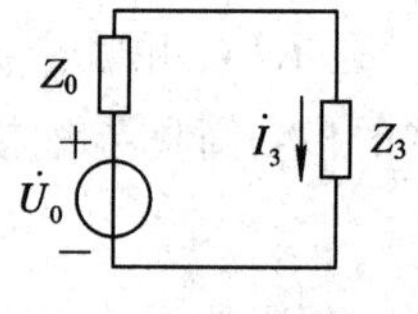

图 3－32　例 3－11 所示电路的等效电路

【例 3－12】 应用戴维南定理计算例 3－11 中的电流 $\dot{I}_3$。

解　图 3－31 所示电路可等效为图 3－32 所示电路。等效电源 $\dot{U}_0$ 可由图 3－33(a)所示电路求得

$$\dot{U}_0=\frac{\dot{U}_1-\dot{U}_2}{Z_1+Z_2}\times Z_2+\dot{U}_2$$
$$=\frac{100\angle 0°-60\angle 0°}{(1+\mathrm{j})+(1+\mathrm{j})}\times(1+\mathrm{j})+60\angle 0°=80\angle 0°\ \mathrm{V}$$

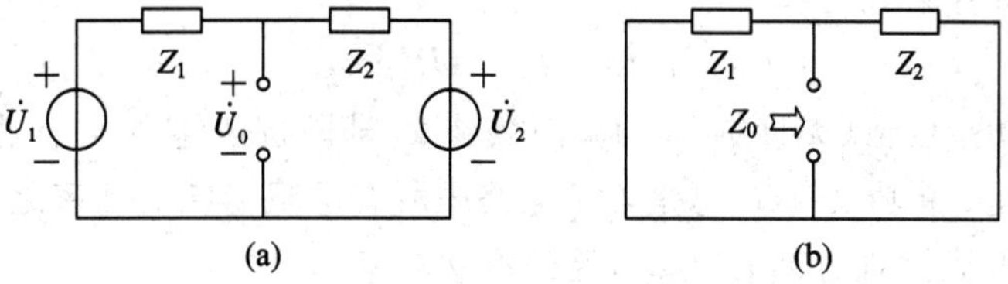

图 3－33　计算等效电源和等效阻抗的电路

等效阻抗 Z_0 可由图 3－33(b)所示电路求得

$$Z_0=\frac{Z_1Z_2}{Z_1+Z_2}=\frac{1+\mathrm{j}}{2}=(0.5+\mathrm{j}0.5)\Omega$$

由图 3－32 可得

$$\dot{I}_3=\frac{\dot{U}_0}{Z_0+Z_3}=\frac{80\angle 0^\circ}{(0.5+\mathrm{j}0.5)+(2+\mathrm{j}2)}$$

$$=16\sqrt{2}\angle-45^\circ\ \mathrm{A}$$

【例 3－13】　列写图 3－34 所示电路的节点法方程。

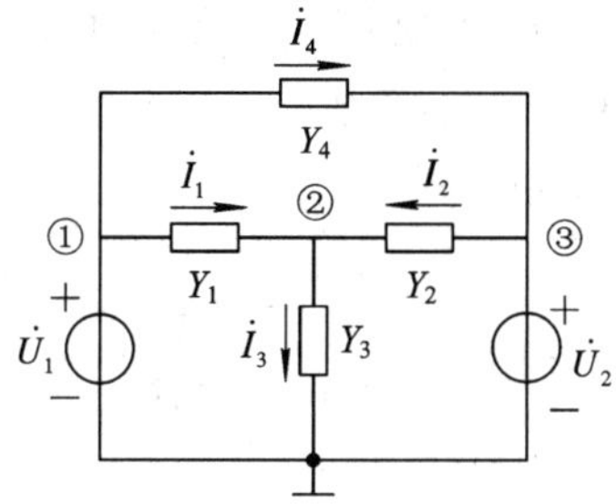

图 3－34　例 3－13 图

解　选取独立节点及参考节点如图所示，采用节点法列方程：

$$\begin{cases}\dot{U}_{n1}=\dot{U}_1\\-Y_1\dot{U}_{n1}+(Y_1+Y_2+Y_3)\dot{U}_{n2}-Y_2\dot{U}_{n3}=0\\\dot{U}_{n3}=\dot{U}_2\end{cases}$$

3.5.2　正弦稳态电路的功率

前面我们已经介绍了功率的概念，对正弦稳态电路来讲，无论是阻抗串联还是导纳并联，都可以等效为一个等效阻抗 Z(导纳是阻抗的倒数)的形式。而等效阻抗 Z 总是由实部与虚部组成的，即

$$Z=R+\mathrm{j}X=|Z|\angle\varphi=|Z|\cos\varphi+\mathrm{j}|Z|\sin\varphi \tag{3-66}$$

阻抗角 φ 表示电路的端电压 u 与总电流 i 的相位差，阻抗模 $|Z|=U/I$。

阻抗的实部(电阻部分)表示消耗电能的部分，阻抗的虚部(电抗部分)表示储存电能的部分。前者的功率，是实际消耗的功率，称为有功功率(即平均功率)，用大写字母 P 表示，单位是瓦特(W)；后者不消耗电能，体现电路与电源之间的能量交换，称为无功功率，用大写字母 Q 表示，单位是乏(var)。

有功功率的计算公式为

$$P = I^2R = UI\cos\varphi \tag{3-67}$$

其中，$\cos\varphi$ 叫做功率因数(无量纲)，功率因数越大(即阻抗角越小)，有功功率也越大。

需要指出的是，有功功率 P 总是等于电路中所有电阻消耗的功率之和，因此，可以通过计算电路中电阻消耗的功率来计算电路的有功功率。

无功功率的计算公式为

$$Q = I^2X = UI\sin\varphi \tag{3-68}$$

如果 $X>0$，即 $\varphi>0$，则 $Q>0$，表明电路呈感性；如果 $X<0$，即 $\varphi<0$，则 $Q<0$，表明电路呈容性。

工程上将交流电路的端电压 U 与总电流 I 的乘积叫做视在功率，用大写字母 S 表示，单位是伏安(VA)，即

$$S = UI = I^2|Z| = \frac{U^2}{|Z|} \tag{3-69}$$

有功功率 P、无功功率 Q 和视在功率 S 之间满足功率三角形，即

$$S = \sqrt{P^2 + Q^2} \tag{3-70}$$

【例 3-14】 在图 3-35 所示电路中，已知 $U=100$ V，电阻 $R=12\ \Omega$，感抗 $X_L=4\ \Omega$，容抗 $X_C=8\ \Omega$。求电路的有功功率 P、无功功率 Q 和视在功率 S。

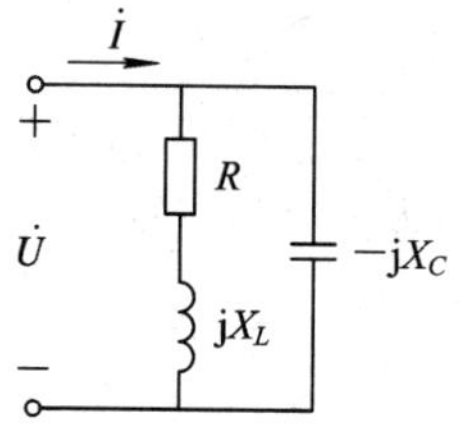

图 3-35 例 3-14 图

解 电路的等效导纳 Y 为

$$Y = \frac{1}{Z} = \frac{1}{R + jX_L} + \frac{1}{-jX_C} = \frac{1}{12 + j4} + \frac{1}{-j8}$$

$$= 0.075 + j0.1 = 0.125\angle 53^\circ\ \text{S}$$

所以

$$Z = \frac{1}{Y} = 8\angle -53^\circ\ \Omega$$

$$I = \frac{U}{|Z|} = \frac{100}{8} = 12.5\ \text{A}$$

$$P = UI\cos\varphi = 100 \times 12.5 \times \cos(-53^\circ) = 752.3\ \text{W}$$

$$Q = UI\sin\varphi = 100 \times 12.5 \times \sin(-53^\circ) = -998.3\ \text{var}\ (\text{电路呈容性})$$

$$S = UI = 100 \times 12.5 = 1250\ \text{VA}$$

3.5.3 功率因数的提高

1. 提高功率因数的意义

在电力系统中，负载多为感性负载，如异步电动机等，它们在工作时，除了从电源取用有功功率外，还要与电源进行无功交换。在交流电路中，负载从电源取用的有功功率为 $P=UI\cos\varphi$，只有在电路的端电压 U 与总电流 I 同相时(电路呈电阻性或为电阻负载)，其功率因数为 1，对其他负载，功率因数不等于 1，介于 0 与 1 之间。功率因数低会引起下面两个问题：

(1) 电源设备的容量不能充分利用。因为电源设备(发电机、变压器等)是根据它的额

定电压 U_N 与额定电流 I_N 设计的，容量为 $S=U_N I_N$，而负载的有功功率 $P=U_N I_N \cos\varphi$。显然，功率因数越低，电源设备发出的有功功率就越小，而无功功率却越大，则电路中能量互换的规模越大，这样电源设备的能量将不能充分利用。

(2) 增加线路和电源设备的功率损耗。当电源设备的电压 U 和输出功率 P 一定时，电流 I 与负载功率因数 $\cos\varphi$ 成反比，此时线路电流 $I=P/(U\cos\varphi)$，负载功率因数 $\cos\varphi$ 越小，线路电流 I 越大，线路上的电压降也越大。因为电源电压一定，所以负载端电压会降低，从而影响负载的正常工作。从另一方面讲，线路电流 I 越大，线路和电源设备的功率损耗也会越大。

由上述分析可知，提高功率因数对合理利用电源设备的容量及减少线路和电源设备的功率损耗有重要意义，或者说，提高电路的功率因数对科学使用电能有着重要的意义。

功率因数不高的根本原因是电路中存在电感性负载。常用的异步电动机在额定负载时的功率因数约为 0.7～0.9，轻载时功率因数就更低，不装电容器的日光灯其功率因数约为 0.4～0.6。

2. 提高功率因数的方法

提高含电感性负载电路的功率因数的目的是减少负载与电源之间的能量交换，而电感性负载又能获得所需的无功功率。常用方法就是给电感性负载并联适当容量的电容器。其电路图和相量图如图 3-36 所示。

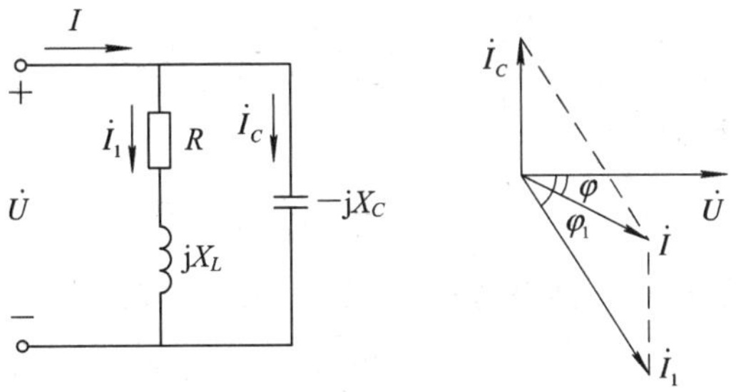

(a) 电路图　　(b) 相量图

图 3-36　电感性负载功率因数的提高

并联电容器以后，电感性负载的电流 $I=\dfrac{U}{\sqrt{R^2+X_L^2}}$ 和功率因数 $\cos\varphi=\dfrac{R}{\sqrt{R^2+X_L^2}}$ 均未变化，这是因为它的端电压和参数未变，但端电压 u 与总电流 i 之间的相位差变小了，即 $\cos\varphi$ 变大了。因此，提高功率因数的实质是提高电源设备(或电路)的功率因数，而不改变负载的工作状态。

在电感性负载上并联了电容器以后，减少了电源与负载之间的能量互换，而电感性负载所需的无功功率大部分由电容器供给，起到充分利用电源设备的容量的作用。另外，并联电容器后，总电流减小了，因而也减少了功率损耗。

注意：并联电容器以后起到提高功率因数的作用，但有功功率未改变，这是因为电容器不消耗电能。

【例 3-15】　有一电感性负载，其功率 $P=60$ W，功率因数 $\cos\varphi=0.5$，接在电压 $U=220$ V 的工频电源上。

(1) 要将功率因数提高到 $\cos\varphi=0.9$，试求与负载并联的电容器的电容值和并联前后

的线路电流;

(2) 若要将功率因数从 0.9 再提高到 1,试求并联电容器的电容值还需增加多少。

解 由图 3-36 的相量图可得计算并联电容器电容值的公式:

$$I_C = I_1 \sin\varphi_1 - I \sin\varphi = \frac{P}{U \cos\varphi_1}\sin\varphi_1 - \frac{P}{U \cos\varphi}\sin\varphi = \frac{P}{U}(\tan\varphi_1 - \tan\varphi)$$

又因

$$I_C = \frac{U}{X_C} = \omega CU$$

所以

$$\omega CU = \frac{P}{U}(\tan\varphi_1 - \tan\varphi)$$

则可得

$$C = \frac{P}{\omega U^2}(\tan\varphi_1 - \tan\varphi) \tag{3-71}$$

(1) $\cos\varphi_1 = 0.5$,即 $\varphi_1 = 60°$;$\cos\varphi = 0.9$,即 $\varphi_1 = 25.8°$,则所需电容值为

$$C = \frac{P}{\omega U^2}(\tan\varphi_1 - \tan\varphi) = \frac{60}{2\pi \times 50 \times 220^2}(\tan 60° - \tan 25.8°) = 4.9\ \mu\text{F}$$

电容器并联前的线路电流为

$$I = \frac{P}{U \cos\varphi_1} = \frac{60}{220 \times 0.5} = 0.55\ \text{A}$$

电容器并联后的线路电流为

$$I = \frac{P}{U \cos\varphi} = \frac{60}{220 \times 0.9} = 0.3\ \text{A}$$

(2) 若要将功率因数从 0.9 再提高到 1,需增加的电容值为

$$C = \frac{P}{\omega U^2}(\tan\varphi_1 - \tan\varphi) = \frac{60}{2\pi \times 50 \times 220^2}(\tan 25.8° - \tan 0°) = 2\ \mu\text{F}$$

比较可知,在功率因数接近 1 时再继续提高,则所需的电容值是很大的,因此一般不必提高到 1。按照供用电规则,高压供电的工业企业的平均功率因数应不低于 0.95,其他单位不低于 0.9。

3.6 谐 振 电 路

在含有电感和电容元件的交流电路中,当电源满足某一特定频率时,会出现电路两端的电压 u 与通过此电路的总电流 i 同相的情况,这种现象称为谐振。

工作在谐振状态下的电路称为谐振电路。谐振电路在电子线路与工程技术中有着极其广泛的应用,但在某些情况下,谐振又会破坏电路的正常工作。谐振电路通常由 R、L、C 元件组成,分为串联谐振电路和并联谐振电路。

3.6.1 串联谐振电路

1. 谐振频率

当 RLC 串联交流电路发生谐振时,感抗与容抗相等,即 $X_L = X_C$,设谐振角频率为

ω_0，则 $\omega_0 L=\dfrac{1}{\omega_0 C}$，于是谐振角频率为

$$\omega_0=\frac{1}{\sqrt{LC}} \tag{3-72}$$

由于 $\omega_0=2\pi f_0$，所以谐振频率为

$$f_0=\frac{1}{2\pi\sqrt{LC}} \tag{3-73}$$

由此可见，谐振频率 f_0只由电路中的电感 L 和电容 C 决定，是电路的固有参数。通常将谐振频率 f_0叫做固有频率。可见，要使电路发生谐振可采用以下两种方法：

(1) 当外加信号源频率 f 一定时，可通过调节电路参数 L、C 来实现。

(2) 当电路参数 L、C 一定时，可通过调节信号源频率 f 来实现。

2. 谐振特征

串联谐振电路具有下列特征：

(1) 串联谐振时，电路的阻抗最小且为纯电阻性质。当外加电压 u 的频率 $f=f_0$时，电路发生谐振，由于 $X_L=X_C$，此时电路的阻抗达到最小值，称为谐振阻抗 Z_0或谐振电阻 R_0，即

$$Z_0=R+\mathrm{j}(X_L-X_C)=R=R_0 \tag{3-74}$$

(2) 电流的有效值将达到最大，且与外加电压同相。谐振时，由于电路中的阻抗最小，因此电路中的谐振电流 I_0达到了最大值，即

$$I_0=\frac{U}{|Z_0|}=\frac{U}{R} \tag{3-75}$$

此时，$\dot{U}_R=R\dot{I}=\dot{U}$。

(3) 串联谐振时，电感电压与电容电压的有效值相等，且等于外加电压的 Q 倍，即

$$\dot{U}_{L0}=\dot{I}_0\mathrm{j}\omega_0 L=\frac{\dot{U}}{R}\mathrm{j}\omega_0 L=\mathrm{j}\,\frac{\omega_0 L}{R}\dot{U}=\mathrm{j}Q\dot{U} \tag{3-76}$$

$$\dot{U}_{C0}=\dot{I}_0\,\frac{1}{\mathrm{j}\omega_0 C}=\frac{\dot{U}}{R}\times\frac{1}{\mathrm{j}\omega_0 C}=-\mathrm{j}\,\frac{1}{\omega_0 CR}\dot{U}=-\mathrm{j}Q\dot{U} \tag{3-77}$$

$\dot{U}_{L0}$与 $\dot{U}_{C0}$是电源电压的 Q 倍，相位相反。RLC 串联谐振时的电压相量图如图 3-37 所示。

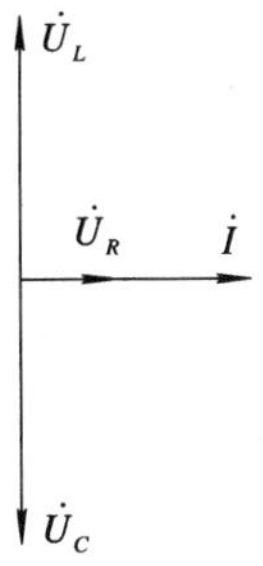

图 3-37　串联谐振时的电压相量图

式(3-76)和式(3-77)中的 Q 是 U_L或 U_C与电源电压 U 的比值，即

$$Q=\frac{U_L}{U}=\frac{U_C}{U}=\frac{\omega_0 L}{R}=\frac{1}{\omega_0 CR} \tag{3-78}$$

Q 称为电路的品质因数，无量纲。RLC 串联电路发生谐振时，电感和电容上的电压是

外加电压的 Q 倍，因此，串联谐振又叫做电压谐振。一般情况下串联谐振都符合 $Q\gg1$ 的条件。电路的 Q 值一般在 50～200 之间，因此，在电路发生电压谐振时，即使外加电压不高，在电感和电容上的电压也会远高于外加电压，这是一种非常重要的物理现象。在无线电通信技术中，利用这一特性，可从接收的具有各种频率分量的微弱信号中取出所需信号。但在电力系统中，应尽量避免发生电压谐振，以防止产生高电压而造成事故。

(4) 串联谐振时，只有 R 消耗电能，电容和电感之间仅存在周期性的电场能量与磁场能量的互换。

3. 谐振特性曲线

RLC 串联电路中，总电流：

$$I=\frac{U}{|Z|}=\frac{U}{\sqrt{R^2+\left(\omega L-\frac{1}{\omega C}\right)^2}} \tag{3-79}$$

由式(3-79)得到的电流 I 随频率 f 变化的曲线，叫做谐振特性曲线，如图 3-38 所示。当外加电压 u 的频率 $f=f_0$时，电路处于谐振状态；当 $f\neq f_0$时，电路处于失谐状态。若 $f<f_0$，则 $X_L<X_C$，电路呈容性；若 $f>f_0$，则 $X_L>X_C$，电路呈感性。

在实际应用中，规定把电流 I 值等于 $0.707I_0$时所对应频率的上下限之间的宽度称为通频带宽度，即

$$\Delta f=f_2-f_1 \tag{3-80}$$

频率 f 在通频带以内(即 $f_1\leqslant f\leqslant f_2$)的信号可以在串联谐振电路中产生较大的电流，而频率 f 在通频带以外(即 $f<f_1$或 $f>f_2$)的信号仅在串联谐振电路中产生很小的电流，因此谐振电路具有选频性。

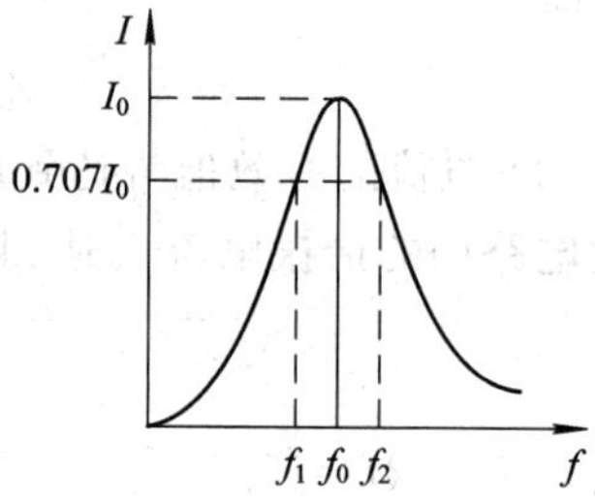

图 3-38 谐振特性曲线

【例 3-16】 在 RLC 串联谐振电路中，已知 $U=20$ mV，$L=4$ mH，$C=1000$ pF，$R=8$ Ω。试求电路的 f_0、I_0、Q、U_{C0}和 U_{L0}。

解 谐振频率：

$$f_0=\frac{1}{2\pi\sqrt{LC}}=\frac{1}{2\pi\sqrt{4\times10^{-3}\times1000\times10^{-12}}}\approx80\ \text{kHz}$$

端口电流：

$$I_0=\frac{U}{R}=\frac{20\ \text{mV}}{8\ \Omega}=2.5\ \text{mA}$$

品质因数：

$$Q=\frac{\omega_0 L}{R}=\frac{L}{R\sqrt{LC}}=\frac{4\times10^{-3}}{8\times\sqrt{4\times10^{-3}\times1000\times10^{-12}}}=250$$

电感和电容的电压：

$$U_{L0}=U_{C0}=QU=250\times20\ \text{mV}=5\ \text{V}$$

3.6.2 并联谐振电路

实际应用中，常以电感线圈和电容器并联作为并联谐振电路。考虑到电感线圈的损耗，可用 RL 串联电路来等效；电容器的损耗很小，可略去不计，用 C 来等效，这样就得到

如图 3－39 所示的电路。

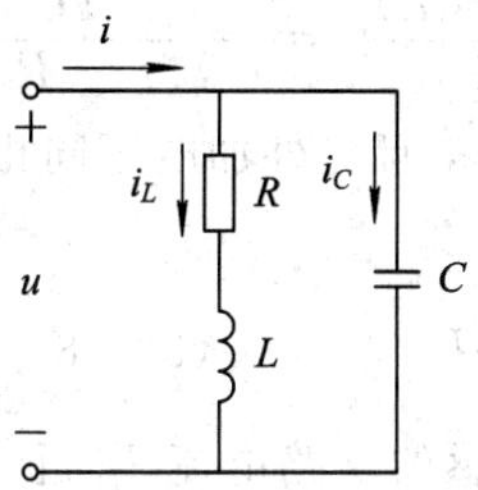

图 3－39　并联谐振电路

1. 谐振频率

电路的导纳为

$$Y=\frac{1}{R+\mathrm{j}\omega L}+\mathrm{j}\omega C=\frac{R-\mathrm{j}\omega L}{(R+\mathrm{j}\omega L)(R-\mathrm{j}\omega L)}+\mathrm{j}\omega C$$

$$=\frac{R}{R^2+(\omega L)^2}+\mathrm{j}\left[\omega C-\frac{\omega L}{R^2+(\omega L)^2}\right] \tag{3-81}$$

当满足条件 $\omega C-\frac{\omega L}{R^2+(\omega L)^2}=0$ 时，电路发生谐振，则谐振角频率为

$$\omega_0=\sqrt{\frac{1}{LC}-\frac{R^2}{L^2}}=\frac{1}{\sqrt{LC}}\sqrt{1-\frac{R^2C}{L}} \tag{3-82}$$

或

$$f_0=\frac{1}{2\pi\sqrt{LC}}\sqrt{1-\frac{R^2C}{L}} \tag{3-83}$$

由此可见，电路的谐振频率 f_0 完全由电路的参数来决定，只有当 $1-\frac{R^2C}{L}>0$，即 $R<\sqrt{\frac{L}{C}}$ 时，f_0 才为实数，电路才有谐振频率，电路才能通过调节信号源频率达到谐振，反之，$1-\frac{R^2C}{L}<0$，即 $R>\sqrt{\frac{L}{C}}$ 时，f_0 为虚数，电路不可能发生谐振。在 $R\approx0$ 时，并联谐振的近似条件为

$$\frac{1}{\omega_0 L}\approx\omega_0 C \tag{3-84}$$

其谐振角频率为

$$\omega_0=\frac{1}{\sqrt{LC}} \tag{3-85}$$

其谐振频率为

$$f_0=\frac{1}{2\pi\sqrt{LC}} \tag{3-86}$$

2. 谐振特征

并联谐振电路具有下列特征：

(1) 电路的阻抗接近最大，为纯电阻性质。由式(3－81)的虚部为零和式(3－82)的谐振角频率可知，并联谐振时电路的阻抗为

$$Z_0 = \frac{R^2 + (\omega_0 L)^2}{R} = \frac{R^2 + \left(\frac{1}{LC} - \frac{R^2}{L^2}\right)L^2}{R} = \frac{L}{RC} \tag{3-87}$$

(2) 总电流的有效值接近最小，且与外加电压同相。谐振时，由于电路中的阻抗最大，则电路中的总电流 I_0 达到了最小，即

$$I_0 = \frac{U}{|Z_0|} = \frac{RC}{L}U \tag{3-88}$$

(3) 电容的支路电流 I_{C0} 与电感的支路电流 I_{L0} 近似相等，且等于总电流的 Q 倍。因为

$$U_{C0} = U$$

$$I|Z_0| = I_{C0}X_{C0}$$

所以

$$I_{C0} = \frac{|Z_0|}{X_{C0}}I = \frac{\omega_0 L}{R}I = QI \approx I_{L0} \tag{3-89}$$

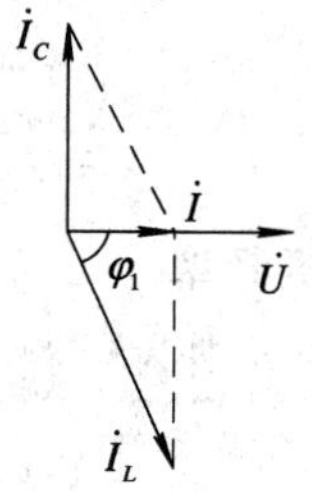

图 3-40　并联谐振时的电流相量图

RLC 并联谐振时的电流相量图如图 3-40 所示。

3. 谐振特性曲线

电流 I 与阻抗模 $|Z|$ 随频率 f 变化的曲线如图 3-41 所示。当外加电压 u 的频率 $f=f_0$ 时，电路处于谐振状态；当 $f \neq f_0$ 时，电路处于失谐状态。若 $f<f_0$，电路呈感性；若 $f>f_0$，则电路呈容性。

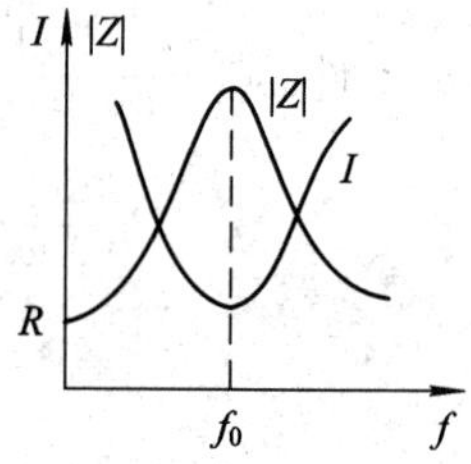

图 3-41　谐振特性曲线

并联谐振在无线电工程和电子技术中常有应用，例如可利用并联谐振时阻抗模高的特点来选择信号或消除干扰。

3.7　三 相 电 路

三相电路在生产上应用最为广泛。目前，国内外的电力系统普遍采用三相制供电方式。生活中使用的单相交流电源也是取自三相中的一相。

3.7.1　三相电路概述

1. 三相电源的产生及特点

对称三相正弦电压通常都是由三相交流发电机产生的。图 3-42(a)是三相交流发电机的示意图，它的主要组成部分是定子和转子。

定子(电枢)安装有三个完全相同的闭合线圈，分别称为 AX、BY 和 CZ 线圈，其中 A、B、C 是线圈的始端，X、Y、Z 是线圈的末端，三个线圈在空间位置上彼此相隔 120°，当转子(磁极)以均匀角速度 ω 旋转时，在 AX、BY、CZ 三个线圈上得出频率相同、幅值相等、相位互差 120°的三相对称正弦电压。

图 3-42(b)中画出了三相线圈和电动势的参考方向，并设定电动势的参考方向为由线圈的末端指向始端。

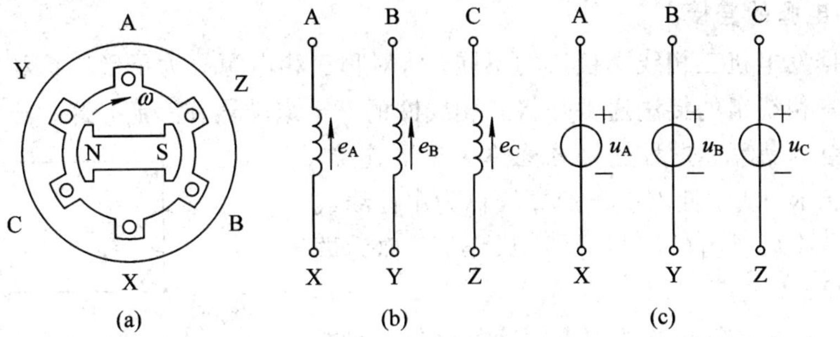

图 3－42　三相交流发电机

用电压源表示三相电压，其设定的参考极性如图 3－42(c)所示：A、B、C 端标记为正极性，而 X、Y、Z 端标记为负极性。每一个电压源称为一相，依次为 A 相、B 相和 C 相，其电压分别记为 u_A、u_B、u_C，并以 u_A 为参考正弦量，则

$$\left.\begin{aligned} u_A &= \sqrt{2}U\ \sin\omega t \\ u_B &= \sqrt{2}U\ \sin(\omega t - 120^\circ) \\ u_C &= \sqrt{2}U\ \sin(\omega t + 120^\circ) \end{aligned}\right\} \tag{3-90}$$

也可用相量表示：

$$\left.\begin{aligned} \dot{U}_A &= U\angle 0^\circ = U \\ \dot{U}_B &= U\angle -120^\circ = U\left(-\frac{1}{2} - j\frac{\sqrt{3}}{2}\right) \\ \dot{U}_C &= U\angle 120^\circ = U\left(-\frac{1}{2} + j\frac{\sqrt{3}}{2}\right) \end{aligned}\right\} \tag{3-91}$$

如果用相量图和正弦波形来表示，则如图 3－43 所示。

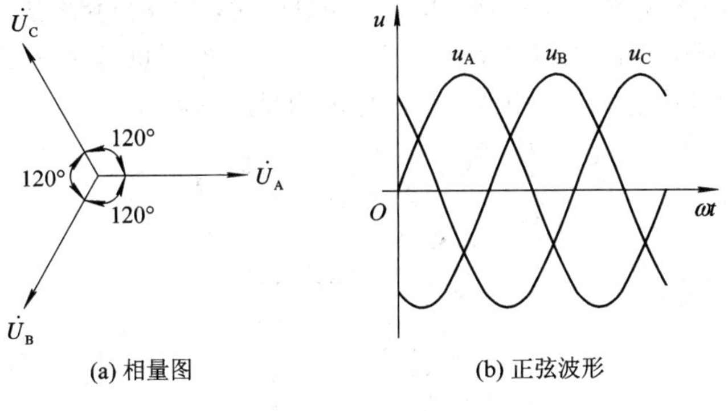

图 3－43　三相电压的相量图和正弦波形

显然，三相对称正弦电压的瞬时值或相量之和为零，即

$$u_A + u_B + u_C = 0$$

$$\dot{U}_A + \dot{U}_B + \dot{U}_C = 0 \tag{3-92}$$

在三相电源中，各相电压到达同一量值(例如正的最大值)的先后次序称为三相电源的相序。如果三相电压的相序为 A－B－C，称为正序；如果相序为 C－B－A(或 A－C－B)，则称为负序。无特别说明时，三相电源均认为是正序对称三相电源。

2. 三相电源的连接

通常根据发电机三相线圈接法的不同，将对称三相电源分为星形连接和三角形连接。

发电机三相绕组的接法通常是将三相线圈的三个末端连在一起，这一连接点称为中性点或零点，用 N 表示。这种连接方法称为星形连接，如图 3-44 所示。从中性点引出的导线称为中性线或零线。从三个首端引出的三根导线 A、B、C 称为端线，也称火线。

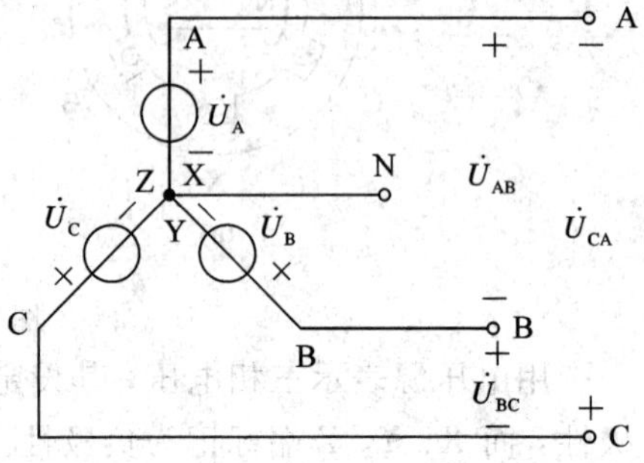

图 3-44　三相电源的星形连接

在图 3-44 中，每相始端与末端间的电压，亦即端线与中性线间的电压，称为相电压，其有效值用 U_A、U_B、U_C 表示或一般地用 U_p 表示。而任意两始端间的电压，亦即两端线间的电压，称为线电压，其有效值用 U_{AB}、U_{BC}、U_{CA} 表示或一般地用 U_l 表示。相电压和线电压的参考方向如图中所示。

当发电机的绕组连接成星形时，相电压和线电压显然是不相等的。根据图 3-44 上的参考方向，它们的关系是

$$\left.\begin{aligned} u_{AB} &= u_A - u_B \\ u_{BC} &= u_B - u_C \\ u_{CA} &= u_C - u_A \end{aligned}\right\} \tag{3-93}$$

或用相量表示为

$$\left.\begin{aligned} \dot{U}_{AB} &= \dot{U}_A - \dot{U}_B \\ \dot{U}_{BC} &= \dot{U}_B - \dot{U}_C \\ \dot{U}_{CA} &= \dot{U}_C - \dot{U}_A \end{aligned}\right\} \tag{3-94}$$

图 3-45 是相电压和线电压的相量图。作相量图时，先作出相电压 $\dot{U}_A$、$\dot{U}_B$、$\dot{U}_C$，而后根据式(3-94)分别作出线电压 $\dot{U}_{AB}$、$\dot{U}_{BC}$、$\dot{U}_{CA}$。可见线电压也是频率相同、幅值相等、相位互差 120°的三相对称电压，在相位上比相应的相电压超前 30°。

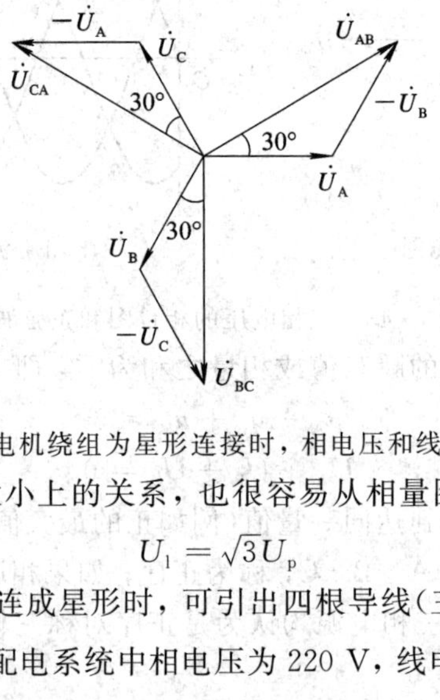

图 3-45　发电机绕组为星形连接时，相电压和线电压的相量图

至于线电压和相电压在大小上的关系，也很容易从相量图上得出，即

$$U_l = \sqrt{3}U_p$$

发电机(或变压器)的绕组连成星形时，可引出四根导线(三相四线制)，这样就有可能给予负载两种电压。通常在低压配电系统中相电压为 220 V，线电压为 380 V($380=\sqrt{3}\times 220$)。

注意：当发电机(或变压器)的绕组连接成星形时，不一定都引出中性线。

如果将三相绕组的始末端顺序相连，即 X 与 B、Y 与 C、Z 与 A 相接形成回路，再从各端点 A、B、C 依次引出端线，如图 3-46 所示。这种连接方法称为三角形连接。显然这种连接方法中的线电压等于相电压，相电压对称时，线电压也一定对称。

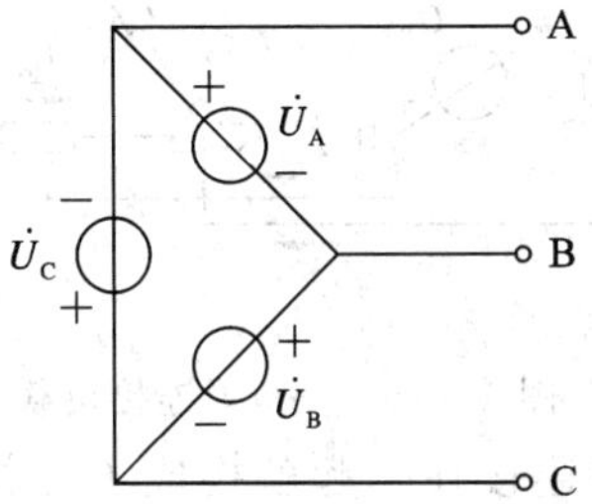

图 3-46　三相电源的三角形连接

将三相电源作三角形连接时，要求三绕组的电压对称，如不对称程度比较大，所产生的环路电流将烧坏绕组。对称三相电源在进行三角形连接时，不能将各电源的始末端接错，否则将会烧坏绕组。

3. 三相负载的连接

负载分为三相负载和单相负载。单相负载只需一相电源供电，如照明负载和家用电器等。三相负载需要三相电源同时供电，如三相电动机等。而三相负载根据三个阻抗是否相等又可分为对称三相负载和不对称三相负载。三相电路中负载的连接方法也有两种，即三角形连接和星形连接。至于采用哪种方法，要根据负载的额定电压和电源电压确定。

1) 三相负载的星形连接

如果三相负载连接成星形，则称为星形连接负载。如果各相负载是有极性的(例如各负载间存在着磁耦合)，则必须同三相电源一样将各相末端(或各相始端)相连成中性点，否则将造成不对称。如果各相负载没有极性，则可以任意连接成星形。星形连接负载 A′、B′、C′端向外接至三相电源的端线，而将负载中性点 N′连接到三相电源的中线，如图 3-47(a)所示，这种用四根导线把电源和负载连接起来的三相电路称为三相四线制。如果去掉中性线，如图 3-47(b)所示，三相电路就称为三相三线制电路。

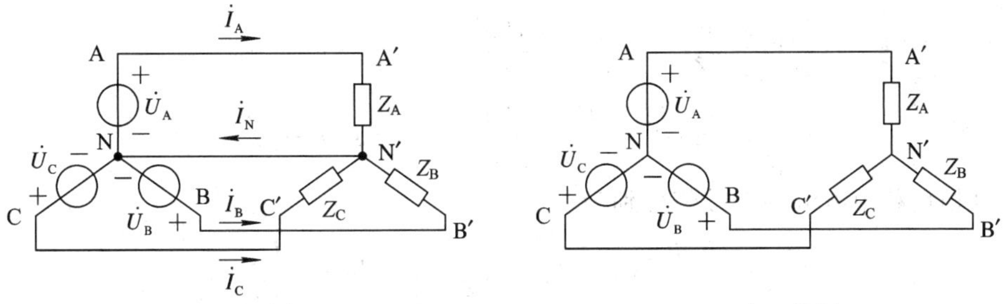

(a) 三相四线制　　(b) 三相三线制

图 3-47　三相四线制和三相三线制星形连接负载

2) 三相负载的三角形连接

当三相负载连接成三角形时称为三角形连接负载。如果各相负载是有极性的，则必须同三相电源一样，按负载始、末端依次相连，如图 3-48 所示。

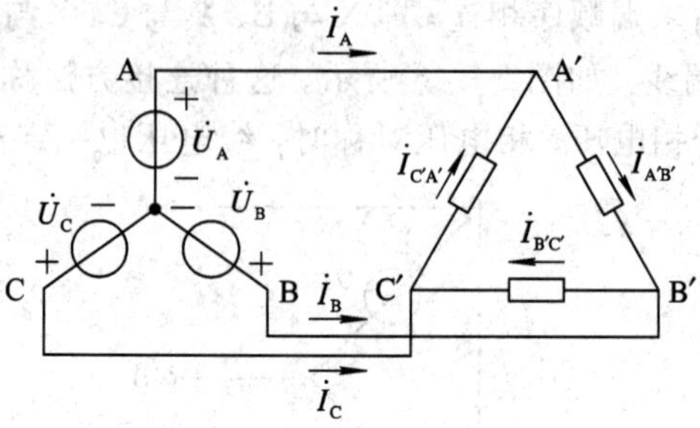

图 3-48　三角形连接负载

如果把三相电源和三相负载连接在一起就构成了三相电路。当三相电源为星形电源，负载为星形负载时，称为 Y-Y 连接方式(见图 3-47)；而当三相电源为星形电源，负载为三角形负载时，称为 Y-△连接方式(见图 3-48)。此外，还有△-Y 和△-△连接方式。

3.7.2　三相电路的分析

三相负载的星形连接可用图 3-49 所示的三相电路表示。每相负载的阻抗分别为 Z_A、Z_B 和 Z_C。当三相负载 $Z_A=Z_B=Z_C$时称为对称三相负载。电压和电流的参考方向都已在图中标出。

当负载为星形连接时，显然，相电流即线电流，即

$$I_p = I_l \tag{3-95}$$

对三相电路，应该一相一相地计算。

设电源电压 $\dot{U}_A$ 为参考正弦量，则

$$\dot{U}_A = U_A\angle 0°,\ \dot{U}_B = U_B\angle -120°,\ \dot{U}_C = U_C\angle 120°$$

在图 3-49 所示的电路中，电源相电压即每相负载电压，于是每相负载中的电流可分别求出，即

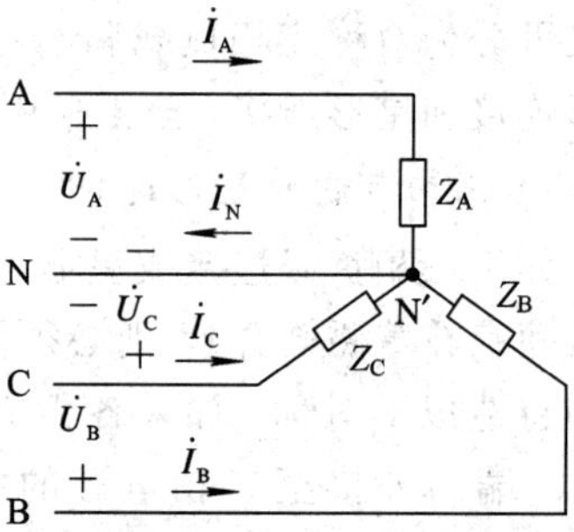

图 3-49　负载为星形连接的三相电路

$$\dot{I}_A = \frac{\dot{U}_A}{Z_A} = \frac{U_A\angle 0°}{|Z_A|\angle\varphi_A} = I_A\angle -\varphi_A$$

$$\dot{I}_B = \frac{\dot{U}_B}{Z_B} = \frac{U_B\angle -120°}{|Z_B|\angle\varphi_B} = I_B\angle -120° - \varphi_B$$

$$\dot{I}_C = \frac{\dot{U}_C}{Z_C} = \frac{U_C\angle 120°}{|Z_C|\angle\varphi_C} = I_C\angle 120° - \varphi_C \tag{3-96}$$

式中，每相负载中电流的有效值分别为

$$I_A = \frac{U_A}{|Z_A|},\quad I_B = \frac{U_B}{|Z_B|},\quad I_C = \frac{U_C}{|Z_C|} \tag{3-97}$$

各相负载的电压与电流之间的相位差分别为

$$\varphi_A = \arctan\frac{X_A}{R_A},\quad \varphi_B = \arctan\frac{X_B}{R_B},\quad \varphi_C = \arctan\frac{X_C}{R_C} \tag{3-98}$$

中性线中的电流可以按照图 3-49 中所选定的参考方向，应用基尔霍夫电流定律计算，有

$$\dot{I}_N = \dot{I}_A + \dot{I}_B + \dot{I}_C \tag{3-99}$$

若是对称三相电路，即

$$Z_A = Z_B = Z_C = Z$$

也就是阻抗模和相位角相等，即

$$|Z_A| = |Z_B| = |Z_C| = |Z| \quad 和 \quad \varphi_A = \varphi_B = \varphi_C = \varphi$$

由式(3－97)和式(3－98)可见，因为各相电压对称，所以负载相电流也是对称的，即

$$I_A = I_B = I_C = I_p = \frac{U_p}{|Z|}$$

$$\varphi_A = \varphi_B = \varphi_C = \varphi = \arctan\frac{X}{R}$$

中性线中的电流为零，即

$$\dot{I}_N = \dot{I}_A + \dot{I}_B + \dot{I}_C = 0 \tag{3-100}$$

电压和电流的相量图如图 3－50 所示。

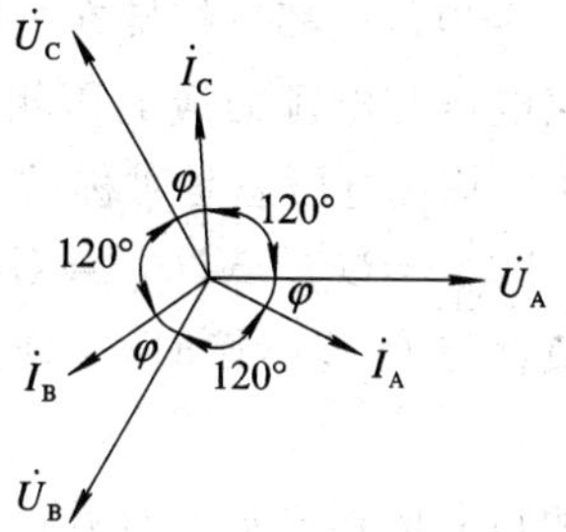

图 3－50　对称负载为星形连接时电压和电流的相量图

由于对称负载为星形连接，中性线中没有电流通过，故可省掉中性线，成为三相三线制电路。三相三线制电路在生产上的应用极为广泛，因为生产上的三相负载(通常所见的是三相电动机)一般都是对称的，所以对于对称负载为星形连接的三相电路，只需计算一相电流，其他两相电流可根据对称性直接写出。

【例 3－17】 有一星形连接的三相负载，每相的电阻 $R=6\ \Omega$，感抗 $X_L=8\ \Omega$。电源电压对称，设 $u_{AB}=380\sqrt{2}\ \sin(\omega t+30°)$V，试求电流(参照图 3－49)。

解　因为负载对称，所以只需计算一相即可。

$$U_A = \frac{U_{AB}}{\sqrt{3}} = \frac{380}{\sqrt{3}} = 220\ \text{V}$$

u_A 比 u_{AB} 滞后 30°，即

$$u_A = 220\sqrt{2}\ \sin\omega t\ \text{V}$$

A 相电流：

$$I_A = \frac{U_A}{|Z_L|} = \frac{220}{\sqrt{6^2+8^2}} = 22\ \text{A}$$

i_A 比 u_A 滞后 φ 角，即

$$\varphi = \arctan\frac{X_L}{R} = \arctan\frac{8}{6} = 53°$$

所以

$$i_A = 22\sqrt{2}\ \sin(\omega t - 53°)\text{A}$$

因为电流对称，故其他两相的电流为

$$i_B = 22\sqrt{2}\ \sin(\omega t - 53° - 120°)\text{A} = 22\sqrt{2}\ \sin(\omega t - 173°)\text{A}$$

$$i_C = 22\sqrt{2}\ \sin(\omega t - 53° + 120°)\text{A} = 22\sqrt{2}\ \sin(\omega t + 67°)\text{A}$$

中性线电流：

$$\dot{I}_N = \dot{I}_A + \dot{I}_B + \dot{I}_C = 0$$

因此对于负载星形连接的三相四线制电路，由于三相电流对称，因此中性线电流为

零。可以把中性线省去，对电路无影响。

负载三角形连接的三相电路一般可用图 3-51 所示的电路来表示。每相负载的阻抗模分别为 $|Z_{AB}|$、$|Z_{BC}|$、$|Z_{CA}|$。电压和电流的参考方向都已在图中标出。

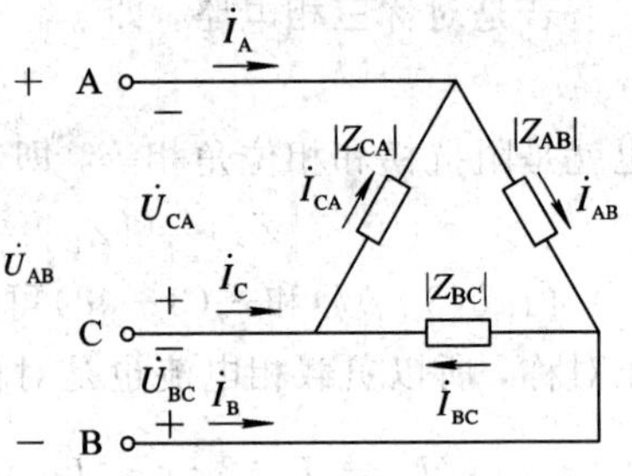

图 3-51 负载三角形连接的三相电路

因为各相负载都直接接在电源的线电压上，所以负载的相电压与电源的线电压相等。因此，不论负载对称与否，其相电压总是对称的，即

$$U_{AB} = U_{BC} = U_{CA} = U_l = U_p \tag{3-101}$$

在负载三角形连接时，相电流和线电流是不一样的。

各相负载的相电流的有效值分别为

$$I_{AB} = \frac{U_{AB}}{|Z_{AB}|}, \quad I_{BC} = \frac{U_{BC}}{|Z_{BC}|}, \quad I_{CA} = \frac{U_{CA}}{|Z_{CA}|} \tag{3-102}$$

各相负载的电压与电流之间的相位差分别为

$$\varphi_{AB} = \arctan\frac{X_{AB}}{R_{AB}}, \quad \varphi_{BC} = \arctan\frac{X_{BC}}{R_{BC}}, \quad \varphi_{CA} = \arctan\frac{X_{CA}}{R_{CA}} \tag{3-103}$$

负载的线电流可应用基尔霍夫电流定律列出下列各式进行计算：

$$\left.\begin{aligned} \dot{I}_A &= \dot{I}_{AB} - \dot{I}_{CA} \\ \dot{I}_B &= \dot{I}_{BC} - \dot{I}_{AB} \\ \dot{I}_C &= \dot{I}_{CA} - \dot{I}_{BC} \end{aligned}\right\} \tag{3-104}$$

若三相负载对称，有

$$|Z_{AB}| = |Z_{BC}| = |Z_{CA}| = |Z| \quad 和 \quad \varphi_{AB} = \varphi_{BC} = \varphi_{CA} = \varphi$$

则负载的相电流也是对称的，即

$$I_{AB} = I_{BC} = I_{CA} = I_p = \frac{U_p}{|Z|}$$

$$\varphi_{AB} = \varphi_{BC} = \varphi_{CA} = \varphi = \arctan\frac{X}{R}$$

至于负载对称时线电流和相电流的关系，则根据式(3-104)作出相量图，如图 3-52 所示。显然，线电流也是对称的，在相位上比相应的相电流滞后 30°。

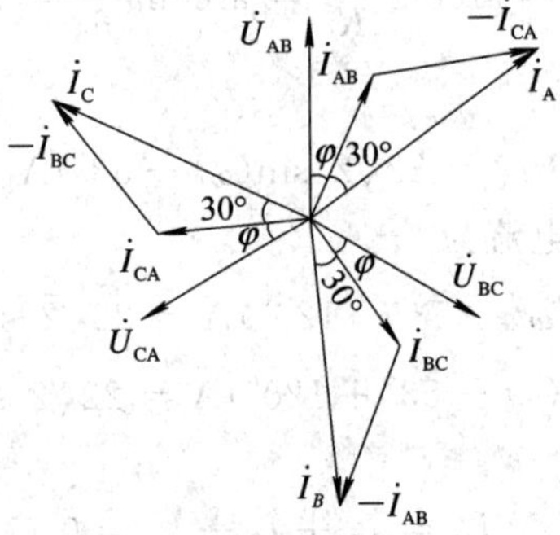

图 3-52 对称负载三角形连接时电压和电流的相量图

线电流和相电流在大小上的关系，也很容易从相量图中得出，即

$$I_l=\sqrt{3}I_p \tag{3-105}$$

三相电动机的绕组可以接成星形，也可以接成三角形，而照明负载一般都接成星形（具有中性线）。

【例 3-18】 如图 3-51 所示，对称负载接成三角形，接入线电压为 380 V 的三相电源，若每相阻抗 $Z=6+j8\ \Omega$，求负载各相电流及各线电流。

解　设线电压为

$$\dot{U}_{AB}=380\angle 0^\circ\ \text{V}$$

则负载各相电流为

$$\dot{I}_{AB}=\frac{\dot{U}_{AB}}{Z}=\frac{380\angle 0^\circ}{6+j8}=\frac{380\angle 0^\circ}{10\angle 53.1^\circ}=38\angle -53.1^\circ$$

$$\dot{I}_{BC}=\frac{\dot{U}_{BC}}{Z}=\dot{I}_{AB}\angle -120^\circ=38\angle(-53.1^\circ-120^\circ)=38\angle -173.1^\circ\ \text{A}$$

$$\dot{I}_{CA}=\frac{\dot{U}_{CA}}{Z}=\dot{I}_{AB}\angle 120^\circ=38\angle(-53.1^\circ+120^\circ)=38\angle 66.9^\circ\ \text{A}$$

由线电流与相电流之间的关系，可得负载各线电流为

$$\dot{I}_A=\sqrt{3}\dot{I}_{AB}\angle -30^\circ=\sqrt{3}\times 38\angle -53.1^\circ-30^\circ=66\angle -83.1^\circ\ \text{A}$$

$$\dot{I}_B=\dot{I}_A\angle -120^\circ=66\angle -83.1^\circ-120^\circ=66\angle 156.9^\circ\ \text{A}$$

$$\dot{I}_C=\dot{I}_A\angle 120^\circ=66\angle -83.1^\circ+120^\circ=66\angle 36.9^\circ\ \text{A}$$

3.7.3　三相电路的功率

不论负载是星形连接还是三角形连接，总的有功功率必定等于各相有功功率之和。当负载对称时，每相的有功功率是相等的。因此三相总功率为

$$P=3P_p=3U_pI_p\cos\varphi \tag{3-106}$$

式中，φ 是每一相相电压与相电流之间的相位差。

当对称负载是星形连接时，有

$$U_l=\sqrt{3}U_p,\quad I_l=I_p$$

当对称负载是三角形连接时，有

$$U_l=U_p,\quad I_l=\sqrt{3}I_p$$

当负载对称时，不论是星形连接还是三角形连接，都可得到

$$P=\sqrt{3}U_lI_l\cos\varphi \tag{3-107}$$

应注意，式(3-107)中的 φ 仍为每一相相电压与相电流之间的相位差。

式(3-106)和式(3-107)都是用来计算三相有功功率的，但通常多应用式(3-107)，因为线电压和线电流的数值是容易测量出来的。

同理，可得出三相无功功率和视在功率：

$$Q=3U_pI_p\sin\varphi=\sqrt{3}U_lI_l\sin\varphi \tag{3-108}$$

$$S=3U_pI_p=\sqrt{3}U_lI_l \tag{3-109}$$

对于三相四线制的星形连接电路，无论对称或不对称，一般可用三只功率表进行测

量。如图 3-53 所示，功率表 W_1 的电流线圈流过的电流是 A 相的相电流 i_A，电压线圈上的电压是 A 相的相电压 u_A，因此功率表 W_1 指示的数字正好是 A 相的有功功率 P_A。同样地，功率表 W_2、W_3 的读数代表了 B 相和 C 相负载吸收的功率 P_B 和 P_C。因此，将三只功率表的读数相加，就得到了三相负载吸收的有功功率，故

$$P = P_A + P_B + P_C \tag{3-110}$$

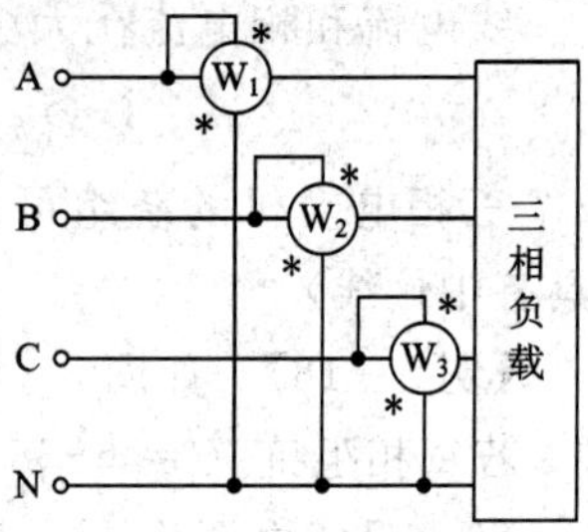

图 3-53　三功率表法

对于三相三线制电路，无论它是否对称，都可用两只功率表测量，如图 3-54 所示。通常把这种测量方法称为双功率表法。两个功率表的电流线圈分别串入任意两相的端线中(图示为 A、B 相)，电压线圈接到本相端线与第三条端线(图中是 C 相)之间，这时，两个功率表的代数和等于要测量的三相电路的有功功率，即

$$P = P_1 + P_2 \tag{3-111}$$

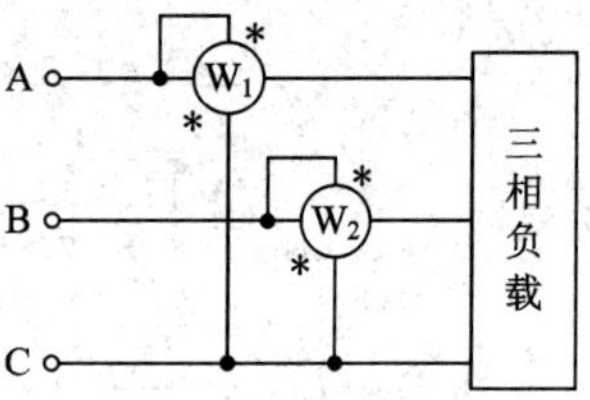

图 3-54　双功率表法

【例 3-19】　有一三相电动机，每相的等效电阻 $R=29\ \Omega$，等效感抗 $X_L=21.8\ \Omega$，试求在下列两种情况下电动机的相电流、线电流以及从电源输入的功率，并比较所得的结果。

(1) 绕组连成星形接于 $U_l=380$ V 的三相电源上；

(2) 绕组连成三角形接于 $U_l=220$ V 的三相电源上。

解　(1)

$$I_p=\frac{U_p}{|Z|}=\frac{220}{\sqrt{29^2+21.8^2}}=6.1\ \text{A}$$

$$P=\sqrt{3}U_lI_l\cos\varphi=\sqrt{3}\times380\times6.1\times\frac{29}{\sqrt{29^2+21.8^2}}\ \text{W}$$

$$=\sqrt{3}\times380\times6.1\times0.8=3.2\ \text{kW}$$

(2)

$$I_p=\frac{U_p}{|Z|}=\frac{220}{\sqrt{29^2+21.8^2}}=6.1\ \text{A}$$

$$I_l=\sqrt{3}I_p=\sqrt{3}\times6.1=10.6\ \text{A}$$

$$P=\sqrt{3}U_lI_l\cos\varphi=\sqrt{3}\times220\times10.6\times0.8=3.2\ \text{kW}$$

比较(1)、(2)的结果，可以得出如下结论：

① 有的电动机有两种额定电压，如 220/380 V。当电源电压为 380 V 时，电动机的绕组应连接成星形；当电源电压为 220 V 时，电动机的绕组应连接成三角形。

② 在三角形和星形两种接法中，相电压、相电流以及功率都未改变，仅三角形连接情况下的线电流比星形连接情况下的线电流增大 $\sqrt{3}$ 倍。

3.7.4　不对称三相电路

在三相电路中，只要有一部分不对称就称为不对称三相电路。例如，对称三相电路的某一条端线断开，或某一相负载发生短路或开路，它就失去了对称性，成为不对称的三相电路。不对称三相电路中的三相电流通常是不对称的，因此对于这种电路不能按照对称三

相电路的计算方法用一相来求解，只能把不对称三相电路看成是含有三个正弦电源的复杂正弦电路来分析计算。

图 3-55 所示的电路中，由于负载不对称，则相量 $\dot{U}_{N'N}\neq 0$，即 N′点和 N 点电位不同，称为中性点位移。由于没有中性线，使负载的相电压 $\dot{U}_{AN'}$、$\dot{U}_{BN'}$、$\dot{U}_{CN'}$ 就不对称。当负载的相电压不对称时，势必引起有的相的电压过高，高于负载的额定电压；有的相的电压过低，低于负载的额定电压。这都是不允许的。三相负载的相电压必须对称。

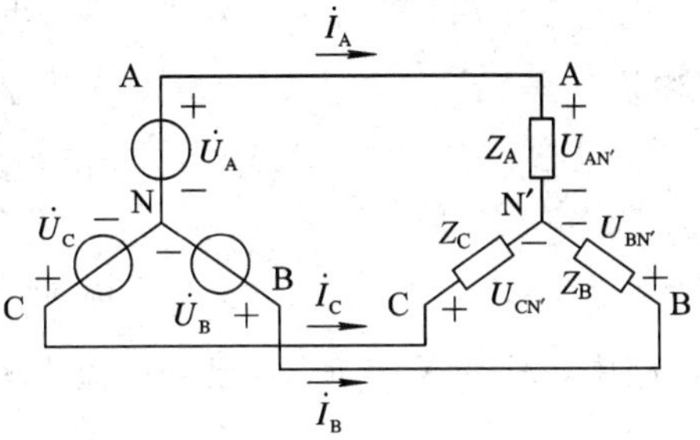

图 3-55　负载不对称而无中性线的不对称三相电路

当接上中性线后，则可强使 $\dot{U}_{N'N}=0$。尽管电路中负载是不对称的，但在这个条件下，可强使各相保持独立性，各相的工作互不影响。能确保各相负载在额定的相电压下安全工作，这就克服了无中性线时引起的缺点。故在负载不对称的情况下中性线的存在是非常重要的，它能起到保证安全供电的作用。

中性线的作用就在于使星形连接的不对称负载的相电压对称。为了保证负载的相电压对称，就不应让中性线断开，因此，中性线(指干线)内不应接入熔断器或闸刀开关。

当负载不对称且中性线存在时，由于线(相)电流的不对称，中性线的电流一般不为零，即

$$\dot{I}_N=\dot{I}_A+\dot{I}_B+\dot{I}_C\neq 0 \tag{3-112}$$

照明线路中必须采用三相四线制，同时中性线连接应可靠并具有一定的机械强度，且规定中性线上不安装熔断器(俗称保险丝)或开关。

习　题　3

3-1　已知工频正弦电压 u 的最大值为 311 V，初相位为 $-45°$，其有效值为多少？写出其瞬时值表达式。当 $t=0.0025$ s 时，u 的值为多少？

3-2　三个正弦电流 i_1、i_2 和 i_3 的有效值分别为 2 A、2 A、3 A，已知 i_2 的初相为 30°，i_1 较 i_2 超前 60°，i_1 较 i_3 滞后 150°，试分别写出三个电流的瞬时表达式。

3-3　把下列正弦量的时间函数用相量表示出来：

(1) $u=10\sqrt{2}\ \sin 314t$ V　　　(2) $i=-5\ \sin(314t-60°)$A

(3) $u=220\sqrt{2}\ \sin(\omega t+120°)$V　　　(4) $i_1=10\sqrt{2}\ \sin(\omega t+60°)$A

3-4　图 3-56 所示的相量图中，$U=220$ V，$I_1=10$ A，$I_2=5\sqrt{2}$ A，试分别用三角函数式、复数式、指数式及极坐标式表示各正弦量。

3－5　对图 3－57 所示的交流电路，下列各式表示哪些是对的，哪些是错的？

(1) $i=\frac{u}{|Z|}$　(2) $I=\frac{u}{|Z|}$　(3) $i=\frac{u}{Z}$　(4) $I=\frac{U}{|Z|}$

(5) $\dot{I}=\frac{\dot{U}}{|Z|}$　(6) $\dot{I}=\frac{u}{Z}$　(7) $\dot{I}=\frac{\dot{U}}{Z}$　(8) $\dot{I}=\frac{U}{Z}$

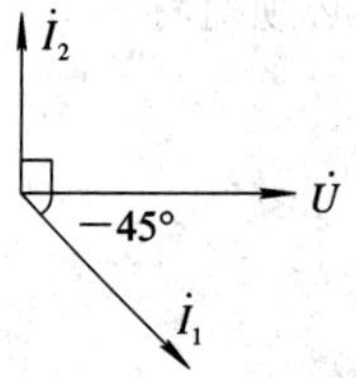

图 3－56　习题 3－4 图

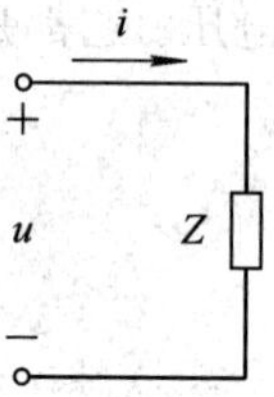

图 3－57　习题 3－5 图

3－6　图 3－58 所示电路中，$X_L=X_C=R$，并已知电流表 A_1 的读数为 3 A，试问：A_2 和 A_3 的读数各为多少？

3－7　电路如图 3－59 所示，已知 $\omega=2$ rad/s，求电路的等效阻抗 Z_{ab}。

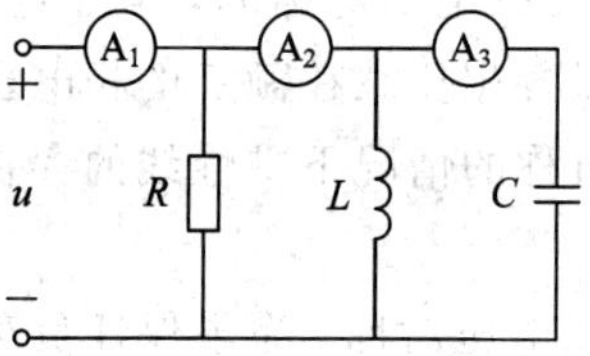

图 3－58　习题 3－6 图

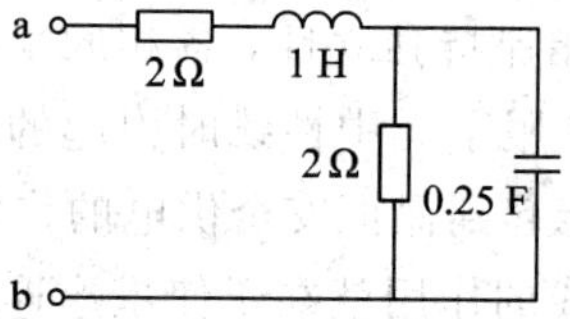

图 3－59　习题 3－7 图

3－8　电路如图 3－60 所示，已知 $R=20\ \Omega$，$\dot{I}_R=10\angle 0°$ A，$X_L=10\ \Omega$，$\dot{U}_1$ 的有效值为 200 V，求 X_C。

3－9　图 3－61 所示电路中，已知 $u_S=10\sqrt{2}\ \sin 628t$ V，$R_1=2\ \Omega$，$R_2=1\ \Omega$，$L=1.59$ mH，$C=796\ \mu$F，求电流 i、i_1 和 i_2。

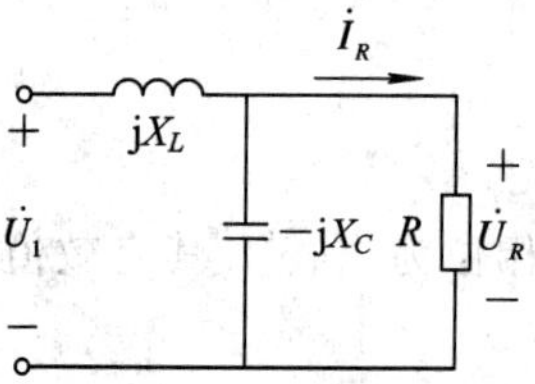

图 3－60　习题 3－8 图

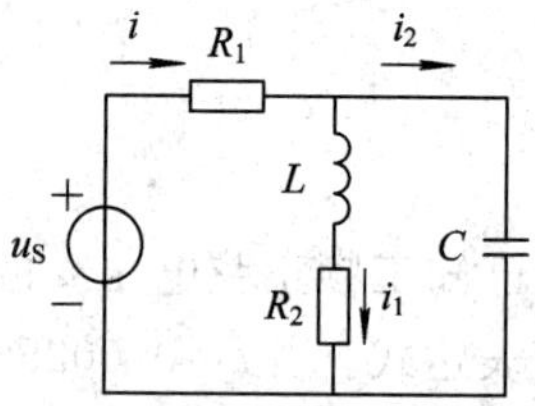

图 3－61　习题 3－9 图

3－10　图 3－62 所示电路中，已知 $u=100\ \sin(314t+15°)$ V，$i_2=10\ \sin(314t-45°)$ A，$i=10\sqrt{2}\ \sin 314t$ A。试求：i_1、Z_1 和 Z_2，并说明 Z_1、Z_2 的性质，绘出相量图。

3－11　电路如图 3－63 所示，$\dot{U}=100\angle -30°$ V，$R=4\ \Omega$，$X_L=3\ \Omega$，$X_C=5\ \Omega$，试求电流 $\dot{I}_1$、$\dot{I}_2$ 和 $\dot{I}$，并绘出相量图。

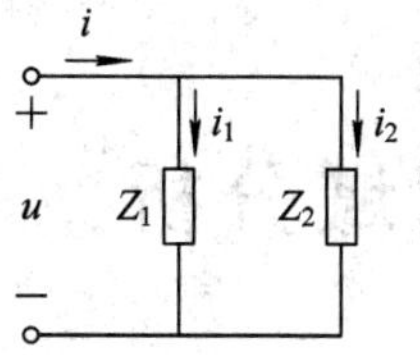

图 3-62　习题 3-10 图

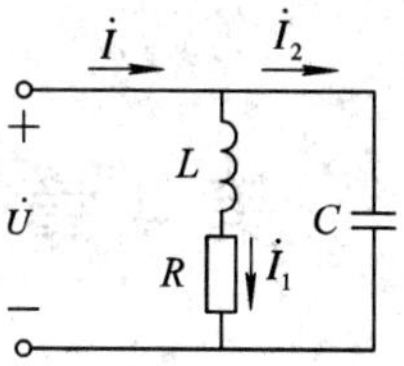

图 3-63　习题 3-11 图

3-12　一个负载的工频电压为 220 V，功率为 10 kW，功率因数为 0.6，欲将功率因数提高到 0.9，试求所需并联的电容。

3-13　在 RLC 串联谐振电路中，$R=50\ \Omega$，$L=400$ mH，$C=0.254\ \mu$F，电源 $U=10$ V。求谐振频率 f_0，电路的品质因数 Q，谐振时的电流 I_0 及各元件上的电压 U_{R_0}、U_{L_0}、U_{C_0}。

3-14　欲将发电机的三相绕组接成星形，如果误将 X、Y、C 连成一点(中性点)，是否也可以产生对称三相电压？

3-15　线电压为 380 V 的三相四线制正弦电流电路中，对称星形连接负载每相阻抗为(160+j120)Ω，试求各相电流和中性线电流，并作出相量图。若中性线断开，各相负载的电压、电流将变为多少？

3-16　有一三相异步电动机，其绕组接成三角形，接在线电压 $U_1=380$ V 的电源上，从电源所取用的功率为 $P_1=11.43$ kW，功率因数 $\cos\varphi=0.87$，试求电动机的相电流和线电流。

3-17　线电压为 380 V 的三相对称电源供电给两组电阻性对称负载，星形连接负载每相阻抗为 $Z_1=10\ \Omega$，三角形连接负载每相阻抗为 $Z_2=38\ \Omega$。如图 3-64 所示，试求线电流 I。

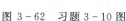

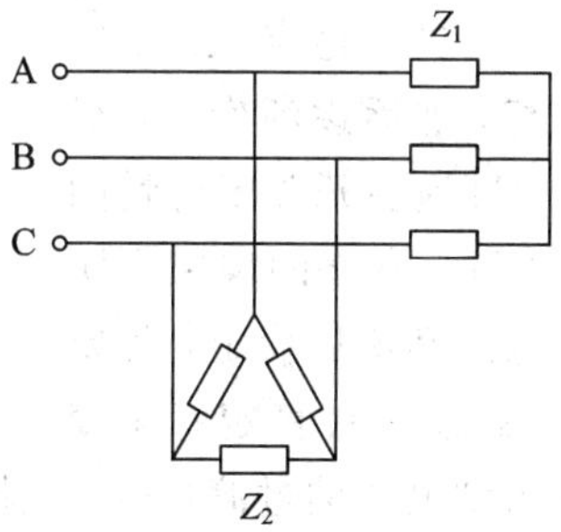

图 3-64　习题 3-17 图

第 4 章　动态电路的时域分析

对于含有电感、电容等储能元件的电路，当电路的结构或元件参数发生变化时，电路由原来的稳定状态要转换到另一个新的稳定状态。这种转换不能即时完成，而是需要一个过渡过程。过渡过程中的电路状态称为暂态，对过渡过程的分析称为暂态分析或动态分析。电路的动态是由微分方程描述的。所谓动态电路的时域分析，就是对含有动态元件的电路，在给定激励或初始储能作用下，求解其达到稳定状况的过程中响应随时间变化的规律。本章主要介绍暂态分析的基本方法，包括动态电路的换路定则，一阶电路的零输入响应、零状态响应及全响应，重点介绍用三要素法求解一阶电路。

4.1　换路定则及初始值的计算

4.1.1　过渡过程的概念

电路元件的伏安关系要用微分或积分形式来表述的元件称为动态元件，如电容和电感就属于动态元件。凡用一阶微分方程描述的电路称为一阶电路。一阶电路在结构上只含有一个且仅有一个(或可等效成一个)动态元件。按照此概念可定义二阶电路、三阶电路，等等。

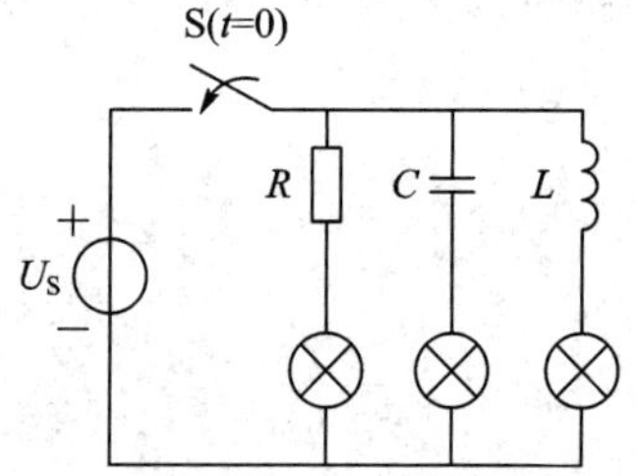

图 4－1　实验电路

如图 4－1 所示电路。当开关 S 闭合时，电阻支路的灯泡立即发亮，而且亮度始终不变，说明电阻支路在开关闭合后没有经历过渡过程，立即进入稳定状态。电感支路的灯泡在开关闭合瞬间不亮，然后逐渐变亮，最后亮度稳定不再变化。电容支路的灯泡在开关闭合瞬间很亮，然后逐渐变暗直至熄灭。这两个支路的现象说明电感支路的灯泡和电容支路的灯泡达到最后稳定，都要经历一段过渡过程。一般来说，电路从一种稳定状态变化到另一种稳定状态的中间过程叫做电路的过渡过程。实际电路中的过渡过程往往是很短暂的，故称为暂态过程，简称暂态。

含有储能元件 L、C 的电路在发生换路时通常都有可能产生过渡过程。

对电路的过渡过程研究有重要的实际意义。一方面可以充分利用电路的一些暂态特性于工程实际中；另一方面，又可以采取保护措施以防止暂态特性可能造成的破坏性后果。

4.1.2　换路定则及初始值的确定

所谓换路，就是电路工作状况的突变，例如突然接入或切断电源、改变电路的结构或电路元件的参数等，通常把换路瞬间定在 $t=0$ 时刻，且把 $t=0_-$ 记为即将要发生换路前的时刻，这时的电流为 $i(0_-)$，电压为 $u(0_-)$；把 $t=0_+$ 记为刚发生换路后的时刻，这时的电流、电压分别记为 $i(0_+)$ 和 $u(0_+)$。在动态电路分析中要确定电流、电压的初始值，就是计算 $i(0_+)$ 和 $u(0_+)$。确定电路的初始值是进行暂态分析的一个重要环节。

前已述及，若电容电流和电感电压为有限值，则电容电压和电感电流均不能发生跃变，即在换路的瞬间，有

$$\left.\begin{aligned} u_C(0_+) &= u_C(0_-) \\ i_L(0_+) &= i_L(0_-) \end{aligned}\right\} \tag{4-1}$$

式(4-1)表述的换路前后瞬间电容电压和电感电流不能跃变的结果，通常称为换路定则。

根据换路定则，只有电容电压和电感电流在换路瞬间不能突变，其他各量均不受换路定则的约束。为叙述方便，把遵循换路定则的 $u_C(0_+)$ 和 $i_L(0_+)$ 称为独立初始值，而把其余的初始值如 $i_C(0_+)$、$u_L(0_+)$、$u_R(0_+)$、$i_R(0_+)$ 等称为非独立初始值。

独立初始值，可通过作换路前 $t=0_-$ 的等效电路求得。具体步骤为：

(1) 作 $t=0_-$ 等效电路，此时对于直流电路来说，电容 C 开路，电感 L 短路，求出 $u_C(0_-)$ 和 $i_L(0_-)$；

(2) 根据换路定则确定出 $u_C(0_+)$ 和 $i_L(0_+)$。

非独立初始值，可通过作换路后 $t=0_+$ 等效电路来计算。具体步骤为：

(1) 用电压为 $u_C(0_+)$ 的电压源和电流为 $i_L(0_+)$ 的电流源取代原电路中 C 和 L 的位置，可得 $t=0_+$ 等效电路；

(2) 用 $t=0_+$ 等效电路求出所要求解的非独立初始值。

【例 4-1】 图 4-2(a)所示电路中，已知 $U_S=18\ \text{V}$，$R_1=1\ \Omega$，$R_2=2\ \Omega$，$R_3=3\ \Omega$，$L=0.5\ \text{H}$，$C=4.7\ \mu\text{F}$，开关 S 在 $t=0$ 时合上，设 S 合上前电路已进入稳态。试求 $i_1(0_+)$、$i_2(0_+)$、$i_3(0_+)$、$u_L(0_+)$、$u_C(0_+)$。

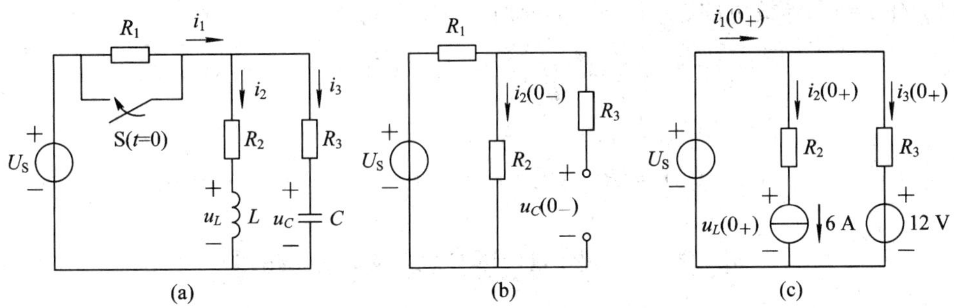

图 4-2　例 4-1 图

解　第一步，作 $t=0_-$ 等效电路，如图 4-2(b)所示，这时电感相当于短路，电容相当于开路。

第二步，根据 $t=0_-$ 等效电路，计算换路前的电感电流和电容电压：

$$i_2(0_-) = i_L(0_-) = \frac{U_S}{R_1+R_2} = \frac{18}{1+2} = 6\ \text{A}$$

$$u_C(0_-) = R_2 i_2(0_-) = 2\times 6 = 12\ \text{V}$$

根据换路定则，可得

$$u_C(0_+) = u_C(0_-) = 12\ \text{V}$$

$$i_L(0_+) = i_L(0_-) = 6\ \text{A}$$

第三步，作 $t=0_+$ 等效电路，如图 4-2(c)所示，这时电感 L 相当于一个 6 A 的电流源，电容 C 相当于一个 12 V 的电压源。

第四步，根据 $t=0_+$ 等效电路，计算其他的非独立初始值：

$$u_L(0_+)=U_S-R_2i_2(0_+)=18-2\times6=6\text{ V}$$

$$i_2(0_+)=6\text{ A}$$

$$i_3(0_+)=\frac{U_S-u_C(0_+)}{R_3}=\frac{18-12}{3}=2\text{ A}$$

$$i_1(0_+)=i_2(0_+)+i_3(0_+)=6+2=8\text{ A}$$

【例 4-2】 图 4-3(a)所示电路在 $t=0$ 时换路，即开关 S 由位置 1 合到位置 2。设换路前电路已经稳定，求换路后的初始值 $i_1(0_+)$、$i_2(0_+)$和 $u_L(0_+)$。

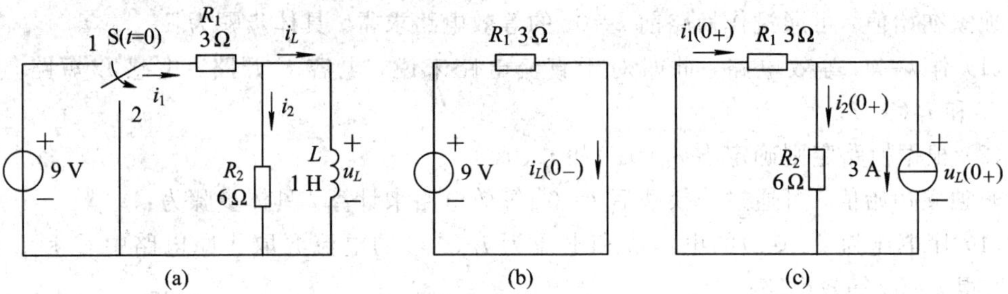

图 4-3 例 4-2 图

解 (1) 作 $t=0_-$ 等效电路，如图 4-3(b)所示，则有

$$i_L(0_+)=i_L(0_-)=\frac{U_S}{R_1}=\frac{9}{3}=3\text{ A}$$

(2) 作 $t=0_+$ 等效电路，如图 4-3(c)所示，由此可得

$$i_1(0_+)=\frac{R_2}{R_1+R_2}i_L(0_+)=\frac{6}{3+6}\times3=2\text{ A}$$

$$i_2(0_+)=i_1(0_+)-i_L(0_+)=2-3=-1\text{ A}$$

$$u_L(0_+)=R_2i_2(0_+)=6\times(-1)=-6\text{ V}$$

4.2 一阶电路的零输入响应

所谓零输入响应，即动态电路在没有外加激励时，仅由电路初始储能所产生的响应。在工程实际中，典型的无电源一阶电路有电容放电电路和发电机磁场的灭磁回路。前者是 RC 电路，后者是 RL 电路。下面分别讨论这两种典型电路的零输入响应。

4.2.1 *RC* 电路的零输入响应

如图 4-4 所示的电路，在开关 S 未闭合前，电容 C 已经充电，电容电压 $u_C(0_-)=U_0$。当 $t=0$ 时刻开关 S 闭合，RC 电路接通，根据换路定则，有 $u_C(0_+)=u_C(0_-)=U_0$，电路在 $u_C(0_+)$作用下产生的电流为

$$i(0_+)=\frac{U_0}{R}$$

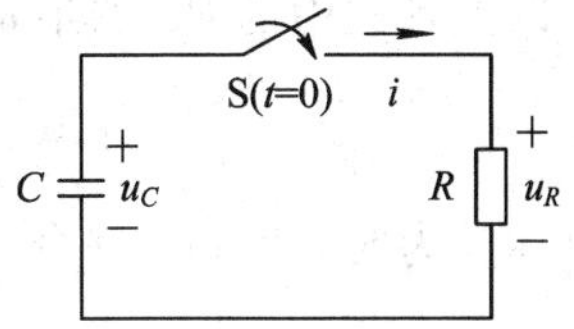

图 4 - 4　RC 电路的零输入响应

这样，从 $t=0_+$ 开始，电容通过电阻 R 放电。随着时间的增加，电容在初始时刻储存的能量 $\left(\frac{1}{2}CU_0^2\right)$ 逐渐被电阻所消耗，直到电容的储能被电阻完全消耗，这时电容电压为零，电流也为零，放电过程全部结束。下面通过数学分析，找出电容放电过程中电容电压和电流随时间的变化规律。

根据图 4 - 4 所示电路电流、电压的参考方向，依据 KVL，有

$$u_C - u_R = 0 \quad (t \geqslant 0)$$

而由 R 和 C 的电压电流关系，有

$$u_R = Ri \quad 和 \quad i = -C\frac{\mathrm{d}u_C}{\mathrm{d}t}$$ （式中的负号是因为电容电压和电流参考方向不一致）

将其代入上式，可得

$$RC\frac{\mathrm{d}u_C}{\mathrm{d}t} + u_C = 0 \qquad (t \geqslant 0) \tag{4-2}$$

式(4 - 2)是一个常系数一阶线性齐次微分方程。由高等数学知识可知其通解形式为 $u_C(t)=A\mathrm{e}^{pt}$。其中，常数 p 是特征方程的根，A 为待定的积分常数。

特征方程为　$$RCp+1=0$$

特征根为　$$p=-\frac{1}{RC}$$

所以

$$u_C(t)=A\mathrm{e}^{-\frac{t}{RC}}$$

将初始条件 $u_C(0_+)=U_0$ 代入上式，可得 $A=U_0$，则

$$u_C(t) = U_0\mathrm{e}^{-\frac{t}{RC}} \tag{4-3}$$

式(4 - 3)就是零输入响应，即电容放电过程中电容电压 u_C 随时间变化规律的表达式。

电路中的放电电流 $i(t)$ 和电阻电压 $u_R(t)$ 分别为

$$i(t) = -C\frac{\mathrm{d}u_C}{\mathrm{d}t} = \frac{U_0}{R}\mathrm{e}^{-\frac{t}{RC}} \qquad (t \geqslant 0) \tag{4-4}$$

$$u_R(t) = u_C(t) = U_0\mathrm{e}^{-\frac{t}{RC}} \qquad (t \geqslant 0) \tag{4-5}$$

从式(4 - 3)、式(4 - 4)和式(4 - 5)中可以看出，电压 $u_C(t)$、$u_R(t)$ 和电流 $i(t)$ 都是按同一指数规律衰减的，它们随时间变化的曲线如图 4 - 5(a)、(b)所示。

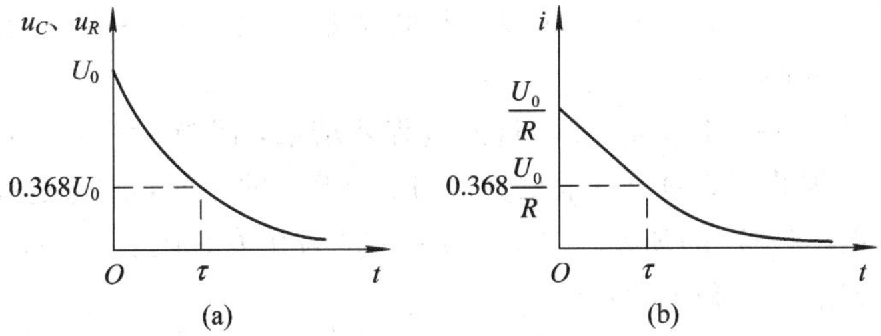

图 4 - 5　RC 电路的零输入响应曲线

以上各式中的 RC 具有时间的量纲，因为

$$[RC]=\text{欧}\cdot\text{法}=\frac{\text{伏}}{\text{安}}\cdot\frac{\text{库}}{\text{伏}}=\frac{\text{安}\cdot\text{秒}}{\text{安}}=\text{秒}$$

所以称其为时间常数，并令

$$\tau=RC \tag{4-6}$$

引入时间常数 τ 后，式(4-3)、式(4-4)和式(4-5)可表示为

$$u_C(t)=U_0\mathrm{e}^{-\frac{t}{\tau}} \quad (t\geqslant 0)$$

$$i(t)=\frac{U_0}{R}\mathrm{e}^{-\frac{t}{\tau}} \quad (t\geqslant 0)$$

$$u_R(t)=U_0\mathrm{e}^{-\frac{t}{\tau}} \quad (t\geqslant 0)$$

时间常数 τ 是表征电路过渡过程快慢的物理量。τ 值越大，过渡过程的进展越慢。RC 电路的时间常数 τ 仅由电路的参数 R 和 C 来决定。当 R 越大时，电路中放电电流就越小，放电时间就越长；当 C 越大时储存的电场能量就越大，放电时间也就越长。τ 对暂态过程的影响如图 4-6 所示。

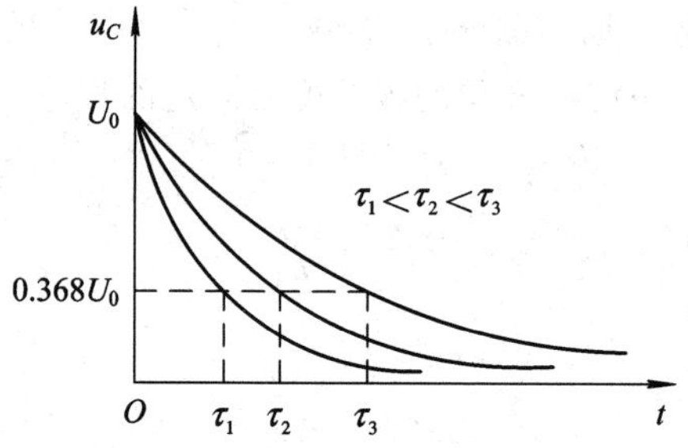

图 4-6 时间常数 τ 对暂态过程的影响

现以电容电压 $u_C(t)$ 为例来说明时间常数 τ 的意义。将 $t=\tau$、2τ、3τ、… 的不同时间的响应 u_C 值列于表 4-1 之中。

表 4-1 时间常数不同时的 u_C 值

t	0	τ	2τ	3τ	4τ	5τ	…	∞
$\mathrm{e}^{-\frac{t}{\tau}}$	$\mathrm{e}^0=1$	$\mathrm{e}^{-1}=0.368$	$\mathrm{e}^{-2}=0.135$	$\mathrm{e}^{-3}=0.05$	$\mathrm{e}^{-4}=0.018$	$\mathrm{e}^{-5}=0.0067$	…	$\mathrm{e}^{-\infty}=0$
$u_C(t)$	U_0	$0.368U_0$	$0.135U_0$	$0.050U_0$	$0.018U_0$	$0.0067U_0$	…	0

从表中可以看出：

(1) 当 $t=\tau$ 时，$u_C=0.368U_0$，所以，时间常数 τ 是电路零输入响应衰减到初始值 0.368 倍时所需要的时间。

(2) 从理论上讲，$t=\infty$ 时，$u_C=0$，过渡过程才结束，但当 $t=(3\sim5)\tau$ 时，u_C 已衰减到初始值的 5%以下，因此，工程上一般认为经过 $(3\sim5)\tau$ 的时间，放电过程便结束了。

【例 4-3】 如图 4-7(a)所示电路，在 $t=0$ 时刻开关 S 闭合，S 闭合前电路已稳定。试求 $t\geqslant0$ 时的 $i_1(t)$、$i_2(t)$ 和 $i_C(t)$。

解 (1) 作 $t=0_-$ 时的等效电路，如图 4-7(b)所示，则有

$$u_C(0_+)=u_C(0_-)=2\times3=6\ \text{V}$$

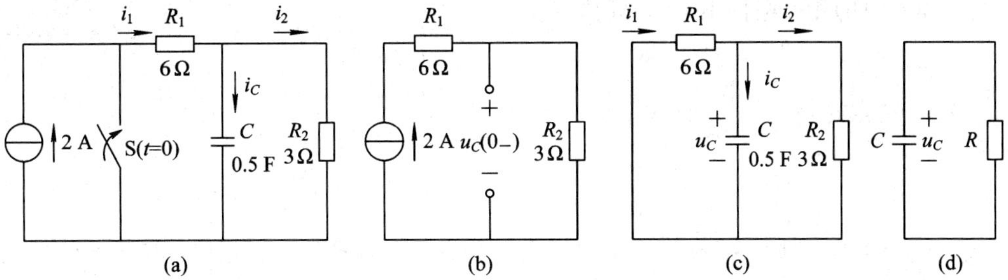

图 4-7　例 4-3 图

(2) 作 $t \geqslant 0$ 时的电路，如图 4-7(c)所示，其等效电路如图 4-7(d)所示，则等效电阻

$$R = R_1 // R_2 = \frac{6 \times 3}{6 + 3} = 2\ \Omega$$

故电路的时间常数为

$$\tau = RC = 2 \times 0.5 = 1\ \text{s}$$

根据式(4-3)可得

$$u_C(t) = 6e^{-t}\ \text{V} \qquad (t \geqslant 0)$$

在图 4-7(c)所示电路中，可求得

$$i_1(t) = -\frac{u_C(t)}{R_1} = -e^{-t}\ \text{A} \qquad (t \geqslant 0)$$

$$i_2(t) = \frac{u_C(t)}{R_2} = 2e^{-t}\ \text{A} \qquad (t \geqslant 0)$$

$$i_C(t) = C\frac{\mathrm{d}u_C(t)}{\mathrm{d}t} = -3e^{-t}\ \text{A} \qquad (t \geqslant 0)$$

4.2.2　*RL* 电路的零输入响应

如图 4-8(a)所示电路，开关 S 动作前电路已稳定，则电感 L 相当于短路，此时电感电流为

$$i_L(0_-) = \frac{U_S}{R_S} = I_0$$

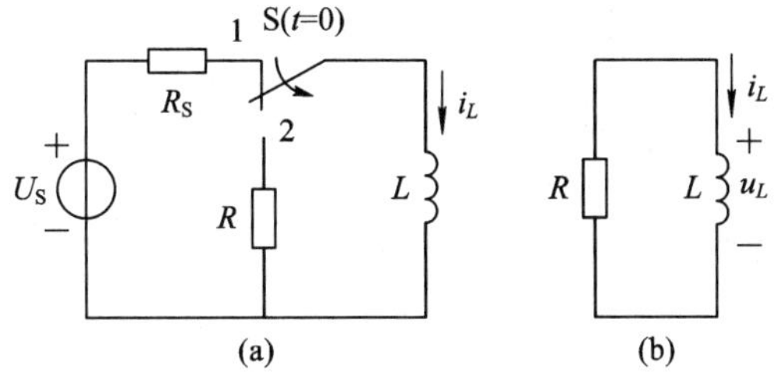

图 4-8　*RL* 电路的零输入响应

在开关动作后的初始时刻 $t=0_+$ 时，根据换路定律，有 $i_L(0_+)=I_0$。这时电感中的初始储能$\left(\frac{1}{2}LI_0^2\right)$将逐渐被电阻消耗，直到磁场能量被电阻完全消耗，电流为零，电感的消磁过程便结束。下面通过数学分析，找出电感电流和电压的变化规律。

在图4-8(b)中，根据KVL，可得

$$u_L + Ri_L = 0 \qquad (t \geqslant 0)$$

将电感的伏安关系 $u_L = L\dfrac{di_L}{dt}$ 代入上式，可得

$$L\frac{di_L}{dt} + Ri_L = 0 \qquad (t \geqslant 0) \tag{4-7}$$

式(4-7)也是一个常系数一阶线性齐次微分方程，与式(4-2)相似，其通解的形式为

$$i_L(t) = Ae^{pt} = Ae^{-\frac{t}{\tau}}$$

其中，τ 是 RL 电路的时间常数。特征方程和特征值分别为

$$Lp + R = 0$$

$$p = -\frac{R}{L}$$

则

$$i_L(t) = Ae^{-\frac{R}{L}t} = Ae^{-\frac{t}{\tau}}$$

其中 $\tau = \dfrac{L}{R}$，代入初始条件 $i_L(0_+) = I_0$，可得 $A = I_0$，故电路的零输入响应为

$$i_L(t) = I_0 e^{-\frac{R}{L}t} = I_0 e^{-\frac{t}{\tau}} \qquad (t \geqslant 0) \tag{4-8}$$

电阻和电感上的电压分别为

$$u_R(t) = Ri_L = RI_0 e^{-\frac{R}{L}t} = RI_0 e^{-\frac{t}{\tau}} \qquad (t \geqslant 0) \tag{4-9}$$

$$u_L(t) = L\frac{di_L}{dt} = -RI_0 e^{-\frac{R}{L}t} = -RI_0 e^{-\frac{t}{\tau}} \qquad (t \geqslant 0) \tag{4-10}$$

式(4-10)中电感电压为负值，是因为电流不断减小，根据楞次定律可知，电感上的感应电压力图维持原来的电流不变，故实际的感应电压的极性与参考极性相反，因而为负值。

从式(4-8)、式(4-9)和式(4-10)中可以看出，$i_L(t)$、$u_R(t)$ 和 $u_L(t)$ 都是按同一时间常数的指数规律衰减的，它们随时间变化的曲线如图4-9所示。

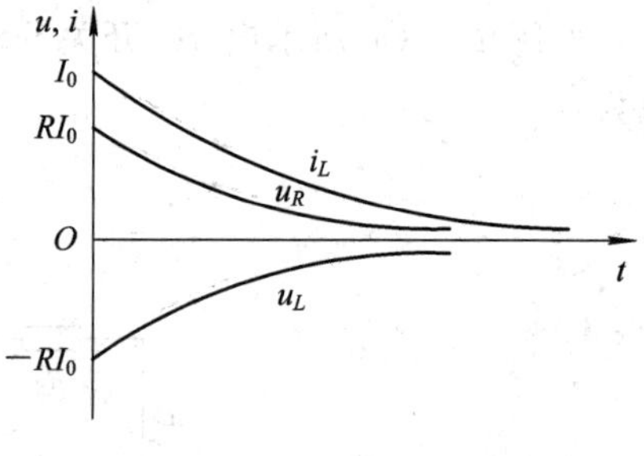

图 4-9 RL 电路零输入响应曲线图

RL 电路的时间常数 $\tau = \dfrac{L}{R}$，同样具有时间量纲，其大小同样反映了电路中过渡过程进行的快慢。

从以上的分析可见，RC 电路和 RL 电路中所有的零输入响应都是由初始值开始以指数规律衰减的，而且都可写成相同的形式，即

$$f(t) = f(0_+)e^{-\frac{t}{\tau}} \qquad (t \geqslant 0) \tag{4-11}$$

式(4-11)中，$f(0_+)$ 为响应的初始值，τ 是电路的时间常数，RC 电路的 $\tau = RC$，而 RL 电路的 $\tau = \dfrac{L}{R}$。其中，R 为换路后从动态元件两端看进去的戴维南等效电阻。

【例 4-4】 如图4-10(a)所示为一测量电路，已知 $L = 0.4$ H，$R = 1\ \Omega$，$U_S = 12$ V，电压表的内阻 $R_V = 10$ kΩ，量程为50 V。开关S原来闭合，电路已处于稳态。在 $t = 0$ 时，

将开关 S 打开，试求：

（1）电流 $i(t)$和电压表两端的电压 $u_V(t)$；

（2）$t=0$ 时(S 刚打开)电压表两端的电压。

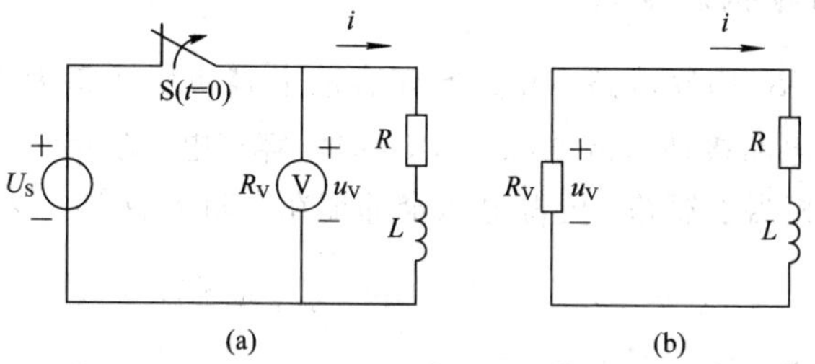

图 4-10　例 4-4 图

解　(1) $t\geqslant 0$ 时的电路如图 4-10(b)所示，是一个 RL 电路。电路的时间常数为

$$\tau=\frac{L}{R+R_V}\approx\frac{0.4}{10\times 10^3}=4\times 10^{-5}\ \text{s}$$

电感中电流的初始值为

$$i(0_+)=i(0_-)=\frac{U_S}{R}=12\ \text{A}$$

根据式(4-11)，可得电感电流的表达式为

$$i(t)=i(0_+)\mathrm{e}^{-\frac{t}{\tau}}=12\mathrm{e}^{-2.5\times 10^4 t}\ \text{V}\qquad (t\geqslant 0)$$

电压表两端的电压为

$$u_V(t)=-R_V i(t)=-12\times 10^4\ \mathrm{e}^{-2.5\times 10^4 t}\ \text{V}\quad (t\geqslant 0)$$

（2）当 $t=0$ 时，

$$u_V=-12\times 10^4\ \text{V}$$

该数值远远超过电压表的量程，将会损坏电压表。因此在断开电感电路时，必须先拆除电压表。

从上例分析中可见，电感线圈的直流电源断开时，线圈两端会产生很高的电压，从而出现火花甚至电弧，轻则损坏开关设备，重则引起火灾。因此工程上都采取一些保护措施，常用的办法是在线圈两端并联续流二极管或接入阻容吸收电路，如图 4-11(a)、(b)所示。

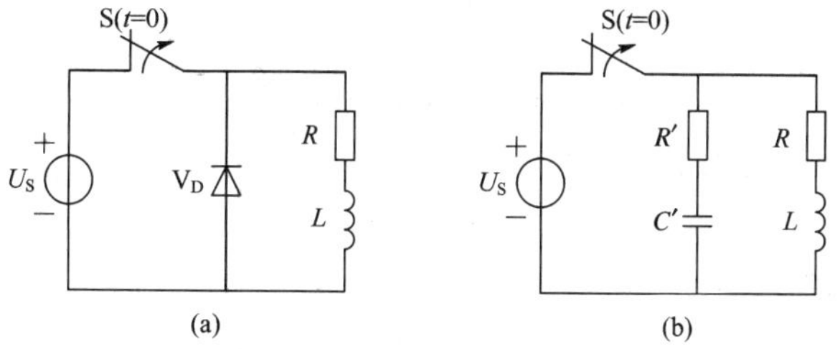

图 4-11　RL 保护电路

4.3　一阶电路的零状态响应

所谓零状态响应，就是动态电路在没有初始储能时，由电路外加激励产生的响应。在

工程实际应用中，典型的无电源一阶电路有电容充电电路和发电机磁场的充磁回路。前者是 RC 电路，后者是 RL 电路。下面分别讨论这两种典型电路的零状态响应。

4.3.1 RC 电路的零状态响应

如图 4-12 所示 RC 串联电路，开关 S 闭合前电容初始状态为零，即 $u_C(0_-)=0$，在 $t=0$ 时开关 S 闭合，电路接通直流电源 U_S，U_S 向电容充电。在 $t=0_+$ 瞬间，根据换路定律，有 $u_C(0_+)=0$，电容相当于短路，电源电压全部加在电阻 R 两端，这时电流值为最大，即

$$i(0_+)=\frac{U_S}{R}$$

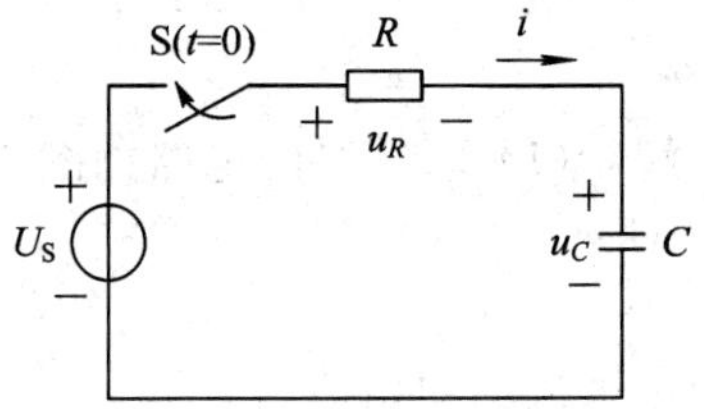

图 4-12　RC 电路的零状态响应

随着时间的推移，电容被充电，电容电压随之升高，这时电路中的电流为

$$i=\frac{U_S-u_C}{R}$$

i 逐渐减小，直到电容电压 $u_C=U_S$，$i=0$，充电过程结束，电路进入稳态。

根据图 4-12 中 S 闭合后的电路，依 KVL，有

$$u_R+u_C=U_S$$

将 R 与 C 的伏安关系 $u_R=Ri$ 和 $i=C\dfrac{du_C}{dt}$ 代入上式后，可得

$$RC\frac{du_C}{dt}+u_C=U_S \tag{4-12}$$

式(4-12)是一个常系数一阶线性非齐次微分方程。由高等数学知识可知，它的解由其特解 u_{cp} 和相应齐次方程的通解 u_{ch} 两部分组成，即

$$u_C=u_{cp}+u_{ch}$$

对应于式(4-12)的齐次微分方程即式(4-2)，其通解为

$$u_{ch}=Ae^{-\frac{t}{RC}}$$

非齐次方程式(4-12)的特解为电路达到稳态时的解

$$u_{cp}=U_S$$

因此 $u_C(t)$ 的全解为

$$u_C(t)=U_S+Ae^{-\frac{t}{RC}}$$

将初始条件 $u_C(0_+)=0$ 代入上式，可得

$$A=-U_S$$

则电容电压的零状态响应为

$$u_C(t)=U_S-U_Se^{-\frac{t}{RC}}=U_S(1-e^{-\frac{t}{RC}}) \tag{4-13}$$

式(4-13)也就是充电过程中电容电压的表达式。它表明了这一过程中电压 $u_C(t)$ 随时间变化的规律。令 $\tau=RC$，则

$$u_C(t)=U_S(1-e^{-\frac{t}{\tau}}) \tag{4-14}$$

充电电流 $i(t)$ 和电阻电压 $u_R(t)$ 为

$$i(t)=C\frac{\mathrm{d}u_C}{\mathrm{d}t}=\frac{U_S}{R}e^{-\frac{t}{\tau}} \tag{4-15}$$

$$u_R(t)=Ri=U_Se^{-\frac{t}{\tau}} \tag{4-16}$$

$u_C(t)$、$u_R(t)$和 $i(t)$随时间变化的曲线如图 4-13(a)、(b)所示。

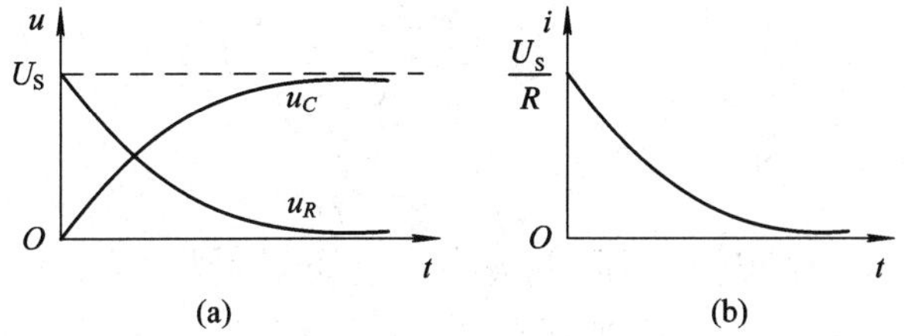

图 4-13　RC 电路的零状态响应曲线

由以上分析可知，在电容充电过程中，电容电压 $u_C(t)$是从零开始按指数规律上升并趋于稳态值 U_S的，而充电电流 $i(t)$和电阻电压 $u_R(t)$则由零值跃变到最大值后，以相同的时间常数按指数规律逐渐衰减至零。

电压、电流变化进程的快慢，仍取决于电路的时间常数。当 $t=\tau$ 时，$u_C=0.632U_S$，即电容电压增至稳态值的 0.632 倍。当 $t=(3\sim5)\tau$ 时，$u_C(t)$增至稳态值的 0.95～0.99 倍，通常认为此时电路已进入稳态，即充电过程结束。

4.3.2　RL 电路的零状态响应

如图 4-14 所示 RL 串联电路，开关 S 闭合前电路中的电流为零，即 $i_L(0_-)=0$，在 $t=0$ 时开关 S 闭合，电路接通直流电源 U_S。在开关闭合后的初始时刻 $t=0_+$，根据换路定律，有 $i_L(0_+)=0$，电感相当于开路，电源电压 U_S加于电感的两端，即 $u_L(0_+)=U_S$。此后，电流逐渐增大，电阻两端的电压也随之逐渐增大，则电感两端的电压逐渐减少。最后电感电压 $u_L=0$，电感相当于短路，电源电压 U_S全部加于电阻元件两端，电路中的电流到达稳态值 $i_L(\infty)=\frac{U_S}{R}$。

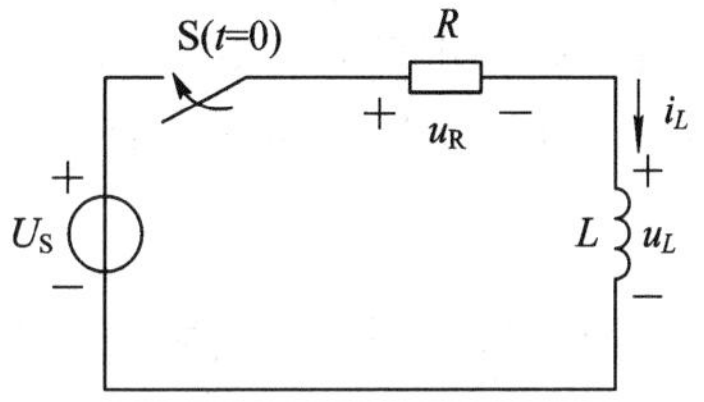

图 4-14　RL 电路的零状态响应

根据图 4-14 中 S 闭合后的电路，依 KVL，有

$$L\frac{\mathrm{d}i_L}{\mathrm{d}t}+Ri_L=U_S \qquad (t\geqslant 0) \tag{4-17}$$

式(4-17)也是一常系数一阶线性非齐次微分方程，它的解同样由其特解 i_{cp} 和相应的齐次方程的通解 i_{ch} 组成，即

$$i_L=i_{cp}+i_{ch}$$

其中，特解仍是电路达到稳态时的解，即

$$i_{cp}=\frac{U_S}{R}$$

齐次微分方程的通解与 RL 串联电路的零输入响应形式相同，即

$$i_{ch}=Ae^{-\frac{R}{L}t}$$

令 $\tau=\dfrac{L}{R}$，故得

$$i_L(t)=A\mathrm{e}^{-\frac{t}{\tau}}+\frac{U_S}{R}\qquad (t\geqslant 0)$$

将 $i_L(0_+)=0$ 代入上式，可得

$$A=-\frac{U_S}{R}$$

则电路的零状态响应 $i_L(t)$ 为

$$i_L(t)=\frac{U_S}{R}-\frac{U_S}{R}\mathrm{e}^{-\frac{t}{\tau}}=\frac{U_S}{R}(1-\mathrm{e}^{-\frac{t}{\tau}})\qquad (4-18)$$

电感电压 $u_L(t)$ 和电阻电压 $u_R(t)$ 分别为

$$\left.\begin{aligned}u_L(t)&=L\frac{\mathrm{d}i_L}{\mathrm{d}t}=U_S\mathrm{e}^{-\frac{t}{\tau}}\qquad &(t\geqslant 0)\\ u_R(t)&=Ri_L=U_S(1-\mathrm{e}^{-\frac{t}{\tau}})\qquad &(t\geqslant 0)\end{aligned}\right\}\qquad (4-19)$$

$i_L(t)$、$u_L(t)$ 和 $u_R(t)$ 随时间变化的波形曲线如图 4-15(a)、(b)所示。

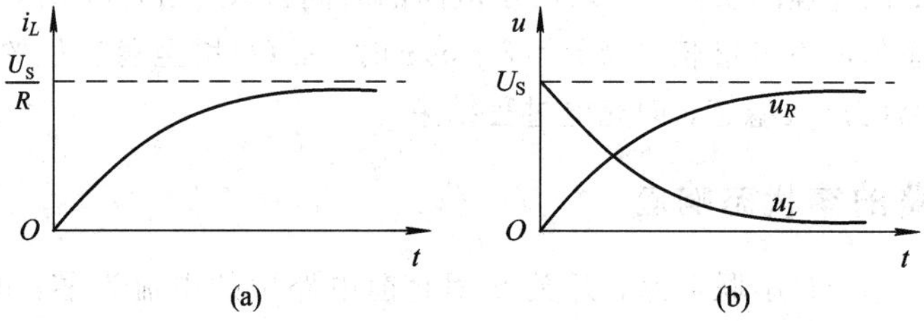

图 4-15　RL 电路的零状态响应曲线

由上述分析可知：RC 电路的零状态响应电压 $u_C(t)$ 和 RL 电路的零状态响应电流 $i_L(t)$ 都是由零状态逐渐上升到新的稳态值，而且都可以写成相同的形式，即

$$f(t)=f(\infty)(1-\mathrm{e}^{-\frac{t}{\tau}})\qquad (t\geqslant 0)\qquad (4-20)$$

式(4-20)中，$f(\infty)$ 是响应的稳态值。套用此式即可求得 RC 电路的零状态响应电压 $u_C(t)$ 和 RL 电路的零状态响应电流 $i_L(t)$。

从式(4-13)和式(4-18)可知，RC 和 RL 电路零状态响应都包含两项，一项是方程的特解，是电路换路后进入稳态的解，称为稳态分量。因稳态分量受电路输入激励的制约，故又称为强制分量。另一项是相应的齐次方程的通解，它按指数规律衰减，衰减的快慢由时间常数来确定；当 $t\to\infty$ 时，它趋于零，故称其为暂态分量。因暂态分量的变化规律不受输入激励的制约，因此相对于强制分量，又称其为自由分量。当暂态分量衰减为零时，电路过渡过程即结束而进入稳态。

【例 4-5】 如图 4-16 所示电路，$t=0$ 时开关 S 闭合。已知 $u_C(0_-)=0$，求 $t\geqslant 0$ 时的 $u_C(t)$、$i_C(t)$ 和 $i(t)$。

解 因为 $u_C(0_-)=0$，故换路后电路属于零状态响应。因此电容电压可套用式(4-20)求出。又因为电路稳定后，电容相当于开路，所以

$$u_C(\infty)=\frac{6}{3+6}\times 15=10\ \mathrm{V}$$

时间常数为

$$\tau = RC = \frac{3\times 6}{3+6}\times 10^3\times 5\times 10^{-6} = 10\times 10^{-3}\ \text{s}$$

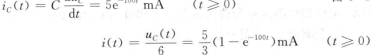

根据式(4-20)得

$$u_C(t) = 10(1-e^{-100t})\text{V}\qquad (t\geqslant 0)$$

则有

$$i_C(t) = C\frac{du_C}{dt} = 5e^{-100t}\ \text{mA}\qquad (t\geqslant 0)$$

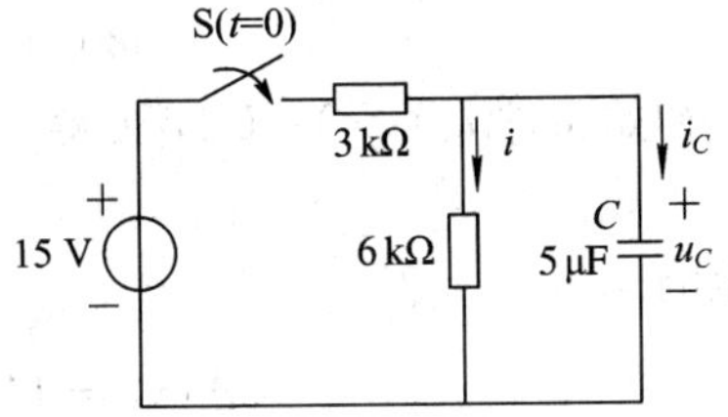

图 4-16　例 4-5 图

$$i(t) = \frac{u_C(t)}{6} = \frac{5}{3}(1-e^{-100t})\text{mA}\qquad (t\geqslant 0)$$

【例 4-6】 如图 4-17 所示电路，换路前电路已达稳态，在 $t=0$ 时开关 S 打开，求 $t\geqslant 0$ 时的 $i_L(t)$ 和 $u_L(t)$。

解　因为 $i_L(0_-)=0$，故换路后电路的响应为零状态响应。因此电感电流表达式可套用式(4-20)。又因为电路稳定后，电感相当于短路，所以

$$i_L(\infty) = \frac{R_1}{R_1+R_2}I_S = \frac{2}{2+4}\times 3 = 1\ \text{A}$$

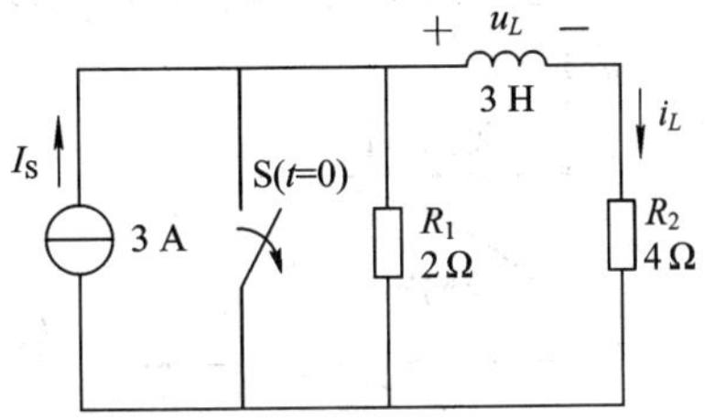

图 4-17　例 4-6 图

时间常数为

$$\tau = \frac{L}{R} = \frac{3}{2+4} = 0.5\ \text{s}$$

根据式(4-20)得

$$i_L(t) = 1-e^{-2t}\ \text{A}\qquad (t\geqslant 0)$$

则

$$u_L(t) = L\frac{di_L}{dt} = 6e^{-2t}\ \text{V}\qquad (t\geqslant 0)$$

4.4　一阶电路的全响应

所谓全响应，就是既有动态电路的初始储能又有电路外加激励时电路中所产生的响应。

现以图 4-18 所示的 RC 电路为例进行讨论。电路的初始状态为 $u_C(0_+)=U_0$，$t=0$ 时开关 S 闭合，电路输入直流电压 U_S。

根据图 4-19 中 S 闭合后的电路，依 KVL，有

$$RC\frac{du_C}{dt}+u_C = U_S\qquad (t\geqslant 0)\qquad (4-21)$$

对应于式(4-21)的齐次微分方程的通解为

$$u_{ch} = Ae^{-\frac{t}{RC}}$$

非齐次微分方程的特解为

$$u_{cp} = U_S$$

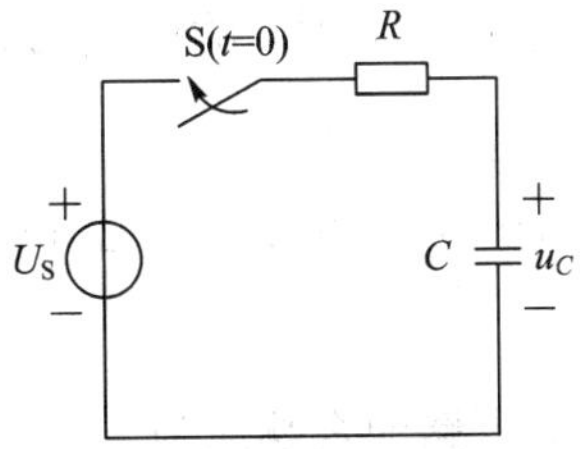

图 4-18　RC 电路的全响应

因此，微分方程式(4-21)的全解为

$$u_C(t) = U_S + Ae^{-\frac{t}{RC}} \qquad (t \geq 0)$$

代入初始条件 $u_C(0_+)=U_0$，可得

$$A = U_0 - U_S$$

则全响应为

$$u_C(t) = U_S + (U_0 - U_S)e^{-\frac{t}{RC}} \qquad (t \geq 0) \tag{4-22}$$

可以看出，上式右边第一项是受输入激励制约的稳态分量；第二项是随时间增长而衰减的暂态分量。也就是说，电路的全响应可分解为稳态分量和暂态分量之和，即

$$全响应 = 稳态分量 + 暂态分量$$

$$f(t) = f(\infty) + Ae^{-\frac{t}{\tau}} \tag{4-23}$$

图 4-19 中的(a)、(b)、(c)分别给出了 $U_0 < U_S$、$U_0 = U_S$、$U_0 > U_S$ 三种不同初始状态下，RC 电路的全响应 $u_C(t)$ 的曲线。

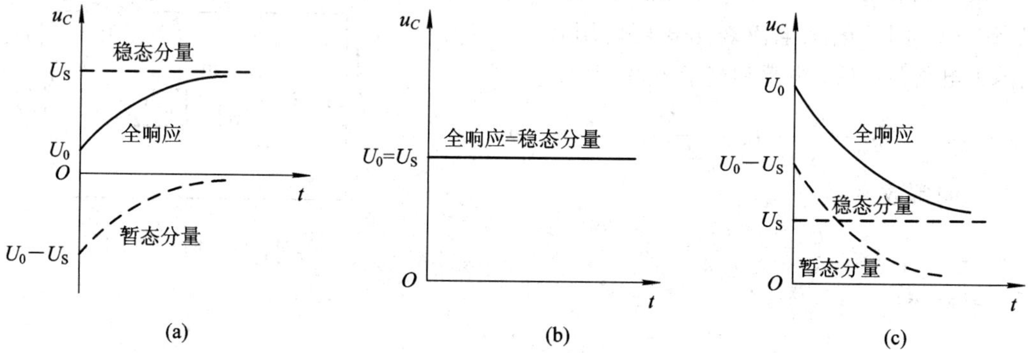

图 4-19　三种情况下 u_C 随时间变化的曲线

另外，还可将式(4-22)写成下列形式：

$$u_C(t) = U_0 e^{-\frac{t}{RC}} + U_S(1 - e^{-\frac{t}{RC}})$$

可以看出，上式等号右边第一项是 $u_C(t)$ 的零输入响应，第二项是 $u_C(t)$ 的零状态响应，也就是说，电路的全响应还可以分解为零输入响应和零状态响应的叠加，即

$$全响应 = 零输入响应 + 零状态响应$$

$$f(t) = f(0_+)e^{-\frac{t}{\tau}} + f(\infty)(1 - e^{-\frac{t}{\tau}}) \tag{4-24}$$

根据线性电路的叠加定理，电路的全响应 $u_C(t)$ 可以看做是分别由外加激励 U_S 和初始状态 $u_C(0_+)$ 单独作用时产生响应的叠加。

当 $U_S=0$ 时，响应 $u_C(t)'$ 由初始状态 $u_C(0_+)$ 作用所产生，它就是零输入响应，则

$$u_C(t)' = U_0 e^{-\frac{t}{RC}} \qquad (t \geq 0)$$

当 $u_C(0_+)=0$ 时，响应 $u_C(t)''$ 由外加激励 U_S 所产生，它就是零状态响应，则

$$u_C(t)'' = U_S(1 - e^{-\frac{t}{RC}}) \qquad (t \geq 0)$$

因此，电路的全响应为

$$u_C(t) = u_C(t)' + u_C(t)'' = U_0 e^{-\frac{t}{RC}} + U_S(1 - e^{-\frac{t}{RC}}) \qquad (t \geq 0)$$

上式与式(4-22)完全相同，其分解的波形如图 4-20 所示。

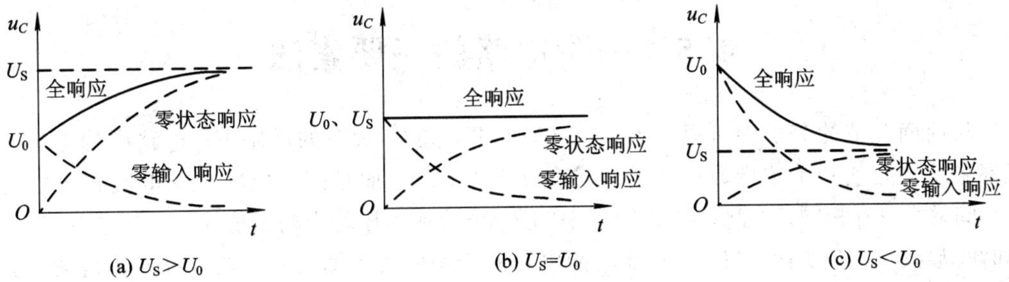

图 4-20　三种情况下 u_C 随时间变化的曲线

【例 4-7】 如图 4-21 所示电路，在 $t=0$ 时开关 S 打开，$u_C(0_+)=5$ V。求 $t\geqslant 0$ 后电路的全响应 $u_C(t)$。

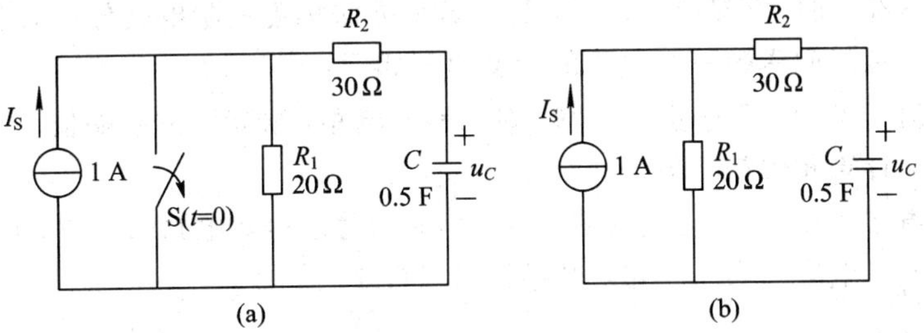

图 4-21　例 4-7 图

解　作 $t\geqslant 0$ 时的电路，如图 4-21(b)所示。用响应的两种分解方法求全响应 $u_C(t)$。

方法 1： 全响应分解为零输入响应和零状态响应的叠加。

按图 4-21(b)所示电路，当 $I_S=0$ 时，$u_C(0_+)=5$ V，则电路的零输入响应为

$$u_C(t)'=U_C(0)e^{-\frac{t}{\tau}}=5e^{-\frac{t}{\tau}}$$

$$\tau=RC=(30+20)\times 0.5=25\ \text{s}$$

故得出

$$u_C(t)'=5e^{-\frac{t}{25}}\ \text{V}\qquad (t\geqslant 0)$$

按图 4-21(b)所示电路，当 $u_C(0_+)=0$ 时，$I_S=1$ A，则电路的零状态响应为

$$u_C(t)''=f(\infty)(1-e^{-\frac{t}{\tau}})=20(1-e^{-\frac{t}{25}})\text{V}\qquad (t\geqslant 0)$$

电路的全响应 $u_C(t)$ 为

$$u_C(t)=u_C(t)'+u_C(t)''=5e^{-\frac{t}{25}}+20(1-e^{-\frac{t}{25}})=20-15e^{-\frac{t}{25}}\ \text{V}\qquad (t\geqslant 0)$$

方法 2： 全响应分解为稳态分量和暂态分量的叠加。

稳态分量为

$$u_C(\infty)=20\ \text{V}$$

暂态分量为

$$u_C(t)=Ae^{-\frac{t}{25}},\qquad A=f(0_+)-f(\infty)=5-20=-15\ \text{V}$$

所以全响应为

$$u_C(t)=20-15e^{-\frac{t}{25}}\text{V}\qquad (t\geqslant 0)$$

4.5 一阶电路的三要素法

从前面几节的分析中可以看出，在直流电源或非零状态的激励下，电路中的电流、电压都是从初始值开始按指数规律增长或衰减至稳态值，而且同一电路中的电流和电压变化的时间常数 τ 都相同。因此，在动态电路中任一电流或电压均由初始值 $f(0_+)$、稳态值 $f(\infty)$ 和时间常数 τ 三个要素所确定。由于一阶电路的全响应为零输入响应与零状态响应之和，所以全响应是动态电路响应的一般形式。若全响应变量用 $f(t)$ 表示，则全响应可按下式求出：

$$f(t) = f(\infty) + [f(0_+) - f(\infty)]e^{-\frac{t}{\tau}} \tag{4-25}$$

由上式可见，对一阶电路的分析，只要计算出响应变量的初始值、稳态值和时间常数三个要素，依式(4-25)便可直接得出结果，这一分析方法称为一阶电路分析的三要素法。关于初始值、稳态值和时间常数三个要素的计算说明如下：

(1) 初始值 $f(0_+)$。第一步作 $t=0_-$ 时的等效电路，确定独立初始值；第二步作 $t=0_+$ 时的等效电路，计算相关初始值。

(2) 稳态值 $f(\infty)$。可通过作换路后 $t=\infty$ 时的稳态等效电路来求取。作 $t=\infty$ 电路时，对直流电路来说，电容相当于开路，电感相当于短路。

(3) 时间常数 τ。对于 RC 电路，$\tau=RC$；而对于 RL 电路，$\tau=\dfrac{L}{R}$。其中，R 是换路后从动态元件两端看进去的戴维南等效电阻。

【例 4-8】 如图 4-22(a)所示电路，在 $t=0$ 时开关 S 打开，设 S 打开前电路已处于稳态，已知 $U_S=24$ V，$R_1=8$ Ω，$R_2=4$ Ω，$L=0.6$ H。求 $t\geqslant 0$ 时的 $i_L(t)$ 和 $u_L(t)$，并画出其波形。

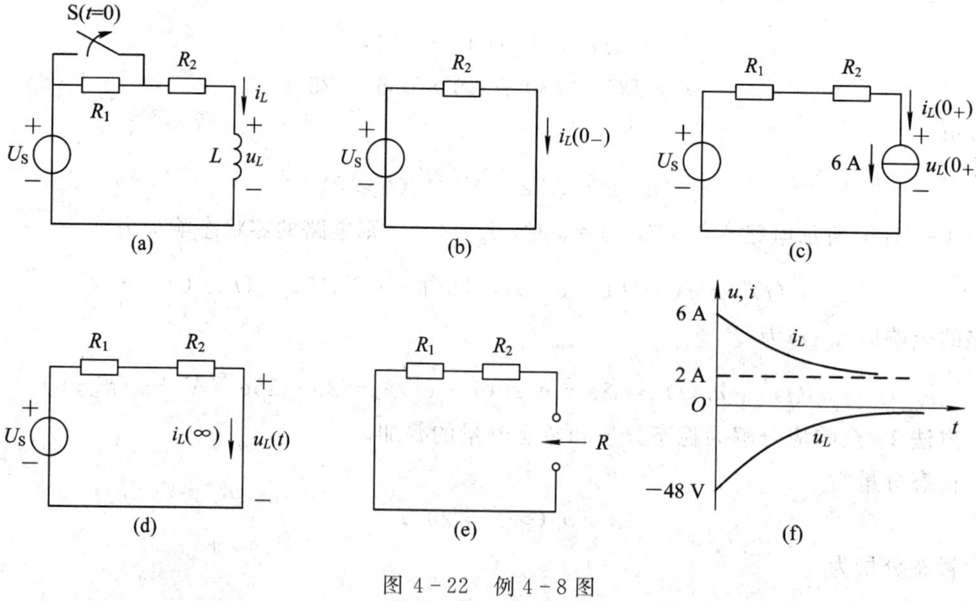

图 4-22 例 4-8 图

解 (1) 求初始值 $i_L(0_+)$、$u_L(0_+)$。作 $t=0_-$ 时的等效电路，如图 4-22(b)所示，则有

$$i_L(0_+) = i_L(0_-) = \frac{U_S}{R_2} = \frac{24}{4} = 6 \text{ A}$$

作 $t=0_+$ 时的等效电路，如图 4-22(c)所示。依 KVL，可得

$$u_L(0_+) = U_S - i_L(0_+)\cdot(R_1+R_2) = 24-6\times(8+4) = -48\ \text{V}$$

(2) 求稳态值 $i_L(\infty)$、$u_L(\infty)$。作 $t=\infty$时的稳态等效电路，如图 4-22(d)所示，则有

$$u_L(\infty) = 0$$

$$i_L(\infty) = \frac{U_S}{R_1+R_2} = \frac{24}{8+4} = 2\ \text{A}$$

(3) 求时间常数 τ。先计算电感元件断开后端口电路的输入电阻，电路如图 4-22(e)所示，于是有

$$R = R_1+R_2 = 8+4 = 12\ \Omega$$

则时间常数为

$$\tau = \frac{L}{R} = \frac{0.6}{12} = 0.05\ \text{s}$$

根据式(4-25)计算出各响应量为

$$i_L(t) = 2+(6-2)e^{-\frac{t}{0.05}} = 2+4e^{-20t}\ \text{A}\qquad (t\geqslant 0)$$

$$u_L(t) = 0+(-48-0)e^{-20t} = -48e^{-20t}\ \text{V}\qquad (t\geqslant 0)$$

$i_L(t)$和 $u_L(t)$的波形如图 4-22(f)所示。

【例 4-9】 如图 4-23(a)所示电路，在 $t=0$ 时开关 S 闭合，S 闭合前电路已达稳态。求 $t\geqslant 0$ 时 $u_C(t)$、$i_C(t)$和 $i(t)$。

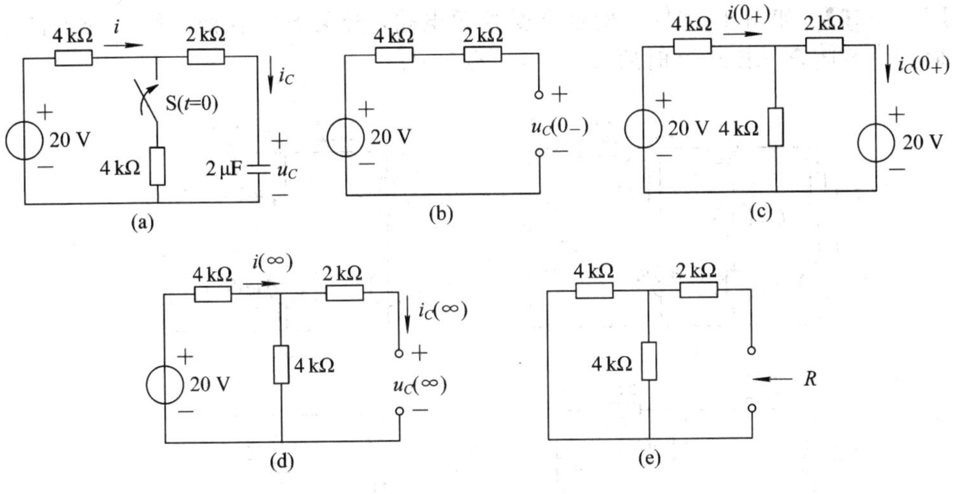

图 4-23　例 4-9 图

解　(1) 求初始值 $u_C(0_+)$、$i_C(0_+)$和 $i(0_+)$。作 $t=0_-$ 时的等效电路，如图 4-23(b)所示，则有

$$u_C(0_+) = u_C(0_-) = 20\ \text{V}$$

作 $t=0_+$ 时的等效电路，如图 4-23(c)所示。列出支路电流方程：

$$4i(0_+)+4(i(0_+)-i_C(0_+)) = 20$$

$$4(i(0_+)-i_C(0_+)) = 2i_C(0_+)+20$$

联立求解，可得

$$i_C(0_+) = -2.5\ \text{mA}$$
$$i(0_+) = 1.25\ \text{mA}$$

(2) 求稳态值 $u_C(\infty)$、$i_C(\infty)$和 $i(\infty)$。作 $t=\infty$时的稳态等效电路，如图 4-23(d)所示，则有

$$u_C(\infty) = \frac{4}{4+4}\times 20 = 10\ \text{V}$$
$$i_C(\infty) = 0$$
$$i(\infty) = \frac{20}{4+4} = 2.5\ \text{mA}$$

(3) 求时间常数 τ。将电容元件断开，电压源短路，如图 4-23(e)所示，求得等效电阻为

$$R = 2 + \frac{4\times 4}{4+4} = 4\ \text{k}\Omega$$

时间常数为

$$\tau = RC = 4\times 10^3 \times 2\times 10^{-6} = 8\times 10^{-3}\ \text{s}$$

(4) 根据式(4-25)得出电路的响应电压、电流分别为

$$u_C(t) = 10 + (20-10)\text{e}^{-125t} = 10(1+\text{e}^{-125t})\text{V}$$
$$i_C(t) = -2.5\text{e}^{-125t}\ \text{mA}$$
$$i_C(t) = 2.5 + (1.25-2.5)\text{e}^{-125t} = 2.5 - 1.25\text{e}^{-125t}\ \text{mA}$$

【例 4-10】 如图 4-24(a)所示含受控源电路，开关 S 闭合前电路已处于稳态，在 $t=0$ 时开关 S 闭合。求 $t\geqslant 0$ 时的 $i_L(t)$、$u_L(t)$和 $i(t)$。

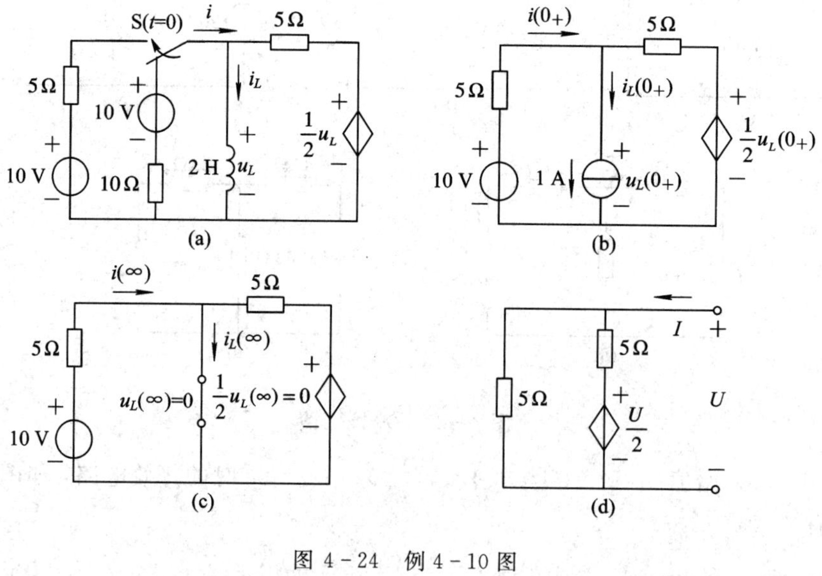

图 4-24 例 4-10 图

解 (1) 求 $i_L(0_-)$。因此时电路已处于稳态，2 H 电感相当于短路线，故 $i_L(0_-)=1$ A。

(2) 求初始值 $i_L(0_+)$、$u_L(0_+)$和 $i(0_+)$。因 $i_L(0_-)=1$ A，故由换路定律得

$$i_L(0_+) = i_L(0_-) = 1\ \text{A}$$

作 $t=0_+$ 时的等效电路，如图 4-24(b)所示，这时电感相当于 1 A 的电流源。列出节点电

位方程：

$$\left(\frac{1}{5}+\frac{1}{5}\right)u_L(0_+)=\frac{10}{5}-1+\frac{\frac{1}{2}u_L(0_+)}{5}$$

解之，得

$$u_L(0_+)=\frac{10}{3}\ \text{V}$$

则

$$i(0_+)=\frac{10-u_L(0_+)}{5}=\frac{10-\frac{10}{3}}{5}=\frac{4}{3}\ \text{A}$$

(3) 求稳态值 $i_L(\infty)$、$u_L(\infty)$和 $i(\infty)$。作 $t=\infty$时的稳态等效电路，如图 4-24(c)所示，则有

$$u_L(\infty)=0$$

$$i(\infty)=i_L(\infty)=\frac{10}{5}=2\ \text{A}$$

(4) 求时间常数 τ。先计算电感元件断开后端口电路的输入电阻，其等效电路如图 4-24(d)所示。图中在端口外加电压 U，产生输入电流为

$$I=\frac{U}{5}+\frac{U-\frac{1}{2}U}{5}=\frac{U}{5}+\frac{U}{10}=\frac{3}{10}U$$

故

$$R=\frac{U}{I}=\frac{10}{3}\Omega$$

则时间常数为

$$\tau=\frac{L}{R}=\frac{2}{10/3}=\frac{3}{5}\text{s}$$

(5) 根据式(4-25)计算出各响应量为

$$i_L(t)=2+(1-2)e^{-\frac{5}{3}t}=2-e^{-\frac{5}{3}t}\ \text{A}$$

$$u_L(t)=\frac{10}{3}e^{-\frac{5}{3}t}\ \text{V}$$

$$i(t)=2+\left(\frac{4}{3}-2\right)e^{-\frac{5}{3}t}=2-\frac{2}{3}e^{-\frac{5}{3}t}\ \text{A}$$

【例 4-11】 如图 4-25(a)所示电路中，已知 $U_S=12$ V，$R_1=3$ kΩ，$R_2=6$ kΩ，$C=5\ \mu$F，开关 S 原先断开已久，电容中无储能。$t=0$ 时将开关 S 闭合，经 0.02 s 后又重新打开，试求 $t\geqslant 0$ 时的 $u_C(t)$及其波形。

解 由于开关 S 闭合后又打开，故电路的过渡过程分为以下两个阶段：

(1) $t=0$ 作为换路时刻，开关 S 闭合后，为电容的充电过程，利用三要素法求得电容电压 $u_C(t)$的变化规律。

$$u_C(0_+)=0$$

$$u_C(\infty)=\frac{R_2}{R_1+R_2}U_S=\frac{6}{3+6}\times 12=8\ \text{V}$$

$$\tau = RC = \frac{3\times 6}{3+6}\times 10^{3}\times 5\times 10^{-6} = 0.01\ \text{s}$$

$$u_C(t) = 8(1-e^{-100t})\text{V} \qquad (0\leqslant t\leqslant 0.02\ \text{s})$$

(2) 以 $t=0.02$ s 作为新的换路时刻，开关 S 打开后，电容的放电过程开始，利用三要素法求出电容放电时电压的变化规律。

$$u_C(0_+)' = u_C(0_-)' = u_C(0.02) = 8\times(1-e^{-100\times 0.02}) = 6.92\ \text{V}$$

$$u_C(\infty)' = 0\ \text{V}$$

$$\tau' = R_2C = 6\times 10^{3}\times 5\times 10^{-6} = 0.03\ \text{s}$$

则

$$u_C(t) = 6.92e^{-33.3(t-0.02)}\ \text{V} \qquad (t\geqslant 0.02\ \text{s})$$

$u_C(t)$的变化曲线如图 4-25(b)所示。

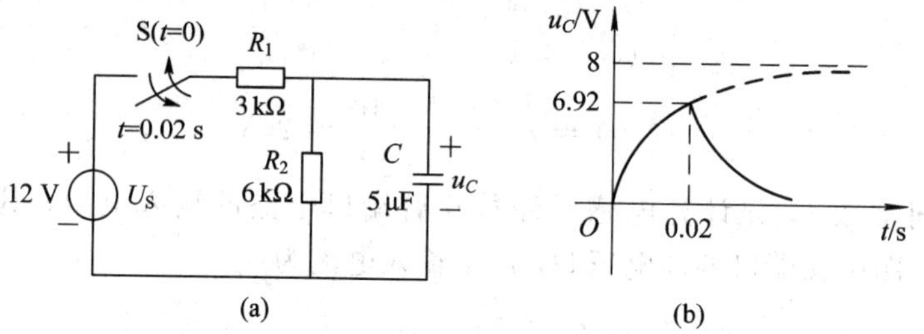

图 4-25 例 4-11 图

习 题 4

4-1 图 4-26 所示各电路已达稳态，在 $t=0$ 时换路。试求各图中所标注电压与电流的初始值。

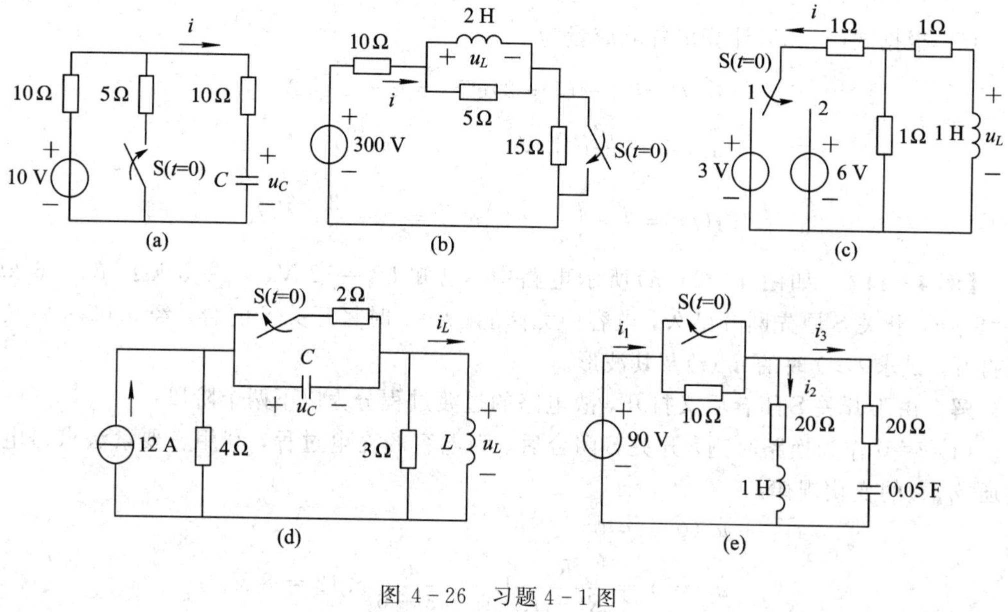

图 4-26 习题 4-1 图

4－2　图 4－27 所示电路已达稳态，在 $t=0$ 时开关 S 合上。试求 $t\geqslant 0$ 时的电容电压 $u_C(t)$ 及 $i_C(t)$，并绘出波形图。

4－3　如图 4－28 所示电路，当 $t=0$ 时开关 S 打开，开关动作前电路处于稳态。试求：

(1) $t\geqslant 0$ 时的 $i(t)$，并绘出波形图；

(2) $t=1$ ms 时的 $i(t)$ 值。

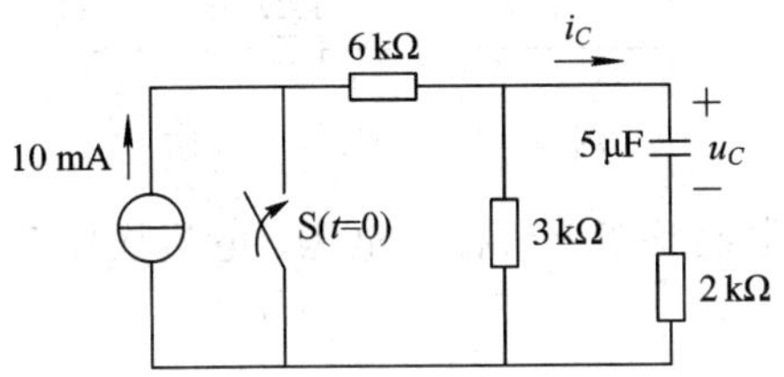

图 4－27　习题 4－2 图

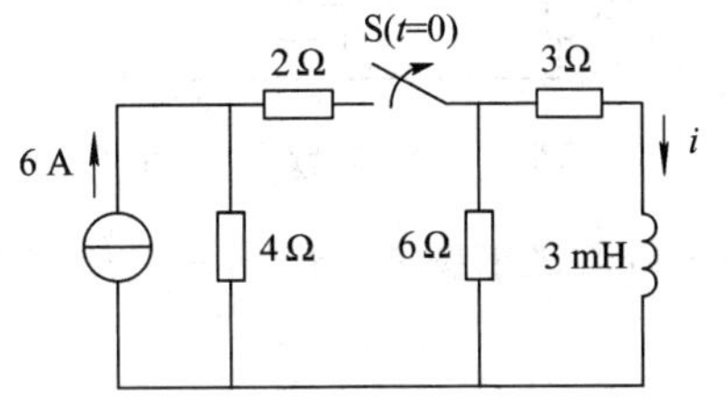

图 4－28　习题 4－3 图

4－4　如图 4－29 所示电路，$t=0$ 时开关 S 闭合，S 动作前电路处于稳态。试求 $t\geqslant 0$ 时的 $i_C(t)$ 和 $i(t)$。

4－5　如图 4－30 所示电路已达稳态，在 $t=0$ 时开关 S 闭合。试求 $t\geqslant 0$ 时的响应 i_L、i_1 和 u_L。

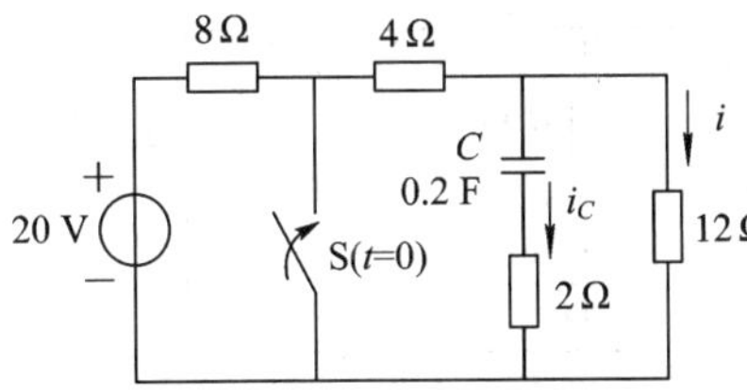

图 4－29　习题 4－4 图

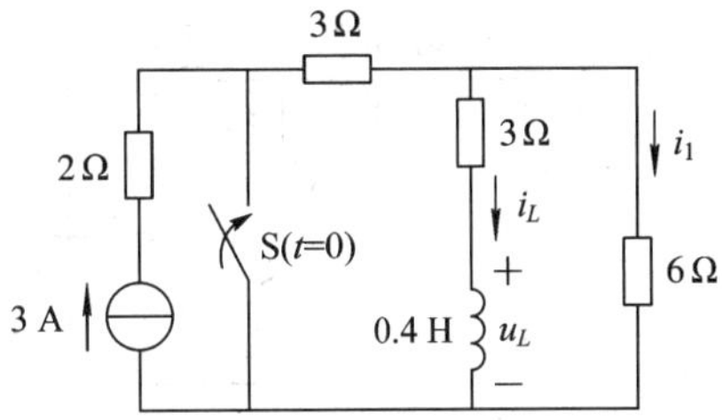

图 4－30　习题 4－5 图

4－6　一个电感线圈被短接，经过 1 s 后电感中的电流衰减到初始值的 36.8％；如果经 10 Ω 电阻串联短接，则经过 0.5 s 后电感电流即衰减到初始值的 36.8％。试求：线圈的电阻和电感各为多少？

4－7　试求图 4－31 所示电路换路后的零状态响应 $u_C(t)$。

4－8　试求图 4－32 所示电路换路后的零状态响应 $i(t)$，并绘出波形图。

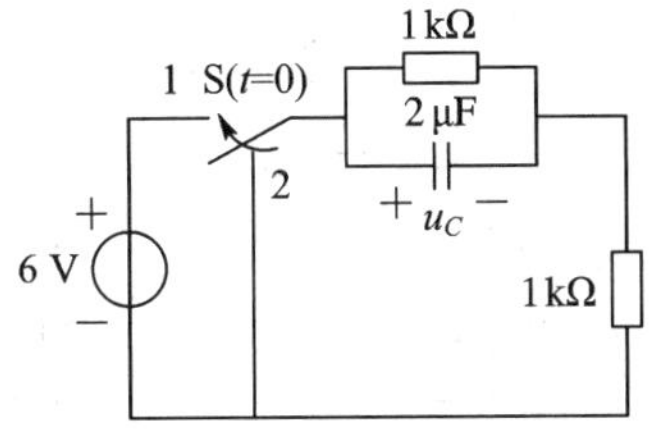

图 4－31　习题 4－7 图

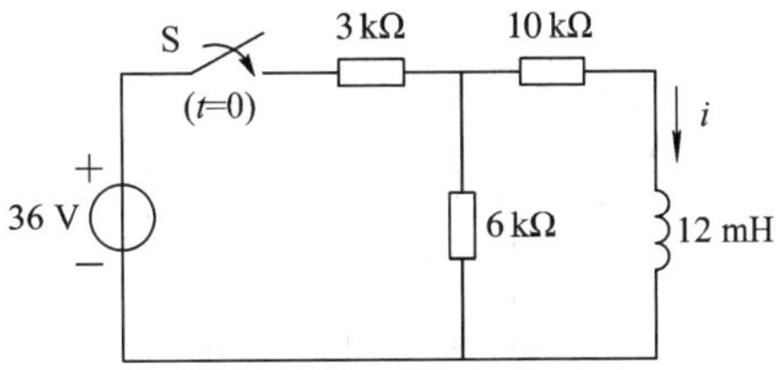

图 4－32　习题 4－8 图

4－9　如图 4－33 所示电路，在 $t=0$ 时开关 S 闭合。求 $t\geqslant 0$ 时的 $u_C(t)$、$i(t)$。

4－10　如图 4－34 所示电路在换路前电容上未储能。试问换路后经过多长时间电容上的电压达到其稳态值的 50%。

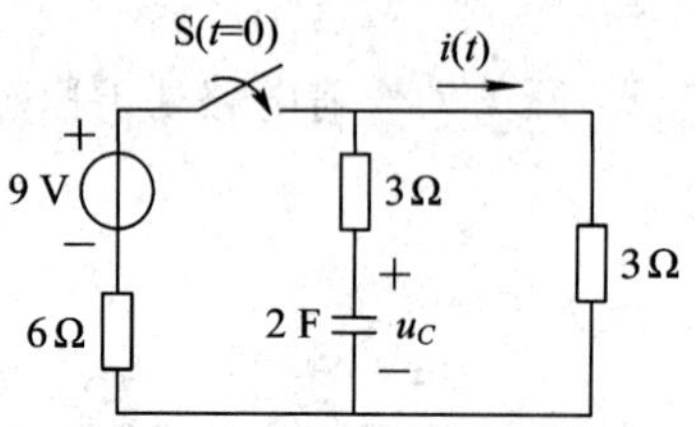

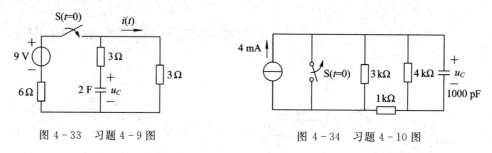

图 4-33　习题 4-9 图

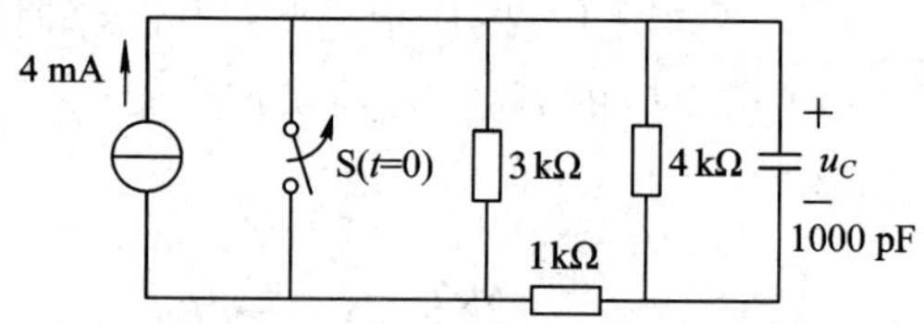

图 4-34　习题 4-10 图

4-11　试求图 4-35 所示一阶电路的时间常数及图上所标注电压、电流换路后的稳态值。

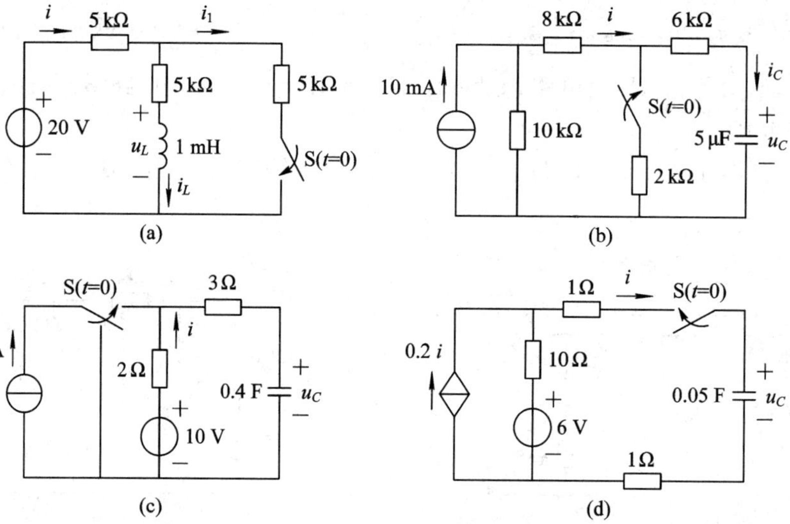

图 4-35　习题 4-11 图

4-12　换路前图 4-36 所示电路已稳定，在 $t=0$ 时，开关 S 合上，试求 $t \geqslant 0$ 时的响应 $u_C(t)$，并绘出波形图。

4-13　图 4-37 所示电路已稳定，在 $t=0$ 时换路，试求 $t \geqslant 0$ 时的响应 $i_L(t)$，并绘出波形图。

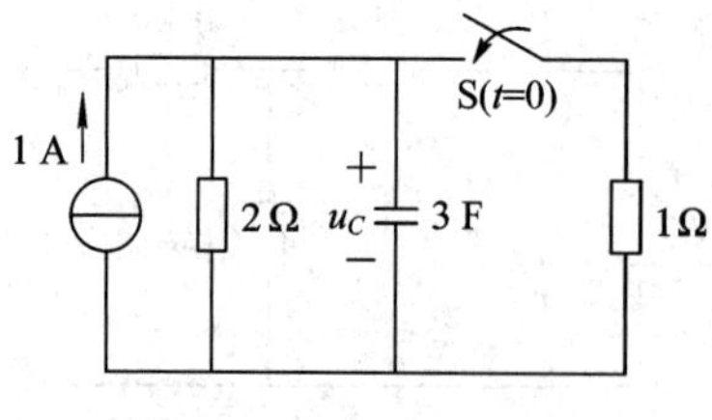

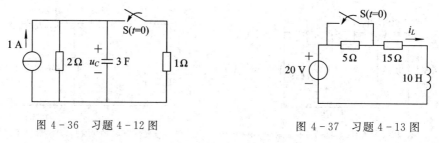

图 4-36　习题 4-12 图

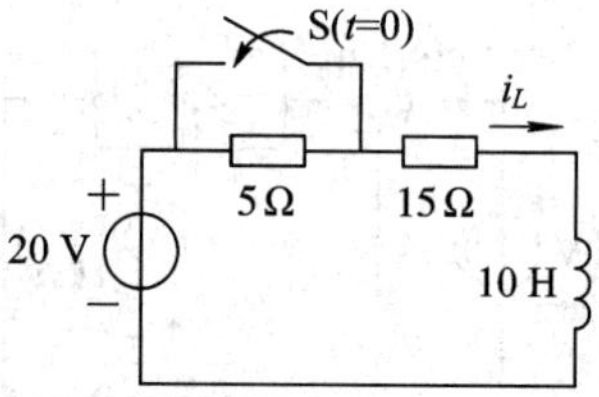

图 4-37　习题 4-13 图

4-14　图 4-38 所示电路已稳定，在 $t=0$ 时开关闭合。试求 $t \geqslant 0$ 时的响应 $i(t)$ 和 $u(t)$。

4-15　图 4-39 所示电路已稳定，$t=0$ 时开关 S 打开。试求 $t\geqslant 0$ 时的响应 $i_C(t)$ 和 $u_C(t)$。

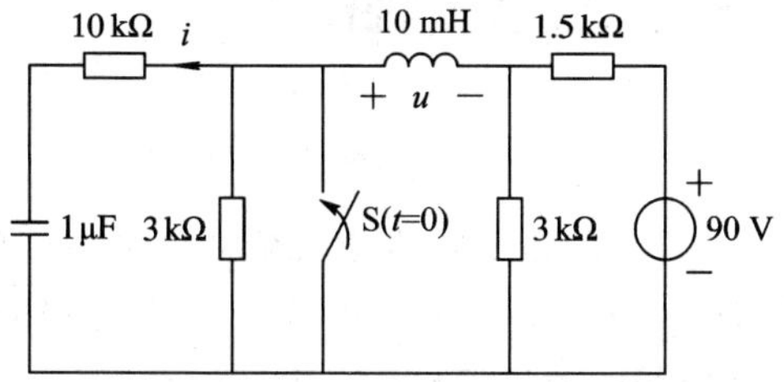

图 4-38　习题 4-14 图

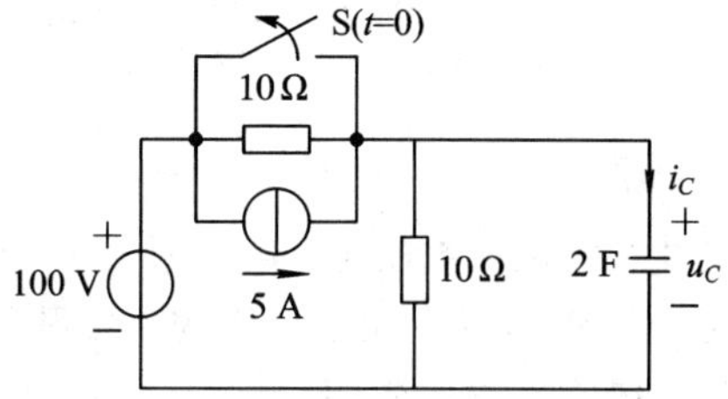

图 4-39　习题 4-15 图

4-16　换路前图 4-40 所示电路已稳定，$t=0$ 时开关 S 闭合。求 $t\geqslant 0$ 时的 $i(t)$ 及 $u_C(t)$。

4-17　如图 4-41 所示电路中，已知 $u_C(0_-)=1$ V，$t=0$ 时开关 S 闭合，用三要素法求 $t\geqslant 0$ 时的 $u_C(t)$ 和 $i(t)$。

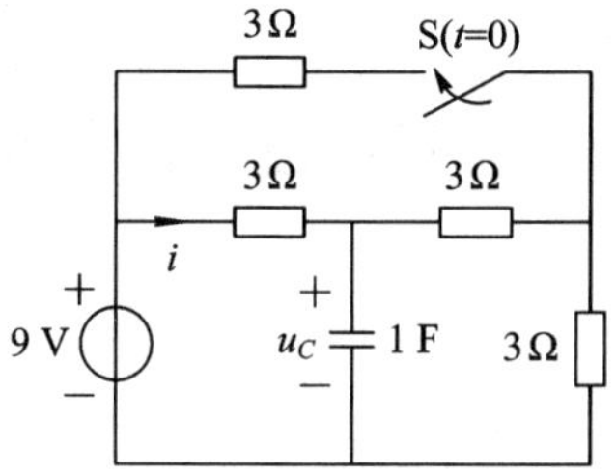

图 4-40　习题 4-16 图

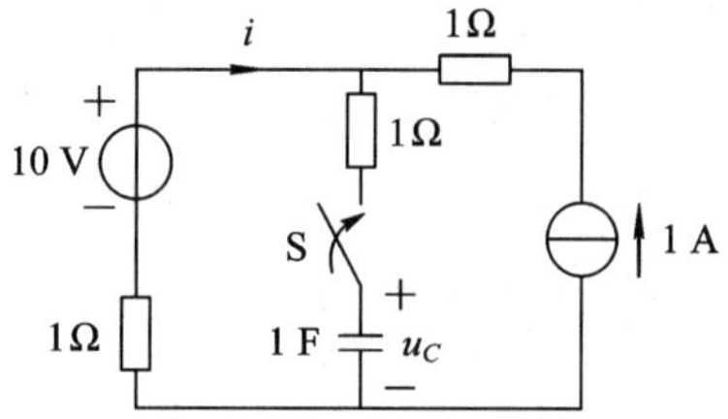

图 4-41　习题 4-17 图

第 5 章　磁路与铁心线圈电路

电生磁，磁又可生电。电与磁是密切联系的；同样，磁路与电路是相互关联的，在许多的实际应用中是不能孤立分析的。像很多电工设备(电磁铁、变压器等)，不仅有电路的问题，同时还有磁路的问题。它们都是依据电磁相互作用的原理工作的。

本章首先介绍磁路的基本物理量、基本定律以及磁性材料的磁性能，在此基础上重点对交流铁心线圈电路和变压器电路进行分析，最后作为应用实例简单介绍电磁铁。本章是学习电机和各种电磁元件的基础。

5.1　磁场的基本物理量

在磁体的周围空间有磁场的存在，磁场的特征可以用磁感应强度、磁通、磁导率、磁场强度等几个物理量来描述。这些基本物理量在物理学中已作过详细介绍，这里只简单分述如下。

5.1.1　磁感应强度 $\boldsymbol{B}$

磁感应强度是表示磁场内某点磁场强弱(磁力线的多少)和磁场方向(磁力线的方向)的物理量。它是有方向的物理量，是矢量。

磁感应强度的大小为

$$\boldsymbol{B}=\frac{F}{lI} \tag{5-1}$$

式中，F 是电磁力，l 是导体的长度，I 是通过磁体的电流。

磁感应强度的方向可用右手螺旋定则确定。

如果磁场内所有点的磁感应强度大小相等，方向相同，那么这样的磁场称为均匀磁场。

磁感应强度 $\boldsymbol{B}$ 的单位是特斯拉(T)。

5.1.2　磁通 Φ 及其连续性原理

某一面积 A 的磁感应强度 $\boldsymbol{B}$ 的通量称为磁通，用符号 Φ 表示，表达式为

$$\Phi=\int_A \boldsymbol{B}\,\mathrm{d}A \tag{5-2}$$

式中，$\mathrm{d}A$ 的方向为该面积元的法线 n 的方向，如图 5-1 所示。

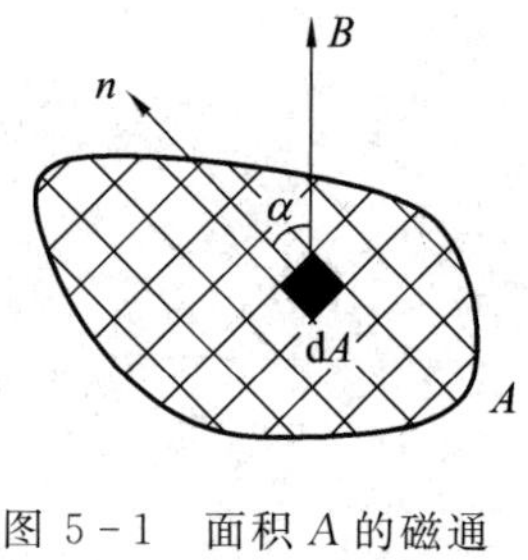

图 5-1　面积 A 的磁通

如果是均匀磁场且磁场方向垂直于 A 面，则

$$\Phi=\boldsymbol{B}A \quad 或 \quad \boldsymbol{B}=\frac{\Phi}{A} \tag{5-3}$$

在国际单位制(SI)中，磁通的单位是伏·秒，通常称为韦[伯](Wb)。

用磁力线来描述磁场时，穿过单位面积的磁力线数目就是磁感应强度 B，而穿过某一面积 A 的磁力线总数就是磁通 Φ。磁力线是没有起止的闭合曲线，穿入任一封闭曲面的磁力线总数必定等于穿出该曲面的磁力线总数，即磁场中任何封闭曲面的磁通恒为零，表达式为

$$\oint_A \boldsymbol{B}\,\mathrm{d}A = 0 \tag{5-4}$$

式(5-4)表示了磁场的一个基本性质，通常称为磁通的连续性原理。

5.1.3　磁导率 μ

不同的介质，其导磁能力不同。磁导率 μ 是描述磁场介质导磁能力的物理量。

如图 5-2 所示的环形线圈通电后，在其周围会产生磁场。磁场强弱与通过线圈的电流 I 和线圈的匝数 N 的乘积成正比。线圈内部 x 处各点的磁感应强度可表示为

$$\boldsymbol{B}_x = \mu \frac{NI}{l_x} = \mu \frac{NI}{2\pi x} \tag{5-5}$$

式(5-5)中，l_x 表示 x 点处的磁力线的长度。

可见，某点磁感应强度 $\boldsymbol{B}$ 的大小与磁导体介质(μ)、流过电流的大小、线圈的匝数及该点的位置有关。

磁导率 μ 的单位是亨/米(H/m)。

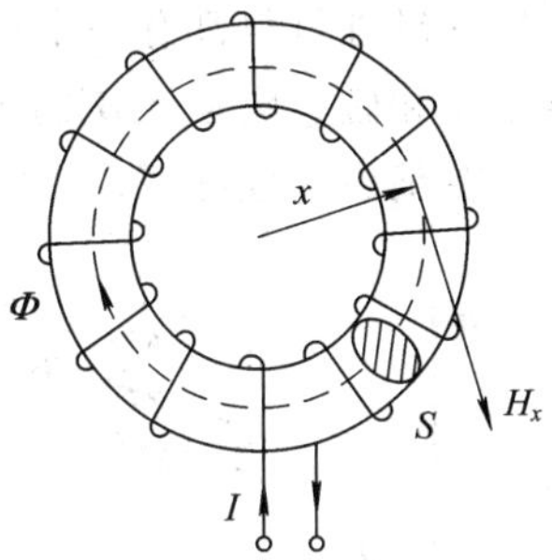

图 5-2　环形线圈

5.1.4　磁场强度 H

磁感应强度 $\boldsymbol{B}$ 是表示磁场强弱和方向的物理量，磁场强度 $\boldsymbol{H}$ 是磁感应强度 $\boldsymbol{B}$ 的一个辅助物理量，它也是个矢量。

磁场强度 $\boldsymbol{H}$ 为磁场中某一点磁感应强度 $\boldsymbol{B}$ 与该点介质的磁导率 μ 的比值，即

$$\boldsymbol{H} = \frac{\boldsymbol{B}}{\mu} \tag{5-6}$$

又由磁感应强度 $\boldsymbol{B}$ 的表达式及磁导率 μ 之间的关系可得磁场强度 $\boldsymbol{H}$ 还可以表示为

$$\boldsymbol{H} = \frac{NI}{l_x} = \frac{NI}{2\pi x} \tag{5-7}$$

式(5-7)表明磁场内某点的磁场强度 $\boldsymbol{H}$ 只与电流大小 I、线圈匝数 N 及该点的位置有关，而与该点处介质的磁导率 μ 无关。

可见，引入了磁场强度 $\boldsymbol{H}$ 这个物理量，可方便磁路的计算。

磁场强度 $\boldsymbol{H}$ 的单位是安/米(A/m)。

5.2　磁性物质的磁性能

磁性材料很多，常用的主要有铁、镍、钴及其合金等材料。磁性材料都有很强的导磁性能，磁性能主要表现为磁饱和性和磁滞性两个特点。

5.2.1 导磁性

不同的介质，其导磁能力不同，而磁性材料具有极高的磁导率 μ，其值可达几百、几千甚至几万。磁导率 μ 和磁感应强度 $\boldsymbol{B}$ 的关系为

$$\boldsymbol{B}_x = \mu \frac{NI}{l_x} = \mu H_x \tag{5-8}$$

由式(5-8)可以看出，当(空心)线圈通有电流时，会产生磁场。若线圈绕制在磁性材料(如铁心)上构成(铁心)线圈，线圈通有电流时，会产生极高的磁场 $\boldsymbol{B}$。

反过来，若使线圈达到一定的磁感应强度，则所需的励磁电流 I 就可以大大地降低。因此在许多电气设备的线圈中都放有一定形状的铁心材料，使得设备的体积、重量大大降低，同时又解决了既要磁通大又要励磁电流小的矛盾。

每种磁性材料都有一个反映其导磁性的 $\boldsymbol{B}$—$\boldsymbol{H}$ 曲线，如图 5-3 所示。根据此曲线以及磁导率 μ 和磁感应强度 $\boldsymbol{B}$ 的关系，可以求得磁性材料的 μ 和 $\boldsymbol{H}$ 的关系，如图 5-4 所示。它反映了在某磁场强度下，该材料的磁导率 μ 的值。

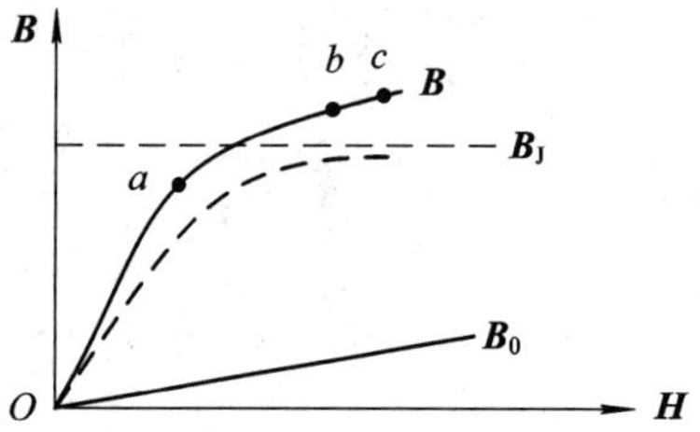

图 5-3　$\boldsymbol{B}$—$\boldsymbol{H}$ 曲线

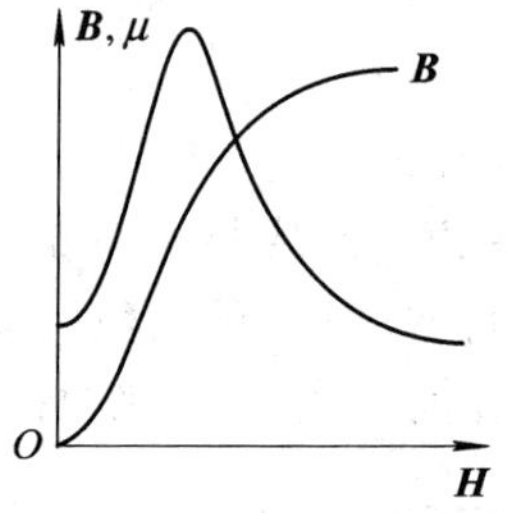

图 5-4　磁性材料的 μ 和 $\boldsymbol{H}$ 的关系

5.2.2 磁饱和性

铁、镍等磁性材料的导磁性能是在其受磁化后表现出来的，但磁性材料由于磁化作用的加强，所产生的磁场强度不会无限制地增加。如变压器铁心线圈在励磁电流的作用下，铁心受到磁化，产生磁场，其 $\boldsymbol{B}$ 与 $\boldsymbol{H}$ 的关系如图 5-3 所示。

从图中可以看出，曲线可以分成三段：

(1) Oa 段：$\boldsymbol{B}$ 与 $\boldsymbol{H}$ 几乎按正比例增长；

(2) ab 段：随着 $\boldsymbol{H}$ 的增长，$\boldsymbol{B}$ 增长缓慢，此段称为曲线的膝部；

(3) bc 段：随着 $\boldsymbol{H}$ 的进一步增长，$\boldsymbol{B}$ 几乎不增长，达到饱和状态。

几乎所有的磁性材料都具有磁饱和性，$\boldsymbol{B}$ 和 $\boldsymbol{H}$ 不成正比例关系，所以其磁导率 μ 不是常数，按图 5-4 曲线随 $\boldsymbol{H}$ 变化。

$\boldsymbol{B}$ 与 $\boldsymbol{H}$ 曲线又称为磁化曲线，它是通过实验手段测得的。

5.2.3 磁滞性

1. 磁滞曲线

当铁心线圈在交流励磁电流作用下时，铁心受到反复磁化。磁感应强度 $\boldsymbol{B}$ 随磁场强度 $\boldsymbol{H}$ 变化的关系如图 5-5 所示。由图可知，当 $\boldsymbol{H}$ 回到零时，B 的值还未回到零(图中的“2”点

和“5”点)，这种磁感应强度滞后于磁场强度变化的性质称为磁性材料的磁滞性。图 5 - 5 所示为磁滞曲线。

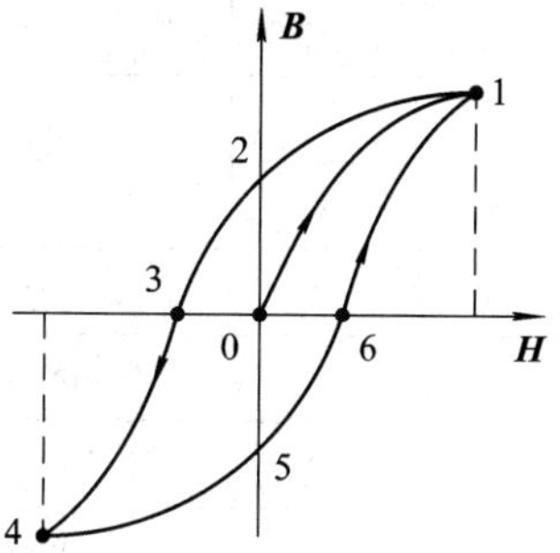

图 5 - 5　磁滞曲线

下面我们讨论一下磁滞曲线。

因为 $\boldsymbol{H}$ 正比于线圈励磁电流 i 的有效值，所以：

(1) 当线圈中的励磁电流 i 由零向正方向增长时，铁心被磁化，产生的磁感应强度 $\boldsymbol{B}$ 按磁化曲线变化(0 - 1 段)。

(2) 当线圈中的励磁电流 i 由正方向值降至零时($\boldsymbol{H}=0$)，铁心磁化获得的磁性尚未完全消失，$\boldsymbol{B}$ 按 1 - 2 段变化。此时，铁心中所保留的磁感应强度称为剩磁 $\boldsymbol{B}_r$。

(3) 当线圈中的励磁电流 i 过零向反方向增长时，$\boldsymbol{B}$ 按 2 - 3 - 4 段变化。

(4) 当线圈中的励磁电流 i 由反方向值降至零时(此时 $\boldsymbol{H}=0$)，$\boldsymbol{B}$ 按 4 - 5 段变化。此时，铁心中也有剩磁 $\boldsymbol{B}_r$。

(5) 当线圈中的励磁电流 i 由零向正方向增长时，$\boldsymbol{B}$ 按 5 - 6 - 1 段变化。

励磁电流 i 如此不断交替变化，$\boldsymbol{B}$ 按 1 - 2 - 3 - 4 - 5 - 6 - 1 不断循环变化，形成图 5 - 5 的磁滞闭合曲线。

2. 磁性材料

磁性材料都有磁滞性，即当 $\boldsymbol{H}=0$ 时，$\boldsymbol{B}$ 不为零，铁心中有剩磁 $\boldsymbol{B}_r$，剩磁有时是有用的，有时是无用的。要使铁心中的剩磁消失，通常改变线圈中励磁电流的方向，也就是改变磁场强度 $\boldsymbol{H}$ 的方向进行反向磁化，如图 5 - 5 中的 2 - 3 和 5 - 6 段。使 $\boldsymbol{B}=0$ 时的值，也称为矫顽磁力 $\boldsymbol{H}_c$。

根据磁滞回线形状的特点，磁性材料可以分为三种类型。

(1) 软磁材料：具有较小的矫顽磁力和剩磁，磁滞回线窄而细长，回线面积小。常用的软磁材料有铸铁、硅钢、坡莫合金及铁氧体等。软磁材料一般用来制造交流电工设备等的铁心。例如，交流电机和变压器等的铁心。

(2) 永磁材料：具有较大的矫顽磁力，磁滞回线宽而短，回线面积大。常用的永磁材料有碳钢及铁镍铝钴合金等。近年来稀土永久材料发展很快，像稀土钴、稀土钕铁硼等，它们的矫顽磁力都很大。永磁材料一般用来制造永久磁铁。例如，电工仪表的铁心和永磁式扬声器等。

(3) 矩磁材料：具有较小的矫顽磁力，但有较大的剩磁，磁滞回线近似矩形，稳定性较好。常用的矩磁材料有镁锰铁氧体及 1J51 型铁镍合金等。矩磁材料被用于计算机和控制系统中，作记忆元件、开关元件和逻辑元件。

表 5-1 给出了几种常用的磁性材料的最大相对磁导率、剩磁及矫顽磁力。

表 5-1　常用磁性材料的最大相对磁导率、剩磁及矫顽磁力

材料名称	μ_{max}	B_r(T)	H_c(A/m)
铸铁	200	0.475～0.500	880～1040
硅钢片	8000～10 000	0.800～1.200	32～64
坡莫合金(78.5%Ni)	20 000～200 000	1.100～1.400	4～24
碳钢(0.45%C)		0.800～1.100	2400～3200
铁镍铝钴合金		1.100～1.350	40 000～52 000
稀土钴		0.600～1.000	320 000～690 000
稀土钕铁硼		1.100～1.300	600 000～900 000

需要指出的是：磁性材料的磁化曲线和磁滞回线是通过实验的方法测得的，磁性材料不同，其磁化曲线和磁滞回线也不同。

5.3　磁路及基本定律

在变压器、电动机和各种铁磁元件等电气设备和测量仪表中，为了使较小的励磁电流产生较大的磁感应强度(磁场)，常采用磁导率高的磁性材料做成一定形状的铁心。

所谓磁路，就是通过这些磁性材料构成的磁通路径，它是一个闭合的通路。如图 5-2 所示的环形线圈的通电流的磁路，磁通经过铁心闭合，铁心中磁场均匀分布，这种磁路也称为均匀磁路；图 5-6 是四级直流电机的磁路，图 5-7 是继电器的磁路，磁通都经过铁心和空气隙闭合，磁场分布不均，所以又称不均匀磁路。

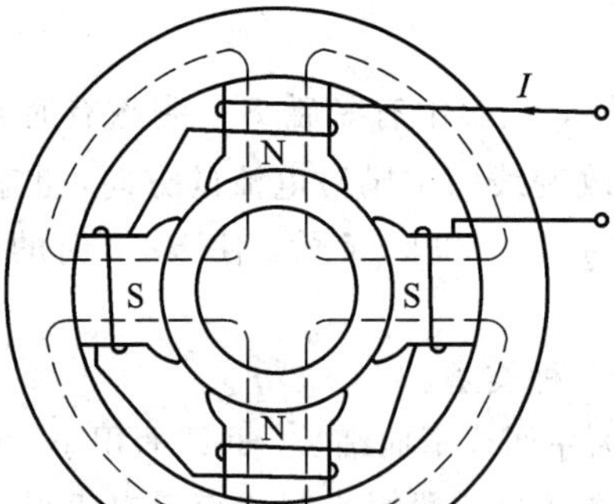

图 5-6　直流电机的磁路

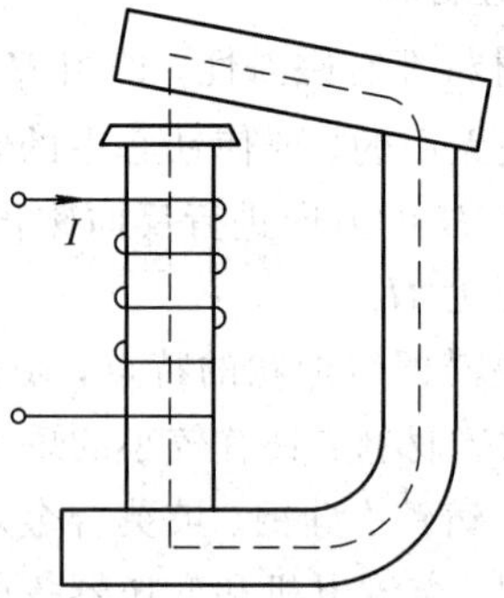

图 5-7　继电器的磁路

5.3.1　磁路的欧姆定律

前面我们讨论过磁场强度 $\boldsymbol{B}$ 和励磁电流 I 的关系，即

$$\boldsymbol{B}=\mu\frac{NI}{l}=\mu\boldsymbol{H}$$

由此式可得

$$NI = \boldsymbol{H}l = \frac{\boldsymbol{B}}{\mu}l = \frac{\Phi}{\mu S}l \tag{5-9}$$

或

$$\Phi = \frac{NI}{\dfrac{l}{\mu S}} = \frac{F}{R_m} \tag{5-10}$$

式中，$F=NI$ 称为磁通势，由此而产生磁通；R_m 称为磁阻，表示磁路对磁通具有阻碍作用；l 为磁路的平均长度；S 为磁路的截面积。

上式在形式上与电路的欧姆定律相似，故也称为磁路的欧姆定律，同电路欧姆定律一样，磁路的欧姆定律是磁路分析和计算的基础。

5.3.2 磁路的计算

磁路与电路有许多相似之处，但磁路的分析和计算要比电路难得多。关于磁路的计算，我们以直流磁路的计算作简单的介绍。

如果磁路是均匀磁路，则可用下式计算求得。

$$NI = \boldsymbol{H}l = \frac{\boldsymbol{B}}{\mu}l = \frac{\Phi}{\mu S}l \tag{5-11}$$

如果磁路是由不同的材料或不同长度和截面积的几段组成的，则可认为磁路是由磁阻不同的几段串联而成的，即

$$F = NI = \boldsymbol{H}_1 l_1 + \boldsymbol{H}_2 l_2 + \cdots + \boldsymbol{H}_n l_n = \sum(\boldsymbol{H}l) \tag{5-12}$$

式(5-12)中的 $\boldsymbol{H}_1 l_1$、$\boldsymbol{H}_2 l_2$、…、$\boldsymbol{H}_n l_n$ 也称为磁路各段的磁压降。

如图 5-7 是继电器的磁路，从图中可看出该磁路是由三段串联而成(其中一段是空气隙)。若已知磁通和各段材料的尺寸，则可按下面的步骤来求磁通势。

(1) 求各段的磁感应强度：

$$\boldsymbol{B}_1 = \frac{\Phi}{S_1} \quad \boldsymbol{B}_2 = \frac{\Phi}{S_2} \quad \cdots \quad \boldsymbol{B}_n = \frac{\Phi}{S_n}$$

(2) 根据磁性材料的磁化曲线($\boldsymbol{B}$—$\boldsymbol{H}$ 曲线)找出 $\boldsymbol{B}_1$，$\boldsymbol{B}_2$，…$\boldsymbol{B}_n$ 相对应的磁场强度 $\boldsymbol{H}_1$，$\boldsymbol{H}_2$，…$\boldsymbol{H}_n$。计算空气隙或其他非磁性材料的磁场强度 $\boldsymbol{H}_0$ 可由下式直接求得：

$$\boldsymbol{H}_0 = \frac{\boldsymbol{B}_0}{\mu_0} = \frac{\boldsymbol{B}_0}{4\pi \times 10^{-7}} \text{ A/m}$$

(3) 计算各段磁路的磁压降 $\boldsymbol{H}l$。

(4) 应用式 $F = NI = \boldsymbol{H}_1 l_1 + \boldsymbol{H}_2 l_2 + \cdots + \boldsymbol{H}_n l_n = \sum(\boldsymbol{H}l)$ 求出所需的磁通势 NI。

相反，如果已知磁通势求磁路中的磁通问题，因为磁路的非线性，无法直接求解，一般采用试探法，即：先假定磁通为某一数值，求出磁通势，如果所求的磁通势不等于给定值，根据差值再假定第二个磁通值，重新计算，如此逐次试探，直到计算结果与给定的差值小于所求的精度误差为止。

【例 5-1】 已知有一铁心线圈，线圈的匝数 N 为 1000，磁路的平均长度为 60 cm，其中含有 0.2 cm 的空气隙，若要使铁心中的磁感应强度为 1.0 T，问需要多大的励磁电流(假定该铁心材料的磁感应强度为 1.0 T 时，对应的磁场强度为 600 A/m)。

解　先求得总磁通势为

$$NI = \boldsymbol{H}l + \boldsymbol{H}_0 l_0 = \boldsymbol{H}l + \frac{\boldsymbol{B}_0}{\mu_0} l_0 = \boldsymbol{H}l + \frac{\boldsymbol{B}_0}{4\pi \times 10^{-7}} l_0$$

$$= 600 \times (0.6 - 0.002) + \frac{1.0}{4 \times 3.14 \times 10^{-7}} \times 0.002$$

$$= 358.8 + 1592.3$$

$$\approx 1951\ \text{A}$$

已知线圈的匝数 $N=1000$，则励磁电流 I 为

$$I = \frac{1951}{1000} \approx 1.95\ \text{A}$$

【例 5-2】 图 5-8 所示的铁心由硅钢片叠成，各部分的尺寸为：两段空气隙 $l_0 = 0.4$ cm，$l_1 = 35$ cm，$l_2 = 15$ cm，$A_0 = A_1 = 12\ \text{cm}^2$，$A_2 = 8\ \text{cm}^2$。试求：(1) 当空气隙中的磁感应强度 $B_0 = 0.5$ T 时所需的磁通势？(2) 励磁线圈的电流为 0.5 A 和 1 A 时，线圈的匝数是多少？

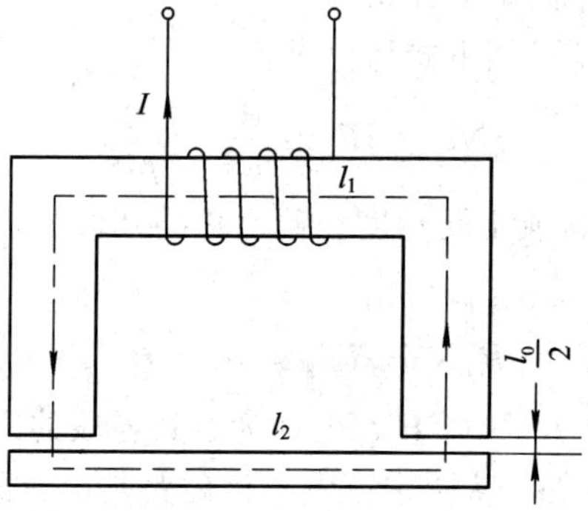

图 5-8 例 5-2 图

解 (1) 由于磁通是连续的，且相同，即

$$\Phi = \boldsymbol{B}_0 A_0 = 0.5 \times 12 \times 10^{-4} = 6 \times 10^{-4}\ \text{Wb}$$

计算各段的磁感应强度：

$$\boldsymbol{B}_0 = 0.5\ \text{T}$$

$$\boldsymbol{B}_1 = \frac{\Phi}{A_1} = \frac{6 \times 10^{-4}}{12 \times 10^{-4}} = 0.5\ \text{T}$$

$$\boldsymbol{B}_2 = \frac{\Phi}{A_2} = \frac{6 \times 10^{-4}}{8 \times 10^{-4}} = 0.75\ \text{T}$$

计算各段的磁场强度：

$$\boldsymbol{H}_0 = \frac{\boldsymbol{B}_0}{\mu_0} = \frac{0.5}{4\pi \times 10^{-7}} = 398\ 000\ \text{A/m} = 3980\ \text{A/cm}$$

查硅钢片的磁化曲线，可得

$$\boldsymbol{H}_1 = 0.8\ \text{A/cm},\ \boldsymbol{H}_2 = 1.6\ \text{A/cm}$$

由此计算各段的磁压降：

$$\boldsymbol{H}_0 l_0 = 3980 \times 0.4 = 1592\ \text{A}$$

$$\boldsymbol{H}_1 l_1 = 0.8 \times 35 = 28\ \text{A}$$

$$\boldsymbol{H}_2 l_2 = 1.6 \times 15 = 24\ \text{A}$$

由于磁通势和磁压降相等，故

$$F = NI = \boldsymbol{H}_0 l_0 + \boldsymbol{H}_1 l_1 + \boldsymbol{H}_2 l_2 = 1592 + 28 + 24 = 1644 \text{ A}$$

(2) 计算线圈的匝数。

当励磁电流 $I=0.5$ A 时，线圈匝数为

$$N = \frac{F}{I} = \frac{1644}{0.5} = 3288 \text{ 匝}$$

当励磁电流 $I=1$ A 时，线圈匝数为

$$N = \frac{F}{I} = \frac{1644}{1} = 1644 \text{ 匝}$$

5.4 交流铁心线圈电路

根据铁心线圈的励磁电流不同，可把铁心线圈分为直流铁心线圈和交流铁心线圈。

直流铁心线圈的励磁电流是直流电流，铁心中产生的磁通是恒定的，在线圈和铁心中不会产生感应电动势，其损耗仅仅是线圈的热损耗(即 RI^2)。

而交流铁心线圈的励磁电流是交流电流，铁心中产生的磁通是交变的，在线圈和铁心中会产生感应电动势，存在着电磁关系、电压电流关系及功率损耗等问题。

5.4.1 电磁关系

图 5-9 是交流铁心线圈的电路图。当交流铁心线圈中通有励磁电流 i 时，则在铁心线圈中产生磁通势 Ni。它由两部分组成：主磁通 Φ 和漏磁通 Φ_σ。主磁通 Φ 是流经铁心的工作磁通，漏磁通 Φ_σ 是由于空气隙或其他原因损耗的磁通，它不流经铁心。主磁通和漏磁通都要在交流铁心线圈中产生感应电动势，一个是主磁电动势 e，另一个是漏磁电动势 e_σ。

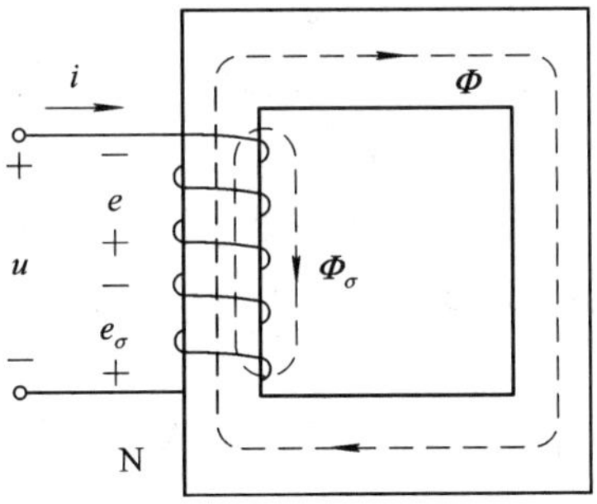

图 5-9　交流铁心线圈电路

由于主磁通 Φ 是流经铁心的，铁心的磁导率 μ 是随磁场强度 $\boldsymbol{H}$ 而变化的，所以交流铁心线圈的励磁电流 i 和主磁通 Φ 不呈线性关系；而漏磁通 Φ_σ 不流经铁心，其漏磁电感 L_σ 可近似为一个定值，所以励磁电流 i 和漏磁通 Φ_σ 呈线性关系。

5.4.2 电压电流关系

电压电流关系可对图 5-9 的交流铁心线圈电路根据基尔霍夫电压定律得到，即

$$u + e + e_\sigma = Ri \tag{5-13}$$

式中，R 是交流铁心线圈的电阻，e 是主磁电动势，它的值可根据法拉第电磁定律得出，即

$$e=-N\frac{\mathrm{d}\Phi}{\mathrm{d}t}$$

e_σ为漏磁电动势，它的值也可以根据法拉第电磁定律得出，即

$$e_\sigma=-N\frac{\mathrm{d}\Phi_\sigma}{\mathrm{d}t}=-L_\sigma\frac{\mathrm{d}i}{\mathrm{d}t}$$

所以式(5－13)的 KVL 方程可表示为

$$u=Ri-e_\sigma-e=Ri+L_\sigma\frac{\mathrm{d}i}{\mathrm{d}t}+(-e)=u_R+u_\sigma+u' \tag{5-14}$$

若电压 u 是正弦量，则式(5－14)的 KVL 方程可用相量表示为

$$\begin{aligned}\dot{U}&=R\dot{I}+(-\dot{E}_\sigma)+(-\dot{E})=R\dot{I}+\mathrm{j}X_\sigma\dot{I}+(-\dot{E})\\&=\dot{U}_R+\dot{U}_\sigma+\dot{U}'\end{aligned} \tag{5-15}$$

式中，$U_R=RI$，是铁心线圈的电阻 R 上的电压降；$u_\sigma=-e_\sigma$，是漏磁通感应电动势的电压分量，漏磁感应电动势$\dot{E}_\sigma=-\mathrm{j}X_\sigma\dot{I}$，其中 $X_\sigma=\omega L_\sigma$，称为漏磁感抗，它是由漏磁通引起的。一般情况下，线圈的电阻和漏磁感抗较小，与主磁感应电动势相比其电压可以忽略不计。主磁感应电动势不能用上述方法写出。因为主磁通所经过的路径是铁磁物质，主磁电感或相应的主磁感抗不是常数。

若设主磁通 $\Phi=\Phi_\mathrm{m}\sin\omega t$，则

$$\begin{aligned}e&=-N\frac{\mathrm{d}\Phi}{\mathrm{d}t}=-N\frac{\mathrm{d}(\Phi_\mathrm{m}\sin\omega t)}{\mathrm{d}t}=-N\omega\Phi_\mathrm{m}\cos\omega t\\&=2\pi fN\Phi_\mathrm{m}\sin(\omega t-90°)=E_\mathrm{m}\sin(\omega t-90°)\end{aligned} \tag{5-16}$$

式中，$E_\mathrm{m}=2\pi fN\Phi_\mathrm{m}$是主磁电动势 e 的幅值，其有效值为

$$E=\frac{E_\mathrm{m}}{\sqrt{2}}=\frac{2\pi fN\Phi_\mathrm{m}}{\sqrt{2}}=4.44fN\Phi_\mathrm{m} \tag{5-17}$$

通常，线圈的电阻 R 和感抗 X_σ较小，可以忽略不计，于是

$$\dot{U}\approx-\dot{E}=\mathrm{j}4.44fN\Phi_\mathrm{m} \tag{5-18}$$

$$U\approx E=4.44fN\Phi_\mathrm{m}=4.44fN\boldsymbol{B}_\mathrm{m}S \tag{5-19}$$

式(5－19)中，$\boldsymbol{B}_\mathrm{m}$是铁心中磁感应强度的最大值，单位是特斯拉(T)；$S$ 是铁心截面积，单位是米^2(m^2)。

可见，当电压、频率、线圈匝数一定时，Φ_m基本保持不变，即交流铁心线圈具有恒磁通特性。

5.4.3 功率损耗

与直流铁心线圈不同，交流铁心线圈的功率除了有铜损 ΔP_{Cu}(RI^2)外，还有由于铁心的交变磁场作用产生的铁损 ΔP_{Fe}。所以，交流铁心线圈的有功功率(功率损耗)为

$$P=UI\cos\varphi=RI^2+\Delta P_{\mathrm{Fe}}$$

铜损 ΔP_{Cu}是由于交流铁心线圈有电阻值 R，当有电流流过时产生的热损耗。

铁损 ΔP_{Fe}是交变磁化下铁心的功率损耗，它由磁滞损耗 ΔP_h和涡流损耗 ΔP_e两部分组成，它们都会引起铁心发热。

磁滞损耗 ΔP_h 是由于铁心材料的磁滞性产生的，减小磁滞损耗的方法是选用磁滞回线狭小的磁性材料作线圈的铁心。

涡流损耗 ΔP_e 是由于铁心的涡流产生的，交变的电流产生交变的磁通，一方面在线圈中产生感应电动势，另一方面也要在铁心内产生感应电动势和感应电流，这种感应电流称为涡流。减小涡流损耗的方法是，铁心由彼此绝缘的钢片叠成(如硅钢片)。涡流是有害的，它会引起铁心的发热，要加以限制；但在有些场合中，我们也可以利用，如利用涡流的热效应冶炼金属等。

【例 5-3】 有一交流铁心线圈，电源电压 $U=220$ V，电路中电流 $I=4$ A，且功率表读数 $P=100$ W。频率 $f=50$ Hz，线圈电阻和漏磁感抗上的电压降忽略不计。试求：(1) 铁心线圈的功率因数；(2) 铁心线圈的等效电阻和等效感抗。

解　(1) 根据公式 $P=UI\cos\varphi$ 得

$$\cos\varphi=\frac{P}{UI}=0.114$$

(2) 铁心线圈的等效阻抗模为

$$|Z'|=\frac{U}{I}=\frac{220}{4}=55\ \Omega$$

等效电阻和等效感抗分别为

$$R'=R+R_0=\frac{P}{I^2}=\frac{100}{4^2}=6.25\ \Omega\approx R_0$$

$$X'=X_\sigma+X_0=\sqrt{|Z'|^2-R'^2}=\sqrt{55^2-6.25^2}=54.6\ \Omega\approx X_0$$

【例 5-4】 日光灯的镇流器是一个交流铁心线圈，由实验测得镇流器线圈的端电压 $U=192$ V，频率 $f=50$ Hz，铁心截面为 7 cm^2，磁路的平均长度为 25 cm 且由硅钢片叠成，线圈的匝数为 1000 匝。试求：(1) 主磁通 Φ_m；(2) 如磁路平均长度为 60 cm，励磁电流应多大？

解　(1) 根据公式 $U\approx E=4.44fN\Phi_m$，得铁心中磁感应强度的最大值为

$$\Phi_m=\frac{U}{4.44fN}=\frac{192}{4.44\times50\times1000}=8.65\times10^{-4}(\text{Wb})$$

$$\boldsymbol{B}_m=\frac{\Phi_m}{S}=\frac{8.65\times10^{-4}}{7\times10^{-4}}=1.24\ \text{T}$$

(2) 若已知硅钢片的磁化曲线

$$\boldsymbol{H}_m=0.64\times10^3\ \text{A/m}$$

铁心中

$$\boldsymbol{H}_m l=0.64\times10^3\times25\times10^{-2}=160\ \text{A}$$

求得励磁电流的有效值

$$I=\frac{\boldsymbol{H}_m l}{\sqrt{2}N}=\frac{160}{\sqrt{2}\times1000}=0.113\ \text{A}$$

5.5　电　磁　铁

电磁铁通常有线圈、铁心和衔铁三个主要部分，如图 5-10 所示。其工作原理大致为：当线圈通电后，电磁铁的铁心被磁化，吸引衔铁动作带动其他机械装置发生联动；当电源

断开后，电磁铁铁心的磁性消失，衔铁带动其他部件被释放。

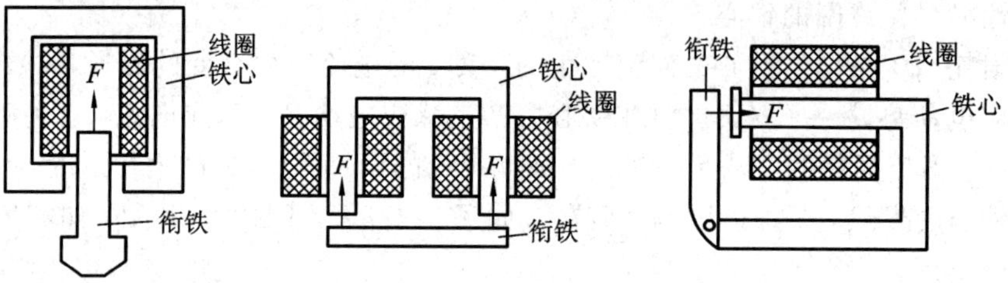

图 5-10　几种电磁铁的构造

电磁铁有直流电磁铁和交流电磁铁两大类。电磁铁的应用较为普遍，如在冶金工业中用电磁吊车提放钢材，机床上用电磁工作台夹持工件，自动控制系统中用继电器、交流接触器来接通电路等，都是利用电磁铁来吸合、分离触点。

电磁铁的一个主要参数是吸力 F，即由于线圈得电，铁心被磁化后对衔铁的吸引力。它的大小与铁心和衔铁间空气隙的截面积 S_0、空气隙中磁感应强度 $\boldsymbol{B}_0$ 有关，即

$$F=\frac{10^7}{8\pi}\boldsymbol{B}_0^2 S_0 \tag{5-20}$$

因为交流电磁铁中的磁场是交变的，所以设

$$\boldsymbol{B}_0=\boldsymbol{B}_m \sin\omega t$$

则吸引力为

$$\begin{aligned} f&=\frac{10^7}{8\pi}\boldsymbol{B}_m^2 S_0 \sin^2\omega t=\frac{10^7}{8\pi}\boldsymbol{B}_m^2 S_0\left(\frac{1-\cos 2\omega t}{2}\right)\\ &=F_m\left(\frac{1-\cos 2\omega t}{2}\right)=\frac{1}{2}F_m(1-\cos 2\omega t) \end{aligned} \tag{5-21}$$

式(5-21)中，F_m是吸引力的最大值，其在一个周期内的平均值 F 为

$$F=\frac{1}{T}\int_0^T f\,\mathrm{d}t=\frac{1}{2}F_m=\frac{10^7}{16\pi}\boldsymbol{B}_m^2 S_0 \tag{5-22}$$

【例 5-5】 图 5-11 是一交流电磁铁，励磁线圈电压为U=380 V，频率 f=50 Hz，匝数 N=8650 匝，铁心空气隙的面积S_0=2.5 cm^2。试求电磁铁的电磁吸力。

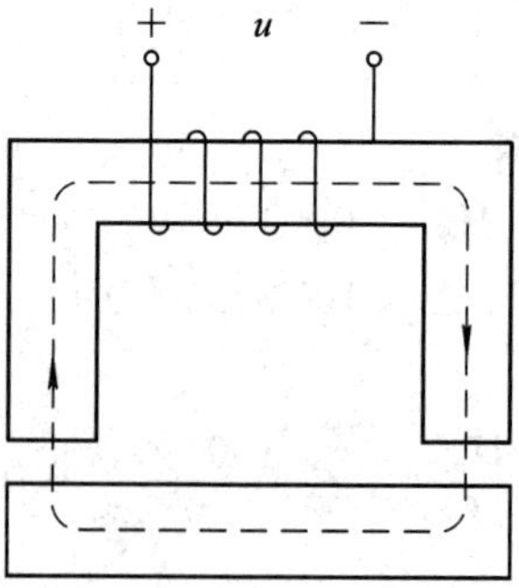

图 5-11　例 5-5 图

解　交流电磁铁中主磁通的最大值为

$$\Phi_m=\frac{U}{4.44fN}=\frac{380}{4.44\times 50\times 8650}=0.2\times 10^{-3}\ \text{Wb}$$

则电磁铁的电磁吸力为

$$F=\frac{10^7}{16\pi}\boldsymbol{B}_m^2S_0=\frac{10^7}{16\pi}\times\frac{\Phi_m^2}{S_0}=\frac{10^7}{16\pi}\times\frac{(0.2\times10^{-3})^2}{2.5\times10^{-4}}=64\ \text{N}$$

5.6　变　压　器

变压器是一种常见的电气设备，变压器具有变换电压、变换电流和变换阻抗的功能，在电工技术、电子技术、自动控制等诸多领域中得到了广泛的应用。

在输电方面，当输送功率 $P=UI\cos\varphi$ 一定时，电压 U 越高，则线路电流 I 越小。这不仅可以减少输电线的截面积，节省材料，同时还可以减小线路的功率损耗。因此在输电时必须利用变压器将电压升高。在用电方面，为了保证用电的安全和合乎用电设备的电压要求，还要利用变压器将电压降低。

在电子线路中，除电源变压器外，可以用变压器来耦合电路、传递信号，并实现阻抗匹配。

按用途分类，变压器可分为电力变压器、特殊变压器以及电子技术中应用的电源变压器等。

按相数分，变压器又可分为单相变压器、三相变压器和多相变压器等。

按每相绕组(线圈)数分类，变压器又可分为双绕组变压器、三绕组变压器和自耦变压器(只有一个绕组)等。

按冷却方式分类，变压器可以分为空气自冷式(或称干式)变压器、油浸自冷式变压器、油浸风冷式变压器等。

5.6.1　变压器的基本结构

不同类型的变压器，尽管它们在具体结构、外形、体积和重量上有很大的差异，但是它们的基本结构都是相同的，主要由铁心和线圈两部分组成。

普通双绕组变压器的结构型式有心式和壳式两种。其构造如图 5－12 所示。

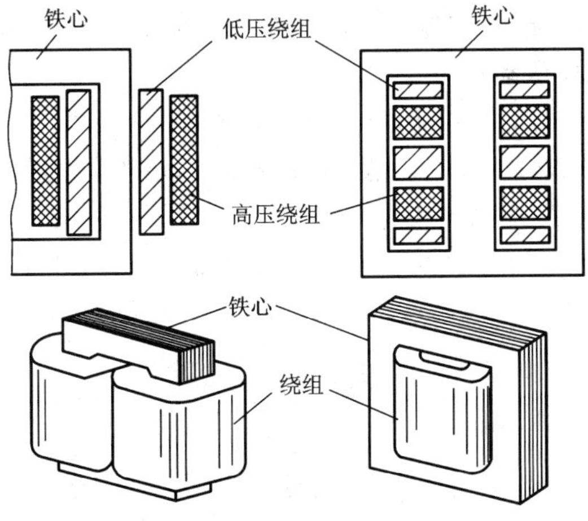

(a) 心式　　(b) 壳式

图 5－12　变压器的构造

铁心是变压器磁路的主体部分，通常由表面涂有漆膜、厚度为 0.35 mm 或 0.5 mm 的硅钢片冲压成一定形状后叠装而成，担负着变压器一次侧、二次侧的电磁耦合任务。

绕组是变压器电路的主体部分。担负着输入和输出电能的任务。我们把变压器与电源相接的一侧称为一次绕组，其电磁量用下标数字“1”表示；而与负载相接的一侧称为二次绕组，其电磁量用下标数字“2”表示。通常一次、二次绕组的匝数不相等，匝数多的电压较高，称为高压绕组；匝数少的电压较低，称为低压绕组。为了加强绕组间的磁耦合作用，一次、二次绕组同心地套在一铁心柱上的绕组结构型式，称为同心式绕组。为了有利于处理绕组和铁心之间的绝缘，通常总是将低压绕组安放在靠近铁心的内层，而高压绕组则套在低压绕组外面。

5.6.2 变压器的工作原理

1. 变压器的空载运行

变压器的一次绕组施加额定电压、二次绕组开路(不接负载)的情况，称为空载运行。图 5-13 是普通双绕组单相变压器空载运行的示意图，为了分析方便，把一次、二次绕组分别画在两个铁心柱上。

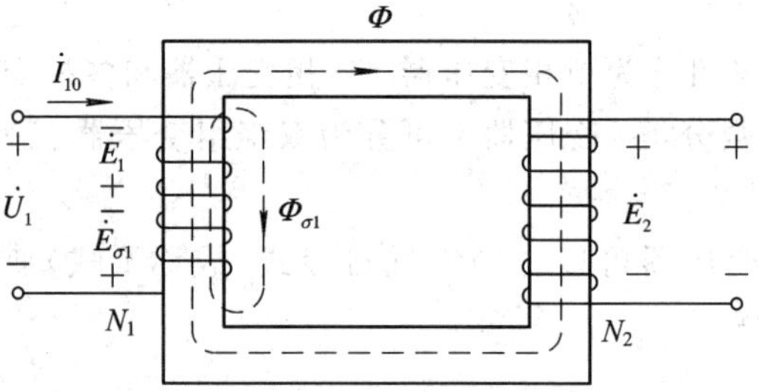

图 5-13　变压器的空载运行

当一次绕组接电源电压 $\dot{U}_1$ 时，一次绕组中通过的电流称为空载电流，用符号 $\dot{I}_{10}$ 表示。$\dot{I}_{10}$ 建立变压器铁心中的磁场，故又称为励磁电流。由于电压器铁心由硅钢片叠成，而且是闭合的，即空气隙很小，因此建立工作磁通(主磁通)Φ 所需要的励磁电流 $\dot{I}_{10}$ 并不大，其有效值约为一次绕组额定电流(长期连续工作允许通过的最大电流)的 2.5% 至 10%。主磁通在一次绕组中产生的感应电动势为

$$\dot{E}_1 = -\mathrm{j}4.44 f N_1 \Phi_m \qquad (5-23)$$

式(5-23)中，N_1 是一次绕组匝数；f 是电源的频率；Φ_m 是主磁通的最大值。

同理，二次绕组中的感应电动势为

$$\dot{E}_2 = -\mathrm{j}4.44 f N_2 \Phi_m \qquad (5-24)$$

因此

$$\frac{\dot{E}_1}{\dot{E}_2} = \frac{N_1}{N_2} = K$$

或写成有效值

$$\frac{E_1}{E_2} = \frac{N_1}{N_2} = K \qquad (5-25)$$

式中，$K = N_1/N_2$ 称为电压器绕组的变比。显然，一次、二次绕组的感应电动势之比等于绕

组的匝数比，即变压比。

根据交流铁心线圈的分析结论，可写出一次绕组的电压平衡方程式为

$$\dot{U}_1 = \dot{I}_{10}R_1 - \dot{E}_1 - \dot{E}_{\sigma 1} \tag{5-26}$$

式(5-26)中，$\dot{E}_{\sigma 1}$为穿过一次绕组的漏磁通 $\Phi_{\sigma 1}$在一次绕组中产生的感应电动势，数值较小。一次绕组的电阻 R_1也比较小，$\dot{I}_{10}$也不大，所以 $\dot{I}_{10}R_1$也较小。忽略 $\dot{I}_{10}R_1$和 $\dot{E}_{\sigma 1}$，则

$$\dot{U}_1 \approx -\dot{E}_1$$

或写成有效值

$$U_1 \approx E_1 \tag{5-27}$$

由于二次绕组开路，$\dot{I}_2=0$，因此开路电压(空载电压)为

$$\dot{U}_{20} \approx \dot{E}_2$$

或写成有效值

$$U_{20} \approx E_2$$

因此

$$\frac{U_1}{U_{20}} \approx \frac{E_1}{E_2} = \frac{N_1}{N_2} = K \tag{5-28}$$

式(5-28)表明：一次、二次绕组的电压比等于匝数比。只要改变一次、二次绕组的匝数比，就可以进行电压变换，哪个绕组的匝数多，其电压就高。

2. 变压器的负载运行

变压器的一次绕组接电源电压 $\dot{U}_1$，二次绕组接负载 Z_L时的运行情况，称为变压器的负载运行，如图 5-14 所示。

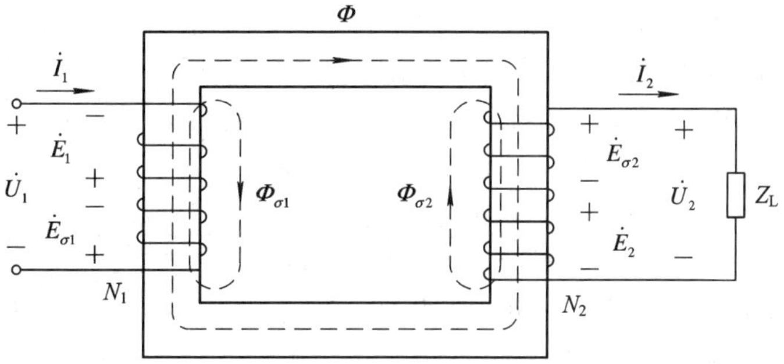

图 5-14　变压器的负载运行

由于变压器接通负载，感应电动势 $\dot{E}_2$将在二次绕组中产生电流 $\dot{I}_2$，一次绕组中的电流 $\dot{I}_{10}$变化为 $\dot{I}_1$。因此，负载运行时，变压器铁心中的主磁通 Φ 由磁通势 $\dot{I}_2N_2$和 $\dot{I}_1N_1$共同作用产生。根据常磁通概念，由于负载和空载时一次电压 $\dot{U}_1$不变，因此铁心中主磁通的最大值 Φ_m不变，故磁通势为

$$\dot{I}_1N_1 + \dot{I}_2N_2 = \dot{I}_{10}N_1 \tag{5-29}$$

这是变压器接负载时的磁通势平衡方程式。由于空载电流比较小，与负载电流相比，可以忽略空载磁通势 $\dot{I}_{10}N_1$。因此，

$$\dot{I}_1N_1 + \dot{I}_2N_2 \approx 0 \tag{5-30}$$

改写为

$$\frac{\dot{I}_1}{\dot{I}_2} \approx -\frac{N_2}{N_1} = -\frac{1}{K}$$

或写成有效值：

$$\frac{I_1}{I_2} = \frac{1}{K} \qquad (5-31)$$

式(5－31)反映了变压器的电流变换功能，即一次、二次绕组的电流比等于匝数比的倒数。

负载运行时，根据图 5－14 所示的参考方向，可写出变压器一次、二次绕组中的电压平衡方程式，分别为

$$\dot{U}_1 = \dot{I}_1 R_1 - \dot{E}_1 - \dot{E}_{\sigma 1}$$
$$\dot{U}_2 = -\dot{I}_2 R_2 + \dot{E}_2 + \dot{E}_{\sigma 2}$$

忽略数值较小的漏抗压降和电阻压降，即

$$\dot{U}_1 \approx -\dot{E}_1$$
$$\dot{U}_2 \approx \dot{E}_2$$

或写成有效值

$$U_1 \approx E_1 = 4.44 f N_1 \Phi_m$$
$$U_2 \approx E_2 = 4.44 f N_2 \Phi_m \qquad (5-32)$$

因此可得

$$\frac{U_1}{U_2} \approx \frac{E_1}{E_2} = \frac{N_1}{N_2} = K \qquad (5-33)$$

式(5－33)表明：变压器一次、二次绕组的电压比等于匝数比的结论不仅适用于空载运行的情况，而且也适用于负载运行情况，不过负载时比空载时误差要稍微大些。

要变换三相电压可采用三相变压器，如图 5－15 所示。图中，各相高压绕组的始端和末端分别用 U_1、V_1、W_1 和 U_2、V_2、W_2 表示，低压绕组用 u_1、v_1、w_1 和 u_2、v_2、w_2 表示。它有 3 个相同截面的铁心柱，每一个柱上各套着一个相的一次、二次绕组，心柱和上下磁轭构成三相闭合铁心。变压器运行时，3 个相的原绕组所加电压是对称的，所以三相心柱中的磁通也对称。其工作情况和单相变压器相同。3 个单相变压器也可以把绕组连接起来变成三相变压器，但三相变压器比总容量相等的 3 个单相变压器节省材料，所占空间小，因此，电力变压器一般都采用三相变压器。

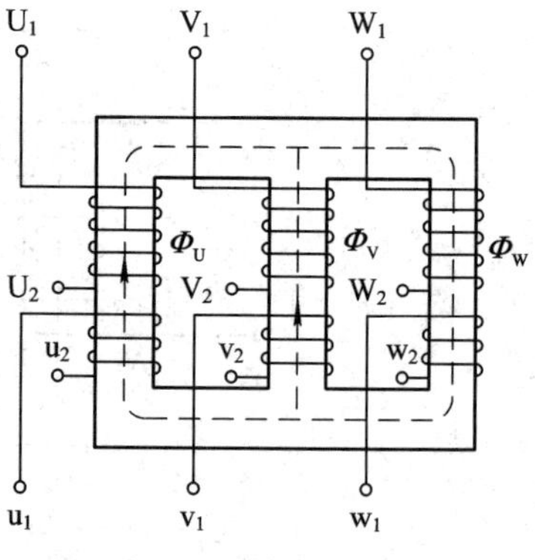

图 5－15　三相变压器的原理图

3. 变压器的阻抗变换作用

在电子线路中，常利用变压器阻抗变换功能来达到阻抗匹配的目的。

由前面的知识可知，变压器能起变换电压和变换电流的作用。此外，它还有变换阻抗的作用，以实现“匹配”。二次侧接的负载阻抗用 Z_L 表示。下面推导二次侧负载 Z_L 折算到一次侧负载的等效阻抗 Z_1。所谓等效，就是在电源相同的情况下，电源输入电路的电压、电流和功率不变。

根据$\frac{I_1}{I_2}=\frac{N_2}{N_1}$和$\frac{U_1}{U_2}=\frac{N_1}{N_2}$可得出

$$\frac{U_1}{I_1}=\frac{\frac{N_1}{N_2}U_2}{\frac{N_2}{N_1}I_2}=\left(\frac{N_1}{N_2}\right)^2\frac{U_2}{I_2}=K^2|Z_L|$$

又由于

$$\frac{U_1}{I_1}=|Z_1|$$

则

$$|Z_1|=K^2|Z_L| \tag{5-34}$$

【例 5-6】 在图 5-16 中，交流信号源的 $E_S=120$ V，内阻 $R_S=800\ \Omega$，负载电阻 $R=8\ \Omega$。

(1) 要求 R 折算到一次侧的等效电阻 $R'=R_S$，试求变压器的变比和信号源输出的功率。

(2) 当将负载直接与信号源连接时，信号源输出多大的功率？

解 (1) 变压器的变比应为

$$K=\frac{N_1}{N_2}=\sqrt{\frac{R'}{R}}=\sqrt{\frac{800}{8}}=10$$

信号源输出的功率为

$$P=\left(\frac{E_S}{R_S+R'}\right)^2R'=\left(\frac{120}{1600}\right)^2\times 800=4.5\ \text{W}$$

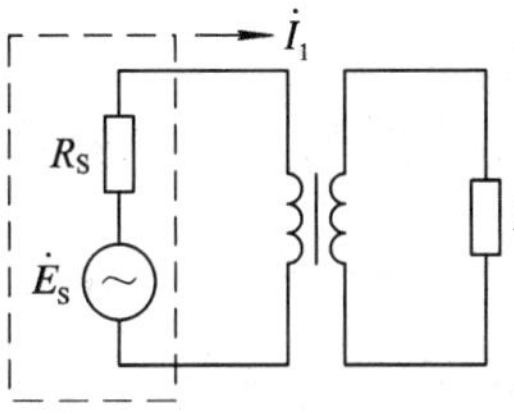

图 5-16　例 5-6 图

(2) 当将负载直接接在信号源上时，

$$P=\left(\frac{120}{800+8}\right)^2\times 8=0.176\ \text{W}$$

从数据可以看出，当变压器的负载达到阻抗匹配后，负载吸收的功率将会大大提高，因此，在电子线路中，常会利用变压器的阻抗匹配作用。

5.6.3 变压器的外特性、损耗和效率

1. 变压器的外特性

由于变压器一次、二次绕组都具有电阻和漏磁感抗，根据图 5-14 及相应电压平衡方程式可知，当一次绕组外加电压 U_1 保持不变、负载 Z_L 变化时，二次侧电流或功率因数改变，将导致一次、二次绕组的漏磁阻抗压降发生变化，使变压器二次侧输出电压 U_2 也随之发生变化。

当 U_1 为额定值，负载功率因数为常数时，$U_2=f(I_2)$的关系曲线称为电压器的外特性，如图 5-17 所示。特性曲线表明，变压器二次侧的电压随负载的增加而下降，对于相同的负载电流，感性负载的功率因数愈低，二次电压下降得愈多。

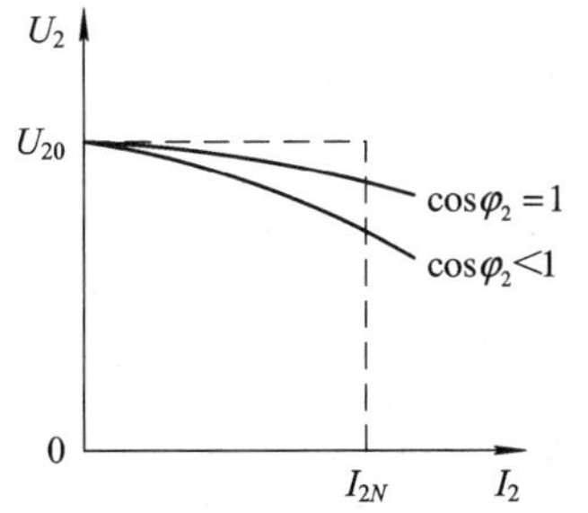

图 5-17　变压器的外特性曲线

变压器带负载后，二次电压的下降程度用电压调整率 $\Delta U\%$表示。电压调整率 $\Delta U\%$规定如下：一次侧为额定电压，负载功率因数为常数时，二次侧空载电压 U_{20}

与负载时二次侧电压 U_2 之差相对空载电压 U_{20} 的百分比定义为电压调整率，即

$$\Delta U\% = \frac{U_{20} - U_2}{U_{20}} \times 100\% \tag{5-35}$$

普通变压器的绕组的漏磁阻抗很小，因此 $\Delta U\%$ 值不大。通常，电力变压器的电压调整率为 3%～5%。

2. 变压器的损耗和效率

变压器在传递能量的过程中自身会产生铜损和铁损两种损耗。

铜损是电流 I_1、I_2 分别在一次、二次绕组电阻上所产生的损耗，它随着负载电流的变化而变化，故又称为可变损耗。

铁损包括磁滞损耗和涡流损耗。铁损是由交变磁通在铁心中产生的。当外加电压和频率一定时，主磁通基本不变，铁损也基本不变。

变压器输出功率 P_2 和输入功率 P_1 之比称为变压器的效率，通常用百分比表示，即

$$\eta = \frac{P_2}{P_1} \times 100\% = \frac{P_2}{P_2 + \Delta P_{Fe} + \Delta P_{Cu}} \times 100\% \tag{5-36}$$

变压器效率一般很高，通常在 95%以上。在一般电力变压器中，当负载为额定负载的 50%～75%时，效率达到最大值。

5.6.4 变压器的额定值

使用任何电气设备或元器件时，其工作电压、电流、功率等都是有一定限度的。例如，流过变压器一次、二次绕组的电流不能无限增大，否则将造成绕组导线及其绝缘的过热损坏；施加到一次绕组的电压也不能无限升高，否则将产生一次、二次绕组之间或绕组匝间或绕组与铁心之间的绝缘击穿事故，造成变压器损坏，甚至危及人身安全。为确保电气产品安全、可靠、经济、合理运行。生产厂家为用户提供其在给定的工作条件下能正常运行而规定的允许工作数据，称为额定值，它们通常标注在电气产品的铭牌和说明书上，并用下标“N”表示，如额定电压 U_N、额定功率 P_N 等。

变压器的额定值主要有：

(1) 额定电压。额定电压是根据变压器的绝缘强度和允许温升而规定的电压值，以伏或千伏为单位。变压器的额定电压有一次额定电压 U_{1N} 和二次额定电压 U_{2N}。U_{1N} 指一次侧应加的电源电压，U_{2N} 指一次侧加上 U_{1N} 时二次绕组的额定电压。应该注意，对于三相变压器，一次侧和二次侧的额定电压都是指其线电压。使用变压器时，不允许超过其额定电压。

(2) 额定电流。额定电流是根据变压器允许温升而规定的电流值，以安或千安为单位。变压器的额定电流有一次额定电流 I_{1N} 和二次额定电流 I_{2N}。一次侧额定电流 I_{1N} 指一次侧绕组加额定电压 U_{1N}，变压器正常工作，一次侧绕组允许长期通过的最大电流有效值。二次侧额定电流 I_{2N} 指一次侧加额定电压 U_{1N}，二次侧绕组允许长期通过的最大电流有效值。同样应注意，三相变压器中，额定电流都指线电流。

使用变压器时，不要超过其额定电流值。变压器长期过负荷运行将会缩短其使用寿命。

(3) 额定容量。变压器的额定容量是指其二次侧的视在功率 S_N，以伏安或千伏安为单位。额定容量反映了变压器传递电功率的能力。对单相变压器，其额定容量 S_N 为

$$S_N = U_{2N} I_{2N} \tag{5-37}$$

对于三相变压器，其额定容量为

$$S_N = \sqrt{3}U_{2N}I_{2N} \tag{5-38}$$

(4) 额定频率 f_N。我国规定标准工频频率为 50 Hz，有些国家则规定为 60 Hz，使用时应注意。改变使用频率会导致变压器某些电磁参数、损耗和效率发生变化，影响其正常工作。

(5) 额定温升。变压器的额定温升是以环境温度为＋40℃作参考的，规定在运行中允许变压器的温度超出参考环境温度的最大温升。

【例 5－7】 某单相变压器的额定容量 $S_N=5$ kVA，一次侧的额定电压 $U_{1N}=220$ V，二次侧的额定电压 $U_{2N}=36$ V，求一次、二次侧的额定电流。

解　二次侧的额定电流为

$$I_{2N} = \frac{S_{2N}}{U_{2N}} = \frac{5\times10^3}{36} = 138.9\ \text{A}$$

由于 $U_{2N}\approx U_{1N}/K$，$I_{2N}\approx KI_{1N}$，所以 $U_{1N}I_{1N}\approx U_{2N}I_{2N}$，变压器的额定容量 S_N 也可以近似用 I_{1N} 和 U_{1N} 的乘积表示，即

$$S_N \approx U_{1N}I_{1N}$$

故一次侧的额定电流为

$$I_{1N} \approx \frac{S_N}{U_{1N}} = \frac{5\times10^3}{200} = 22.7\ \text{A}$$

5.6.5　变压器绕组的极性

要正确使用变压器，还必须了解绕组的同名端(或称同极性端)的概念。绕组同名端是绕组与绕组间、绕组与其他电气元件间正确连接的依据，并可用来分析一次、二次绕组间电压的相位关系。在变压器绕组接线及电子技术的放大电路、振荡电路、脉冲输出电路等的接线和分析中，都要用到同名端的概念。

绕组的极性，是指绕组在任意瞬时两端产生的感应电动势的瞬时极性，它总是从绕组的相对瞬时电位的低电位端(用符号"－"表示)，指向高电位端(用符号"＋"表示)。两个磁耦合作用联系起来的绕组，例如变压器的一次、二次绕组，当某一瞬时一次绕组某一端点的瞬时电位相对于一次绕组的另一端为正时，二次绕组必须有一个对应的端点，其瞬时电位相对于二次绕组的另一端点也为正。我们把一次、二次绕组电位瞬时极性相同的端点称为同极性端，也称为同名端。绕组的同名端可标以符号标记"·"，以便识别。

例如，一台变压器的原绕组有相同的两个绕组，如图 5－18 中的 1－2 和 3－4。当接到 220 V 的电源上时，两绕组串联，如图 5－18(a)所示，这样，电流从 1 端和 3 端流入(或流出)时，将产生方向相同的磁通，所以两个绕组中的感应电动势的极性也相同，1 和 3 称为同名端，在线圈上标上记号"·"，当然 2 和 4 也是同名端。所谓同名端就是同极性端，铁心中磁通所感应的电动势在各绕组端有相同的极性，当电流从两个同名端流入(或流出)时，产生的磁通方向相同。如果连接错误，如图 5－18(b)所示，铁心中将产生方向相反的磁通，互相抵消，绕组中没有感应电动势产生，原边绕组中将流过很大的电流，使变压器很快发热，有可能烧坏变压器。为了正确连接，必须按照绕组的同极性端接线。绕组的同极性端一般可以用图 5－18(c)的图形表示。

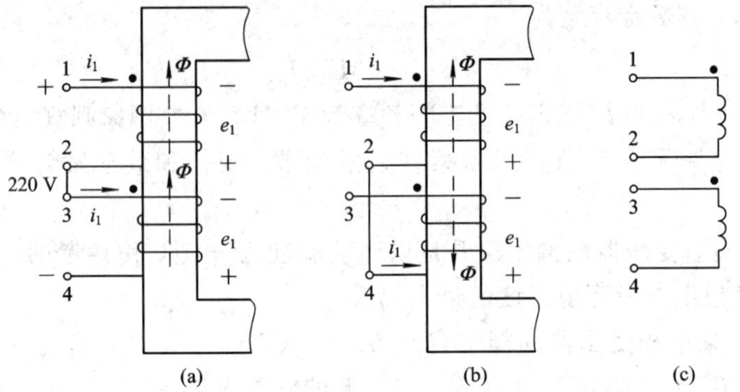

图 5-18 变压器绕组的同名端的表示

5.6.6 特殊变压器

1. 自耦变压器

图 5-19 所示的是一种自耦变压器，其结构特点是它只有一个线圈，二次侧是一次侧的一部分。一次侧和二次侧间既有磁的耦合，又有电的直接联系。一次、二次侧绕组电压之比和电流之比依旧满足

$$\frac{U_1}{U_2}=\frac{N_1}{N_2}=K,\qquad \frac{I_1}{I_2}=\frac{N_2}{N_1}=\frac{1}{K}$$

电工实验室中常用的调压器就是一种可改变绕组匝数的自耦变压器，它通过手柄改变滑动触点的位置来改变副边的匝数，可以调节输出电压 U_2 的值，使用起来很方便。其外形和电路如图 5-20 所示。

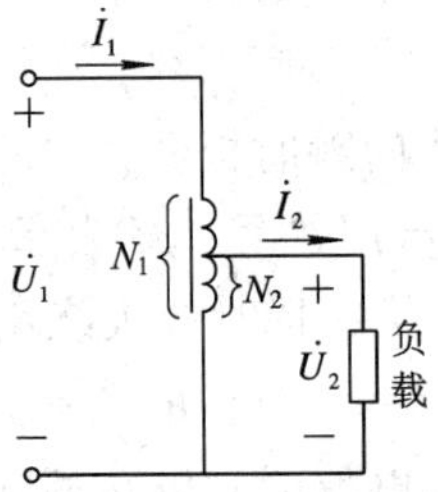

图 5-19 自耦变压器的电压、电流关系

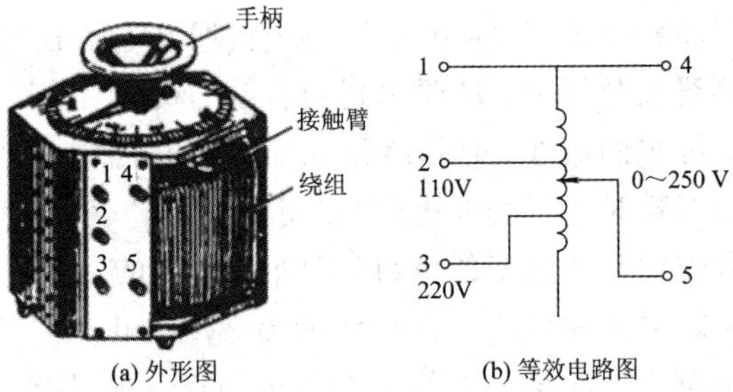

图 5-20 调压器的外形和等效电路

2. 电流互感器

电流互感器是根据变压器的电流变换原理制成的。它主要是用来扩大测量交流电流的量程。因为测量交流电路的大电流时(如测量容量较大的电动机、工频炉、电焊机等的电流时)，电流表的量程通常是不够的。电流互感器的接线图如图 5-21 所示。根据变压器原理，有

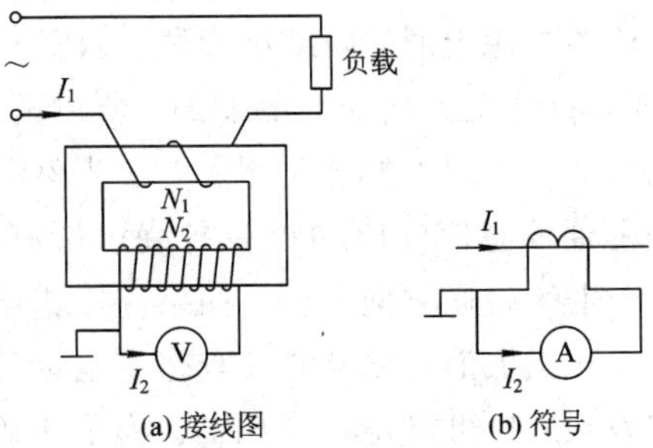

图 5-21 电流互感器的接线原理图

$$\frac{I_1}{I_2}=\frac{N_2}{N_1}=K_i \tag{5-39}$$

即

$$I_1 = K_i I_2$$

式中，K_i是电流互感器的变换系数。

电流互感器是个升压变压器，可将大电流变换为小电流，工作原理和普通变压器带负载情况相同。使用时，一次绕组的匝数很少(只有一匝或几匝)，串联在被测电路中，二次绕组的匝数较多，接电流表或其他仪表及继电器的电流线圈。通常电流互感器副绕组的额定电流都设计成统一标准值 5 A。

为了安全起见，使用电流互感器时二次绕组不能开路，这是因为电流互感器和普通变压器不同，它的一次绕组是与负载串联的，其中电流 I_1的大小决定于负载的大小，不是决定于二次绕组电流 I_2。所以当二次绕组电路断开时(比如在拆下仪表时未将二次绕组短接)，二次绕组的电流和磁通势立即消失，但是一次绕组的电流 I_1不变。这时铁心内的磁通全由一次绕组的磁通势 N_1I_1产生，结果造成铁心内很大的磁通(因为这时二次绕组的磁通势为零，不能对一次绕组的磁通势起去磁作用了)。这一方面使铁损大大增加，从而使铁心发热到不能容许的程度；另一方面又使二次绕组的感应电动势增加到危险的程度。此外，使用电流互感器时铁心、金属外壳和二次绕组端都应接地。

3. 电压互感器

电压互感器是根据变压器的电压变换原理制成的。它主要是用来扩大测量交流电压的量程。电压互感器的接线图如图 5-22 所示。根据变压器原理，有

$$\frac{U_1}{U_2}=\frac{N_1}{N_2}=K_u \tag{5-40}$$

即

$$U_1 = K_u U_2$$

式中，K_u是电压互感器的变换系数。

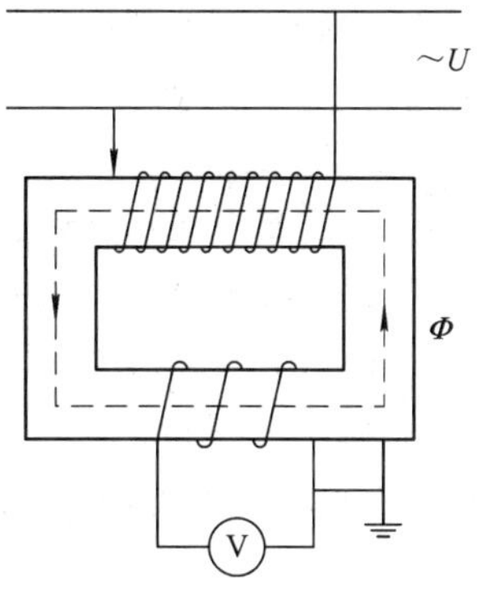

图 5-22　电压互感器的接线原理图

电压互感器是个降压变压器，工作原理和普通变压器空载情况相似。使用时，原边绕组并联在被测电压的线路上，副边绕组接测量的电压表。通常电压互感器副绕组的额定电压都设计成统一标准值 100 V。

为了安全起见，使用电压互感器时其铁心、金属外壳和副绕组的一端都必须可靠接地，防止绕组间绝缘损坏时，副边出现高电压。使用电压互感器时副边严禁短路，否则将产生过大的短路电流，严重时将会烧坏互感器。

习　题　5

5-1　简述磁性材料的磁性能。

5-2　什么是磁性材料的磁滞性，它是怎样形成的？

5-3　简述：交流铁心线圈的功率损耗有哪些？它们是怎样产生的？如何减少？

5－4　有一空载变压器，一次侧加额定电压 220 V，并测得一次绕组电阻 $R_1=10\ \Omega$，试问：一次侧电流是否等于 22 A？

5－5　有一台电压为 220 V/110 V 的变压器，$N_1=2000$，$N_2=1000$。有人想节省铜线，将匝数减少为 400 和 200，是否可以？

5－6　有一铁心线圈，试分析铁心中的磁感应强度、线圈中的电流和铜损 RI^2 在下列几种情况下将如何变化：

(1) 直流励磁——铁心截面积加倍，线圈的电阻和匝数以及电源电压保持不变；

(2) 交流励磁——铁心截面积加倍，线圈的电阻和匝数以及电源电压保持不变；

(3) 直流励磁——线圈匝数加倍，线圈的电阻及电源电压保持不变；

(4) 交流励磁——线圈匝数加倍，线圈的电阻及电源电压保持不变；

(5) 交流励磁——电流频率减半，电源电压的大小保持不变；

(6) 交流励磁——频率和电源电压的大小减半。

假设在上述各种情况下工作点在磁化曲线的直线段。在交流励磁的情况下，设电源电压与感应电动势在数值上近于相等，且忽略磁滞和涡流。铁心是闭合的，截面均匀。

5－7　有一铁心线圈，匝数 $N=5000$，铁心的截面积 $S=20\ \text{cm}^2$、平均长度 $l=50$ cm。要使得在铁心中产生磁通 $\Phi=0.002$ Wb，求通入线圈的直流电流 I 的大小。

5－8　有一交流铁心线圈，接在 $f=50$ Hz 的正弦交流电源上，在铁心中得到磁通的最大值为 $\Phi_m=2.25\times10^{-3}$ Wb。现在在此铁心上再绕一个线圈，其匝数为 200。当此线圈开路时，求其两端电压。

5－9　将一铁心线圈接于电压 $U=100$ V，频率 $f=50$ Hz 的正弦电源上，其电流 $I_1=5$ A，$\cos\varphi_1=0.7$。若将此线圈中的铁心抽出，再接于上述电源上，则线圈中 $I_2=10$ A，$\cos\varphi_2=0.05$。试求：

(1) 此线圈中在具有铁心时的铜损和铁损。

(2) 铁心线圈等效电路的参数(R，$X_\sigma=0$，R_0，X_0)。

5－10　图 5－23 所示是一电源变压器，一次绕组的匝数为 550 匝，接 220 V 电压。二次绕组有两个：一个电压为 36 V，负载功率为 36 W；另一个电压为 12 V，负载功率为 24 W。两个都是纯电阻负载，且不计空载电流，试求一次侧电流 I_1 和两个二次绕组的匝数。

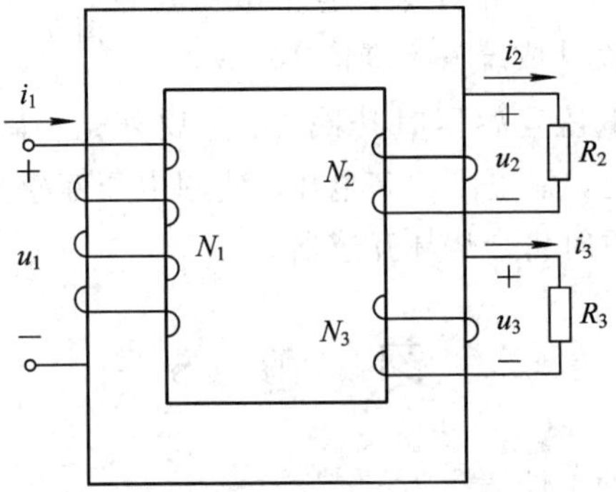

图 5－23　习题 5－10 图

5－11　一台容量为 $S_N=50$ kVA，电压为 6600 V/220 V 的单相变压器，今欲在副绕组接上 40 W/220 V 的日光灯，日光灯的功率因数为 0.5。如果变压器在额定情况下运行，这种日光灯可接多少个？并求变压器原、副绕组的额定电流。

5 - 12　有一台 10 kVA，电压为 10000 V/230 V 的单相变压器，如果在原边绕组的两端加上额定电压，在额定负载时，测得副边电压为 220 V。试求：

(1) 该变压器原边、副边的额定电流。

(2) 变压器的电压调整率。

5 - 13　含理想变压器的电路如图 5 - 24 所示，已知 $\dot{U}_S = 100\angle 0^\circ$ V，求负载 R 上的电压 $\dot{U}$。

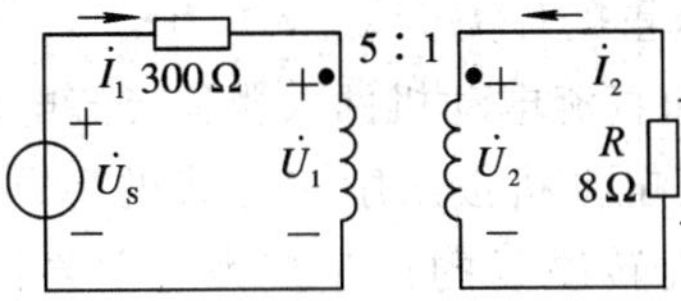

图 5 - 24　习题 5 - 13 图

5 - 14　一台三相油浸自冷式铝线变压器，$S_N = 100$ kVA，$U_{1N}/U_{2N} = 10/0.4$ kV，试求一次、二次绕组的额定电流 I_{1N}、I_{2N}。

第 6 章 交 流 电 动 机

电动机的作用是将电能转换为机械能。现代各种生产机械都广泛应用电动机来驱动。生产机械由电动机驱动有很多优点：简化生产机械的结构；提高生产率和产品质量；实现自动控制和远距离操纵；减轻繁重的体力劳动。

电动机可分为交流电动机和直流电动机两大类。交流电动机又分为同步电动机和异步电动机(或称感应电动机)。直流电动机按照励磁方式的不同分为他励、并励、串励和复励四种。本章从三相异步电动机旋转磁场的产生出发，主要讨论三相异步电动机的工作原理、定子转子电路分析、机械特性以及三相异步电动机的起动、制动和调速，最后简要介绍电动机的铭牌数据和选择方法。

6.1 三相异步电动机的结构

实际三相异步电动机的结构主要包括两个部分：静止不动的定子和可以旋转的转子，如图 6-1 所示。定子和转子之间隔着一层很小的空气隙，中、小型异步电动机的空气隙厚度约为 0.2～1.5 mm。

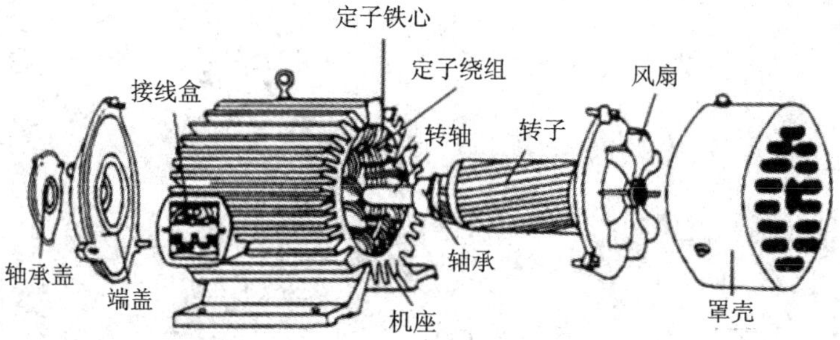

图 6-1 三相笼型异步电动机的结构

6.1.1 定子

三相异步电动机的定子主要由机座、定子铁心和定子绕组三部分组成。定子铁心是电动机磁路的一部分，为了减小涡流和磁滞损耗，由互相绝缘的硅钢片叠成，其内圆周表面有槽，用来放置定子绕组，如图 6-2 所示。定子铁心装在由铸铁或铸钢制成的机座上。定子绕组是结构对称的三相绕组，由许多线圈连接而成，线圈用绝缘的铜(或铝)导线绕制，大型异步电动机的定子线圈用较大截面的扁铜线绕好以后，

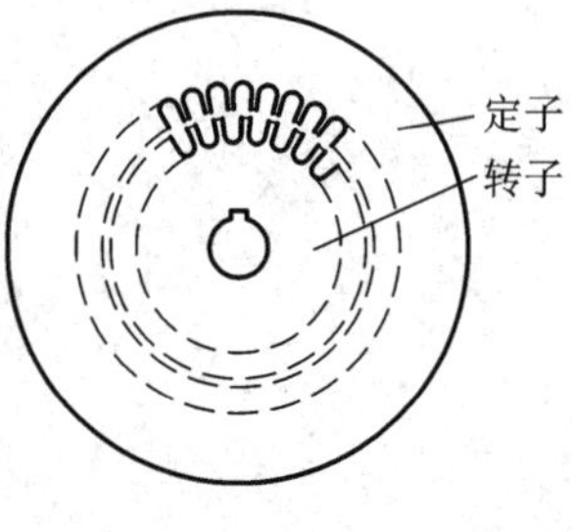

图 6-2 定子和转子的铁心片

再包上绝缘材料。定子绕组是定子的电路部分。

6.1.2　气隙

异步电动机的气隙比同容量的直流电动机的气隙小得多。在中、小型异步电动机中，气隙一般为 0.2～1.5 mm。

异步电动机的励磁电流是由定子电源供给的。气隙较大时，要求的励磁电流也较大，从而影响电动机的功率因数。为了提高功率因数，应尽量让气隙小些，但也不能太小，否则定子和转子有可能发生摩擦或碰撞。从减少附加损耗以及减少高次谐波磁通势产生的磁通等角度来看，气隙大些也有好处。

6.1.3　转子

转子是电动机的转动部分，主要由转子铁心、转子绕组和转轴三部分组成。

转子铁心是圆柱形的，由硅钢片叠成。在转子铁心的外圆周上有槽，槽内放置转子绕组，转子固定在转轴上，如图 6-1 所示。按照转子绕组结构的不同，异步电动机可分为鼠笼式和绕线式两种。图 6-3 所示是鼠笼式转子的结构。它是在转子铁心的槽内放置铜条，其两端用端环连接，如果去掉转子铁心，转子绕组便成鼠笼形状，所以叫做鼠笼式转子绕组。

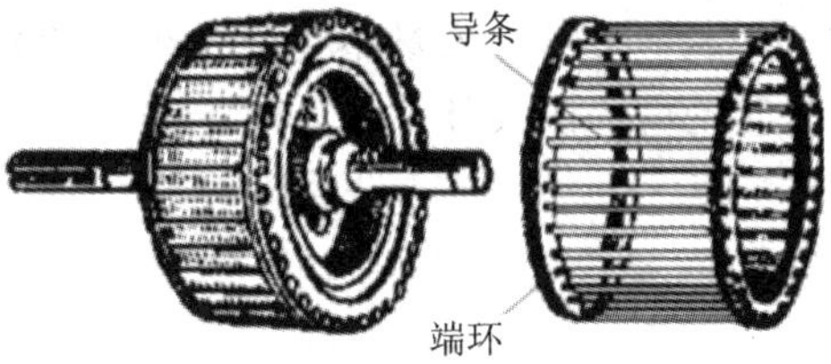

图 6-3　铜条构成的鼠笼式转子

绕线型异步电动机的内部结构如图 6-4 所示，它的转子绕组同定子绕组一样，是嵌放在转子铁心槽内的三相对称绕组。绕组的三根引出线分别连接到装在转子一端轴上的三个铜制的滑环上，滑环固定在转轴上，可与转子一道旋转。环与环、环与转轴都互相绝缘。在环上用弹簧压着碳质电刷，分别用三组电刷将电流引出来，如图 6-5 所示。其优点是可以通过滑环和电刷给转子回路串入附加阻抗，以改善电动机的起动或调速性能。缺点是结构复杂，价格昂贵，维护麻烦。

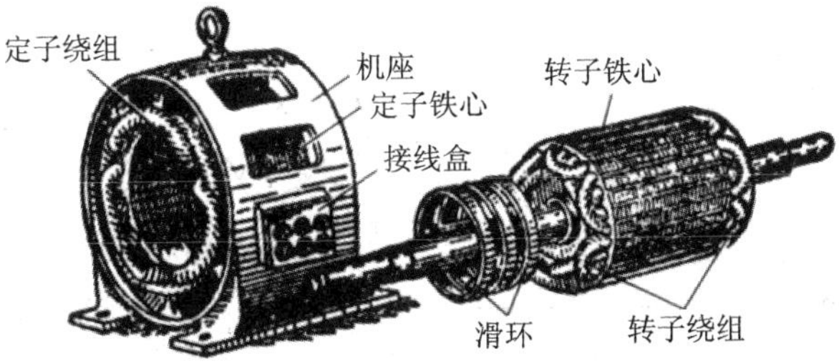

图 6-4　绕线型异步电动机的构造

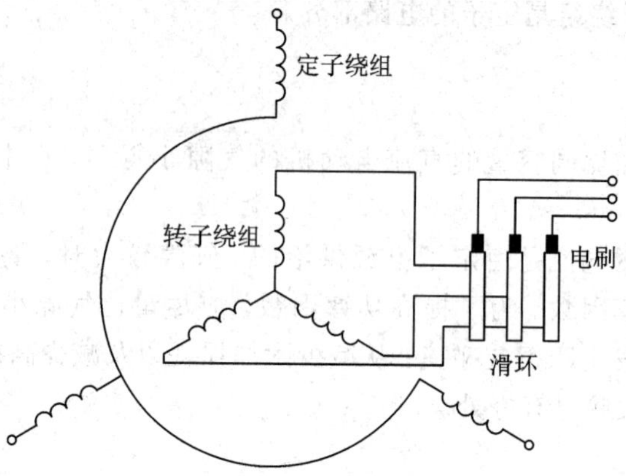

图 6-5 绕线型转子

笼型与绕线型异步电动机只是在转子的构造上不同，但它们的工作原理是一样的。笼型电动机由于构造简单，价格低廉，工作可靠，使用方便，故成为生产上应用最广泛的一种电动机。

6.2 三相异步电动机的工作原理

在三相异步电动机的定子绕组中通入三相电流，便会产生旋转磁场并切割转子导体，在转子电路中产生感应电流，载流转子在磁场中受力产生电磁转矩，从而使转子旋转。所以，旋转磁场的产生是转子转动的先决条件。

6.2.1 旋转磁场

1. 旋转磁场的产生

三相异步电动机的定子铁心中放有三相对称绕组 AX、BY 和 CZ，设将三相绕组接成星形，并接上三相对称电源，如图 6-6(a)所示，绕组中便通入三相对称电流：

$$i_A = I_m \sin\omega t$$

$$i_B = I_m \sin(\omega t - 120^\circ)$$

$$i_C = I_m \sin(\omega t + 120^\circ)$$

其波形如图 6-6(b)所示。取绕组始端到末端的方向作为电流的参考方向。在电流的正半周，其值为正，其实际方向与参考方向一致；在负半周，其值为负，其实际方向与参考方向相反。

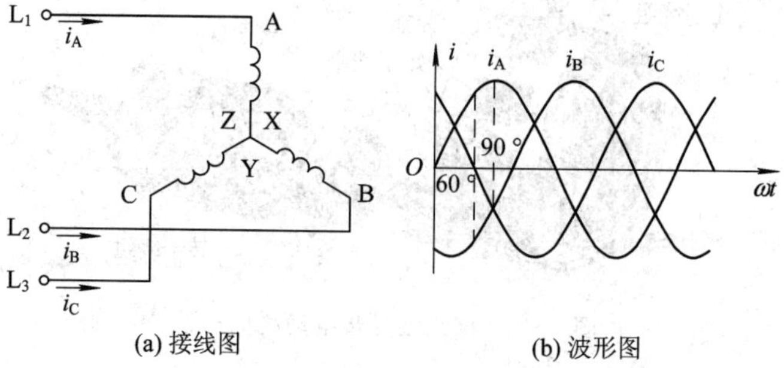

图 6-6 三相对称电流

在 $\omega t=0$ 的瞬时，定子绕组中的电流方向如图 6－7(a)所示。这时 $i_A=0$；i_B是负的，其方向与参考方向相反，从 Y 端流到 B 端；i_C是正的，其方向与参考方向相同，即电流从 C 端流到 Z 端。将每相电流所产生的磁场相加，便得出三相电流的合成磁场。在图 6－7(a)中，合成磁场轴线的方向是自上而下。

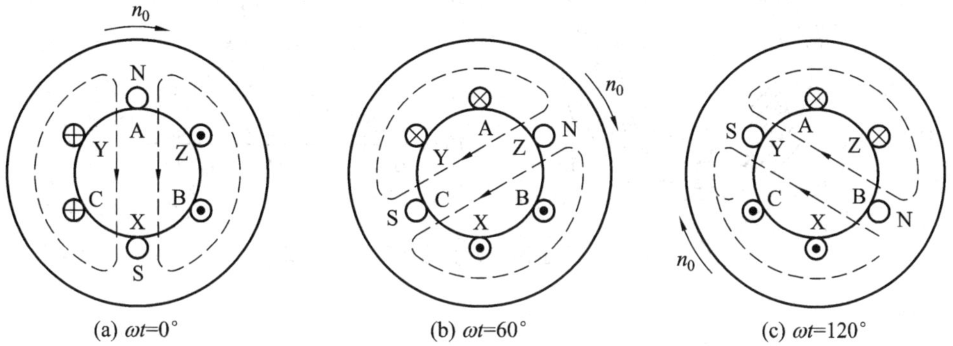

图 6－7　三相电流产生的旋转磁场($p=1$)

图 6－7(b)所示的是 $\omega t=60°$时定子绕组中电流的方向和三相电流的合成磁场的方向，这时的合成磁场已经在空间转过了 60°。

同理可得，在 $\omega t=120°$时的三相电流的合成磁场，比 $\omega t=60°$时的合成磁场在空间又转过了 60°，如图 6－7(c)所示。

由上可知，当定子绕组中通入三相电流后，它们共同产生的合成磁场随电流的交变而在空间不断地旋转着，这就是旋转磁场。

2. 旋转磁场的方向

只要将同三相电源连接的三根导线中的任意两根的一端对调位置，例如将电动机三相定子绕组的 B 端改为与电源 L_3 相连，C 端与 L_2 相连，则旋转磁场就反转了。其电源接线和旋转磁场的方向如图 6－8 所示。

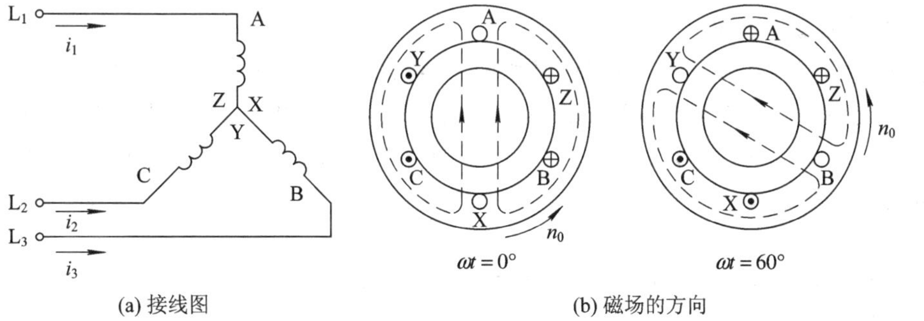

图 6－8　旋转磁场的反转

3. 旋转磁场的磁极数

三相异步电动机的磁极数就是旋转磁场的磁极数。旋转磁场的磁极数和三相绕组的安排有关。在图 6－7 的情况下，每相绕组只有一个线圈，绕组的始端之间相差 120°空间角，则产生的旋转磁场具有一对极，即 $p=1$(p 是磁极对数)。如将定子绕组安排得如图 6－9 那样，即每相绕组有两个线圈串联，绕组的始端之间相差 60°空间角，即产生的旋转磁场具有两对极($p=2$)，如图 6-10 所示。

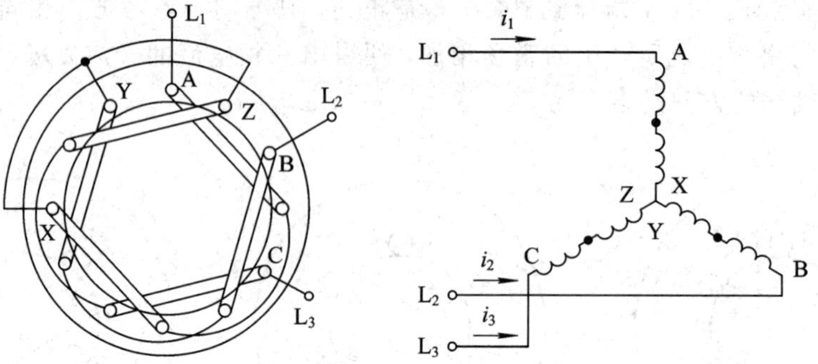

图 6-9 产生四极旋转磁场的定子绕组

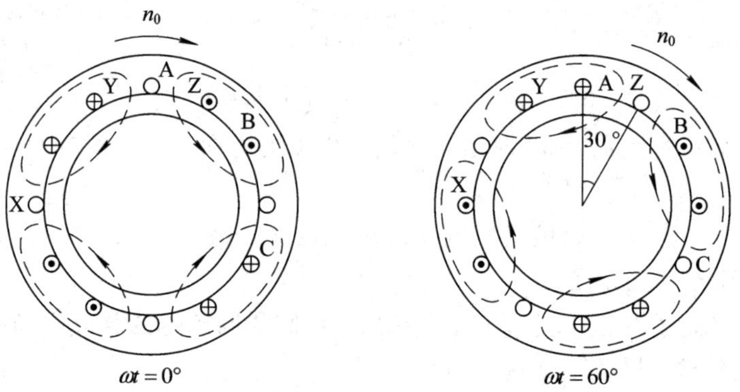

图 6-10 三相电流产生的旋转磁场($p=2$)

同理，如果要产生三对极，即 $p=3$ 的旋转磁场，则每相绕组必须有均匀安排在空间的串联的三个线圈，绕组的始端之间相差 $40°\left(\frac{120°}{p}\right)$空间角。

4. 旋转磁场的转速

由前面的分析可以看出，异步电动机定子绕组中的三相电流所产生的合成磁场是随着电流的变化在空间不断旋转，形成的一个具有一对磁极(磁极对数 $p=1$)的旋转磁场。三相电流变化一个周期 T(即变化 360°)，合成磁场在空间旋转一周。三相电流的频率为 f_1，表明三相电流每秒钟交变的周期数为 f_1，故旋转磁场每分钟的转速为

$$n_0 = 60f_1 \text{(r/min)} \tag{6-1}$$

如果设法使定子磁场为四极(磁极对数 $p=2$)，则可以证明，电流变化一个周期，合成磁场在空间旋转 180°，其转速为

$$n_0 = \frac{60f_1}{2} \quad \text{(r/min)}$$

由此可以推广到 p 对磁极的异步电动机的旋转磁场的转速为

$$n_0 = \frac{60f_1}{p} \quad \text{(r/min)} \tag{6-2}$$

由式(6-2)可得，旋转磁场的转速 n_0 取决于电流频率 f_1 和电动机的磁极对数 p。旋转磁场的转速也称为同步转速。

6.2.2 异步电动机的转子转动原理

图 6-11 是三相电动机转子转动的原理图，图中 N、S 表示旋转磁场的两极，转子中只示出了两根导条（铜或铝）。当旋转磁场向顺时针方向旋转时，其磁通切割转子导条，导条中就感应出电动势（由右手定则可确定出电动势的方向）。在电动势的作用下，闭合的导条中就产生电流，此电流与旋转磁场相互作用，使转子导条受到电磁力 F（可应用左手定则来确定电磁力的方向）的作用，产生电磁转矩，使转子随着旋转磁场旋转。旋转磁场旋转得越快，转子旋转得也越快；当旋转磁场反转时，电动机也跟着反转。

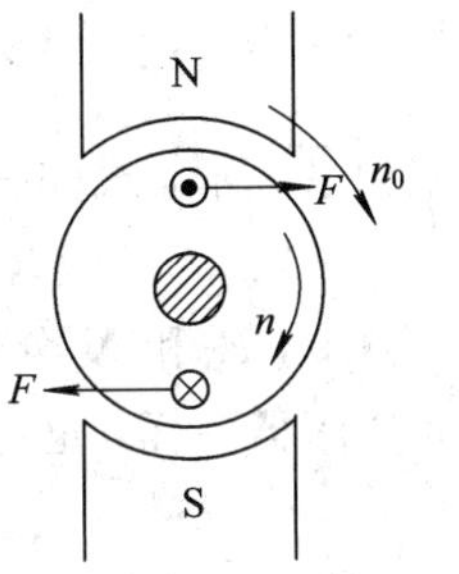

图 6-11 转子转动的原理图

通常，我们把同步转速 n_0 与转子转速 n 的差值称为转差，转差与 n_0 的比值称为异步电动机的转差率，用 s 表示，即

$$s=\frac{n_0-n}{n_0} \quad 或 \quad s=\frac{n_0-n}{n_0}\times 100\% \tag{6-3}$$

转差率 s 是描绘异步电动机运行情况的一个重要物理量。在电动机起动瞬间，$n=0$，$s=1$，转差率最大。空载运行时，转子转速最高，转差率最小，$s<0.5\%$。

额定负载运行时，转子额定转速较空载转速要低，s_N 大约为 1%到 9%。

【例 6-1】 有一台三相异步电动机，其额定转速 $n=1425$ r/min。试求电动机的磁极数和额定负载时的转差率。电源频率 $f_1=50$ Hz。

解 由于电动机的额定转速接近而略小于同步转速，而同步转速对应于不同的磁极对数有一系列固定的数值。与 $n=1425$ r/min 最相近的同步转速 $n_0=1500$ r/min，与此相应的磁极对数 $p=2$。因此，额定负载时的转差率为

$$s=\frac{n_0-n}{n_0}\times 100\%=\frac{1500-1425}{1500}\times 100\%=5\%$$

6.3 三相异步电动机的电路分析

图 6-12 是三相异步电动机的每相电路图。与变压器相比，定子绕组相当于变压器的一次绕组，转子绕组（一般是短接的）相当于变压器的二次绕组。三相异步电动机中的电磁关系同变压器类似。当定子绕组接上三相电源（相电压为 u_1）时，则有三相电流（相电流为 i_1）通过，并产生旋转磁场。旋转磁场的磁通通过定子铁心和转子铁心构成闭合磁路（定子铁心和转子铁心之间存在着很小的气隙）。这个磁场不仅在每相转子绕组中感应出电

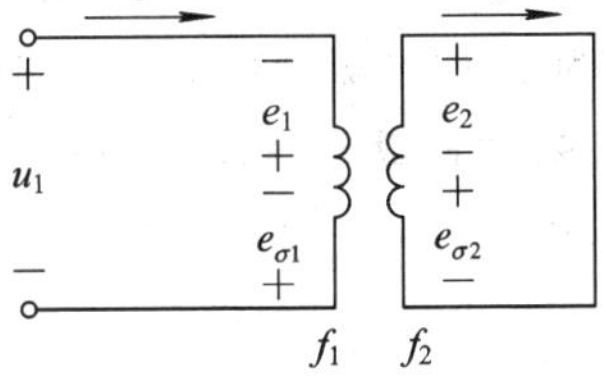

图 6-12 三相异步电动机的每相电路图

动势 e_2（由此产生电流 i_2），而且要在每相定子绕组中感应出电动势 e_1。此外，还有漏磁通，将分别在定子绕组和转子绕组感应出电动势 $e_{\sigma1}$ 和 $e_{\sigma2}$。

定子和转子每相绕组的匝数分别为 N_1 和 N_2。

6.3.1 定子电路

定子每相电路的电压方程和变压器一次绕组电路的一样，即

$$u_1 = R_1 i_1 + (-e_{\sigma 1}) + (-e_1) = R_1 i_1 + L_{\sigma 1}\frac{\mathrm{d}i_1}{\mathrm{d}t} + (-e_1) \tag{6-4}$$

如果用相量表示，式(6-4)可表示为

$$\dot{U}_1 = R_1\dot{I}_1 + (-\dot{E}_{\sigma 1}) + (-\dot{E}_1) = R_1\dot{I}_1 + \mathrm{j}X_1\dot{I}_1 + (-\dot{E}_1) \tag{6-5}$$

式(6-5)中，R_1和 X_1分别为转子每相绕组的电阻和感抗(漏磁感抗)。

和变压器一样，也可得出 $\dot{U}_1 \approx -\dot{E}_1$，即

$$U_1 \approx E_1 = 4.44 f_1 N_1 \Phi \tag{6-6}$$

式(6-6)中，Φ 是通过每相绕组的磁通最大值，在数值上它等于旋转磁场的每极磁通；f_1 是 e_1的变化频率。因为旋转磁场和定子间的相对转速为 n_0，所以

$$f_1 = \frac{pn_0}{60} \tag{6-7}$$

即等于电源或定子电流的频率。

6.3.2 转子电路

转子每相电路的电压方程为

$$e_2 = R_2 i_2 + (-e_{\sigma 2}) = R_2 i_2 + L_{\sigma 2}\frac{\mathrm{d}i_2}{\mathrm{d}t} \tag{6-8}$$

如果用相量表示，则式(6-8)为

$$\dot{E}_2 = R_2\dot{I}_2 + (-\dot{E}_{\sigma 2}) = R_2\dot{I}_2 + \mathrm{j}X_2\dot{I}_2 \tag{6-9}$$

式中，R_2和 X_2分别为转子每相绕组的电阻和感抗(漏磁感抗)。

转子电路的各个物理量对电动机的性能都有影响。

1. 转子频率 f_2

因为旋转磁场和转子间的相对转速为 $n_0 - n$，所以转子频率为

$$f_2 = \frac{p(n_0 - n)}{60} = \frac{n_0 - n}{n_0} \times \frac{pn_0}{60} = sf_1 \tag{6-10}$$

可见，转子频率 f_2与转差率 s 有关，即与转速 n 有关。

在 $n=0$ 即 $s=1$ 时(电动机起动初始瞬间)，转子与旋转磁场间的相对转速最大，转子导条被旋转磁通切割得最快。这时 f_2最高，即 $f_2 = f_1$。

2. 转子电动势 E_2和转子感抗 X_2

转子电动势 e_2的有效值 E_2(简称转子电动势 E_2)的表达式为

$$E_2 = 4.44 f_2 N_2 \Phi = 4.44 s f_1 N_2 \Phi \tag{6-11}$$

转子感抗 X_2的表述式为

$$X_2 = 2\pi f_2 L_{\sigma 2} = 2\pi s f_1 L_{\sigma 2} \tag{6-12}$$

在 $n=0$ 即 $s=1$(电动机起动初始瞬间)时，$f_2 = f_1$，则转子电动势和转子感抗分别为

$$E_{20} = 4.44 f_1 N_2 \Phi, \quad X_{20} = 2\pi f_1 L_{\sigma 2}$$

均达到最大。

由上式可以得出，转子电动势 E_2 和转子感抗 X_2 都与转差率 s 有关。

3. 转子电流 I_2 和转子电路的功率因数 $\cos\varphi_2$

转子每相电路的电流可由前面的公式推导得出，即

$$I_2 = \frac{E_2}{\sqrt{R_2^2 + X_2^2}} = \frac{sE_{20}}{\sqrt{R_2^2 + (sX_{20})^2}} \tag{6-13}$$

因为转子电路为感性电路，相应的感抗为 X_2，其转子电流 I_2 总是滞后于转子电动势 E_2，因而转子电路的功率因数为

$$\cos\varphi_2 = \frac{R_2}{\sqrt{R_2^2 + X_2^2}} = \frac{R_2}{\sqrt{R_2^2 + (sX_{20})^2}} \tag{6-14}$$

可见，转子电流 I_2 和 $\cos\varphi_2$ 都与转差率 s 有关。当 s 增大，即转速 n 降低时，转子与旋转磁场间的相对转速 n_0-n 增加，转子导体切割磁通的速度提高，于是 E_2 增加，I_2 也增加。I_2 和 $\cos\varphi_2$ 随 s 变化的关系可用图 6-13 的曲线表示。当 $s=0$ 即 $n=n_0$ 时，$I_2=0$；当 s 很小时，$R_2 \gg sX_{20}$，$I_2 \approx \frac{sE_{20}}{R_2}$，$\cos\varphi_2 \approx 1$；当 s 接近 1 时，$sX_{20} \gg R_2$，$I_2 \approx \frac{E_{20}}{X_{20}} =$ 常数，$\cos\varphi_2 \approx \frac{R_2}{sX_{20}}$。

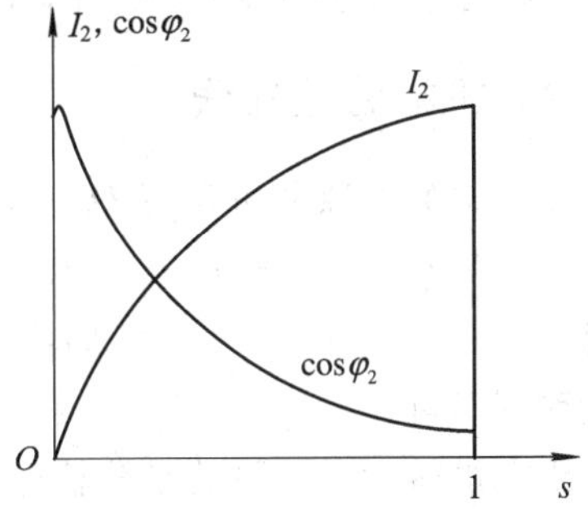

图 6-13 I_2 和 $\cos\varphi_2$ 与转差率 s 的关系

由上述可知，转子电路的各个物理量，如电动势、电流、频率、感抗及功率因数等都与转差率有关，也就是与转速有关。

6.4 三相异步电动机的转矩与机械特性

电磁转矩 T(以下简称转矩)是三相异步电动机的最重要的物理量之一，机械特性是电动机的主要特性。对电动机进行分析往往离不开它们。

6.4.1 电动机的电磁转矩公式

异步电动机的转矩是由旋转磁场的每极磁通 Φ 与转子电流 I_2 相互作用而产生的。但因转子电路是电感性的，转子电流 I_2 比转子电动势 E_2 滞后 φ_2 角；又因电磁转矩与电磁功率 P_φ 成正比，于是可以得出异步电动机的电磁转矩表达式为

$$T = \frac{P_\varphi}{\Omega_0} = \frac{P_\varphi}{\frac{2\pi n_0}{60}} = K_T \Phi I_2 \cos\varphi_2 \tag{6-15}$$

式中，K_T 是一个常数，它与电动机的结构有关。所以转矩除与 Φ 成正比例外，还与 $I_2\cos\varphi_2$ 成正比。当磁通的单位为 Wb，电流的单位为 A 时，上式转矩的单位为 N·m。

再根据式(6-6)、式(6-13)、式(6-14)，可知

$$\Phi = \frac{E_1}{4.44 f_1 N_1} \approx \frac{U_1}{4.44 f_1 N_1}$$

$$I_2 = \frac{sE_{20}}{\sqrt{R_2^2 + (sX_{20})^2}} = \frac{s(4.44 f_1 N_2 \Phi)}{\sqrt{R_2^2 + (sX_{20})^2}}$$

$$\cos\varphi_2 = \frac{R_2}{\sqrt{R_2^2 + (sX_{20})^2}}$$

将上列三式代入式(6－15)，则得出转矩的另一个表示式：

$$T = K \frac{sR_2 U_1^2}{R_2^2 + (sX_{20})^2} \tag{6-16}$$

式中，K 是一常数。

由式(6－16)可见，转矩 T 与定子每相电压 U_1 的平方成正比，所以当电源电压有所变动时，对转矩的影响很大。此外，转矩 T 还受到转子电阻 R_2 的影响。

6.4.2 机械特性曲线

在一定的电源电压 U_1 和转子电阻 R_2 之下，转矩与转差率的关系曲线 $T=f(s)$ 或转速与转矩的关系曲线 $n=f(T)$，称为电动机的机械特性曲线，如图 6－14 所示。由图 6－14 可得出图 6－15 所示的 $n=f(T)$ 曲线。只需将 $T=f(s)$ 曲线顺时针转过 90°，再将表示 T 的横轴移下即可。

研究机械特性的目的是分析电动机的运行性能。在机械特性曲线上，要讨论以下三个转矩。

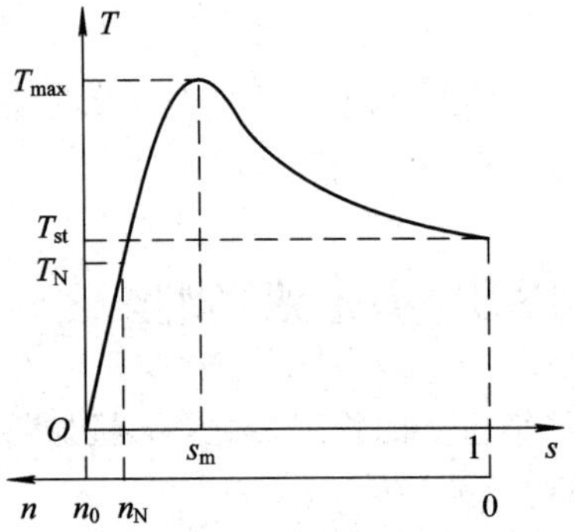

图 6－14 三相异步电动机的 $T=f(s)$ 曲线

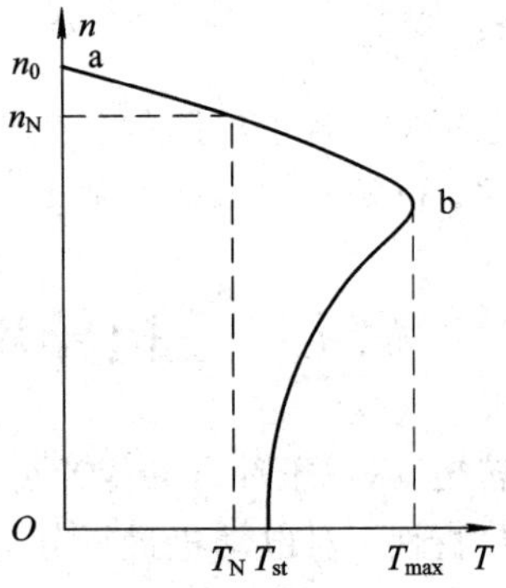

图 6－15 三相异步电动机的 $n=f(T)$ 曲线

1. 额定转矩 T_N

电动机在等速转动时，电动机的转矩 T 必须与阻转矩 T_C 相平衡，即 $T=T_C$。

阻转矩主要是机械负载转矩 T_2，此外，还包括空载损耗转矩(主要是机械损耗转矩) T_0。由于 T_0 很小，常可忽略不计，所以

$$T \approx T_2 = \frac{P_2}{\frac{2\pi n}{60}} = 9.55 \frac{P_2}{n} \tag{6-17}$$

式中，P_2 是电动机轴上输出的机械功率，单位是瓦(W)；转矩的单位是牛·米(N·m)；转速的单位是转每分(r/min)。功率如用千瓦为单位，则

$$T = 9550 \frac{P_2}{n} \tag{6-18}$$

额定转矩是电动机在额定负载时的转矩，它可依据电动机铭牌上的额定功率(输出机械功率)和额定转速由下式得到

$$T_N = 9550\frac{P_{2N}}{n_N} \tag{6-19}$$

式中，P_{2N}为额定功率，单位是千瓦(kW)。T_N为额定转矩，单位是牛·米(N·m)；n_N为额定转速，单位是转每分(r/min)。

2. 最大转矩 T_{max}

从机械特性曲线上看，转矩有一个最大值，称为最大转矩或临界转矩。对应于最大转矩的转差率为s_m，它由$\frac{dT}{ds}=0$求得，即

$$s_m = \frac{R_2}{X_{20}} \tag{6-20}$$

再将式(6-20)代入式(6-16)，得到的最大转矩公式为

$$T_{max} = K\frac{U_1^2}{2X_{20}} \tag{6-21}$$

由式(6-20)和式(6-21)可见，T_{max}与U_1^2成正比，而与转子电阻R_2无关；s_m与R_2成正比，R_2愈大，s_m也愈大。

当负载转矩超过最大转矩时，电动机就带不动负载了，发生所谓的"闷车"现象。此时电动机的电流立即升高六七倍，电动机严重过热，以致损伤或烧坏。

另外一个方面，也说明电动机的最大过载可以接近最大转矩。如果过载时间较短，电动机不至于立即过热，是容许的。因此，最大转矩也表示电动机的短时容许过载能力。电动机的额定转矩 T_N比 T_{max}要小，两者之比称为过载系数 λ，即

$$\lambda = \frac{T_{max}}{T_N} \tag{6-22}$$

一般三相异步电动机的过载系数为 1.8～2.2。在选用电动机时，必须考虑可能出现的最大负载转矩，而后根据所选电动机的过载系数算出电动机的最大转矩，它必须大于最大负载转矩，否则，就要重选电动机。

3. 起动转矩 T_{st}

电动机刚起动($n=0$ 即 $s=1$)时的电磁转矩称为起动转矩。将 $s=1$ 代入式(6-16)即可得到起动转矩 T_{st}：

$$T_{st} = K\frac{R_2U_1^2}{R_2^2 + X_{20}^2} \tag{6-23}$$

由式(6-23)可见，T_{st}与U_1^2及转子电阻R_2有关；当电源电压U_1降低时，起动转矩会减小。当转子电阻适当增大时，起动转矩会增大。当$R_2=X_{20}$时，$T_{st}=T_{max}$，$s_m=1$。但继续增大 R_2时，T_{st}就要随着减小，这时 $s_m>1$，且漏电抗越大，起动转矩越小。

6.5　三相异步电动机的起动、制动与调速

由三相异步电动机的机械特性可以看出，要更好更高效地使用电动机，应根据生产机械的负载特性选择合适的电动机。此外，还应考虑电动机的起动、制动、散热、调速、效率

等实际问题。本节仅介绍三相异步电动机的起动、制动及调速。

6.5.1 三相异步电动机的起动

电动机的起动就是把它开动起来。在起动初始瞬间，$n=0$，$s=1$。下面从起动时的电流和转矩来分析电动机的起动性能。

1. 起动电流 I_{st}

电动机在刚起动时，由于旋转磁场对静止的转子有着很大的相对转速，磁通切割转子导条的速度很快，因此，起动时转子绕组中感应出的电动势和产生的转子电流都很大。转子电流的增大将使定子电流也相应增大。一般中小型笼型电动机的定子起动电流(指线电流)大约是额定电流的 5～7 倍。

电动机不是频繁起动时，起动电流对电动机本身影响不大。因为起动电流虽大，但起动时间一般很短，从发热角度考虑没有问题，并且一经起动，转速很快升高，电流便很快减小了；但当起动频繁时，由于热量的积累，可以使电动机过热。因此，在实际操作时应尽可能不让电动机频繁起动。另外，电动机的起动电流对线路是有影响的。过大的起动电流在短时间内会在线路上造成较大的电压降落，而使负载端的电压降低，影响邻近负载的正常工作。例如，对邻近的异步电动机，电压的降低将影响它们的转速(下降)和电流(增大)，甚至可能使它们的最大转矩瞬时小于负载转矩，以致使电动机停下来。

2. 起动转矩 T_{st}

电动机在刚起动时，虽然转子电流很大，但因为电动机起动时，转子电流频率最高(为定子电流频率)，转子感抗很大，所以转子的功率因数是很低的。因此，起动转矩实际上是不大的，它与额定转矩之比值约为 1.0～2.2。

如果起动转矩过小，就不能在满载下起动，应设法提高。但起动转矩如果过大，会使传动机构受到冲击而损坏，所以又应设法减小。一般机床的主电动机都是空载起动(起动后再切削)，对起动转矩没有什么要求。但对移动床鞍、横梁以及起重用的电动机应采用起动转矩较大一点的。

由上述可知，异步电动机起动时的主要缺点是起动电流较大。为了减小起动电流(有时也为了提高或减小起动转矩)，必须采用适当的起动方法。

3. 起动方法

笼型电动机的起动有直接起动和降压起动两种。

1) 直接起动

直接起动就是利用闸刀开关或接触器将电动机直接接到具有额定电压的电源上进行起动。这种方法虽然接线简单、设备少、投资小、起动时间短，但由于起动电流大，将使线路电压下降较多，影响周边负载的正常工作。

对一台电动机能不能直接起动，有一定的规定。有的地区规定：用电单位如有独立的变压器，在电动机频繁起动时，电动机容量小于变压器容量的 20%时允许直接起动；如果电动机不经常起动，它的容量小于变压器容量的 30%时允许直接起动。当电动机与照明负载共用一台变压器时，电动机直接起动时所产生的电压降不应超过 5%。二三十千瓦以下的异步电动机一般都是采用直接起动的。

2）降压起动

如果电动机直接起动时所引起的线路电压降较大，则必须采用降压起动，就是在起动时降低加在电动机定子绕组上的电压，以减小起动电流。笼型电动机的降压起动常采用以下方法：

（1）星形-三角形（Y-△）降压起动。星形-三角形方法只适用于在正常工作时其定子绕组是三角形连接的电动机。为了减小起动电流，起动时可把定子绕组接成星形，使加在每相绕组上的电压降低到额定电压的$1/\sqrt{3}$，等到转速接近额定值时再换接成三角形。这种起动方法称为笼型电动机的星形-三角形（Y-△）转换起动。其接线图如图6-16所示。开关S_1闭合接通电源后，开关S_2合到下边，电动机定子绕组为Y连接，电动机开始起动；当转速升高到一定程度后，开关从下边断开合向上边，定子绕组为△连接，电动机进入正常运行。

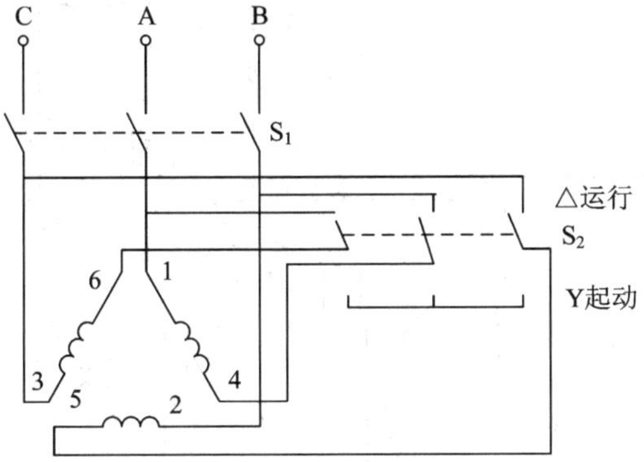

图6-16　Y-△转换起动接线图

图6-17是定子绕组的两种连接法，Z为起动时每相绕组的等效阻抗。

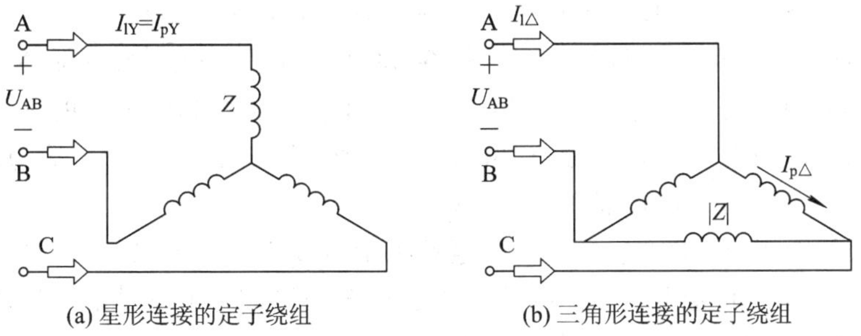

图6-17　笼型电动机的星形-三角形（Y-△）转换起动

由三相电路的分析可知，当定子绕组连接成星形时，线电流I_{lY}等于相电流I_{pY}；当定子绕组连接成三角形时，线电流$I_{l\triangle}$为相电流$I_{p\triangle}$的$\sqrt{3}$倍。因此有

$$\frac{I_{lY}}{I_{l\triangle}}=\frac{\dfrac{U_l}{\sqrt{3}\,|Z|}}{\dfrac{\sqrt{3}U_l}{|Z|}}=\frac{1}{3}$$

可见，笼型电动机的 Y -△转换起动电流为直接起动电流的 1/3。由于转矩和电压的平方成正比，所以其起动转矩也减小到直接起动时的 1/3。笼型电动机的 Y -△转换起动可通过星-三角起动器来实现。

这种起动方法的优点是设备简单、经济，运行可靠；缺点是起动转矩小，起动电压不能按实际需要调节，所以这种方法只能用于空载或轻载时起动。

(2) 自耦变压器降压起动。自耦变压器降压起动是利用三相自耦变压器将电动机在起动过程中的端电压降低，其接线图如图 6 - 18 所示。起动时，先把开关 S_2 扳到"起动"位置，自耦变压器的三个绕组接成星形接电源，低压侧接电动机的定子绕组，使电动机在低电压下起动；当转速接近额定值时，将开关 S_2 扳到"工作"位置，切除自耦变压器，电动机便在额定电压下运行。

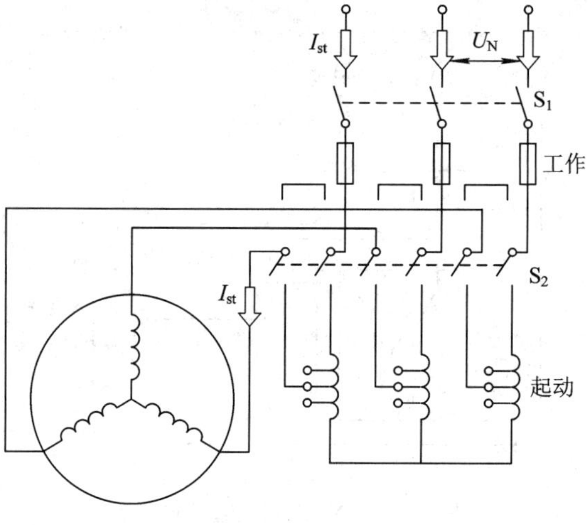

图 6 - 18　自耦变压器降压起动接线图

自耦变压器备有抽头，以便根据所要求的起动转矩选择不同的电压。设自耦变压器的电压变比为 $K(K=N_2/N_1)$，目前自耦变压器常用的固定抽头有 80%(即 $N_2/N_1=80\%$)、65%、50%三种。可以证明，自耦变压器降压起动电流为直接起动电流的 K^2，其起动转矩也为直接起动转矩的 K^2。如用星形-三角形(Y -△)转换起动时，起动转矩为直接起动时的 1/3，不能满足要求，可采用自耦变压器起动。

自耦变压器降压起动的优点是：不受电动机绕组接线方法的限制，可按照允许的起动电流和所需的起动转矩选择不同的抽头，即起动电压可调，比较灵活，并且 N_2/N_1 较大时，可以拖动较大负载起动。其缺点是变压器体积大，设备费用高，也不能带重负载起动，而且起动用自耦变压器是按短时工作制考虑的，起动时处于过电流运行状态，所以不宜频繁起动。

对于不仅要求起动电流小，而且要求有相当大的起动转矩的场合，就往往不得不采用起动性能较好而价格较贵的绕线型电动机了。绕线型异步电动机的起动性能好，只要在转子电路中接入大小适当的起动电阻 R_{st}，即可达到减小起动电流的目的；同时又提高了电动机的起动转矩 T_{st}。绕线型异步电动机的起动接线图如图 6 - 19 所示。它常用于要求起动转矩较大的生产机械上，如卷扬机、起重机、锻压机等。

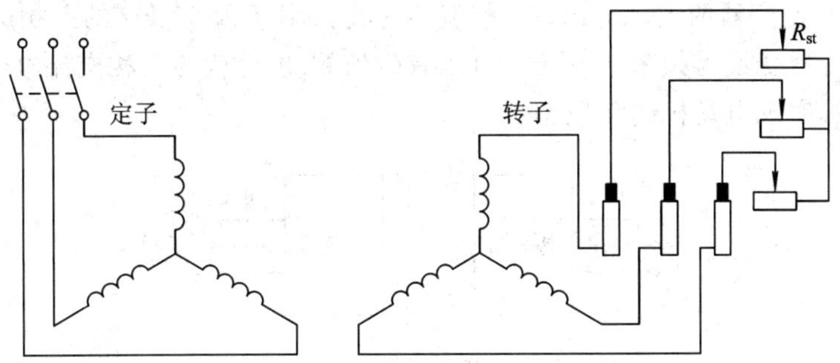

图 6-19 绕线型异步电动机的起动接线图

【例 6-2】 有一 Y225M-4 型三相异步电动机，其额定数据如下表所示。试求：(1) 额定电流；(2) 额定转差率 s_N；(3) 额定转矩 T_N、最大转矩 T_{max}、起动转矩 T_{st}。

功率	转速	电压	效率	功率因数	I_{st}/I_N	T_{st}/T_N	T_{max}/T_N
45 kW	1480 r/min	380 V	92.3%	0.88	7.0	1.9	2.2

解 (1) 4～100 kW 的电动机通常都是 380 V、三角形连接的。

$$I_N = \frac{P_2 \times 10^3}{\sqrt{3}U\cos\varphi\eta} = \frac{45 \times 10^3}{\sqrt{3} \times 380 \times 0.88 \times 0.923}\ \text{A} = 84.2\ \text{A}$$

(2) 由 n=1480 r/min 可知，电动机是四级的，即 $p=2$，n_0=1500 r/min，所以

$$s_N = \frac{n_0 - n}{n_0} = \frac{1500 - 1480}{1500} = 0.014$$

(3)
$$T_N = 9550\frac{P_2}{n} = 9550 \times \frac{45}{1480} = 290.4\ \text{N} \cdot \text{m}$$

$$T'_{max} = \left(\frac{T_{max}}{T_N}\right)T_N = 2.2 \times 290.4\ \text{N} \cdot \text{m} = 638.9\ \text{N} \cdot \text{m}$$

$$T_{st} = \left(\frac{T_{st}}{T_N}\right)T_N = 1.9 \times 290.4\ \text{N} \cdot \text{m} = 551.8\ \text{N} \cdot \text{m}$$

6.5.2 三相异步电动机的调速

调速就是在同一负载下得到不同的转速，以满足生产过程的要求。例如，各种切削机床的主轴运动随着工件与刀具的材料、工件直径、加工工艺的要求及走刀量的大小等的不同，要求有不同的转速，以获得最高的生产率和保证加工质量。如果采用电气调速，就可以大大简化机械变速机构。

首先来研究异步电动机的转速公式：

$$n = (1 - s)n_0 = (1 - s)\frac{60f_1}{p} \tag{6-24}$$

式(6-24)表明，改变电动机的转速有三种可能，即改变电源频率 f_1，改变旋转磁场极对数 p，改变转差率 s。前两者是笼型电动机的调速方法，后者是绕线型电动机的调速方法。

1. 变频调速

近年来，变频调速技术发展很快。目前主要采用如图 6-20 所示的变频调速装置，它

主要由整流器和逆变器两大部分组成。整流器先将频率 f 为 50 Hz 的三相交流电变换为直流电，再由逆变器变换为频率 f_1 可调、电压有效值 U_1 也可调的三相交流电，供给三相笼型电动机，由此可实现电动机的无极调速。

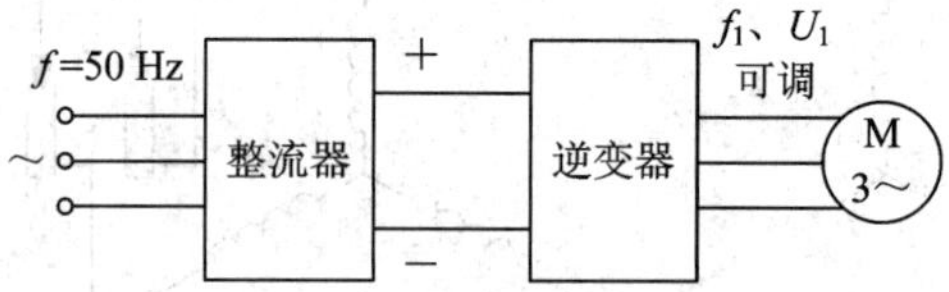

图 6-20　变频调速装置

通常有下列两种变频调速方式：

(1) 在 $f_1<f_{1N}$，即低于额定转速调速时，应保持$\frac{U_1}{f_1}$的比值近似不变，也就是两者要成比例地同时调节。由 $U_1\approx E_1=4.44f_1N_1\Phi$ 和 $T=K_T\Phi I_2\cos\varphi_2$ 两式可知，这时磁通 Φ 和转矩 T 也都近似不变。这是恒转矩调速。

当把转速调低时，$U_1=U_{1N}$ 保持不变；当减小 f_1 时，磁通 Φ 将增加。这会使磁路饱和，从而增加励磁电流和铁损，导致电机过热，这是不允许的。

(2) 在 $f_1>f_{1N}$，即高于额定转速时，应保持 $U_1\approx U_{1N}$。这时磁通 Φ 和转矩 T 都将减小。转速增大，转矩减小，将使功率近于不变。这是恒功率调速。

当把转速调高时$\frac{U_1}{f_1}$不变，在增加 f_1 的同时 U_1 也要增加。U_1 超过额定电压也是不允许的。

调节频率范围一般为 0.5～320 Hz。

2. 变极调速

改变磁极对数调速，通常用改变定子绕组接线的方法来实现。可有极地改变电动机的转速。增加磁极对数，可以降低电动机的转速，但磁极对数只能成整数倍地变化，因此，改变磁极对数调速方法无法做到平滑调速，只适用于笼型异步电动机。笼型异步电动机转子的磁极数取决于定子的磁极数，变极运行时，不必进行任何改动。绕线型电动机的转子绕组的极对数不能自动随定子极对数变化，如果同时改变定、转子绕组极对数则比较麻烦，所以不采用变极调速。

变极调速的实质是改变电动机旋转磁场的转速。由式 $n_0=\frac{60f_1}{p}$ 可知，如果极对数 p 减小一半，则旋转磁场的转速便提高一倍，转子转速差不多也提高一倍。在生产实际中，极对数可以改变的电动机称为多速电动机，有双速、三速、四速等。双速电动机定子每相绕组由两个相同的部分组成，这两部分若串联连接，则获得的磁极对数为两部分并联时的两倍。

图 6-21 所示为异步电动机定子绕组的两种接法，每相绕组有两个线圈。图(a)中两个线圈串联，极对数 $p=2$；图(b)中两个线圈反并联(头尾相联)，极对数 $p=1$。在换极时，一个线圈中的电流方向不变，而另一个线圈中的电流必须改变方向。

因为变极调速经济、简便，因而在金属切削机床中经常应用，此种调速方法的优点是操作方便，机械特性较硬，效率高；缺点是多速电机体积大，费用高，调速有极。

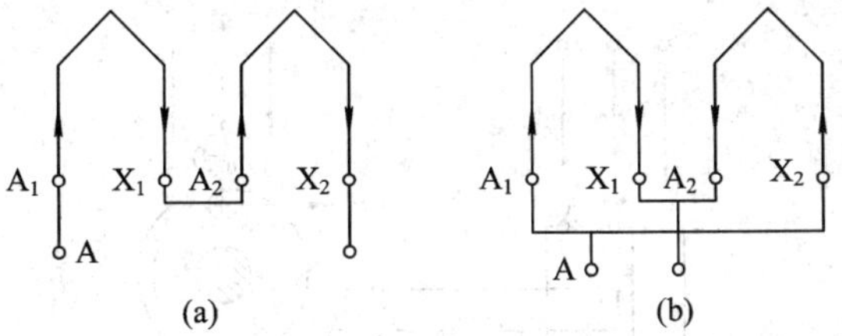

图 6-21 异步电动机变极调速示意图

3. 变转差率调速

在绕线型电动机的转子电路中，接入一个调速变阻器(接法与起动电阻一样)，改变转子回路电阻，即可实现变转差率调速。接入电阻的大小与转差率的关系可由下式确定：

$$\frac{s_N}{s}=\frac{R_2}{R_2+R_2'} \tag{6-25}$$

式中，R_2'为接入电阻的阻值，R_2为绕组电阻，s_N为额定转差率，s为接入电阻后的转差率。

这种调速方法的优点是设备简单，投资少，但能耗较大，效率低。目前主要应用在起重设备中。

【例 6-3】 有一台绕线式三相异步电动机，转子每相电阻 $R_2=0.022\ \Omega$，额定转速 $n_N=1450$ r/min。现要将其调速到 1200 r/min，请问：应在转子绕组的电路中串接多大的调速电阻？

解 先求额定转差率 s_N：

$$s_N=\frac{n_0-n_N}{n_0}=\frac{1500-1450}{1500}=0.033$$

再求转速为 1200 r/min 时的转差率 s：

$$s=\frac{n_0-n}{n_0}=\frac{1500-1200}{1500}=0.2$$

最后求调速电阻，由式(6-25)得

$$R_2'=\frac{R_2\times s}{s_N}-R_2=\frac{0.022\times 0.2}{0.033}-0.022=0.11\ \Omega$$

6.5.3 三相异步电动机的制动

电动机的转动部分具有惯性，所以当电源切断后，电动机还会继续转动一定时间后才停止。为了缩短辅助工时，提高生产机械的生产率，并为了安全起见，往往要求电动机能够迅速停车和反转。这就需要对电动机进行制动。异步电动机的制动通常有下列几种方法。

1. 能耗制动

能耗制动的原理如图 6-22 所示。当切断三相电源时，接通直流电源，使直流电流通入定子绕组产生固定不动的磁场。由于转子的惯性而继续旋转会切割此磁场。根据右手定则和左手定则可以确定，转子感应电流与直流电流固定磁场相互作用产生与电动机转动方向相反的转矩，称为制动转矩，电动机在制动转矩的作用下很快停止。由于该制动方法是用消耗转子的动能(转换为电能)来制动的，因而称为能耗制动。制动转矩的大小与直流电流的大小有关，直流电流的大小一般为电动机额定电流的 0.5～1 倍。

能耗制动能量消耗小，制动平稳，但需要直流电源。在有些机床中采用这种制动方法。

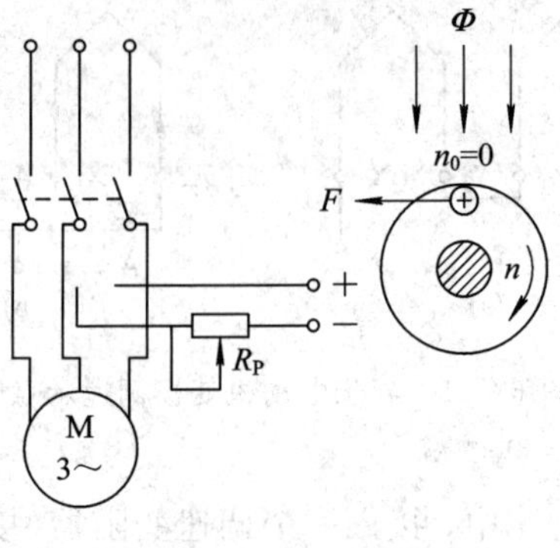

图 6-22 能耗制动

2. 反接制动

在电动机停车时，将接到电源的三根导线中的任意两根对调位置，旋转磁场将反向旋转，产生与转子惯性转动方向相反的转矩，实现制动，这种制动方法称为电源反接制动。当电动机的转速接近零时，应利用某种控制电器将电源自动切断，否则电动机将会反转。反接制动的原理如图 6-23 所示。

由于在反接制动时旋转磁场与转子的相对速度(n_0+n)很大，因而电流较大。为了限制电流，对功率较大的电动机进行制动时必须在定子电路(笼型)或转子电路(绕线型)中接入电阻。

反接制动方法简单，效果很好，但能量消耗较大。对于有些中型车床和铣床主轴的制动可采用这种方法。

3. 发电反馈制动

发电反馈制动的原理如图 6-24 所示。当电动机转子的转速 n 大于旋转磁场的转速 n_0 时，转差率 $s<0$，电动机已转入发电机运行，旋转磁场产生的电磁转矩作用方向发生变化，由驱动转矩变为制动转矩。同时将外力作用于转子的能量转换成电能反馈回电网。这种制动方式称为发电反馈制动。如起重机快速下放重物时，就属于发电反馈制动方式。

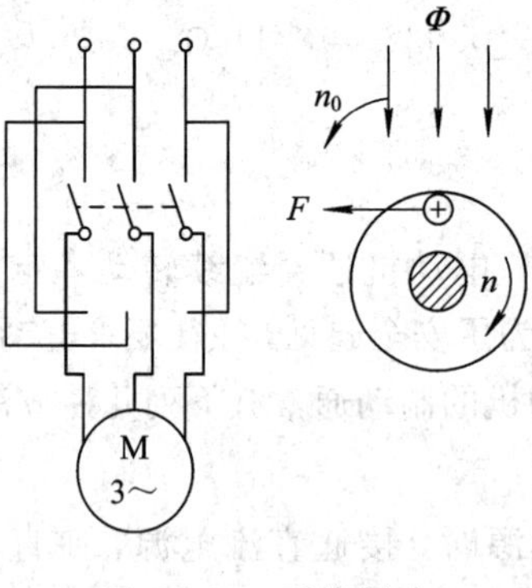

图 6-23 反接制动

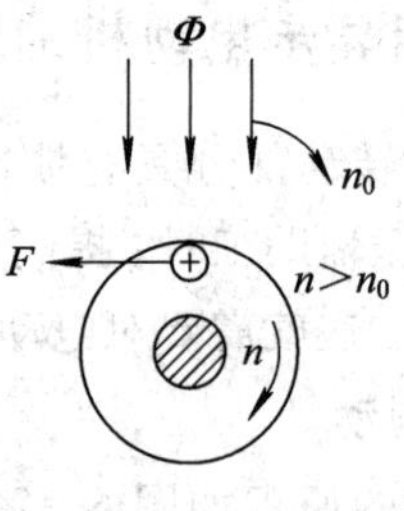

图 6-24 发电反馈制动

6.6 三相异步电动机的铭牌数据

要正确使用电动机，必须看懂铭牌。现以 Y132M-4 型电动机为例(如图 6-25 所示)，来说明铭牌上各个数据的意义。除了铭牌上的数据外，有关的技术数据还有：功率因数

0.85，效率87(%)。

三相异步电动机					
型号	Y132M-4	功　率	7.5 kW	频　率	50 Hz
电压	380 V	电　流	15.4 A	接　法	△
转速	1440 r/min	绝缘等级	B	工作方式	连续
	年　月	编号		XX电机厂	

图 6-25　Y132M-4 型电动机铭牌

1. 型号

为了适应不同用途和不同工作环境的需要，电动机制成不同的系列，每种系列用各种型号表示。型号各项的意义如下：

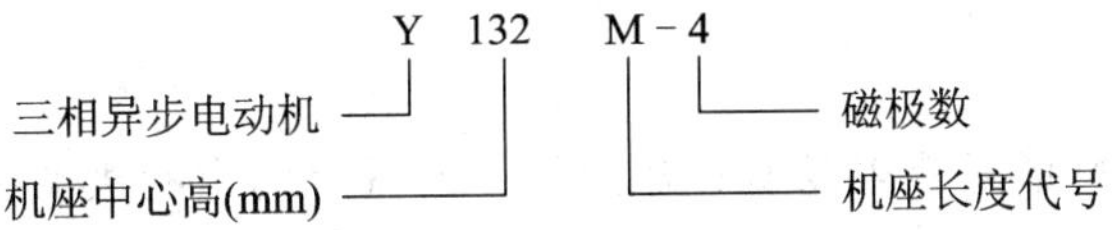

2. 接法

接法是指定子三相绕组的接法。一般笼型电动机的接线盒中有六根引出线，标有U_1、V_1、W_1、U_2、V_2、W_2。其中，U_1、U_2是第一相绕组的两端；V_1、V_2是第二相绕组的两端；W_1、W_2是第三相绕组的两端。

如果U_1、V_1、W_1分别为三相绕组的始端(头)，则U_2、V_2、W_2是相应的末端(尾)。这六个引出线端在接电源之前，相互间必须正确连接。连接方法有星形(Y)连接和三角形(△)连接两种，如图6-26所示。

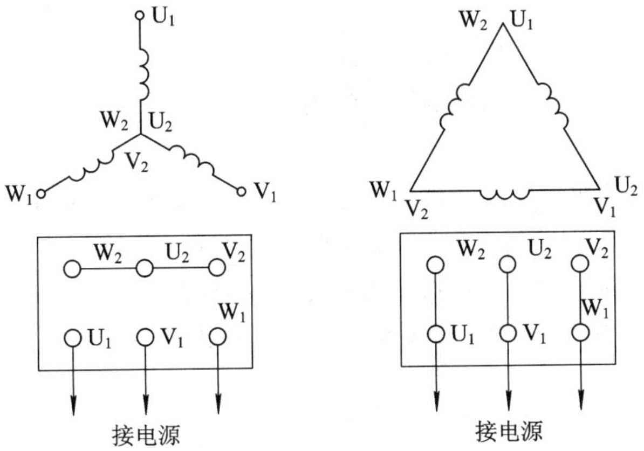

(a) 星形(Y)连接　　(b) 三角形(△)连接

图 6-26　定子绕组的星形连接和三角形连接

3. 电压

铭牌上所标的电压值是指电动机在额定运行时定子绕组上应加的线电压值，单位为伏特(V)。一般规定电动机的电压不应高于或低于额定值的5%。

当电压高于额定值时，磁通将增大。若所加电压较额定电压高出较多，将使励磁电流大大增加，电流大于额定电流，使绕组过热。同时，由于磁通的增大，铁损(与磁通平方成正比)也就增大，使定子铁心过热。

常见的是电压低于额定值。这时引起转速下降，电流增加。如果在满载或接近满载的情况下，电流的增加将超过额定值，使绕组过热。还必须注意，在低于额定电压下运行时，最大转矩会显著地降低，这对电动机的运行也是不利的。

三相异步电动机的额定电压有380 V、3000 V及6000 V等多种。

4. 电流

铭牌上所标的电流值是指电动机在额定运行时定子绕组的线电流值。

当电动机空载时，转子转速接近于旋转磁场的转速，两者之间相对转速很小，转子电流近似为零，这时定子电流几乎全为建立旋转磁场的励磁电流。当输出功率增大时，转子电流和定子电流都随着相应增大。

5. 功率与效率

铭牌上所标的功率值是指电动机在额定运行时轴上输出的机械功率值。输出功率与输入功率不等，其差值等于电动机本身的损耗功率，包括铜损、铁损及机械损耗等。所谓效率 η，就是输出功率与输入功率的比值。

以Y132M-4型电动机为例：

输入功率为

$$P_1=\sqrt{3}U_1I_1\cos\varphi=\sqrt{3}\times380\times15.4\times0.85\ \text{W}=8.6\ \text{kW}$$

输出功率为

$$P_2=7.5\ \text{kW}$$

效率为

$$\eta=\frac{P_2}{P_1}=\frac{7.5}{8.6}\times100\%=87\%$$

一般笼型电动机在额定运行时的效率约为72%~93%。

6. 功率因数

功率因数是指电动机在额定负载时定子绕组的功率因数。因为电动机是电感性负载，定子相电流比相电压滞后一个 φ 角，$\cos\varphi$ 就是电动机的功率因数。

三相异步电动机的功率因数较低，在额定负载时约为0.7~0.9，在轻载和空载时更低，空载时只有0.2~0.3。因此，必须正确选择电动机的容量，防止“大马拉小车”，并力求缩短空载的时间。

7. 转速

由于生产机械对转速的要求不同，需要生产不同磁极数的异步电动机，因此有不同的转速等级。最常用的是四个极的($n_0=1500$ r/min)。

8. 绝缘等级

绝缘等级是按电动机绕组所用的绝缘材料在使用时容许的极限温度来分级的。所谓极限温度，是指电机绝缘结构中最热点的最高容许温度。其技术数据见表6-1。

表6-1 电动机绝缘等级

绝缘等级	A	E	B	F	H
最热点温度/℃	105	120	130	155	180

9. 工作方式

电动机的工作方式分为八类，用字母 $S_1 \sim S_8$ 分别表示。例如：连续工作方式（S_1）；短时工作方式（S_2），分 10 min、30 min、60 min、90 min 四种。断续周期性工作方式（S_3），其周期由一个额定负载时间和一个停止时间组成，额定负载时间与整个周期之比称为负载持续率。标准持续率有 15%、25%、40%、60%几种，每个周期为 10 min。

6.7 三相异步电动机的选择

在生产上，三相异步电动机用得最为广泛，正确地选择它的功率、种类、型式，以及正确地选择它的保护电器和控制电器，是极为重要的。

1. 功率的选择

要为某一生产机械选配一台电动机，首先要考虑电动机的功率。合理选择电动机的功率具有重大的经济意义。

如果电动机的功率选大了，则虽然能保证正常运行，但是不经济。因为这不仅使设备投资增加，电动机未被充分利用，而且由于电动机经常不是在满载下运行，它的效率和功率因数也都不高。如果电动机的功率选小了，就不能保证电动机和生产机械的正常运行，不能充分发挥生产机械的效能，并使电动机由于过载而过早地损坏。因此所选电动机的功率是由生产机械所需的功率确定的。

1）连续运行电动机功率的选择

对连续运行的电动机，先算出生产机械的功率，所选电动机的额定功率等于或稍大于生产机械的功率即可。例如，车床的切削功率为

$$P_1 = \frac{Fv}{1000 \times 60}\ \mathrm{kW}$$

式中，F 为切削力（N），它与切削速度、走刀量、吃刀量、工件及刀具的材料有关，可从切削用量手册中查取或经计算得出；v 为切削速度（m/min）。电动机的功率则为

$$P = \frac{P_1}{\eta_1} = \frac{Fv}{1000 \times 60 \times \eta_1}\ \mathrm{kW}$$

式中，η_1 为传动机构的效率。

然后，根据上式计算出的功率 P，在产品目录中选择一台合适的电动机，其额定功率应为

$$P_N \geqslant P$$

又如，拖动水泵的电动机的功率为

$$P = \frac{\rho Q H}{102 \eta_1 \eta_2}\ \mathrm{kW}$$

式中，Q 为流量（m^3/s）；H 为扬程，即液体被压送的高度（m）；ρ 为液体的密度（kg/m^3）；

η_1为传动机构的效率；η_2为泵的效率。

【例 6-4】 有一离心式水泵，其数据如下：$Q=0.03\ \text{m}^3/\text{s}$，$H=20\ \text{m}$，$n=1460\ \text{r/min}$，$\eta_2=0.55$。现用一笼型电动机拖动作长期运行，电动机与水泵直接连接($\eta_1=1$)。试选择电动机的功率。

解

$$P=\frac{\rho QH}{102\eta_1\eta_2}=\frac{1000\times0.03\times20}{102\times1\times0.55}=10.7\ \text{kW}$$

选用 Y160M-4 型电动机，其额定功率 $P_\text{N}=11\ \text{kW}(P_\text{N}>P)$，额定转速 $n_\text{N}=1460\ \text{r/min}$。

2) 短时运行电动机功率的选择

闸门电动机、机床中的夹紧电动机、尾座和横梁移动电动机以及刀架快速移动电动机等都是短时运行电动机的例子。如果没有合适的专为短时运行设计的电动机，可选用连续运行的电动机。由于发热惯性，在短时运行时可以容许过载。工作时间愈短，过载可以愈大。但电动机的过载是受到限制的。因此，通常根据过载系数 λ 来选择短时运行电动机的功率。电动机的额定功率可以是生产机械所要求的功率的 $1/\lambda$。

例如，刀架快速移动对电动机所要求的功率为

$$P=\frac{G\mu v}{102\times60\times\eta_1}\ \text{kW}$$

式中，G 为被移动元件的重量(kg)；v 为移动速度(r/min)；μ 为摩擦系数，通常约为 0.1～0.2；η_1为传动机构的效率，通常约为 0.1～0.2。

实际上所选电动机的功率可以是上述功率的 $1/\lambda$，即

$$P=\frac{G\mu v}{102\times60\times\eta_1\lambda}\ \text{kW}$$

2. 种类的选择

选择电动机的种类是从交流或直流、机械特性、调速与起动性能、维护及价格等方面来考虑的。

因为通常生产场所使用的都是三相交流电源，若没有特殊要求，一般都应采用交流电动机。在交流电动机中，三相笼型异步电动机结构简单，坚固耐用，工作可靠，价格低廉，维护方便，但其调速困难，功率因数较低，起动性能较差。因此，机械特性较硬而无特殊调速要求的一般生产机械的拖动应尽可能采用笼型电动机。在功率不大的水泵和通风机、运输机、传送带上，以及机床的辅助运动机构(如刀架快速移动、横梁升降和夹紧等)上，差不多也都采用笼型电动机。一些小型机床上也采用它作为主轴电动机。

绕线型电动机的基本性能与笼型相同。其特点是起动性能较好，并可在不大的范围内平滑调速。但是它的价格较笼型电动机贵，维护亦较不便。因此，对某些起重机、卷扬机、锻压机及重型机床的横梁移动等不能采用笼型电动机的场合，才采用绕线型电动机。

3. 结构型式的选择

由于生产机械的种类繁多，它们的工作环境也不尽相同。如果电动机在潮湿或含有酸性气体的环境中工作，则绕组的绝缘很快受到侵蚀。如果在灰尘很多的环境中工作，则电动机很容易脏污，致使散热条件恶化。因此，有必要生产各种结构型式的电动机，以保证在不同的工作环境中能安全可靠地运行。

按照上述要求，电动机常制成下列几种结构型式。

（1）开启式：在构造上无特殊防护装置，用于干燥无灰尘的场所。这种电动机要求通风良好。

（2）防护式：在机壳或端盖下面有通风罩，以防止铁屑等杂物掉入。也有将外壳做成挡板状，以防止在一定角度内有雨水滴溅入其中。

（3）封闭式：外壳严密封闭，电动机靠自身风扇或外部风扇冷却，并在外壳带有散热片。在灰尘多、潮湿或含有酸性气体的场所，可采用这种电动机。

（4）防爆式：整个电机严密封闭，用于有爆炸性气体的场所，例如在矿井中。

4. 电压和转速的选择

1）电压的选择

电动机电压等级的选择，要根据电动机类型、功率以及使用地点的电源电压来决定。Y系列笼型电动机的额定电压只有380 V一个等级。只有大功率异步电动机才采用3000 V和6000 V。

2）转速的选择

电动机的额定转速是根据生产机械的要求而选定的，但是通常转速不低于500 r/min。因为当功率一定时，电动机的转速愈低，则其尺寸愈大，价格愈贵，而且效率也愈低。因此不如购买一台高速电动机，再另配减速器来得合算。一般情况下，异步电动机通常采用4个极的，即同步转速 $n_0=1500$ r/min的。

习　题　6

6-1　某人在检修三相异步电动机时，将转子抽掉，而在定子绕组上加三相额定电压，这会产生什么后果？为什么？

6-2　频率为60 Hz的三相异步电动机，若接在50 Hz的电源上使用，将会发生何种现象？

6-3　三相笼型异步电动机在额定状态附近运行，当有下列情况发生时，试分别说明其转速和电流如何变化。

（1）负载增大；（2）电压升高；（3）频率增大。

6-4　三相异步电动机在正常运行时，如果转子突然被卡住而不能转动，试问：这时电动机的电流有何改变？对电动机有何影响？

6-5　某三相异步电动机的额定转速为1460 r/min。当负载转矩为额定转矩的一半时，电动机的转速约为多少？

6-6　在电源电压不变的情况下，如果电动机的三角形连接误接成星形连接，或者星形连接误接成三角形连接，其后果如何？

6-7　Y280M-2型三相异步电动机的额定数据如下：90 kW，2970 r/min，50 Hz。试求电动机的额定转差率和转子电流的频率。

6-8　有一四极三相异步电动机，额定转速 $n_N=1440$ r/min，转子每相电阻 $R_2=0.02\ \Omega$，感抗 $X_{20}=0.08\ \Omega$，转子电动势 $E_{20}=20$ V，电源频率 $f_1=50$ Hz。试求该电动机起动时及在额定转速运行时的转子电流 I_2。

6-9　某四极三相异步电动机的额定功率为30 kW，额定电压为380 V，三角形连接，频率为 50 Hz。在额定负载下运行时，其转差率为 0.02，效率为 90%，线电流为 57.5 A，试求：(1) 转子旋转磁场对转子的转速；(2) 额定转矩；(3) 电动机的功率因数。

6-10　Y112M-4 型三相异步电动机的技术数据如下：

4 kW　380 V　△连接　50 Hz

1440 r/min　$\cos\varphi=0.82$　$\eta=84.5\%$

$T_{st}/T_N=2.2$　$I_{st}/I_N=7.0$　$T_{max}/T_N=2.2$

试求：(1) 额定转差率 s_N；(2) 额定电流 I_N；(3) 起动电流 I_{st}；(4) 额定转矩 T_N；(5) 制动转矩 T_{st}；(6) 最大转矩 T_{max}；(7) 额定输入功率 P_1。

6-11　Y180L-6 型电动机的额定功率为 15 kW，额定转速为 970 r/min，频率为 50 Hz，最大转矩为 295.36 N·m。试求电动机的过载系数 λ。

6-12　有一短时运行的三相异步电动机，折算到轴上的转矩为 130 N·m，转速为 730 r/min，取过载系数 $\lambda=2$，试求三相异步电动机的功率。

6-13　某 40 kW 三相异步电动机的额定电压为 380 V，三角形连接。额定转速为 1470 r/min，效率为 90%，功率因数为 0.9，且 $I_{st}/I_N=6.5$，$T_{st}/T_N=1.2$，$T_{max}/T_N=2.0$。试求：

(1) 额定电流 I_N、额定转差率 s_N、额定转矩 T_N、最大转矩 T_{max}、起动转矩 T_{st}；

(2) 当负载转矩为额定转矩的 45%和 35%时，若采用 Y-△换接起动，问电动机能否起动。

第 7 章　电气控制系统

电气控制技术在生产过程、科学研究及其他各个领域的应用十分广泛。就现代机床和生产机械而言，它们的运动部件大多是由电动机来带动的。本章主要以电动机为控制对象，系统地介绍电气控制系统的构成、特点及分析方法，包括低压控制电器、继电接触器控制电路以及笼型电动机控制电路，最后简单介绍可编程控制器(PLC)及其应用。

7.1　低压控制电器

7.1.1　按钮

按钮通常用来接通或断开控制电路(其中电流很小)，从而控制电动机或其他电气设备的运行。按钮的外形如图 7-1(a)所示。图 7-1(b)所示为按钮的结构图，当按钮帽被按下时，下面一对原来断开的静触点被动触点接通，以接通某一控制电路；而上面一对原来接通的静触点则被断开，以断开另一控制电路。图中动触点和上面的静触点组成动断触点(或称常闭触点)，动触点和下面的静触点组成动合触点(或称常开触点)。当按下按钮帽时，动断触点断开，动合触点闭合。放开按钮帽时，动断触点与动合触点恢复为常态，即动断触点常闭，动合触点常开。其按钮的图形符号如图 7-1(c)所示。

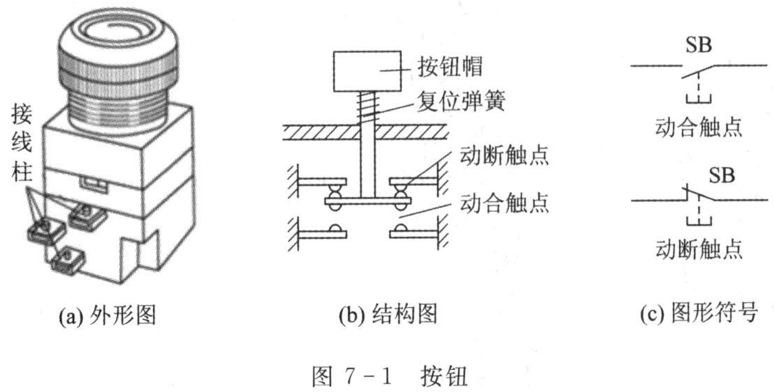

(a) 外形图　(b) 结构图　(c) 图形符号

图 7-1　按钮

为了标明各个按钮的作用，避免误操作，通常将按钮帽做成不同的颜色，以示区别，其颜色有红、绿、黑、黄、蓝、白等。例如，红色表示停止、绿色表示起动等。按钮开关的参数有型式、安装孔尺寸、触头数量及触头的电流容量等。常用的按钮有 LA 系列和引进的 LAY 系列等。

7.1.2　刀开关

刀开关是一种结构简单、应用十分广泛的手动电器，主要供无载通断电路使用，即用于不分断负载电流，或分断时各极触头间不会出现明显极间电压的条件下接通或分断电路，有时也可用来通断较小的工作电流，作为照明设备和小型电动机等不频繁操作设备的电源开关。当可满足隔离功能要求时，刀开关也可用做电源隔离开关。在对电器设备的带电部分进行维修时，必须将电器设备从电网脱开并隔离，使这些部分处于无电状态。

根据工作条件和用途的不同，刀开关有不同的结构形式，但其工作原理基本相似。刀开关按极数可分为单极、双极及三极等种类，其外形、内部结构和图形符号如图 7-2 所示。

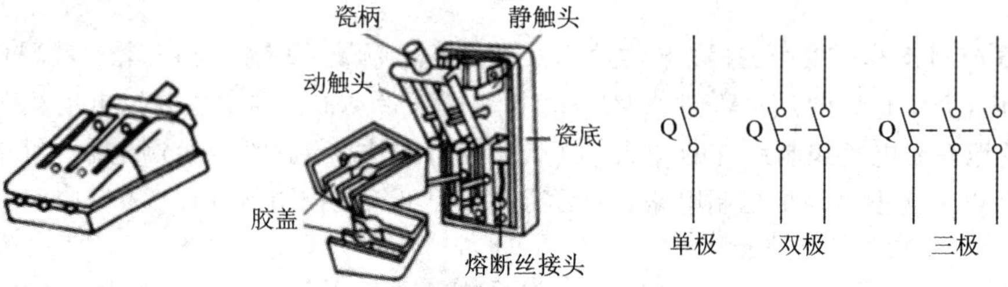

(a) 外形图　(b) 内部结构图　(c) 图形符号

图 7-2　刀开关

7.1.3　组合开关

组合开关也是一种刀开关，不过它的刀片是转动式的，操作比较轻巧，它的动触头(刀片)和静触头装在封闭的绝缘件内，采用叠装式结构，其层数由动触头数量来决定。动触头装在操作手柄的转轴上，随转轴旋转而改变各对触头的通断状态。组合开关常用做电源的引入开关，也可以由它来直接起停小容量笼型电动机或使电动机正、反转，局部照明电路也常用它来控制。组合开关的种类很多，常用的有 HZ10 等系列，它有单极、双极、三极和四极等。组合开关如图 7-3 所示。

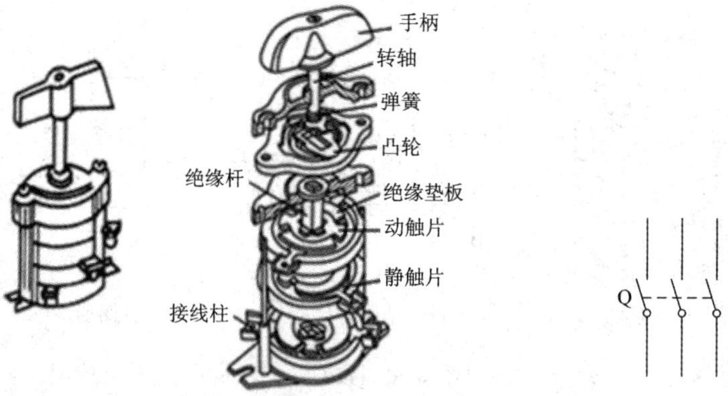

(a) 外形图　(b) 结构图　(c) 三极组合开关图形符号

图 7-3　组合开关

7.1.4　熔断器

熔断器是一种结构简单、使用方便、价格低廉的保护电器。它是一种利用热效应原理工作的电流保护电器，广泛应用于低压配电系统和控制系统及用电设备中，是电工技术中应用最普遍的保护器件。使用时，熔断器串接于被保护电路中，当电路发生短路故障时，熔体被瞬时熔断而分断电路，故熔断器主要用于短路保护。

熔断器的产品系列、种类很多，常用的熔断器有管式、插入式和螺旋式等几种形式，其结构如图7-4所示。

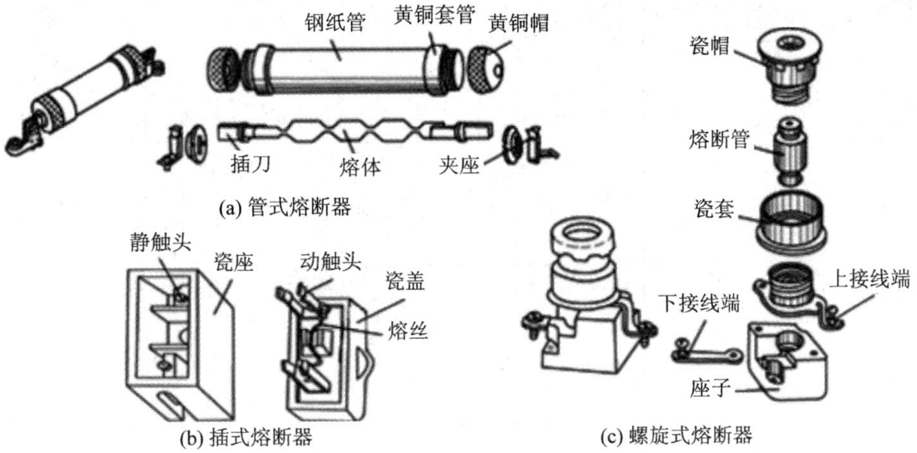

图7-4　熔断器

熔断器中的熔丝或熔片一般由熔点较低的易熔合金(如铅锡合金等)制成，也可以由截面积很小的良导体(如铜、银等)制成。熔断器被串联在保护电路中。在电路正常工作时，熔断器中的熔丝或熔片不会熔断；而当电路中发生短路或严重过载时，熔断器中的熔丝或熔片则会立即熔断。

熔断器的图形符号如图7-5所示。

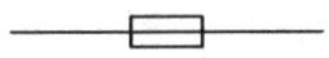

图7-5　熔断器的图形符号

根据电路的工作情况选择熔断丝的方法如下：

(1) 电灯支线的熔丝：

$$\text{熔丝额定电流} \geq \text{支线上所有电灯的工作电流}$$

(2) 一台电动机的熔丝：为了防止电动机起动时电流较大而将熔丝烧断，因此熔丝不能按电动机的额定电流来选择，而应按下式计算：

$$\text{熔丝额定电流} \geq \frac{\text{电动机的起动电流}}{2.5}$$

如果电动机频繁起动，则为

$$\text{熔丝额定电流} \geq \frac{\text{电动机的起动电流}}{1.6 \sim 2}$$

(3) 几台电动机合用的总熔丝一般可粗略地按下式计算：

$$\text{熔丝额定电流} = (1.5 \sim 2.5) \times \text{容量最大的电动机的额定电流} + \text{其余电动机的额定电流之和}$$

7.1.5　低压断路器

低压断路器俗称自动空气开关，是低压配电网中的主要电器开关之一。它不仅可以接通和分断正常负载电流、电动机工作电流和过载电流，而且可以接通和分断短路电流。低压断路器主要在不频繁操作的低压配电线路或开关柜(箱)中作为电源开关使用，同时对线路、电器设备及电动机等实行保护。当它们发生严重过电流、过载、短路、断相、漏电等故障时，能自动切断线路，起到保护作用，其应用十分广泛。低压断路器的一般原理图和图形符号如图7-6所示。

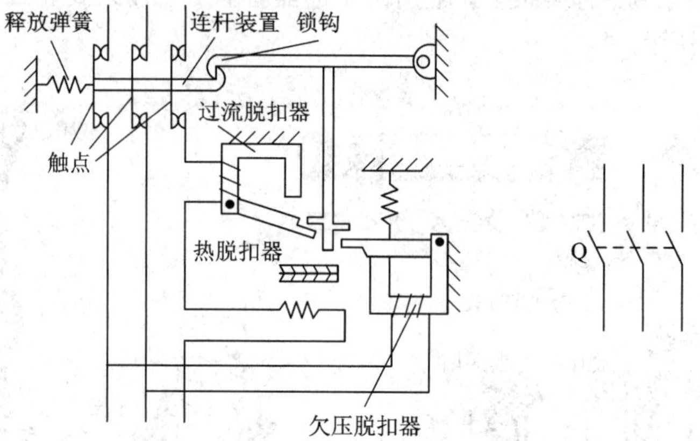

(a) 工作原理图 (b) 图形符号

图 7-6 低压断路器

低压断路器的主触点是由手动的操作机构来闭合的，开关的脱扣机构是一套连杆装置。当主触点闭合后就被锁钩锁住。如果电路中发生故障，脱扣机构就在有关脱扣器的作用下将脱钩脱开，于是主触点在释放弹簧的作用下迅速分断。脱扣器有过流脱扣器和欠压脱扣器等型式，它们都是电磁铁，在正常情况下，过流脱扣器的衔铁是释放着的；一旦发生严重过载或短路故障，与主电路串联的线圈(图中只画出一相)就将产生较强的电磁吸力把衔铁往下吸而顶开锁钩，使主触点断开。欠压脱扣器的工作则恰恰相反，在电压正常时，吸住衔铁，主触点才得以闭合；一旦电压严重下降或断电，衔铁则被释放而使主触点断开。当电源电压恢复正常时，必须重新合闸后才能工作，实现了失压保护。

常用的低压断路器有 DZ、DW 系列和引进的 ME、AE、3WE 等系列。

7.1.6 热继电器

热继电器是专门用来对连续运行的电动机进行过载及断相保护，以防止电动机过热而烧毁的保护电器。热继电器的结构及图形符号如图 7-7 所示。

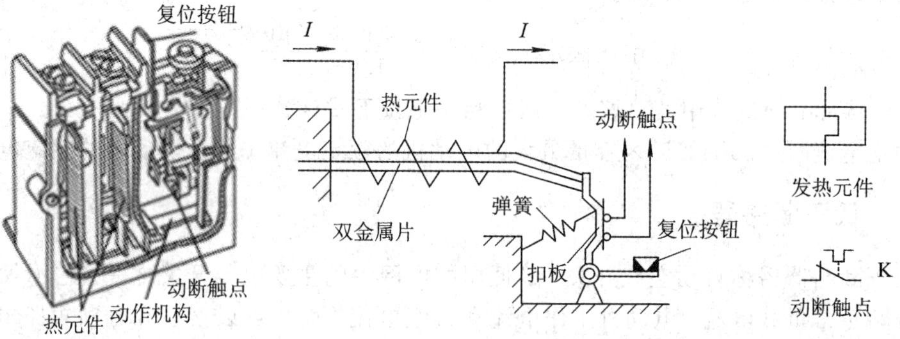

(a) 结构图 (b) 工作原理图 (c) 图形符号

图 7-7 热继电器

热继电器的双金属片为温度检测元件，由两种膨胀系数不同的金属片压焊而成，它被加热元件加热后，因两层金属片伸长率不同而弯曲。发热元件一般是一段电阻较小的电阻丝，直接串接在被保护的电动机的主电路中，在电动机正常运行时，热元件产生的热量不会使触点系统动作；当电动机过载，流过热元件的电流加大时，经过一定的时间，热元件产生的热量会使双金属片的弯曲程度超过一定值，通过扣板推动热继电器的触点动作(常开触点闭合，常闭触点断开)。通常用串联在接触器线圈电路中的常闭触点来切断线圈电流，使电动机主电路失电。故障排除后，按手动复位按钮，热继电器触点复位，即可重新接通控制电路。

由于热惯性，热继电器不能用于短路保护。因为短路保护要求电路立即断开，而热继电器是不能立即动作的，但热惯性又能做到在电动机起动或短时过载时不动作，这样就可以避免电动机不必要的停车。

常用的热继电器有 JR20、JR50 系列和引进的 JRS 等系列。

7.1.7 交流接触器

交流接触器常用来频繁接通和断开电动机或其他设备的主电路，并能进行远距离控制。交流接触器具有欠(零)电压保护作用，而且每小时可以开闭千余次。交流接触器的主要结构和图形符号如图 7－8 所示。交流接触器主要由电磁铁和触点两部分组成，它是利用电磁铁的吸引力而动作的。当吸引线圈通电后，吸引山字形动铁心(上铁心)，而使动合触点闭合。

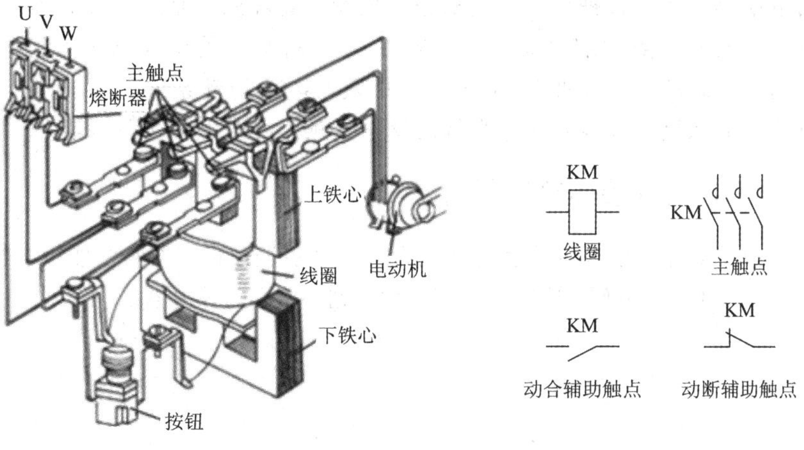

(a) 结构图 (b) 图形符号

图 7－8 交流接触器

根据用途不同，接触器的触点分为主触点和辅助触点两种。主触点能通过较大的电流，接在主电路中；辅助触点通过的电流较小，接在控制电路中。辅助触点有动合触点与动断触点之分。

当主触点断开时，其间产生电弧，会烧坏触点，并使切断时间拉长，因此，必须采取灭弧措施。通常交流接触器的触点都做成桥式，它有两个端点，以降低当触点断开时加在端点上的电压，使电弧容易熄灭，并且相互之间有绝缘隔板，以免短路。在电流较大的接触器中还专门设有灭弧装置。

在选用接触器时，应注意它的额定电流、线圈电压及触点数量等。常用的 CJ10 系列的接触器的主触点额定电流有 5 A、10 A、20 A、40 A、60 A、100 A、150 A 等数种；线圈额定电压通常有 36 V、110 V、220 V 和 380 V 四种。常用的交流接触器还有 CJ12、CJ20、CJ40 系列和引进的 CJX、3TB、B 等系列。

7.1.8 中间继电器

中间继电器通常用来传递信号和同时控制多个电路，也可以用来直接控制小容量电动机或其他电气执行元件。中间继电器的结构与交流接触器基本相同，只是电磁系统小些，触点多些。常用的中间继电器有 JZ7 和 JZ8 两个系列，JZ8 系列是交、直流两用的。此外，还有 JTX 系列的小型通用继电器，通常在自动装置上以接通或断开电路。

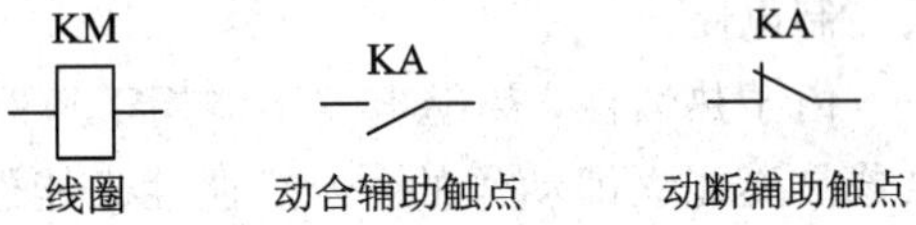

图 7－9　中间继电器的图形符号

选用中间继电器主要是考虑电压等级和触点(动合和动断)数量。中间继电器的图形符号如图 7－9 所示。

7.2 继电接触器控制电路

在工业、农业、交通运输各部门中，广泛使用了各种生产机械，它们一般都采用电动机拖动，而电动机可通过各种控制方式来进行控制，最常见的是继电接触器控制。继电接触器控制是由各种有触点的继电器、接触器、按钮、行程开关等组成的控制电路，可实现对电动机的起动、制动、反向和调速的控制，以及对电力拖动系统的保护及生产加工自动化。本节以笼型电动机基本控制线路为例对继电接触器控制电路进行说明。

7.2.1 笼型电动机直接起动控制电路

图 7－10 所示是中、小容量笼型电动机直接起动控制电路，电路中使用了组合开关 Q、熔断器 FU、交流接触器 KM、热继电器 FR 和按钮 SB 等几种电器。

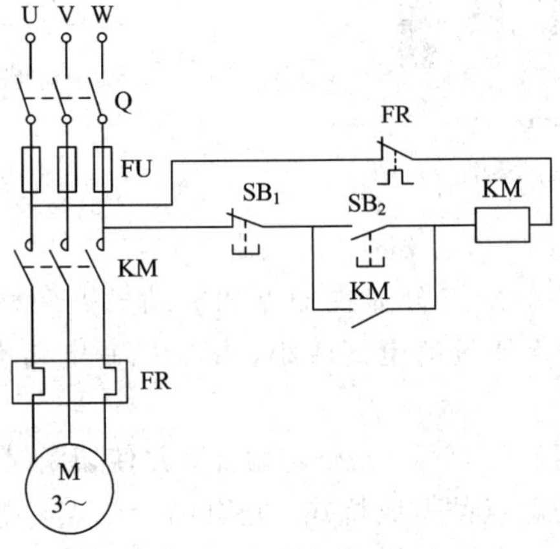

图 7－10　笼型电动机直接起动电气控制原理图

工作过程：先将组合开关 Q 闭合，为电动机起动作好准备。当按下起动按钮 SB_2 时，交流接触器 KM 的线圈通电，动铁心被吸合而将三个主触点闭合，电动机 M 便起动；当松开起动按钮 SB_2 时，由于与起动按钮并联的辅助触点 KM 和主触点同时闭合，因此接触器线圈的电路仍然接通，而使接触器触点保持在闭合的位置。该辅助触点 KM 称为自锁触点。如将停止按钮 SB_1 按下，则将线圈的电路切断，动铁心和触点恢复到断开的位置。图 7－10 所示的笼型电动机直接起动控制线路可实现短路保护、过载保护和零压保护。

起短路保护作用的是熔断器 FU。一旦发生短路事故，熔丝立即熔断，电动机立即停止运转。

起过载保护作用的是热继电器 FR。当过载时，它的热元件发热，将动断触点断开，使接触器线圈断电，主触点断开，电动机也就停下来。

起零压(或失压)保护作用的是交流接触器。它是指当电源暂时断电或电压严重下降时，电动机即自动切断电源。因为这时接触器的动铁心释放而使主触点断开。当电源电压恢复正常时若不重按起动按钮，则电动机不能自行起动，因为自锁触点也已断开。如果不是采用继电接触器控制而是直接用刀开关或组合开关进行手动控制，那么在停电时若未及时断开开关，当电源电压恢复时，电动机即自行起动，将可能造成事故。

如果将图 7－10 中的自锁触点 KM 除去，则可对电动机实现点动控制，即按下按钮 SB_2，电动机才能转动，一松手就停止。这种情况在生产上也是常用的，例如在调整时就会用到。

7.2.2　笼型电动机正、反转控制电路

在生产上往往要求运行部件向正、反两个方向运动。例如，机床工作台的前进与后退，主轴的正转与反转，起重机的提升与下降，等等。这就要求控制电路能够改变电源的相序。为此，只要用两个交流接触器就能实现这一要求。如图 7－11 所示为笼型电动机正、反转控制电路。当正转接触器 KM_F 工作时，电动机正转；当反转接触器 KM_R 工作时，由于调换了两根电源线，所以电动机反转。

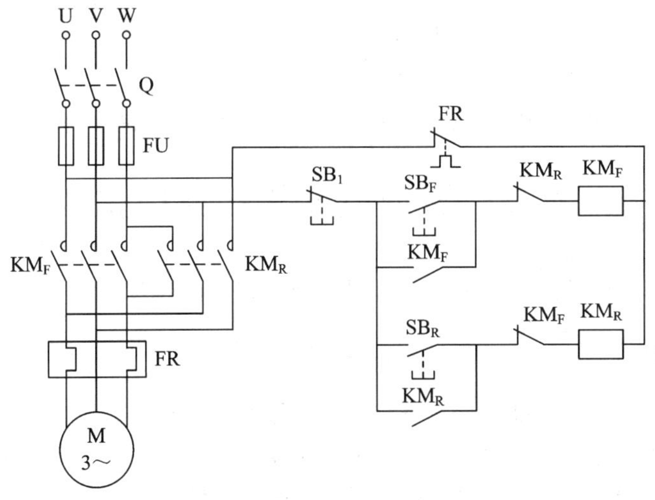

图 7－11　笼型电动机正、反转的电气控制原理图

从图 7-11 中可以看到，两个交流接触器不能同时工作，否则会造成电源短路，所以正、反转控制线路最根本的要求是必须保证两个交流接触器不能同时工作。为此，在控制电路的正转支路(反转支路)中串接反转(正转)接触器辅助动断触点，以保证接触器 KM_F 和 KM_R 不能同时得电。这种依靠交流接触器自身触点而使其他接触器线圈不能得电的现象，称为互锁或联锁。

当合上组合开关 Q 时，若要正转，按下正转起动按钮 SB_F，接触器 KM_F 线圈通电动作，电动机正转运行，KM_F 辅助动合触点闭合自锁，以保证 KM_F 线圈通电，辅助动断触点断开互锁，以保证 KM_R 线圈断电。要由正转变为反转时，必须先按停止按钮 SB_1，让 KM_F 的线圈断电恢复常态，电动机断电停转，再按下反转起动按钮 SB_R，KM_R 的线圈通电动作，KM_R 的主触点闭合，电动机反向起动运行。这时 KM_R 的辅助动合触点闭合自锁，辅助动断触点断开互锁。

但是这种控制电路有个缺点，就是在每次电动机由正(反)转到反(正)转时必须先停车，然后再反(正)向转动，故称为“正—停—反”或“反—停—正”控制电路。为了解决这个问题，在生产上常采用复合按钮和交流接触器的辅助触点联锁的控制电路，如图 7-12 所示。复合按钮联锁常称为机械联锁，而交流接触器的辅助触点联锁常称为电气联锁。

当电动机正转时，按下反转起动按钮 SB_R，它的动断触点断开，而使正转接触器的线圈 KM_F 断电，主触点 KM_F 断开。与此同时，串联在反转控制电路中的动断触点 KM_F 恢复闭合，反转接触器的线圈通电，电动机就反转，同时串联在正转控制电路中的动断触点 KM_R 断开，起联锁保护的作用。

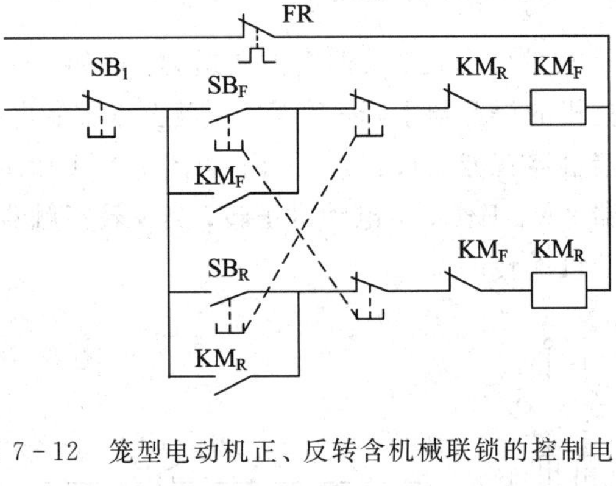

图 7-12 笼型电动机正、反转含机械联锁的控制电路

7.3 笼型电动机控制电路

笼型电动机的控制方式很多，本节主要介绍行程控制和时间控制。

7.3.1 行程控制

行程控制，就是当运动部件到达一定行程位置时采用行程开关来进行控制。

行程开关主要用于检测工作机械的位置，发出命令以控制其运动方向或行程长短。行程开关也称为位置开关。行程开关的种类很多，常用的有 LX 等系列。如图 7-13 所示是一般行程开关的外形图和图形符号。图中所示的行程开关有一个动合触点和一个动断触点，它主要是由装在运动部件上的挡块来撞动的。

图 7－14 所示是用行程开关来控制工作台前进和后退的示意图和控制电路图。行程开关 SQ_1 和 SQ_2 分别装在工作台的原位和终点，由装在工作台上的挡块来撞动。工作台由电动机 M 带动。电动机的主电路和图 7－11 中的一样，控制电路也只是多了行程开关的三个触点。

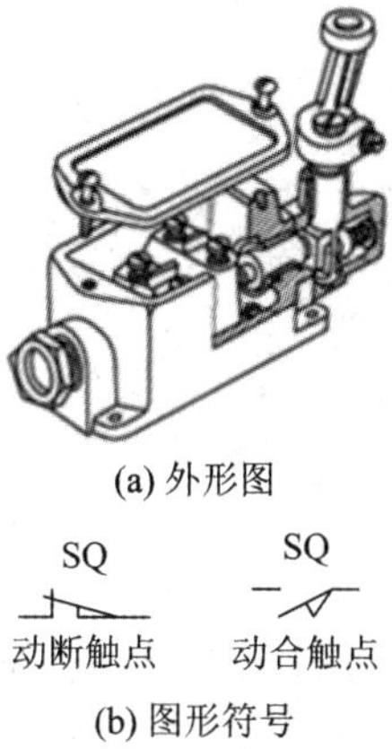

图 7－13　行程开关

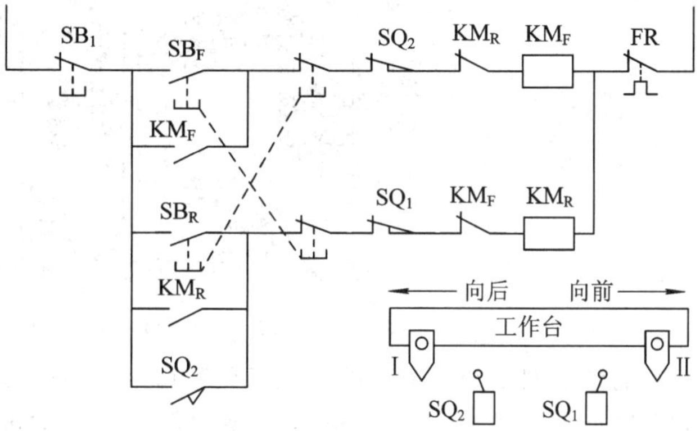

图 7－14　用行程开关控制工作台的前进和后退

工作台在原位时，其上挡块将原位行程开关 SQ_1 压下，将串联在反转控制电路中的动断触点压开。这时电动机不能反转。按下正转起动按钮 SB_F，电动机正转，带动工作台前进。当工作台到达终点时，挡块压下终点行程开关 SQ_2，将串联在正转控制电路中的动断触点 SQ_2 压开，电动机停止正转。与此同时，将反转控制电路中的动合触点 SQ_2 压合，电动机反转，带动工作台后退。退到原位，挡块压下 SQ_1，将串联在反转控制电路中的动断触点压开，于是电动机在原位停止运转。如果工作台在前进中按下反转按钮 SB_R，工作台将立即后退，到原位停止。

行程开关除用来控制电动机的正、反转外，还可实现终端保护、自动循环、制动和变速等各项要求。

7.3.2　时间控制

时间控制，即采用时间继电器进行延时控制。时间继电器是一种按照时间原则进行控制的继电器，其种类很多，主要有空气式、电动式、电子式等，本节主要介绍空气阻尼式时间继电器，它广泛应用于交流电路中。

空气阻尼式时间继电器由电磁机构、工作触点及气室三部分组成，它的延时是靠空气的阻尼作用来实现的。常见的型号有 JS7－A 系列，按其控制原理有断电延时和通电延时两种类型。空气阻尼式时间继电器的延时范围大、结构简单、寿命长、价格低，但延时误差大，整定延时值不精确。

JS7－4A 型断电延时型时间继电器的结构原理图如图 7－15 所示。

当断电延时型继电器的线圈通电后，衔铁被铁心吸合，推板推动推杆，推杆带动活塞和橡皮膜立即向上移动，使其动断触点断开，动合触点闭合。当线圈断电时，电磁吸力消失，衔铁在反力弹簧的作用下释放，但由于橡皮膜上方气室的空气稀薄，形成负压，使推杆只能慢慢向下移动，其移动的速度视进气孔的大小而定，可通过调节螺杆进行调整。经过一定的延时时间后，推杆才能移到最下端，这时其动断触点闭合，动合触点断开，起到断电延时的作用。

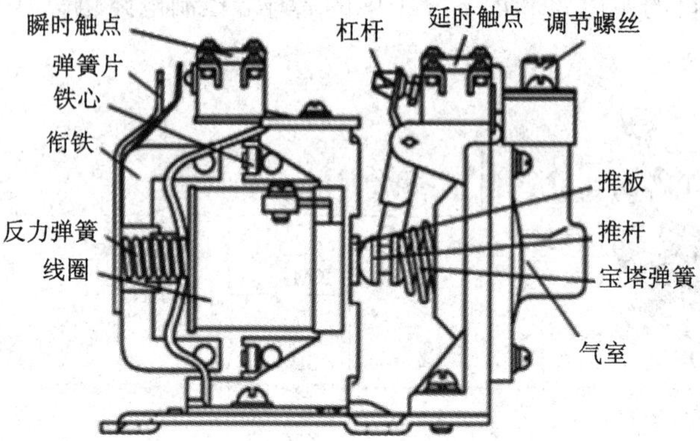

图 7-15　断电延时型时间继电器的结构原理图

断电延时型时间继电器的触点有延时触点与瞬时触点之分。延时触点又分为延时断开的动合触点和延时动断的闭合触点。瞬时触点也称常规触点，不能延时，只能在通电时动作，断电时恢复。其图形符号如图 7-16 所示。

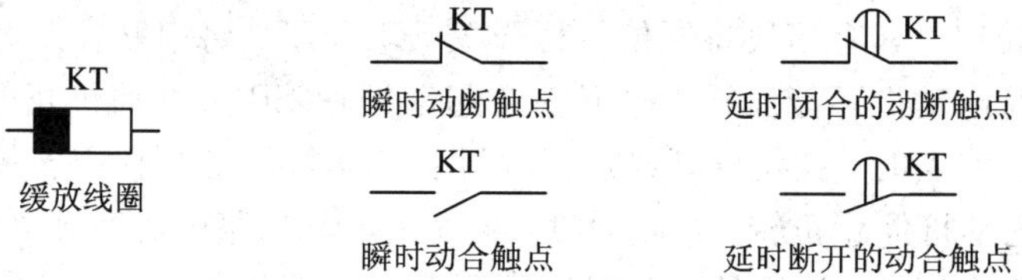

图 7-16　断电延时型时间继电器的图形符号

若将断电延时型时间继电器的电磁机构翻转 180°安装，即为通电延时型时间继电器，其工作原理与断电延时型时间继电器相似。通电延时型时间继电器的图形符号如图 7-17 所示。

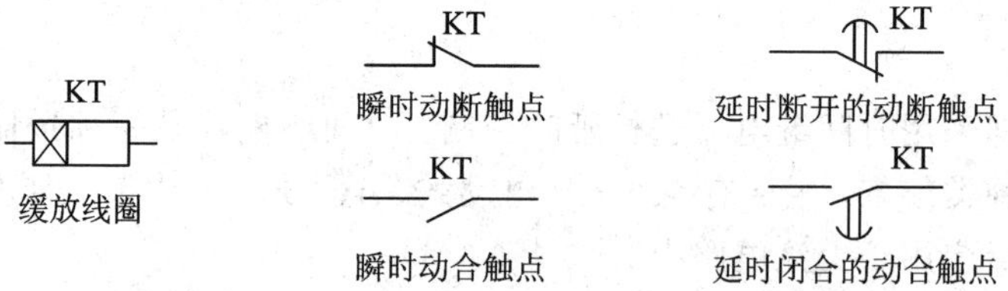

图 7-17　通电延时型时间继电器的图形符号

下面以笼型电动机 Y-△换接起动的控制电路为例来介绍时间控制的实现。

笼型电动机的 Y-△换接起动就是先将电动机进行 Y 连接，经过一定时间，待转速上升到接近额定值时换成△连接。图 7-18 所示是笼型电动机 Y-△起动的控制电路。其中，用到通电延时型时间继电器 KT 的两个触点，即延时断开的动断触点和瞬时闭合的动合触点；用到三个交流接触器 KM_1、KM_2、KM_3。起动时 KM_3 工作，电动机接成 Y(形)；运行时 KM_2 工作，电动机接成△(形)。

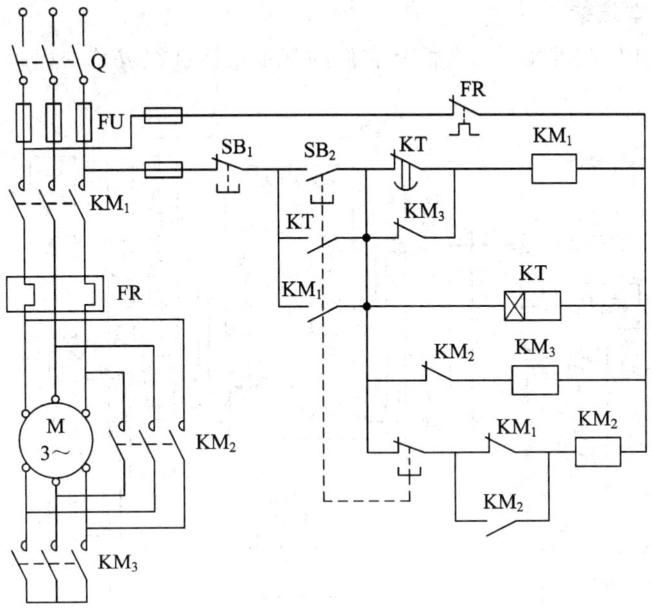

图 7－18　笼型电动机 Y－△换接起动的控制电路

图 7－18 所示笼型电动机 Y－△换接起动控制电路的特点是在接触器 KM_1 断电的情况下进行 Y－△换接，这样可以避免当 KM_3 的动合触点尚未断开时 KM_2 已吸合而造成电源短路；同时接触器 KM_3 的动合触点在无电的情况下断开，不会产生电弧，从而延长了使用寿命。

7.4　可编程控制器

可编程控制器(PLC)是近十几年发展起来的一种新型工业控制器，由于它将计算机的编程灵活、功能齐全、应用面广等优点与继电器系统的控制简单、使用方便、抗干扰能力强、价格便宜等优点结合起来，而其本身又具有体积小、重量轻、耗电省等特点，因此在工业生产过程控制中的应用越来越广泛。

1. PLC 的定义

可编程序控制器是在继电器控制和计算机控制的基础上开发的产品，逐渐发展成以微处理器为核心，把自动化技术、计算机技术、通信技术融为一体的新型工业自动控制装置。早期的可编程控制器在功能上只能进行逻辑控制，因而称为可编程逻辑控制器(Programmable Logic Controller，PLC)。随着技术的发展，其控制功能不断增强，现在的可编程控制器还可进行算术运算、模拟量控制，因此美国电气制造协会(NEMA)于 1980 年将它正式命名为可编程控制器(Programmable Controller，PC)。为了和个人计算机 PC(Personal Computer)相区别，可编程控制器又常称为 PLC。

国际电工委员会(IEC)于 1985 年 1 月对可编程控制器做如下定义：“可编程控制器是一种数字运算操作的电子系统，专为在工业环境下应用而设计。它采用一种可编程序的存储器，在其内部存储执行逻辑、顺序控制、定时、计数和算术运算等操作的面向用户的指令，并通过数字式或模拟式的输入和输出，控制各种类型的机械或生产过程。可编程控制器及其有关设备，都易于与工业控制系统联成一个整体，易于扩充其功能的原则设计。”

2. PLC的基本结构

目前，虽然PLC的种类繁多，但是它们的基本结构及组成基本相同。其硬件系统结构如图7-19所示。

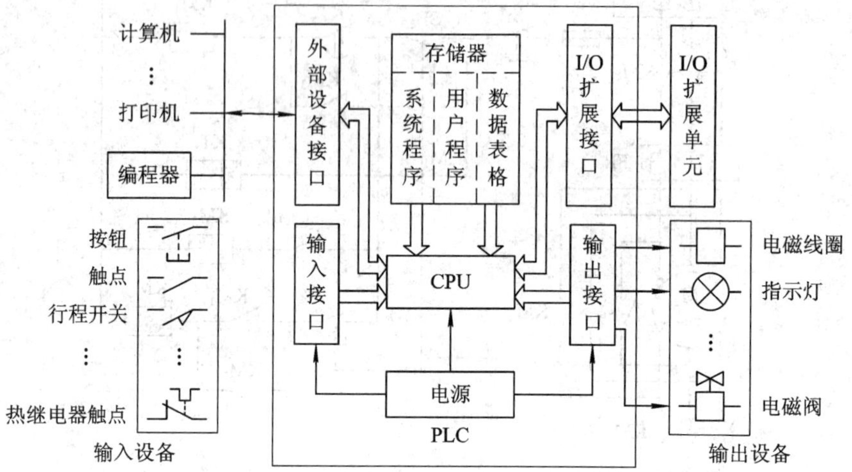

图7-19　PLC的硬件系统结构图

(1) 中央处理器(CPU)。CPU是管理、控制PLC运行的核心部件，起着总指挥的作用。它主要用来运行用户程序，监控I/O口状态，作出逻辑判断和进行数据处理。

(2) 存储器。PLC内部存储器有两类。一类是系统程序存储器，用来存放系统的管理程序、监控程序等，这些程序总称为系统程序，用于管理、控制整机的工作。系统程序由生产厂家设计，并已固化在ROM中，用户不能修改。由于这种存储器存储的内容只能读出，不能写入和修改，故称为只读存储器(ROM)。另一类是用户程序及数据存储器，主要用来存放用户编制的应用程序及各种暂存数据和中间结果。由于这种存储器存储的内容不仅能读出，而且能写入和修改，故称为读写存储器(RAM)。

(3) 输入/输出(I/O)接口。I/O接口是PLC与输入/输出设备连接的部件。输入接口的任务是把输入设备的状态信号引入PLC。输出接口的任务是把经主机处理过的结果通过输出电路送到现场的执行电器。

I/O接口电路采用光电耦合电路，以减少电磁干扰。

(4) 电源。PLC的电源是指为CPU、存储器、I/O接口等内部电子电路工作所配备的直流开关稳压电源。I/O接口电路的电源相互独立，以避免或减小电源间的干扰。通常也为输入设备提供直流电源。

(5) 编程器。编程器由键盘、显示器、工作方式和选择开关等组成。它是开发、维护PLC自动控制系统不可缺少的外部设备。编程器通过设备的通信接口与主机相连接，实现人机对话。其具体任务是用来编制用户程序，并将其输入主机，同时也用于修改、调试用户程序。

(6) 输入/输出(I/O)扩展接口。当I/O接口提供的接点数不够时，可以通过I/O扩展接口把能满足输入/输出接点数要求的扩展单元与PLC连接在一起，实现I/O接口的功能。

(7) 外部设备接口。外部设备接口用于将编程器、计算机、打印机、条码扫描仪等外部设备与主机相连，以完成相应操作。

3. PLC 的工作方式

PLC 采用“顺序扫描、不断循环”的方式进行工作。这种工作方式是在系统软件控制下，顺次扫描各输入点的状态，按用户程序进行运算处理，然后顺序向各输出点发出相应的控制信号。整个工作过程可分为输入采样、程序执行和输出刷新三个阶段。其工作过程框图如图 7-20 所示。

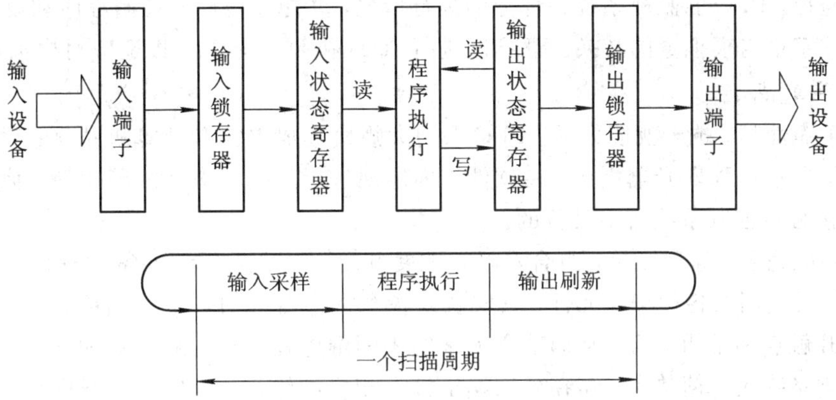

图 7-20　PLC 的扫描工作过程

(1) 输入采样阶段。PLC 在输入采样阶段，首先以扫描方式按顺序将所有暂存在输入锁存器中的输入端子的通断状态或输入数据读入，并将其存入(写入)各对应的输入状态寄存器中，即刷新输入；随即关闭输入端口，进入程序执行阶段。在程序执行阶段，即使输入状态有变化，输入状态寄存器的内容也不会改变。变化了的输入信号状态只能在下一个扫描周期的输入采样阶段被读入。

(2) 程序执行阶段。PLC 在程序执行阶段，按用户程序指令存放的先后顺序扫描执行每条指令，所需的执行条件可从输入状态寄存器和当前输出状态寄存器中读入，经过相应的运算和处理后，其结果再写入输出状态寄存器中。所以，输出状态寄存器中所有的内容随着程序的执行而改变。

(3) 输出刷新阶段。当所有指令执行完毕后，输出状态寄存器的通断状态在输出刷新阶段将会送至输出锁存器中，并通过一定方式(继电器、晶体管或晶闸管)输出，来驱动相应输出设备工作，这就是 PLC 的实际输出。

经过以上这三个阶段，完成一个扫描周期。实际上 PLC 在程序执行后还要进行自诊断以及与外部设备间的通信，这一过程称为监视服务。完成一个扫描周期所需时间的长短主要由用户程序的长短、指令的种类和 CPU 执行指令的速度来决定，一般不超过 100 ms。

4. PLC 的主要功能和特点

1) 主要功能

随着技术的不断发展，目前 PLC 已能完成以下功能：

(1) 开关逻辑控制。用 PLC 取代传统的继电接触器进行逻辑控制，这是它的最基本功能。

(2) 定时/计数控制。用 PLC 的定时/计数指令来实现定时和计数控制。

(3) 步进控制。用 PLC 的步进指令实现一道工序后，再进行下一道工序的控制。

(4) 数据处理。PLC 能进行数据传送、比较、移位、数制转换、算术运算和逻辑运算等操作。

(5) 过程控制。PLC 可实现对温度、压力、速度、流量等非电量参数进行自动调节。

(6) 运动控制。PLC 通过高速计数模块和位置控制模块进行单轴或多轴控制，如用于数控机床、机器人等控制。

(7) 通信联网。通过 PLC 之间的联网及与计算机的连接，来实现远程控制或数据交换。

(8) 监控。PLC 能监视系统各部分的运行情况，并能在线修改控制程序和设定值。

(9) 数字量与模拟量的转换。PLC 能进行 A/D 和 D/A 转换，以适应对模拟量的控制。

2) 主要特点

(1) 可靠性高，抗干扰能力强。PLC 采用大规模集成电路和计算机技术；对电源采取屏蔽，对 I/O 接口采取光电耦合；在软件方面定期进行系统状态及故障检测。而这些特点都是继电接触器控制系统所不具备的。

(2) 功能完善，编程简单，组合灵活，扩展方便。PLC 采用软件编制程序来实现控制要求。编程时使用的各种编程元件，其实就是各个寄存器中的一个存储单元，它们可提供无数个常开触点和常闭触点，从而节省大量的中间继电器、时间继电器和计数继电器，使得整个控制系统大为简单，只需在外部端子接上相应的输入、输出信号线即可。这样不仅能方便地编制程序，而且可以灵活组合要求不同的控制系统；并能在生产工艺流程改变或生产设备更新时，不必改变 PLC 的硬件设备，只需改变程序即可实现控制要求。另外，PLC 能在线修改程序，也能方便地扩展 I/O 点数。

(3) 体积小，质量轻，功耗低。PLC 结构紧凑，体积小巧，易于装入机械设备的内部，是实现机电一体化的理想控制设备。

(4) 可与各种组态软件结合，实现远程监控生产过程。

5. PLC 的编程语言

PLC 的控制作用是靠执行用户程序来实现的，因此须将控制要求用程序的形式表达出来。程序编制就是通过特定的语言将一个控制要求描述出来的过程。PLC 的编程语言中，以梯形图语言和指令语句表语言(或称指令助记符语言)最为常用，并且两者常常联合使用。

1) 梯形图

梯形图是一种从继电接触器控制电路图演变而来的图形语言。它是借助类似于继电器的动合触点、动断触点、线圈以及串联与并联等术语和符号，根据控制要求连接而成的表示 PLC 输入和输出之间逻辑关系的图形，既直观又易懂。

梯形图中通常用 —| |— 、—|/|— 图形符号分别表示 PLC 编程元件的动合触点和动断触点；用—[ ]—或—○—表示它们的“线圈”。梯形图中编程元件的种类用图形符号及标注的字母或数字加以区别。

图 7-21(a)所示为使用 PLC 控制的笼型电动机直接起动的梯形图，与图 7-10 所示继电接触器控制电路功能一致。图 7-21(a)中 X1 和 X2 分别表示输入继电器的动合触点和动断触点，分别与图 7-10 中的停止按钮 SB_1 和起动按钮 SB_2 相对应。Y0 表示输出继电器的线圈和动合触点，与图 7-10 中的接触器 KM 相对应。

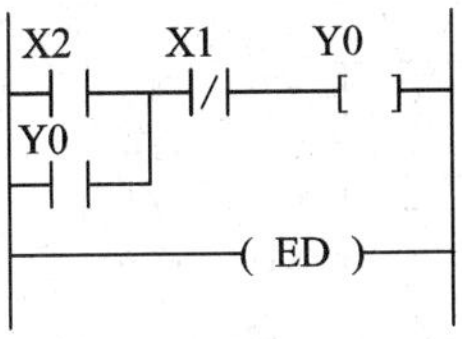

(a) 梯形图

地址	指令	
0	ST	X2
1	OR	Y0
2	AN/	X1
3	OT	Y0
4	ED	

(b) 指令语句表

图 7－21　笼型电动机直接起动控制

这里有以下几点需要说明：

(1) 如前所述，梯形图中的继电器不是物理继电器，而是 PLC 存储器的一个存储单元。当写入该单元的逻辑状态为 1 时，表示相应继电器的线圈接通，其动合触点闭合，动断触点断开。

(2) 梯形图按从左到右、自上而下的顺序排列。每一逻辑行(或称梯级)起始于母线，然后是触点的串、并连接，最后通过线圈与右母线相连。

(3) 梯形图中每个梯级流过的不是物理电流，而是“概念电流”，从左流向右，其两端没有电源。这个“概念电流”只是用来形象地描述用户程序执行中满足线圈接通的条件。

(4) 输入继电器用于接收外部输入信号(例如图 7－21(a)中，按下起动按钮 SB_2时，输入继电器接通，其动合触点 X2 就闭合)，它不能由 PLC 内部其他继电器的触点来驱动。因此梯形图中只出现输入继电器的触点，而不出现其线圈。输出继电器用于将程序执行结果输出给外部输出设备。当梯形图中的输出继电器线圈接通时，就有信号输出，但不是直接驱动输出设备，而要在输出刷新阶段通过输出接口的继电器、晶体管或晶闸管才能实现。

2) 指令语句表

指令语句表是一种用指令助记符(如图 7－21(b)中的 ST、OR 等)来编制 PLC 程序的语言，它类似于计算机的汇编语言，但比汇编语言更容易理解。若干条指令组成的程序就是指令语句表。

图 7－21(b)是笼型电动机直接起动控制的指令语句表。本书以松下 FP1 系列 PLC 为例，介绍一些常用基本指令。

(1) ST、ST/ 与 OT 指令。

· ST 是起始指令(也称取指令)，用于从左母线开始取用动合触点作为该逻辑行运算的开始。

· ST/是起始反指令(也称取反指令)，用于从左母线开始取用动断触点作为该逻辑行运算的开始。

· OT 是输出指令，用于将运算结果驱动指定线圈。

指令使用说明：

① ST、ST/ 指令使用的编程元件为 X、Y、R、T、C；OT 指令使用的编程元件为 Y、R。

② ST、ST/ 指令除用于与左母线相连的触点外，也可与 ANS 或 ORS 块操作指令配合用于分支回路的起始处。

③ OT 指令不能直接用于左母线，但可连续多次使用，相当于线圈并联。

ST、ST/、OT 指令的用法如图 7－22 所示。

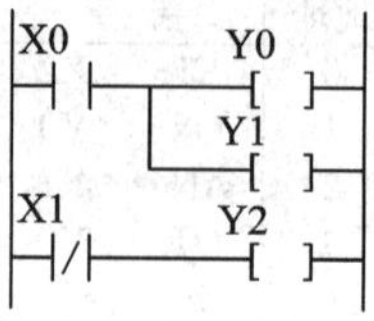

(a) 梯形图

地址	指 令	
0	ST	X0
1	OT	Y0
2	OT	Y1
3	ST/	X1
4	OT	Y2

(b) 指令语句表

图 7-22 ST、ST/、OT 指令的用法

(2) AN、AN/ 与 OR、OR/指令。

· AN 是触点串联指令(也称与指令)，AN/ 是触点串联反指令(也称与非指令)。它们分别用于单个动合触点和动断触点的串联。

· OR 是触点并联指令(也称或指令)，OR/ 是触点并联反指令(也称或非指令)。它们分别用于单个动合触点和动断触点的并联。

指令使用说明：

① AN、AN/、OR、OR/ 指令使用的编程元件为 X、Y、R、T、C。

② AN、AN/ 指令可连续多次串联使用，OR、OR/指令可连续多次并联使用，次数没有限制。

AN、AN/、OR、OR/指令的用法如图 7-23 所示。

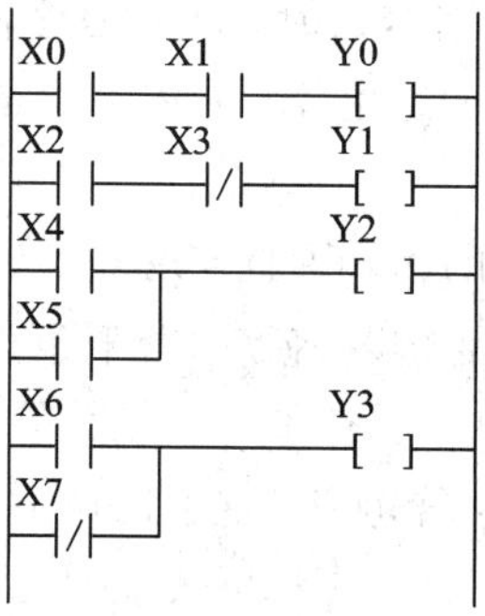

(a) 梯形图

地址	指 令	
0	ST	X0
1	AN	X1
2	OT	Y0
3	ST	X2
4	AN/	X3
5	OT	Y1
6	ST	X4
7	OR	X5
8	OT	Y2
9	ST	X6
10	OR/	X7
11	OT	Y3

(b) 指令语句表

图 7-23 AN、AN/、OR、OR/指令的用法

(3) ANS 与 ORS 指令。

· ANS 是块串联指令(也称块与指令)，用于指令块的串联。

· ORS 是块并联指令(也称块或指令)，用于指令块的并联。

指令使用说明：

① 每一指令块均以 ST 或者 ST/ 开始。

② 当两个以上指令块串联或并联时，可将前面块的并联或串联结果作为新的“块”参与运算。指令块中各支路的元件个数没有限制。

③ ANS 和 ORS 指令后面不带编程元件。

ANS 与 ORS 指令的用法如图 7-24 所示。

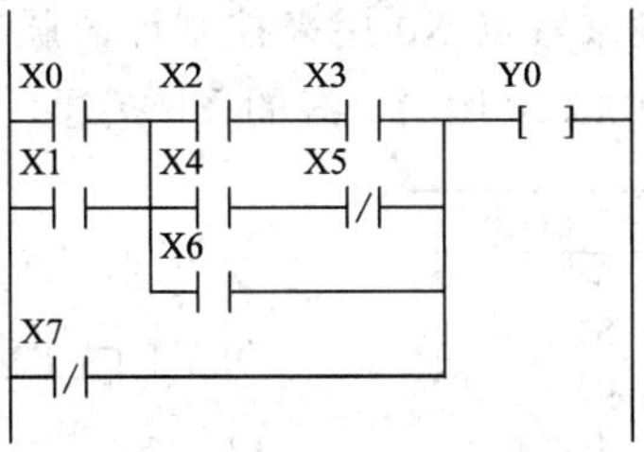

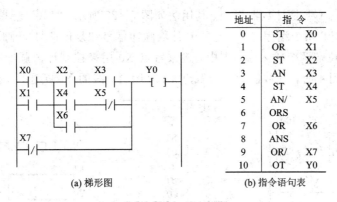

(a) 梯形图

地址	指　令	
0	ST	X0
1	OR	X1
2	ST	X2
3	AN	X3
4	ST	X4
5	AN/	X5
6	ORS	
7	OR	X6
8	ANS	
9	OR/	X7
10	OT	Y0

(b) 指令语句表

图 7－24　ANS 与 ORS 指令的用法

（4）/指令。/是取反指令，它将该指令所在位置的运算结果取反。该指令的用法如图 7－25 所示。图中，若 X0 闭合，则 Y0 接通，Y1 断开；若 X0 断开，则 Y0 闭合，Y1 接通。

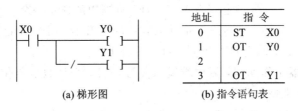

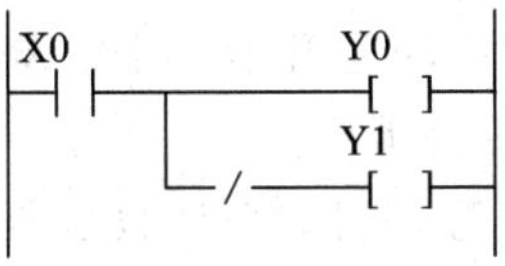

(a) 梯形图

地址	指　令	
0	ST	X0
1	OT	Y0
2	/	
3	OT	Y1

(b) 指令语句表

图 7－25　/指令的用法

（5）TM 指令。TM 是定时器指令。定时器指令分三种类型：TMR：定时单位为 0.01 s 的定时器；TMX：定时单位为 0.1 s 的定时器；TMY：定时单位为 1 s 的定时器。

TM 指令的用法如图 7－26 所示。在图 7－26(a)中，“2”是定时器编号，“50”为定时器设定值。定时时间等于设定值与定时单位的乘积，即定时时间为 50×0.1 s=5 s。当定时触发信号发出后，即触点 X0 闭合时，定时开始，5 s 后，定时时间到，定时器触点 T2 闭合，线圈 Y0 接通。如果 X0 闭合时间不到 5 s，则无输出。

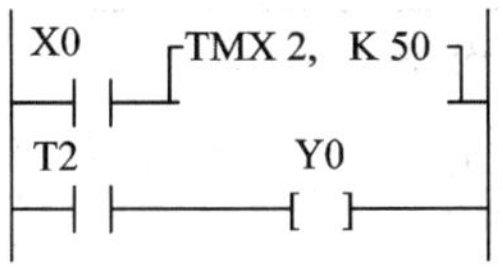

(a) 梯形图

地址	指　令	
0	ST	X0
1	TMX	2
	K	50
4	OT	Y0

(b) 指令语句表

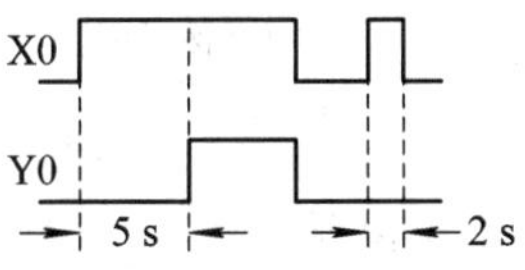

(c) 动作时序图

图 7－26　TM 指令的用法

指令使用说明：

① 定时设定值为 1～32 767 范围内的任意一个十进制常数。

② 定时器为减 1 计数，即每来一个时钟脉冲，定时设定值逐次减 1，直至减为 0 时，定时器动作，其动合触点闭合，动断触点断开。

③ 如果在定时器工作期间，X0 断开，则运行中断，定时器复位，回到原始设定值，同时其动合、动断触点恢复常态。

④ 程序中每一个定时器只能用一次，但其触点可多次使用。

(6) CT 指令。CT 是计数器指令。其用法如图 7－27 所示，“100”是计数器编号，“4”为计数设定值。用 CT 指令编程时，一定要有计数脉冲信号和复位信号。因此，计数器有计数脉冲输入端和复位端两个输入端。图中，输入触点 X0 用来控制计数脉冲端，X1 用来控制复位端。当计数到 4 时，计数器的动合触点 C100 闭合，线圈 Y0 接通。

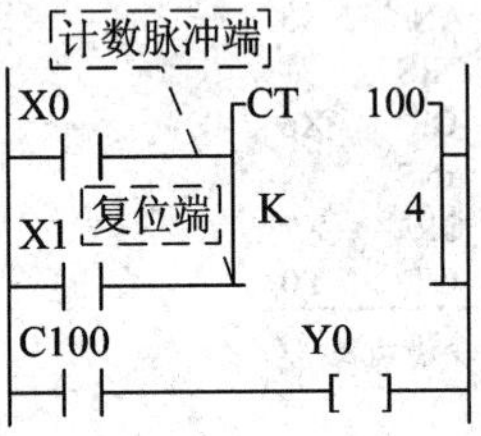

(a) 梯形图

地址	指令	
0	ST	X0
1	ST	X1
2	CT	100
	K	4
5	ST	C100
6	OT	Y0

(b) 指令语句表

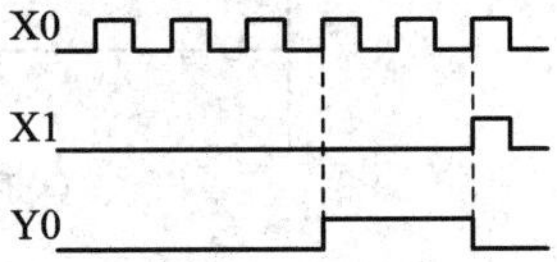

(c) 动作时序图

图 7－27　CT 指令的用法

指令使用说明：① 计数设定值为 1～32 767 范围内的任意一个十进制常数。

② 计数器为减 1 计数，即每来一个计数脉冲的上升沿，计数设定值逐次减 1，直至减为 0 时，计数器动作，其动合触点闭合，动断触点断开。

③ 如果在计数器工作期间，复位端输入复位信号，则计数器复位，回到原始设定值，同时其动合、动断触点恢复常态。

④ 程序中每一个计数器只能用一次，但其触点可被多次使用。

(7) PSHS、RDS、POPS 指令。PSHS(压入堆栈)、RDS(读出堆栈)、POPS(弹出堆栈)这三条堆栈指令常用于梯形图中多条连于同一点的分支通路，并要用到同一运算结果的场合。其用法如图 7－28 所示。

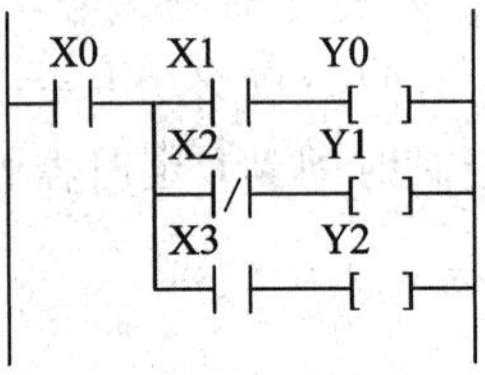

(a) 梯形图

地址	指令		地址	指令	
0	ST	X0	5	AN/	X2
1	PSHS		6	OT	Y1
2	AN	X1	7	POPS	
3	OT	Y0	8	AN	X3
4	RDS		9	OT	Y2

(b) 指令语句表

图 7－28　PSHS、RDS、POPS 指令的用法

指令使用说明：

① 在分支开始处用 PSHS 指令，它存储分支前的运算结果；分支结束时用 POPS 指令，它读出和清除 PSHS 指令存储的运算结果；在 PSHS 和 POPS 指令之间的分支均用 RDS 指令，它读出 PSHS 指令存储的运算结果。

② 堆栈指令是一种组合指令，不能单独使用。PSHS、POPS 指令在堆栈程序的开始和结束时各出现一次，而 RDS 指令在程序中视连接在同一点的支路数目的多少可被多次使用。

(8) DF、DF/指令。DF、DF/ 是微分指令。DF 是指当检测到触发信号上升沿时，线圈接通一个扫描周期；DF/ 是指当检测到触发信号下降沿时，线圈接通一个扫描周期。其用法如图 7－29 所示。在图 7－29 中，当 X0 闭合时，Y0 接通一个扫描周期；当 X1 断开时，Y1 接通一个扫描周期。这里，触点 X0、X1 分别称为上升沿和下降沿微分指令的触发信号。

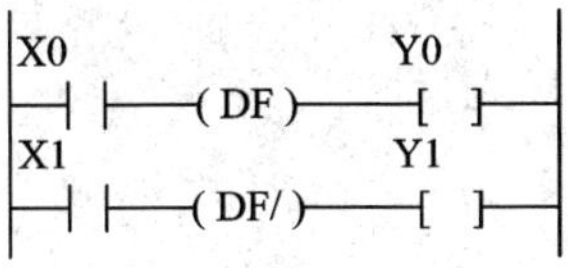

(a) 梯形图

地址	指令	
0	ST	X0
1	DF	
2	OT	Y0
3	ST	X1
4	DF/	
5	OT	Y1

(b) 指令语句表

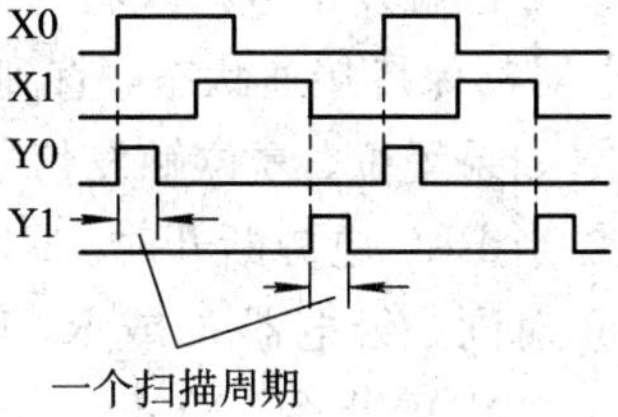

(c) 动作时序图

图 7－29 DF、DF/指令的用法

指令使用说明：

① DF、DF/ 指令仅在触发信号接通或断开这一状态时有效。

② DF、DF/ 指令没有使用次数的限制。

③ 如果某一操作只需在触点闭合或断开时执行一次，则可以使用 DF 或 DF/ 指令。

(9) SET、RST 指令。SET、RST 是置位和复位指令。其用法如图 7－30 所示。当 X0 闭合时，Y0 接通；当 X1 接通时，Y0 断开。

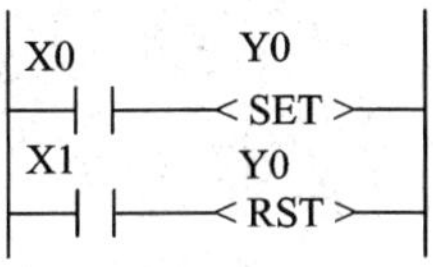

(a) 梯形图

地址	指令	
0	ST	X0
1	SET	Y0
2	ST	X1
3	RST	Y0

(b) 指令语句表

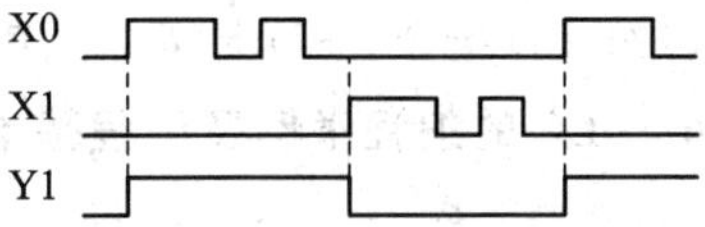

(c) 动作时序图

图 7－30 SET、RST 指令的用法

指令使用说明：

① SET、RST 指令使用的编程元件为 Y、R。

② 触发信号一旦接通，即执行 SET(RST)指令。不管触发信号随后如何变化，线圈终将接通(断开)并保持。

③ 对同一继电器 Y 或 R，可以多次使用 SET 和 RST 指令，次数不限。

④ 当使用 SET 和 RST 指令时，输出线圈的状态随程序运行过程中每一阶段的执行结果而变化。

⑤ 当输出刷新时，外部输出的状态取决于最大地址处的运行结果。

(10) KP 指令。KP 是保持指令。其用法如图 7－31 所示。它有置位和复位两个输入端。触点 X0 控制置位端，当 X0 闭合时，线圈 Y0 接通并保持；触点 X1 控制复位端，当 X1 接通时，线圈 Y0 断开并复位。

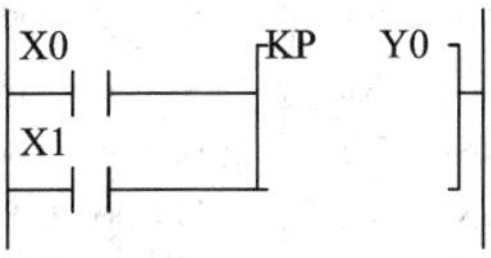

(a) 梯形图

地址	指令	
0	ST	X0
1	ST	X1
2	KP	Y0

(b) 指令语句表

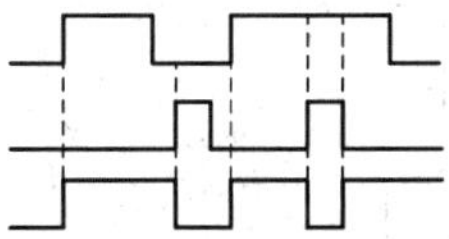

(c) 动作时序图

图 7－31 KP 指令的用法

指令使用说明：

① KP 指令使用的编程元件为 Y、R。

② 置位触发信号一旦将指定的继电器接通，则无论置位触发信号随后如何变化，指定的继电器都保持接通状态，直到复位触发信号接通为止。

③ 如果置位、复位触发信号同时接通，则复位触发信号优先。

④ 当 PLC 电源断开时，KP 指令的状态不再保持。

⑤ 对同一继电器 Y 或 R，KP 指令一般只能使用一次。

(11) NOP 指令。NOP 是空操作指令，它不完成任何操作。其用法如图 7-32 所示。当 X0 闭合时，Y0 接通。

指令使用说明：NOP 指令独占一步，当插入 NOP 指令时，程序容量将有所增加，但对运算结果没有影响。插入 NOP 指令可使程序在检查或修复时易于阅读。

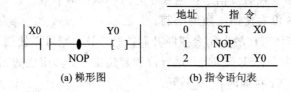

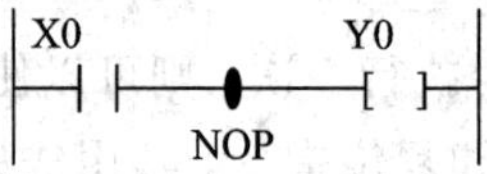

(a) 梯形图

地址	指 令	
0	ST	X0
1	NOP	
2	OT	Y0

(b) 指令语句表

图 7-32　NOP 指令的用法

(12) ED 指令。ED 是程序结束指令。

6. PLC 的编程举例及编程基本规定

1) 编程举例

(1) 笼型电动机正、反转控制。笼型电动机正、反转控制的主电路如图 7-11 所示。笼型电动机正、反转控制的 PLC 接线图、梯形图及指令语句表如图 7-33 所示。

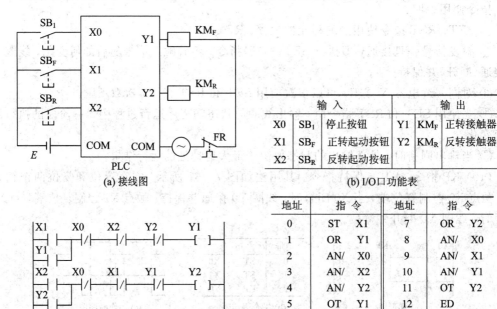

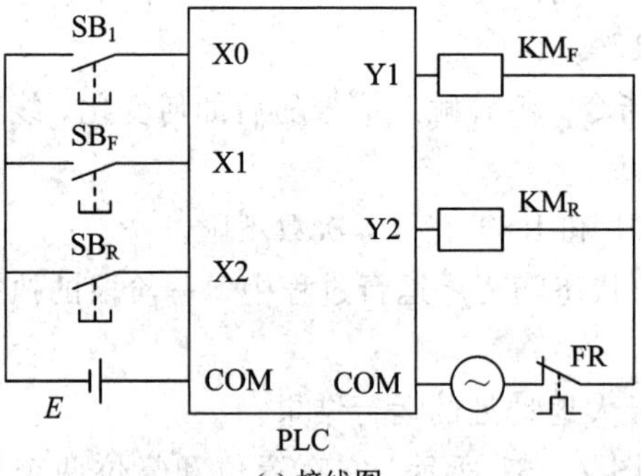

(a) 接线图

输 入			输 出		
X0	SB_1	停止按钮	Y1	KM_F	正转接触器
X1	SB_F	正转起动按钮	Y2	KM_R	反转接触器
X2	SB_R	反转起动按钮			

(b) I/O口功能表

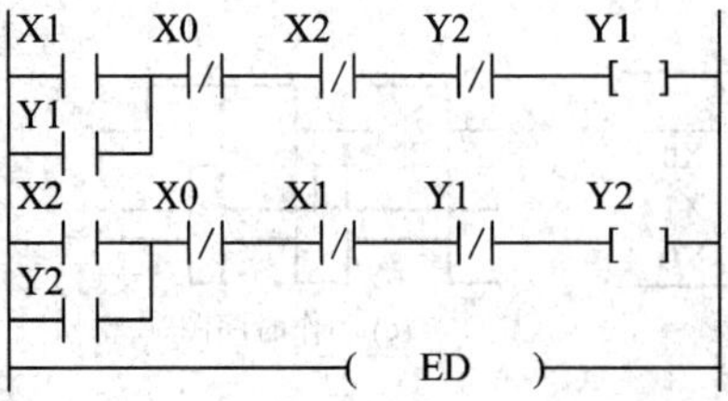

(c) 梯形图

地址	指 令		地址	指 令	
0	ST	X1	7	OR	Y2
1	OR	Y1	8	AN/	X0
2	AN/	X0	9	AN/	X1
3	AN/	X2	10	AN/	Y1
4	AN/	Y2	11	OT	Y2
5	OT	Y1	12	ED	
6	ST	X2			

(d) 指令语句表

图 7-33　笼型电动机正、反转控制

(2) 笼型电动机 Y－△换接起动控制。笼型电动机 Y－△换接起动控制的主电路如图 7－18 所示。

笼型电动机 Y－△换接起动控制的 PLC 接线图、梯形图及指令语句表如图 7－34 所示。

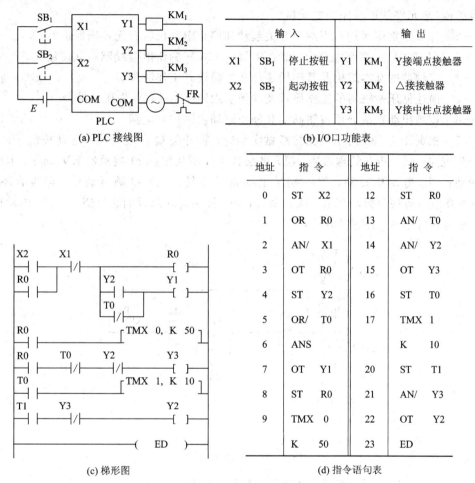

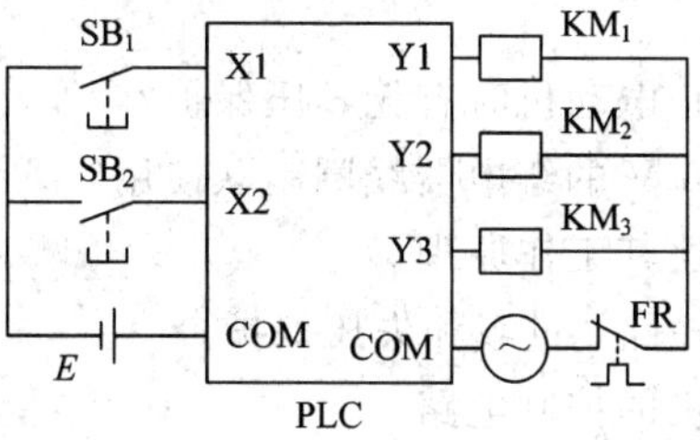

(a) PLC 接线图

输入			输出		
X1	SB_1	停止按钮	Y1	KM_1	Y接端点接触器
X2	SB_2	起动按钮	Y2	KM_2	△接接触器
			Y3	KM_3	Y接中性点接触器

(b) I/O口功能表

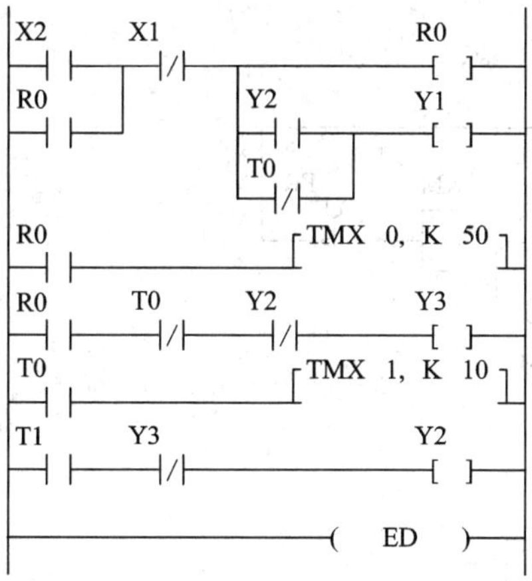

(c) 梯形图

地址	指令	地址	指令
0	ST X2	12	ST R0
1	OR R0	13	AN/ T0
2	AN/ X1	14	AN/ Y2
3	OT R0	15	OT Y3
4	ST Y2	16	ST T0
5	OR/ T0	17	TMX 1
6	ANS		K 10
7	OT Y1	20	ST T1
8	ST R0	21	AN/ Y3
9	TMX 0	22	OT Y2
	K 50	23	ED

(d) 指令语句表

图 7－34　笼型电动机 Y－△换接起动控制

2) PLC 编程的基本规定

(1) 梯形图中的逻辑行均为从左到右排列，有左、右两条母线，以触点与左母线连接开始，以线圈与右母线连接结束。

(2) 触点使用次数不限，既可用于串联电路，也可用于并联电路。

(3) 所有输出继电器都可用做辅助继电器。

(4) 线圈不能重复使用，输出线圈的右边不能再接触点。

(5) 触点应画在水平线上，应避免画在垂直线上。画在垂直线上的桥式电路不能编程。

(6) 串联触点多的电路应尽量放在上部。

(7) PLC 是按照从左到右，自上而下的顺序执行程序。在 PLC 上编程中应注意，程序的顺序不同，其运行的结果是不同的。

(8) 用 PLC 编程代替继电接触器控制，不是电路的直译，而是控制电路的逻辑变换。

习 题 7

7-1 为什么热继电器不能用做短路保护？为什么在三相主电路中只用两个(当然用三个也可以)热元件就可以保护电动机？

7-2 什么是零压保护？用闸刀开关起动和停止电动机时有无零压保护？

7-3 在220 V的控制电路中，能否将两个110 V的继电器线圈串联使用？

7-4 接触器的基本结构及其作用是什么？简述其工作原理。

7-5 简述低压断路器的工作原理及如何实现短路、过载和失压保护。

7-6 试画出能在两处用按钮起动和停止电动机的控制电路。

7-7 根据图7-35所示电路接线做实验时，将开关Q合上后按下起动按钮SB_2，发现有下列现象，试分析和处理故障：(1) 接触器KM不动作；(2) 接触器KM动作，但电动机不转动；(3) 电动机转动，但一松手电动机就不转；(4) 接触器动作，但吸合不上；(5) 接触器触点有明显颤动现象，噪音太大；(6) 接触器线圈冒烟甚至烧坏；(7) 电动机不转动，或者转得极慢，并有"嗡嗡"声。

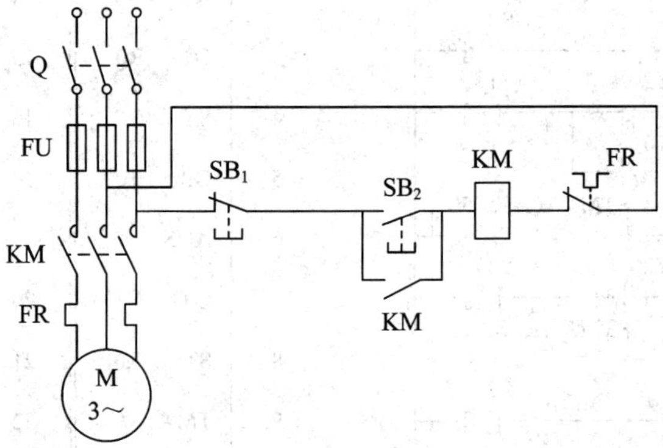

图7-35 习题7-7图

7-8 图7-36所示电路中，各有几处错误？请指出并改正。

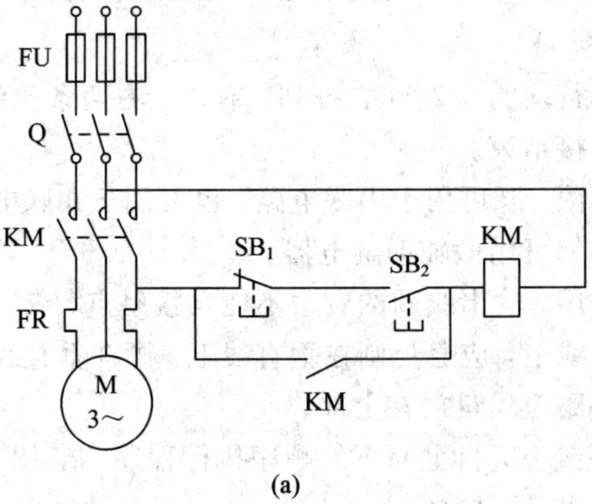

(a)

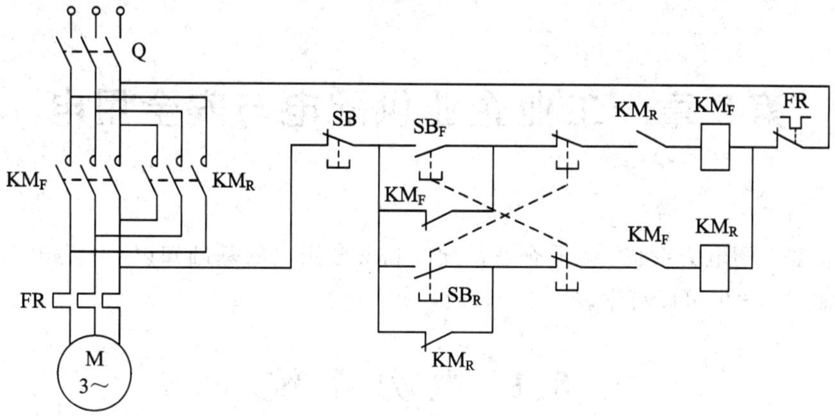

(b)

图 7-36　习题 7-8 图

7-9　要求三台笼型电动机 M_1、M_2、M_3 按照一定的顺序起动，即 M_1 起动后 M_2 才能起动，M_2 起动后 M_3 才能起动，停止时可以一起停止。试画出符合要求的控制线路图。

7-10　根据下列三个要求，分别绘出其控制电路(M_1 和 M_2 都是三相笼型电动机)：

(1) 电动机 M_1 起动后，M_2 才能起动，并且 M_2 能单独停车；

(2) 电动机 M_1 起动后，M_2 才能起动，并且 M_2 能点动；

(3) 电动机 M_1 先起动，经过一定延时后 M_2 能自行起动。

7-11　有两台三相笼型电动机 M_1 和 M_2。要求：M_1 先起动，经过 5 s 后 M_2 起动；M_2 起动后，M_1 立即停车。试用 PLC 实现上述控制要求，画出其梯形图。

7-12　设计用三个开关控制一盏灯的 PLC 的梯形图。要求：三个开关中任一开关接通及三个开关同时接通时灯亮，其余时灯灭。试编制用 PLC 实现上述控制要求的梯形图。

第 8 章　工业企业供配电与安全用电

本章主要介绍电力系统、工业企业供配电和安全用电的基础知识，作为电工电子学课程的基本知识，学生可以自学。

8.1　电 力 系 统

8.1.1　电力系统的组成

电能是一种十分重要的二次能源，易于与其他形式的能量进行转换，而且具有输送方便、易于控制等优点，因此广泛应用于社会生产的各个领域和社会生活的各个方面，成为工业、农业、交通运输、国防及人民生活等各方面不可缺少的重要能源。对于从事各个行业的工程技术人员，应该了解电能的生产、输送和分配。

电力系统指由发电厂、变电所、输配电线路和电能用户连接而成的统一整体。该系统起着电能的生产、输送、分配和消耗的作用，如图 8-1 所示。

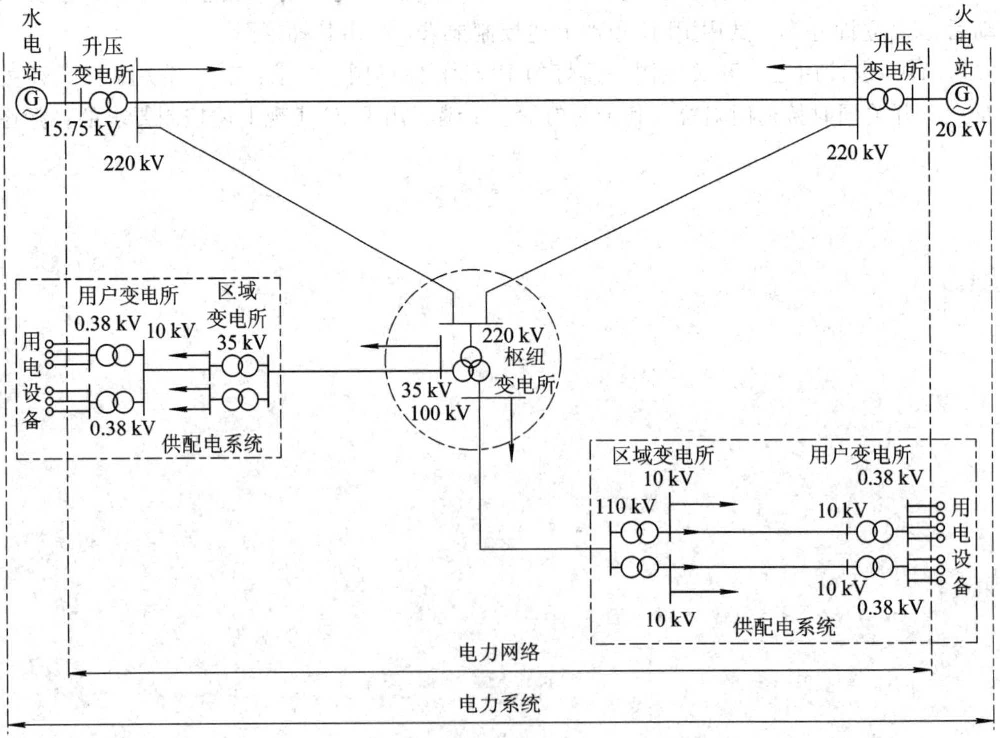

图 8-1　电力系统

1. 发电厂

电能是由发电厂生产的。发电厂按照所利用的能源种类可分为水力、火力、风力、核能、太阳能、沼气、潮汐等多种。现在世界各国建造最多的主要是水力发电厂和火力发电厂。近些年来，随着环保意识的增强，我国对大批小型火电站实行了关、停和撤除等措施，并大力倡导使用清洁能源，如风电和太阳能发电等。

火力发电厂是利用燃料(煤炭、石油、天然气)的化学能来生产电能的。其能量转换过程是：燃料的化学能到热能，再到机械能，最后转换成电能，其主要设备有锅炉、汽轮机、发电机。

水力发电厂是利用水的势能来生产电能的。其能量转换过程是：水的势能到机械能，再到电能，主要是由水库、水轮机和发电机组成的。

各种发电厂中的发电机几乎都使用三相同步发电机。国产三相同步发电机的标准额定电压为400/230 V和3.15 kV、6.3 kV、10.5 kV、13.8 kV、15.75 kV、18 kV、20 kV、22 kV、24 kV、26 kV等多种。

2. 输电线路

大中型发电厂多建在产煤地区或水力资源丰富的地区，距离用电地区往往是几十千米、几百千米乃至几千千米以上。所以发电厂生产的电能要用高压输电线输送到用电地区。

输电就是将电能输送到用电地区或直接输送到大型用电户处。三相交流系统中，三相视在功率 S 和线电压 U、线电流 I 之间的关系为

$$S=\sqrt{3}UI$$

当输送功率一定时，电压越高，电流越小，线路、电气设备等的载流部分所需的截面积就越小，当然投资也就越小；同时，由于电流小，传输线路上的功率损耗和电压损失也较小。所以，一般将发电机组发出的电压经升压变压器变为35～1000 kV的高压，通过输电线路远距离将电能传送到各用户。

送电距离愈远，要求输电线路的电压愈高。我国国家标准中规定输电线路额定电压为35 kV、110 kV、220 kV、330 kV、500 kV、750 kV、1000 kV等。

3. 变电所

变电所是联系发电厂和用户的中间环节，由电力变压器和配电装置组成，起着变换电压、分配电能的作用。

根据变电所在电力系统中的地位不同，可分为区域变电所、地区变电所和终端变电所等。区域变电所在电力系统中的地位比较重要，处于联系电力系统各部分的中枢位置，因此又叫做枢纽变电所。其特点是电压等级高，变压器容量大，进出线回路多。区域变电所由大电网供电，其高压侧电压为330～1000 kV，全所一旦停电，将会引起整个系统解列，甚至使部分系统瘫痪。地区变电所多由发电厂和区域变电所供电，其高压侧电压为110 kV到220 kV，全所一旦停电后，将使该地区中断供电。终端变电所是电网的末端变电所，包括工业企业变电所、城市居民小区和商业网点的变电所、农村的乡镇变电所以及可移动的箱式变电所等。终端变电所主要由地区变电所供电，其高压侧电压为10～110 kV，全所一旦停电后，将使用户中断供电。

只用来接受和分配电能而不承担变换电压任务的场所，称为配电所，多建于工业企业内部。一些单位的配电室一般都兼有变电与配电两种功能。

另外，电力网是电力系统的一部分，它包括所有的变、配电所的电气设备以及各种不同电压等级的线路组成的统一整体。它的作用是将电能转送和分配给各电能用户。

4. 电能用户

在电力系统中，一切消费电能的用电设备均称为电能用户。用电设备按其用途可分为电力用电设备(如电动机等)、工艺用电设备(如电解、冶炼、电焊等设备)、电热用电设备(电炉、干燥箱、空调等)、照明用电设备和试验用电设备等，它们分别将电能转换为机械能、热能和光能等不同形式，以适应生产和生活对电能的需要。

电力系统将各种类型发电厂的发电机、变电所的变压器、输电线路、配电设备和用户设备联系起来组成一整体，具有如下优越性：

(1) 提高供电的可靠性。不会因个别发电机故障或检修而导致用户停电，并能有计划地安排设备轮流检修，使设备保持安全运行。

(2) 实现最经济运行。其一，可以根据季节的不同，如丰水季节尽量使水电厂多发电，以节省火电厂燃料，降低电力系统的发电成本，同时安排火电厂检修；其二，可以合理调配发电厂的负荷，尽量减少近电远送，以降低线路上的电能损失。同时，可使发电厂的负荷变化减小，有利于提高效率和供电质量。

(3) 提高设备的利用率。因为连成一个系统，系统内的设备就可互为备用，减少了发、供电设备总的备用容量，这样可大大节省设备投资。

8.1.2 电力系统的基本参量

电力系统的基本参量如下：

(1) 总装机容量。总装机容量指该系统中实际安装的发电机组额定有功功率的总和，以千瓦(kW)、兆瓦(MW)、吉瓦(GW)为单位计。

(2) 年发电量。年发电量指该系统中所有发电机组全年实际发出电能的总和，以千瓦时(kW·h)、兆瓦时(MW·h)、吉瓦时(GW·h)为单位计。

(3) 最大负荷。最大负荷指规定时间内，电力系统总有功功率负荷的最大值，以千瓦(kW)、兆瓦(MW)、吉瓦(GW)为单位计。

(4) 额定频率。按国家标准规定，我国所有交流电力系统的额定频率为 50 Hz。

(5) 最高电压等级。最高电压等级是指该系统中最高的电压等级电力线路的额定电压。

8.1.3 电力系统的电压

1. 电压等级

我国电力系统的交流电力网的额定电压等级有 220 V、380 V、3 kV、6 kV、10 kV、35 kV、66 kV、110 kV、220 kV、330 kV、500 kV、750 kV 及 1000 kV。

习惯上把 1 kV 及以上的电压称为高压，1 kV 以下的电压称为低压。但要注意，所谓低压，是相对于高压而言的，绝不表明它对人身没有危险。

2. 各种电压等级的适用范围

1）输送功率和输送距离

前已述及，对应一定的输送功率和输送距离有一相对合理的线路电压。表 8－1 中列出了根据运行数据和经验确定的与各额定电压等级相适应的输送功率和输送距离。

表 8－1　电力网的额定电压与输送功率和输送距离的关系

线路电压/kV	线路结构	输送功率/MW	输送距离/km
3	架空线	0.1～1.0	1～3
	电缆线	0.1～1.5	1～2
6	架空线	0.1～1.2	4～15
	电缆线	0.2～3.0	3～8
10	架空线	0.2～2.0	6～20
	电缆线	0.5～5.0	5～10
35	架空线	2.0～10.0	20～50
66		3.5～30.0	30～100
110	架空线	10.0～50.0	50～150
220		100.0～500.0	100～300
330		200.0～800.0	200～600
500		1000.0～15000.0	150～850
750		2000.0～2500.0	500 以上
1000		3000 以上	1000～1500

2）输电电压

220 V～1000 kV 电压一般为输电电压，完成电能的远距离传输功能。该电网称为高压输电网。

3）配电电压

110 kV 及以下电压一般称为配电电压，完成对电能进行降压处理并按一定方式分配至电能用户的功能。其中 35～110 kV 配电网称为高压配电网，10～35 kV 配电网为中压配电网，1 kV 以下的配电网称为低压配电网。

4）用电电压

电动机、电热器等用电设备，一般采用三相电压 380 V 和单相电压 220 V 供电。照明用电一般采用 380/220 V 三相四线制供电，电灯接在 220 V 的相电压上。

8.2　工业企业供配电

工业企业是电力用户，它接收从电力系统输送来的电能。

8.2.1　工业企业供配电系统的组成

工业企业供配电系统是电力系统的电能用户，也是电力系统的重要组成部分。它由总降压变电所、高压配电所、配电线路、车间变电所或建筑物变电所和用电设备组成。图8-2所示为供配电系统结构框图。

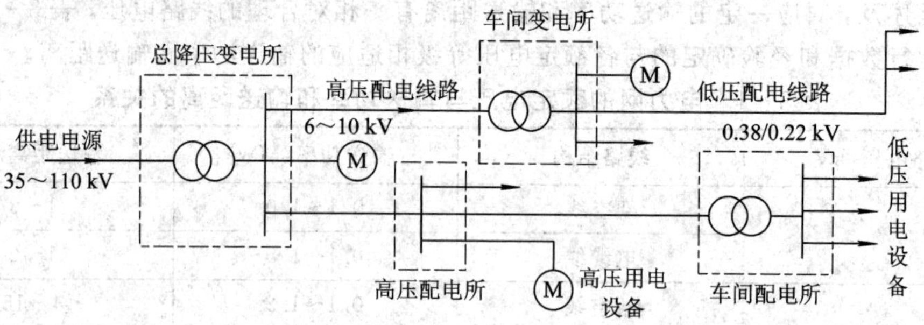

图8-2　供配电系统结构框图

总降压变电所是用户电能供应的枢纽。它将35～110 kV的外部供电电源电压降为6～10 kV高压配电电压，供给高压配电所、车间变电所或建筑物变电所和高压用电设备。

高压配电所集中接收6～10 kV电压，再分配到附近各车间变电所或建筑物变电所的高压用电设备。一般负荷分散、厂区较大的大型企业需要设置高压配电所。

配电线路分为6～10 kV厂内高压配电线路和380/220 V厂内低压配电线路。高压配电线路将总降压变电所与高压配电所、车间变电所或建筑物变电所和高压用电设备连接起来。低压配电线路将车间变电所或建筑物变电所380/220 V电压送给低压用电设备。

车间变电所或建筑物变电所将6～10 kV电压降为380/220 V电压，供低压用电设备使用。

对于某个具体的供配电系统，可能各组成部分都有，也可能只有其中的几个部分，这主要取决于电力负荷的大小和厂区的大小。不同的供配电系统，不仅组成完全不同，而且相同部分的构成也会有较大的差异，通常大型企业都设有总降压变电所，中小型企业仅设全厂6～10 kV变电所或配电所，某些特别重要的企业还设自备发电厂作为备用电源。

8.2.2　低压配电线路

1. 低压配电线路的连接方式

从车间变电所或配电箱(配电屏)到用电设备的线路属于低压配电线路。其连接方式主要有放射式、树干式、混合式等几种。

1) 放射式配电线路

放射式配电即由车间变电所或配电箱(配电屏)直接供给分配电盘或负载。放射式配电线路如图8-3所示。

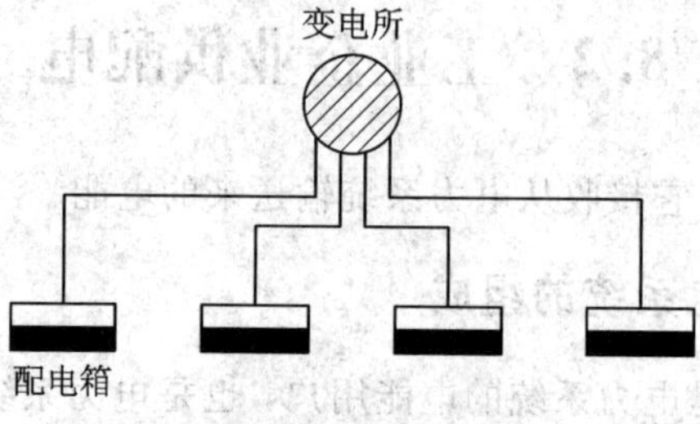

图8-3　放射式配电线路

由于各个负荷独立受电，配电线路相互独立，因而具有较高的可靠性，故障范围一般仅限于本回路，线路发生故障需要检修时也只切断本回路而不影响其他回路，维护检修方便；同时回路中电动机的起动引起的电压波动对其他回路的影响也较小。但是，这种配电方式配电导线用量大，采用的开关设备多，建设费用较高。这种连接方式适用于负载点比较分散，而每个点的用电量又较大，变电所居于各负载点中央的场合，故单台设备容量大或对配电可靠性要求较高时多采用放射式配电。

2）树干式配电线路

树干式配电即由车间变电所或配电箱(配电屏)引出一条线路同时向若干分配电盘或负载配电。树干式配电线路如图 8－4 所示。

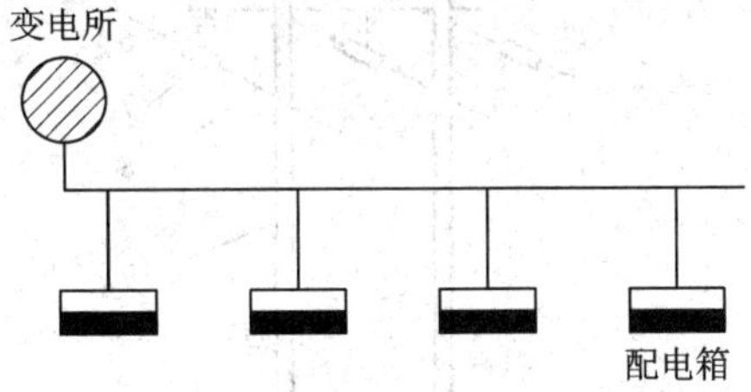

图 8－4　树干式配电线路

这种连接方式正好与放射式相反，它使用的导线和开关设备较少，投资运行费用较低，接线灵活性大，但供电可靠性差，若干线发生故障，则该条干线总开关就会跳闸，所带负荷将全部停电。这种配电方式适用于设备用电量小、负荷集中、负荷分布均匀且无特殊要求的场合，如用于一般照明的楼层分配电箱等。

3）混合式配电线路

混合式配电兼顾了放射式和树干式两种配电方式的特点，是将两者进行组合的配电方式。混合式配电线路如图 8－5 所示。

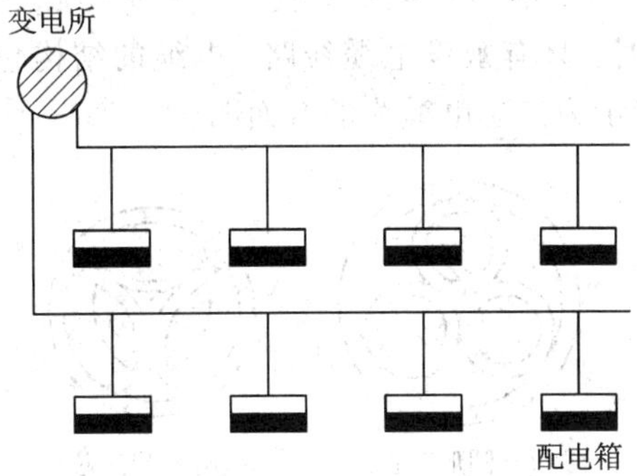

图 8－5　混合式配电线路

这种连接方式常用在照明及一般负荷的配电场合。例如，在高层建筑中，当每层照明负荷都较小时，可以从低压配电盘放射式引出多条干线，将楼层照明配电箱分组接入干线，局部为树干式。

2. 低压配电线路的结构

1）架空线

架空线具有投资少、安装容易、维护检修方便等优点，因而得到了广泛使用。但与电缆线相比，其缺点是受外界自然因素(风、雷、雨、雪)影响较大，故安全性、可靠性较差，并且不美观，有碍市容，所以其使用范围受到了一定限制。

架空线由导线、电杆、横担、绝缘子等组成，其示意图如图 8-6 所示。图 8-6(a)为低压架空线，图 8-6(b)为高压架空线。

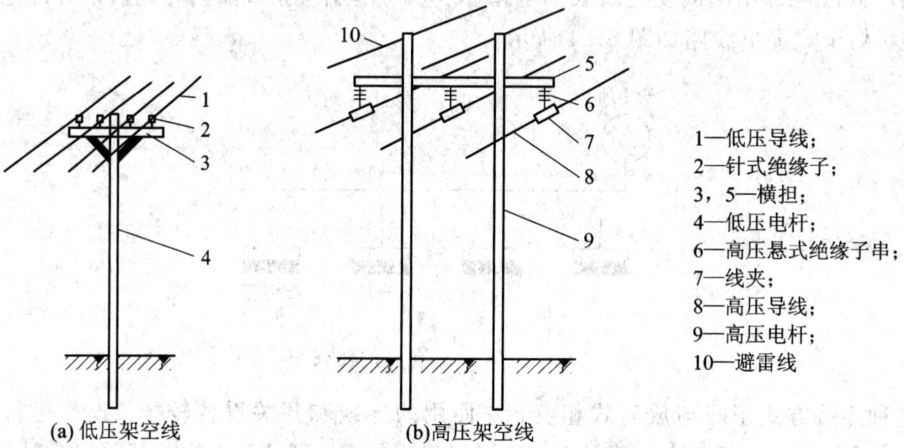

图 8-6　架空线示意图

常用的低压架空线有铝绞线、铜绞线(在架设高度较低的场合用绝缘线)。绞线是由多股导线组成的，其韧性较单股线好。

2）电缆线

电缆线与架空线相比，虽然具有成本高、投资大、维修不方便等缺点，但它具有运行可靠、不受外界影响、不占地、不影响美观等优点，特别是在有腐蚀气体和易燃、易爆场所，以及不易架设架空线时，只有敷设电缆线路。电缆的结构包括导电芯、绝缘层和保护层等几个部分。图 8-7 所示为三芯电缆线的截面图。

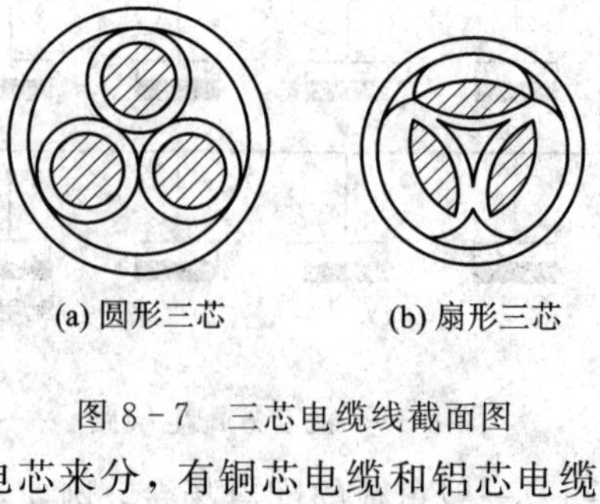

图 8-7　三芯电缆线截面图

电缆的种类很多，按导电芯来分，有铜芯电缆和铝芯电缆；按芯数分，有单芯、双芯、三芯、四芯等；按照电压等级分，有 0.5 kV、1 kV、6 kV、10 kV、35 kV 等；由于电缆的绝缘层和保护层的不同，又可分为油浸式绝缘铅包(铝包)电力电缆、聚乙烯绝缘-聚乙烯护套电力电缆(全塑电缆)、橡皮绝缘电力电缆、通用橡套软电缆等。

8.3 安全用电

电能是应用最广泛的能源，它对社会生产和人们物质文化生活起着非常重要的作用。但若使用不当，将会造成用电设备的损坏，甚至发生触电，造成人身伤亡事故。所以，安全用电是劳动保护教育和安全技术中的主要组成部分之一。下面介绍有关安全用电的几个问题。

8.3.1 触电事故

造成触电事故的主要原因有以下几个方面：

1. 违章操作

(1) 违反“停电检修安全工作制度”，因误合闸而造成维修人员触电。

(2) 违反“带电检修安全操作规程”，使操作人员触及电器的带电部分。

(3) 带电移动电气设备。

(4) 用水冲洗或用湿布擦拭电气设备。

(5) 违章救护他人触电，造成救护者一起触电。

(6) 对有高压电容的线路检修时，未进行放电处理而导致触电。

2. 施工不规范

(1) 误将电源保护接地与零线相接，且插座火线、零线位置接反，使机壳带电。

(2) 插头接线不合理，造成电源线外露，导致触电。

(3) 照明电路的中线接触不良或安装保险而造成中线断开，导致家用电器损坏。

(4) 照明线路敷设不合规范，造成搭接物带电。

(5) 随意加大保险丝的规格，使保险丝失去短路保护作用，导致电器损坏。

(6) 施工中未对电气设备进行接地保护处理。

3. 产品质量不合格

(1) 电气设备缺少保护设施而造成电器在正常使用情况下损坏和触电。

(2) 带电作业时，使用不合理的工具或绝缘设施造成维修人员触电。

(3) 产品使用劣质材料，使其绝缘等级、抗老化能力较低，容易造成触电。

(4) 生产工艺粗制滥造。

(5) 电热器具使用塑料电源线。

4. 偶然因素

电力线突然断裂使行人触电，狂风吹断树枝将电线砸断，雨水进入家用电器使机壳漏电等偶然事件均会造成触电事故。

8.3.2 电流对人体的危害

由于不慎触及带电体而产生触电事故，使人体受到各种不同的伤害。根据伤害性质可分为电击和电伤两种。电击是指电流通过人体，影响呼吸系统、心脏和神经系统，从而造成人体内部组织的破坏乃至死亡。电伤是指在电弧作用下或熔断丝熔断时对人体外部的伤害，如烧伤、金属溅伤等。

实践证明，绝大部分触电事故都是由电击造成的。电击伤害的程度取决于通过人体的电流的大小、持续时间、频率以及电流通过人体的途径等因素。

1. 人体电阻的大小

人体的电阻愈大，通入的电流愈小，伤害程度也就愈轻。根据研究结果，当皮肤有完好的角质外层并且较干燥时，人体的电阻大约为 $10^4 \sim 10^5$ Ω；当角质外层被破坏时，人体的电阻会降到 800 ～ 1000 Ω。

2. 电流通过时间的长短

电流通过人体的时间愈长，伤害愈严重。我国规定安全电流为工频 30 mA，触电时间不超过 1 s，即通过人体的安全电量是 30 mA·s。

3. 电流的大小

如果通过人体的电流在 0.05 A 以上，则会有生命危险。一般来说，接触 36 V 以下的电压时，通过人体的电流不会超过 0.05 A，故把 36 V 的电压作为安全电压。如果在潮湿的场所，则安全电压还要规定得低一些，通常是 24 V 或 12 V。

4. 电流的频率

直流和频率为工频 50 Hz 左右的交流对人体的伤害最大，而 20 kHz 以上的交流对人体无危害，高频电流还可以治疗某些疾病。

此外，电击后的伤害程度还与电流通过人体的路径以及与带电体接触的面积和压力有关。

8.3.3 触电方式

1. 接触正常带电体

(1) 电源中性点接地系统的单相触电如图 8-8 所示。这时人体处于相电压之下，危险性较大。如果人体与地面的绝缘较好，则危险性可以大大减小。

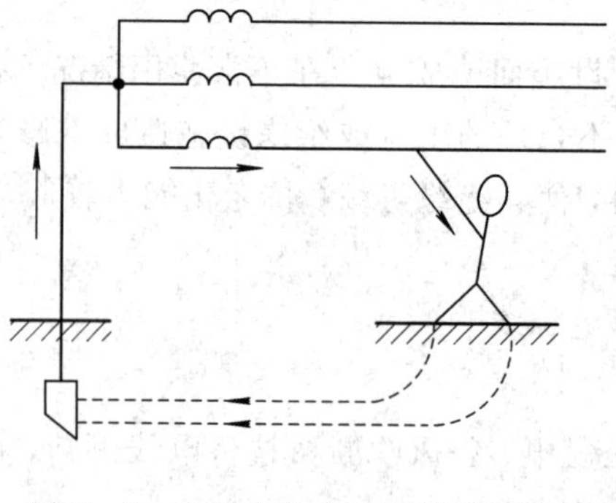

图 8-8 电源中性点接地的单相触电

(2) 电源中性点不接地系统的单相触电如图 8-9 所示。这种触电也有危险。乍看起来，似乎电源中性点不接地时，不能构成电流通过人体的回路。其实不然，要考虑到导线与地面间的绝缘可能不良(对地绝缘电阻为 R')，甚至有一相接地，在这种情况下人体中会有电流通过。在交流的情况下，导线与地面间存在的电容也可构成电流的通路。

(3) 两相触电最为危险，因为人体处于线电压之下，但这种情况不常见。

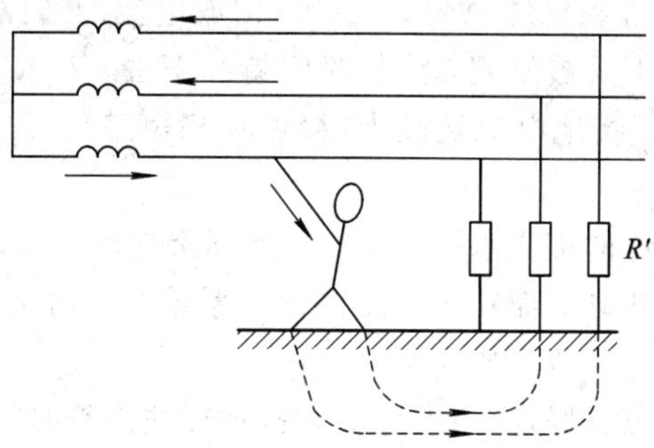

图 8-9　电源中性点不接地的单相触电

2. 接触正常不带电的金属体

触电的另一种情形是接触正常不带电的部分。例如，电机的外壳本来是不带电的，但由于绕组绝缘损坏而与外壳相接触，便会使外壳带电。人手触及带电的电机(或其他电气设备)外壳，相当于单相触电。大多数触电事故属于这一种。为了防止这种触电事故，对电气设备常采用保护接地和保护接零(接中性线)的保护装置。

8.3.4　接地和接零

为了人身安全和电力系统工作的需要，要求电气设备采取接地措施。按接地目的的不同，接地主要可分为工作接地、保护接地和保护接零三种形式，如图 8-10 所示。图中的接地体是埋入地中并且直接与大地接触的金属导体。

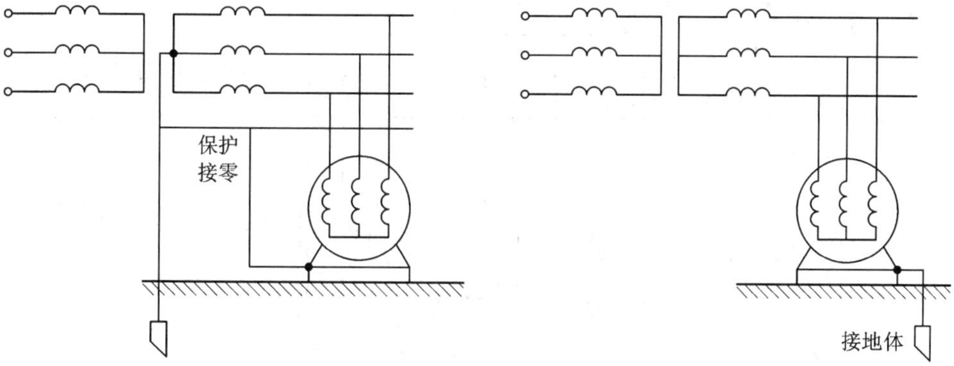

(a) 工作接地　　(b) 保护接地

图 8-10　工作接地、保护接地和保护接零

1. 工作接地

电力系统由于运行和安全的需要，常将中性点接地，如图 8-10(a)所示，这种接地方式称为工作接地。工作接地主要有以下几个目的：

(1) 降低触电电压。在中性点不接地的系统中，当一相接地而人体触及另外两相之一时，触电电压将为相电压的$\sqrt{3}$倍，即为线电压；而在中性点接地的系统中，在上述情况下，触电电压就降低到等于或接近相电压。

(2) 迅速切断故障设备。在中性点不接地的系统中，当一相接地时，接地电流很小(因为导线和地面之间存在电容和绝缘电阻，也可以构成电流的通路)，不足以使保护装置动作而切断电源，接地故障不易被发现，将长时间持续下去，对人身不安全；而在中性点接地的系统中，一相接地后，接地电流比较大(接近单相短路)，保护装置迅速动作，断开故障点。

(3) 降低电气设备对地的绝缘水平。在中性点不接地的系统中，一相接地时将使另外两相的对地电压升高到线电压；而在中性点接地的系统中，则接近于相电压，故可降低电气设备和输电线的绝缘水平，节省成本。

但是，中性点不接地也有好处：第一，一相接地往往是瞬时的，能自动消除，在中性点不接地的系统中，不会跳闸和发生停电事故；第二，一相接地故障可以允许短时存在，这样以便寻找故障原因和修复故障。

2. 保护接地

保护接地是将电气设备的金属外壳(正常情况下是不带电的)接地，适用于中性点不接地的低压电气系统。

图 8-11 所示是电动机的保护接地，其可以分两种情况来分析。

(1) 当在电动机某一相绕组的绝缘损坏使外壳带电而外壳未接地时，若人体触及外壳，则相当于单相触电。这时，接地电流 I_e(经过故障点流入地中的电流)的大小取决于人体电阻 R_b和绝缘电阻 R'。当系统的绝缘性能下降时，就有触电的危险。

(2) 当电动机某一相绕组的绝缘损坏使外壳带电而外壳接地时，若人体触及外壳，则由于人体的电阻 R_b与接地电阻 R_0并联，而通常 R_b远远大于 R_0，所以通过人体的电流很小，不会有危险。这就是保护接地保证人身安全的作用。

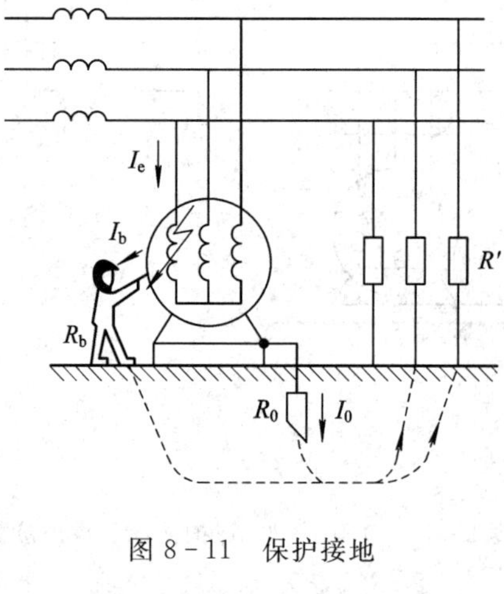

图 8-11 保护接地

3. 保护接零

保护接零是将电气设备的金属外壳接到零线(或称中性线)上，适用于中性点接地的低压电气系统。

图 8-12 所示是电动机的保护接零。当电动机某一绕组的绝缘损坏而与外壳相接时，即形成单相短路，会迅速将这一相中的熔丝熔断，因而外壳便不再带电。即使在熔丝熔断前人体触及外壳，也由于人体电阻远大于线路电阻，因而通过人体的电流极为微小。这种保护接零方式称为 TN-C 系统。

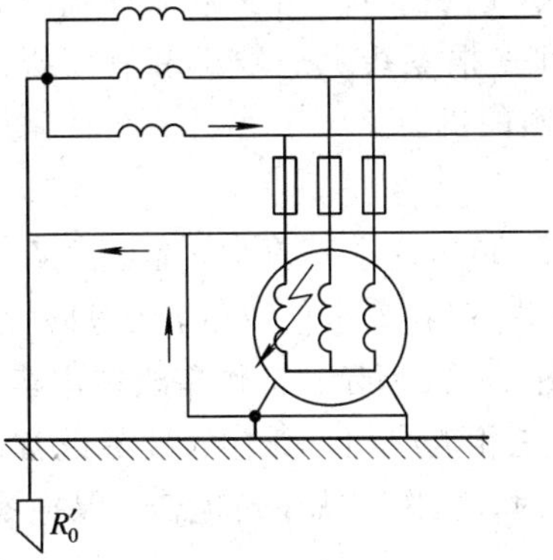

图 8－12　保护接零

为什么在中性点接地的系统中不采用保护接地呢？因为采用保护接地时，若电气设备的绝缘损坏，则接地电流：

$$I_e = \frac{U_p}{R_0 + R_0'}$$

式中，U_p为系统的相电压；R_0和 R_0' 分别为保护接地和工作接地的接地电阻。如果系统的电压为 380/220 V，$R_0 = R_0' = 5\ \Omega$，则接地电流：

$$I_e = \frac{220}{5+5}A = 22\ A$$

为了保证保护装置能可靠地动作，接地电流不应小于继电保护装置动作电流的 1.5 倍或熔丝额定电流的 3 倍。因此 22 A 的接地电流只能保证断开动作电流不超过$\frac{22}{1.5}$ A＝14.7 A 的继电保护装置或额定电流不超过$\frac{22}{3}$ A＝7.3 A 的熔丝。如果电气设备的容量较大，就得不到保护，接地电流长期存在，外壳也将长期带电，其对地电压为

$$U_e = \frac{U_p}{R_0 + R_0'}R_0$$

如果 $U_p = 220$ V，$R_0 = R_0' = 5\ \Omega$，则 $U_e = 110$ V。可以看出，此电压值的大小对人体是不安全的。

4. 保护接零与重复接地

在中性点接地系统中，除采用保护接零外，还应采用重复接地，即将零线相隔一定距离多处进行接地，如图 8－13 所示。当零线在“×”处断开，电动机一相碰壳时：

（1）如无重复接地，则人体触及外壳，相当于单相触电，是有危险的（如图 8－8 所示）。

（2）如重复接地，则由于多处重复接地的接地电阻并联，使外壳对地电压大大降低，减小了危险程度。

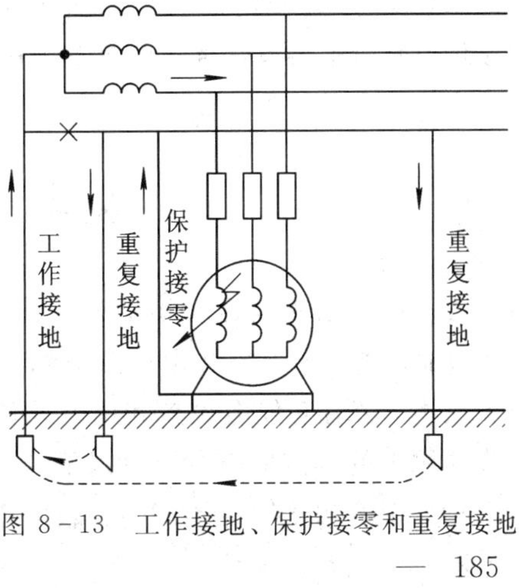

图 8－13　工作接地、保护接零和重复接地

为了确保安全，零干线必须连接牢固，开关和熔断器不允许装接在零干线上。但引入住宅和办公场所的一根相线和一根零线上一般都装有双极开关，并都装有熔断器，如图 8-14 所示，以增加短路时熔断的机会。

5. 工作零线与保护零线

在三相四线制系统中，由于负载往往不对称，零线中有电流，因而零线对地电压不为零，距电源越远，电压越高，但一般在安全值以下，无危险性。为了确保设备外壳对地电压为零，专设保护零线 PE，如图 8-14 所示。工作零线在进建筑物入口处要接地，进户后再另设一保护零线，这样就成为三相五线制。所有的接零设备都要通过三孔插座(L、N、E)接到保护零线上。在正常工作时，工作零线中有电流，保护零线中不应有电流。

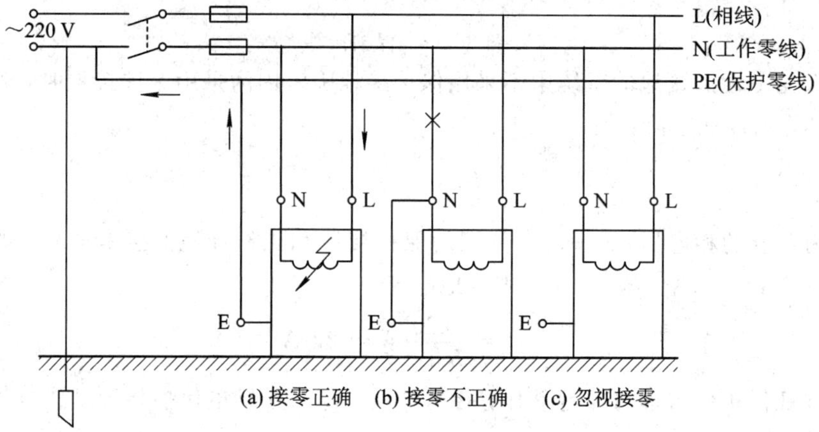

图 8-14　工作零线与保护零线

图 8-14(a)是正确连接。当绝缘损坏且外壳带电时，短路电流经过保护零线，将熔断器熔断，切断电源，消除触电事故。图 8-14(b)的连接是不正确的，因为如果在“×”处断开，绝缘损坏后外壳便会带电，将会发生触电事故。有的用户在使用日常电器(如手电钻、电冰箱、洗衣机、台式电扇等)时，忽视外壳的接零保护，插上单相电源就用，如图 8-14(c)所示，这是十分不安全的，因为一旦绝缘损坏，外壳就会带电，可能会发生触电事故。

在图 8-14 中，从靠近用户处的某点开始，工作零线 N 和保护零线 PE 分为两条，而在前面从电源中性点处开始两者是合一的。也可以在电源中性点处，两者就已分为两条而共同接地，此后不再有任何电气连接，这种保护接零方式称为 TN-S 系统。图 8-14 中的保护接零方式称为 TN-C-S 系统。

8.4　节约用电

随着我国社会主义建设事业的发展，各方面的用电需要日益增长。为了满足这种需要，除增加发电量外，还必须注意节约用电，使每一度电都能发挥它的最大效用，从而降低生产成本，节省对发电设备和用电设备的投资。

节约用电的具体措施主要有以下几个方面：

(1) 发挥用电设备的效能。负载电动机和变压器通常在接近额定负载时运行效率最高，轻载时效率较低。因此，必须正确选用它们的功率。

(2) 提高线路和用电设备的功率因数。提高功率因数的目的在于发挥发电设备的潜力和减少输电线路的损失。对于工矿企业，功率因数一般要求达到 0.9 以上。

(3) 降低线路损失。要降低线路损失，除提高功率因数外，还必须合理选择导线截面，适当缩短大电流负载(例如电焊机)的连接，保持连接点的紧接，安排三相负载接近对称，等等。

(4) 技术革新。例如：电车上采用晶闸管调速比电阻调速可节电 20%左右；电阻炉上采用硅酸铝纤维代替耐火砖作保温材料，可节电 30%左右；采用精密铸造后，可使铸件的耗电量大大减小；采用节能灯后，耗电大、寿命短的白炽灯也将被淘汰。

(5) 加强用电管理，特别是注意照明用电的节约。

习　题　8

8-1　为什么远距离输电要采用高电压?

8-2　在同一供电系统中为什么不能同时采用保护接地和保护接零?

8-3　为什么中性点不接地的系统中不采用保护接零?

8-4　如何区别工作接地、保护接地和保护接零?为什么在中性点接地系统中，除采用保护接零外，还要采用重复接地?

第 9 章　半导体二极管和晶体管

半导体二极管和晶体管是最常用的半导体器件。本章先介绍半导体的基本知识，接着讨论半导体器件的核心——PN 结，在此基础上，讨论半导体二极管和晶体管的结构、工作原理、特性曲线和主要参数，最后对场效应管作简单介绍。

9.1　PN 结

9.1.1　半导体的基本知识

自然界的物质按照其导电能力的大小可分为导体、绝缘体和半导体三类。

物质的导电性质取决于原子结构。电阻率在 10^{-4} Ω·cm 以下的物质称为导体，导体一般由低价元素构成，如铜、铁、铝等金属，其最外层电子受原子核的束缚力很小，因而容易挣脱原子核的束缚而成为自由电子。在外电场力的作用下，这些电子产生定向移动形成电流，显示出较好的导电特性。

电阻率在 10^{10} Ω·cm 以上的物质称为绝缘体，如高价元素(惰性气体)和高分子物质(橡胶、塑料)，最外层电子受原子核束缚力很强，极难摆脱原子核的束缚成为自由电子，所以其导电性极差，可作为绝缘材料。

电阻率在 10^{-4}～10^{10} Ω·cm 的物质统称为半导体，如硅、锗、砷化物等，它们的最外层电子既不像导体那样极易摆脱原子核的束缚成为自由电子，又不像绝缘体那样被原子核束缚得那么紧，因此，半导体的导电性介于导体和绝缘体之间。

半导体在光照和热辐射条件下，其导电性有明显的变化，称之为光敏特性和热敏特性。利用半导体的这些特性即可做成各种光敏电阻和热敏电阻。另外，当在半导体中人为地掺入特定的杂质元素时，其导电性能将急剧增加，称之为掺杂特性。这些特殊的性质决定了半导体可以制作二极管、双极晶体管、场效应晶体管及晶闸管等各种电子器件。

9.1.2　本征半导体

不含任何杂质、纯净晶体结构的半导体称为本征半导体。以硅(Si)和锗(Ge)为例，它们都是四价的元素，原子结构的简化模型如图 9-1 所示。最外层的四个价电子受原子核的束缚力较小，容易与相邻原子中的价电子构成共价键。这样硅与锗的晶体结构是每一个原子与相邻四个原子结合构成的共价键结构，如图 9-2 所示。在绝对零度时，价电子没有能力挣脱共价键的束缚而成为自由电子，这时的本征半导体就是良好的绝缘体。当温度升高时，原子获得能量，价电子也获得能量，有少数价电子获得足够的能量挣脱共价键的束缚而成为自由电子，与此同时，在原来的共价键中留下一个空位，这个空位称为空穴，这种情况称为本征热激发。

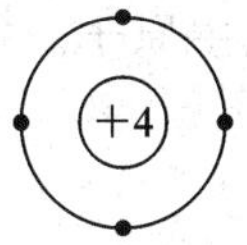

图 9-1 硅和锗原子结构简化模型

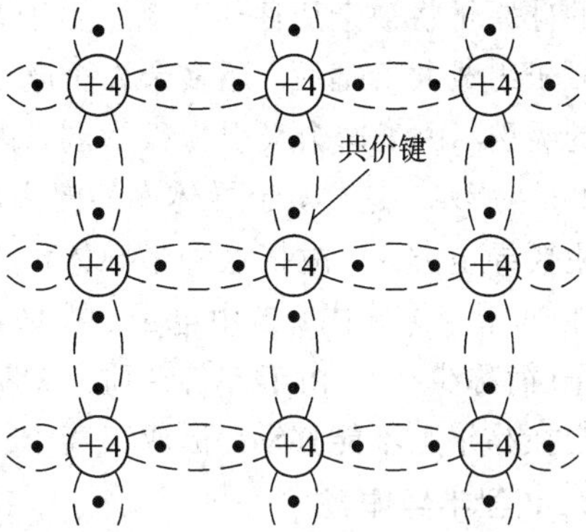

图 9-2 本征半导体晶体结构示意图

由空穴的成因可知，空穴和自由电子是成对出现的，即在本征半导体中，自由电子数和空穴数相等。空穴由于失去一个价电子而带正电，自由电子带负电，如图 9-3 所示。

共价键中出现空穴后，在外电场的作用下，邻近的价电子就有可能填补到这个空位上，而在这个电子原来的位置上又留下新的空位，以后其他电子又可以转移到这个空位上。依次这样不断地出现新的空穴和填补空穴的过程。

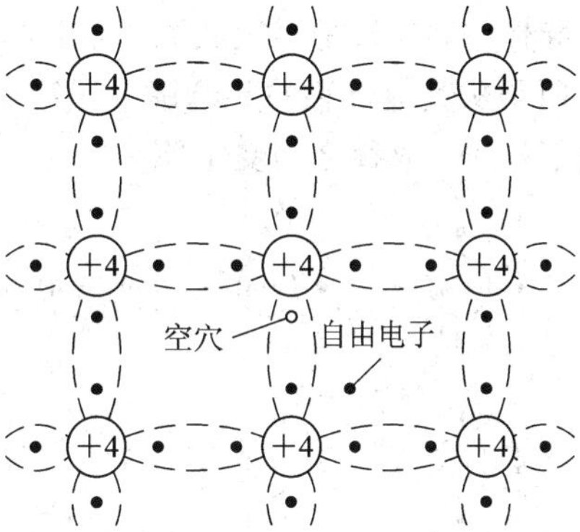

图 9-3 本征半导体中的自由电子和空穴

当半导体两端加上电场后，本征半导体中的自由电子和空穴将会产生定向移动，一方面，带负电的自由电子逆电场方向定向运动，形成电子电流；另一方面，价电子按一定方向依次填补空穴，即带正电的空穴顺电场方向定向运动，形成空穴电流。电子与空穴的运动方向相反，因此，在半导体中，电流是电子电流和空穴电流之和。

这是半导体导电方式的最大特点，也是半导体和金属在导电原理上的本质差别。

自由电子与空穴都称为载流子，它们总是同时产生，同时又不断复合。当温度一定时，载流子的产生和复合会达到动态平衡，于是载流子的数目便维持在一个定值。温度越高，本征激发就越强烈，半导体中的载流子数目就越多。在常温附近，温度每升高 8℃，硅的载流子数目就增加一倍；温度每升高 12℃，锗的载流子数目就增加一倍。因此，半导体导电能力随温度的增加而显著增强。尽管如此，常温下的本征半导体的导电能力还是很弱的。

9.1.3 杂质半导体

在本征半导体内掺入微量的杂质，半导体的导电能力就会发生显著变化。掺入杂质的半导体称为杂质半导体。杂质半导体按掺入的杂质的性质可分为 N 型半导体(电子型半导体)和 P 型半导体(空穴型半导体)两类。

1. N 型半导体

在硅或锗的晶体中，掺入微量的五价杂质元素，如磷、锑、砷等，则晶体点阵中某些位置上的硅原子将被杂质原子代替。由于杂质原子有 5 个价电子，它们以 4 个价电子和相邻的硅原子组成共价键后，还多余 1 个电子，这个多余的电子不受共价键束缚，只受自身原子核的吸引，由于这个吸引力很微弱，因此这个多余的价电子在常温下就成为自由电子，如图 9-4 所示。这样，半导体中的自由电子数目就大大增加，自由电子导电成为这种半导体的主要导电方式，故把这种半导体称为电子型半导体或 N 型半导体。

在 N 型半导体中，自由电子是多数载流子(简称多子)，由本征激发产生的空穴是少数载流子(简称少子)。由于 5 价杂质元素提供电子，故称之为施主原子。失去电子的杂质原子固定在晶格上不能移动，形成正离子。

2. P 型半导体

与 N 型半导体相反，在本征半导体中掺入少量的三价杂质元素，如硼、镓、铟等，因杂质原子只有 3 个价电子，它与周围的硅或锗原子组成共价键时，因缺少 1 个电子，在晶体中便产生一个空穴，如图 9-5 所示，从而使半导体中空穴的数目大大增加，这时空穴导电成为这种半导体的主要导电方式，故这种半导体称为空穴型半导体或 P 型半导体。在 P 型半导体中，空穴是多数载流子，由本征激发产生的电子是少数载流子。固定在晶格上的杂质原子从其他位置的共价键中夺得 1 个电子后成为负离子。由于三价杂质元素中的空位获得了电子，故称之为受主原子。

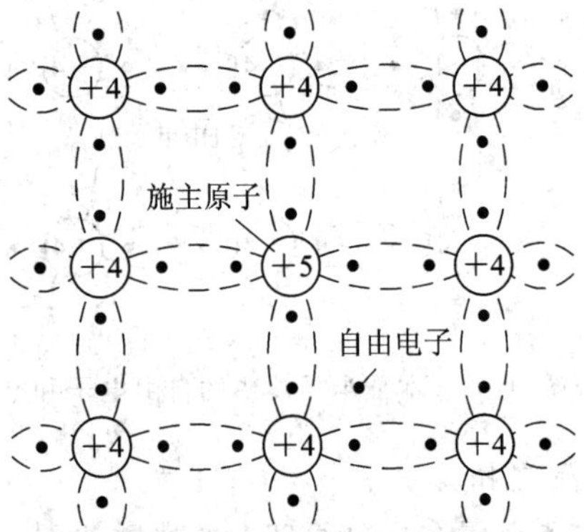

图 9-4 N 型半导体的共价键结构

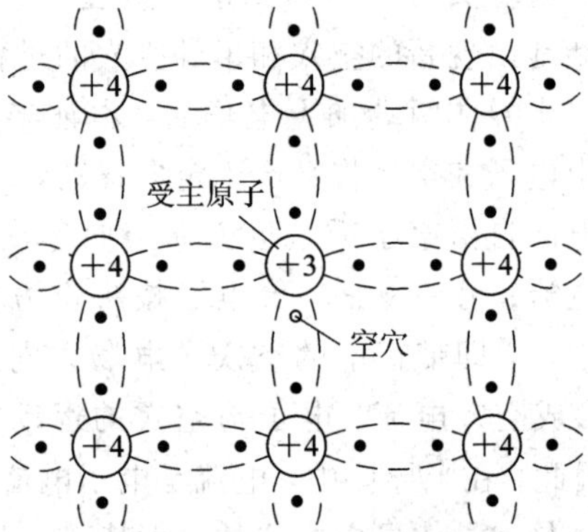

图 9-5 P 型半导体的共价键结构

总之，在杂质半导体中，多数载流子由掺杂形成，其数量取决于掺杂浓度，少数载流子由本征激发产生，其数量由温度决定。在常温下，即使杂质浓度很低，多数载流子的数目仍远远大于少数载流子数目，因此，杂质半导体的导电性能由掺杂浓度决定。

9.1.4 PN 结的形成及特性

在一块 P 型(或 N 型)半导体的局部掺入浓度较大的五价(或三价)元素，使这个局部变成 N 型(或 P 型)半导体，这样在两种半导体的交界面就形成了一个 PN 结。PN 结是构成各种半导体器件的基础。

1. PN 结的形成

物质总是由浓度高的地方向浓度低的地方运动，这种由于浓度差产生的运动称为扩散运动。当把 P 型半导体和 N 型半导体制作在一起时，在它们的交界处，由于电子和空穴的浓度差悬殊，因而会产生扩散运动，如图 9-6 所示。

在交界面附近，N 区中的电子向 P 区扩散，与 P 区中的多子空穴复合，在 N 区留下带正电的五价杂质离子；同时 P 区中的空穴向 N 区扩散，与 N 区中的电子复合，在 P 区留下一些带负电的三价杂质离子。交界面载流子浓度下降，P 区出现负离子区，N 区出现正离子区，由于正、负离子是不能移动的，故称之为空间电荷区。扩散运动越强，空间电荷区越宽。同时，正、负离子形成一个电场方向由 N 区指向 P 区的内电场，如图 9-7 所示。

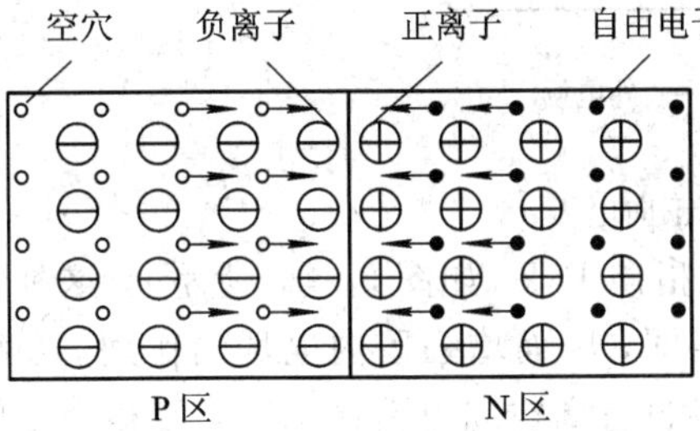

图 9-6　多数载流子的扩散运动

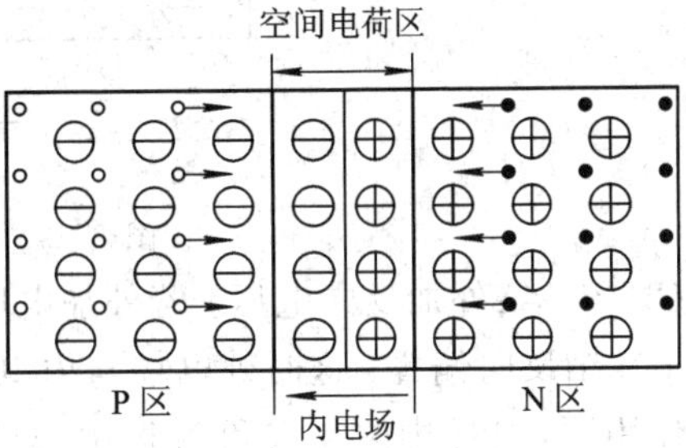

图 9-7　内电场的形成

在电场力的作用下，载流子的运动称为漂移运动。在空间电荷区形成的内电场作用下，少子做漂移运动，空穴由 N 区向 P 区漂移，而自由电子由 P 区向 N 区漂移，其运动方向正好与扩散运动的方向相反，阻碍扩散运动，产生使空间电荷区变窄的趋势。载流子扩散得越多，内电场越强；内电场越强，漂移运动越强，对载流子扩散的阻力越大。

当扩散运动和漂移运动达到动态平衡时，空间电荷区的宽度就稳定下来了，处于相对稳定的状态，这时，空间电荷区的宽度一般为几微米至几十微米，该空间电荷区称为 PN 结，如图 9-8 所示。

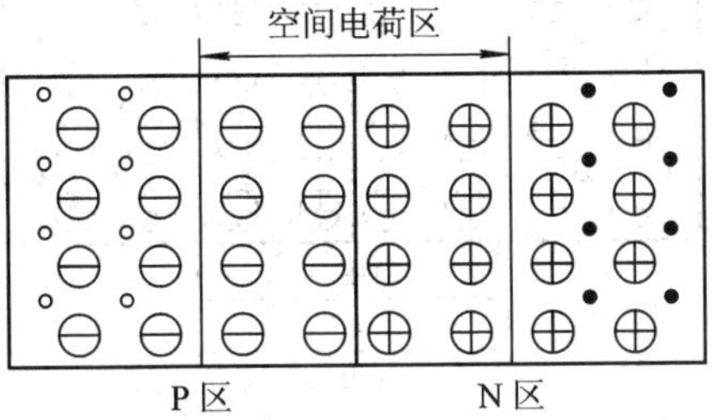

图 9-8　平衡状态下的 PN 结

2. PN 结的单向导电性

上面讨论的是 PN 结在没有外加电压时的情况，下面讨论在 PN 结上外加电压后的情况。

(1) PN 结外加正向电压。若外加电压从 P 区指向 N 区(如图 9-9 所示)，这时外电场与内电场方向相反，外电场削弱内电场，PN 结的动态平衡被破坏，在外电场的作用下，P 区中的空穴进入空间电荷区，与一部分负离子中和，N 区中的自由电子进入空间电荷区与一部分正离子中和，于是整个空间电荷区变窄，从而使多子的扩散运动增强，形成较大的扩散电流，这个电流称为正向电流，其方向是从 P 区指向 N 区。这种外加电压的接法称为正向偏置。

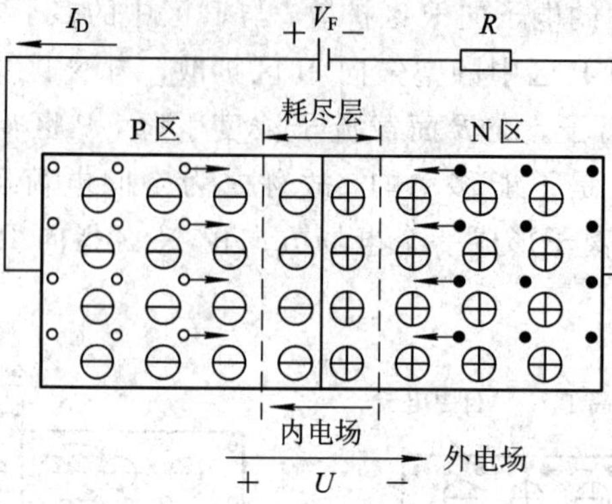

图 9-9　PN结外加正向电压

(2) PN结外加反向电压。若外加电压从N区指向P区(如图9-10所示)，这种情况称为PN结反向偏置。这时外电场与内电场方向相同，因而增强了内电场的作用。在外电场的作用下，P区中的空穴和N区中的自由电子各自背离空间电荷区运动，使整个空间电荷区变宽，从而抑制了多子的扩散运动，加强了少子的漂移运动，形成反向电流。由于少子的浓度低，因此这个反向电流非常小，在一定温度下，当反向电压超过零点几伏后，反向电流将不再随电压增加而增大，所以反向电流又称为反向饱和电流，通常用I_S表示。I_S由少子的浓度决定，而少子的浓度又与温度有关，因此随着温度的升高，少子的浓度将会大幅增大，I_S也急剧增大。

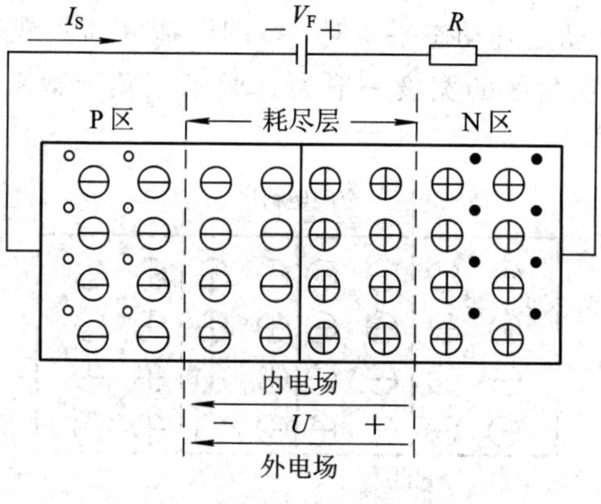

图 9-10　PN结外加反向电压

综上所述，可知PN结具有单向导电性：PN结正向偏置时，回路中有较大的正向电流，PN结呈现的电阻很小，PN结处于导通状态；PN结反向偏置时，回路中电流非常小，PN结呈现的电阻非常高，PN结处于截止状态。

9.2　半导体二极管

9.2.1　二极管的基本结构

将PN结加上相应的电极引线和管壳，就成为二极管。按结构分类，二极管有点接触型、面接触型和平面型三类。点接触型二极管(一般为锗管)如图 9－11(a)所示，它的 PN 结结面积很小，因此不能通过较大的电流，但其高频性能好，故一般适用于高频和小功率的工作，也可用做数字电路中的开关元件。面接触型二极管(一般为硅管)如图 9－11(b)所示，它的 PN 结结面积很大，所以可通过较大的电流，但其工作频率较低，一般用做整流。平面型二极管如图 9－11(c)所示，可用做大功率整流管和数字电路中的开关管。图 9－11(d)是二极管的表示符号。

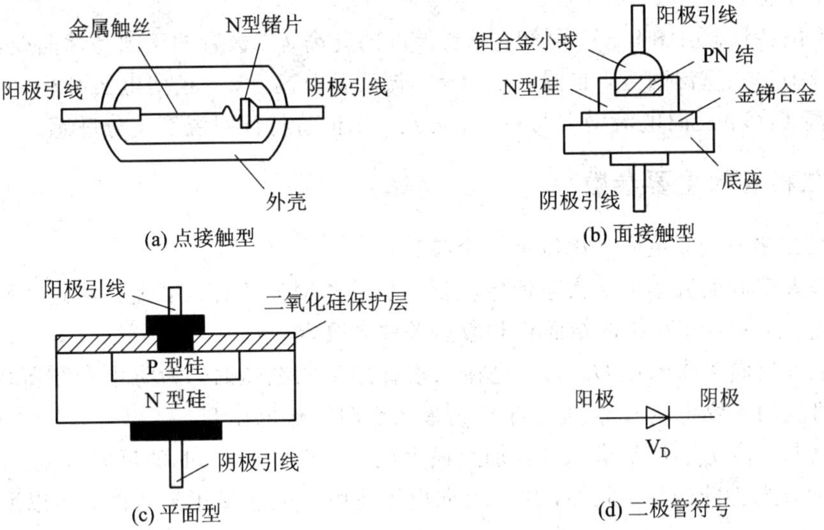

图 9－11　半导体二极管的结构与符号

9.2.2　二极管的伏安特性与温度特性

二极管是由 PN 结加上引线和管壳构成的，实质上就是一个 PN 结。但是真正的二极管要考虑到引线的电阻等因素的影响，二极管和 PN 结的特性略有差异。二极管的伏安特性曲线如图 9－12 所示。下面将对二极管的特性作一介绍。

(1) 正向特性。正向电压低于某一数值时，正向电流很小，只有当正向电压高于某一数值时，正向电流才从零随端电压按指数规律增大。该电压称为开启电压 U_{ON}，又称门限电压或死区电压。在室温下，硅材料管的 U_{ON} 约为 0.5 V，锗材料管的 U_{ON} 约为 0.1 V。

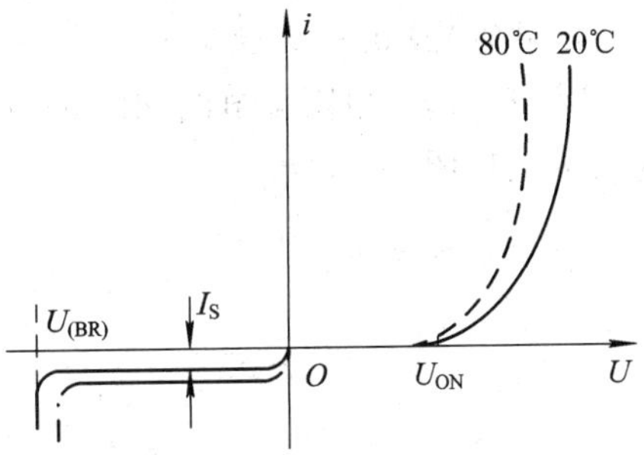

图 9－12　二极管的伏安特性

(2) 反向特性。二极管外加反向电压时，反向电流数值很小，且基本不变，该电流称为反向饱和电流 I_S。当反向电压增加到一定数值时，反向电流会急剧增加，产生电击穿，此刻的电压值称为击穿电压，用 $U_{(BR)}$ 表示。普通二极管被击穿后，一般就不再有单向导电性。

从二极管的伏安特性曲线可以看出，二极管的电流电压关系不是线性关系，因此，二极管是非线性元件。根据半导体物理的理论分析，二极管的伏安关系为

$$I = I_S(e^{\frac{u}{U_T}} - 1) \tag{9-1}$$

其中，I_S为反向饱和电流，$U_T = kT/q$ 为温度电压当量。在常温($T = 300$ K)下，$U_T \approx$ 26 mV。

式(9-1)称为二极管方程，由此可见，当二极管加反向电压时，$u<0$，若$|u| \gg U_T$，则 $e^{\frac{u}{U_T}} \approx 0$，$I = -I_S$；当二极管加正向电压时，若 $u \gg U_T$，则 $e^{\frac{u}{U_T}} \gg 1$，$I = I_S e^{\frac{u}{U_T}}$。电流和电压基本上为指数关系。

(3) 温度特性。由图 9-12 可知，随着温度的升高，二极管的正向特性曲线左移，反向特性曲线下移。在室温附近，在同一电流下，温度每升高 1℃，正向电压减少 2～2.5 mV；温度每升高 10℃，反向电流增大约一倍。可见，二极管特性对温度十分敏感。

9.2.3 二极管的主要参数

在使用二极管时，主要考虑以下几个参数：

(1) 最大整流电流 I_F：最大整流电流指二极管长时间工作时，允许流过二极管的最大正向平均电流，它由 PN 结的结面积和散热条件来决定。

(2) 最大反向工作电压 U_R：U_R 是在二极管加反向电压时，为防止击穿所取的安全电压。一般将反向击穿电压 $U_{(BR)}$ 的一半定为最大反向工作电压 U_R。

(3) 反向电流 I_R：I_R是指二极管加上最大反向工作电压 U_R时的反向电流。I_R越小，二极管的单向导电性能越好。此外，由于反向电流是由少数载流子形成的，所以温度对 I_R的影响很大。

(4) 最高工作频率 f_M：f_M主要由 PN 结电容的大小来决定，结电容愈大，则 f_M就越低。使用时，若工作频率超过 f_M，则二极管的单向导电性就变差，甚至无法使用。

二极管的应用范围很广泛，主要是利用二极管的单向导电性，通常用于整流、检波、限幅、元件保护等方面，此外在数字电路中常作为开关元件等。

在分析含二极管的电路时，二极管一般采用理想模型或恒压源模型，两者的主要区别是当二极管正向导通时，理想二极管上的压降为零，而恒压源模型的二极管上的压降为 0.7 V(硅管)或 0.3 V(锗管)。

【例 9-1】 单限幅电路如图 9-13(a)所示，已知 $u_i = 5\sin\omega t$，$E = 3$ V，试画出输出电压 u_o的波形图。

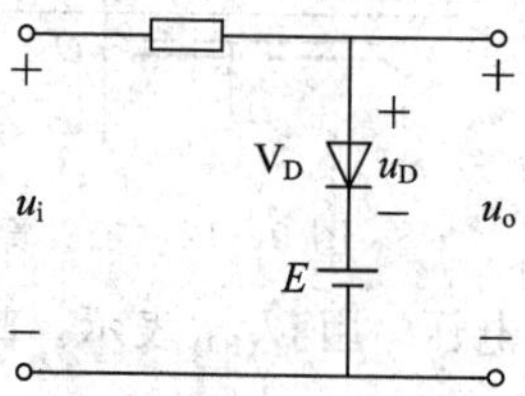

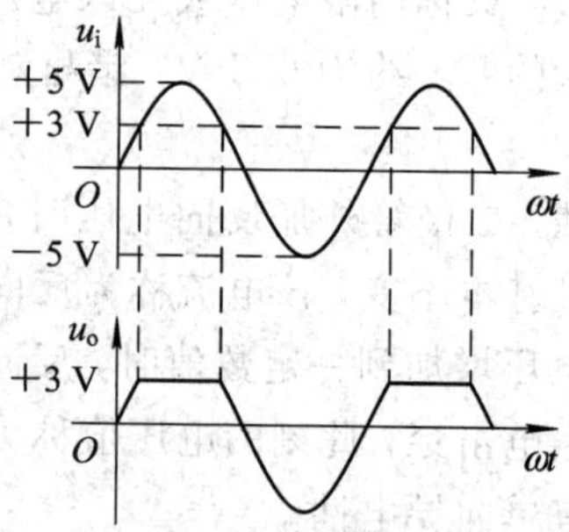

图 9-13 例 9-1 图

解　当 $0 \leqslant u_i < 3$ V 时，二极管外加电压 $u_D = u_i - 3$ V<0，二极管截止，相当于开路，输出端电压 u_o 等于输入电压 u_i。

当 3 V$<u_i \leqslant 5$ V 时，二极管端电压 $u_D = u_i - 3$ V>0，二极管导通，相当于短路，输出端电压 $u_o = E = 3$ V。

当 $u_i \leqslant 0$ V 时，二极管端电压 $u_D = u_i - 3$ V<0，二极管截止，相当于开路，输出端电压 u_o 等于输入电压 u_i。

综上分析，可画出输出电压 u_o 的波形图，如图 9－13(b)所示。

改变电源 E 的值可改变限幅电平，改变二极管的极性可组成下限幅电路，也可将上、下限幅电路组合起来构成双向限幅电路。

【例 9－2】　单向半波整流电路如图 9－14(a)所示，试画出输出电压 u_o 的波形图。

解　当 $u_i \geqslant 0$ V 时，即在正半周，二极管导通，则负载上的电压 $u_o = u_i$；

当 $u_i \leqslant 0$ V 时，即在负半周，二极管截止，则负载上的电压 $u_o = 0$。

由上述分析可画出输出波形图，如图 9－14(b)所示。

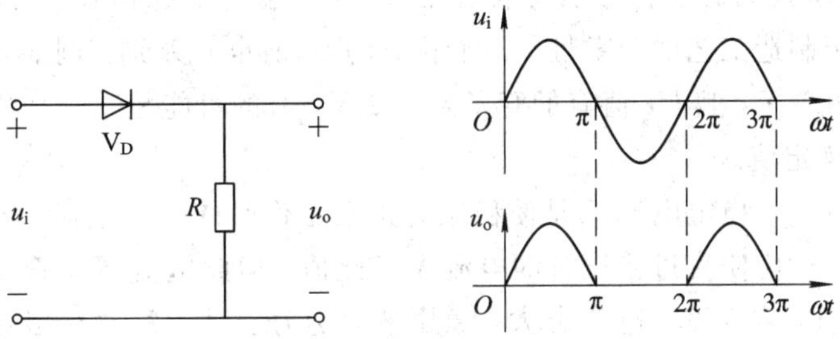

(a) 电路图　　(b) 波形图

图 9－14　例 9－2 图

若改变二极管的方向，则可改变输出电压的极性。

9.3　特殊二极管

9.3.1　稳压二极管

稳压二极管(又叫齐纳二极管)的工作原理是利用二极管的击穿特性。稳压二极管在反向击穿，反向电流在较大范围内变化 Δi 时，二极管的端电压变化 Δu 却很小。因为这种特性，稳压管主要被作为稳压器或电压基准元件来使用。

1. 稳压二极管的伏安特性

稳压二极管的伏安特性曲线及符号如图 9－15 所示，其正向特性为指数曲线。当稳压管外加反向电压的数值大到一定程度时则击穿，击穿区的曲线很陡，几乎平行于纵轴，表现出很好的稳压特性：电流虽然在很大范围内变化，但稳压管两端的电压变化很小。只要控制反向电流不超过一定值，管子就不会因过热而损坏。稳压管与一般的二极管不一样，它的反向击穿是可逆的，当去掉反向电压之后，稳压管又恢复正常。但是，如果反向电流超过允许范围，稳压管将会发生热击穿而损坏。

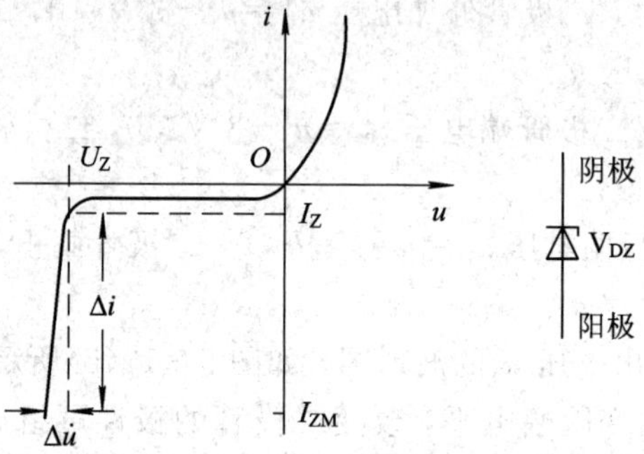

(a) 伏安特性曲线　　(b) 符号

图 9-15　稳压二极管的伏安特性与符号

2. 稳压二极管的主要参数

（1）稳定电压 U_Z。稳定电压 U_Z 是稳压管工作在规定电流下时的反向击穿电压。稳定电压 U_Z 是根据要求挑选稳压管的主要依据之一。不同型号的稳压管，其 U_Z 值不同；同一型号的管子，由于制造工艺的分散性，各个管子的 U_Z 值也有差别。例如，稳压管 2DW7C，其 U_Z 值为 6.1～6.5 V，其 U_Z 值有的管子是 6.1 V，有的可能是 6.5 V 等。但就某一只管子而言，U_Z 应为确定值。

（2）稳定电流 I_Z。稳定电流 I_Z 是使稳压管正常工作时的最小电流，若低于此值，则稳压效果较差。工作时应使流过稳压管的电流大于此值。但此电流要受管子功耗的限制，只要不超过稳压管的额定功率，电流愈大，稳压效果愈好。对于每一种型号的稳压管，都规定有一个最大稳定电流 I_{ZM}。

（3）额定功耗 P_{ZM}。额定功耗 P_{ZM} 等于稳压管的稳定电压 U_Z 与最大稳定电流 I_{ZM} 的乘积。若稳压管的功耗超过此值，则会因结温升过高而损坏。

（4）动态电阻 r_Z。动态电阻 r_Z 是稳压管工作在稳压区时，端电压变化量与其电流变化量之比，即 $\Delta U_Z/\Delta I_Z$。r_Z 愈小，电流变化时 U_Z 的变化愈小，即稳压管的稳压特性愈好。对于不同型号的管子，r_Z 的值也不同，一般从几欧到几十欧。同一稳压管，一般工作电流越大，r_Z 值越小。通常手册上给出的 r_Z 值是在规定的稳定电流之下测得的。

（5）温度系数 α。温度系数 α 表示温度每变化 1℃所引起的稳定电压变化的百分比，即 $\alpha=\dfrac{\Delta U_Z}{\Delta T}\cdot 100\%$。一般情况下，稳定电压大于 7 V 的稳压管，$\alpha$ 为正值，即当温度升高时，稳定电压值增大；而稳定电压小于 4 V 的稳压管，α 为负值，即当温度升高时，稳定电压值减小；稳定电压在 4～7 V 的稳压管，其 α 值较小，稳定电压值受温度影响较小，近似为零，性能比较稳定。

由于稳压管的反向电流小于 I_Z 时不稳压，大于 I_{ZM} 时会因超过额定功耗而损坏，所以在稳压管电路中必须串联一个电阻来限制电流，从而保证稳压管的正常工作，称这个电阻为限流电阻。只有在 R 取值合适时，稳压管才能安全地工作在稳压状态。

9.3.2　发光二极管

发光二极管是一种将电能直接转换成光能的固体器件，简称 LED。图 9-16 所示为发光二极管的符号。发光二极管包括可见光、不可见光、激光等不同类型。

发光二极管的驱动电压低、工作电流小，具有很强的抗振动和抗冲击能力，而且还具有体积小、可靠性高、耗电省和寿命长等优点。广泛应用于信号指示和传递中。

图 9-16　发光二极管的符号

9.3.3　光电二极管

光电二极管又称光敏二极管，其符号如图 9-17 所示。它的管壳上有透明的聚光窗，由于PN结的光敏特性，当有光线照射时，光敏二极管在一定的反向偏压范围内，其反向电流将随光射强度的增加而线性地增加，这时光敏二极管等效于一个恒流源。当无光照时，光敏二极管的伏安特性与普通二极管一样。光电二极管可用来作为光的测量，是将光信号转换为电信号的常用器件。

图 9-17　光电二极管的符号

【例 9-3】　如图 9-18 所示电路，已知 $U_Z=30$ V，$U_i=60$ V，$R=3$ kΩ，分别求当 $R_L=30$ kΩ、3 kΩ 和 1 kΩ 时，流过稳压管的电流 I_{DZ} 的值。

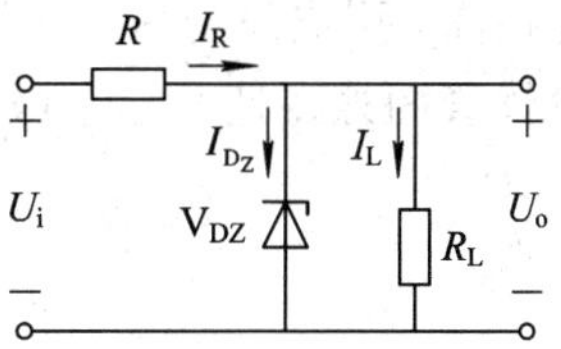

图 9-18　例 9-3 图

解　(1) 当 $R_L=30$ kΩ 时，

$$U_i \cdot \frac{R_L}{R+R_L} = 60 \times \frac{30}{3+30} \approx 54.55\ \text{V} > U_Z$$

稳压管 V_{DZ} 工作在击穿区，所以稳压管端电压等于 30 V。则

$$I_{DZ} = I_R - I_L$$

$$I_L = \frac{U_o}{R_L} = \frac{U_Z}{R_L} = \frac{30\ \text{V}}{30\ \text{k}\Omega} = 1 \times 10^{-3}\ \text{A} = 1\ \text{mA}$$

$$I_R = \frac{U_i - U_Z}{R} = \frac{(60-30)\text{V}}{3\ \text{k}\Omega} = 10 \times 10^{-3}\ \text{A} = 10\ \text{mA}$$

$$I_{DZ} = I_R - I_L = 10\ \text{mA} - 1\ \text{mA} = 9\ \text{mA}$$

(2) 当 $R_L=3$ kΩ 时，

$$U_i \cdot \frac{R_L}{R+R_L} = 60 \times \frac{3}{3+3} = 30\ \text{V} = U_Z$$

即稳压管 V_{DZ} 端电压等于 30 V，则有

$$I_L = \frac{U_o}{R_L} = \frac{U_Z}{R_L} = \frac{30\ \text{V}}{3\ \text{k}\Omega} = 10 \times 10^{-3}\ \text{A} = 10\ \text{mA}$$

$$I_R = \frac{U_i - U_Z}{R} = \frac{(60-30)\text{V}}{3\ \text{k}\Omega} = 10 \times 10^{-3}\ \text{A} = 10\ \text{mA}$$

$$I_{DZ} = I_R - I_L = 10\ \text{mA} - 10\ \text{mA} = 0$$

(3) 当 $R_L=1$ kΩ 时，

$$U_i \cdot \frac{R_L}{R+R_L} = 60 \times \frac{1}{3+1} = 15\ \text{V} < U_Z$$

所以稳压管 V_{DZ} 不能被击穿，$I_{DZ}=0$。

9.4 双极晶体管

双极晶体管(简称 BJT)又称晶体三极管、半导体三极管等，是构成各种电子电路的基本元件。为了更好地理解和熟悉双极晶体管的外部特性，首先要了解管子内部的结构和载流子的运动规律。

9.4.1 双极晶体管的结构

用不同的掺杂方式在同一个硅片上制造出三个掺杂区域，形成两 PN 结“背靠背”地连接起来，就构成双极晶体管。双极晶体管的结构最常见的有平面型和合金型两类。不论是平面型还是合金型，都分成 NPN 型和 PNP 型两类。

采用平面工艺制成的 NPN 型硅材料双极晶体管的结构如图 9-19 所示，位于中间的 P 区称为基区，它很薄且杂质浓度很低，该区引出基极 b；位于上层的 N 区是发射区，掺杂浓度很高，引出发射极 e；位于下层的 N 区是集电区，集电结面积很大，引出集电极 c；双极晶体管的外特性与三个区域的上述特点紧密相关。

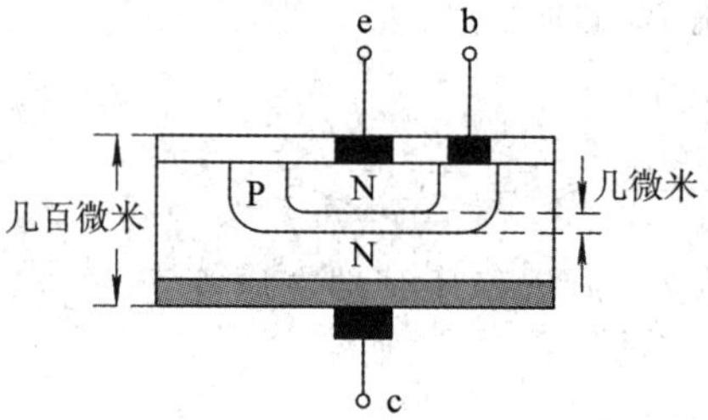

图 9-19　NPN 型三极管结构示意图

按 PN 结的组合方式分类，双极晶体管有 NPN 和 PNP 两种类型，其结构示意图和符号如图 9-20、图 9-21 所示。无论是 NPN 型或是 PNP 型的双极晶体管，它们均包含三个区：发射区、基区和集电区，并相应地引出三个电极：发射极(e)、基极(b)和集电极(c)。同时，在三个区的两两交界处形成两个 PN 结，分别称为发射结和集电结。常用的半导体材料有硅和锗，因此共有四种双极晶体管类型。下面以硅 NPN 双极晶体管为例来讲述。

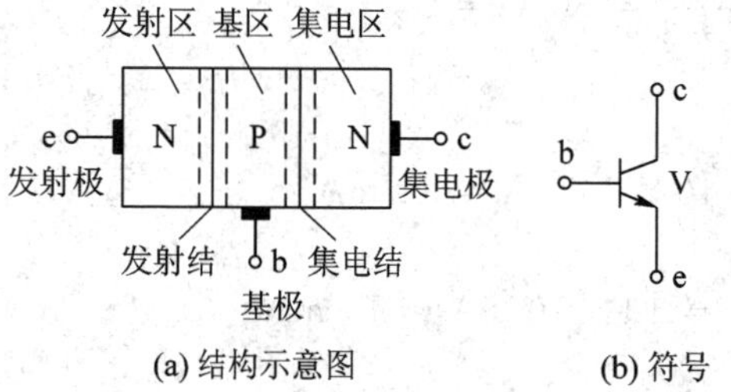

图 9-20　NPN 型三极管结构示意图与符号

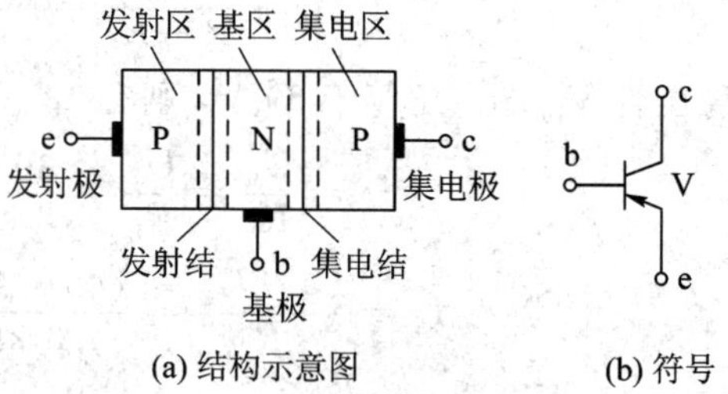

图 9-21　PNP 型三极管结构示意图与符号

9.4.2 双极晶体管的工作原理

在实际生产与科学实验中，从传感器获得的电信号都很微弱，只有经过放大后才能做进一步的处理，或者使之具有足够的能量来推动执行机构。双极晶体管是放大电路的核心元件，它能够控制能量的转换，将输入的微小变化不失真地放大并输出。

1. 双极晶体管的三种连接方式

由于双极晶体管有三个电极，而放大电路一般是四端网络，所以双极晶体管在组成放大电路时，势必有一个电极作为输入与输出信号的公共端。根据所选择的公共端电极的不同，双极晶体管有共发射极、共基极和共集电极三种不同的连接方式(指对交流信号而言)，共哪个极是指哪个极作为电路输入和输出的公共点。

2. 双极晶体管的电流分配关系

从结构上看，尽管双极晶体管相当于两个二极管背靠背地串联在一起。但是，当分析两个二极管串联起来的电路时将会发现，它们并不具有放大作用。

为了使双极晶体管实现放大作用，从双极晶体管的内部结构来看，应具有以下三点：

(1) 发射区进行重掺杂，因而多数载流子电子浓度远大于基区多数载流子空穴浓度；

(2) 基区做得很薄，通常只有几微米到几十微米，而且是低掺杂；

(3) 集电区面积大，以保证尽可能收集发射区发射的电子。

从外部条件来看，外加电源的极性应保证双极晶体管的发射结处于正向偏置状态，集电结处于反向偏置状态。

在满足上述的内、外部条件下，下面以共发射极放大电路为例，从内部载流子的运动与外部电流的关系上来作进一步的分析。

如图 9-22 所示的 NPN 型双极晶体管电路中，对于加有正向电压的发射结，通过它的发射极正向电流 I_E 由两部分构成：一是发射区中的多子自由电子通过发射结扩散注入到基区形成的 I_{EN}；二是基区中的多子空穴通过发射结扩散注入到发射区，形成的空穴电流 I_{EP}，它们的实际方向都是从发射结流出，因而

$$I_E = I_{EN} + I_{EP} \tag{9-2}$$

对于加有反向电压的集电结，通过它的集电极电流 I_C 中，除了基区中少子通过集电结形成的电子电流 I_{CN2} 和集电区中少子通过集电结形成的空穴电流 I_{CP} 所组成的反相饱和电流

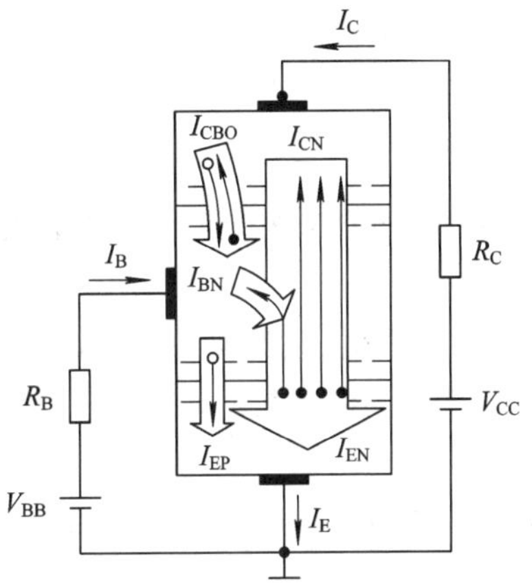

图 9-22　三极管内部载流子运动与外部电流

I_{CBO} 以外，还有发射区扩散注入到基区的自由电子在基区通过，边扩散边复合达到集电结边界，而后由集电结阻挡层内电场促使它们漂移到集电区而形成的电子传输电流 I_{CN1}。I_{CN1} 和 I_{CN2} 共同构成集电结电子电流 I_{CN}，即

$$I_C = I_{CN1} + I_{CN2} + I_{CP} = I_{CN1} + I_{CBO} \tag{9-3}$$

式中：

$$I_{CBO} = I_{CN2} + I_{CP} \tag{9-4}$$

显然，式中的反相饱和电流 I_{CBO} 不受发射结正向电压的控制，是 I_C 中的不可控成分，而 I_{CN1} 则受发射结正向电压的控制，是 I_C 中的可控成分。

由图 9-22 可知，双极晶体管中的基极电流 I_B 由以下成分构成：通过发射结的空穴电流 I_{EP}，通过集电结的反向饱和电流 I_{CBO} 及 I_{EN} 扩散到集电结附近转化为 I_{CN1} 过程中，在基区复合的电流 $I_{EN}-I_{CN1}$，即

$$I_B = I_{EP} - I_{CBO} + (I_{EN} - I_{CN1}) \tag{9-5}$$

由以上各式可得

$$I_E = I_B + I_C \tag{9-6}$$

由上述分析过程可归纳出载流子的运动过程分为：发射区的多子自由电子通过发射结扩散注入到基区，自由电子在基区继续扩散和复合，由于集电结被反偏则自由电子漂移到集电区等三个环节。由于发射区是重掺杂，基区空穴很薄、浓度比较低，且集电结的面积很大，因而发射区的自由电子将大部分扩散到集电结处，被集电区收集。

3. 双极晶体管的电流放大作用

为了衡量发射极电流 I_E 转化为受控集电极电流 I_{CN1} 的能力，引入参数 $\bar{\alpha}$，称为共基极直流电流传输系数。其定义为

$$\bar{\alpha} = \frac{I_{CN1}}{I_E} \approx \frac{I_{CN}}{I_E} \tag{9-7}$$

利用式(9-7)，式(9-3)可写成

$$I_C = \bar{\alpha} I_E + I_{CBO} \tag{9-8}$$

对于共发射极的放大电路，将式 $I_B = I_E - I_C$ 代入式(9-8)，经整理可得

$$I_C = \frac{\bar{\alpha}}{1-\bar{\alpha}} I_B + \frac{1}{1-\bar{\alpha}} I_{CBO}$$

令

$$\bar{\beta} = \frac{\bar{\alpha}}{1-\bar{\alpha}} \tag{9-9}$$

称为共发射极直流电流放大倍数，则上式可以改写为

$$I_C = \bar{\beta} I_B + (1+\bar{\beta}) I_{CBO} = \bar{\beta} I_B + I_{CEO} \tag{9-10}$$

式(9-10)即为共发射极连接时的电流传输方程，它描述了输出集电极电流 I_C 与输入基极电流 I_B 之间的依存关系。式中：

$$I_{CEO} = (1+\bar{\beta}) I_{CBO} \tag{9-11}$$

表示基极开路($I_B=0$)时，从集电极流向发射极的电流，称为双极晶体管共发射极连接时的穿透电流。

若输入电压变化 Δu_I，则双极晶体管的基极电流将变化 Δi_B，集电极电流也将变化 Δi_C，我们定义这两个变化电流之比为共发射极交流电流放大系数，即

$$\beta = \frac{\Delta i_C}{\Delta i_B} \tag{9-12}$$

相应地，将集电极电流与发射极电流的变化量之比定义为共基极交流电流放大系数，即

$$\alpha = \frac{\Delta i_C}{\Delta i_E} \tag{9-13}$$

显然 β 与 $\bar{\beta}$、α 与 $\bar{\alpha}$ 的定义式不同，意义也是不同的，但是在多数情况下 $\beta \approx \bar{\beta}$，$\alpha \approx \bar{\alpha}$。所以，在本书中不严格区分 β 与 $\bar{\beta}$ 及 α 与 $\bar{\alpha}$。

9.4.3　双极晶体管的特性曲线

用图形描述双极晶体管外部各极电压电流的相互关系，即为双极晶体管的特性曲线。特性曲线与参数是选用双极晶体管的主要依据，特性曲线通常用晶体管特性图示仪显示出来。本书以共发射极放大电路为例，讨论 NPN 双极晶体管的共发射极输入特性和输出特性。其测试电路如图 9-23 所示。

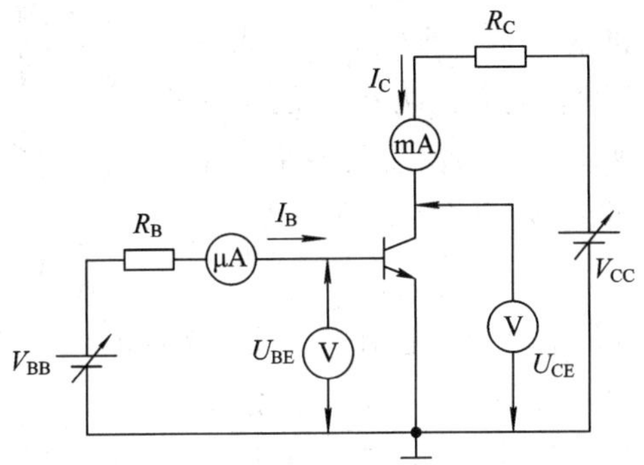

图 9-23　NPN 双极晶体管共发射极特性曲线测试电路

1. 输入特性

输入特性描述双极晶体管在管压降 U_{CE} 一定的情况下，基极电流 i_B 与发射结压降 U_{BE} 之间的函数关系，即

$$i_B = f_{(U_{BE})} \big|_{U_{CE}一定} \tag{9-14}$$

如图 9-24 所示，当 $U_{CE}=0$ 时，相当于集电极与发射极短路，即发射结与集电结这两个 PN 结并联。因此，输入特性曲线与 PN 结的正向特性相类似，呈指数关系。

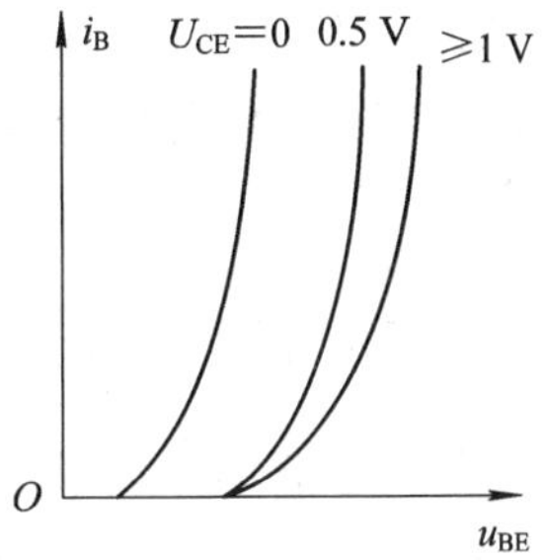

图 9-24　三极管输入特性曲线

当 U_{CE} 增大时，曲线将右移。这是因为，由发射区注入基区的非平衡少子有一部分越过基区和集电结形成集电极电流 i_C，而另一部分在基区参与复合运动的非平衡少子将随 U_{CE} 的增大而减少(集电结反偏，阻挡层变宽，基区变薄，基区电子复合减小)。因此，要获得同样的 i_B，就必须加大 U_{CE}，使发射区向基区注入更多的电子。

当 U_{CE} 继续增大时，输入特性应该继续右移。但是，当 U_{CE} 大于某一数值(如 1 V)以后，在一定的 U_{CE} 之下，集电结的电场已足够强，可以将发射区注入基区的绝大部分非平衡少子都收集到集电区，此时 U_{CE} 再增大，i_C 也不可能明显增大，也就是说，i_B 已基本不变。因此 $U_{CE}>1$ V 以后，不同 U_{CE} 值的各条输入特性曲线几乎重叠在一起。对于小功率管，可以近似地利用 U_{CE} 大于 1 V 的任何一条曲线来代表 U_{CE} 大于 1 V 的所有曲线。

在实际的放大电路中，双极晶体管的 U_{CE} 值一般都大于零，因而 $U_{CE}>1$ V 的特性更具有实用意义。

2. 输出特性

当 I_B 不变时，输出回路中的电流 i_C 与电压 u_{CE} 之间的关系曲线称为双极晶体管的输出特性，即

$$i_C = f_{(u_{CE})}\Big|_{I_B一定} \tag{9-15}$$

可以看出，对应每一个固定的 I_B值，都可以得到一条输出特性曲线，改变 I_B值后可得到另一条输出特性曲线，因此，双极晶体管的输出特性曲线是一组曲线，如图 9－25 所示。当 u_{CE}从零逐渐增大时，集电结电场随之增强，收集基区非平衡少子的能力逐渐增强，因而 i_C也就逐渐增大；而当 u_{CE}增大到一定数值时，集电结电场足以将基区非平衡少子的绝大部分收集到集电区来，u_{CE}再增大，收集能力已不能明显提高，即 i_C几乎仅仅取决于 I_B，表现为曲线几乎平行于横轴。在输出特性曲线上可以划分为三个区域：截止区、放大区和饱和区。

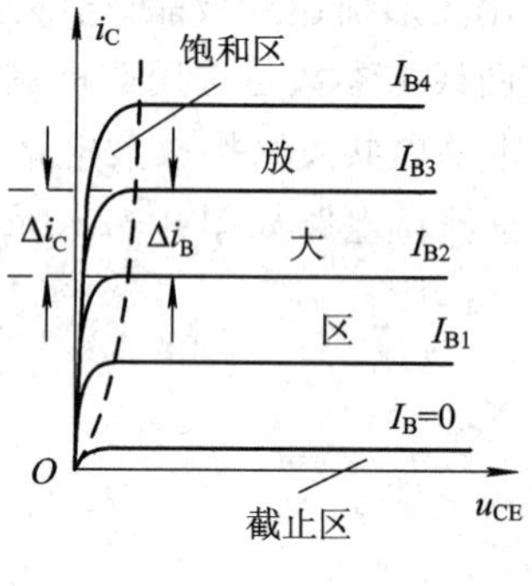

图 9－25　三极管输出特性曲线

（1）截止区。在截止区发射结、集电结均反偏。此时 $I_B=0$，$i_C \leqslant I_{CEO} \approx 0$。由于各极电流都基本等于零，因而此时双极晶体管没有放大作用。

（2）放大区。在放大区发射结正偏，集电结反偏。此时，当 I_B一定时，i_C的值基本不随 u_{CE}而变化；而当基极电流 I_B发生微小的变化量 Δi_B时，相应的集电极电流 i_C将产生较大的变化量 Δi_C，此时二者的关系为 $I_C=\bar{\beta} I_B$，$\Delta i_C=\beta\Delta i_B$。该区域体现了双极晶体管的电流放大作用。

（3）饱和区。在饱和区，发射结与集电结均正偏。在这个区域，不同 I_B值的各条特性曲线几乎重叠在一起，即当 u_{CE}较小时，管子的集电极电流基本上不随基极电流 I_B而变化，这种现象称为饱和。此时双极晶体管没有放大作用。一般认为，当 $u_{CE}=u_{BE}$，即 $u_{CB}=0$ 时，双极晶体管处于临界饱和状态，当 $u_{CE}<u_{BE}$时称为过饱和。双极晶体管饱和时的管压降用 u_{CES}来表示。

9.4.4　双极晶体管的主要参数

双极晶体管的参数用来描述其性能，是在电子电路的分析与设计中必须参考的依据，它们均可在《半导体元器件手册》中查到。双极晶体管的参数有很多，这里只介绍在近似分析中最主要的参数。

1. 电流放大系数

（1）共发射极交流电流放大系数 β。该系数表示共发射极接法时电路的电流放大作用。

$$\beta = \frac{\Delta i_C}{\Delta i_B}\Big|_{U_{CE}=常数}$$

（2）共基极交流电流放大系数 α。该系数表示共基极接法时电路的电流放大作用。

$$\alpha = \frac{\Delta i_C}{\Delta i_E}\Big|_{U_{CB}=常数}$$

（3）共发射极直流电流放大系数 $\bar{\beta}$。

$$\bar{\beta} = \frac{I_C - I_{CBO}}{I_B}$$

当 $I_B \gg I_{CBO}$时，

$$\bar{\beta} \approx \frac{I_C}{I_B}$$

（4）共基极直流电流放大系数 $\bar{\alpha}$。当忽略反向饱和电流 I_{CBO}时，

$$\bar{\alpha} \approx \frac{I_C}{I_E}$$

近似分析时，可以认为 $\alpha \approx \bar{\alpha}$，$\beta \approx \bar{\beta}$。

2. 极间反向电流

（1）集电极-基极反向饱和电流 I_{CBO}，它表示发射极开路时，集电结的反向饱和电流。

（2）集电极-发射极穿透电流 I_{CEO}，它表示基极开路时，集电极与发射极间的穿透电流。

同一型号的管子反向电流愈小，性能愈稳定。硅管比锗管的极间反向电流小 2～3 个数量级，因此硅管的稳定性比锗管好。

3. 特征频率 f_T

由于双极晶体管中 PN 结结电容的存在，因此双极晶体管的交流电流放大系数 β 是所加信号频率 f 的函数。信号频率高到一定程度时，集电极电流与基极电流之比数值不但下降，且产生相移。使 β 的数值下降到 1 的信号频率称为特征频率 f_T。

4. 极限参数

极限参数是指为使保证双极晶体管安全工作与其工作性能，而对它的电压、电流和功率损耗所作的限制，如图 9－26 所示。

（1）集电极最大允许电流 I_{CM}。β 值与 i_C 有关，i_C 在相当大的范围内 β 值基本不变，但当 i_C 的数值大到一定程度时，β 值将减小太多，从而导致双极晶体管性能下降，信号发生严重失真。使 β 值下降为正常值的$\frac{1}{3}$～$\frac{2}{3}$时的 I_C 值即为 I_{CM}。

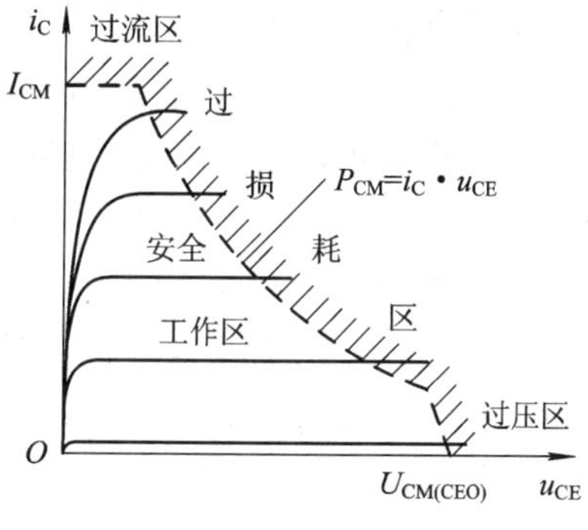

图 9－26　三极管的极限参数

（2）集电极最大允许耗散功率 P_{CM}。P_{CM} 值取决于双极晶体管的温升。对于确定型号的晶体管，P_{CM} 是一个确定值，即

$$P_{CM} = i_C u_{CE} = 常数$$

消耗的功率转化为热量，使管子温度升高。当硅管的结温度大于 150℃，锗管的结温度大于 70℃时，管子特性明显变坏，甚至烧坏。将 $i_C u_{CE} = P_{CM}$ 的各点连接起来，可得到一条曲线，如图 9－26 所示。曲线下方为安全工作区，右上方为过损耗区。

（3）反向击穿电压。双极晶体管的某一电极开路时，另外两个电极间所允许加的最高反向电压即为极间反向击穿电压。若超过此值，管子将会发生击穿现象。下面是各种击穿电压的定义：

U_{CBO}：发射极开路时，集电极-基极间的反向击穿电压，这是集电结所允许加的最高反向电压。

U_{CEO}：基极开路时集电极-发射极间的反向击穿电压，此时集电结承受反向电压。

U_{CER}：基极和发射极间接有电阻 R 时，集电极-发射极间的反向击穿电压。

U_{CES}：基极和发射极短路时，集电极-发射极间的反向击穿电压。

U_{EBO}：集电极开路时，发射极-基极间的反向击穿电压，这是发射结所允许加的最高反向电压。

上述各击穿电压间一般有如下关系：

$$U_{CBO} > U_{CES} > U_{CER} > U_{CEO} > U_{EBO}$$

由于 U_{EBO} 最小，因此在使用时一般要使 U_{EB} 小于 U_{EBO}，以保证安全工作。

9.4.5 温度对参数的影响

由于半导体材料的热敏性，半导体材料的载流子浓度受温度影响，相应地双极晶体管的参数几乎都与温度有关。如果不能解决双极晶体管热稳定性问题，将不能使其正常使用，因此，了解温度对双极晶体管参数的影响是非常必要的。

1. 温度对 U_{BE} 的影响

如图 9－27 所示，双极晶体管输入特性曲线随温度的升高而左移，当 i_B 不变时，随着温度的升高 u_{BE} 将下降。其变化规律为：温度每升高 1℃，u_{BE} 减小 2～2.5 mV，u_{BE} 具有负的温度系数；反之，若 u_{BE} 不变，随着温度的升高 i_B 将增大，i_B 具有正的温度系数。

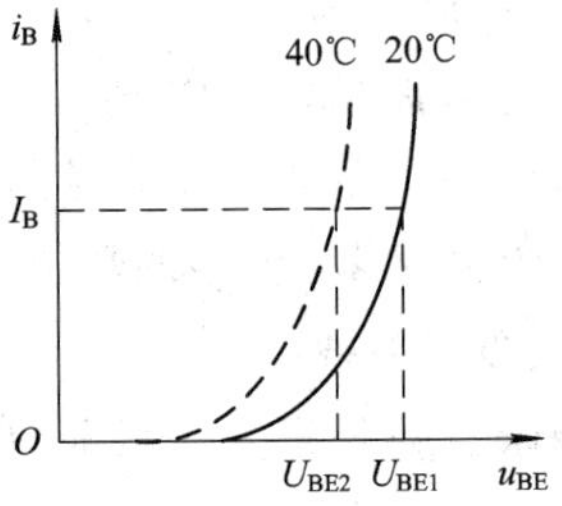

图 9－27 温度对晶体管输入特性的影响

2. 温度对 I_{CBO} 的影响

I_{CBO} 是集电结外加反向电压时，由少数载流子的漂移运动形成的。我们在前面讲过，少数载流子的浓度取决于温度，且随着温度的升高而提高。因此，当温度升高时，少数载流子增加，I_{CBO} 也上升。其变化规律为：温度每上升 10℃，I_{CBO} 上升约 1 倍。

3. 温度对 β 的影响

图 9－28 所示为某双极晶体管在温度变化时输出特性变化的示意图，实线所示为 20℃时的特性曲线，虚线所示为 40℃时的特性曲线。可见，当温度从 20℃升高到 40℃时，相同值的 I_B 与 I'_B 所对应的 I_C 不同，温度越高 I_C 越大。说明温度升高时 β 随之增大。其变化规律为：温度每升高 1℃，β 增大 0.5%～1%。在输出特性曲线上，表现为曲线间距随温度的升高而增大。

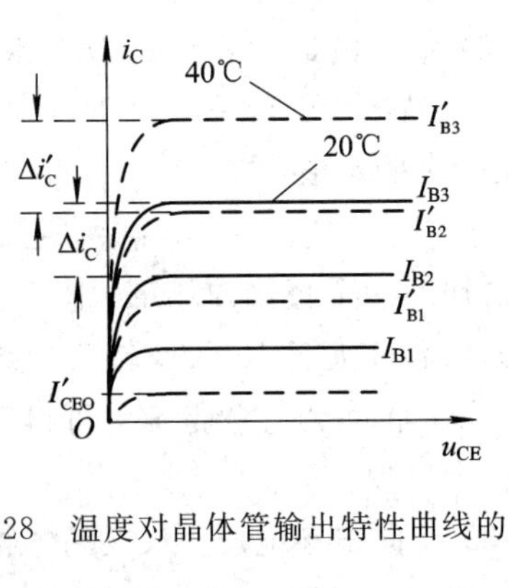

图 9－28 温度对晶体管输出特性曲线的影响

从以上分析可知，温度升高时，由于 I_{CBO}、β 增大，且输入特性左移，所以导致集电极电流 I_C 增大，这将严重影响双极晶体管的工作状态。在以后的相关章节，将介绍其后果和如何克服温度对工作状态的影响。

9.5　场效应晶体管

场效应管(FET)是通过改变输入电压(即利用电场效应)来控制输出电流的，属于电压控制器件。场效应管仅依靠多数载流子导电，所以又称为单极性晶体管。它不吸收信号源电流，不消耗信号源功率，因此其输入电阻十分高，可高达上百兆欧。除此之外，场效应管还具有温度稳定性好、抗辐射能力强、噪声低、制造工艺简单、便于集成等优点。所以在实际中得到了广泛的应用。

场效应管分为结型场效应管(JFET)和绝缘栅场效应管(MOSFET)。本节主要对结型场效应管的工作原理、特性曲线及主要参数加以介绍。

9.5.1　结型场效应管

1. 结型场效应管的结构

结型场效应管有 N 型沟道和 P 型沟道两种结构形式，如图 9-29(a)、(b)所示。其电路符号如图 9-29(c)、(d)所示。

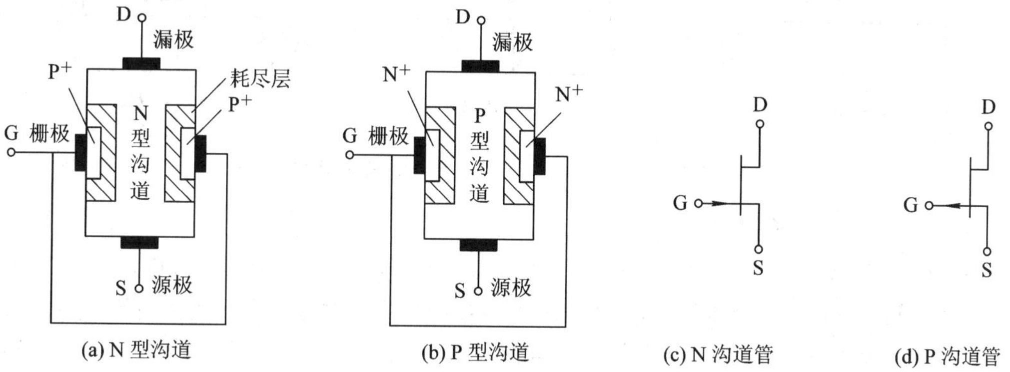

图 9-29　结型场效应管的结构示意图与符号

以 N 沟道为例。在同一块 N 型半导体上制作两个高掺杂的 P 区，使之形成两个 PN 结，将两个 P 区连接在一起，引出一个电极称为栅极 G。N 型半导体的两端分别引出两个电极，一个称为漏极 D，一个称为源极 S。P 区与 N 区交界面形成耗尽层，漏极与源极间的非耗尽层区域称为导电沟道。由于 N 型半导体多数载流子是电子，故此沟道称为 N 型沟道。同理，P 型沟道结型场效应管中，沟道是 P 型区，称为 P 型沟道，栅极与 N 型区相连。电路符号中栅极的箭头方向可理解为两个 PN 结的正向导电方向。

2. 结型场效应管的工作原理

从图 9-29 的结构图可看出，我们在 D、S 间加上电压 u_{DS}，则在源极和漏极之间形成电流 i_D。我们通过改变栅极和源极间的反向电压 u_{GS} 则可以改变两个 PN 结阻挡层(耗尽层)的宽度。由于栅极区是高掺杂区，所以阻挡层主要降在沟道区。故 u_{GS} 的改变，会引起沟道宽度的变化，其沟道电阻也随之而变，从而改变了漏极电流 i_D。如 u_{GS} 上升，则沟道变窄，电阻增加，i_D 下降；反之亦然。所以，改变 u_{GS} 的大小，可以控制漏极电流。这是场效应管工作的核心部分。

为使N沟道结型场效应管正常工作，应在其栅-源之间加负向电压，即$u_{GS}<0$，以保证耗尽层承受反向电压；在漏-源之间加正向电压u_{DS}，以形成漏极电流i_D。$u_{GS}<0$既保证了栅-源之间内阻很高的特点，又实现了对沟道电流的控制。

下面通过栅-源电压u_{GS}和漏-源电压u_{DS}对导电沟道的影响，来说明管子的工作原理。

1）u_{GS}对导电沟道的影响

为便于讨论，先假设$u_{DS}=0$。当u_{GS}由零向负值增大时，PN结的阻挡层加厚，沟道变窄，电阻增大，如图9-30(a)、(b)所示。若u_{GS}的负值再进一步增大，当$u_{GS}\leqslant U_{GS(off)}$时，则两个PN结的阻挡层相遇，沟道消失，我们称之为沟道被“夹断”了，$U_{GS(off)}$称为夹断电压，此时$i_D=0$，如图9-30(c)所示。

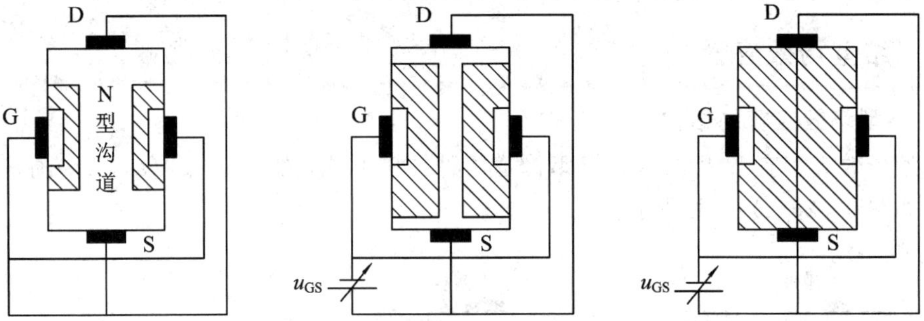

(a) $u_{GS}=0$　(b) $U_{GS(off)}<u_{GS}<0$　(c) $u_{GS}<U_{GS(off)}$

图9-30　$u_{DS}=0$时u_{GS}对导电沟道的影响

2）i_D与u_{DS}、u_{GS}之间的关系

当u_{GS}为$U_{GS(off)}\sim0$中某一固定值时，若$u_{DS}=0$，则虽然存在由u_{GS}所确定的一定宽度的导电沟道，但由于D-S间电压为零，多子不会产生定向移动，因而漏极电流i_D为零。若$u_{DS}>0$，则有电流i_D从漏极流向源极，此电流将沿着沟道的方向产生一个电压降，这样沟道上各点的电位就不同，因而沟道内各点与栅极之间的电位差也就不相等。漏极端与栅极之间的反向电压最高，如沿着沟道向下逐渐降低，使源极端为最低，两个PN结的阻挡层将出现楔形，使得靠近源极端沟道较宽，而靠近漏极端的沟道较窄。如图9-31(a)所示。

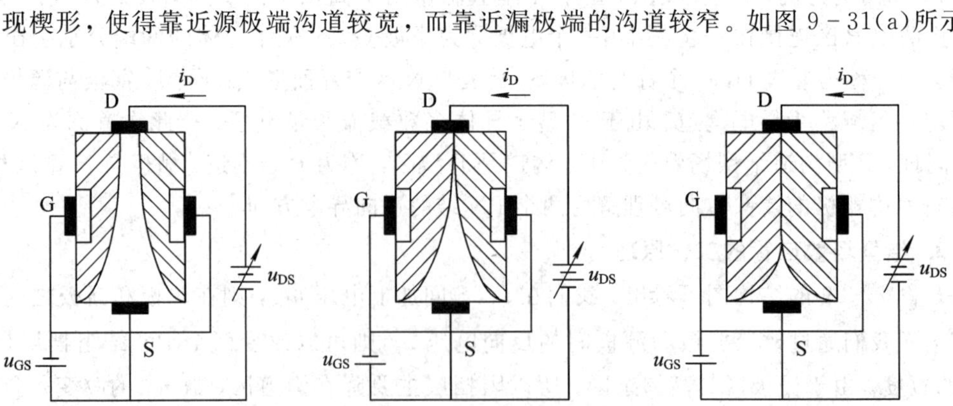

(a) $u_{GD}>U_{GS(off)}$　(b) $u_{GD}=U_{GS(off)}$　(c) $u_{GD}<U_{GS(off)}$

图9-31　u_{DS}对导电沟道和i_D的影响

因为栅-漏电压 $u_{GD}=u_{GS}-u_{DS}$，所以当 u_{DS} 从零逐渐增大时，u_{GD} 逐渐减小，靠近漏极一边的导电沟道必将随之变窄。但是，只要栅-漏间不出现夹断区域，沟道电阻仍将基本取决于栅-源电压 u_{GS}，因此，电流 i_D 将随 u_{DS} 的增大而线性增大，呈现电阻特性。而一旦 u_{DS} 的增大使 $u_{GS}=U_{GS(off)}$，则漏极一边的耗尽层就会出现夹断区，如图 9-31(b)所示，称 $u_{GD}=U_{GS(off)}$ 为预夹断。若 u_{DS} 继续增大，$u_{GD}<U_{GS(off)}$，则耗尽层闭合部分将沿沟道方向延伸，即夹断区加长，如图 9-31(c)所示。这时，一方面自由电子从漏极向源极定向移动所受阻力加大(只能从夹断区的窄缝以较高速度通过)，从而导致 i_D 减小；另一方面，随着 u_{DS} 的增大，使 D-S 间的纵向电场增强，也必然导致 i_D 增大。实际上，上述两种变化趋势相抵消，u_{DS} 的增大几乎全部降落在夹断区，用于克服夹断区对 i_D 形成的阻力。因此，从外部看，在 $u_{GD}<U_{GS(off)}$ 的情况下，当 u_{DS} 增大时 i_D 几乎不变，即 i_D 几乎仅仅取决于 u_{GS}，表现出 i_D 的恒流特性。

在 $u_{GD}=u_{GS}-u_{DS}<U_{GS(off)}$ 时，若 u_{DS} 为一常量，则对应确定的 u_{GS} 就有确定的 i_D。此时，可以通过改变 u_{GS} 来控制 i_D 的大小。由于漏极电流受栅-源电压的控制，故称场效应管为电压控制元件。与晶体管用 $\beta\left(=\left.\dfrac{\Delta i_C}{\Delta i_B}\right|_{U_{CE}=\text{常数}}\right)$ 来描述动态情况下基极电流对集电极电流的控制作用相类似，场效应管用 g_m 来描述动态的栅-源电压对漏极电流的控制作用。g_m 称为低频跨导，可表示为

$$g_m=\left.\frac{\Delta i_D}{\Delta u_{GS}}\right|_{U_{DS}=\text{常数}} \tag{9-16}$$

3. 结型场效应管的特性曲线

1）输出特性曲线

输出特性曲线描述当栅-源电压 u_{GS} 为常量时，漏极电流 i_D 与漏-源电压 u_{DS} 之间的函数关系，即

$$i_D=f(u_{DS})\big|_{U_{GS}=\text{常数}} \tag{9-17}$$

对应每个不同的 U_{GS} 都有一条曲线，因此输出特性为一组曲线，如图 9-32 所示。输出特性分为四个区域，即可变电阻区、恒流区、击穿区和夹断区。

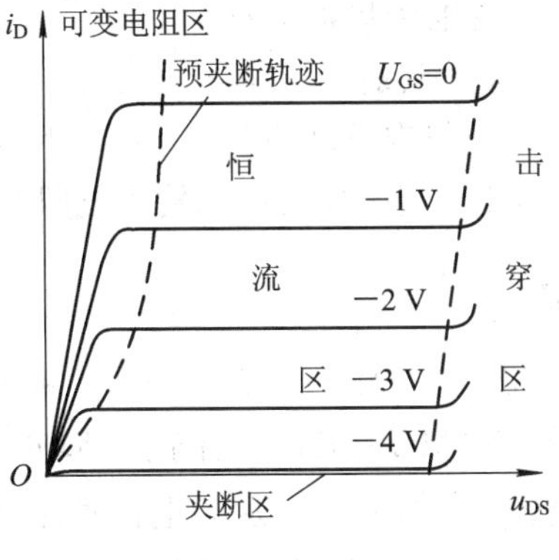

图 9-32　场效应管输出特性曲线

(1) 可变电阻区。图中的虚线为预夹断轨迹，它是各条曲线上使 $u_{DS}=u_{GS}-U_{GS(off)}$ 的点连接而成的。u_{GS} 越大，预夹断时的 u_{DS} 值也愈大。预夹断轨迹的左边区域称为可变电阻区，

此区的特点是：该区域中曲线近似为不同斜率的直线。当 u_{GS} 确定时，直线的斜率也唯一地被确定，直线斜率的倒数为源极和漏极间的等效电阻。因而在此区域中，可以通过改变 u_{GS} 的大小(即压控的方式)来改变漏-源电阻的阻值，故称之为可变电阻区。

(2) 恒流区。该区的特点是：i_D 基本不随 u_{DS} 而变化，仅取决于 u_{GS} 的值，输出特性曲线趋于水平，故称之为恒流区或饱和区。当利用场效应管组成放大电路时，为防止出现非线性失真，工作点应设置在此区域内。

(3) 击穿区。位于特性曲线的最右部分，当 u_{DS} 升高到一定程度时，反向偏置的 PN 结被击穿，i_D 将突然增大。由于 u_{GS} 愈负时，达到击穿所需的 u_{DS} 电压愈小，故对应于 u_{GS} 愈负的特性曲线击穿越早。

(4) 夹断区。当 $u_{GS}<U_{GS(off)}$ 时，导电沟道被夹断，$i_D\approx 0$，即图中靠近横轴的部分，将其称为夹断区。一般将使 i_D 等于某一个很小电流时的 u_{GS} 定义为夹断电压 $U_{GS(off)}$。

2) 转移特性曲线

转移特性曲线描述当漏-源电压 u_{DS} 为常量时，漏极电流 i_D 与栅-源电压 u_{GS} 之间的函数关系，即

$$i_D = f(u_{GS})\big|_{U_{DS}=\text{常数}} \tag{9-18}$$

如图 9-33 所示，当 $u_{GS}=0$ 时，$i_D=I_{DSS}$ 称为饱和漏极电流。随着 u_{GS} 反向增大，i_D 随之减小，当 $u_{GS}=U_{GS(off)}$ 时，$i_D=0$。$U_{GS(off)}$ 称为夹断电压。结型场效应管的转移特性在 $0\sim U_{GS(off)}$ 范围内可用下式来表示：

$$i_D = I_{DSS}\left(1-\frac{u_{GS}}{U_{GS(off)}}\right)^2 \qquad (U_{GS(off)} < u_{GS} < 0) \tag{9-19}$$

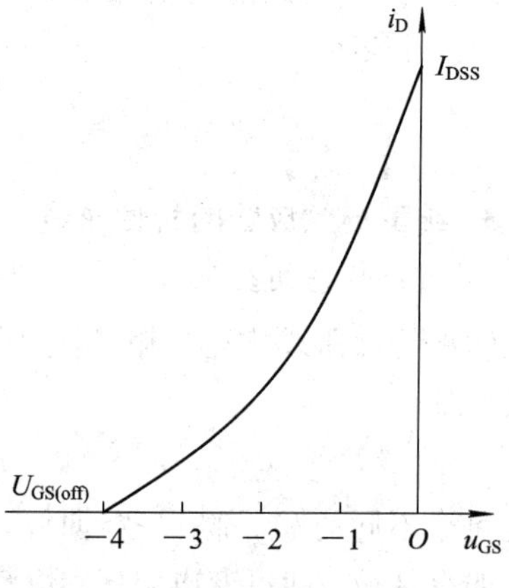

图 9-33　场效应管转移特性曲线

由于在恒流区内，同一 u_{GS} 下，不同的 u_{DS}，i_D 基本不变，故不同的 u_{DS} 下的转移特性曲线几乎全部重合，因此可用一条转移特性曲线来表示恒流区中 u_{GS} 与 i_D 的关系。当工作在可变电阻区时，对于不同的 u_{DS}，转移特性曲线将有很大差别。

在结型场效应管中，由于栅极与沟道之间的 PN 结被反向偏置，所以输入端电流近似为零，其输入电阻可达 $10^7\ \Omega$ 以上。当需要更高的输入电阻时，则应采用绝缘栅场效应管。

9.5.2　绝缘栅型场效应管

绝缘栅场效应管通常由金属、氧化物和半导体制成，所以又称为金属-氧化物-半导体场效应管，简称为 MOS 场效应管(MOSFET)。由于这种场效应管的栅极被绝缘层 SiO_2 隔离，因此其输入电阻更高，可达 $10^{10}\ \Omega$ 以上。从导电沟道来区分，绝缘栅场效应管也有 N 沟道和 P 沟道两种类型。此外，无论是 N 沟道或 P 沟道，又都有增强型和耗尽型两种类型。表 9-1 中给出了各种场效应管的符号和特性曲线。

表 9-1　各种场效应管的符号及特性曲线

<table>
<tr><th colspan="3">分类</th><th>符号</th><th>转移特性曲线</th><th>输出特性曲线</th></tr>
<tr><td rowspan="2">结型场效应管</td><td colspan="2">N沟道</td><td>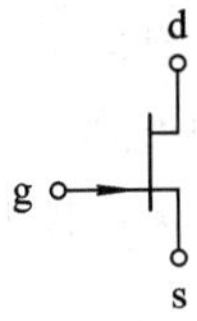
</td><td>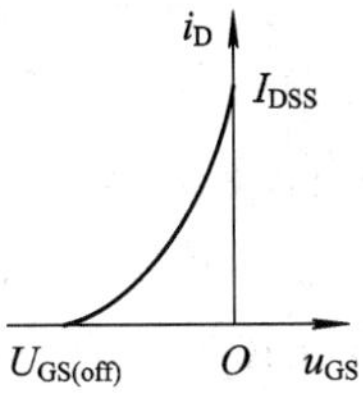
</td><td>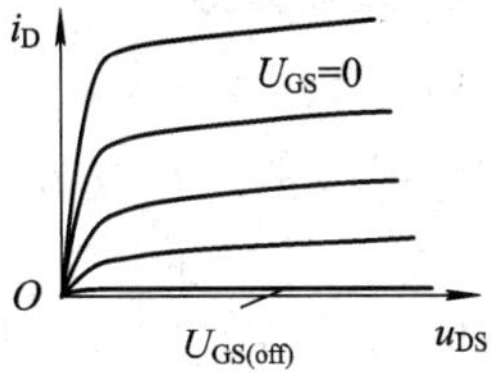
</td></tr>
<tr><td colspan="2">P沟道</td><td>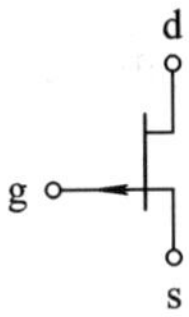
</td><td>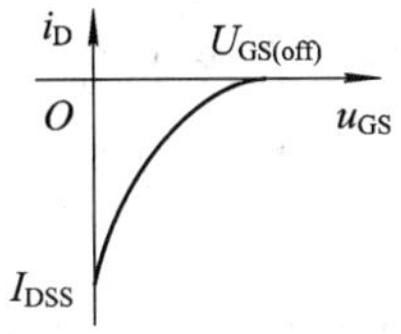
</td><td>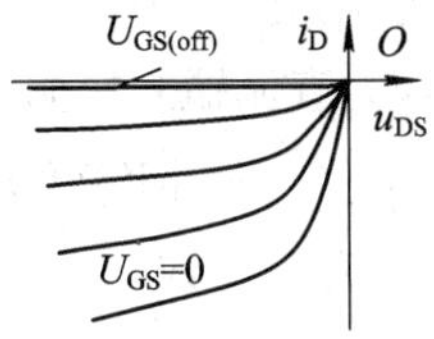
</td></tr>
<tr><td rowspan="4">绝缘栅型场效应管</td><td rowspan="2">N沟道</td><td>增强型</td><td>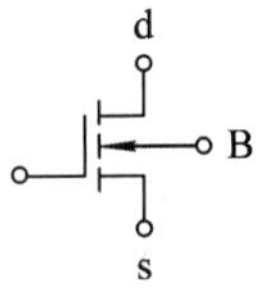
</td><td>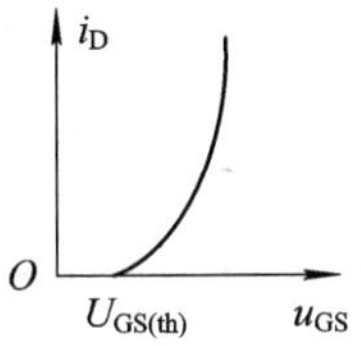
</td><td>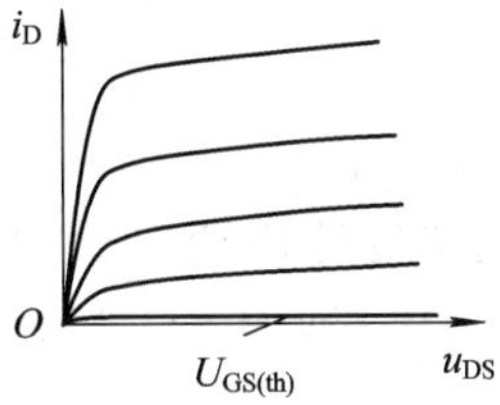
</td></tr>
<tr><td>耗尽型</td><td>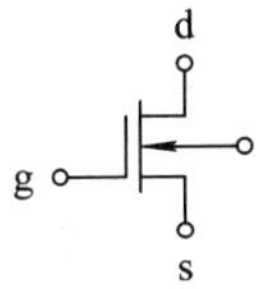
</td><td>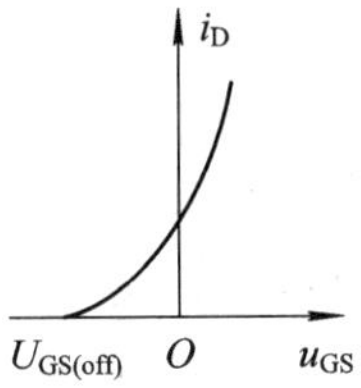
</td><td>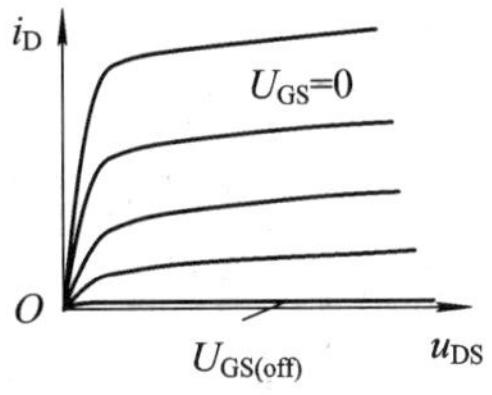
</td></tr>
<tr><td rowspan="2">P沟道</td><td>增强型</td><td>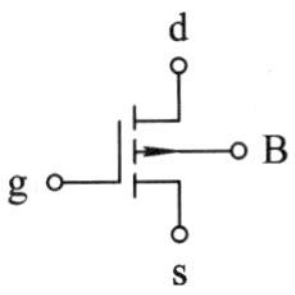
</td><td>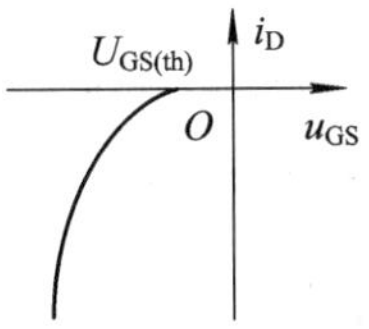
</td><td>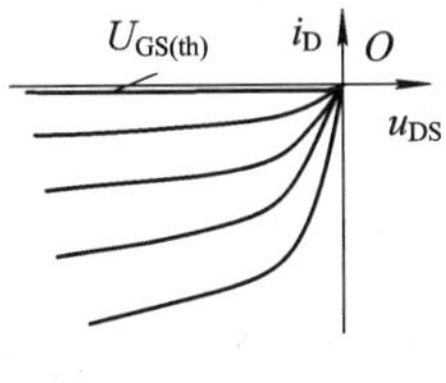
</td></tr>
<tr><td>耗尽型</td><td>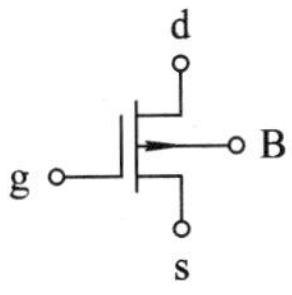
</td><td>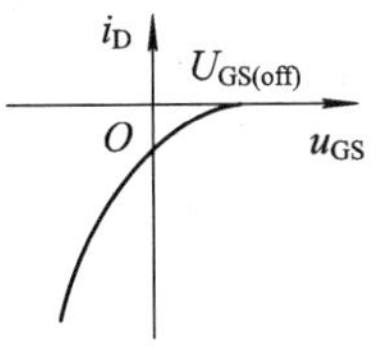
</td><td>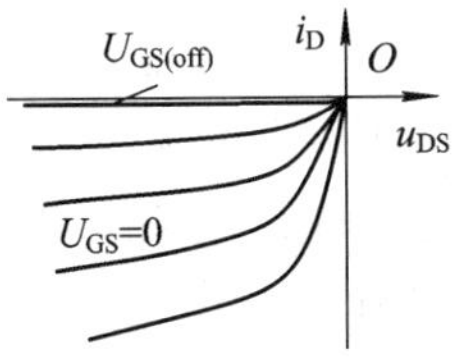
</td></tr>
</table>

9.5.3 场效应管的主要参数

1. 直流参数

(1) 开启电压 $U_{GS(th)}$：$U_{GS(th)}$是在U_{DS}为一常量时，使i_D大于零所需的最小$|u_{GS}|$值。手册中给出的是在i_D为规定的微小电流时的u_{GS}。$U_{GS(th)}$是增强型 MOS 管的参数。

(2) 夹断电压 $U_{GS(off)}$：与$U_{GS(th)}$相类似，$U_{GS(off)}$是在u_{DS}为常量情况下，i_D为规定的微小电流时的u_{GS}，它是结型场效应管和耗尽型 MOS 管的参数。

(3) 饱和漏极电流 I_{DSS}：对于耗尽型管，在$u_{GS}=0$的情况下产生预夹断时的漏极电流定义为I_{DSS}。

(4) 直流输入电阻 $R_{GS(DC)}$：$R_{GS(DC)}$等于栅-源电压与栅-极电流之比。结型管的$R_{GS(DC)}$大于$10^7\ \Omega$，而 MOS 管的$R_{GS(DC)}$大于$10^9\ \Omega$。

2. 交流参数

(1) 低频跨导 g_m：g_m数值的大小表示u_{GS}控制作用的强弱。当管子工作在恒流区且u_{DS}为常量的条件下，i_D的变化量Δi_D与引起它变化的Δu_{GS}之比，称为低频跨导，即

$$g_m = \left.\frac{\Delta i_D}{\Delta u_{GS}}\right|_{U_{DS}=\text{常数}} \tag{9-20}$$

g_m的单位是 S(西门子)或 mS。

(2) 极间电容：场效应管的三个极之间均存在极间电容。通常，栅-源电容C_{gs}和栅-漏电容C_{gd}约为 1～3 pF，而漏-源电容C_{ds}约为 0.1～1 pF。在高频电路中，应考虑极间电容的影响。

3. 极限参数

(1) 最大漏极电流 I_{DM}：I_{DM}是管子正常工作时漏极电流的上限值。

(2) 击穿电压：管子进入恒流区后，使i_D骤然增大的u_{DS}称为漏-源击穿电压$U_{(BR)DS}$，u_{DS}超过此值会使管子烧坏。对于结型场效应管，使栅极与沟道间 PN 结反向击穿的u_{GS}为栅-源击穿电压$U_{(BR)GS}$；对于绝缘栅型场效应管，使绝缘层击穿的u_{GS}为栅-源击穿电压$U_{(BR)GS}$。

(3) 最大耗散功率 P_{DM}：P_{DM}取决于管子允许的温升。P_{DM}确定后，便可在管子的输出特性上画出临界最大功耗线；再根据I_{DM}和$U_{(BR)DS}$便可得到管子的安全工作区。

9.5.3 场效应管和晶体三极管的比较

场效应管与三极管比较，具有以下特点：

(1) 三极管输入端的 PN 结为正向偏置，因而它的基极电流较大，相应的输入电阻较小，而 JFET 的输入端 PN 结为反向偏置，MOSFET 则有绝缘层隔离，因而它们的栅极电流很小，相应的输入电阻很大。通常，JFET 的输入电阻大于$10^8\ \Omega$，MOSFET 的输入电阻则大于10^{11}～$10^{12}\ \Omega$。

(2) 场效应管是利用多子导电的器件，所以，它是一种单极型器件。而三极管是空穴和自由电子都参与工作的器件，由于多子浓度不受温度、光照等外界因素的影响，因此，在环境温度变化较大的场合，采用 FET 比较合适。

(3) 在小电流、低电压工作时，FET 可作为电压控制的可变线性电阻器和导通电阻很小的无触点电子开关。

(4) 场效应管的源极和漏极在结构上是对称的，可以互换使用。其中耗尽型 MOSFET 的 u_{GS}值可正可负，因此在设计电路时场效应管比三极管更灵活。

(5) MOSFET 是一种自隔离器件，它的制造工艺比较简单，因此，在集成电路中，它的集成度比较高，适用于大规模集成电路。从当前发展趋势来看，在大规模和超大规模集成电路中，MOSFET 已日益取代三极管。

必须注意的是，MOSFET 的绝缘层很薄，当带电荷的物体或人一旦靠近金属栅极时，栅极和衬底上就会感应产生电荷。由于栅极、绝缘层和衬底组成的平板电容器电量很小，因此感应电荷在绝缘层上将会产生很大的电压，而导致绝缘层被击穿，致使管子损坏。为了防止这种损坏，在保存 MOSFET 时应将各极引线短接，而焊接时应使电烙铁外壳接地。

习　题　9

9-1　判断下列说法是否正确(在括号中打“√”和“×”)。

(1) 在 N 型半导体中如果掺入足够量的三价元素，可将其改型为 P 型半导体。(　　)

(2) 因为 N 型半导体的多子是自由电子，所以它带负电。(　　)

(3) 半导体导电和导体导电相同，其电流的主体是电子。(　　)

(4) 二极管的好坏和二极管的正、负极性可以用万用表来判断。(　　)

9-2　对半导体而言，下列说法正确的是(　　)。

(1) P 型半导体中由于多数载流子为空穴，所以它带正电。

(2) N 型半导体中由于多数载流子为自由电子，所以它带负电。

(3) P 型半导体和 N 型半导体本身都不带电。

9-3　选择正确答案填入空内。

(1) PN 结加正向电压时，空间电荷区将____________。

A. 变窄　　B. 基本不变　　C. 变宽

(2) 二极管两端正向偏置电压大于__________时，二极管才会导通。

A. 击穿电压　　B. 死区电压　　C. 饱和电压

(3) 当环境温度升高时，二极管的正向压降________，反向饱和电流__________。

A. 增大　　B. 减小　　C. 不变　　D. 无法判定

(4) 稳压管的稳压区是其工作在__________区。

A. 正向导通　　B. 反向截止　　C. 反向击穿

(5) 对某电路中的一个 NPN 型硅管进行测试，测得 $U_{BE}>0$，$U_{BC}<0$，$U_{CE}>0$，则此 NPN 型硅管工作在________。

A. 放大区　　B. 截止区　　C. 饱和区

(6) 双极型晶体管的控制方式为____________。

A. 输入电流控制输出电压　　B. 输入电流控制输出电流

C. 输入电压控制输出电压

9-4　填空题。

(1) 在本征半导体中掺入____价元素可得到 P 型半导体，其多数载流子是________，不能移动的离子带________电；掺入__________价元素可得到 N 型半导体，其多数载流子是__________，不能移动的离子带________电。

(2) 扩散电流是由于________________形成的，漂移电流由______________形成。

(3) 在 PN 结上加正向电压时，PN 结__________；加反向电压时，PN 结__________。这种现象称为 PN 结的__________性。

(4) 二极管的两端加正向电压时，有一段“死区电压”，锗管约为__________，硅管约为__________。

(5) ________型三极管起放大作用时，其发射极电位最高；________型三极管起放大作用时，其集电极电位最高。晶体管三个极的电流关系为______________。

9-5 场效应晶体管和双极晶体管比较有何特点？

9-6 在图 9-34 所示的各电路中，$E=5$ V，$u_i=10\sin\omega t$ V，二极管的正向压降可忽略不计，试分别画出输出电压 u_o 的波形图。

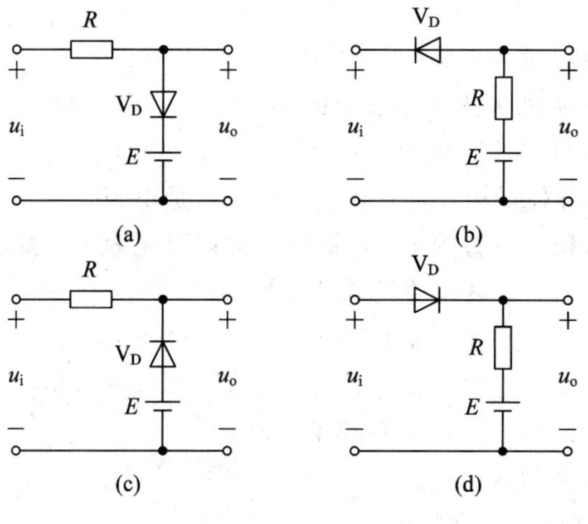

图 9-34 习题 9-6 图

9-7 如图 9-35 所示电路，已知 $u_i=5\sin\omega t$ V，二极管的正向压降和反相电流均可忽略，试画出 u_i 与 u_o 的波形图，并标出幅值。

9-8 在图 9-36 中，试求下列几种情况下输出端电位 V_Y 及各元件中通过的电流。

(1) $V_A=V_B=0$；(2) $V_A=+3$ V，$V_B=0$；(3) $V_A=V_B=+3$ V。二极管的正向压降忽略不计。

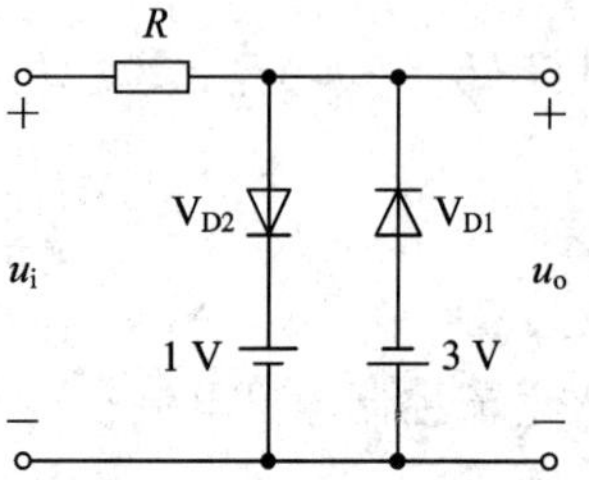

图 9-35 习题 9-7 图

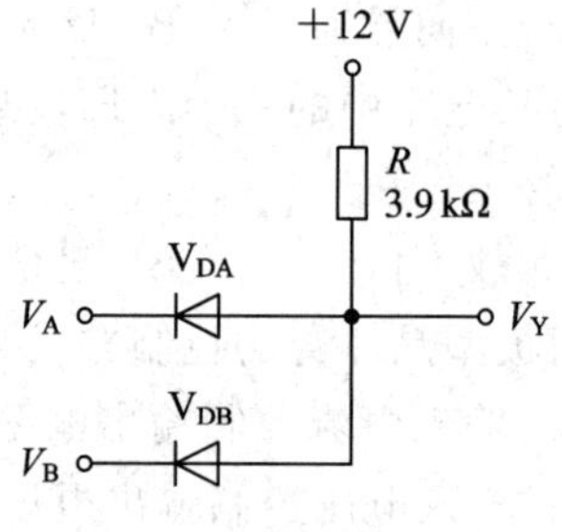

图 9-36 习题 9-8 图

9－9　现有两个稳压管，$U_{Z1}=6$ V，$U_{Z2}=9$ V，正向压降均为 0.7 V，如果要得到 15 V、9.7 V、6.7 V、3 V 和 1.4 V 的稳定电压，这两个稳压管和限流电阻应如何连接？画出电路图。

9－10　已知图 9－37 所示电路中稳压管的稳定电压 $U_Z=6$ V，$I_{Z\min}=5$ mA。未经稳定的直流输入电压 $U_I=10$ V，求在以下两种情况稳压管的工作状态及 U_O。

(1) $R=500\ \Omega$，$R_L=2$ kΩ；

(2) $R=5$ kΩ，$R_L=5$ kΩ。

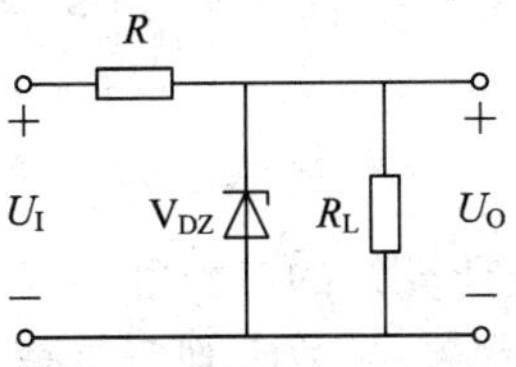

图 9－37　习题 9－10 图

9－11　测得某一晶体管的 $I_B=10\ \mu$A，$I_C=1$ mA。能否确定它的电流放大系数？什么情况下可以，什么情况下不可以？

9－12　测得放大电路中 4 只晶体管的直流电位如图 9－38 所示。在圆圈中画出管子，并分别说明它们是硅管还是锗管。

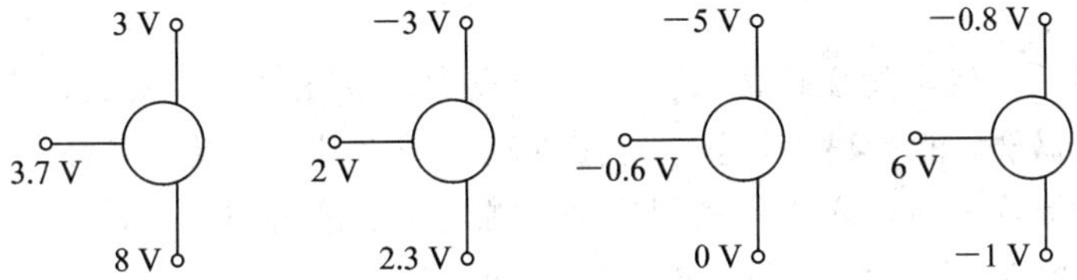

图 9－38　习题 9－12 图

9－13　某晶体管的 $P_{CM}=100$ mW，$I_{CM}=20$ mA，$U_{(BR)CEO}=15$ V。在下列几种情况下，哪种是正常工作状态？

(1) $U_{CE}=3$ V，$I_C=10$ mA；

(2) $U_{CE}=2$ V，$I_C=40$ mA；

(3) $U_{CE}=6$ V，$I_C=20$ mA。

9－14　如何用万用表来判断一个晶体管是 NPN 型还是 PNP 型？如何判断管子的三个管脚？

9－15　已知某耗尽型 MOS 管的夹断电压 $U_P=-2.5$ V，饱和漏极电流 $I_{DSS}=0.5$ mA，求 $U_{GS}=-1$ V 时的漏极电流 I_D 和跨导 g_m。

9－16　场效应管转移特性曲线如图 9－39 所示，试判断管子的类型(P 沟道还是 N 沟道，增强型还是耗尽型，结型还是绝缘栅型)。

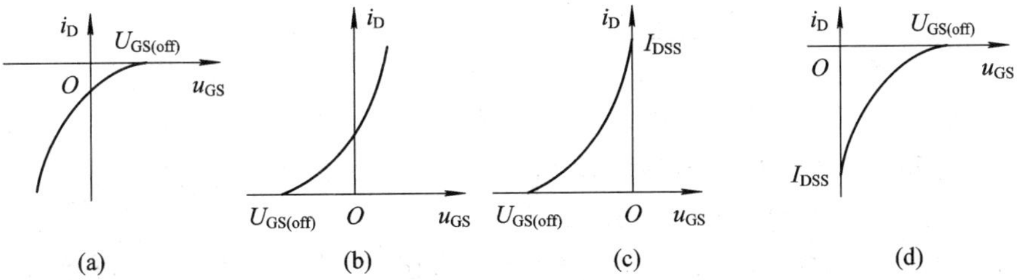

图 9－39　习题 9－16 图

第 10 章　基本放大电路

前面所介绍的三极管和场效应管的主要用途之一就是利用其放大作用组成放大电路，将微弱的电信号放大到所需要的量级。在生产实践和科学实验中，放大电路的应用十分广泛，是构成模拟电路和系统的基本单元。对初学者来说，从分立元件组成的基本放大电路入手，掌握一些放大电路的概念是非常有必要的。本章主要介绍由分立元件组成的几种基本放大电路的组成、工作原理及特点，为学习后续内容打下良好基础。

10.1　基本放大电路简介

放大是指用一个较小的变化量去控制一个较大的变化量，实质上是实现能量的控制。由于输入信号很微弱，能量很小，不能直接推动负载做功，因此，需要另外一个直流电源作为能源，由能量较小的输入信号控制这个能源，使之输出一个与输入信号变化规律相同的大能量，从而推动负载做功。放大电路就是利用具有放大功能的半导体器件来实现这种控制的。

1. 共发射极基本放大电路的组成

图 10－1 是一个简单的单管共发射极基本放大电路。输入端接需要放大的信号(通常可用一个电动势 e_S 与电阻 R_S 串联表示)，它可以是收音机自天线收到的包含声音信号的微弱电信号，也可以是某种传感器根据被测量转换出的微弱电信号。信号源的输出电压即放大器的净输入电压为 u_i，放大器的输出端接负载电阻 R_L，输出电压为 u_o。

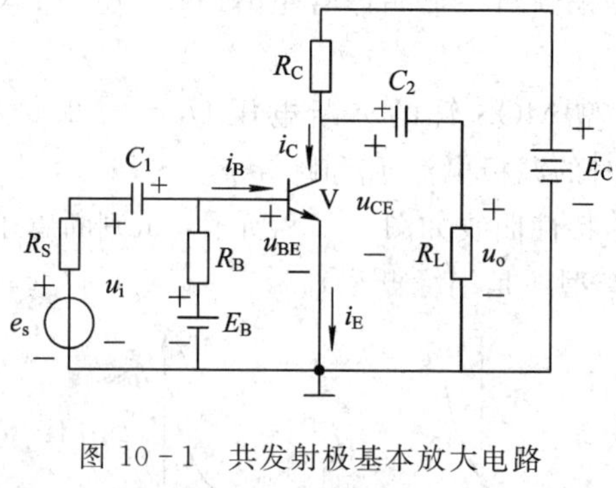

图 10－1　共发射极基本放大电路

2. 共发射极基本放大电路各元件的作用

放大器中各元件的作用如下：

(1) 晶体管 V：晶体管 V 是放大电路中起放大作用的核心元件。利用它的电流控制放大作用 $i_C=\beta i_B$，实现用微小的输入电压变化而引起的基极电流变化，控制电源 E_C 在输出回路中产生较大的与输入信号成比例变化的集电极电流，从而在负载上获得比输入信号幅度大许多但又与其成比例的输出信号。

(2) 集电极电源 E_C：E_C是放大电路的直流电源。它的作用有两个，其一是在受输入信号控制的三极管的作用下，适时地向负载提供能量；其二是保证三极管工作在放大状态，即保证晶体管的发射结处于正向偏置、集电结处于反向偏置。E_C对一般小信号放大器为几伏到几十伏。

(3) 集电极负载电阻 R_C：它可以是一个实际的电阻，也可以是继电器、发光二极管等器件。R_C一方面配合 E_C使晶体管集电结加反向偏置电压；另一方面将集电极电流的变化转换为电压的变化，提供给负载，以实现电压放大。R_C的阻值一般为几千欧姆到几十千欧姆。当它是继电器、发光二极管等器件时，作为直流负载，同时也是执行元件或能量转换元件。

(4) 基极电源 E_B和基极电阻 R_B：它们的作用是使发射结处于正向偏置，并提供大小适当的静态基极偏置电流 I_B，以使放大电路获得合适的工作点。R_B的阻值一般为几十千欧姆到几百千欧姆。

(5) 耦合电容 C_1和 C_2：它们分别接在放大器的输入端和输出端。由于电容器对交流信号的阻抗很小，而对直流信号的阻抗很大，利用它的这一特性来耦合交流信号，隔断直流信号，即“隔直流，通交流”，使放大器与信号源、负载之间的不同大小的直流电压互相不产生干扰，但又能够把信号源提供的交流信号传递给放大器，放大后再传递给负载，保证了信号源、放大器和负载均能正常地工作。C_1和 C_2的电容值一般为几微法到几十微法，因为容量大通常采用有极性的电解电容器，连接时要注意其极性，正极接高电位端，负极接低电位端。同时还要注意：耐压不能小于接入的两点间可能出现的最高电压。

(6) 负载电阻 R_L：它是放大电路的外接负载，可以是耳机、喇叭或其他元件，也可以是后级放大器的输入电阻。对于交变信号来讲，R_L与 R_C是并联的。如果电路中不接 R_L，则称之为输出开路。这时，输出的交流电压就是集电极电流在 R_C上所产生的压降。

晶体管有三个电极，由它构成的放大电路形成两个回路：信号源、基极、发射极形成输入回路，负载、集电极、发射极形成输出回路。发射极是输入回路与输出回路的公共端，故该电路被称为共发射极放大电路，简称共射放大电路。同理也可以有共基极放大电路和共集电极放大电路等三类放大电路。

3. 放大电路中各变量的表示方法

由图 10－1 电路可见，由于放大电路中同时存在着直流电压源(E_B、E_C)和交流电压源(e_s)，因此晶体管各极之间的电压、电流既含有直流分量，又含有交流分量。为了分析方便，特规定用下列表示方法加以区别：

用大写字母及大写字母脚标表示直流量。例如：I_B、I_C、U_{BE}，U_{CE}等。

用小写字母及小写字母脚标表示交流量的瞬时值。例如：i_b、i_c、u_{be}、u_{ce}等。

用大写字母及小写字母脚标表示交流量的有效值。例如：I_b、I_c、U_{be}、U_{ce}等。

用小写字母及大写字母脚标表示既含有直流分量又含有交流分量的总电压或总电流。例如：$i_B = I_B + i_b$，$i_C = I_C + i_c$，$u_{BE} = U_{BE} + u_{be}$等。

4. 放大电路的习惯画法

在如图 10－1 所示的放大电路中，用了 E_C和 E_B两个直流电源，使用不便。在实际的放大电路中都采用单电源供电，可将 R_B的一端改接到 E_C的正极上，只用 E_C供电，只要适当地调整 R_B的阻值，仍可保证发射结正向偏置，产生合适的基极偏置电流。此外，在放大电路中，通常把公共端设为参考点，设其为零电位，而该端常接“地”。同时为了简化电路的画法，习惯上常不画电源 E_C 的符号，而只在连接其正极的一端标出它对参考点“地”的电压值 U_{CC} 和极性(“+”或“−”)。如忽略电源 E_C 的内阻，则 $U_{CC}=E_C$，因此图 10－1 可改画为图 10－2 所示的习惯画法形式。

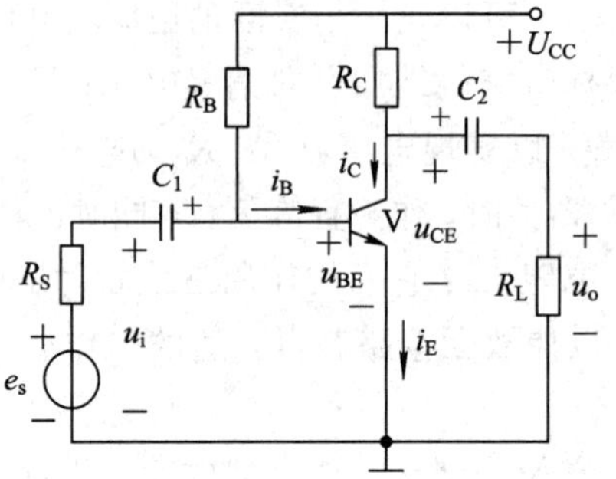

图 10－2　单电源供电时常用的画法

10.2　放大电路的静态分析

放大电路在没有加输入信号，即 $u_i=0$ 时，电路所处的工作状态叫静止工作状态，简称静态，即放大器的直流状态。这时电路仅有直流电源作用。

进行静态分析的目的是找出放大电路的静态工作点，静态时电路中的 I_B、I_C、U_{BE} 和 U_{CE} 的数值叫做放大电路的静态工作点。静态工作点是放大电路工作的基础，它设置的合理及稳定与否，将直接影响放大电路的工作状况和性能质量的高低。静态分析可用以下两种方法。

1. 用放大电路的直流通路确定静态值

做静态分析是在放大电路的直流通路中进行的。在画直流通路时，令输入信号为零，$e_s=0$(保留内阻 R_S)，所有电容视为开路。图 10－3所示的电路是图 10－2 所示基本共发射极放大电路的直流通路。这种方法也称为估算法，使用此方法的条件：已知电路中各元件的参数值，以及晶体管的 β 值。从直流通路可以看出，由于 C_1、C_2 的“隔直”作用，静态工作点与信号源内阻和负载电阻无关。

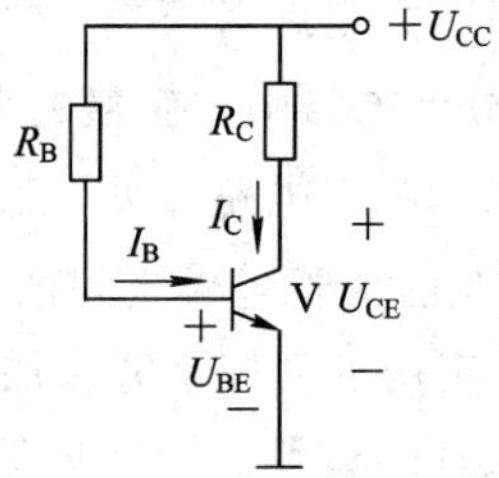

图 10－3　基本共射放大电路的直流通路

由图 10－3 所示的直流通路可得出静态时的基极电流为

$$I_B=\frac{U_{CC}-U_{BE}}{R_B}\approx\frac{U_{CC}}{R_B} \tag{10-1}$$

由 I_B 可得出静态时的集电极电流为

$$I_C=\bar{\beta}I_B+I_{CEO}\approx\bar{\beta}I_B\approx\beta I_B \tag{10-2}$$

静态时的集-射极电压则为

$$U_{CE}=U_{CC}-R_CI_C \tag{10-3}$$

【例 10-1】 在图 10-2 所示的放大电路中，设 $U_{CC}=12\ \text{V}$，$R_C=3\ \text{k}\Omega$，$R_B=280\ \text{k}\Omega$，$\beta=50$，试求放大电路的静态值。

解 根据图 10-3 的直流通路可得出

$$I_B=\frac{U_{CC}-U_{BE}}{R_B}\approx\frac{U_{CC}}{R_B}=\frac{12}{280\times10^3}\text{A}=0.04\times10^{-3}\ \text{A}=40\ \mu\text{A}$$

$$I_C\approx\beta I_B=50\times0.04\ \text{mA}=2\ \text{mA}$$

$$U_{CE}=U_{CC}-R_CI_C=[12-(3\times10^3)\times(2\times10^{-3})]\text{V}=6\ \text{V}$$

2. 用图解法确定静态值

图解法是利用晶体管的输入和输出特性曲线图，用作图的方法分析放大电路的电压、电流之间的关系。用图解法来确定静态值，可直观地分析和了解静态值的变化对放大电路工作的影响。使用此方法的条件为：已知电路中各元件的参数值，且已测出了晶体管输入特性曲线和输出特性曲线。

根据图 10-3 的输入回路，U_{BE}和 I_B之间的关系既要符合输入特性曲线，又要满足电路的基本电压方程：

$$U_{BE}=U_{CC}-I_BR_B\quad 或\quad I_B=\frac{U_{CC}-U_{BE}}{R_B}\tag{10-4}$$

这是一条关于 U_{BE}与 I_B关系的直线方程，称为输入直流负载线。在输入特性曲线上作出这条直线，则这条直线与输入特性曲线交于 Q 点(如图 10-4 所示)，由 Q 点对应的坐标值可得到电路的 U_{BE}和 I_B。

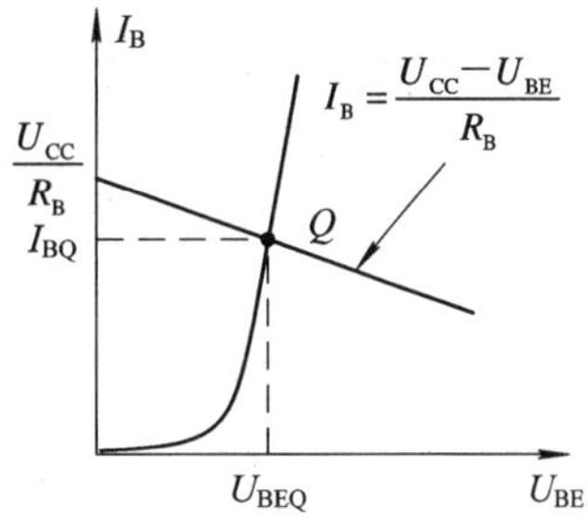

图 10-4　用图解法求 I_B、U_{BE}

同理，在输出回路中，I_C与 U_{CE}间的关系既要符合对应上面求出的 I_B的这条输出特性曲线，又应满足电路的基本电压方程：

$$U_{CE}=U_{CC}-R_CI_C\quad 或\quad I_C=-\frac{1}{R_C}U_{CE}+\frac{U_{CC}}{R_C}\tag{10-5}$$

这是一条关于 I_C与 U_{CE}关系的直线方程，称之为输出直流负载线，其斜率为 $\tan\alpha=-\frac{1}{R_C}$，仅与集电极电阻 R_C有关。分别令 $I_C=0$，得 $U_{CE}=U_{CC}$，即 M 点，令 $U_{CE}=0$，得 $I_C=\frac{U_{CC}}{R_C}$，即 N 点，连接 MN 的直线与对应于 $i_B=I_B$的这条输出曲线交于 Q 点，把 Q 点称为静态工作点，如图 10-5 所示，其中坐标值 I_C与 U_{CE}及 I_B统称为静态值。

由图 10-5 可见，若基极电流 I_B的大小不同，则静态工作点在负载线上的位置就不同，且晶体管工作状态也就不同。因此 I_B确定了晶体管的工作状态，通常称它为偏置电流，简称偏流。产生偏流的电路，称为偏置电路，在图 10-3 所示电路中，偏置电路的构成路径是 $U_{CC}\to R_B\to$发射结$\to$“地”，R_B称为偏置电阻。通常是用改变 R_B的阻值来调整偏流 I_B的大小，以保证晶体管工作状态的要求不同时有相应不同的合适的工作点。

【例 10-2】 在图 10-3 所示的放大电路中，已知 $U_{CC}=12\ \text{V}$，$R_C=3\ \text{k}\Omega$，$R_B=280\ \text{k}\Omega$。晶体管的输出特性曲线如图 10-5 所示。用图解法求静态值。

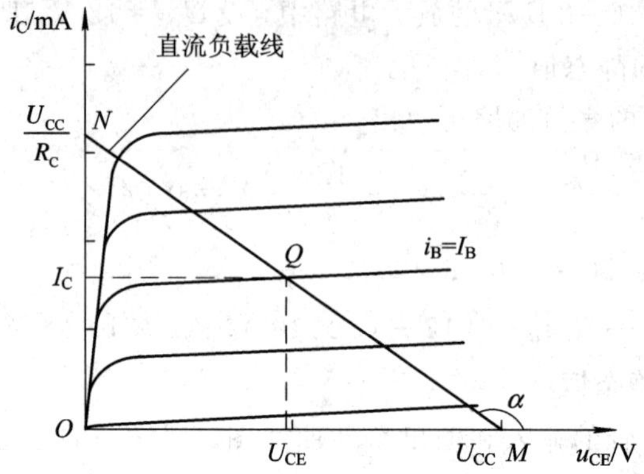

图 10-5　用图解法求 I_C 和 U_{CE}

解　根据式(10-1)可算出

$$I_B \approx \frac{U_{CC}}{R_B} = \frac{12}{280 \times 10^3} \text{A} \approx 0.04 \times 10^{-3}\ \text{A} = 40\ \mu\text{A}$$

根据图 10-3 所示的直流通路，可得

$$U_{CE} = U_{CC} - R_C I_C$$

则直流负载线与电压轴的交点 M 的坐标为

$$I_C = 0,\ U_{CE} = U_{CC} = 12\ \text{V}$$

与电流轴的交点 N 的坐标为

$$U_{CE} = 0,\ I_C = \frac{U_{CC}}{R_C} = \frac{12}{3 \times 10^3}\ \text{A} = 4\ \text{mA}$$

这样就可在图 10-5 所示的晶体管输出特性曲线上作出直流负载线。由此得出静态工作点 Q(见图 10-5)的静态值为

$$I_B = 40\ \mu\text{A},\quad I_C = 2\ \text{mA},\quad U_{CE} = 6\ \text{V}$$

10.3　放大电路的动态分析

当放大电路有输入信号，即 $u_i \neq 0$ 时的工作状态称为动态。动态分析的目的主要是获得用元件参数表示的放大电路的电压放大倍数 A_u、输入电阻 r_i、输出电阻 r_o这三个主要技术指标，以便知道该放大电路对输入信号的放大能力以及与信号源及负载进行最佳匹配的条件。

10.3.1　图解分析法

放大电路的动态图解分析也是利用晶体管的特性曲线在静态分析的基础上，用作图的方法来分析各个电压和电流交流分量之间的传输情况和相互关系。分析过程如下：

在晶体管特性曲线上分别画出输入、输出直流负载线，并确定 Q 点。

直流负载线反映静态时电流 I_C和电压 U_{CE}的变化关系，当放大电路接上负载后，由于耦合电容 C_2的隔直作用，所以没有直流电流通过负载，直流负载线不变，静态工作点也不变，即放大电路的直流工作状态与负载的接入与否无关。

把输入信号(如 $u_i=U_{Im}\sin\omega t$)叠加在 U_{BE}上，求出 i_B的变化范围。

画出放大电路的交流通路。方法是令 $U_{CC}=0$，并把所有电容视为短路。基本共发射极放大电路图 10-2 的交流通路如图 10-6 所示。根据交流通路求出以混合量 u_{CE}、i_C为变量的交流负载线方程，进而在晶体管输出特性曲线上绘制交流负载线。

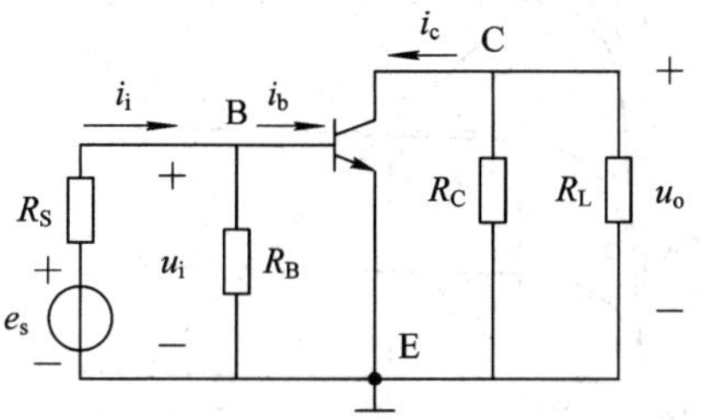

图 10-6　基本共射放大电路的交流通路图

交流负载线反映动态时电流 i_C与电压 u_{CE}的变化关系，由于对交流信号 C_2可视作短路，当放大电路接上负载时，集电极电流不仅流过 R_C，而且流过 R_L，这时 R_C和 R_L为并联关系，把$R'_L=R_C/\!/R_L$称为交流负载电阻。故交流负载线斜率为 $\tan\alpha'=-1/R'_L$。因为 R'_L总小于 R_C，所以交流负载线比直流负载线要陡。

由图 10-6 可知，晶体管 c、e 之间的交流电压分量 $u_{ce}=-i_cR'_L$，其中 $R'_L=R_C/\!/R_L$。

又因为 $u_{ce}=u_{CE}-U_{CE}$和 $i_c=i_C-I_C$，通过运算，可以求得交流负载线方程为

$$\begin{aligned}u_{CE}&=U_{CE}+u_{ce}=U_{CE}-i_CR'_L\\&=U_{CC}-I_CR_C-i_CR'_L\\&=U'_{CC}-i_CR'_L\end{aligned}\tag{10-6}$$

知道了方程，就不难作出它的图像。令 $i_C=0$，则 $u_{CE}=U'_{CC}$，可求出曲线上的一个点 M'。另外，当输入信号为零时，放大电路仍应工作在静态工作点 Q，可见，交流负载线也要通过 Q 点。画出通过 M'、Q 两点的直线即可得到交流负载线，如图 10-7 所示。

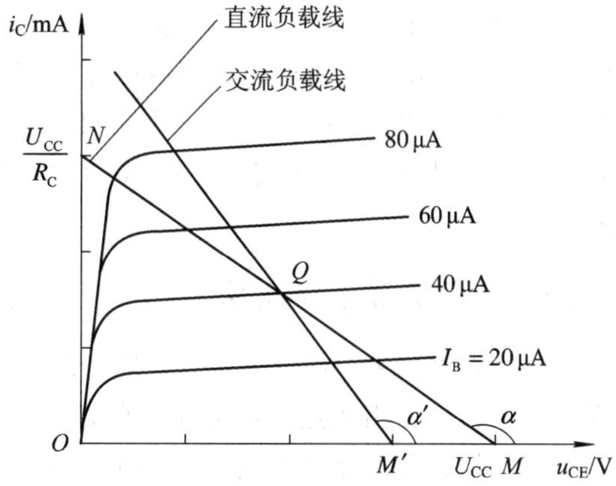

图 10-7　直流负载线和交流负载线

把 i_B的变化范围 Δi_B叠加在 $i_B=I_B$的那条输出曲线上，从而求出 i_C的变化范围 Δi_C。根据 i_C的变化范围 Δi_C在交流负载线上确定 u_{CE}的变化范围 Δu_{CE}，由此可以计算出电压放大倍数和最大输出电压幅度。

把 Δi_B移植到输出曲线上，从而确定输出信号变化范围，如图 10-8 中 Q_1、Q_2两点之间线段所示。读出 Δi_C和 Δu_{CE}的坐标值，则交流电压放大倍数为

$$A_u=\frac{\Delta u_{CE}}{\Delta u_i}\tag{10-7}$$

通过上述作图，可以清楚地观察到，Q 点在交流负载线上的位置不同时，对输出信号的影响。

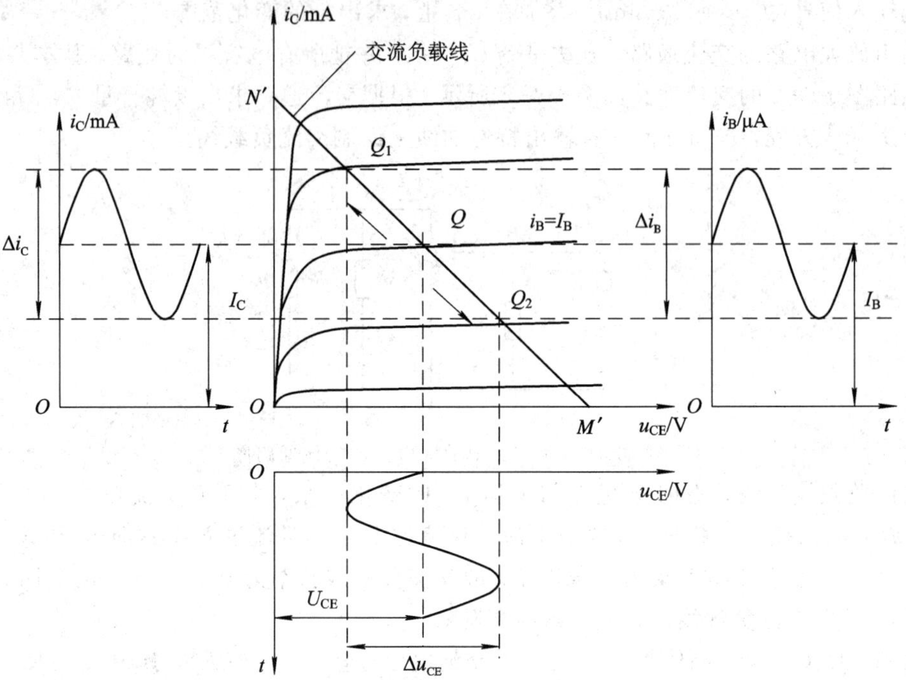

图 10-8　用图解法求 Δu_{CE}

综上所述，图解分析法的主要优点是直观、形象，可以对放大电路有一个直观、全面的了解，在特性曲线上合理安排和调整 Q 点，能帮助理解电路参数对 Q 点的影响，从而正确选择电路参数，能求取交流电压放大倍数和输出电压幅度。图解分析法一般适用于输出幅度比较大而工作频率不太高时的情况。其不足之处是：① 作图过程较麻烦，对于复杂电路，图解分析是一件相当困难的事；② 对于高频信号，由于晶体管极间电容的存在，特性曲线描述的电流、电压关系将不再正确，所以无法应用图解分析法；③ 当输出信号很小时，作图也相当困难。对于高频、输出范围较小的电路，通常采用微变等效电路法进行分析。

10.3.2　微变等效电路法

晶体管是一种非线性元件，直接对放大电路进行分析非常困难，为便于分析计算，需要对晶体管作适当的近似和简化。所谓放大电路的微变等效电路，就是把非线性元件晶体管所组成的放大电路等效为一个线性电路，也就是把晶体管线性化，等效为一个线性元件。这样就可像处理线性电路那样来处理晶体管放大电路。线性化的条件，就是晶体管在小信号(微变量)情况下工作，这才能在静态工作点附近的小范围内用直线段近似地代替晶体管的特性曲线。

1. 晶体管的微变等效电路

晶体管的微变等效电路可以从两个不同的途径得到，一种是从晶体管的物理结构抽象成等效电路；另一种是将晶体管看成一个线性双口网络，根据输入、输出端口的电压、电流关系式，求出相应的网络参数，从而得到它的等效电路。现从共发射极接法晶体管的输入特性和输出特性两方面来分析讨论后一种方法。

若将晶体管看成一个双口网络，并以 b－e 作为输入端口，以 c－e 作为输出端口，则网络外部的端电压和电流关系就是晶体管的输入特性和输出特性。从前面的分析可知，晶体管的输入、输出特性是非线性的。当输入信号很小时，信号在静态工作点附近的工作段可认为是直线。

如图 10－9(a)所示为晶体管的输入特性曲线，当 u_{CE} 为常数时，Δu_{BE} 与 Δi_B 为线性关系，它们之比近似为一常数，用 r_{be} 表示。由于输入信号 u_i 很小，Δu_{BE} 与 Δi_B 可用交流量 u_{be} 和 i_b 来代替，即

$$r_{be}=\left.\frac{\Delta u_{BE}}{\Delta i_B}\right|_{U_{CE}}=\left.\frac{u_{be}}{i_b}\right|_{U_{CE}=常数} \tag{10-8}$$

由式(10－8)可见，用 r_{be} 可确定 u_{be} 和 i_b 之间的关系。因此，晶体管的输入电路可用 r_{be} 等效代替，如图 10－10(b)所示。r_{be} 称为晶体管的输入电阻，其数值一般为几百欧到几千欧，它是对交流而言的一个动态电阻。小功率管的 r_{be} 约为 1 kΩ。

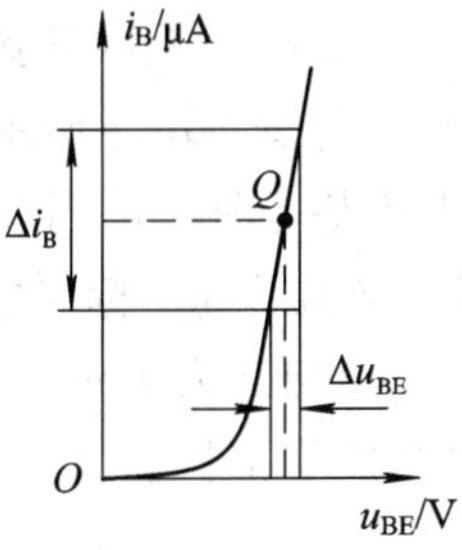

(a) 晶体管输入特性曲线

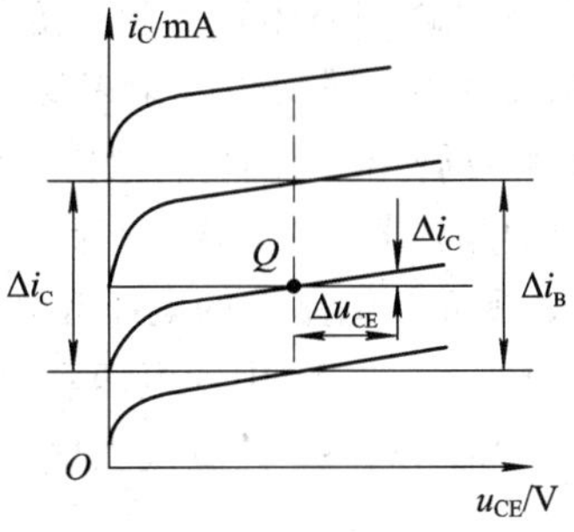

(b) 晶体管输出特性曲线

图 10－9　从晶体管的特性曲线求 r_{be}、β 和 r_{ce}

低频小功率晶体管的输入电阻常用下式来进行估算：

$$r_{be}\approx r'_{bb}+(\beta+1)\frac{U_T(\text{mV})}{I_E(\text{mA})} \tag{10-9}$$

式中，I_E 是发射极电流的静态值，r'_{bb} 为基区体电阻，常取 100～300 Ω，如不加以说明可取 200 Ω；U_T 为电压当量，常取 26 mV。在室温下，上述公式可改写为

$$r_{be}\approx 200\ \Omega+(1+\beta)\frac{26(\text{mV})}{I_E(\text{mA})} \tag{10-10}$$

由图 10－9(b)所示晶体管的输出特性曲线可以看出，在输入信号微小变化时，输出特性在线性工作区是一组近似与横轴平行且等距离的直线。当 u_{CE} 为常数时，Δi_C 只受 Δi_B 的控制，与 Δu_{CE} 无关，即

$$\beta=\frac{\Delta i_C}{\Delta i_B}\approx\frac{i_c}{i_b} \tag{10-11}$$

在小信号的条件下，β 近似为一常数，由 β 来确定 i_c 受 i_b 的控制关系。因此，晶体管的输出电路可用一受控电流源 $i_c=\beta i_b$ 来代替，以表示晶体管的电流控制作用，如图 10－10(b)所示。β 即为晶体管的电流放大倍数。

另外，从图 10－9(b)中还可见到，晶体管的输出特性曲线并不完全与横轴平行，当 I_B 为常数时，Δu_{CE} 与 Δi_C 之比称为晶体管的输出电阻，用 r_{ce} 表示。即

$$r_{ce}=\frac{\Delta u_{CE}}{\Delta i_C}\bigg|_{I_B}=\frac{u_{ce}}{i_c}\bigg|_{I_B=常数} \tag{10-12}$$

在小信号的条件下，r_{ce}也是一个常数，由它表示u_{ce}与i_c之间的关系。r_{ce}的阻值很高，约为几十千欧到几百千欧，所以其在微变等效电路中通常忽略不计。

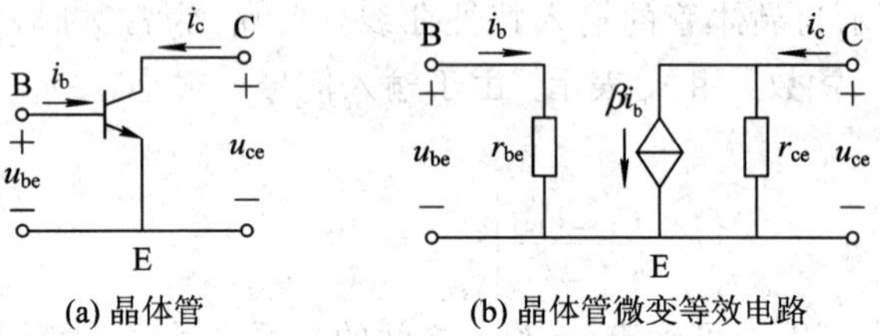

图 10-10　晶体管及其微变等效电路

2. 放大电路的微变等效电路

由放大电路的交流通路和晶体管的微变等效电路可得出放大电路的微变等效电路。首先画出放大电路的交流通路，对交流分量来说，电容C_1和C_2可视作短路，直流电源也可以认为是短路的。据此就可画出交流通路，如图 10-11(a)是图 10-2 所示放大电路的交流通路。再把交流通路中的晶体管用它的微变等效电路来代替，即可得到放大电路的微变等效电路，如图 10-11(b)所示。电路中的电压和电流都是交流分量，标出的是参考方向。当输入的是正弦信号时，图 10-11(b)中的电压和电流也可用相量来表示。

分析图 10-11(b)所示电路，计算放大电路的主要性能指标。

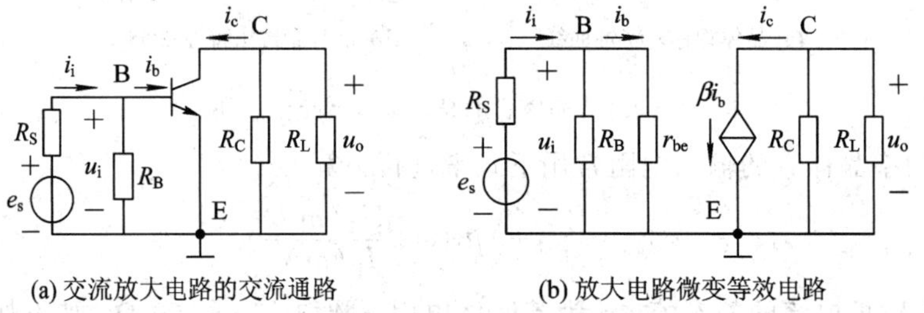

图 10-11　放大电路及其微变等效电路

3. 电压放大倍数的计算

以基本共发射极放大电路为例，用它的微变等效电路 10-11(b)来计算电压放大倍数。

根据微变等效电路，有

$$u_i=i_b r_{be}$$

$$u_o=-i_c R_C\ /\!/\ R_L=-\beta i_b R_C\ /\!/\ R_L=-\beta i_b R_L'$$

由电压放大倍数的定义，可得

$$A_u=\frac{u_o}{u_i}=-\beta\frac{R_C\ /\!/\ R_L}{r_{be}}=-\beta\frac{R_L'}{r_{be}} \tag{10-13}$$

其中，$R_L'=R_C /\!/ R_L$。

式(10-13)中的负号表示输出电压与输入电压反相。

当放大电路$R_L=\infty$(未接R_L)时，

$$A_u=\frac{u_o}{u_i}=\frac{-i_c R_C}{i_b r_{be}}=-\beta\frac{R_C}{r_{be}} \tag{10-14}$$

比较式(10－14)与式(10－13)可见，接入负载 R_L 会使共发射极放大电路的放大倍数降低，且 R_L 愈小，则电压放大倍数愈低。

另外，A_u 除与 R'_L 有关外，还与 β 和 r_{be} 有关。因 r_{be} 与 I_E 有关，故放大倍数与静态值 I_E 也有关。

【例 10－3】 在图 10－2 中，$U_{CC}=12\ \text{V}$，$R_C=3\ \text{k}\Omega$，$R_B=280\ \text{k}\Omega$，$\beta=50$，$R_L=6\ \text{k}\Omega$，试求电压放大倍数 A_u。

解　在例 10－1 中已求出

$$I_C \approx I_E = 2\ \text{mA}$$

由式(10－10)可得

$$r_{be} \approx 200(\Omega) + (50+1) \times \frac{26(\text{mV})}{2(\text{mA})} = 0.863\ \text{k}\Omega$$

则

$$A_u = -\beta \frac{R_C /\!/ R_L}{r_{be}} = -50 \times \frac{2}{0.863} \approx -115.88$$

4. 输入电阻的计算

一个放大电路的输入端总是与信号源(或前级放大电路)相连的，其输出端总是与负载(或后级放大电路)相连的。放大电路对信号源(或对前级放大电路)来说是一个负载，可用一个电阻来等效代替。该电阻是信号源的负载电阻，即放大电路的输入电阻 r_i。

由输入电阻的定义及图 10－11(b)所示电路，可得

$$r_i = \frac{u_i}{i_i} = \frac{u_i}{\dfrac{u_i}{R_B} + \dfrac{u_i}{r_{be}}} = \frac{1}{\dfrac{1}{R_B} + \dfrac{1}{r_{be}}} = R_B /\!/ r_{be} \approx r_{be} \tag{10-15}$$

它是对交流信号而言的一个动态电阻。可见这种放大电路的输入电阻基本上等于晶体管的输入电阻，是不高的。

在实际电路中，输入电阻 r_i 与信号源内阻 R_S 是串联关系，由于

$$u_i = \frac{r_i}{r_i + R_S} e_s$$

所以

$$A_{us} = \frac{u_o}{e_s} = \frac{u_i}{e_s} \cdot \frac{u_o}{u_i} = \frac{r_i}{r_i + R_s} A_u$$

A_{us} 称为源电压的放大倍数，当信号源内阻 $R_s=0$ 时，$A_{us}=A_u$。

输入电阻是表明放大电路从信号源吸取电流大小的参数。通常希望放大电路的输入电阻能大一些。r_i 越大，经过信号源内阻 R_s 和 r_i 的分压使实际加到放大电路的输入电压 u_i 就越接近 e_s；另外，r_i 越大，表明放大电路对信号源索取的电流就越小，放大电路就越容易被推动。

5. 输出电阻的计算

放大电路对负载(或对后级放大电路)来说，是一个信号源，可以将它进行戴维南等效，等效电源的内阻即为放大电路的输出电阻 r_o。输出电阻也是一个动态电阻，与负载无关。

通常计算 r_o 的方法是将信号源短路(如 $e_s=0$，但要保留信号源内阻)，将负载 R_L 开路，在输出端加一交流电压 u_o，以产生一个电流 i_o，则放大电路的输出电阻为 $r_o=u_o/i_o$。共发射极放大电路的输出电阻是从放大电路的输出端看进去的一个电阻。从图 10-11(b)所示的微变等效电路看，当 $u_i=0$ 时，$i_b=0$，βi_b 和 i_c 也为零。故

$$r_o \approx R_C \tag{10-16}$$

R_C 一般为几千欧，因此共发射极放大电路的输出电阻较高。

输出电阻 r_o 是表明放大电路带负载能力的参数。r_o 越小，其自身损耗就越少；另外，电路的输出电阻 r_o 愈小，当负载变化时，输出电压的变化愈小，放大电路带负载的能力就越强。因此一般总是希望得到较小的输出电阻。

【例 10-4】 如图 10-12 所示为发射极加电阻的共发射极放大电路，试求该放大电路的电压放大倍数 A_u、输入电阻 r_i 及输出电阻 r_o。

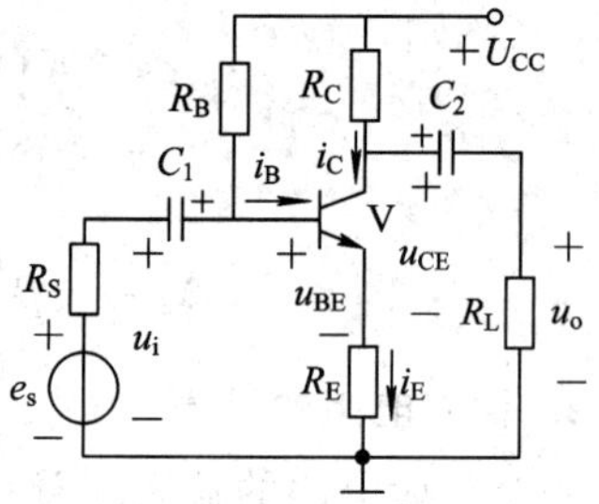

图 10-12　例 10-4 图

解　利用微变等效电路法求解该放大电路的动态性能指标。该放大电路的微变等效电路如图 10-13(a)所示。

由图 10-13(a)可得

$$\dot{U}_i = \dot{I}_b r_{be} + \dot{I}_e R_E = \dot{I}_b r_{be} + (1+\beta)\dot{I}_b R_E$$

$$\dot{U}_o = -\dot{I}_c R_L' = -\beta \dot{I}_b R_L'$$

则电压放大倍数

$$A_u = \frac{\dot{U}_o}{\dot{U}_i} = -\frac{\beta R_L'}{r_{be}+(1+\beta)R_E}$$

又由图可得

$$\dot{I}_b = \frac{\dot{U}_i}{r_{be}+(1+\beta)R_E}$$

则输入电阻

$$r_i = \frac{\dot{U}_i}{\dot{I}_i} = \frac{\dot{U}_i}{\dot{I}_{R_B}+\dot{I}_b} = R_B \mathbin{/\!/} [r_{be}+(1+\beta)R_E]$$

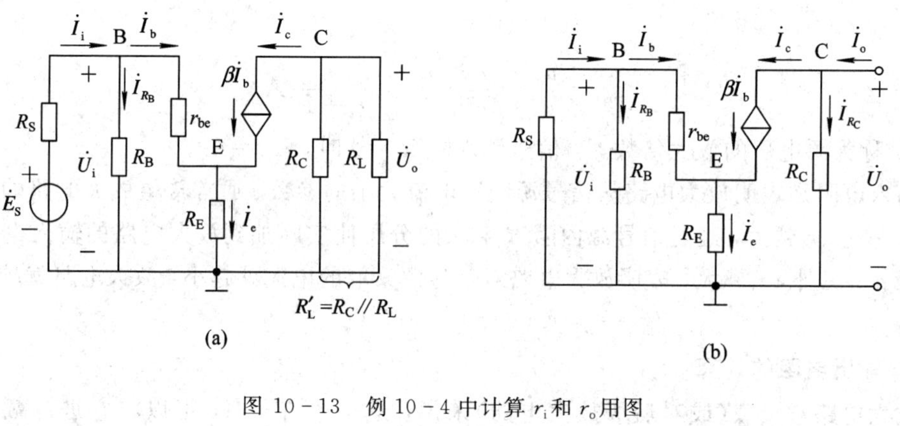

图 10-13　例 10-4 中计算 r_i 和 r_o 用图

求 r_o 的电路如图 10-13(b)所示。断开负载 R_L，令 $\dot{E}_s=0$，外加电压 $\dot{U}_o$，求 $\dot{I}_o$。

由图知 $\dot{I}_o=\dot{I}_c+\dot{I}_{R_C}$，因 $\dot{I}_b=0$，所以 $\dot{I}_c=0$，$\dot{I}_{R_C}=\dot{U}_o/R_C$。故 $r_o=\dot{U}_o/\dot{I}_o \approx R_C$。

由此例可以看出，基本共发射极放大电路加发射极电阻之后，会使放大电路的输入电阻 r_i 提高，但又使放大倍数 A_u 大大减小，输出电阻 r_o 保持不变。

在实际使用中，放大电路动态分析的图解法和微变等效电路法可以针对不同场合灵活应用。在信号幅度大而工作频率不太高时，安排 Q 点位置、分析波形失真等情况下，用图解法较为方便；在放大电路线路复杂、信号幅度小、不超出特性曲线的线性区时，常常使用微变等效电路法。

10.3.3　放大电路的非线性失真

所谓失真，是指输出信号的波形不能重现输入信号的波形。对放大电路有一基本要求，就是输出信号尽可能大但不失真。引起失真的原因有多种，其中由于晶体管的静态工作点不合适或者信号太大，使放大电路工作在晶体管的非线性区引起的失真通常称为非线性失真。非线性失真包括截止失真、饱和失真及截止饱和失真。前面的图解分析法中所取的静态工作点较合适，故输出波形没有失真。但如果把工作点设置的过高或过低，输出波形就会发生失真。

用图解法可以在特性曲线上清楚地观察到波形的失真情况。

1. 由晶体管特性曲线非线性引起的失真

这主要表现在输入特性的起始弯曲部分，输出特性间距不均匀，当输入信号又比较大时，将使 i_b、u_{ce} 和 i_c 正、负半周不对称，即产生了非线性失真。

2. 工作点不合适引起的失真

设输入信号 u_i 为正弦电压，静态工作点 Q 的位置选择太低，在 u_i 的负半周靠近峰值的某段时间内，晶体管进入截止区工作，i_B、u_{CE} 和 i_C 都严重失真了，对于 NPN 型晶体管共发射极放大电路，i_B、i_C 的负半周和输出电压 u_{CE} 的正半周将被削平，如图 10-14(a)所示。这是由于工作点进入晶体管的截止区而引起的，故称为截止失真。只有减小基极电阻 R_B，才能消除截止失真现象。

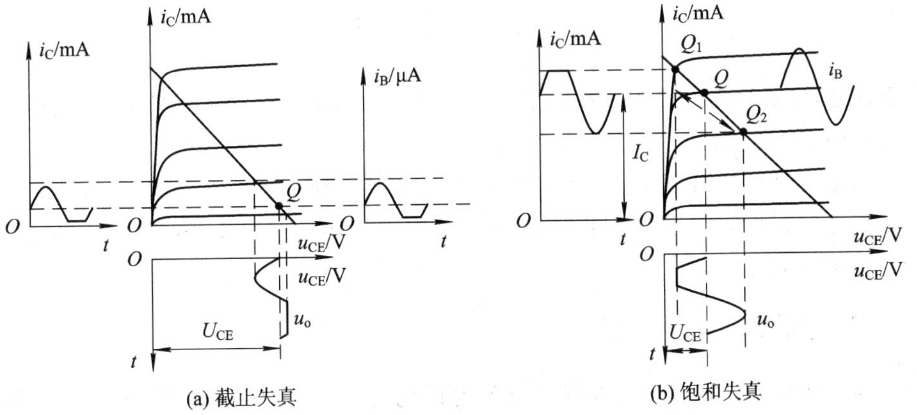

图 10-14　静态工作点不合适产生的非线性失真

在图 10-14(b)中，静态工作点 Q 太高，在输入电压 u_i 的正半周靠近峰值的某段时间内，晶体管进入饱和区工作，此时，i_B 继续增大，而 i_C 不再随之增大。这时 i_B 不失真，但是

u_{CE}和i_C都严重失真了。对于NPN型晶体管共发射极放大电路，集电极动态电流i_C产生顶部失真，输出电压u_{CE}的波形出现底部失真。这是由于工作点进入晶体管的饱和区而引起的失真，故称为饱和失真。为了消除饱和失真，就要适当降低Q点。为此，可采用增大基极电阻R_B以减小基极静态电流I_{BQ}，从而减小集电极静态电流I_{CQ}；也可以减小集电极电阻R_C以改变负载线斜率，从而增大管压降U_{CEQ}；或者更换一只β较小的管子，以便在同样的I_{BQ}情况下减小I_{CQ}。

另外，当u_i过大，输出电压的正、负半周都会被削去，形成两个平顶，即同时出现了截止失真和饱和失真，这种失真称为截止饱和失真。这种失真Q点有可能处于合适的位置。

因此，要使放大电路不产生非线性失真，必须要有一个合适的静态工作点，工作点Q应大致选在交流负载线的中间位置处；而且要求输入信号u_i的幅值不能太大，以避免放大电路的工作范围超过特性曲线的线性范围。

10.4 放大电路静态工作点的稳定

由前面的分析可知，放大电路工作时应有一个合适的静态工作点，以保证有较好的放大效果，并且不引起非线性失真。共发射极放大电路虽然电路简单，调试方便，但在实际工作中，其工作点难以保持稳定。引起静态工作点不稳定的原因很多，如电源电压的波动，电路参数的变化，管子老化等因素，但影响最大的是温度的变化。由半导体的特性可知，温度变化时，晶体管的特性和参数将会发生变化。如环境温度升高时，晶体管的I_{CBO}增大，电流放大系数β将增大，则穿透电流I_{CEO}增加的幅度将更大，故集电极电流的静态值I_C明显增大，特性曲线上移。另外，晶体管的U_{BE}随温度的升高而下降，在相同的U_{BE}下会引起I_B的增加，从而会使I_C增加，Q点将沿直流负载线上移，向饱和区变化；反之，当温度降低时，Q点将沿直流负载线下移，向截止区变化，从而使放大电路不能稳定地工作。

前面介绍的共发射极放大电路(见图10-2)的Q点是由I_B来决定的，电路的偏置电流为

$$I_B = \frac{U_{CC} - U_{BE}}{R_B} \approx \frac{U_{CC}}{R_B}$$

当R_B一经选定后，I_B也就基本固定不变，故称为固定偏置放大电路，但这种电路在环境温度变化时，Q点也随之移动，而使放大电路不能稳定工作。

如果当温度升高后偏置电流能自动减小以限制I_C的增大，静态工作点就能基本稳定。为此，常采用具有稳定静态工作点的分压式偏置放大电路，如图10-15(a)所示。其中，R_{B1}和R_{B2}构成偏置电路。

10.4.1 稳定静态工作点的原理

由于温度变化后，集中表现在晶体管集电极电流的静态值I_C发生变化，因此稳定静态工作点就是设法稳定静态电流I_C。分压式偏置电路就是通过改进电路，使V_B保持不变，让V_E随温度的升高而增大。由晶体管的输入特性可知，I_B的大小取决于U_{BE}，$U_{BE}=V_B-V_E$，当温度升高时U_{BE}反而下降，导致I_B下降，从而达到稳定I_C的目的。

图10-15所示为分压式偏置放大电路，上偏置电阻R_{B1}和下偏置电阻R_{B2}构成一个分

压电路，以固定晶体管基极的电位 V_B。再利用回路中的电阻 R_E 获得反映集电极电流变化的电压 V_E，使之与 V_B 相比较得出差值来控制 I_B，以维持 I_C 的基本稳定。

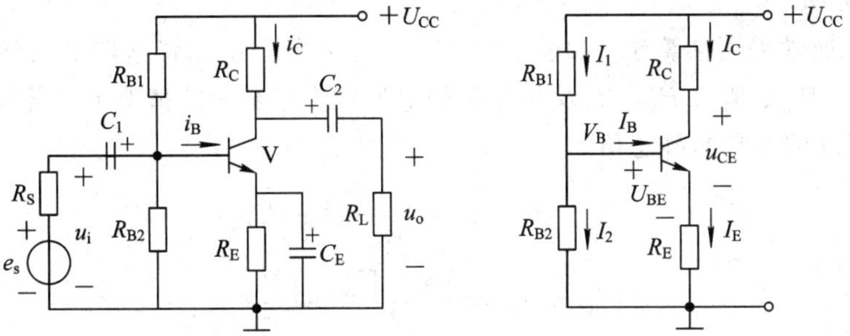

(a) 放大电路　　(b) 直流通路

图 10 - 15　分压式偏置放大电路

1. 静态工作点稳定的条件

由图 10 - 15(b)所示的直流通路可知

$$I_1 = I_2 + I_B$$

(1) 若使 $I_1 \approx I_2 \gg I_B$，则可忽略 I_B 的分流作用，这时基极电位基本不变，即

$$V_B = R_{B2} I_2 = \frac{R_{B2}}{R_{B1} + R_{B2}} U_{CC}$$

可认为 V_B 与晶体管的参数无关，不受温度的影响，而仅由 R_{B1} 和 R_{B2} 的分压电路所固定。

(2) 若使 $V_B \gg U_{BE}$，则可忽略 U_{BE}，这时发射极电流基本不变，即

$$I_E = \frac{V_B - U_{BE}}{R_E} \approx \frac{V_B}{R_E}$$

而 $I_C \approx I_E$，可认为 I_C 也不受温度的影响。

可见，若满足(1)、(2)两个条件，则 V_B 和 I_E 或 I_C 就与晶体管的参数几乎无关，不受温度变化的影响，从而保证 Q 点不受温度的影响，以达到稳定 Q 点的目的。对硅管而言，在估算时一般可选取 $I_2 = (5\sim10) I_B$ 和 $V_B = (5\sim10) U_{BE}$。

2. 稳定静态工作点的物理过程

若温度升高，则会引起 I_C 增大，发射极电流 I_E 及发射极电位 V_E 也会随之增加，由于 V_B 是固定的，因此 V_E 的增加将会导致 U_{BE} 的减小，从而使 I_B 自动减小以限制 I_C 的增大，即 I_C 随温度的升高而增大的部分几乎被由于 I_B 减小而减小的部分相抵消，使 I_C 和 U_{CE} 保持基本不变，从而使静态工作点 Q 得以稳定。此过程可简写为

$$T(℃)\uparrow \rightarrow I_C\uparrow(I_E)\uparrow \rightarrow V_E\uparrow(\text{因}V_B\text{基本不变}) \rightarrow U_{BE}\downarrow \rightarrow I_B\downarrow$$

$$I_C\downarrow \leftarrow\!\!-\!\!\lrcorner$$

由此可见，在稳定 Q 的过程中，R_E 起着重要作用，当晶体管的输出回路电流 I_C 变化时，通过发射极电阻 R_E 上产生电压的变化来影响 b－e 间电压，从而使 I_B 向相反方向变化，以达到稳定 Q 点的目的。

10.4.2 分压式偏置电路的计算

1. 静态分析

静态分析通常采用估算法，如图 10-15(b)所示的分压偏置电路的直流通路，在已知电源电压 U_{CC}、R_{B1}、R_{B2}、R_C、R_E及晶体管的电流放大倍数 β 的情况下，当满足稳定工作点的条件时，可以求出它的静态值。

基极电位
$$V_B = R_{B2} I_2 = \frac{R_{B2}}{R_{B1}+R_{B2}} U_{CC} \tag{10-17}$$

$$I_C \approx I_E = \frac{V_B - U_{BE}}{R_E} \approx \frac{V_B}{R_E} \tag{10-18}$$

基极电流
$$I_B = \frac{I_E}{1+\beta} \approx \frac{I_C}{\beta} \tag{10-19}$$

集-射极电压
$$U_{CE} = U_{CC} - (R_C + R_E) I_C \tag{10-20}$$

2. 动态分析

在估算动态值时，可以画出电路的微变等效电路，如图 10-16 所示。

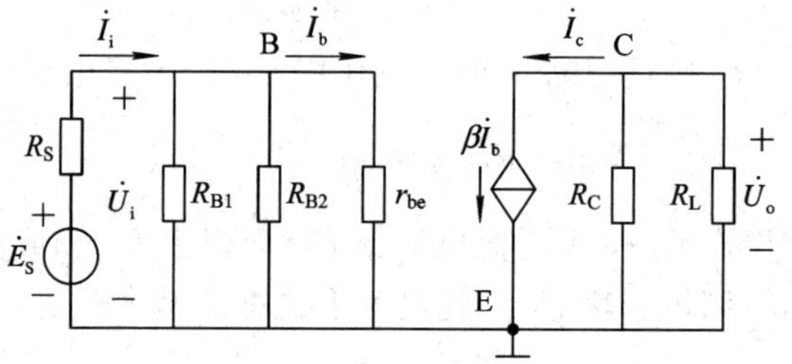

图 10-16 图 10-15(a)电路的微变等效电路

当输入信号电压为 $\dot{U}_i$ 时，电压放大倍数为

$$A_u = \frac{\dot{U}_o}{\dot{U}_i} = -\beta \frac{R_C /\!/ R_L}{r_{be}} \tag{10-21}$$

当放大电路输出端开路(未接 R_L)时，电压放大倍数为

$$A_u = \frac{\dot{U}_o}{\dot{U}_i} = -\beta \frac{R_C}{r_{be}} \tag{10-22}$$

当考虑信号源有内阻 R_S时，电源电压放大倍数为

$$A_{us} = \frac{\dot{U}_o}{\dot{E}_S} = -\beta \frac{R_C /\!/ R_L}{r_{be}} \frac{r_i}{r_i + R_s} \tag{10-23}$$

由微变等效电路图 10-16 可知，放大电路输入电阻为

$$r_i = R_{B1} /\!/ R_{B2} /\!/ r_{be} \tag{10-24}$$

从微变等效电路图中的负载左边看进去，输出电阻仍等于集电极电阻，即

$$r_o \approx R_C \tag{10-25}$$

【例 10-5】 在图 10-15(a)的分压式偏置放大电路中，已知：$U_{CC}=12$ V，$R_{B1}=48$ kΩ，$R_{B2}=20$ kΩ，$R_C=3$ kΩ，$R_E=1.5$ kΩ，$R_L=6$ kΩ，$\beta=50$。

(1) 求放大电路的静态工作点。若更换 $\beta=100$ 的同类管子，静态工作点是否发生了变化?如果将例 10-1 中的固定偏压式的共发射极放大电路更换 $\beta=100$ 的同类管子，将会怎样?

(2) 计算放大电路电压放大倍数 A_u、输入电阻 r_i 和输出电阻 r_o。

(3) 如果将旁路电容 C_E 去掉，再求解(2)。

解　(1) 由直流通路确定静态工作点。

$$V_B = \frac{R_{B2}}{R_{B1}+R_{B2}}U_{CC} = \frac{20}{48+20}\times 12 = 3.53\ \text{V}$$

$$I_C \approx I_E = \frac{V_B - U_{BE}}{R_E} = \frac{3.53-0.7}{1.5\times 10^3} = 1.9\ \text{mA}$$

$$U_{CE} = U_{CC} - (R_C + R_E)\times I_C = 12 - 1.9\times 10^{-3}\times(3+1.5)\times 10^3 = 3.45\ \text{V}$$

若更换 $\beta=100$ 的同类管子，静态工作点不变。如果将例 10-1 中的固定偏压式的共发射极放大电路更换 $\beta=100$ 的同类管子，则静态工作点可变为

$$I_B = \frac{U_{CC}-U_{BE}}{R_B} = \frac{12-0.7}{280\times 10^3} = 40\ \mu\text{A}$$

$$I_C \approx \beta I_B = 100\times 40\times 10^{-6} = 4\times 10^{-3} = 4\ \text{mA}$$

$$U_{CE} = U_{CC} - R_C I_C = 12 - 3\times 10^3\times 4\times 10^{-3}\ \text{V} = 0\ \text{V}$$

而更换 β 之前，电路的集电极电流为

$$I_C \approx \beta I_B = 50\times 40\times 10^{-6} = 2\times 10^{-3}\ \text{A} = 2\ \text{mA}$$

$$U_{CE} = U_{CC} - R_C I_C = 12 - 3\times 10^3\times 2\times 10^{-3}\ \text{V} = 6\ \text{V}$$

由此可见，更换 β 后，集电极电流 I_C 比原来增大一倍，U_{CE} 大大减小，Q 点进入饱和区。说明固定偏压式的共射极放大电路在元件参数改变时，将不能正常工作。

(2) 从如图 10-16 所示的微变等效电路可以计算电压放大倍数 A_u、输入电阻 r_i 和输出电阻 r_o。

$$r_{be} \approx 200(\Omega) + (\beta+1)\frac{26(\text{mV})}{I_E(\text{mA})} = 200 + (50+1)\times\frac{26\times 10^{-3}}{1.9\times 10^{-3}} \approx 898\ \Omega$$

$$A_u = \frac{\dot{U}_o}{\dot{U}_i} = -\beta\frac{R'_L}{r_{be}} = -50\times\frac{\dfrac{3\times 6}{3+6}}{0.898} = -111$$

式中，$R'_L = R_C /\!/ R_L$。

$$r_i = R_{B1} /\!/ R_{B2} /\!/ r_{be} \approx r_{be} = 898\ \Omega$$

$$r_o = R_C = 3\ \text{k}\Omega$$

(3) 将发射极电容 C_E 去掉后，其微变等效电路如图 10-17 所示，计算 A_u、r_i、r_o。

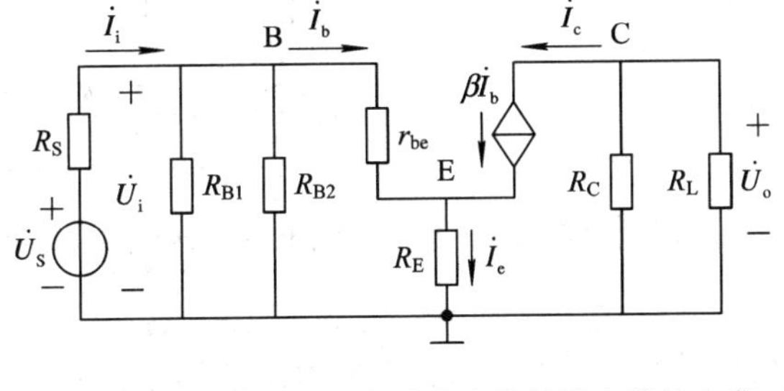

图 10-17　带 R_E 的共射放大电路的微变等效电路

因为

$$\dot{U}_o = -\beta R'_L \dot{I}_b$$

式中,

$$R'_L = R_C \ /\!/ \ R_L$$

$$\dot{U}_i = \dot{I}_b r_{be} + \dot{I}_e R_E = \dot{I}_b[r_{be} + (1+\beta)R_E]$$

所以

$$A_u = \frac{\dot{U}_o}{\dot{U}_i} = -\frac{\beta R'_L}{r_{be} + (1+\beta)R_E} = -\frac{50 \times 2 \times 10^3}{0.898 \times 10^3 + (1+50) \times 1.5 \times 10^3} = -1.3$$

$$r_i = R_{B1} \ /\!/ \ R_{B2} \ /\!/ \ [r_{be} + (1+\beta)R_E] = (48 \ /\!/ \ 20 \ /\!/ \ 77.4) \times 10^3 \approx 12\ \text{k}\Omega$$

$$r_o = R_C = 3\ \text{k}\Omega$$

$(1+\beta)R_E$表示R_E折算到输入端时扩大了$(1+\beta)$倍，如图 10－18 所示。若$(1+\beta)R_E \gg r_{be}$且$\beta \gg 1$，则例题中的$A_u = \dfrac{\dot{U}_o}{\dot{U}_i} \approx -\dfrac{R'_L}{R_E}$。可见，虽然在交流通路中引入了$R_E$使$A_u$减小了，但由于$A_u$仅取决于电阻值，所以不受环境温度的影响，而且可以使r_i大大增加。

从本例可以看出，当无C_E时，电路的电压放大能力很差，因此在实用电路中常常将R_E分为两部分，只将其中一部分接旁路电容。

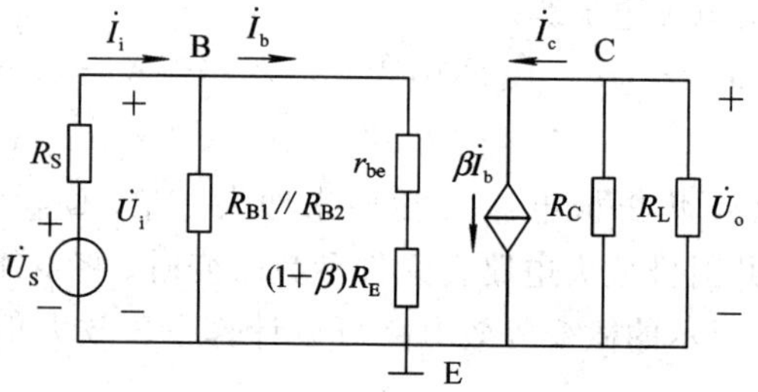

图 10－18 R_E 折算到输入端时扩大了$(1+\beta)$倍

10.4.3 稳定静态工作点的措施

分压式偏置电路中是利用负反馈稳定 Q 点，而图 10－19(a)中则采用温度补偿的方法来稳定 Q 点。

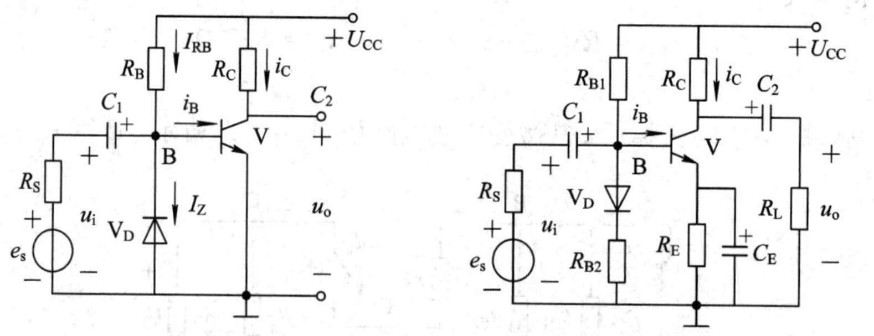

(a) 利用二极管的反向特性进行温度补偿　(b) 利用二极管的正向特性进行温度补偿

图 10－19 静态工作点稳定电路

使用温度补偿方法稳定静态工作点时，必须在电路中采用对温度敏感的器件，如二极管、热敏电阻等。在图 10－19(a)所示电路中，电源电压U_{CC}远大于晶体管 b－e 间导通电压U_{BEQ}，因此R_B中的静态电流为

$$I_{R_B}=\frac{U_{CC}-U_{BEQ}}{R_B}\approx\frac{U_{CC}}{R_B}$$

节点B的电流方程为

$$I_{R_B}=I_Z+I_{BQ}$$

式中，I_Z为二极管的反向电流，I_{BQ}为晶体管基极静态电流。当温度升高时，一方面I_C增大，另一方面由于I_Z增大而导致I_B减小，从而I_C随之减小。当参数合适时，I_C可基本不变。其过程简述如下：

$T(℃)\uparrow\rightarrow I_C\uparrow$

$\searrow I_Z\uparrow\rightarrow I_B\downarrow\rightarrow I_C\downarrow$

从上述分析可知，温度补偿的方法是靠温度敏感器件直接对基极电流产生影响，使之产生与I_C相反方向的变化。图10-19(b)所示电路同时使用引入直流负反馈和温度补偿两种方法来稳定Q点。设温度升高时二极管内电流基本不变，因此其压降U_D必然减小，稳定过程简述如下：

$T(℃)\uparrow\rightarrow I_C\uparrow\rightarrow V_E\uparrow$

$\searrow U_D\downarrow\rightarrow V_B\downarrow\rightarrow U_{BE}\downarrow\rightarrow I_C\downarrow$

当温度降低时，各物理量向相反方向变化。

10.5　射极输出器

前面所讲的放大电路都是从集电极输出，采用共发射极接法。而图10-20所示电路，它的输出是从发射极取出的，故称之为射极输出器。

如果画出射极输出器的交流通路，因直流电源相对于交流信号来说是短路的，则可以看到，电路的输入回路和输出回路共用的电极是集电极，因此射极输出器在接法上是一个共集电极电路。

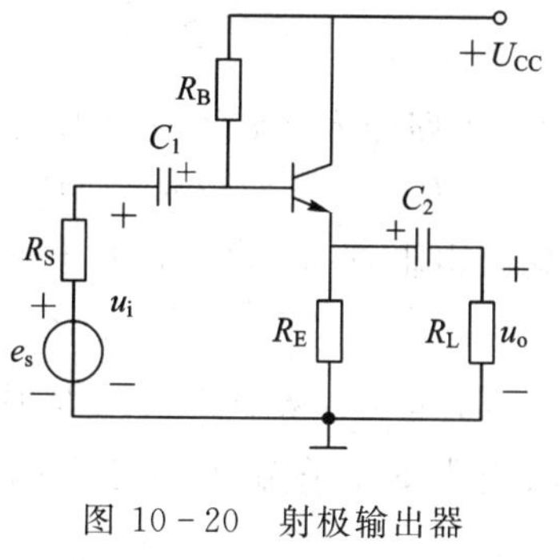

图10-20　射极输出器

10.5.1　静态分析

静态分析采用估算法，由图10-21所示的射极输出器的直流通路可以确定静态值。

由输入回路可列出电压方程为

$$U_{CC} = R_B I_B + U_{BE} + R_E(1+\beta) I_B$$

由上式可求出

$$I_B = \frac{U_{CC} - U_{BE}}{R_B + R_E(1+\beta)} \qquad (10-26)$$

则

$$I_C = \beta I_B \qquad (10-27)$$

由输出回路则可求得集-射极电压为

$$U_{CE} = U_{CC} - R_E I_E \qquad (10-28)$$

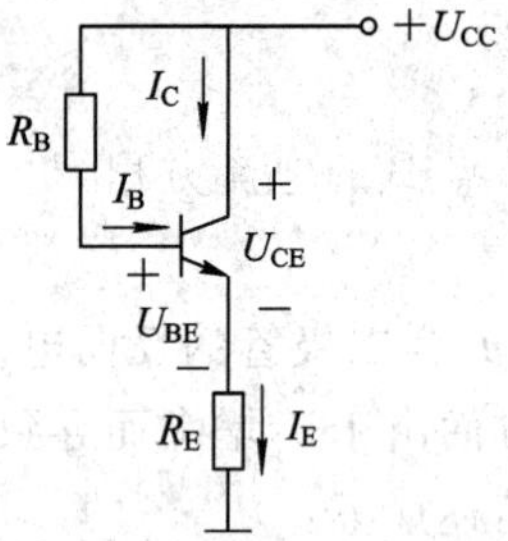

图 10-21 射极输出器的直流通路

10.5.2 动态分析

动态分析采用微变等效电路法。射极输出器的微变等效电路如图 10-22 所示。

1. 电压放大倍数

由图 10-22 可知

$$\dot{U}_i = r_{be}\dot{I}_b + R'_L\dot{I}_e = r_{be}\dot{I}_b + (1+\beta)R'_L\dot{I}_b$$

其中

$$R'_L = R_E \,/\!/\, R_L$$

$$\dot{U}_o = R'_L\dot{I}_e = (1+\beta)R'_L\dot{I}_b$$

则电压放大倍数为

$$A_u = \frac{\dot{U}_o}{\dot{U}_i} = \frac{(1+\beta)R'_L}{r_{be} + (1+\beta)R'_L} \qquad (10-29)$$

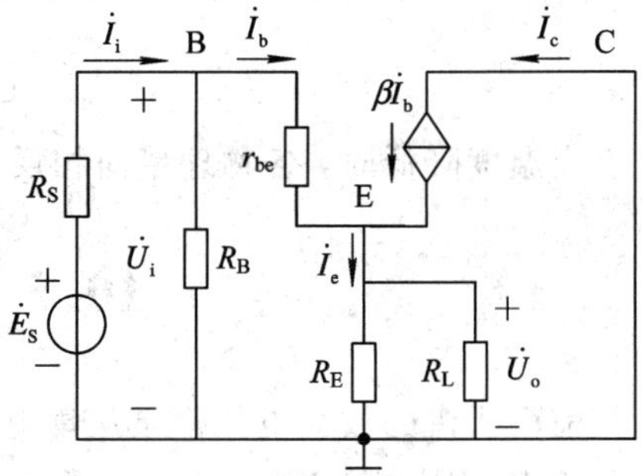

图 10-22 射极输出器的微变等效电路

通常$(1+\beta)R'_L \gg r_{be}$，所以 $A_u \approx 1$ 且 $A_u < 1$，即射极输出器的电压放大倍数接近 1，但恒小于 1。虽然射极输出器没有电压放大作用，但因 $I_E = (1+\beta)I_B$，故其仍具有一定的电流放大和功率放大作用。而且电路的输出电压与输入电压同相，具有跟随作用，因此射极输出器又称为射极跟随器。

2. 输入电阻

从图 10-22 所示的微变等效电路输入端看进去求射极输出器的输入电阻，即有

$$r_i = R_B \,/\!/\, [r_{be} + (1+\beta)R'_L] \qquad (10-30)$$

由此可见，射极输出器的输入电阻较高，可高达几十千欧到几百千欧。

3. 输出电阻

计算射极输出器输出电阻 r_o 的等效电路如图 10-23 所示，由输出电阻的定义式出发来求得。将信号源短路，保留其内阻 R_S。在输出端将负载电阻 R_L 去掉，外加一交流电压 $\dot{U}_o$，产生电流 $\dot{I}_o$，则可得

$$\dot{I}_o = \dot{I}_b + \beta\dot{I}_b + \dot{I}_e = (1+\beta)\frac{\dot{U}_o}{r_{be} + R'_S} + \frac{\dot{U}_o}{R_E}$$

其中，$R'_S = R_S /\!/ R_B$。则输出电阻为

$$r_o=\frac{\dot{U}_o}{\dot{I}_o}=\frac{1}{(1+\beta)\dfrac{1}{r_{be}+R'_s}+\dfrac{1}{R_E}}=R_E\ /\!/\ \frac{r_{be}+R'_S}{1+\beta}$$

通常，$R_E \gg \frac{r_{be}+R'_S}{1+\beta}$，且 $\beta \gg 1$。故有

$$r_o \approx \frac{r_{be}+R'_S}{\beta} \qquad (10-31)$$

可见，射极输出器的输出电阻是很低的，一般在几十欧至几百欧范围内，因此输出电压不会随负载电阻的改变而发生显著的变化，也说明射极输出器具有恒压输出特性。

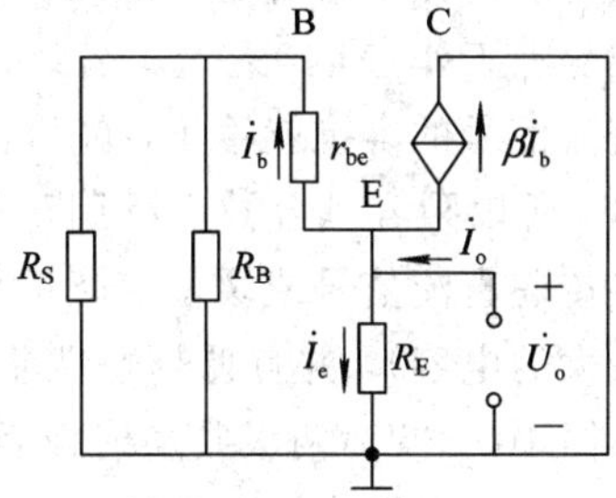

图 10-23　计算 r_o 的等效电路

综上所述，射极输出器是一个具有输入电阻高，输出电阻低，电压放大倍数接近 1 的放大电路。

射极输出器的应用十分广泛，主要是由于它具有高输入电阻和低输出电阻的特点。因为输入电阻高，它常被用做多级放大电路的输入级；另外，由于输出电阻低，射极输出器具有较强的带载能力，故也常用做多级放大电路的输出级作为功率放大，驱动负载；有时还将射极输出器接在两级共发射极放大电路之间，作为缓冲级，用来隔离前、后两级之间的相互影响。

10.6　多级放大电路

实际上，放大器的输入信号都很微弱，一般为毫伏级或微伏级，输入功率常在 1 mW 以下。单级放大电路的放大倍数是不够的，必须将多个放大电路连接起来对微弱信号进行连续放大，方可在输出端获得必要的电压幅值或足够的输出功率，去驱动负载工作。多级放大电路组成的方框图如图 10-24 所示，含有输入级、中间级和输出级。

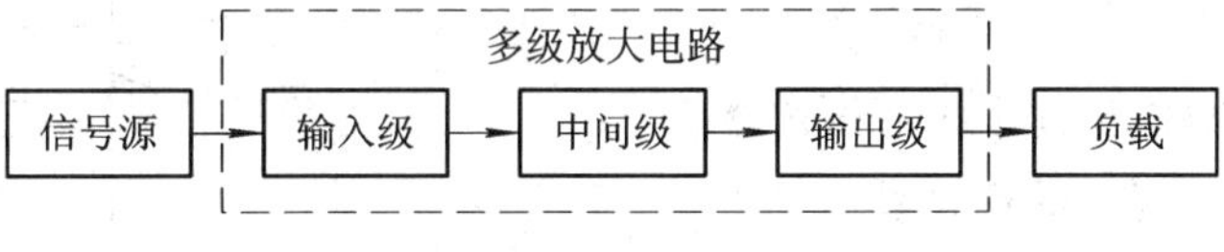

图 10-24　多级放大电路组成的方框图

输入级的任务是提高放大电路的输入电阻，不衰减、不失真地采样信号；中间级的任务是电压放大；输出级的任务是增大输出功率，减小输出电阻。多级放大电路不仅要保证各级静态工作点合适，还要保证信号畅通，而且要尽可能不失真地放大。

10.6.1　多级放大电路的耦合方式

组成多级放大电路的每两个单级放大电路之间的连接方式称为耦合。常见的耦合方式有四种，即阻容耦合、变压器耦合、直接耦合和光电耦合。前两种只能放大交流信号，直接耦合既能放大交流信号又能放大直流信号。由于变压器耦合在放大电路中的应用已经逐渐减少，故本节将主要讨论阻容耦合和直接耦合两种耦合方式。

1. 阻容耦合

将放大电路前一级输出端通过电阻和电容连接到后一级输入端称为阻容耦合方式。阻容耦合的优点是耦合电容有隔直作用，它可使前、后级的直流工作状态相互之间无影响，各级静态工作点相互独立，各级设计和计算简便，而且只要将电容选得足够大，耦合电容对交流信号的容抗就很小，就可使前级输出信号在一定频率范围内几乎不衰减地传送到下一级。所以阻容耦合被广泛用于分立元件的多级放大电路中。阻容耦合方式的缺点是不能直接传递直流信号或缓慢变化的信号，而且不能用于集成电路(因为在芯片内难于制造容量较大的电容)，并且低频特性差。

图 10-25 为两级共发射极阻容耦合放大电路，两级之间通过耦合电容 C_2 及下级输入电阻连接。C_1 为信号源与第一级放大电路之间的耦合电容，C_3 是第二级放大电路与负载(或下一级放大电路)之间的耦合电容。耦合电容通常取几微法到几十微法。信号源或前级放大电路的输出信号在耦合电阻上产生压降，作为后级放大电路的输入信号。

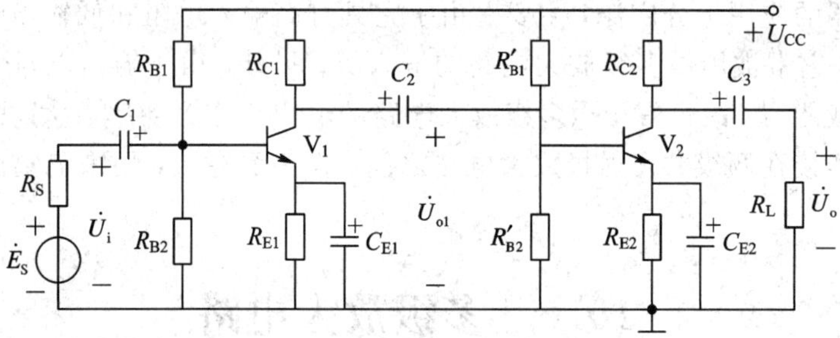

图 10-25　两级共发射极阻容耦合放大电路

2. 直接耦合

将前一级的输出端直接连接到后一级的输入端的方式称为直接耦合。两级直接耦合放大电路如图 10-26 所示。直接耦合有两个不可忽视的问题：一是前、后级的静态工作点互相影响；二是容易产生零点漂移。

1）前级与后级静态工作点的相互影响

由图 10-26 可见，前级的集电极电位恒等于后级的基极电位，而且前级的集电极电阻 R_{C1} 同时又是后级的偏流电阻，前、后级的静态工作点就互相影响，互相牵制。静态时，V_1 管的 U_{CEQ1} 等于 V_2 管的 U_{BEQ2}。通常情况下，若 V_2 为硅管，U_{BEQ2} 约为 0.7 V，则 V_1 管处于临界饱和状态，在动态信号作用时容易引起饱和失真。因此，在直接耦合放大电路中必须采取一定的措施，以保证既能有效地传递信号，又要使每一级有合适的静态工作点。常用的办法之一是在 V_2 管的发射极加电阻 R_{E2}，以提高 V_2 管的发射极电位，进而提高 V_2 管的基极电位，使 U_{CEQ1} 满足要求。

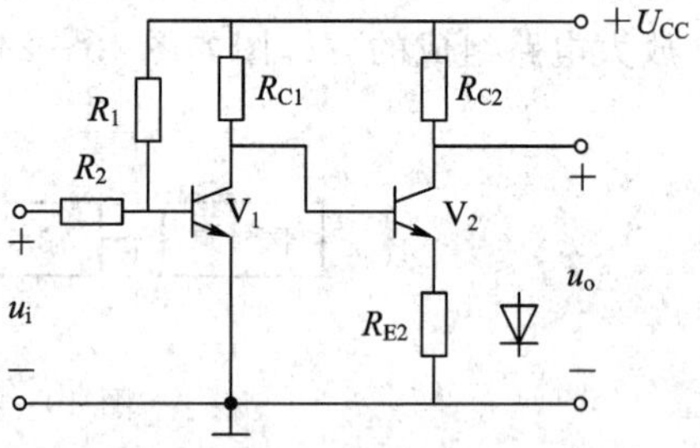

图 10-26　两级直接耦合放大电路

提高后级 V_2 的发射极电位，是兼顾前、后级工作点和放大倍数的简单有效的措施。在图 10-26 中，是利用电阻 R_{E2} 上的压降来提高发射极的电位。这样一方面能提高 V_1 的集电极电位，增大其输出电压的幅度，另一方面又能使 V_2 获得合适的工作点。R_{E2} 的大小可根

据静态时前级的集-射极电压 U_{CE1} 和后级的发射极电流 I_{E2} 来决定，即

$$R_{E2}=\frac{U_{CE1}-U_{BE2}}{I_{E2}} \tag{10-32}$$

但是电阻 R_{E2} 又使后级的放大倍数大大下降(对直流信号或缓慢变化信号来讲，还不能在电阻 R_{E2} 两端并接旁路电容来排除这种负反馈)，从而影响整个电路的放大能力，因此，需要选择一种器件来取代 R_{E2}。要求这种器件对直流量和交流量能呈现出不同的特性，对直流量，它相当于一个电压源；而对交流量，它等效成一个小电阻。这样既可以设置合适的静态工作点，又对放大电路的放大能力影响不大。二极管和稳压管都具有上述特性。由二极管的正向特性分析可知，当二极管流过直流电流时，在伏安特性上可以确定它的端电压 U_D；而在这个直流信号上叠加一交流信号时，二极管的动态电阻为$\frac{du_D}{i_D}$，对于小功率管，其值仅为几欧至几十欧。若要求 V_1 管的管压降 U_{CEQ1} 的数值小于 2 V，则可用一只或两只二极管取代，如图 10－26 中所示。

2）零点漂移

理想的直接耦合放大电路是当输入信号为零时，其输出电压应保持不变(不一定是零)。但实际上，把一个多级直接耦合放大电路的输入端短接($u_i=0$)，其输出端电压却会如图 10－27 中记录仪所显示的那样，在缓慢地、无规则的变化，它并不保持恒值，这种现象称为零点漂移。所谓漂移，就是指输出电压偏离原来的初始值而上下波动，看上去像个输出信号，其实它是个假“信号”。

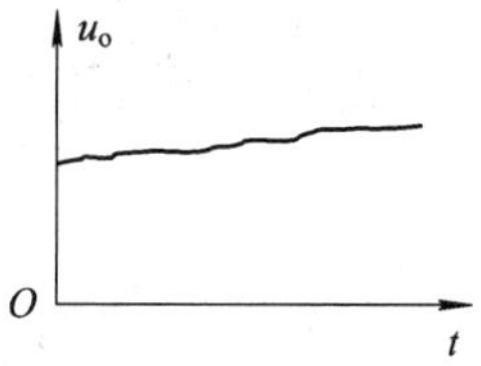

图 10－27　零点漂移现象

当输入信号送入放大电路后，漂移就伴随着信号共存于放大电路中，有可能使有用信号产生失真，如果当漂移量大到足以和信号量相比时，放大电路就很难工作了。故而须查明漂移产生的原因，并采取相应措施来抑制漂移。

引起零点漂移的原因很多，如环境温度的变化、电源电压的波动及电路元件参数的变化等。其中后两种因素可分别采用高质量的稳压电源和使用经过老化实验的元件就可以大大减小由此而产生的漂移。而由环境温度的变化引起的漂移最严重，主要是由于晶体管的参数(I_{CBO}，U_{BE}，β)是随温度的变化而变化的。因而零点漂移也可称为温度漂移。放大电路的级数越多，输出端的零点漂移就越大。由于第一级的漂移随着信号被传送至后级，并逐级放大，所以在多级放大电路的各级的漂移当中，第一级的漂移影响最为严重。

为了比较放大电路由于温度造成的零点漂移，应排除电压放大倍数的影响，把温度每变化 1℃时，放大电路输出端的漂移电压折算到输入端的电压作为评价放大电路零点漂移的指标，即

$$\Delta U_{IdT}=\frac{\Delta U_{OdT}}{A_u\Delta T} \tag{10-33}$$

式中，ΔU_{IdT} 为折算到输入端的等效漂移电压；A_u 为电压放大倍数；ΔT 为温度的变化；ΔU_{OdT} 为输出端漂移电压。

通常用此指标来确定放大电路的灵敏界限。较差的直接耦合放大电路的温度漂移约为每度几毫伏，较好的约为每度几微伏。显然，只有输入端等效漂移电压比输入信号小许多

时，放大后的有用信号才能被很好地区分出来。因此，抑制零点漂移就成为制作高质量直接耦合放大电路的一个重要问题。采用特性相同的管子，使它们的温漂相互抵消，构成“差分放大电路”，这样可以有效地抑制零点漂移。

直接耦合放大电路的优点是具有良好的低频特性，可以放大缓慢变化的信号或直流量变化的信号(直流信号)，并且由于在电路中没有大容量电容，所以易于集成化。随着电子工业的飞速发展，直接耦合放大电路的使用越来越广泛。

10.6.2 多级放大电路的分析方法

以阻容耦合放大电路为例，阻容耦合放大电路画出直流通路后，各级 Q 点相互独立，可以分别按单级放大电路计算即可。这里主要讨论其动态分析。

图 10－28 是图 10－25 所示阻容耦合的两级共发射极放大电路的微变等效电路。

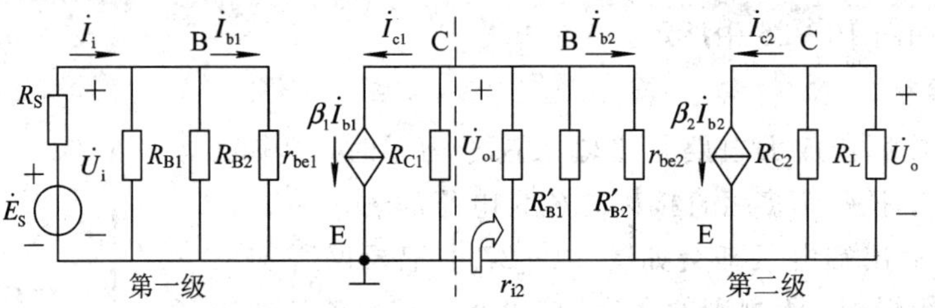

图 10－28 图 10－25 电路的微变等效电路

对两级或多级放大电路的分析方法是前一级的输出是后一级的信号源，后一级的输入电阻看做是前一级的负载。所以两级放大电路的电压放大倍数为

$$A_u = \frac{\dot{U}_o}{\dot{U}_i} = \frac{\dot{U}_{o1}}{\dot{U}_{i1}} \times \frac{\dot{U}_o}{\dot{U}_{i2}} = A_{u1}A_{u2} \tag{10-34}$$

若扩大到 n 级放大电路，则总的电压放大倍数为

$$A_u = A_{u1}A_{u2}\cdots A_{un} \tag{10-35}$$

多级放大电路的输入电阻就是第一级的输入电阻，输出电阻就是末级(最后一级)的输出电阻。即

$$r_i = r_{i1} \qquad r_o = r_{on} \tag{10-36}$$

下面举例说明两级阻容耦合放大电路的静态分析和动态分析。

【例 10－6】 如图 10－29 所示是阻容耦合两级放大电路。已知：$U_{CC}=12$ V，$\beta_1=60$，$R_{B1}=200$ kΩ，$R_{E1}=2$ kΩ，$R_s=100$ Ω，$R_{C2}=2$ kΩ，$R_{E2}=2$ kΩ，$R'_{B1}=2$ kΩ，$R'_{B2}=10$ kΩ，$R_L=6$ kΩ，$\beta_2=37.5$。试求：(1) 前后级放大电路的静态值；(2) 放大电路的输入电阻 r_i 和输出电阻 r_o；(3) 各级电压放大倍数 A_{u1}、A_{u2} 及两级电压放大倍数 A_u。

解 (1) 各级的静态值：

前一级：

$$I_{B1} = \frac{U_{CC} - U_{BE1}}{R_{B1} + R_{E1}(1+\beta_1)} = \frac{12 - 0.6}{200 \times 10^3 + (1+60) \times 2 \times 10^3}\text{A} = 0.035\ \text{mA}$$

$$I_{C1} \approx I_{E1} = (1+\beta)I_{B1} = (1+60) \times 0.035\ \text{mA} = 2.14\ \text{mA}$$

$$U_{CE1} = U_{CC} - R_{E1}I_{E1} = (12 - 2 \times 10^3 \times 2.14 \times 10^{-3})\text{V} = 7.72\ \text{V}$$

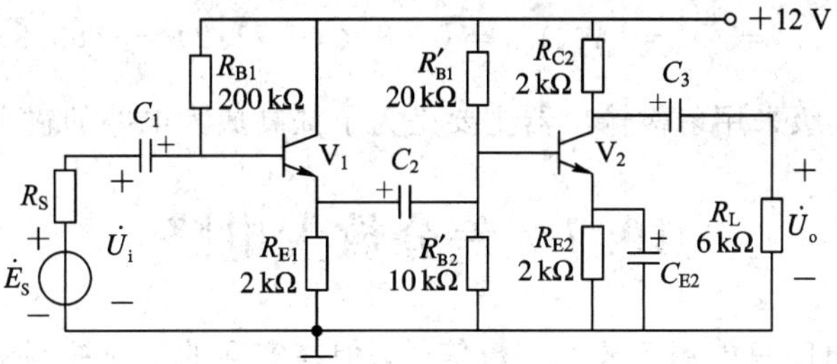

图 10－29　阻容耦合两级放大电路

后一级：

$$V_{B2} \approx \frac{R'_{B2}}{R'_{B1}+R'_{B2}}U_{CC} = \frac{10}{20+10}\times 12 = 4\ \text{V}$$

$$I_{C2} \approx I_{E2} = \frac{V_{B2}-U_{BE2}}{R_{E2}} = \frac{4-0.6}{2\times 10^3}\ \text{A} = 1.7\ \text{mA}$$

$$I_{B2} \approx \frac{I_{C2}}{\beta_2} = \frac{1.7}{37.5}\ \text{mA} = 0.045\ \text{mA}$$

$$U_{CE2} = U_{CC}-(R_{C2}+R_{E2})I_{C2} = [12-(2+2)\times 10^3\times 1.7\times 10^{-3}]\text{V} = 5.2\ \text{V}$$

(2) 放大电路的输入电阻：晶体管 V_1 的输入电阻为

$$r_{be1} \approx 200(\Omega)+(\beta_1+1)\frac{26(\text{mV})}{I_{E1}(\text{mA})} = \left[200+(1+60)\times\frac{26}{2.14}\right]\Omega = 0.94\ \text{k}\Omega$$

晶体管 V_2 的输入电阻为

$$r_{be2} \approx 200(\Omega)+(\beta_2+1)\frac{26(\text{mV})}{I_{E2}(\text{mA})} = \left[200+(1+37.5)\times\frac{26}{1.7}\right]\Omega = 0.79\ \text{k}\Omega$$

后级输入电阻为

$$r_{i2} = R'_{B1} \mathbin{/\!/} R'_{B2} \mathbin{/\!/} r_{be2} \approx r_{be2} = 0.79\ \text{k}\Omega$$

前级负载电阻为

$$R'_{L1} = R_{E1} \mathbin{/\!/} r_{i2} = \frac{2\times 0.79}{2+0.79}\ \text{k}\Omega = 0.57\ \text{k}\Omega$$

后级负载电阻为

$$R'_{L2} = R_{C2} \mathbin{/\!/} R_L = \frac{2\times 6}{2+6}\ \text{k}\Omega = 1.5\ \text{k}\Omega$$

则放大电路的输入电阻为

$$r_i = r_{i1} = R_{B1} \mathbin{/\!/} [r_{be1}+(1+\beta)R'_{L1}] = 30.3\ \text{k}\Omega$$

输出电阻为

$$r_o = r_{o2} \approx R_{C2} = 2\ \text{k}\Omega$$

(3) 计算电压放大倍数：

前级　$$A_{u1} = \frac{\dot{U}_{o1}}{\dot{U}_{i1}} = \frac{(1+\beta_1)R'_{L1}}{r_{be1}+(1+\beta)R'_{L1}} = \frac{(1+60)\times 0.57}{0.94+(1+60)\times 0.57} = 0.98$$

后级　$$A_{u2} = \frac{\dot{U}_o}{\dot{U}_{i2}} = -\beta_2\frac{R'_{L2}}{r_{be2}} = -37.5\times\frac{1.5}{0.79} = -71.2$$

两级电压放大倍数为

$$A_u = \frac{\dot{U}_o}{\dot{U}_i} = A_{u1} A_{u2} = 0.98 \times (-71.2) = -69.8$$

由此可见，输入级采用射极输出器主要是为了提高放大电路的输入电阻。

10.7 差分放大电路

阻容耦合放大电路只能用于放大交流信号，但在实际的工业控制中还常遇到一些缓慢变化的电压信号。这些缓慢变化的信号不能采用阻容耦合放大电路来实现，只能用直接耦合的多级放大电路来放大。

直接耦合放大电路的最大问题是零点漂移。差分放大电路是一种直接耦合放大电路，输出电压正比于两个输入端的电位之差，它具有良好的抑制零点漂移的效果，因此对要求较高的多级直接耦合放大电路的输入级多采用这种电路。

10.7.1 差分放大电路的工作原理

差分放大电路的基本形式如图 10－30 所示。电路结构对称，在理想的情况下，两管的特性及对应电阻元件的参数值都相同，因而它们的静态工作点也相同。输入信号 u_{i1} 和 u_{i2} 由两管基极输入，输出电压 u_o 则取自两管的集电极电位之差。这种输入输出方式称为双端输入-双端输出。

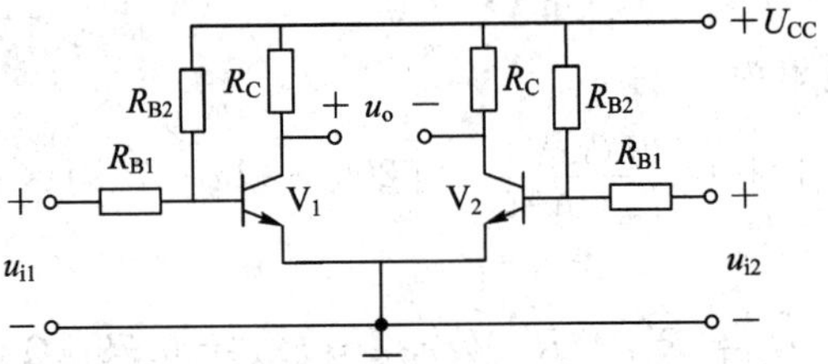

图 10－30　差分放大电路原理电路图

1. 零点漂移的抑制

在静态时，$u_{i1}=u_{i2}=0$，即在图 10－30 中将两边输入端短路，由于电路对称，则两管的集电极电流相等，集电极电位也相等，即 $I_{C1}=I_{C2}$，$V_{C1}=V_{C2}$，所以输出电压 $u_o=V_{C1}-V_{C2}=0$。

当温度变化等原因引起两个管子的基极电流变化时，两管的集电极电流的变化量必然相等，方向相同，集电极电位的变化量也相同，即

$$\Delta I_{C1} = \Delta I_{C2}, \quad \Delta V_{C1} = \Delta V_{C2}$$

温度变化引起两个管子的集电极电流变化时(如温度上升)，电路中的变量有下列变化过程：

$$T℃ \uparrow \rightarrow \begin{cases} I_{B1} \uparrow \rightarrow I_{C1} \uparrow \rightarrow V_{C1} \downarrow \\ I_{B2} \uparrow \rightarrow I_{C2} \uparrow \rightarrow V_{C2} \downarrow \end{cases}$$

所以输出电压为

$$u_o = V_{C1} + \Delta V_{C1} - (V_{C2} + \Delta V_{C2}) = \Delta V_{C1} - \Delta V_{C2} = 0 \qquad (10-37)$$

由式(10－37)可以看出，由于两管集电极电位的变化量是相同的，所以输出电压为零，

图10－30所示电路中很好地抑制了零点漂移，所以对称差分放大电路对两管所产生的同向漂移都具有抑制作用。可见，这种电路是靠电路的对称性来抑制零点漂移的，故这种电路对每个管子产生的零点漂移未得到抑制。

2. 信号输入

当对称差分放大电路有两个输入信号时，可以分为下列三种情况来讨论它们之间的关系。

1）共模输入

当晶体管 V_1 和 V_2 的输入端加入的信号电压的大小相等、极性相同时，这样的输入称为共模输入信号，用 u_{ic} 表示，即 $u_{i1}=u_{i2}=u_{ic}$。

对于完全对称的差分放大电路来说，在共模输入信号的作用下，两管的集电极电位变化量相同($\Delta V_{C1}=\Delta V_{C2}$)，因而输出共模电压也等于零，所以它对共模信号没有放大能力，亦即放大倍数为零。可以看出，共模信号的作用与温度对放大电路的影响相似，所以常用差分电路对共模信号的抑制能力来反映电路对零点漂移的抑制水平。共模电压放大倍数也反映了电路抑制零点漂移的能力。

2）差模输入

差模信号是指差分放大电路两个输入端的信号电压之差，用 u_{id} 表示。在电路完全对称时，V_1 和 V_2 管输入信号电压的大小相等，而极性相反，这样的输入称为差模输入信号，即 $u_{i1}=-u_{i2}=\frac{1}{2}u_{id}$。

当 u_{id} 增大时，则 u_{i1} 也增大，同时使 V_1 的集电极电流增大了 Δi_{C1}，V_1 的集电极电位因而下降了 ΔV_{C1}；而 u_{i2} 却下降，同时也使 V_2 的集电极电流减小了 Δi_{C2}，V_2 的集电极电位因而上升了 ΔV_{C2}。这样，两个集电极电位变化量大小相同，极性相反，则输出电压为

$$u_o=(V_{C1}-\Delta V_{C1})-(V_{C2}+\Delta V_{C2})=-\Delta V_{C1}-\Delta V_{C2}=-2\Delta V_{C1}$$

可见，在差模输入信号的作用下，差分放大电路两管集电极之间的输出电压为两管各自输出电压变化量的两倍。

3）任意输入

若两个输入信号电压的大小和相对极性是任意的，这种输入称为任意输入信号。因它们通常作为比较放大来运用，故又称为比较输入。

例如，u_{i1} 是给定信号电压(或称基准电压)，u_{i2} 是一个缓慢变化的信号，两者在放大电路的输入端进行比较后得出偏差值，经放大后，输出电压为

$$u_o=A_u(u_{i1}-u_{i2}) \qquad (10-38)$$

由式(10－38)可见，任意输入信号时，输出电压值仅与偏差值有关，而不需要反映两个信号本身的大小。在图10－30中，如果 u_{i1} 和 u_{i2} 极性相同，并设 u_o 的参考方向如图中所示，当 $u_{i1}>u_{i2}$ 时，$u_o<0$；当 $u_{i1}=u_{i2}$ 时，$u_o=0$；当 $u_{i1}<u_{i2}$ 时，$u_o>0$。由此可以说明，输出电压值的极性与偏差值也有关系。式(10－38)中 A_u 是负值。

由叠加原理，任意信号总可以分解成共模信号 u_c 和差模信号 u_d 的组合，即

$$u_{i1}=u_c+u_d;\quad u_{i2}=u_c-u_d \qquad (10-39)$$

其中，

$$u_d = \frac{1}{2}(u_{i1} - u_{i2}) \qquad u_c = \frac{1}{2}(u_{i1} + u_{i2}) \tag{10-40}$$

若 u_{i1} 和 u_{i2} 是两个极性相同的输入信号，设 $u_{i1}=9\ \text{mV}$、$u_{i2}=5\ \text{mV}$，可将它们分解成差模信号 $u_d=2\ \text{mV}$ 和共模信号 $u_c=7\ \text{mV}$。

由以上分析，讨论信号输入时只需分析共模放大和差模放大两种情况，而把任意输入信号看成是差模信号和共模信号的组合，分别求解，再在输出端用叠加原理取代数和即可。

上面讲到的差分放大电路，基本靠电路的对称性，从电路的两管的集电极间输出，所以能抑制零点漂移。实际上，完全对称的理想情况并不存在，因此单靠提高电路的对称性来抑制零点漂移是有限度的。

另外，上述差分电路的每个管子并没有采取任何措施来消除零点漂移，所以，基本差分放大电路存在以下问题：

(1) 由于电路难以绝对对称，所以输出仍然存在零漂。

(2) 由于每一管子并没有采取消除零漂的措施，所以当温度变化范围十分大时，有可能差分放大电路进入截止或饱和状态，而使放大电路失去放大能力。

为此，提出具有调零的长尾式差分放大电路。

10.7.2 长尾式差分放大电路

长尾式差分放大电路又称为发射极耦合放大电路，如图 10-31 所示。两管通过公共的发射极电阻 R_E 和负电源 $-U_{EE}$ 耦合，拖一个尾巴，故称为长尾式放大电路。电位器 R_P 的作用是调零，以改善电路的不对称情况，在静态时用它来将输出电压调为零。R_P 值在几十欧到几百欧之间。

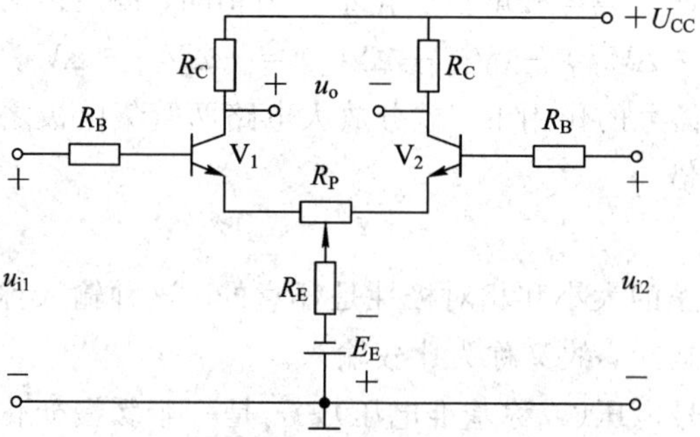

图 10-31 长尾式差分放大电路

R_E 的主要作用是限制每个管子的漂移范围，进一步减小零点漂移，稳定电路的静态工作点。例如，当温度升高使 I_{C1} 和 I_{C2} 均增加时，则有如下抑制漂移的过程：

$$\text{温度}\uparrow \rightarrow \left\{\begin{matrix} I_{B1}\uparrow \rightarrow I_{C1}\uparrow \\ I_{B2}\uparrow \rightarrow I_{C2}\uparrow \end{matrix}\right\} \rightarrow I_E\uparrow \rightarrow U_{R_E}\uparrow \rightarrow \left\{\begin{matrix} U_{BE1}\downarrow \rightarrow I_{B1}\downarrow \rightarrow I_{C1}\downarrow \\ U_{BE2}\downarrow \rightarrow I_{B2}\downarrow \rightarrow I_{C2}\downarrow \end{matrix}\right.$$

可见，由于 R_E 上电压 U_{R_E} 的增高，使每个管子的漂移得到抑制。

负电源 $-U_{EE}$ 的作用是提供合适的偏置电流，补偿 R_E 上的直流压降，维持 $V_E=0$，使晶体管处于放大区。

1. 典型差分放大电路对共模信号的抑制作用

从前面对基本差分放大电路组成的分析可知，它是利用了电路参数对称性所起的补偿作用，使两只晶体管的集电极电位变化相等，从而抑制了零点漂移。由于温度变化时两管子的电流变化完全相同，所以差分放大电路输出端的零点漂移可以等效地看做在输入端加了一对共模信号，并在输出端产生共模输出。对零点漂移的抑制，也反映了差分放大电路对共模信号的抑制能力。

长尾式差分放大电路仍然具有对称特性。若采用双端输出，则当电路输入共模信号时，对它的抑制过程与上述基本差分放大电路对零点漂移的抑制相似。

由图10-31还可以看出，在共模信号作用时，V_1和V_2的发射极电流以相同的方式流过R_E，故而R_E可等效地看做在每一个管子的发射极各自接入一个$2R_E$的电阻。这样就使每一个单管放大电路的共模放大倍数大大下降，共模输出电压也大大减小，从而大大提高共模抑制能力，并且R_E愈大，抑制共模信号的作用愈显著。但是，在$+U_{CC}$一定时，过大的R_E会使集电极电流过小，而影响静态工作点和电压放大倍数。为此，可以接入负电源$-U_{EE}$来抵偿R_E两端的直流压降，从而获得合适的静态工作点。

为了描述差分放大电路对共模信号的抑制能力，引入了共模电压放大倍数，记为A_c，定义为

$$A_c = \frac{u_{oc}}{u_{ic}}$$

式中，u_{ic}为共模输入电压，u_{oc}为输出电压。A_c越小，差分放大电路对共模信号的抑制能力越强。如图10-31所示的长尾式差分放大电路中，在电路参数理想对称的情况下，$A_c=0$。

2. 典型差分放大电路对差模信号的放大作用

由于差模信号使两管的集电极电流产生相反方向的变化，只要电路的对称性足够好，两管发射极差模电流一增一减，其变化量相等，通过R_E中的电流就几乎不变，这样R_E两端无差模电压降，即R_E对差模信号不起作用，基本上不影响放大电路对它的放大效果。因此，在画差模交流通路时，应将R_E视为短路。

可见，R_E能区别对待共模信号和差模信号。差分放大电路就是要放大差模信号和抑制共模信号。

10.7.3　差分放大电路的静态分析

图10-31是双端输入-双端输出的差分放大电路。由于电路对称，故只需计算一个管的静态值即可。图10-32是图10-31所示电路的单管直流通路。因为R_P很小，故可略去。又因两个管子合用一个发射极电阻R_E，所以流过它的电流为二倍的I_E。

在静态时，设

$$I_{B1}=I_{B2}=I_B\text{；}\ I_{C1}=I_{C2}=I_C$$

则由基极电路可列出电压方程为

$$R_B I_B + U_{BE} + 2R_E I_E = U_{EE}$$

则得

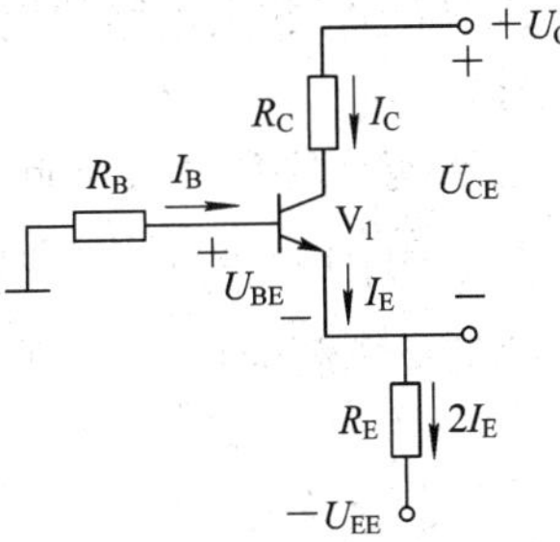

图10-32　单管直流通路

$$I_B = \frac{U_{EE} - U_{BE}}{R_B + 2R_E(1+\beta)}$$

则每管的集电极电流为

$$I_C = \beta I_B$$

每管的集-射极电压是

$$U_{CE} = U_{CC} - R_C I_C - 2R_E I_E + U_{EE}$$

差分放大电路常作为电路的输入级，通常 I_B很小，当 $2R_E I_E \gg U_{BE} + R_B I_B$时，则有

$$V_E \approx 0 \tag{10-41}$$

$$I_C \approx I_E \approx \frac{U_{EE}}{2R_E} \tag{10-42}$$

$$U_{CE} = U_{CC} - R_C I_C \tag{10-43}$$

10.7.4 差分放大电路的动态分析

因差分放大电路对共模信号具有抑制作用，而对差模信号具有放大作用，故对差分放大电路的动态分析是指当输入信号方式为差模输入时的分析。由于电路的对称性，调零电位器忽略其电阻值，差模信号在 R_E上不产生压降，这样差模放大电路可看成两个单管电压放大电路。输入差模信号时的放大倍数称为差模放大倍数，记作 A_d。图 10-33 是单管差模信号通路，由图可得出每个管子的差模电压放大倍数为

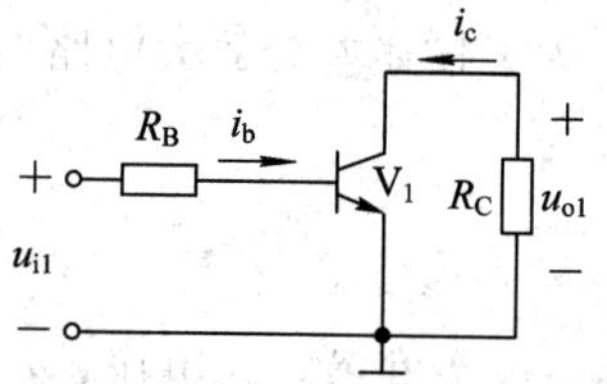

图 10-33 单管差模信号通路

$$A_{d1} = \frac{u_{o1}}{u_{i1}} = \frac{-\beta i_b R_C}{i_b(R_B + r_{be})} = -\beta \frac{R_C}{R_B + r_{be}} \tag{10-44}$$

同理可得

$$A_{d2} = \frac{u_{o2}}{u_{i2}} = -\beta \frac{R_C}{R_B + r_{be}} = A_{d1} \tag{10-45}$$

双端输出电压为

$$u_o = u_{o1} - u_{o2} = A_{d1} u_{i1} - A_{d2} u_{i2} = A_{d1}(u_{i1} - u_{i2})$$

则双端输入-双端输出差分电路的差模电压放大倍数为

$$A_d = \frac{u_o}{u_{i1} - u_{i2}} = A_{d1} = -\beta \frac{R_C}{R_B + r_{be}} \tag{10-46}$$

A_d 与单管放大电路的电压放大倍数相等。可见接成差分放大电路只是为了能抑制零点漂移。

当在两管的集电极之间接入负载电阻 R_L时，由于 $u_{o2} = -u_{o1}$，一管的集电极电位减低，另一管增高，必有 R_L的中心位置为差模电压输出的交流“地”。因此，对每个单管放大电路而言，负载为$\left(\frac{R_L}{2}\right)$。则

$$A_d = \frac{u_o}{u_{i1} - u_{i2}} = -\beta \frac{R'_L}{R_B + r_{be}} \tag{10-47}$$

式中，$R'_L = R_C // \left(\frac{R_L}{2}\right)$。

两输入端之间的差模输入电阻为

$$r_i = 2(R_B + r_{be}) \tag{10-48}$$

两集电极之间的差模输出电阻为

$$r_o = 2R_C \tag{10-49}$$

当输入信号方式为共模输入时，共模输出电压 $u_o = u_{o1} - u_{o2}$，在理想情况下，由于电路的对称性，必有 $u_o = 0$。实际上，元件由于制造工艺的不同，电路不可能做到完全对称，故仍有必要分析共模放大的情况。

对共模信号，因为流过 R_E 上的发射极电流是同方向的，所以在 R_E 两端的反馈电压为 $2i_E R_E$，在计算时必须考虑这一项，则共模电压的放大倍数为

$$A_{C1} = A_{C2} = \frac{u_{o1}}{u_{i1}} = -\beta \frac{R'_L}{R_B + r_{be} + 2(1+\beta)R_E} \tag{10-50}$$

温度变化和电源波动等外界因素均可等效成共模信号，所以零点漂移也是共模信号的一种形式。差分放大电路可以有效地抑制共模信号，就是因为其在电路设计上有这两方面措施：一是利用电路两边的对称性，由双端输出抵消共模输出信号；二是利用发射极大电阻 R_E 对共模信号的负反馈作用减小共模输出电压。

10.7.5　差分放大电路输入、输出的连接方式

差分放大电路有两个输入端和两个输出端，在实际应用时因放大的是差模信号，故输入信号可从一个输入端加入，另一个输入端接地，也可从两个输入端同时加入，因此形成了单端输入和双端输入两种方式。而输出也可有双端输出和单端输出两种方式。所以组合起来有四种输入、输出方式。

四种差分放大电路的比较见表10-1。

表10-1　四种差分放大电路的比较

输入方式	双　端		单　端	
输出方式	双端	单端	双端	单端
差模放大倍数 A_d	$-\frac{\beta R_C}{R_B + r_{be}}$	$\pm\frac{\beta R_C}{2(R_B + r_{be})}$	$-\frac{\beta R_C}{R_B + r_{be}}$	$\pm\frac{\beta R_C}{2(R_B + r_{be})}$
差模输入电阻 r_i	$2(R_B + r_{be})$		$2(R_B + r_{be})$	
差模输入电阻 r_o	$2R_C$	R_C	$2R_C$	R_C

10.7.6　共模抑制比

对差分放大电路来说，差模信号是有用信号，要求它有较大的放大倍数；而共模信号是需要抑制的，要求它的放大倍数要越小越好。对共模信号的放大倍数越小，就意味着零点漂移越小，抗共模干扰能力越强，当用做比较放大时，就越能准确、灵敏地反映出信号的偏差值。为了定量说明差分放大电路放大差模信号和抑制共模信号的能力，引入了共模抑制比 K_{CMRR}。其定义为：放大电路对差模信号的放大倍数 A_d 和对共模信号的放大倍数 A_c 之比称为共模抑制比，即

$$K_{CMRR}=\frac{A_d}{A_c} \tag{10-51}$$

显然，共模抑制比越大，差分放大电路分辨差模信号的能力越强，受共模信号的影响越小。从理论上讲，对于双端输出差分放大电路，若电路完全对称，则 $A_c=0$，$K_{CMRR}\to\infty$。而在实际电路中，电路完全对称并不存在，共模抑制比也不可能趋于无穷大。

工程上常用对数形式来表示 K_{CMRR}，符号为 K_{CMR}，即

$$K_{CMR}=20\lg\frac{A_d}{A_c} \tag{10-52}$$

其单位为分贝(dB)。

从原则上看，提高双端输出差分放大电路共模抑制比的途径是：一方面要使电路参数尽量对称，另一方面则应尽可能地加大共模抑制电阻 R_E。对于单端输出的差分电路来说，提高其共模抑制比的主要手段只能是加强共模抑制电阻 R_E 的作用。但是 R_E 太大，会使 V_1、V_2 的 Q 点过低，从而降低放大电路的输出范围。目前的解决办法是用电流源来代替电阻，利用电流源的恒定电流使 V_1、V_2 获得合适的 Q 点，利用电流源的高内阻来取代 R_E，这样可以大大提高共模抑制比。

10.8 功率放大电路

在实际应用中，往往要利用放大后的信号去控制某种执行机构，这就要求有较大的功率输出，即不仅要输出足够大的信号电压，也要输出足够大的信号电流。能够提供给负载足够大功率的信号为目的的放大电路称为功率放大电路，亦称功放电路。从功放电路的组成和分析方法，到其他元器件的选择，都与小信号放大电路有着明显的区别。

1. 功率放大电路的特点

通常功率放大电路工作在大信号状态，与工作在小信号状态下的电压放大电路相比，有其自身的特点。

(1) 输出尽可能大的功率。功率放大电路提供给负载的信号功率称为输出功率。最大输出功率 P_{om} 是在电路参数确定的情况下，在负载上可能获得的最大交流功率。为了获得较大的输出功率，就要求功率放大电路的电压和电流都要有足够大的输出幅度，因此常让晶体管在接近于极限状态下工作，但又不能超过晶体管的极限参数 $U_{(BR)CEO}$、I_{CM}、P_{CM}。所以，在选择功率放大管时，要特别注意极限参数的选择，以保证晶体管的安全工作。

(2) 非线性失真较小。由于功率放大电路工作在大信号状态下，电路工作的动态范围大，不可避免地会产生非线性失真，而且同一功率管输出功率越大，非线性失真越严重。在实际应用中，需要根据非线性失真的要求确定其输出功率。电路中应采用适当方法改善其输出波形。

(3) 效率较高。由于输出的功率较大，就必须要求提高放大电路的效率。所谓效率，是指负载获得的交流信号有功功率 P_o 与电源供给的直流功率 P_E 的比值，用 η 表示，即 $\eta=P_o/P_E$。通常功放输出的功率越大，电源消耗的直流功率也就越多。因此，在一定的输出功率下，减小直流电源的功耗，可以提高电路的效率。

(4) 要考虑功率管的散热和保护问题。由于功放管要承受高电压和大电流，为保护功

放管，使用时必须安装合适的散热片，并要考虑过电压和过电流时的保护措施。

另外，在分析方法上，由于功放管工作在大信号状态，输出电压和输出电流幅值均很大，功放管的非线性不可忽略，故不能采用小信号状态下的微变等效电路分析法，而应采用图解法。

2. 功率放大电路的工作状态

按照功放管在一个信号周期内导通的时间不同，功率放大电路的工作状态可分为以下三种。

1）甲类工作状态

如图 10－34(a)所示，静态工作点 Q 大致在交流负载线的中点，功放管在输入信号的整个周期内均导通，这种状态称为甲类工作状态。前面所讲的电压放大电路就是工作在这种状态。这种状态的特点是静态电流 I_C 大，故管耗大，功率放大电路效率低，波形无失真。可以证明，在理想的情况下，甲类功率放大电路的最高效率也只能达到 50％。

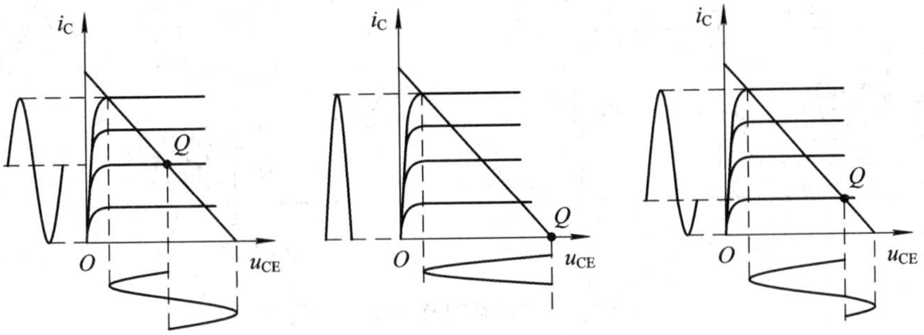

(a) 甲类　　(b) 乙类　　(c) 甲乙类

图 10－34　放大电路的工作状态

2）乙类工作状态

如图 10－34(b)所示，静态工作点 Q 大致设在截止区的边缘上，功放管在输入信号的正(或负)半个周期内导通，这种状态称为乙类工作状态。其特点是静态电流 $I_C \approx 0$，故管耗小，功率放大电路效率高，非线性失真严重。

3）甲乙类工作状态

如图 10－34(c)所示，静态工作点 Q 介于甲类和乙类之间，功放管在输入信号的一个周期内有半个以上的周期导通，这种状态称为甲乙类工作状态。其特点是静态电流较小，效率较高，非线性失真介于甲类和乙类之间。

由以上分析可见，在甲乙类和乙类状态下工作时，虽然提高了效率，但产生了严重的失真。故在实际的功率放大电路中，常采用工作于甲乙类或乙类状态的互补对称功率放大电路，这样既能提高效率，又能减小信号波形的失真。

3. 无输出变压器(OTL)的互补对称功率放大电路

无输出变压器(OTL)的互补对称功率放大电路的原理图如图 10－35(a)所示，V_1(NPN 型)和 V_2(PNP 型)是两个不同类型的晶体管，两管特性基本相同。电路把负载电阻 R_L 作为两个晶体管的共同负载，可看成是由两个射极输出器组合而成的。由于此放大电路没有偏置电路，所以在无信号输入时，两只管子都截止，即 $I_B=0$，这时可称放大电路工作在乙类工作状态。

在静态时，A 点的电位为$\frac{1}{2}U_{CC}$，这时输入端 $u_i=0$，但有直流电压 $U_B=\frac{1}{2}U_{CC}$，所以两管的 U_{BE}都等于零，两管处于截止状态。仅有微弱的穿透电流流过两个管子(可忽略不计)。输出电压 $u_o=0$，电路不消耗功率。

当输入正弦交流信号 u_i，在它的正半周时，V_1导通，V_2因反偏截止，电容 C_L充电，电流 i_{C1}流过负载 R_L，R_L两端获得的为 u_o正半周；在 u_i的负半周时，V_1反偏截止，V_2导通，电容 C_L放电，电流 i_{C2}流过负载 R_L，R_L两端获得的为 u_o负半周。其交流通路如图 10－35(b)所示。

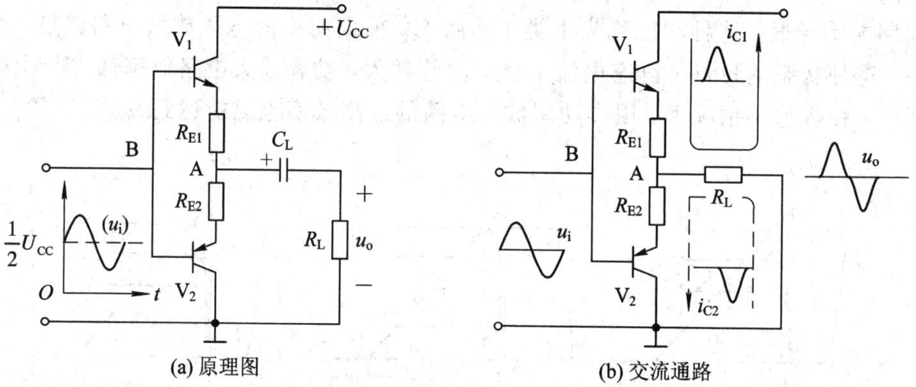

图 10－35　互补对称功率放大电路

由此可见，该电路在静态时无工作电流，而在有信号时，V_1和 V_2轮流导通，两个管子互补对方的不足，工作性能对称，所以这种电路通常称为互补对称电路。

乙类互补对称功率放大电路为零偏置(静态电流为 0)，而 V_1和 V_2都存在死区电压，当输入电压 u_i低于死区电压时，V_1和 V_2都不导通，负载电流基本为零。这样在输出电压正、负半周交界处产生失真，如图 10－36 所示。由于这种失真发生在两管交替工作的时刻，故称之为交越失真。

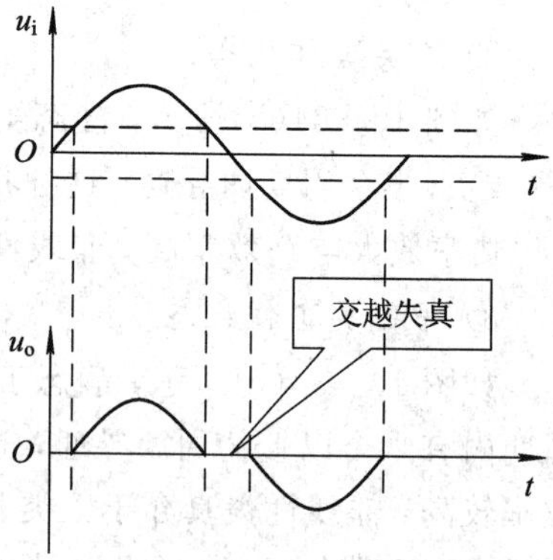

图 10－36　交越失真

为克服交越失真，可在两管的基极之间加个很小的正向偏置电压，其值约为两管的死区电压之和，使静态工作点稍高于截止点(避开死区段)，即工作于甲乙类工作状态。静态时，两管处于微导通的甲乙类工作状态，虽然有静态电流，但两管等值反向，不产生输出信号。而在正弦信号作用下，输出为一个完整的不失真的正弦信号，这样既消除了交越失真，又使功率放大电路工作在接近乙类的甲乙类状态，效率仍然很高。但在实际电路中为了提高工作效率，在设置偏压时，应尽可能接近乙类。

因此，通常甲乙类互补对称电路的参数估算可近似按乙类处理。图 10－37 为一种甲乙类互补对称功率放大电路。

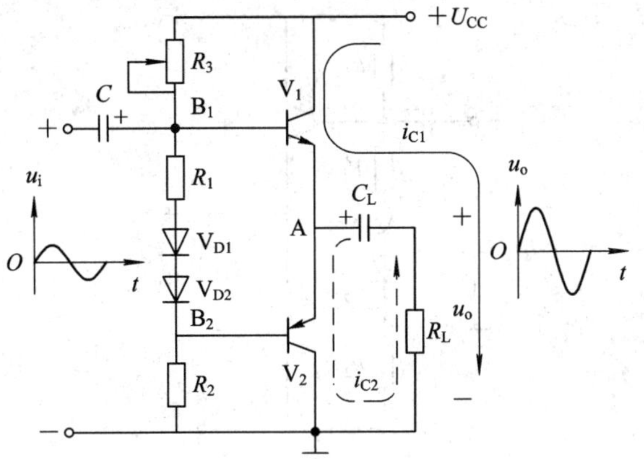

图 10-37　OTL互补对称放大电路

在静态时，调节 R_3，使A点的电位为$\frac{1}{2}U_{CC}$，输出耦合电容 C_L上的电压即为 A 点和“地”之间的电位差，也等于$\frac{1}{2}U_{CC}$；获得合适的直流电压 U_{B1}和 U_{B2}(即 R_1和 V_{D1}、V_{D2}串联电路上的电压)，使 V_1、V_2两管工作于甲乙类状态。

当输入交流信号 u_i，在它的正半周时，V_1导通，V_2截止，电流 i_{C1}的通路如图中实线所示；在 u_i的负半周时，V_1截止，V_2导通，电容 C_L放电，电流 i_{C2}的通路如图中虚线所示。

由此可见，在输入信号 u_i的一个周期内，电流 i_{C1}和 i_{C2}以正反方向交替流过负载电阻 R_L，在 R_L上合成而得出一个交流输出信号电压 u_o。

为了使输出波形对称，在 C_L放电过程中，其上电压不能下降过多，因此 C_L的容量必须足够大。

另外，由于二极管的动态电阻很小，R_1的阻值也不大，所以 V_1和 V_2的基极交流电位基本上相等，否则将会造成输出波形正、负半周不对称的现象。

由于静态电流很小，功率损耗也很小，因而提高了效率。可以证明，在理论上乙类放大的效率可达78.5%。

上述互补对称放大电路要求有一对特性相同的NPN型和PNP型功率输出管，在输出功率较小时，可以选配这对晶体管，但在要求输出功率较大时，就难于配对，因此常采用复合管构成。

4. 无输出电容(OCL)的互补对称功率放大电路

双电源互补对称功率放大电路又可称为无输出电容的互补对称功率放大电路，简称OCL。上述OTL互补对称放大电路中，是采用大容量的极性电容器 C_L与负载耦合的，因而将会影响低频性能和无法实现集成化。为此，可将电容 C_L除去而采用OCL电路，如图10-38所示。但OCL电路需用正、负两路电源。

为避免产生交越失真，图10-38的电路工作于甲乙类状态。由于电路对称，静态时两管的电流相等，负载电阻 R_L中无电流通过，因此两管的发射极电位 $V_A=0$。又由于每只管子导通时间大于半个周期小于一个周期，因此电路工作于甲乙类状态。

在输入电压的正半周，晶体管 V_1导通，V_2截止，有电流流过负载电阻 R_L；在 u_i的负半周，V_1截止，V_2导通，R_L上的电流反向。

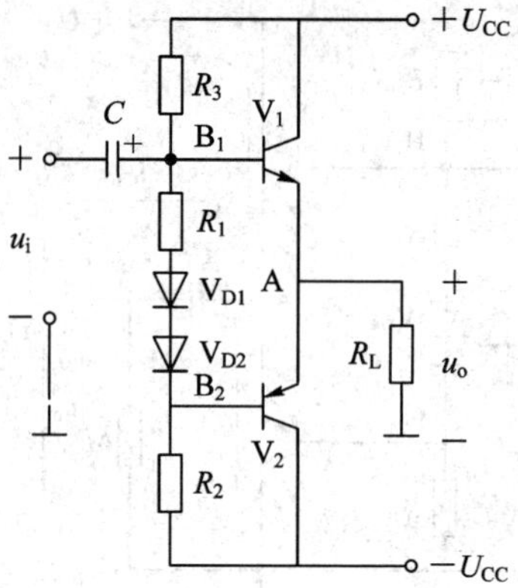

图 10-38　OCL 互补对称放大电路

在理想情况下，经推算，OCL 功率放大电路的效率也等于 78.5%。

5. 集成功率放大电路 LM386

集成功率放大电路的种类和型号繁多，可分为通用型和专用型两大类。通用型是指可用于多种场合的电路；专用型是指用于某些特定场合的电路。目前集成功率放大电路已广泛应用于各种音响设备等电路中，今以 LM386 为例作简单介绍。

LM386 是音频集成功率放大电路之一，该电路的特点是功耗低、允许的电源电压范围宽、通频带宽、外接元件少，因而在收音机、录音机中得到广泛应用。其电路组成为：输入级是双端输入-单端输出差分放大电路；中间级是共发射极放大电路，其电压放大倍数较高；输出级是 OTL 互补对称放大电路，故为单电源供电。输出耦合电容 C_L 外接。

1) LM386 的引脚定义

在集成电路中由于制作工艺问题，不能制造电容大于 200 pF 的电容以及高阻值电阻等，使用时要根据电路的要求外接一些元件。图 10-39 是 LM386 的管脚排列图，它有 8 个引脚，定义如下：

6 脚接正电源，电源电压范围在 4～12 V；

4 脚接地；

2 是反相输入端，由此端加输入信号时，输出电压与输入电压反相；

3 是同相输入端，由此端加输入信号时，输出电压与输入电压同相；

5 脚是输出端，在 5 脚和地之间可直接接上负载；

7 脚是旁路电容，用于外接滤除纹波旁路电容，以提高抗纹波能力，通常取 10 μF；

图 10-39　LM386 管脚图

1 和 8 脚是电压放大倍数的设定端，当 1、8 之间开路时，电路的电压放大倍数为 20，若在 1 和 8 之间接上一个 10 μF 的电容，将内部 1.35 kΩ 的电阻旁路，则电压放大倍数可达 200，若将电阻和 10 μF 电容串联后接在 1 和 8 之间，则电压放大倍数可在 20～200 之间选取，阻值越小，增益越高。

2) LM386 的典型应用电路

图 10－40 是由 LM386 组成的一种应用电路。输入信号经电位器 R_P 接到同相输入端，反相输入端接地，输出端经输出电容 C_5 接负载。图中，R_2、C_4 是电源去耦电路，滤掉电源中的交流分量；R_3、C_3 是相位补偿电路，因扬声器为感性负载，所以与负载并联由 R_3 和 C_3 组成的串联校正电路，使负载性质校正补偿至接近纯电阻，以防止高频自激和过电压现象的出现。C_2 是外接的滤除纹波旁路电容，以提高抗纹波能力。

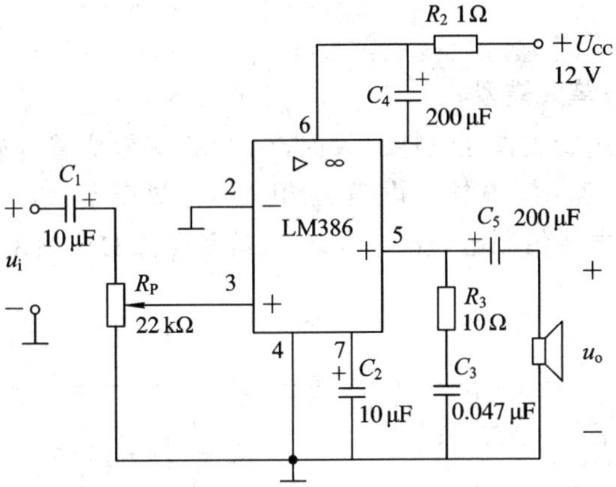

图 10－40　功率放大电路的应用

* 10.9　场效应管放大电路

场效应管可以组成共源极放大电路、共漏极放大电路和共栅极放大电路三种放大电路，其特性与三极管放大电路的特性类似。场效应管放大电路的主要优点是输入电阻高、噪声低、热稳定性好。下面以共源极放大电路为例，介绍场效应管放大电路的静态和动态分析。

10.9.1　静态分析

图 10－41 所示电路是耗尽型 NMOS 共源极放大电路，它靠 R_{G1}、R_{G2} 对电源的分压来设置偏置电压，故又称为分压式偏置电路。场效应管的输入电阻为绝缘电阻，R_G 上无直流分量，它是为增大放大器输入电阻而设置的，一般可取到几兆欧。

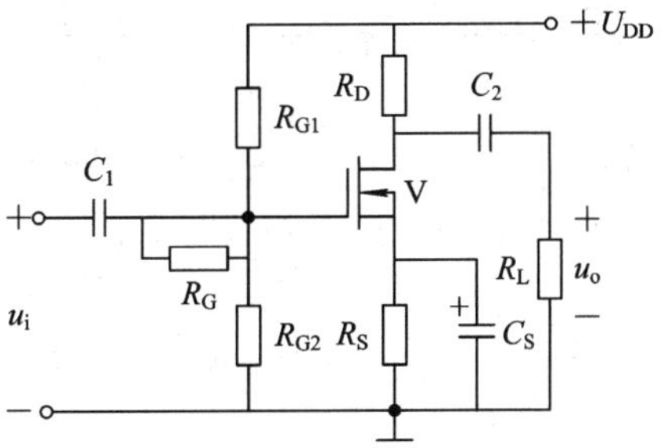

图 10－41　耗尽型 NMOS 管分压式偏置放大电路

静态时，栅极电流为零，所以静态参数可通过以下各式进行计算：

$$\begin{cases} U_{GSQ} = \dfrac{R_{G2}}{R_{G1}+R_{G2}}U_{DD} - R_S I_D = V_G - R_S I_D \\ I_{DQ} = I_{DSS}\left(1-\dfrac{U_{GSQ}}{U_{GS(off)}}\right)^2 \\ U_{DSQ} = U_{DD} - I_{DQ}(R_D + R_S) \end{cases}$$

10.9.2 动态分析

1. 场效应管小信号等效模型

在小信号时，场效应管工作在线性放大区，可以把场效应管等效为一个电压控制的电流源(VCCS)。在输入回路中，其输入电阻 r_{gs} 很大，等效模型中可视为开路；在输出回路中，场效应管可视为是电压控制电流源，跨导 g_m 是受控源的控制系数，r_{ds} 是输出电阻，如图 10－42 所示。

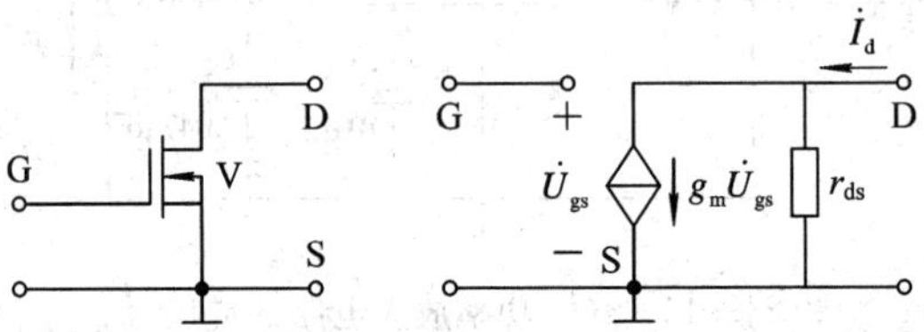

图 10－42　耗尽型 NMOS 管低频小信号模型

由于场效应管的输出具有恒流特性，其输出电阻

$$r_{ds} = \left.\frac{\Delta U_{DS}}{\Delta I_D}\right|_{U_{GS}=\text{常数}}$$

是很高的，近似可认为 $r_{ds}=\infty$。

2. 基本共源极放大电路的动态分析

图 10－41 放大电路的微变等效电路如图 10－43 所示。

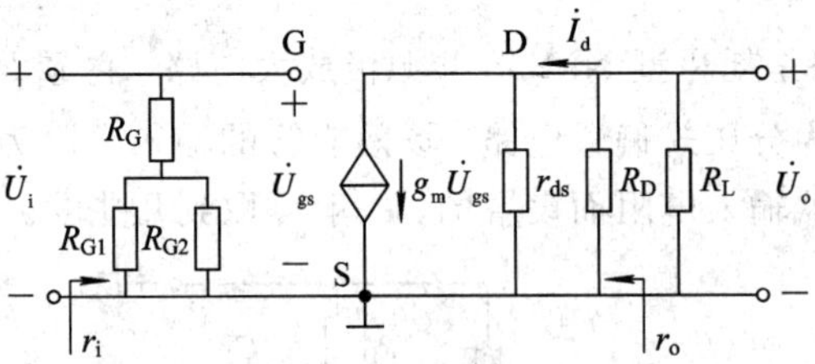

图 10－43　图 10－41 的微变等效电路

根据微变等效电路可得出放大电路的动态参数如下：

输出电阻

$$r_o = r_{ds} \mathbin{/\!/} R_D \approx R_D$$

输入电阻

$$r_i = R_G + (R_{G1} \mathbin{/\!/} R_{G2})$$

电压放大倍数

$$A_u = \frac{\dot{U}_o}{\dot{U}_i} = \frac{-g_m \dot{U}_{gs}(r_{ds} \mathbin{/\!/} R_D \mathbin{/\!/} R_L)}{\dot{U}_{gs}} \approx -g_m(R_D \mathbin{/\!/} R_L)$$

【例 10－7】　在图 10－41 所示放大电路中，已知 $U_{DD}=20$ V，$R_D=10$ kΩ，$R_S=10$ kΩ，$R_{G1}=200$ kΩ，$R_{G2}=50$ kΩ，$R_G=1$ MΩ，$R_L=10$ kΩ。所用场效应管为耗尽型 NMOS，其参数 $I_{DSS}=0.9$ mA，$U_{GS(off)}=-4$ V，$g_m=1.5$ mS。试求：(1)静态值；(2)电压放大倍数。

解　(1) 求解静态值。

$$V_G = \frac{R_{G2}}{R_{G1}+R_{G2}}U_{DD} = \frac{50\times10^3}{(200+50)\times10^3}\times 20\text{ V} = 4\text{ V}$$

$$\begin{cases} U_{GSQ} = V_G - R_S I_{DQ} = 4 - 10\times10^3 I_{DQ} \\ I_{DQ} = I_{DSS}\left(1-\dfrac{U_{GS}}{U_{GS(off)}}\right)^2 = 0.9\times10^{-3}\times\left(1+\dfrac{U_{GSQ}}{4}\right)^2 \\ U_{DSQ} = U_{DD} - I_{DQ}(R_D+R_S) \end{cases}$$

解此方程组可得

$$U_{GSQ}=-1\text{ V},\ I_{DQ}=0.5\text{ mA},\ U_{DSQ}=10\text{ V}$$

(2) 求解电压放大倍数。

$$A_u = -g_m(R_D \mathbin{/\!/} R_L) = -1.5\times10^{-3}\times5\times10^3 = -7.5$$

习　题　10

10－1　在图 10－44 所示电路中，晶体管是 PNP 型锗管。

(1) U_{CC} 和 C_1、C_2 的极性如何考虑？请在图上标出。

(2) 设 $U_{CC}=-12$ V，$R_C=3$ kΩ，$\beta=75$，如果要将静态值 I_C 调到 1.5 mA，则 R_B 应调到多大？

(3) 在调整静态工作点时，如不慎将 R_B 调到零，对晶体管有无影响？为什么？通常采取何种措施来防止发生这种情况？

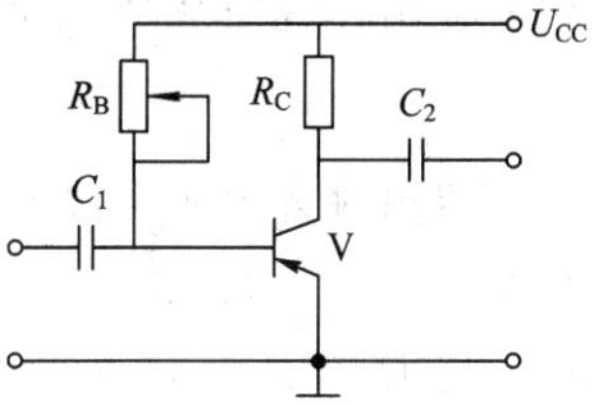

图 10－44　习题 10－1 图

10－2　分析图 10－45 中的两个放大电路，设 $|U_{BE}|=0.6$ V，判断它们的静态工作点位于哪个区(放大区、饱和区、截止区)？

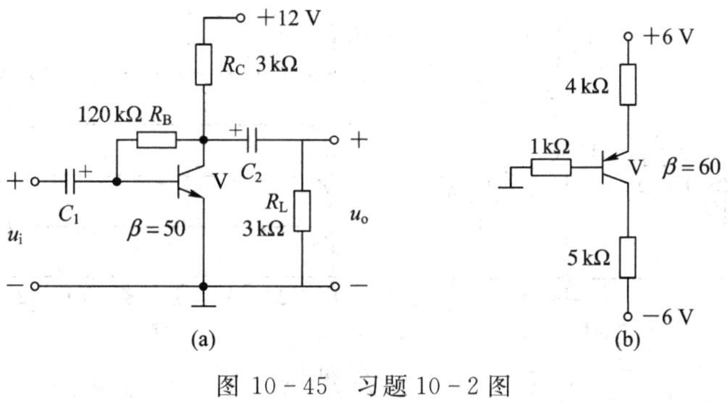

图 10－45　习题 10－2 图

10-3　有一放大电路如图 10-46(a)所示，其晶体管的输出特性以及放大电路的交、直流负载线如图 10-46(b)所示。试问：

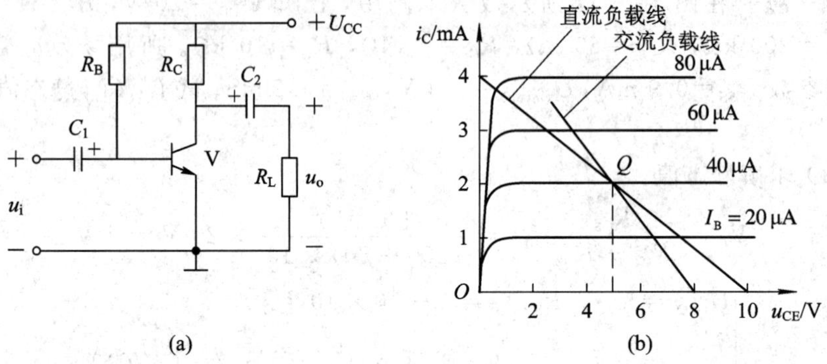

图 10-46　习题 10-3 图

(1) R_B、R_C、R_L 各为多少?

(2) 不产生失真的最大输入电压 U_{imax} 为多少?

(3) 若不断加大输入电压的幅值，该电路首先出现何种性质的失真？调节电路中哪个电阻能消除失真？将阻值调大还是调小?

(4) 将 R_L 电阻调大，对交、直流负载线会产生什么影响?

(5) 若电路中其他参数不变，只将晶体管换一个 β 值小一半的管子，这时 I_B、I_C、U_{CE} 及 $|A_u|$ 将如何变化?

10-4　电路如图 10-47 所示。

(1) 写出计算电压放大倍数 $A_{u1}=\dfrac{u_{o1}}{u_i}$ 和 $A_{u2}=\dfrac{u_{o2}}{u_i}$ 的公式；

(2) 写出输入电阻 r_i 以及从“1”端和“2”端看进去的输出电阻 r_{o1}、r_{o2} 的公式；

(3) 当 $R_C=R_E$，且 u_i 为正弦波时，定性画出两个输出电压 u_{o1}、u_{o2} 的波形图。

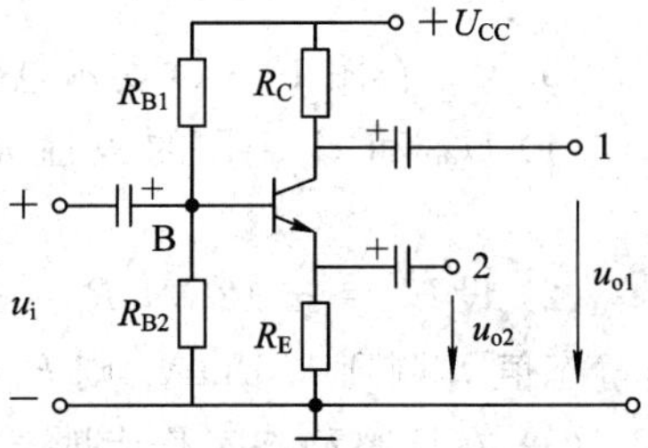

图 10-47　习题 10-4 图

10-5　电路如图 10-48(a)所示，图(b)是晶体管的输出特性，静态时 $U_{BEQ}\approx 0.7$ V。利用图解法分别求出 $R_L=\infty$ 和 $R_L=3$ kΩ 时的静态工作点。

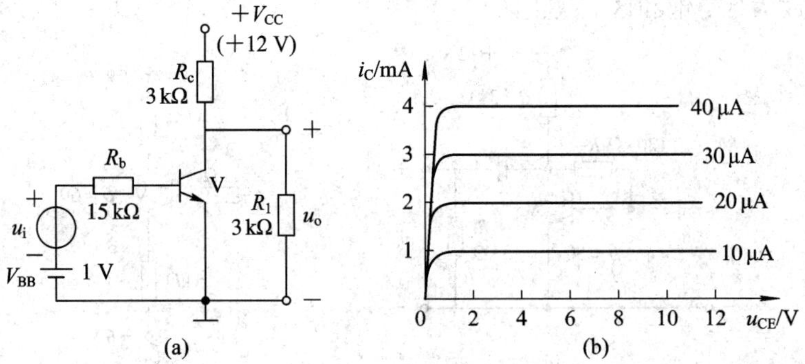

图 10-48　习题 10-5 图

10－6　在如图 10－49 所示分压式偏置放大电路中，已知 $U_{CC}=24$ V，$R_C=3.3$ kΩ，$R_E=1.5$ kΩ，$R_{B1}=33$ kΩ，$R_{B2}=10$ kΩ，$R_L=5.1$ kΩ，晶体管的 $\beta=66$，并设 $R_S=0$。

（1）试求静态值 I_B、I_C、U_{CE}；

（2）画出微变等效电路；

（3）计算晶体管的输入电阻 r_{be}；

（4）计算电压放大倍数 A_u；

（5）计算放大电路输出端开路时的电压放大倍数，并说明负载电阻 R_L 对电压放大倍数的影响；

（6）估算放大电路的输入电阻和输出电阻。

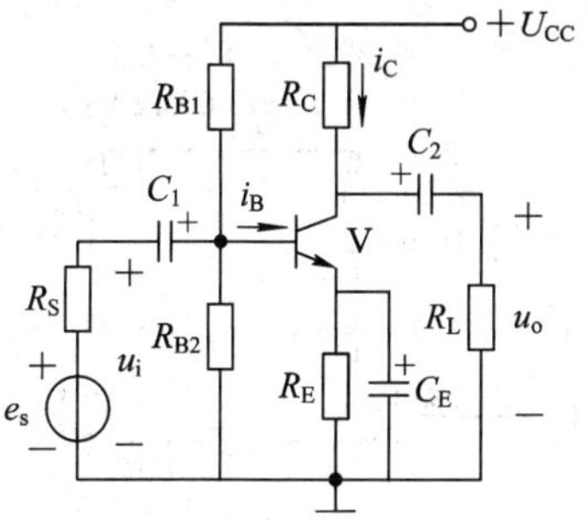

图 10－49　习题 10－6 图

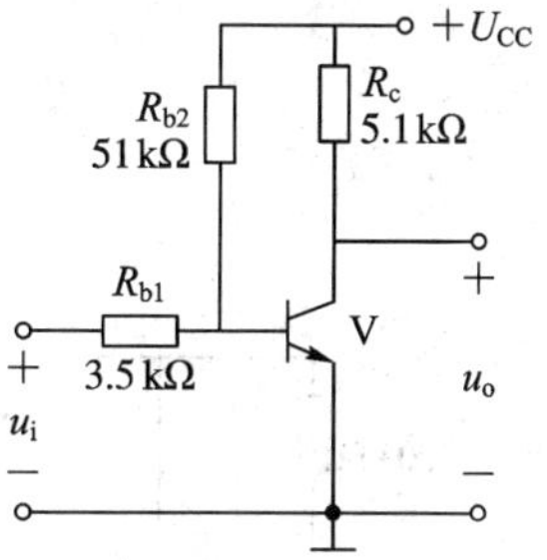

图 10－50　习题 10－7 图

10－7　电路如图 10－50 所示，已知晶体管 $\beta=50$，在下列情况下，用直流电压表测晶体管的集电极电位，应分别为多少？设 $U_{CC}=12$ V，晶体管饱和管压降 $U_{CES}=0.5$ V。

（1）正常情况；

（2）R_{b1} 短路；

（3）R_{b1} 开路；

（4）R_{b2} 开路；

（5）R_C 短路。

10－8　已知图 10－51 所示电路中晶体管的 $\beta=100$，$r_{be}=1$ kΩ。

（1）现已测得静态管压降 $U_{CES}=6$ V，估算 R_b 约为多少千欧？

（2）若测得 $\dot{U}_i$ 和 $\dot{U}_o$ 的有效值分别为 1 mV 和 100 mV，则负载电阻 R_L 为多少千欧？

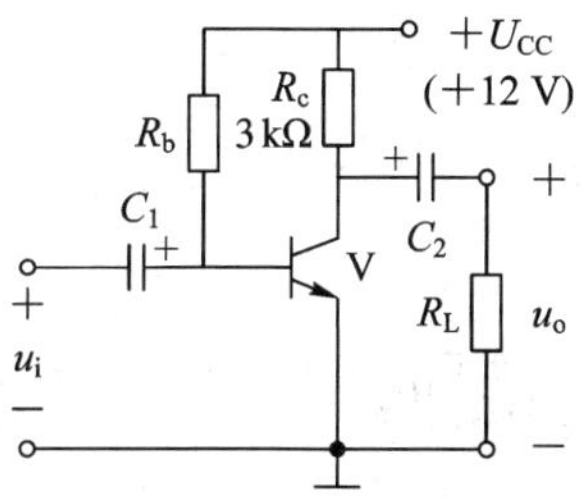

图 10－51　习题 10－8 图

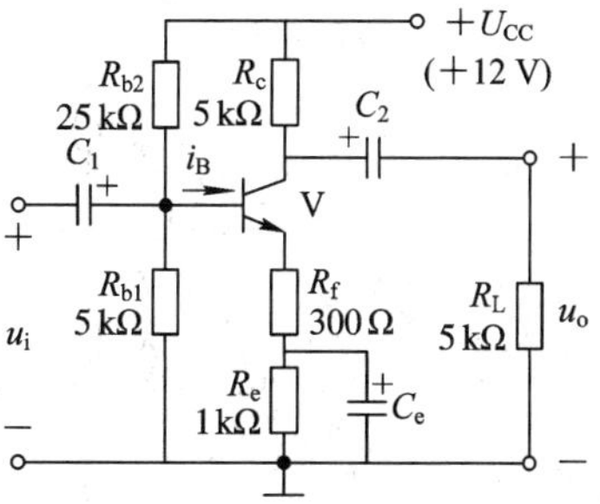

图 10－52　习题 10－9 图

10-9 电路如图 10-52 所示，晶体管的 $\beta=100$，$r'_{bb}=100\ \Omega$。

(1) 求电路的 Q 点，A_u、r_i 和 r_o；

(2) 若电容 C_e 开路，则将引起电路的哪些动态参数发生变化？如何变化？

10-10 电路如图 10-53 所示，晶体管的 $\beta=80$，$r_{be}=1\ k\Omega$。

(1) 求出电路的 Q 点；

(2) 分别求出 $R_L=\infty$ 和 $R_L=3\ k\Omega$ 时电路的 A_u 和 r_i；

(3) 计算 r_o。

10-11 图 10-54 所示电路参数理想对称，晶体管 β 的值均为 100，$r'_{bb}=100\ \Omega$，$U_{BEQ}\approx0.7\ V$。试计算滑动端在中点时管和管的发射极静态电流以及动态参数 A_d 和 r_i。

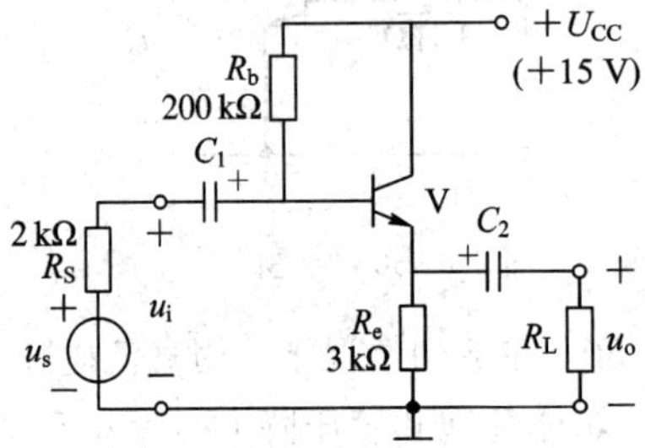

图 10-53 习题 10-10 图

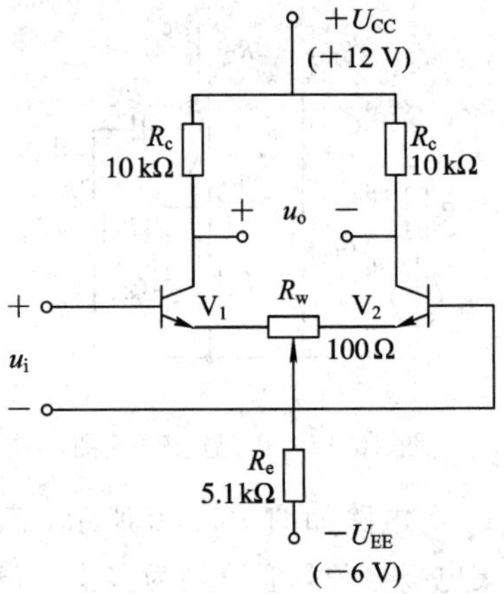

图 10-54 习题 10-11 图

10-12 差动放大电路的两个输入端信号分别为 $u_{i1}=20.5\ mV$，$u_{i2}=-4.5\ mV$，则差模输入和共模输入分别是多少？若 u_{i1} 不变，$u_{i2}=0$，则差模输入和共模输入又是多少？

10-13 两级放大电路如图 10-55 所示，晶体管的 $\beta_1=\beta_2=40$，$r_{be1}=1.37\ k\Omega$，$r_{be2}=0.89\ k\Omega$。

(1) 画出直流通路，并估算各级电路的静态值(计算 U_{CE1} 时忽略 I_{B2})；

(2) 画出微变等效电路，并计算 A_{u1}、A_{u2} 和 A_u；

(3) 计算 r_i 和 r_o。

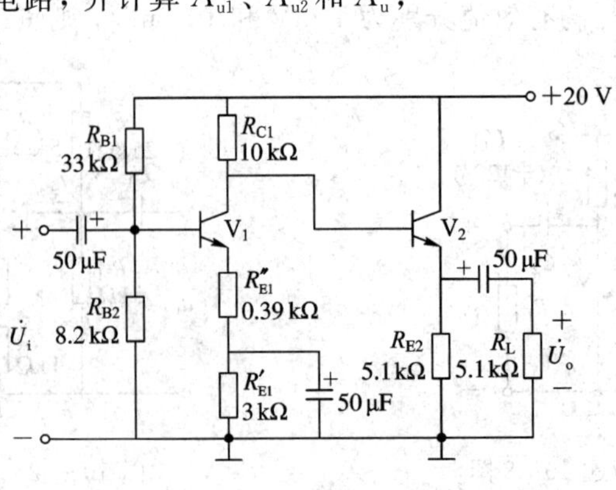

图 10-55 习题 10-13 图

10－14　功率放大器与电压放大器两者的性能指标有什么不同？

10－15　互补对称功率放大电路中的两只功率管工作在什么状态？采用这种工作状态有什么好处？当输出功率最大时，电源发出的功率是否为最大？

10－16　在图 10－56 所示基本共源极放大电路中，已知 $U_{GG}=6$ V，$U_{DD}=12$ V，$R_G=2$ MΩ，$R_D=3$ kΩ。所用场效应管的参数 $I_{DSS}=10$ mA，$U_{GS(off)}=4$ V，$g_m=2.5$ mS。试求：

(1) 静态值；

(2) 电压放大倍数和输入、输出电阻。

10－17　在图 10－57 所示放大电路中，已知 $R_S=10$ kΩ。场效应管恒流区工作，$g_m=2$ mS。试求：电压放大倍数和输出电阻。

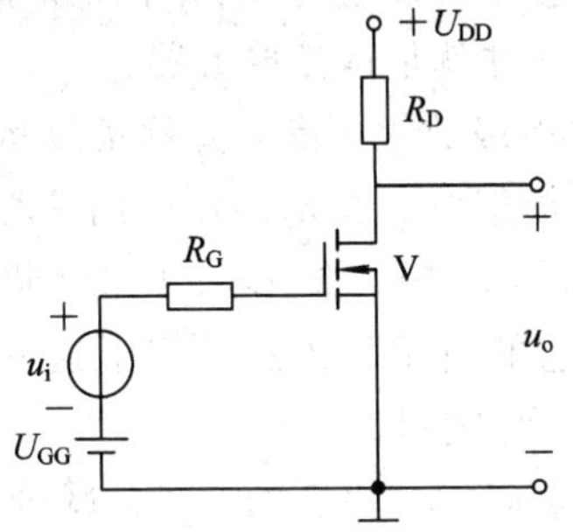

图 10－56　习题 10－16 图

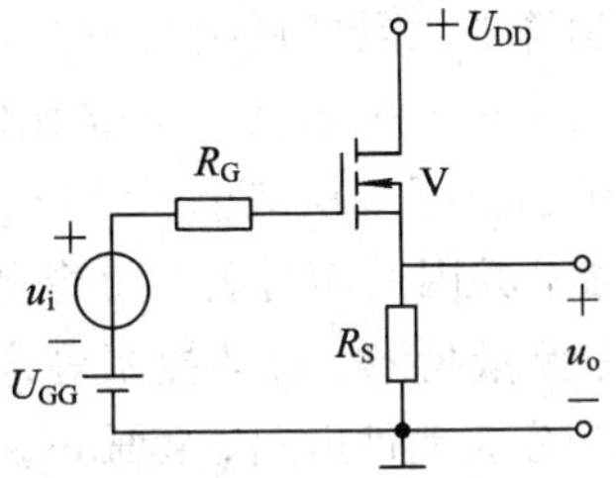

图 10－57　习题 10－17 图

10－18　在图 10－58 所示放大电路中，已知 $R_{G1}=200$ kΩ，$R_{G2}=200$ kΩ，$R_G=1$ MΩ，$R_D=10$ kΩ，$R_S=5$ kΩ，$R_L=10$ kΩ，$U_{DD}=12$ V。场效应管的参数 $I_{DSS}=1$ mA，$U_{GS(off)}=2$ V，$g_m=1$ mS。求：

(1) 静态值；

(2) 电压放大倍数和输入、输出电阻。

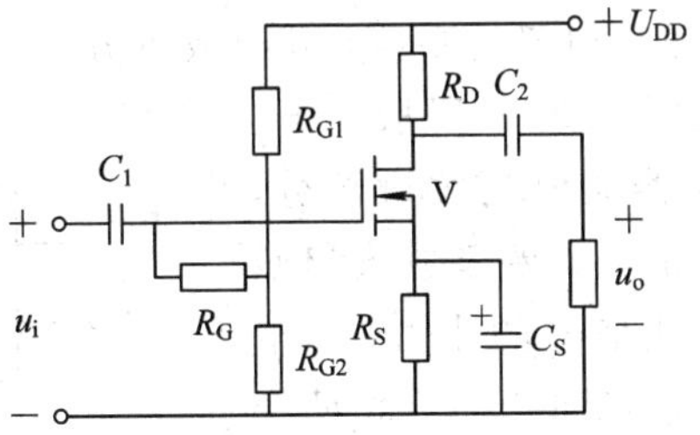

图 10－58　习题 10－18 图

第 11 章　集成运算放大器及其应用

将电路的元器件和连线制作在同一硅片上，就制成了集成电路。集成电路按其功能可分为数字集成电路和模拟集成电路两大类；按其集成度(每一片硅基片中所含元器件的数目)可分为小规模集成电路(简称 SSI)、中规模集成电路(简称 MSI)、大规模集成电路(简称 LSI)和超大规模集成电路(简称 VLSI)。模拟集成电路自 20 世纪 60 年代初期问世以来，在电子技术中得到了广泛的应用，其中最主要的代表器件就是运算放大器。

集成运算放大器实质上是一个直接耦合的高增益多级放大电路，简称集成运放。它在模拟电子技术中几乎取代了分立元件放大电路，成为模拟电子技术领域中的核心器件。运算放大器最初应用于模拟电子计算机，用于实现信号的加、减、乘、除、比例、微分、积分等运算功能，并因此而得名。随着电子技术的发展，它的应用已远远超出了这一范畴，在信号变换、测量技术、自动控制等许多领域都获得了广泛应用。

相对于分立元件电路，集成电路具有体积小、重量轻、功耗低的特点，减少了电路的焊接点，提高了工作的可靠性。集成电路的问世是电子技术领域的巨大进步，带来了从设计理论到方法的新革命，从而促进了各个科学技术领域先进技术的发展。

11.1　集成运算放大电路简介

11.1.1　集成运算放大电路的组成

集成运算放大器是一个不可分割的整体，其组成可分为输入级、中间级、输出级和偏置电路四个基本组成部分，如图 11-1 所示。

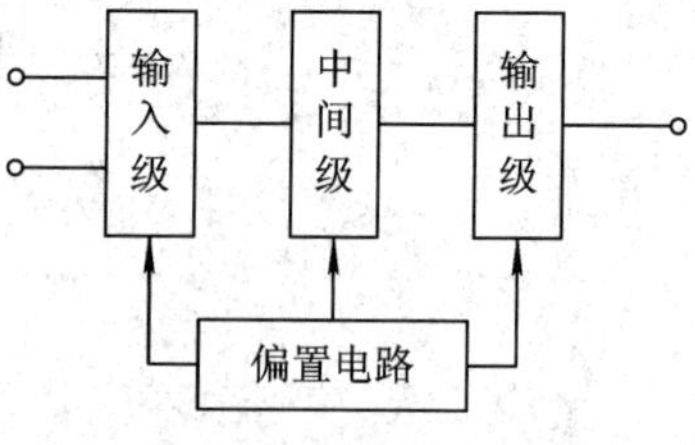

图 11-1　运算放大器的组成

输入级是提高运算放大器质量的关键部分，要求其输入电阻高，静态电流小，差模放大倍数高，抑制零点漂移和共模干扰信号的能力强。输入级都采用差分放大电路，它有同相和反相两个输入端。

中间级主要进行电压放大，要求电压放大倍数高，一般由共发射极放大电路构成，其放大管常采用复合管，以提高电流放大系数，其集电极电阻常采用晶体管恒流源代替，以提高电压放大倍数。

输出级与负载相接，要求其输出电阻低，带负载能力强，能输出足够大的电压和电流，一般由互补功率放大电路或射极输出器构成。

偏置电路的作用是给每一级提供稳定和合适的偏置电流，使各级获得合适稳定的静态工作点，一般由各种恒流源电路构成。

运算放大器的内部电路结构虽然较复杂，但在使用过程中，主要应掌握各引脚的功能和性能参数，至于它的内部电路结构一般是无关紧要的。图 11-2 所示为 F007 集成运算放大器的符号，它有 8 个引脚。

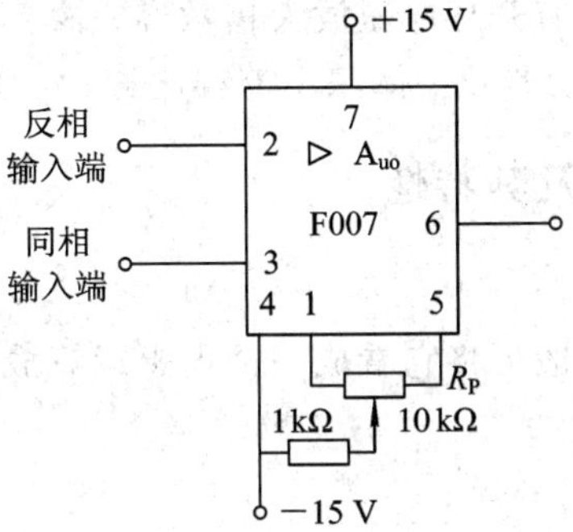

图 11-2 F007 集成运算放大器的符号

不同型号的集成运算放大器各引脚的功能和用途是不同的，使用时必须了解各主要参数的意义。

11.1.2 集成运算放大器的技术指标

集成运算放大器的参数是评价其性能好坏的主要技术指标，是正确选择和使用集成运算放大器的重要依据。

1. 开环电压放大倍数 A_{uo}

开环电压放大倍数 A_{uo} 是指在无外加反馈情况下的电压放大倍数，它是决定运算精度的重要指标，通常也用分贝(dB)来表示。A_{uo} 越高，所构成的运算电路越稳定，运算精度也越高。A_{uo} 一般约为 $10^4 \sim 10^7$，即 80～140 dB。

2. 最大输出电压 U_{opp}

U_{opp} 是指能使输出电压与输入电压保持不失真关系的最大输出电压。例如，F007 集成运算放大器的最大输出电压约为±13 V。

3. 输入失调电压 U_{IO}

在理想情况下，当运算放大器两个输入端 $u_{i1}=u_{i2}=0$(接地)时，其输出 $u_o=0$。但运算放大器在实际制作中由于元件参数的不对称性等原因，即使输入电压为零时，也有 $u_o \neq 0$。为了使输出电压为零，在输入端需要加一定的补偿电压，称之为输入失调电压 U_{IO}。U_{IO} 一般为几毫伏，其值越小越好。

4. 输入失调电流 I_{IO}

输入失调电流 I_{IO} 是指输入信号为零时，两个输入端静态基极电流之差，即 $I_{IO}=|I_{B1}-I_{B2}|$。I_{IO} 一般在零点零几到零点几微安级，其值越小越好。

5. 输入偏置电流 I_{IB}

输入偏置电流 I_{IB} 是指输入信号为零时，两个输入端静态基极电流的平均值，即 $I_{IB}=(I_{B1}+I_{B2})/2$，一般在零点几微安级，其值越小越好。

6. 共模输入电压范围 U_{ICM}

运算放大器对共模信号具有抑制的性能，但当输入共模信号超出规定的共模电压范围时，其共模性能将大为下降，甚至造成器件损坏。这个电压范围称为共模输入电压范围 U_{ICM}。

其他参数还有差模输入电阻、差模输出电阻、温度漂移、共模抑制比、静态功耗等。运算放大器要求差模输入电阻大，差模输出电阻小。

总之，集成运算放大器具有开环电压放大倍数高、输入电阻大(几兆欧以上)、输出电阻小(约几百欧)、漂移小、可靠性高、体积小等特点。

11.1.3 理想运算放大器及其特性

1. 理想化条件

在分析运算放大器时，一般可将它看成一个理想运算放大器。理想运算放大器的理想化条件主要是：

(1) 开环电压放大倍数 $A_{uo} \to \infty$；

(2) 差模输入电阻 $r_{id} \to \infty$；

(3) 开环输出电阻 $r_o \to 0$；

(4) 共模抑制比 $K_{CMRR} \to \infty$。

实际运算放大器的上述指标与理想运算放大器接近，工程分析时用理想运算放大器代替实际运算放大器所引起的误差并不严重，在工程上是允许的，因此，在分析运算放大器电路时，一般将其视为理想运算放大器后再进行分析，这样就会使分析过程大为简化。以后所说的运算放大器都指理想运算放大器。

运算放大器的符号如图 11-3 所示。它有两个输入端和一个输出端。两个输入端分别称为反相输入端和同相输入端，信号从反相输入端输入时，输出信号与输入信号反相；信号从同相输入端输入时，输出信号与输入信号同相。反相输入端标记"－"号，同相输入端标记"＋"号。输入端对"地"电压用 u_-、u_+ 来表示，输出端对"地"电压用 u_o 来表示。

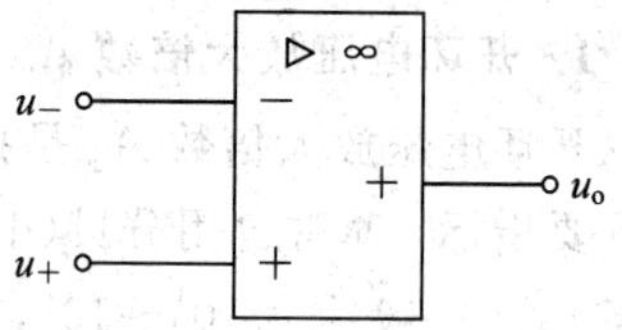

图 11-3 运算放大器的符号

2. 理想运算放大器的特性

表示输出电压与输入电压之间关系的曲线称为运算放大器的传输特性曲线，如图 11-4 所示，可分为线性工作区和饱和工作区。

工作在线性区时，u_o 和 $u_+ - u_-$ 满足线性关系，即

$$u_o = A_{uo}(u_+ - u_-) \tag{11-1}$$

由于 $A_{uo} \to \infty$，因此即使很小的信号，也会使输出电压饱和。所以，运算放大器工作在线性区时，通常引入深度负反馈。

运算放大器工作在线性区时，分析依据有两条：

(1) 虚短和虚地。因为 $u_o = A_{uo}(u_+ - u_-)$，运算放大器开环电压放大倍数 $A_{uo} \to \infty$，而 u_o 为一有限值，最高等于其饱和电压，所以可得

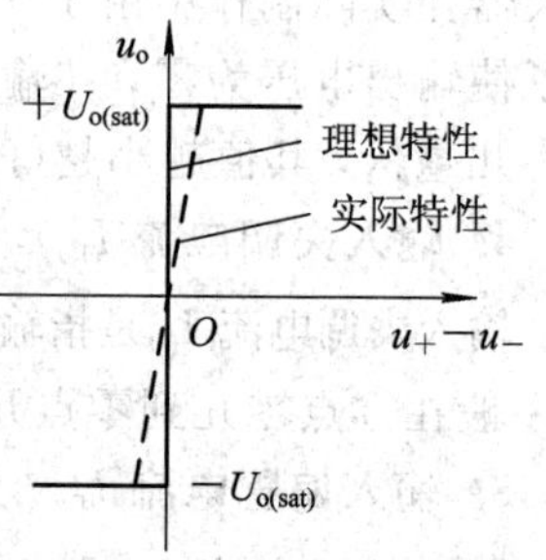

图 11-4 运算放大器的传输特性

$$u_+ - u_- = \frac{u_o}{A_{uo}} \approx 0$$

即

$$u_+ \approx u_- \tag{11-2}$$

由此可见，若运算放大器两个输入端电位相等，则如同短路一样。但实际上该两点并未真正短路，只是表面上似乎短路，因而是虚假的短路，将这种现象称为“虚短”。如果反相端有输入时，同相端接“地”，即 $u_+=0$，由式(11-2)可知，$u_- \approx 0$，似乎也是接“地”，但反相端并未接地，将这种现象称为“虚地”。

(2) 虚断。因为运算放大器的差模输入电阻 $r_{id} \to \infty$，所以同相输入端和反相输入端的电流近似为零，如同两点被断开一样，这种现象称为“虚断”。

工作在饱和区时，运算放大器不满足式(11-1)的线性关系，这时输出电压 u_o 只有两种可能，等于 $+U_{o(sat)}$ ($u_+ > u_-$ 时)或 $-U_{o(sat)}$ ($u_+ < u_-$ 时)，而 u_+ 和 u_- 不一定相等。

【例 11-1】 F007 运算放大器的正、负电源电压为 ±15 V，开环电压放大倍数 $A_{uo} = 2\times10^5$，最大输出电压 $\pm U_{o(sat)}$ 为 ±13 V。若在图 11-3 中输入以下电压：

(1) $u_+ = 15\ \mu V$，$u_- = -10\ \mu V$；

(2) $u_+ = -5\ \mu V$，$u_- = 10\ \mu V$；

(3) $u_+ = 0\ V$，$u_- = 5\ mV$；

(4) $u_+ = 5\ mV$，$u_- = 1\ mV$。

试求输出电压及其极性。

解　由式(11-1)可得

$$|u_+ - u_-| = \frac{|\pm U_{o(sat)}|}{A_{uo}} = \frac{13}{2\times10^5} = 65\ \mu V$$

可见，当 $|u_+ - u_-| > 65\ \mu V$ 时，输出电压达到饱和值。

(1) 因为 $|u_+ - u_-| = 25\ \mu V < 65\ \mu V$，所以 $u_o = 2\times10^5 \times (15+10) \times 10^{-6}\ V = +5\ V$；

(2) 因为 $|u_+ - u_-| = 15\ \mu V < 65\ \mu V$，所以 $u_o = 2\times10^5 \times (-5-10) \times 10^{-6}\ V = -3\ V$；

(3) 因为 $|u_+ - u_-| = 5\ mV > 65\ \mu V$，而 $u_+ < u_-$，所以 $u_o = -13\ V$；

(4) 因为 $|u_+ - u_-| = 4\ mV > 65\ \mu V$，而 $u_+ > u_-$，所以 $u_o = +13\ V$。

11.2　集成运算放大器的线性应用

集成运算放大器的应用基本上可分为两大类：线性应用和非线性应用。当运算放大器外加深度负反馈后，可以闭环工作在线性区。运算放大器线性应用时可构成模拟信号运算电路、信号处理电路及正弦波振荡电路等；当运算放大器处于开环或外加正反馈工作于非线性区时，可构成各种电压比较器和信号产生电路。对运算放大器电路的线性应用电路分析，是基于运算放大器工作在线性区时的两条分析依据进行分析的。

11.2.1　基本运算电路

1. 反相比例运算电路

如图 11-5 所示，输入信号 u_i 经输入端电阻 R_1 送到反相输入端，同相输入端通过 R_2 接地，反馈电阻 R_F 跨接在输出端与反相输入端之间。

根据运算放大器工作在线性区时的两条分析依据可知：

$$i_1 \approx i_f,\ u_+ \approx u_- = 0$$

而

$$i_1 = \frac{u_i - u_-}{R_1} = \frac{u_i}{R_1}$$

$$i_f = \frac{u_- - u_o}{R_F} = -\frac{u_o}{R_F}$$

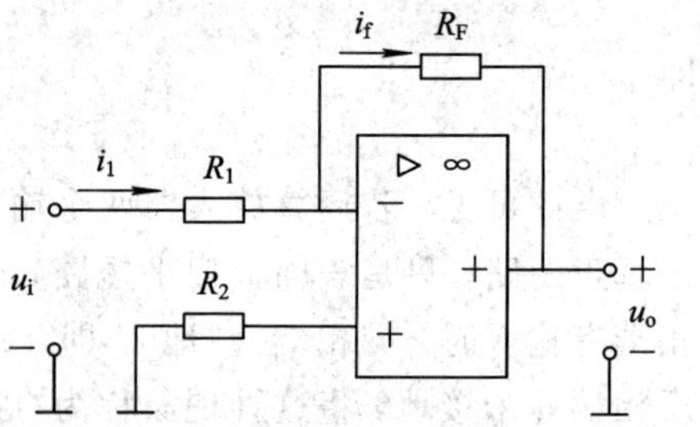

图 11-5　反相比例运算电路

所以得出

$$u_o = -\frac{R_F}{R_1} u_i \tag{11-3}$$

则闭环电压放大倍数为

$$A_{uf} = \frac{u_o}{u_i} = -\frac{R_F}{R_1} \tag{11-4}$$

式(11-4)表明，输出电压 u_o 与输入电压 u_i 是反相比例运算关系，仅取决于电阻 R_1 与 R_F，而与运算放大器本身的参数无关。只要电阻 R_1 与 R_F 的阻值足够精确，就能保证比例运算的精度和稳定性。

图 11-5 中的电阻 R_2 称为平衡电阻，作用是保持运放输入级电路的对称性，其阻值等于反相输入端对地的等效电阻，即 $R_2 = R_1 /\!/ R_F$。

若取 $R_1 = R_F$，则 $A_{uf} = -1$，即 $u_o = -u_i$，称之为反相器。

【例 11-2】 在图 11-5 中，设 $R_1 = 10\ \text{k}\Omega$，$R_F = 50\ \text{k}\Omega$，求闭环电压放大倍数 A_{uf} 及 R_2 的值。若输入 $u_i = 50\ \text{mV}$，求输出电压 u_o。

解

$$A_{uf} = -\frac{R_F}{R_1} = \frac{50\ \text{k}\Omega}{10\ \text{k}\Omega} = -5$$

$$R_2 = R_1 /\!/ R_F = \frac{10\ \text{k}\Omega \times 50\ \text{k}\Omega}{10\ \text{k}\Omega + 50\ \text{k}\Omega} = 8.33\ \text{k}\Omega$$

输入 $u_i = 50\ \text{mV}$ 时，有

$$u_o = A_{uf} u_i = -5 \times 50\ \text{mV} = -0.25\ \text{V}$$

【例 11-3】 题目内容同例 11-2。当输入 $u_i = 50\ \text{mV}$ 时，要求 $u_o = -0.5\ \text{V}$，R_1 的阻值不变，试求反馈电阻 R_F 及 R_2 的值。

解　由 $A_{uf} = \dfrac{u_o}{u_i} = -\dfrac{R_F}{R_1}$，可得

$$R_F = -\frac{u_o}{u_i} R_1 = \frac{0.5}{50 \times 10^{-3}} \times 10\ \text{k}\Omega = 100\ \text{k}\Omega$$

$$R_2 = R_1 /\!/ R_F = \frac{10\ \text{k}\Omega \times 100\ \text{k}\Omega}{10\ \text{k}\Omega + 100\ \text{k}\Omega} = 9.1\ \text{k}\Omega$$

2. 同相比例运算电路

如图 11-6 所示，输入信号 u_i 经输入端电阻 R_2 送到同相输入端，反相输入端通过 R_1 接地，反馈电阻 R_F 跨接在输出端与反相输入端之间。

根据运算放大器工作在线性区时的两条分析依据，可知

$$i_1 \approx i_f,\ u_+ \approx u_- = u_i$$

而

$$i_1 = \frac{0-u_-}{R_1} = -\frac{u_i}{R_1},\ i_f = \frac{u_- - u_o}{R_F} = \frac{u_i - u_o}{R_F}$$

所以得出

$$u_o = \left(1+\frac{R_F}{R_1}\right)u_i \qquad (11-5)$$

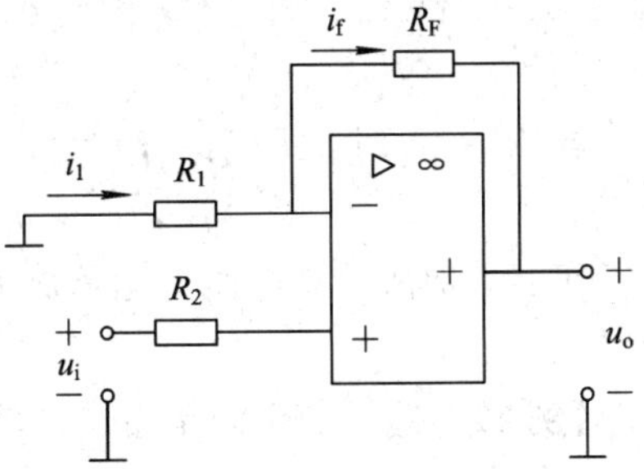

图 11-6　同相比例运算电路

则闭环电压放大倍数

$$A_{uf} = 1+\frac{R_F}{R_1} \qquad (11-6)$$

可见，输出电压 u_o 与输入电压 u_i 是同相比例运算关系，仅取决于电阻 R_1 与 R_F，而与运算放大器的参数无关。而 A_{uf} 总是大于或等于 1，不会小于 1，这点和反相比例运算不同。

当 $R_1=\infty$（开路）或 $R_F=0$ 时，$A_{uf}=1$，即 $u_o=u_i$，称之为电压跟随器。

【例 11-4】 试计算图 11-7 所示运算放大器电路的输出电压 u_o。

解　图 11-7 是一电压跟随器，所以

$$u_o = u_+ = \frac{10}{10+20}\times 15\ \text{V} = 5\ \text{V}$$

由本例可以看出，输出电压 u_o 只与电源电压和分压电阻有关，其精度和稳定性较高，可作为基准电压。

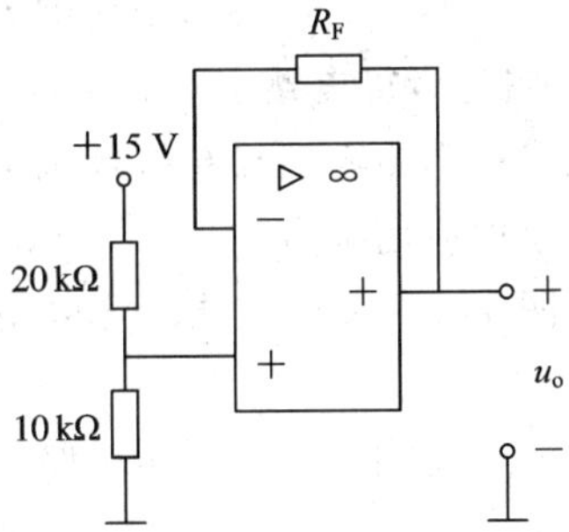

图 11-7　例 11-4 题图

3. 反向加法运算电路

反向加法运算完成信号的求和运算。图11-8所示为三输入信号求和电路。

根据运算放大器工作在线性区时的两条分析依据及 KCL 可知：

$$i_{11}+i_{12}+i_{13} \approx i_f,\ u_+ \approx u_- = 0$$

由图可得

$$i_{11} = \frac{u_{i1}}{R_{11}},\ i_{12} = \frac{u_{i2}}{R_{22}}$$

$$i_{13} = \frac{u_{i3}}{R_{33}},\ i_f = -\frac{u_o}{R_F}$$

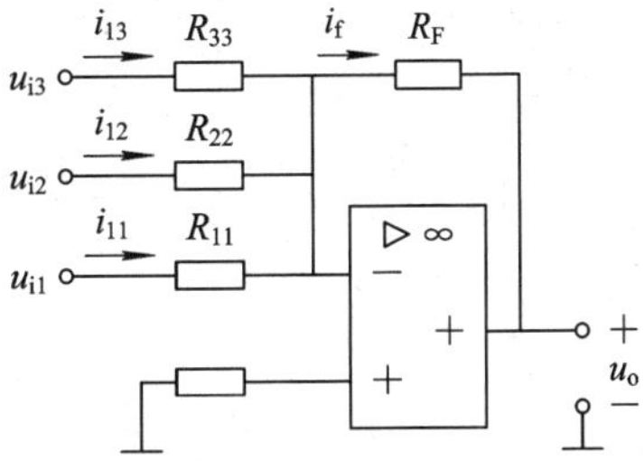

图 11-8　加法运算电路

由上述各式可得

$$u_o = -\left(\frac{R_F}{R_{11}}u_{i1}+\frac{R_F}{R_{22}}u_{i2}+\frac{R_F}{R_{33}}u_{i3}\right) \qquad (11-7)$$

式(11-7)可看做输出电压是各个输入电压的反相比例运算结果的叠加，因此可用叠加原理进行求解。

当 $R_{11}=R_{22}=R_{33}=R_1$ 时，式(11-7)为

$$u_o = -\frac{R_F}{R_1}(u_{i1} + u_{i2} + u_{i3}) \tag{11-8}$$

当 $R_1 = R_F$ 时，式(11-7)为

$$u_o = -(u_{i1} + u_{i2} + u_{i3}) \tag{11-9}$$

可见，加法运算电路与运算放大器的参数无关，其平衡电阻：

$$R_2 = R_{11} // R_{22} // R_{33} // R_F$$

【例 11-5】 一个测量系统的输出电压与一些待测量(经传感器变换为电量)的关系为 $u_o = -(2u_{i1} + u_{i2} + 0.5u_{i1})$。取 $R_F = 100\ \text{k}\Omega$，试确定图 11-8 中的其他电阻值。

解 由式(11-7)可得

$$R_{11} = \frac{R_F}{2} = \frac{100\ \text{k}\Omega}{2} = 50\ \text{k}\Omega$$

$$R_{22} = \frac{R_F}{1} = \frac{100\ \text{k}\Omega}{1} = 100\ \text{k}\Omega$$

$$R_{33} = \frac{R_F}{0.5} = \frac{100\ \text{k}\Omega}{0.5} = 200\ \text{k}\Omega$$

$$R_2 = R_{11} // R_{22} // R_{33} // R_F \approx 22.2\ \text{k}\Omega$$

4. 减法运算电路

如果两个输入端都有信号输入，则为差分输入，如图 11-9 所示。差分运算在测量和控制系统中应用很多。

对图 11-9 所示减法运算电路应用叠加原理进行分析。

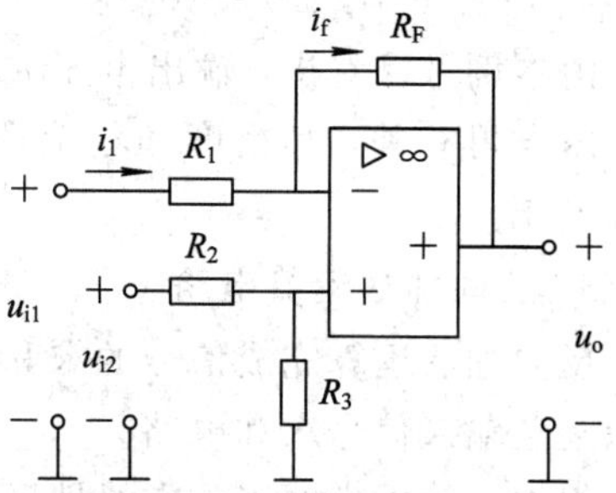

图 11-9 减法运算电路

当 u_{i1} 单独作用时，图示电路成为反相比例运算电路，则

$$u_o' = -\frac{R_F}{R_1}u_{i1}$$

当 u_{i2} 单独作用时，图示电路成为同相比例运算电路，则

$$u_o'' = \left(1 + \frac{R_F}{R_1}\right)u_+ = \left(1 + \frac{R_F}{R_1}\right)\frac{R_3}{R_2 + R_3}u_{i2}$$

则

$$u_o = u_{i1}' + u_{i2}'' = \left(1 + \frac{R_F}{R_1}\right)\frac{R_3}{R_2 + R_3}u_{i2} - \frac{R_F}{R_1}u_{i1} \tag{11-10}$$

当 $R_1 = R_2$ 和 $R_F = R_3$ 时，式(11-10)为

$$u_o = \frac{R_F}{R_1}(u_{i2} - u_{i1}) \tag{11-11}$$

当 $R_1 = R_F$ 时，则得

$$u_o = u_{i2} - u_{i1} \tag{11-12}$$

由式(11-11)和式(11-12)可见，输出电压与两个输入电压的差值成正比，可以进行减法运算。

注意：由于电路存在共模电压，为了保证运算精度，应选用共模抑制比较高的运算放

大器或选用合适的电阻构成减法运算电路。

【例 11-6】 在图 11-9 中，输入电压 $u_{i1}=u_{ic}+u_{id}$，$u_{i2}=u_{ic}-u_{id}$，u_{ic}是共模分量，u_{id}是差模分量。如果 $R_1=R_2=R_3$，试问 R_F为多大时输出电压不含共模分量 u_{ic}。

解　由式(11-10)可得

$$u_o=\left(1+\frac{R_F}{R_1}\right)\frac{R_3}{R_2+R_3}u_{i2}-\frac{R_F}{R_1}u_{i1}$$

$$=\left(1+\frac{R_F}{R_1}\right)\frac{R_3}{R_2+R_3}(u_{ic}-u_{id})-\frac{R_F}{R_1}(u_{ic}+u_{id})$$

$$=\left[\left(1+\frac{R_F}{R_1}\right)\frac{R_3}{R_2+R_3}-\frac{R_F}{R_1}\right]u_{ic}-\left[\left(1+\frac{R_F}{R_1}\right)\frac{R_3}{R_2+R_3}+\frac{R_F}{R_1}\right]u_{id}$$

欲使输出电压中不含共模分量，必须满足以下条件：

$$\left(1+\frac{R_F}{R_1}\right)\frac{R_3}{R_2+R_3}-\frac{R_F}{R_1}=0$$

因 $R_1=R_2=R_3$，整理后得 $R_F=R_1$。此时输出电压

$$u_o=-\left[\left(1+\frac{R_F}{R_1}\right)\frac{R_3}{R_2+R_3}+\frac{R_F}{R_1}\right]u_{id}=-2u_{id}$$

例如

$$u_{i1}=(6+2)\text{mV}=u_{ic}+u_{id}$$
$$u_{i2}=(6-2)\text{mV}=u_{ic}-u_{id}$$

则

$$u_o=-2u_{id}=-4\ \text{mV}$$

【例 11-7】 图 11-10 是运算放大器的串级应用，试求输出电压 u_o。

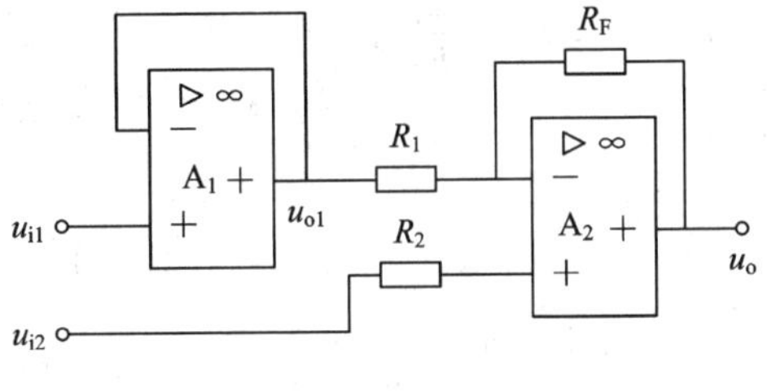

图 11-10　例 11-7 图

解　A_1是电压跟随器，A_2是减法电路，所以

$$u_o=\left(1+\frac{R_F}{R_1}\right)u_{i2}-\frac{R_F}{R_1}u_{o1}=\left(1+\frac{R_F}{R_1}\right)u_{i2}-\frac{R_F}{R_1}u_{i1}$$

在图 11-10 的电路中，u_{i1}输入 A_1的同相端，而不是直接输入 A_2的反相端，这样可以提高输入阻抗。

5. 积分运算电路

积分运算电路如图 11-11 所示。根据运算放大器工作在线性区时的两条分析依据可知：

$$i_1\approx i_f,\ u_+\approx u_-=0$$

而

$$i_1=\frac{u_i}{R_1},\ i_f=C_F\frac{du_C}{dt},\ u_C=-u_o$$

所以可得

$$u_o = -\frac{1}{R_1 C_F}\int u_i\, dt \tag{11-13}$$

式(11-13)表明，u_o与u_i的积分成反相比例。$R_1 C_F$称为时间常数。

当u_i为阶跃电压时，有

$$u_o = -\frac{U_i}{R_1 C_F} t \tag{11-14}$$

其波形如图 11-12 所示，最后达到负饱和值。

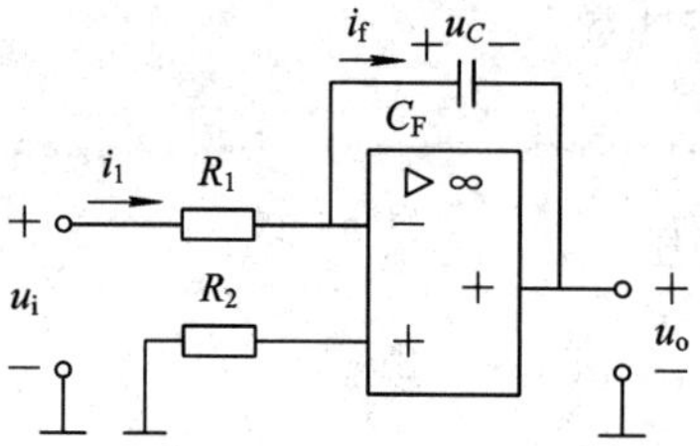

图 11-11　积分运算电路

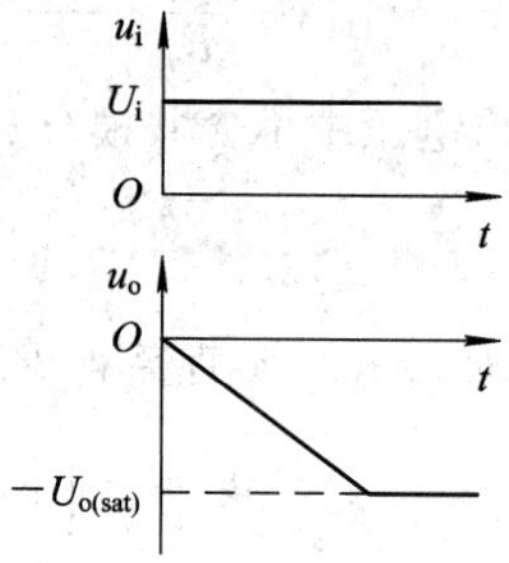

图 11-12　积分电路的阶跃响应

由于运算放大器组成的积分运算电路线性度好，因而它除了用于信号运算外，在控制和测量中也被广泛应用。

【例 11-8】 试求图 11-13 所示电路的u_o与u_i的关系式。

解　由图 11-13 可列出

$$i_1 \approx i_f,\ u_+ \approx u_- = 0,\ i_1 = \frac{u_i}{R_1}$$

$$\begin{aligned} u_o &= -R_F i_f - u_C \\ &= -R_F i_f - \frac{1}{C_F}\int i_f dt \\ &= -\frac{R_F}{R_1}U_i - \frac{1}{R_1 C_F}\int u_i dt \end{aligned}$$

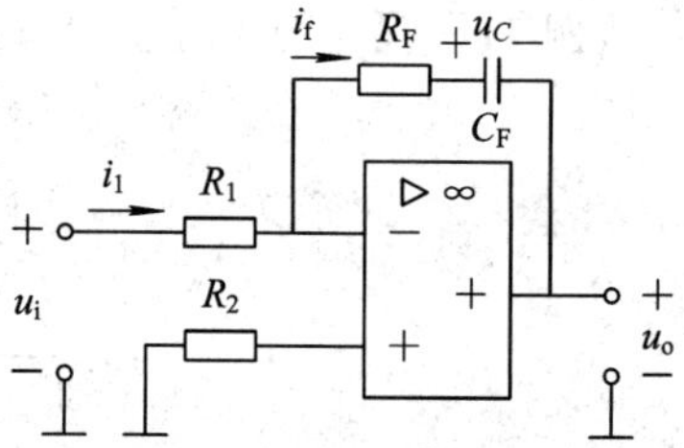

图 11-13　例 11-8 题图

可见，图 11-13 的电路是反相比例运算和积分运算的组合，所以称之为比例-积分调节器(简称 PI 调节器)。在自动控制系统中应用比例-积分调节器来保证系统的稳定性和控制精度。

6. 微分运算电路

微分运算电路如图 11-14 所示。由图 11-14 可列出

$$i_1 = C_1 \frac{du_C}{dt} = C_1 \frac{du_i}{dt} = i_f = -\frac{u_o}{R_F}$$

可得

$$u_o = -R_F C_1 \frac{du_i}{dt} \tag{11-15}$$

即输出电压与输入电压对时间的一次微分成正比。

当u_i为阶跃电压时，u_o为尖脉冲电压，如图 11-15 所示。

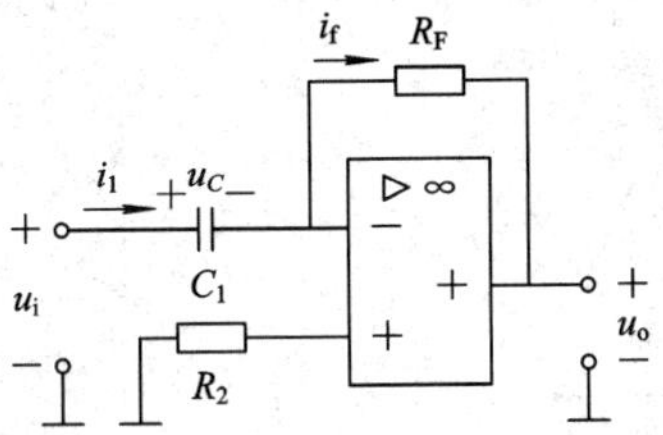

图 11-14　微分运算电路

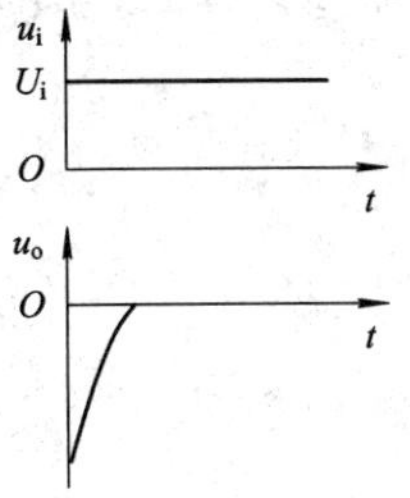

图 11-15　微分电路的阶跃响应

11.2.2　运算放大器在信号处理方面的应用

在检测或自动控制系统中，常应用运算放大器构成信号处理电路实现滤波、采样-保持及电压与电流的转换等。

1. 有源滤波器

滤波器是一种选频电路，作用就是选择有用信号，而抑制无用信号，使一定频率范围的信号顺利通过，衰减很小，而此频率范围以外的信号予以衰减，使其不易通过。根据选频范围的不同，滤波器可分为低通、高通、带通、带阻等。有源滤波器就是由有源器件(如运算放大器)构成的滤波器。有源滤波器具有体积小、效率高、频率特性好等优点，在实际中得到了广泛应用。

1）有源低通滤波器

图 11-16 所示电路是有源低通滤波器。设输入电压 u_i 是某一频率的正弦信号，则可用相量表示。根据同相比例运算电路可得

$$\dot{U}_o=\left(1+\frac{R_F}{R_1}\right)\dot{U}_+$$

而

$$\dot{U}_+=\frac{\frac{1}{j\omega C}}{R+\frac{1}{j\omega C}}\dot{U}_i=\frac{1}{1+j\omega RC}\dot{U}_i$$

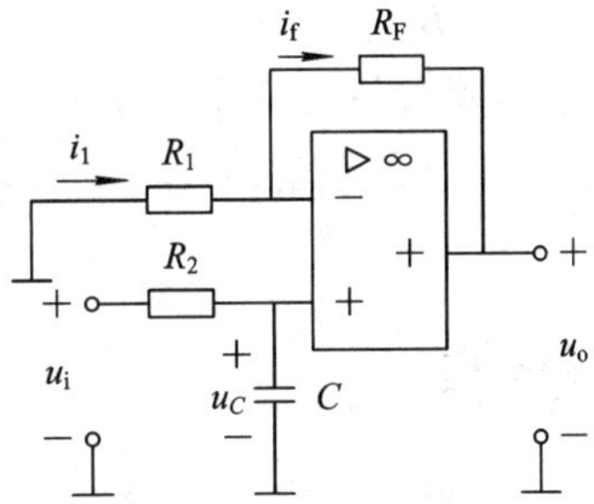

图 11-16　有源低通滤波器

所以

$$\frac{\dot{U}_o}{\dot{U}_i}=\left(1+\frac{R_F}{R_1}\right)\frac{1}{1+j\omega RC}=\left(1+\frac{R_F}{R_1}\right)\frac{1}{1+j\omega/\omega_o}$$

式中，$\omega_o=\frac{1}{RC}$称为截止角频率。

若频率 ω 为变量，则该电路的传递函数为

$$T(j\omega)=\frac{u_o(j\omega)}{u_i(j\omega)}=\left(1+\frac{R_F}{R_1}\right)\frac{1}{1+\frac{j\omega}{\omega_o}}=\frac{A_{ufo}}{1+\frac{j\omega}{\omega_o}} \tag{11-16}$$

其幅频特性

$$|T(j\omega)|==\frac{|A_{ufo}|}{\sqrt{1+\left(\frac{\omega}{\omega_o}\right)^2}} \tag{11-17}$$

有源低通滤波器幅频特性如图 11-17 所示。

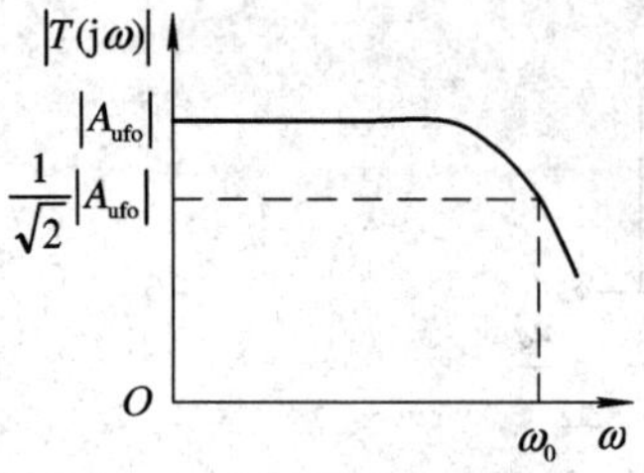

图 11-17 有源低通滤波器幅频特性

2) 有源高通滤波器

图 11-18 所示电路是有源高通滤波器。由图可得

$$\dot{U}_o=\left(1+\frac{R_F}{R_1}\right)\dot{U}_+$$

而

$$\dot{U}_+=\frac{R}{R+\frac{1}{j\omega C}}\dot{U}_i=\frac{1}{1+\frac{1}{j\omega RC}}\dot{U}_i$$

所以

$$\frac{\dot{U}_o}{\dot{U}_i}=\left(1+\frac{R_F}{R_1}\right)\frac{1}{1+\frac{1}{j\omega RC}}=\left(1+\frac{R_F}{R_1}\right)\frac{1}{1-\frac{j\omega_o}{\omega}}$$

式中，$\omega_o=\frac{1}{RC}$。

该电路的传递函数为

$$T(j\omega)=\frac{u_o(j\omega)}{u_i(j\omega)}=\frac{A_{ufo}}{1-\frac{j\omega_o}{\omega}} \tag{11-18}$$

其幅频特性

$$|T(j\omega)|==\frac{|A_{ufo}|}{\sqrt{1+\left(\frac{\omega_o}{\omega}\right)^2}} \tag{11-19}$$

有源高通滤波器幅频特性如图 11-19 所示。

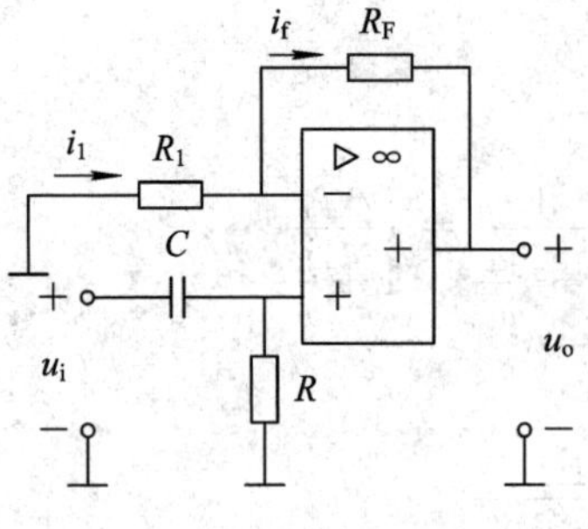

图 11-18 有源高通滤波器

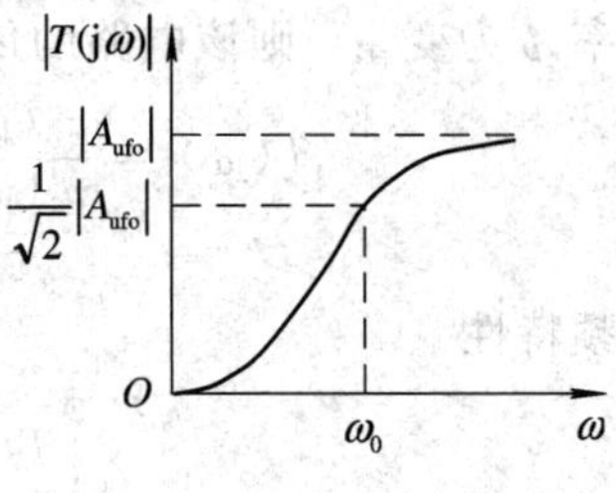

图 11-19 有源高通滤波器幅频特性

2. 采样-保持电路

采样就是把连续变化的模拟信号转变为离散的信号。在每两次采样的时间间隔里，把前一次采样结束时的信息(输入信号的大小)保持下来，这一过程就是信号的采样-保持。采样-保持电路和输入、输出波形如图 11－20 所示。图中 S 是一个模拟开关，一般由场效应晶体管构成。当控制信号为高电平时，模拟开关闭合，电路处于采样周期，这时模拟输入信号 u_i 为存储电容 C 充电，$u_o=u_C=u_i$，即输出电压跟随输入电压变化。当控制信号为低电平时，模拟开关断开，由于电容无放电回路，因此采样结束时模拟输入信号的状态就在电容器中保持下来而进入保持周期。

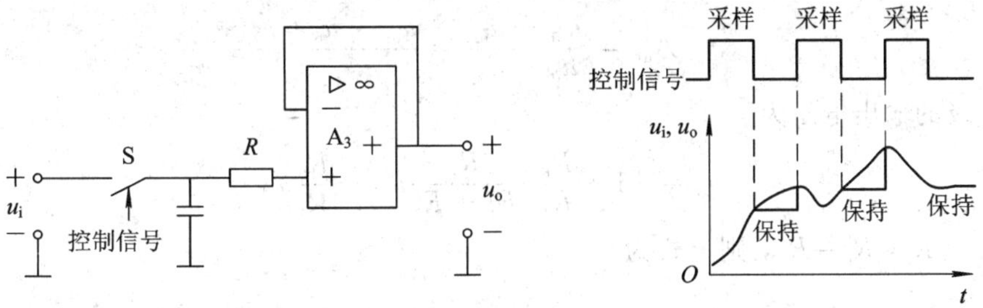

图 11－20　采样-保持电路及输入、输出波形

可以看到，采样-保持后的信号是间距相等而幅度不同的阶梯波。采集后的信息可以转变为数字量，因此这种电路在数字电路、计算机控制等装置中得到了广泛应用。

11.2.3　测量放大器

在非电量测量系统中，常用各种传感器把非电量的信号转变为电信号(电压或电流)，经放大后再输入给检测系统。图 11－21 所示是常用测量放大器电路。

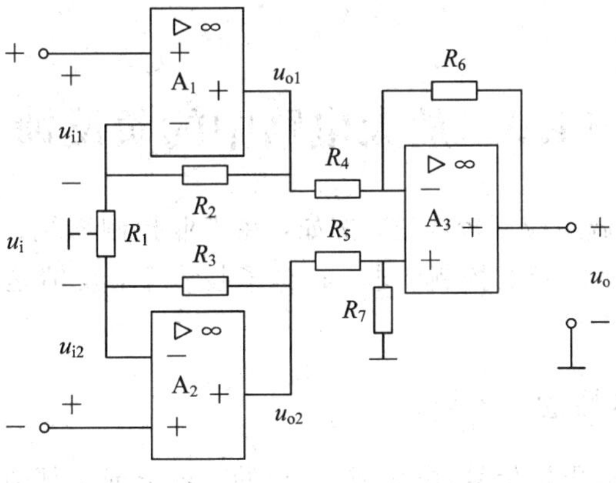

图 11－21　测量放大器电路

第一级放大电路由 A_1 和 A_2 组成，它们都是同相输入，因此输入电阻大，电路结构对称，可抑制零点漂移；第二级由 A_3 组成差动放大电路。

由于信号 u_i 由 A_1 和 A_2 的同相端输入，因此加给两同相端的电压极性相反，如果 $R_2=R_3$，则 R_1 的中点相当于地电位。

A_1 的输出电压为

$$u_{o1} = \left(1+\frac{R_2}{R_1/2}\right)u_{i1} = \left(1+\frac{2R_2}{R_1}\right)u_{i1}$$

A_2的输出电压为

$$u_{o2} = \left(1+\frac{2R_2}{R_1}\right)u_{i2}$$

则

$$u_{o1}-u_{o2} = \left(1+\frac{2R_2}{R_1}\right)(u_{i1}-u_{i2})$$

由此得到第一级放大电路的电压放大倍数为

$$A_{u1} = \frac{u_{o1}-u_{o2}}{u_{i1}-u_{i2}} = \frac{u_{o1}-u_{o2}}{u_i}$$

第二级的输出电压为

$$u_o = \left(1+\frac{R_6}{R_4}\right)\frac{R_7}{R_5+R_7}u_{o2} - \frac{R_6}{R_4}u_{o1}$$

如果取 $R_4=R_5$，$R_6=R_7$，则上式为

$$u_o = \frac{R_6}{R_4}(u_{o2}-u_{o1})$$

则第二级放大电路的电压放大倍数为

$$A_{u2} = \frac{u_o}{u_{o2}-u_{o1}} = \frac{R_6}{R_4} \quad 或 \quad A_{u2} = \frac{u_o}{u_{o1}-u_{o2}} = -\frac{R_6}{R_4}$$

两级放大电路总的放大倍数为

$$A_u = \frac{u_o}{u_i} = A_{u1}\cdot A_{u2} = -\frac{R_6}{R_4}\left(1+\frac{2R_2}{R_1}\right)$$

为了提高测量精度，测量放大器必须具有很高的共模抑制比，可用高精度型运算放大器构成测量放大器。

11.3 放大电路中的负反馈

反馈在科学技术领域中应用较广泛。例如，在工业控制系统、自动化技术中都利用反馈来构成闭环系统，实现既定的控制要求；在电子技术中，反馈是改善放大电路性能的重要手段。

11.3.1 反馈的基本概念

在放大电路中，将输出端信号(电压或电流)的一部分或全部通过反馈电路引回到输入端，称为反馈。

图 11-22 是带有反馈的放大电路方框图，它由基本放大电路(开环放大电路)A 和反馈电路 F 组成。反馈电路 F 联系了放大电路的输出和输入，多数由电阻元件组成。

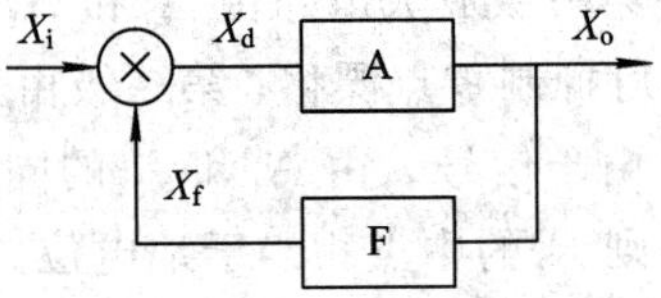

图 11-22 放大电路的反馈方框图

图 11-22 中，X_i是放大电路的输入信号，X_o是

输出信号，X_f是反馈信号，X_d是真正输入基本放大电路的净输入信号。这些信号可以是电压信号，也可以是电流信号。

若引回的反馈信号与输入信号比较是净输入信号减小、导致输出信号也减小的反馈，称为负反馈；若反馈信号是净输入信号增大、导致输出信号也增大的反馈，称为正反馈。

11.3.2　负反馈的类型及判别方法

根据反馈从放大电路输出端取样的信号不同，可以分为电压反馈和电流反馈。如果反馈信号取自输出电压，叫电压反馈。如果反馈信号取自输出电流，叫电流反馈。电压反馈可稳定输出电压，电流反馈可稳定输出电流。

根据反馈信号在输入端与输入信号比较形式的不同，可以分为串联反馈和并联反馈。反馈信号与输入信号串联，即反馈信号与输入信号以电压形式作比较，称为串联反馈。反馈信号与输入信号并联，即反馈信号与输入信号以电流形式作比较，称为并联反馈。

根据反馈信号与输出信号的取样关系以及反馈信号与输入信号的比较关系，可将负反馈分为四种类型：电压串联负反馈、电压并联负反馈、电流串联负反馈、电流并联负反馈。

1. 电压串联负反馈

图 11－23 是同相比例运算电路。设某一瞬时输入电压 u_i为正，则此时的输出电压 u_o也为正，可得到输入电压 u_i和反馈电压 u_f的实际方向如图 11－23 所示。净输入电压 $u_d=u_i-u_f$，即反馈电压 u_f削弱了净输入电压 u_d，电路中引入的是负反馈。反馈电压：

$$u_f=\frac{R_1}{R_1+R_F}u_o$$

取自于输出电压，是电压反馈。

反馈信号与输入信号在输入端以电压形式作比较，是串联反馈。因此，图 11－23 是电压串联负反馈电路。

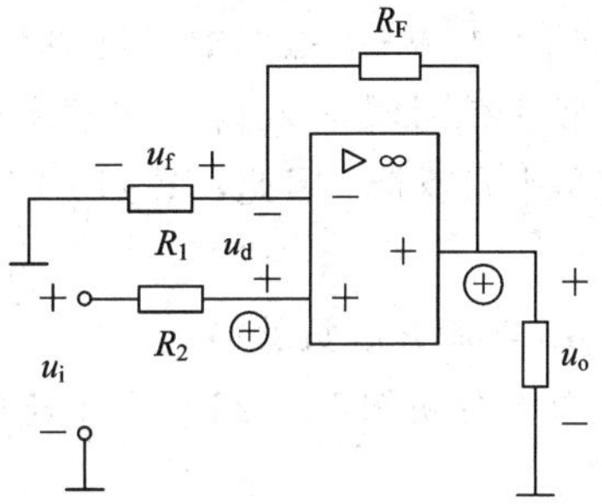

图 11－23　电压串联负反馈电路

2. 电压并联负反馈

图 11－24 是反相比例运算电路。设某一瞬时输入电压 u_i为正，则此时的输出电压 u_o为负，可得到输入电流 i_i和反馈电流 i_f的实际方向如图 11－24 所示。净输入电流 $i_d=i_i-i_f$，即反馈电流 i_f削弱了净输入电流 i_d，故电路中引入的是负反馈。反馈电流：

$$i_f=-\frac{u_o}{R_F}$$

取自于输出电压，是电压反馈。

反馈信号与输入信号在输入端以电流形式作比较，是并联反馈。因此，图 11－24 是电压并联负反馈电路。

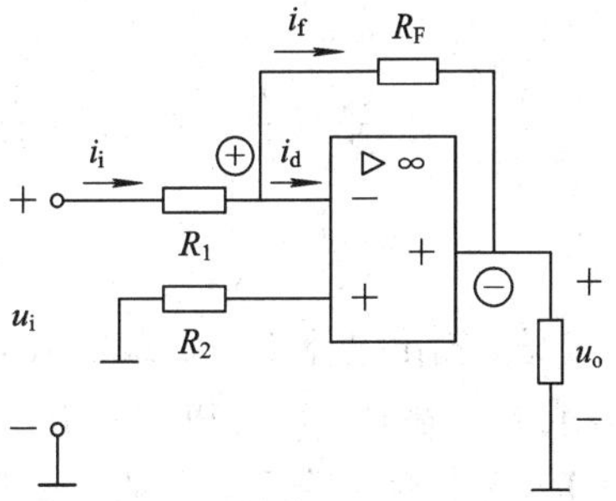

图 11－24　电压并联负反馈电路

3. 电流串联负反馈

首先分析图 11－25 所示电路的功能。从电路结构上看，它是同相比例运算电路，故

$$u_o=\left(1+\frac{R_L}{R}\right)u_i$$

输出电流：

$$i_o=\frac{u_o-u_-}{R_L}\approx\frac{u_o-u_i}{R_L}$$

由以上两式可得

$$i_o\approx\frac{u_i}{R}$$

可见，输出电流 i_o与负载电阻 R_L无关，因此该电路是一同相输入恒流源电路，或称为电压-电流变换电路。改变电阻 R 的阻值，就可以改变输出电流 i_o的大小。

其次分析反馈类型。由之前对同相比例运算电路的分析可知，净输入电压 $u_d=u_i-u_f$，即反馈电压 u_f削弱了净输入电压 u_d，电路中引入的是负反馈。反馈电压：

$$u_f=Ri_o$$

取自输出电流 i_o，故为电流反馈。

反馈信号与输入信号在输入端以电压形式作比较，是串联反馈。因此，图 11－25 是电流串联负反馈电路。

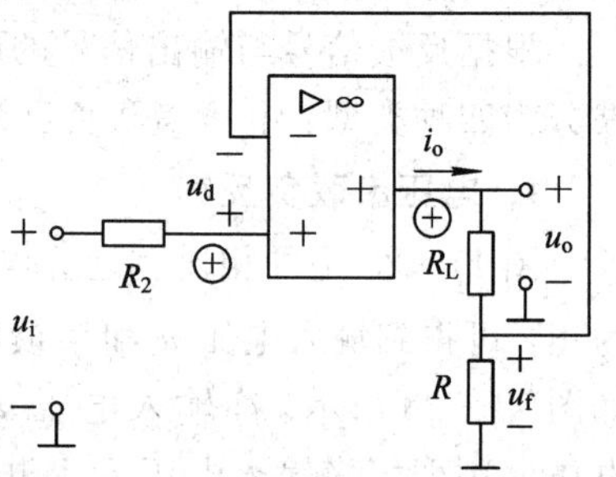

图 11－25　电流串联负反馈电路

4. 电流并联负反馈

首先分析图 11－26 所示电路的功能。由图可得

$$i_i=\frac{u_i}{R_1},\quad i_f=-\frac{u_R}{R_F}$$

由上式可得

$$u_R=-\frac{R_F}{R_1}u_i$$

输出电流：

$$\begin{aligned}i_o&=i_R-i_f\\&=\frac{u_R}{R}+\frac{u_R}{R_F}=-\frac{R_F}{R_1}\left(\frac{1}{R}+\frac{1}{R_F}\right)u_i\\&=-\frac{1}{R_1}\left(\frac{R_F}{R}+1\right)u_i\end{aligned}$$

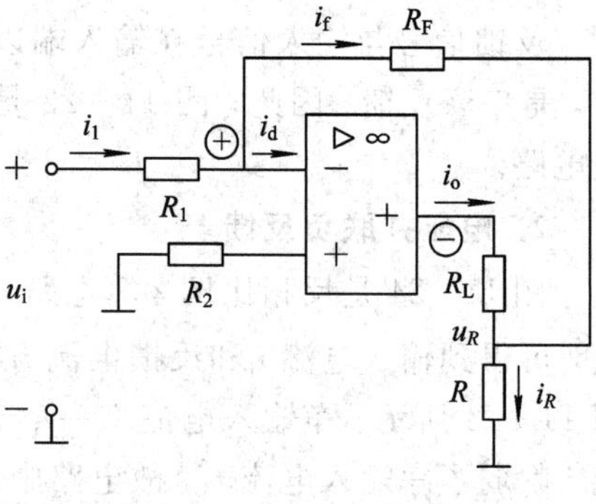

图 11－26　电流并联负反馈电路

可见，输出电流 i_o与负载电阻 R_L无关，因此该电路是一反相输入恒流源电路。改变电阻 R_F或 R 的阻值，就可以改变输出电流 i_o的大小。

其次分析反馈类型。设某一瞬时输入电压 u_i为正，则此时输入端和输出端电位的瞬时极性如图 11－26 所示，净输入电流 $i_d=i_i-i_f$，故电路中引入的是负反馈。

反馈电流：

$$i_f \approx i_i = \frac{u_i}{R_1} = -\frac{i_o}{\frac{R_F}{R}+1} = -\left(\frac{R}{R_F+R}\right)i_o$$

取自输出电流 i_o，故为电流反馈。

反馈信号与输入信号在输入端以电流形式作比较，是并联反馈。因此，图 11－26 是电流并联负反馈电路。

以上分析中，在判别反馈类型时，均采用概念进行判别。从所分析的电路中可以总结出用于负反馈类型判别直观的方法：

(1) 反馈电路若是直接从输出端引出的，是电压反馈；若是从负载电阻 R_L 的靠近“地”端引出的，是电流反馈。

(2) 输入信号和反馈信号分别加在两个输入端(同相和反相)上的，是串联反馈；加在同一个输入端(同相端或反相端)上的，是并联反馈。

(3) 对串联反馈，输入信号和反馈信号的极性相同时，是负反馈；否则是正反馈。

(4) 对并联反馈，净输入电流等于输入电流和反馈电流之差时，是负反馈；否则是正反馈。

11.3.3　负反馈对放大电路性能的影响

1. 降低放大倍数

由图 11－22 所示闭环放大电路方框图可知：

净输入信号：

$$X_d = X_i - X_f \tag{11-20}$$

开环放大倍数：

$$A = \frac{X_o}{X_d} = \frac{X_o}{X_i - X_f} \tag{11-21}$$

反馈系数：

$$F = \frac{X_f}{X_o} \tag{11-22}$$

则由上列各式推导可得闭环放大倍数

$$A_f = \frac{X_o}{X_i} = \frac{A}{1+AF} \tag{11-23}$$

由式(11－21)和式(11－22)可得

$$AF = \frac{X_f}{X_d} \tag{11-24}$$

若是负反馈，则 AF 为正。显然，引入负反馈后放大倍数降低了。

$1+AF$ 称为反馈深度，其值越大，负反馈作用越强，闭环放大倍数就越小。引入负反馈后，虽然降低了放大倍数，但在许多方面改善了放大电路的工作性能。

2. 提高放大倍数的稳定性

当外界条件发生变化(如温度变化、管子老化、元件参数变化、电源电压波动等)时，会引起放大倍数的变化。这种相对变化的大小体现了放大电路的稳定性。

对式(11－23)求导，可得

$$\frac{\mathrm{d}A_f}{\mathrm{d}A}=\frac{A}{1+AF}-\frac{AF}{(1+AF)^2}=\frac{1}{(1+AF)^2}=\frac{A_f}{A}\cdot\frac{1}{1+AF} \tag{11-25}$$

将式(11-25)改写为

$$\frac{\mathrm{d}A_f}{A_f}=\frac{1}{1+AF}\cdot\frac{\mathrm{d}A}{A} \tag{11-26}$$

式(11-26)表明，引入负反馈后闭环放大倍数的相对变化率是未引入负反馈前开环放大倍数的相对变化率的 $1/(1+AF)$。可见，引入负反馈后虽然降低了放大倍数，但提高了放大倍数的稳定性。负反馈深度越大，放大电路越稳定。对运算放大器而言，$A\to\infty$，则反馈深度 $(1+AF)\gg 1$，由运算放大器构成的闭环放大电路的闭环放大倍数为

$$A_f=\frac{A}{1+AF}\approx\frac{1}{F} \tag{11-27}$$

式(11-27)说明，在深度负反馈的情况下，闭环放大倍数仅与反馈电路的参数有关，反馈电路的参数基本不受外界因素变化的影响，这时放大电路的工作非常稳定。

3. 改善波形失真

前面提到，由于工作点选取不合适等原因，会引起信号波形失真。引入负反馈后，可以改善波形失真，其实质是利用失真波形来改善波形的失真，它只能减小失真，而不能完全消除失真。

4. 展宽通频带

展宽通频带可以这样来理解：放大电路引入负反馈后，使中频段的开环放大倍数 A 衰减较多，而使低频段和高频段的开环放大倍数 A 衰减较少，这样就将放大电路的通频带展宽了。负反馈展宽通频带如图 11-27 所示。

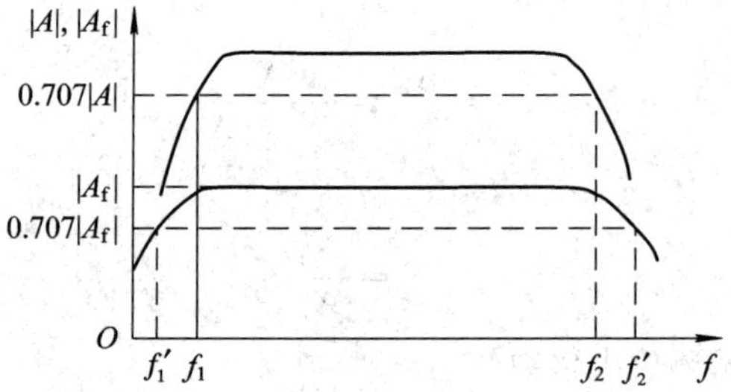

图 11-27 负反馈展宽通频带

5. 对放大电路输入电阻的影响

对输入电阻 r_{if} 的影响与引入的负反馈是串联反馈还是并联反馈有关。

(1) 引入串联反馈时，净输入电压 $u_d=u_i-u_f$ 减小了，所以信号源 u_i 供给的输入电流 i_i 减小了，这意味着输入电阻 r_{if} 增高了，即串联负反馈提高了输入电阻 r_{if}。

(2) 引入并联反馈时，信号源除供给 i_d 外，还要增加一个分量 i_f，因此输入电流 i_i 增大了，这意味着输入电阻 r_{if} 降低了，即引入并联负反馈降低了输入电阻 r_{if}。

6. 对放大电路输出电阻的影响

对输出电阻 r_{of} 的影响与引入的负反馈是电压反馈还是电流反馈有关。

(1) 电压反馈的放大电路具有稳定输出电压的作用，即具有恒压输出特性。具有恒压输出特性的放大电路的内阻很低，即输出电阻很低，所以电压反馈具有降低输出电阻 r_{of} 的作用。

(2) 电流反馈的放大电路具有稳定输出电流的作用，即具有恒流输出特性。具有恒流输出特性的放大电路的内阻很高，即输出电阻很高，所以电流反馈具有提高输出电阻 r_{of} 的作用。

11.4　运算放大器的非线性应用

当运算放大器工作在开环状态或引入正反馈时，由于其放大倍数非常大，所以只存在正、负饱和两种状态，输出不是高电平就是低电平。当运算放大器工作在这种状态时，称为运算放大器的非线性应用。

11.4.1　电压比较器

电压比较器的作用是比较两个模拟输入信号，用输出高电平或低电平表示比较结果，因而它广泛应用于各种报警电路中。另外，电压比较器也多用在模拟和数字信号的转换、控制及测量电路中。

1. 单限电压比较器

图 11-28(a)所示电路是基本的单限电压比较器。参考电压 U_R 加在同相端，模拟信号 u_i 加在反相端。

当 $u_i > U_R$ 时，由于运算放大器开环放大倍数很高，输出电压 $u_o = -u_{o(sat)}$；当 $u_i = U_R$ 时，运算放大器加入共模信号，输出电压 $u_o = 0$；当 $u_i < U_R$ 时，输出电压 $u_o = +u_{o(sat)}$。其传输特性如图 11-28(b)所示。

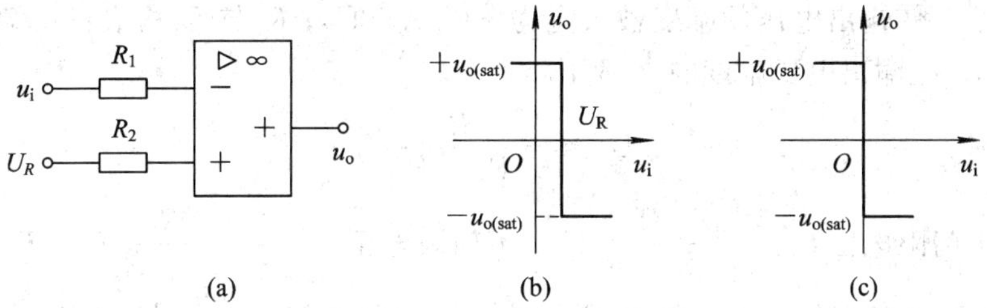

图 11-28　单限电压比较器及特性曲线

参考电压 U_R 又称为比较器的门限电压或门限电平。当 $U_R = 0$ 时，单限电压比较器又称为过零比较器，传输特性如图 11-28(c)所示。

2. 滞回电压比较器

图 11-29(a)所示电路是滞回电压比较器。当输出电压 $u_o = +u_{o(sat)}$ 时，有

$$u_+ = U'_+ = +\frac{R_2}{R_2 + R_F} u_{o(sat)}$$

当输出电压 $u_o = -u_{o(sat)}$ 时，有

$$u_+ = U''_+ = -\frac{R_2}{R_2 + R_F} u_{o(sat)}$$

设某一瞬时 $u_o = +u_{o(sat)}$，当输入电压增大到 $u_i \geqslant U'_+$ 时，输出电压 u_o 变为 $-u_{o(sat)}$，发生负向跃变。当 u_i 减小到 $u_i \leqslant U''_+$ 时，输出电压 u_o 变为 $+u_{o(sat)}$，发生正向跃变。如此循环，随着 u_i 的大小变化，u_o 为一矩形波电压。

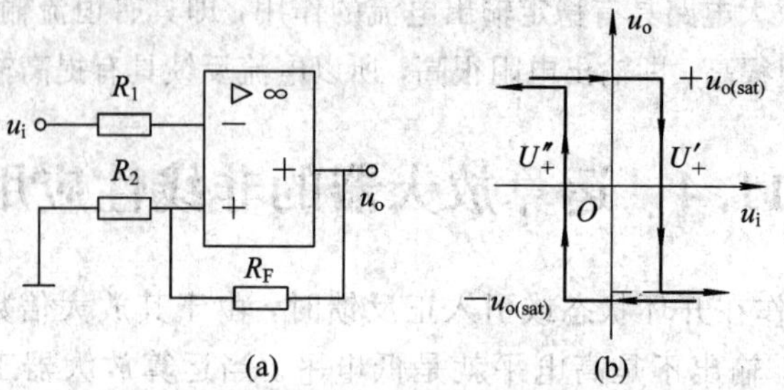

图 11－29　滞回电压比较器及特性曲线

滞回比较器的传输特性如图 11－29(b)所示。U'_+ 称为上门限电压，U''_+ 称为下门限电压，两者之差($U'_+ - U''_+$)称为回差。

滞回比较器较单限比较器有以下优点：

(1) 引入正反馈后能加速输出电压的转变过程，改善输出波形在跃变时的陡度。

(2) 回差提高了电路的抗干扰能力。若输入信号接近门限电压，则在其上叠加很小的干扰信号就有可能达到门限电压，单限比较器就可能发生误翻转，因而它对干扰特别灵敏。而滞回比较器的输入信号必须反向变化并确有回差电压这个变化量时，比较器输出才能发生翻转。

11.4.2　矩形波和三角波发生电路

图 11－30(a)是一种矩形波和三角波发生电路。图中运算放大器构成滞回比较器；V_Z 是双向稳压管，使输出电压的幅度被限定为 $+U_Z$ 或 $-U_Z$；R_1 与 R_2 构成正反馈电路，R_2 上的反馈电压 U_R 是输出电压幅度的一部分，即

$$U_R = \pm \frac{R_2}{R_1 + R_2} U_Z$$

因此，上门限电压 $U'_+ = +\frac{R_2}{R_1+R_2}U_Z$，下门限电压 $U''_- = -\frac{R_2}{R_1+R_2}U_Z$，$R_F$ 和 C 构成负反馈电路，电容上的电压 u_C 加在反相输入端与 U_R 进行比较，R_3 为限流电阻。

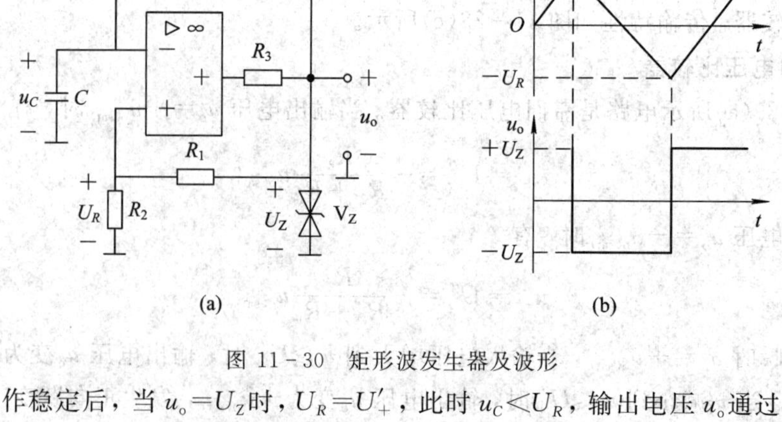

图 11－30　矩形波发生器及波形

电路工作稳定后，当 $u_o = U_Z$ 时，$U_R = U'_+$，此时 $u_C < U_R$，输出电压 u_o 通过 R_F 对电容 C 充电，u_C 按指数规律上升。当 u_C 增长到等于 U'_+ 时，u_o 即由 $+U_Z$ 变为 $-U_Z$，U_R 也变为负值，

即 $U_R=U''_+$。电容 C 开始通过 R_F 放电，而后反向充电。当充电使 u_C 等于 U''_+ 时，u_o 即由 $-U_Z$ 变为 $+U_Z$。如此周期性地变化，在输出端得到了矩形波电压，在电容两端产生三角波电压，如图 11-30(b)所示。

矩形波和三角波的周期为

$$T = 2R_F C \ln\left(1+2\frac{R_2}{R_1}\right)$$

可见，改变 R_F、C 或 R_1、R_2 的值，都可以改变输出波形的周期。

11.5　使用运算放大器应注意的问题

集成运算放大器应用广泛，用它可以组成许多实用电路。只有正确使用它，才能达到预期目的，否则会出现不可预知的问题，甚至损坏器件。使用时应注意解决好以下几个问题。

1. 选用元件

集成运算放大器按其技术指标可分为通用型、高速型、高阻型、低功耗型、大功率型、高精度型等；按其内部电路可分为双极型(由晶体管组成)和单极型(由场效应晶体管组成)；按每一集成片中运算放大器的数目可分为单运放、双运放和四运放。

通常是根据实际要求来选用运算放大器的。例如，送入放大器的信号微弱，则放大器的输入级应选用高输入电阻、高共模抑制比、高开环电压放大倍数、低失调电压及低温度漂移的运算放大器。选好后，根据管脚图和符号图连接外部电路，包括电源、外接偏置电阻、消振电路和调零电路等。

2. 消振

由于运算放大器内部晶体管的极间电容和其他寄生参数的影响，很容易产生自激振荡，破坏正常工作。为此，要消除自激振荡，通常采用外接消振电容或 RC 消振电路，以此破坏产生自激振荡的条件来达到消振的目的。目前，由于集成工艺水平的提高，运算放大器内部已有消振元件，而不需外部消振。

3. 调零

在理想情况下，当运算放大器的输入端不加信号(接地)时输出电压应为零，但实际运算放大器仍有输出信号。显然，这会对运算放大器的线性应用产生误差。因此，要保证零输入、零输出，就需要对运算放大器进行调零。

调零须在已消振的前提下进行，并应将电路接成闭环。一种方法是在无输入信号时调零，即将两个输入端接地，调节调零电位器，使输出电压为零；另一种方法是在有输入信号时调零，即先按已知输入信号值计算输出电压值，然后将实际的输出电压值调到理论计算值。

无论哪种调零，要保证正、负电源对称且按运放要求的电源值供电，还应使调零时的温度在运放实际工作范围之内，否则在温度变化范围过大时将会重新出现失调现象，还需重新调节。

4. 保护措施

为了在使用时不损坏运算放大器，应采取保护措施。这些措施主要有电源故障保护、输入端保护和输出端保护。

1）电源保护

电源的常见故障是电源极性接反和电压跳变。防止电源接反可采用二极管来保护，如图 11－31(a)所示。电源跳变大多发生在电源接通或断开的瞬间，性能较差的电源其跳变电压可能比正常值高很多。为了防止电压跳变现象的发生，可以加稳压和滤波电路，如图 11－31(b)所示。

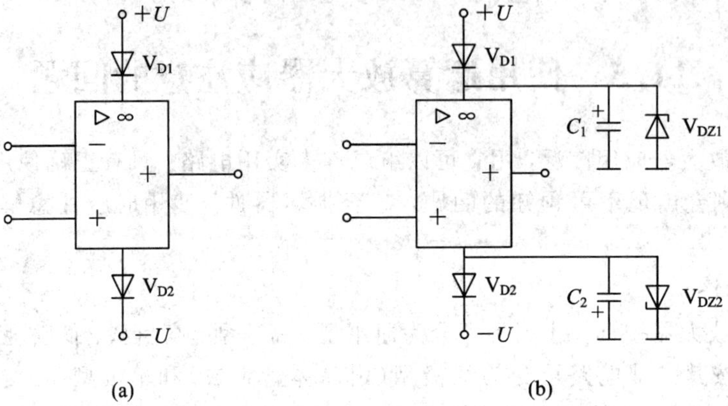

图 11－31 电源保护

2）输入端保护

当输入端所加的差模或共模电压过高时会损坏输入级的晶体管。为此，在两个输入端之间可以接入反向并联的二极管，将输入电压限制在二极管的正向压降以下，如图 11－32 所示。

3）输出端保护

为防止输出电压过高，可利用稳压管来作保护，如图 11－33 所示。将两个稳压管反向串联，输出电压将被限制在 $U_Z+U_{V_D}$ 的范围内。

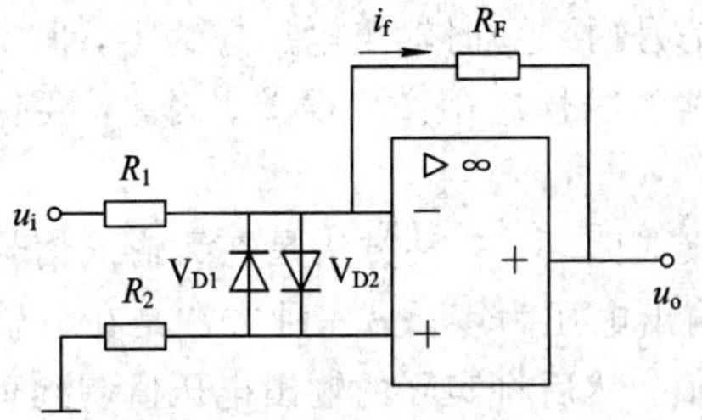

图 11－32 输入端保护

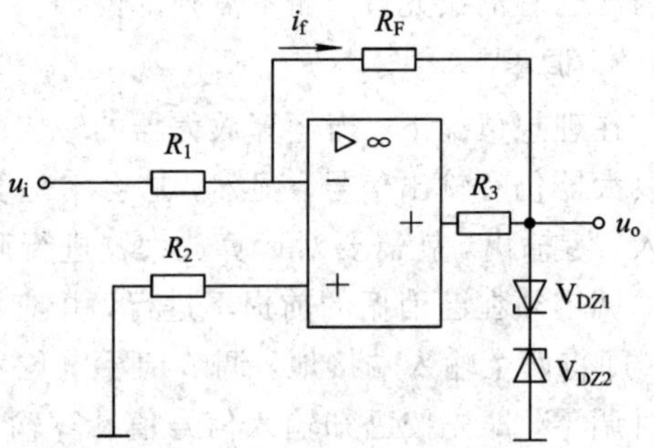

图 11－33 输出端保护

5. 扩大输出电流

运算放大器的输出电流一般不大，如果负载需要的电流较大，则可在输出端加接一级互补对称电路，如图 11－34 所示。

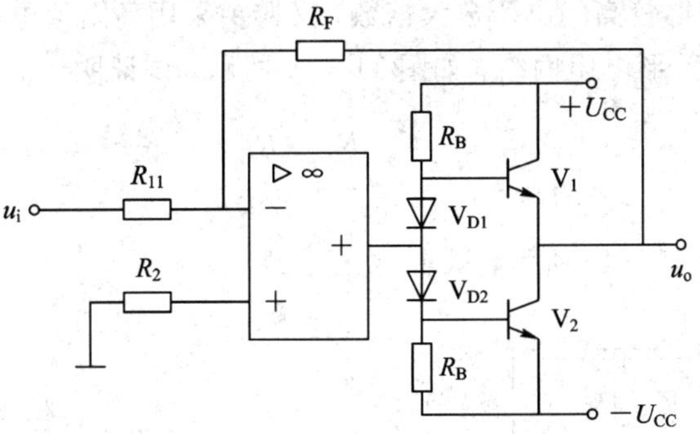

图 11-34　扩大输出电流

习　题　11

11-1　在图 11-35 所示电路中，已知 $R_F=3\ k\Omega$。若要求输出 $u_o=-3u_{i1}-0.5u_{i2}$，试求 R_{11} 和 R_{12}。

11-2　在图 11-36 所示电路中，已知 $R_1=5\ k\Omega$，$R_F=10\ k\Omega$，$R_2=5\ k\Omega$，$R_3=10\ k\Omega$，$u_i=1.5\ V$，求 u_o。

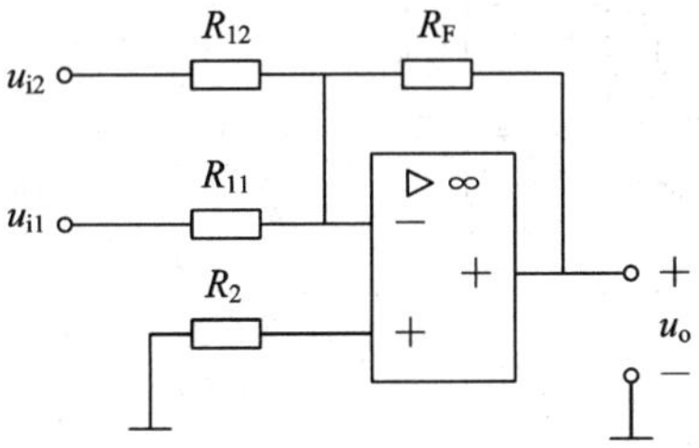

图 11-35　习题 11-1 图

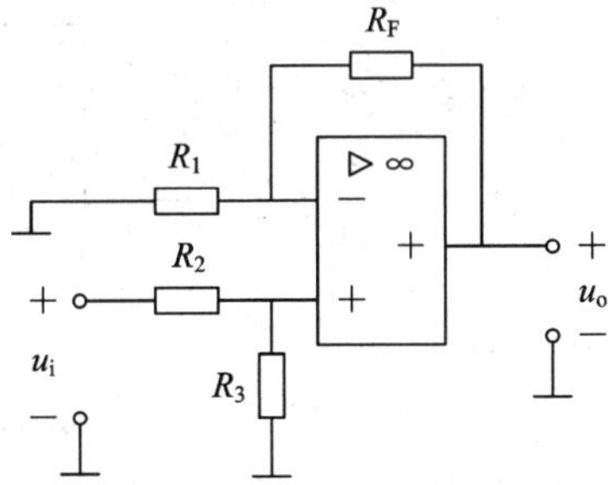

图 11-36　习题 11-2 图

11-3　在图 11-37 所示电路中，已知 $R_1=R_2=2\ k\Omega$，$R_3=R_4=R_F=1\ k\Omega$，$u_{i1}=1\ V$，$u_{i2}=2\ V$，$u_{i3}=3\ V$，$u_{i4}=4\ V$，求 u_o。

11-4　在图 11-38 所示电路中，已知 $R_F=3R_1$，$u_i=2.5\ V$，求 u_o。

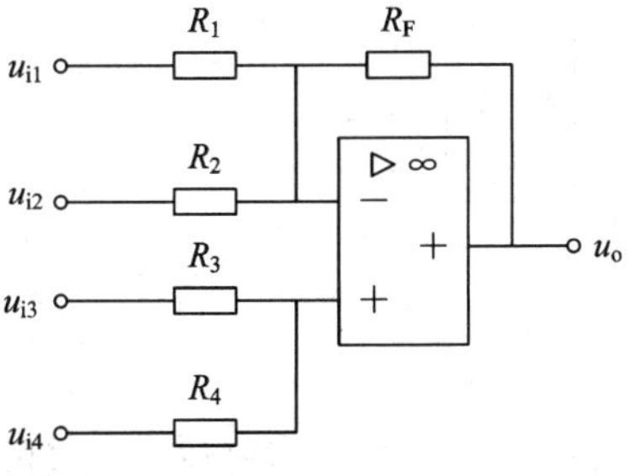

图 11-37　习题 11-3 图

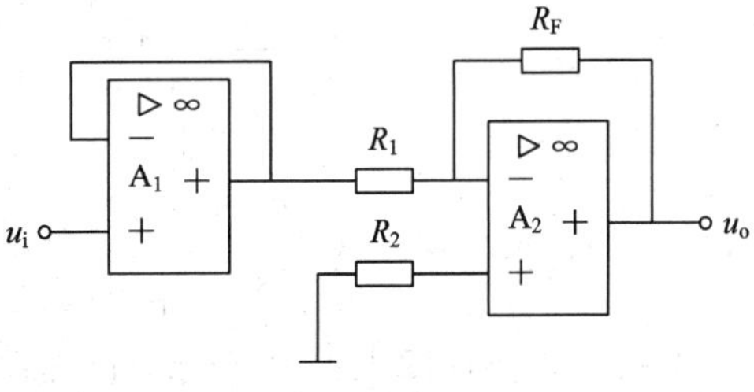

图 11-38　习题 11-4 图

11-5　为了既获得较高的电压放大倍数，又避免采用高阻值电阻，反相比例放大电路中的反馈回路常采用T形电阻网络，如图11-39所示。试证明：

$$A_{uf}=\frac{u_o}{u_i}=-\frac{R_3+R_4+\frac{R_3R_4}{R_5}}{R_1}$$

11-6　电路如图11-40所示，试求 A_{uf}。

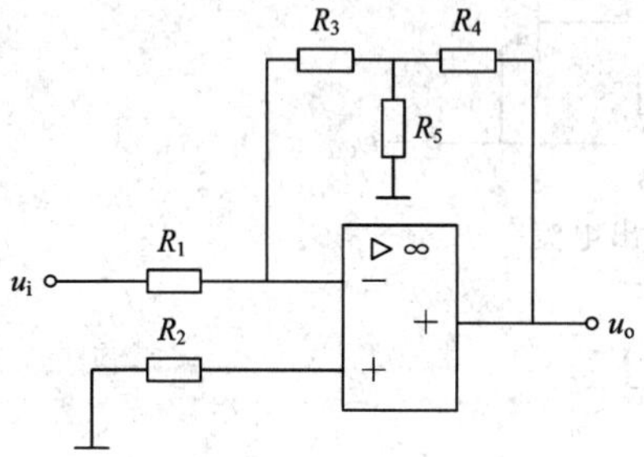

图11-39　习题11-5图

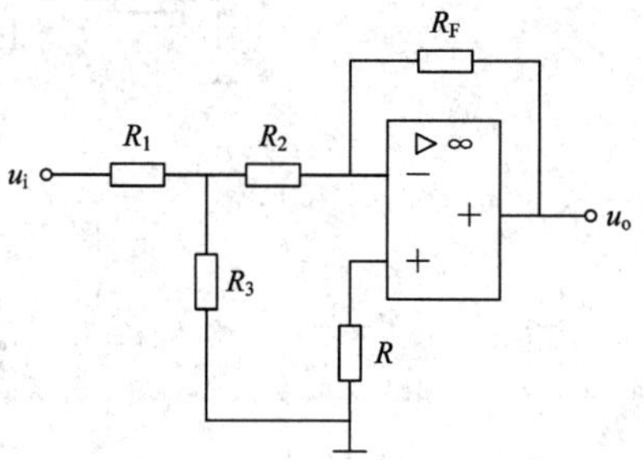

图11-40　习题11-6图

11-7　电路如图11-41所示，求 u_o 的表达式。

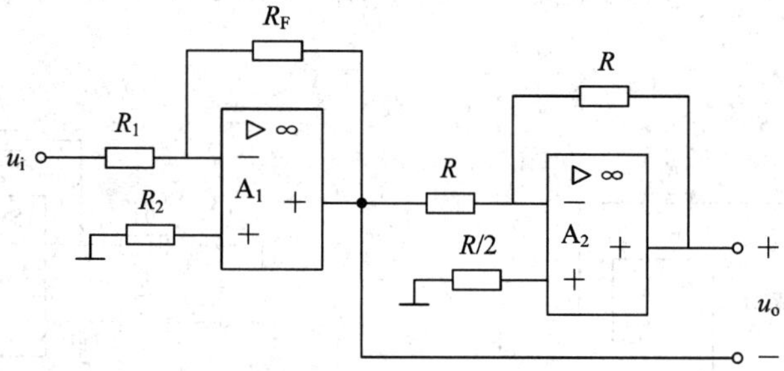

图11-41　习题11-7图

11-8　图11-42所示电路中，$R_1=10\ \text{k}\Omega$，$R_2=10\ \text{k}\Omega$，$R_3=20\ \text{k}\Omega$，$R_4=20\ \text{k}\Omega$，$R_F=20\ \text{k}\Omega$，$C_F=1\ \mu\text{F}$，$u_{i1}=1.1\ \text{V}$，$u_{i2}=1\ \text{V}$，运放 $U_{opp}=\pm 13\ \text{V}$。试求：电路接入电压后，u_o 由0上升到10 V所需的时间。

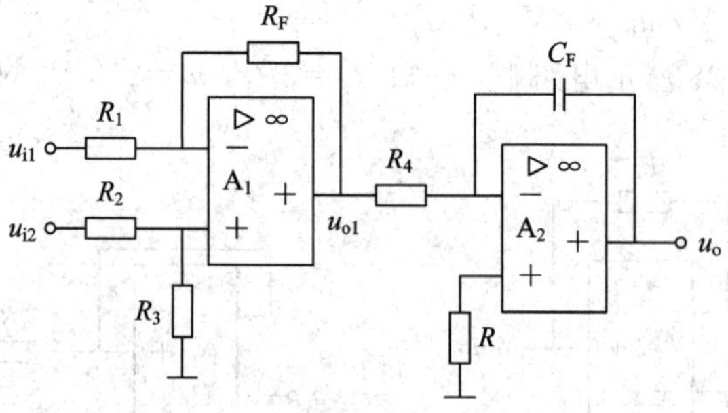

图11-42　习题11-8图

11-9　电路如图11-43所示，已知在 $t=0$ 时，加入 $u_i=1$ V的电压，此时电容电压 $u_C(0)=0$，输出电压 $u_o=-U_{o(sat)}=-12$ V。试求：从 $t=0$ 开始，输出电压 u_o 由 $-U_{o(sat)}$ 跃变到 $+U_{o(sat)}=12$ V需要多长时间？

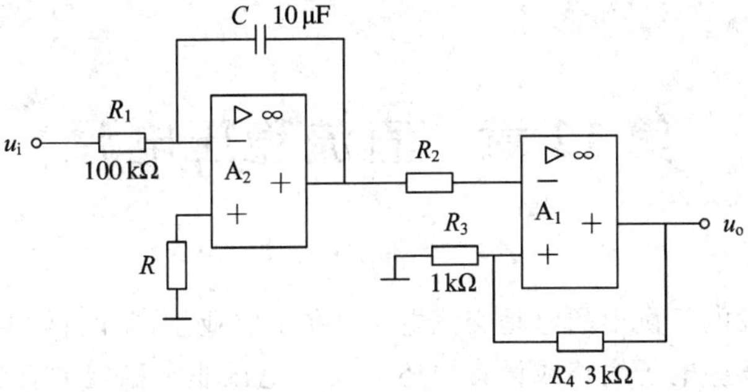

图 11－43　习题 11－9 图

11－10　图 11－44 所示电路由理想集成运放构成，已知运算放大器的 $U_{o(sat)}=\pm 12$ V，$R_1=1$ kΩ，$R_2=2$ kΩ。当输入为正弦波电压 $u_i=100\sin 100\pi t$ 时，试画出输入电压和输出电压的传输特性及输出电压 u_o 的波形。

11－11　图 11－45(a)所示电路由理想集成运放构成，已知运放的 $U_{o(sat)}=\pm 12$ V，$R_1=1$ kΩ，$C=1$ μF。输入信号 u_i 为图 11－45(b)所示波形，并已知 $u_C(0)=0$，试画出 u_o 的波形。

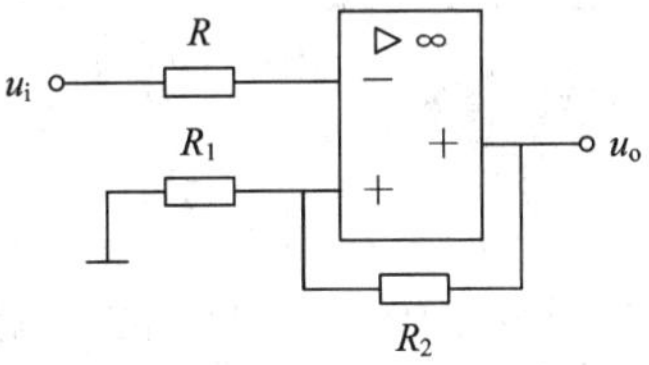

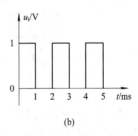

图 11－44　习题 11－10 图

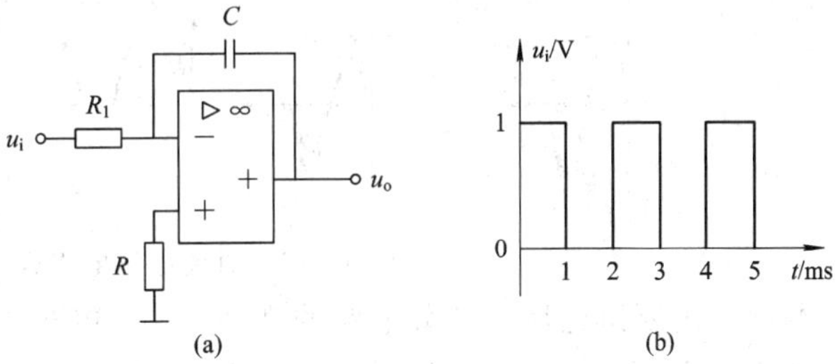

图 11－45　习题 11－11 图

11－12　电路如图 11－46 所示，$R_1=R_2=R_3=R_F$。试证明 $i_L=\dfrac{u_i}{R_L}$。

11－13　图 11－47 所示电路中，A_1、A_2、A_3 均为理想运放，试计算 u_{o1}、u_{o2} 和 u_o 的值。

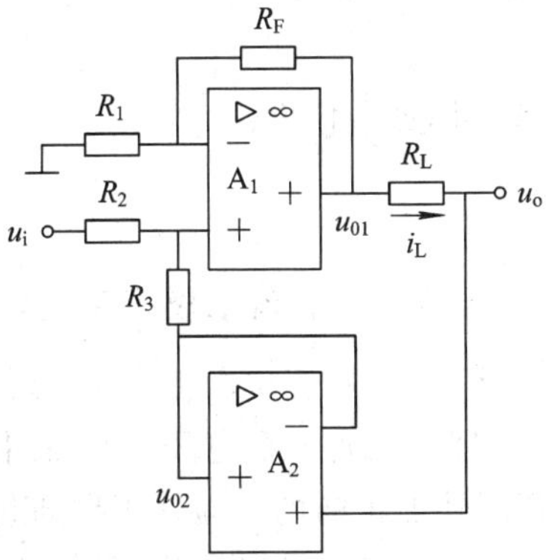

图 11－46　习题 11－12 图

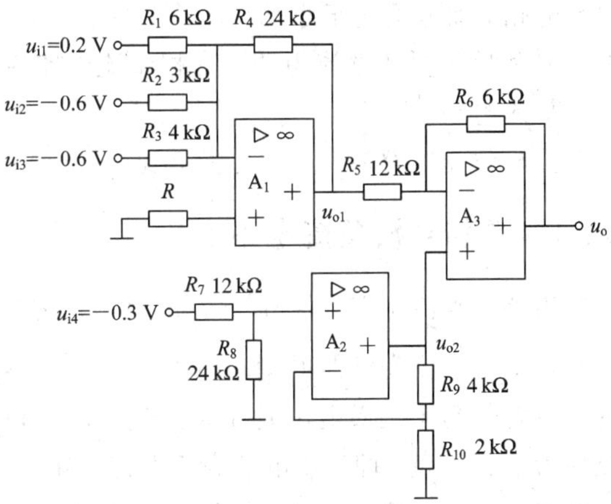

图 11－47　习题 11－13 图

第 12 章　直流稳压电源

大家知道，从发电厂供出的电是交流电。但在工农业生产和科学实验过程中都需要直流电源来供电，在某些电子线路或设备中还需要用电压非常稳定的直流电源。为此，除了直流发电机之外，目前广泛应用既经济又简便的各种半导体直流电源。

直流稳压电源是利用半导体技术将交流电变成直流电的电子电路，其基本组成如图 12－1 所示。其中，电源变压器是用于改变交流电压的大小以满足整流电路的要求；整流电路将交流电变成脉动的直流电压；滤波器(滤波电路)用于减小整流输出电压的脉动程度，使直流电压变得平滑；稳压电路使输出电压更稳定。

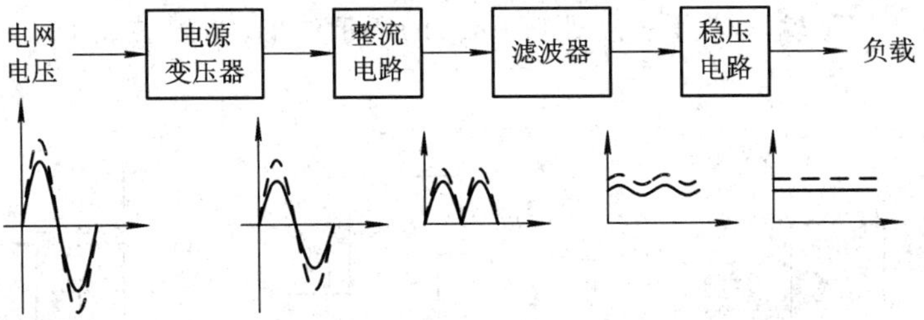

图 12－1　直流电源的组成方框图

本章在主要讨论后三部分电路的基础上，简单介绍现代电子线路中广泛使用的三端集成稳压器、基准电压源、开关型稳压电源的电路结构和工作原理。

12.1　单相整流电路

利用二极管的单向导电性可以组成多种形式的整流电路。一般分为单相整流电路和三相整流电路，前者适用于小功率场合，后者适用于大功率场合。单相整流电路有单相半波、单相全波和单相桥式整流电路；三相整流电路有三相半波和三相桥式整流电路。本书只介绍单相整流电路。

在分析整流电路时，为了方便起见，仅以电阻性负载为例进行讨论。

12.1.1　单相半波整流电路

单相半波整流电路如图 12－2(a)所示，它是由整流变压器 T_r、整流二极管 V_D 及负载 R_L 组成的。设整流变压器的副边电压 $u_2=\sqrt{2}U_2\sin\omega t$。二极管 V_D 具有单向导电性，只有当它的阳极电位高于阴极电位时才会导通，这里设二极管为理想元件。在电压 u 的正半周，其极性为上正下负，即 a 点电位高于 b 点的电位，二极管因外加正向电压而处于导通状态。这时电流从 a 点流出，经过二极管和负载电阻流入 b 点，负载上的电压为 u_o，通过的电流为 i_o。在电压 u 的负半周，其极性为上负下正，即 b 点电位高于 a 点的电位，二极管因承受反向电压而处于截止状态。这时负载电阻上的电压 u_0 为零，电流 i_0 也为零，因此在负载上得到的是半波整流电压 u_0。

由以上的分析可知，由于二极管的单向导电性，使负载电阻的电压 u_o 和电流 i_o 都具有单向脉动性，其波形图如图 12-2(b)所示。

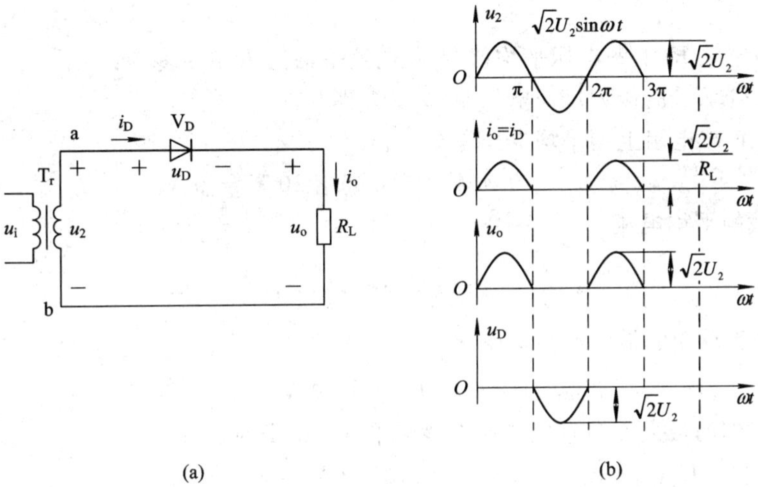

图 12-2　单相半波整流电路

在负载上得到的大小变化的单向脉动电压 u_o，常用一个周期的平均值来说明其大小。单相半波整流电压的平均值为

$$U_o = \frac{1}{2\pi}\int_0^{2\pi} u_o \mathrm{d}(\omega t) = \frac{1}{2\pi}\int_0^{\pi}\sqrt{2}U_2\ \sin\omega t\ \mathrm{d}(\omega t) = \frac{\sqrt{2}}{\pi}U_2 = 0.45U_2 \tag{12-1}$$

式(12-1)的意义还可以这样理解：如果使半个正弦波与横轴所包围的面积等于一个矩形的面积，矩形的宽度为周期 T，则矩形的高度就是该半波的平均值，或者称为半波的直流分量。

整流电流的平均值为

$$I_o = \frac{U_o}{R_L} = 0.45\frac{U_2}{R_L} \tag{12-2}$$

在整流电路中，除根据负载所需要的直流电压和直流电流选择整流元件外，还要根据流过二极管电流的平均值和它所承受的最大反向电压来选择二极管的型号。在单相半波整流电路中，二极管的正向平均电流等于负载电流平均值，即

$$I_D = I_o = 0.45\frac{U_2}{R_L} \tag{12-3}$$

二极管承受的最大反向电压等于变压器副边交流电压 u 的最大值，即

$$U_{DRM} = U_{2m} = \sqrt{2}U_2 \tag{12-4}$$

一般情况下，允许电网电压有±10%的波动，因此在选用二极管时，对于最大整流平均电流 I_F 和最高反向工作电压 U_{RM} 应至少留有 10%的余地，以保证二极管安全工作。

$$I_F \geqslant 1.1I_D = 1.1\times 0.45\frac{U_2}{R_L} \tag{12-5}$$

$$U_{RM} \geqslant 1.1U_{DRM} = 1.1\times\sqrt{2}U_2 \tag{12-6}$$

单相半波整流电路简单易行，所用二极管数量少。但是由于它只利用了交流电压的半个周期，所以输出电压低、脉动大、效率低。因此，这种电路只适用于整流电流较小，对脉动要求不高的场合。

【例 12-1】 半波整流电路如图 12-2(a)所示。已知负载电阻 $R_L=750\ \Omega$，变压器副边电压 $U=20$ V。问：

(1) 负载电阻 R_L 上的电压平均值 U_o 和电流平均值 I_o 各为多少？

(2) 二极管承受的最大反向电压 U_{DRM} 是多少？

解 (1) 负载电阻上的平均电压

$$U_o = 0.45U_2 = 0.45 \times 20\ \text{V} = 9\ \text{V}$$

流过负载的平均电流

$$I_o = \frac{U_o}{R_L} = \frac{9}{750}\ \text{A} = 0.012\ \text{A} = 12\ \text{mA}$$

(2) 二极管承受的最大反向电压

$$U_{DRM} = \sqrt{2}U_2 = \sqrt{2} \times 20\ \text{V} = 28.2\ \text{V}$$

二极管工作的最大反向电压和最大整流平均电流分别为

$$U_{RM} = 1.1U_{DRM} = 1.1 \times 28.2\ \text{V} = 31.02\ \text{V}$$

$$I_F = 1.1I_D = 1.1I_o = 1.1 \times 12\ \text{mA} = 13.2\ \text{mA}$$

12.1.2 单相全波整流电路

单相全波整流电路如图 12-3(a)所示。它是由整流变压器 T_r、两个整流二极管 V_{D1} 和 V_{D2} 以及负载电阻 R_L 组成的。设整流变压器的副边电压 $u_{21}=u_{22}=\sqrt{2}U_2\ \sin\omega t$ 。

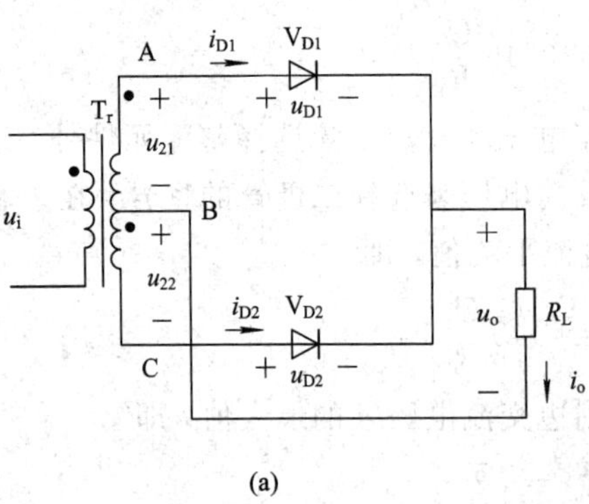

(a)

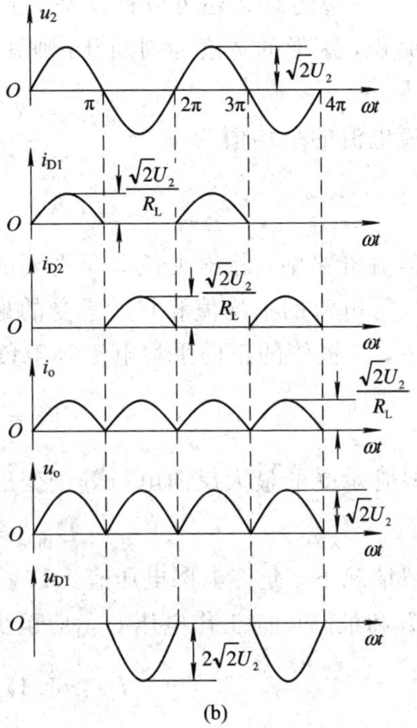

(b)

图 12-3 全波整流电路

在电压的正半周，对于 u_{21}，A 点为正，B 点为负，故 V_{D1} 导通；对于 u_{22}，B 点为正，C 点为负，故 V_{D2} 截止。所以电流从 A 点流出，经 V_{D1}、R_L 后流入 B 点，输出电压 $u_o=u_{21}$。

在电压的负半周，对于 u_{21}，A 点为负，B 点为正，故 V_{D1} 截止；对于 u_{22}，B 点为负，C 点为正，故 V_{D2} 导通。所以电流从 C 点流出，经 V_{D2}、R_L 后流入 B 点，输出电压 $u_o=-u_{22}$，此时 V_{D1} 上承受的反向电压为 $u_{21}+u_{22}$。部分波形如图 12-3(b)所示。

同理，根据输出电压 u_o 波形，单相全波整流输出电压的平均值为

$$\begin{aligned} U_o &= \frac{1}{\pi}\int_0^{\pi} u_o\, d(\omega t) = \frac{1}{\pi}\int_0^{\pi}\sqrt{2}U_2\,\sin(\omega t)d(\omega t) \\ &= \frac{2\sqrt{2}}{\pi}U_2 = 0.9U_2 \end{aligned} \tag{12-7}$$

整流电流的平均值

$$I_o = \frac{U_o}{R_L} = 0.9\,\frac{U_2}{R_L} \tag{12-8}$$

由于每个二极管只在半个周期内导通，因此，二极管的正向平均电流等于负载平均电流的一半，即

$$I_D = \frac{1}{2}I_o = 0.45\,\frac{U_2}{R_L} \tag{12-9}$$

二极管承受的最大反向电压是变压器副边电压最大值的 2 倍，即

$$U_{DRM} = 2\sqrt{2}U_2 \tag{12-10}$$

显然，当变压器副边电压 U_2 一定时，单相全波整流电路的输出电压平均值、输出电流平均值均是单相半波整流电路的 2 倍，且脉动减小。但是多用了一只二极管，而且二极管承受的最大反向电压也是单相半波整流电路的 2 倍。

12.1.3　单相桥式整流电路

单相桥式整流电路如图 12-4(a)所示。它是由 4 个二极管构成的桥式电路，其实质是由两个半波整流电路构成，图 12-4(b)、(c)是它的简易画法。

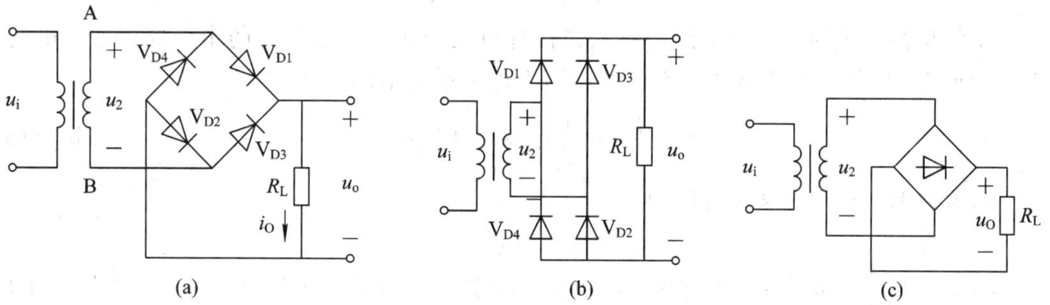

图 12-4　桥式整流电路

在电压 u_2 的正半周，即 $0\leqslant\omega t\leqslant\pi$ 时，A 点电位高于 B 点，二极管 V_{D1} 和 V_{D2} 导通，而 V_{D3} 和 V_{D4} 截止。电流从 A 点流出，经过 V_{D1}、R_L、V_{D2} 流入 B 点，如图 12-4(a)中箭头所示。此时负载电阻 R_L 上的电压等于变压器副边电压，即 $u_o=u_2$，V_{D3} 和 V_{D4} 承受的反向电压为 u_2。

在电压 u_2 的负半周，即 $\pi \leqslant \omega t \leqslant 2\pi$ 时，B 点电位高于 A 点，二极管 V_{D3} 和 V_{D4} 导通，而 V_{D1} 和 V_{D2} 截止。电流从 B 点流出，经过 V_{D3}、R_L、V_{D4} 流入 A 点。此时负载电阻 R_L 上的电压 $u_o = u_2$，V_{D1} 和 V_{D2} 承受的反向电压为 u_2。

可见，单相桥式整流电路中由于 V_{D1}、V_{D2} 和 V_{D3}、V_{D4} 两对二极管交替导通，在 u_2 的整个周期内使负载电阻 R_L 上始终有同一方向的电流流过。图 12-5 为单相桥式整流电路部分的电压、电流波形。

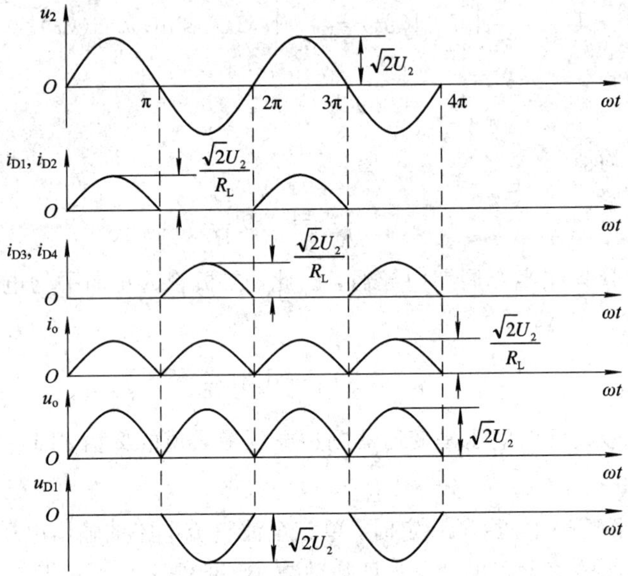

图 12-5 桥式整流电路波形图

根据图 12-5 中 u_o 的波形可知，输出电压、电流的平均值分别为

$$U_o = \frac{1}{\pi}\int_0^{\pi}\sqrt{2}U_2 \sin(\omega t)\mathrm{d}(\omega t) = \frac{2\sqrt{2}}{\pi}U_2 \approx 0.9U_2 \tag{12-11}$$

$$I_o = \frac{U_o}{R_L} \approx 0.9\frac{U_2}{R_L} \tag{12-12}$$

在单相桥式整流电路中，因为每只二极管只在变压器副边电压的半个周期通过电流，所以，每只二极管的平均电流只有负载电阻上电流平均值的一半，即

$$I_D = \frac{1}{2}I_o \approx 0.45\frac{U_2}{R_L} \tag{12-13}$$

二极管承受的最大反向电压为

$$U_{DRM} = \sqrt{2}U_2$$

在实际选用二极管时，考虑到 10% 的余量，则二极管的最大整流电流和最大反向工作电压为

$$\begin{aligned} I_F &\geqslant 1.1I_D \\ U_{RM} &\geqslant 1.1U_{DRM} \end{aligned} \tag{12-14}$$

单相桥式整流电路对整流二极管要求较低，但是具有输出电压高、变压器利用率高等优点，因此其应用相当广泛。它的主要缺点是所需的整流二极管数量较多，实际二极管的正向电阻不为零，因此造成整流电路内电阻较大，内部损耗增大。

【例 12-2】 已知负载电阻 $R_L=75\ \Omega$，负载电压 $U_o=120$ V，现采用单相桥式整流电路。试求变压器副边电压 U，并选择整流二极管。

解　根据式(12-12)，负载电流平均值为

$$I_o=\frac{U_o}{R_L}=\frac{120\ \text{V}}{75\ \Omega}=1.6\ \text{A}$$

流过每个二极管的平均电流为

$$I_D=\frac{1}{2}I_o=0.8\ \text{A}$$

根据式(12-11)，变压器副边电压为

$$U=\frac{U_o}{0.9}=\frac{120}{0.9}=133\ \text{V}$$

二极管的最大整流电流和最大反向工作电压为

$$I_F\geqslant 1.1I_D=1.1\times 0.8\ \text{A}=0.88\ \text{A}$$

$$U_{RM}\geqslant 1.1U_{DRM}=1.1\times\sqrt{2}U_2=1.1\times\sqrt{2}\times 133\ \text{V}=207\ \text{V}$$

因此，可查表选用 2CZ11C 整流二极管，其额定正向整流电流为 1 A，反向工作峰值电压为 300 V。

12.2　滤 波 电 路

整流电路虽然可以把交流电转换为直流电，但是所得到的输出电压是单相脉动电压，即含有较大的交流分量，不能适用于大多数电子电路及设备的需要。因此，一般整流电路中都要加接滤波电路将脉动的直流电压变为平滑的直流电压。下面介绍几种常用的滤波电路。

12.2.1　电容滤波电路

电容滤波电路是最常见也是最简单的滤波电路，图 12-6 是桥式整流电容滤波电路，即在负载电阻 R_L 两端并接一个容量较大的电容 C，利用电容的端电压在电路状态改变时不能跃变的原理进行滤波。

当变压器副边电压 u_2 处于正半周并且数值大于电容两端电压 u_c 时，二极管 V_{D1}、V_{D2} 导通，电容器充电，此时电容两端电压 u_c 与 u_2 相等，见图 12-7 中所示的 ab 段。当 u_2 上升到峰值点后开始下降，电容通过负载电阻 R_L 放电，其电压 u_c 与 u_2 按正弦规律也开始下降，见图 12-7 中的 bc 段。但是当下降到 c 点之后，$u_2<u_c$，从而导致 V_{D1}、V_{D2} 承受反向电压截止，此后电容器 C 继续通过负载电阻 R_L 放电，u_c 按指数规律缓慢下降，使负载中仍有电流，见图 12-7 中的 cd 段。

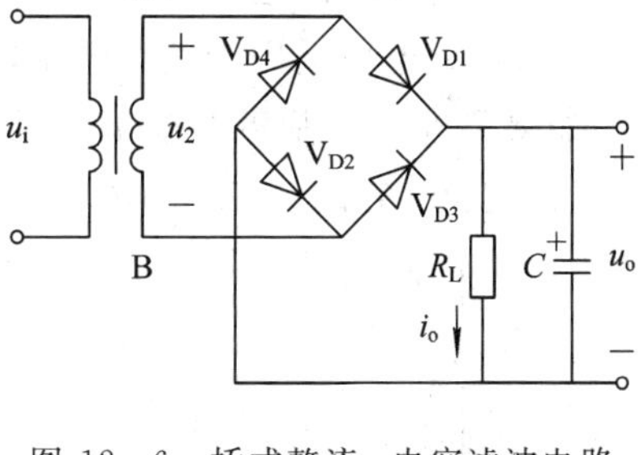

图 12-6　桥式整流、电容滤波电路

当 u_2 的负半周变化到恰好 $|u|>u_c$ 时，二极管 V_{D3}、V_{D4} 承受正向电压而处于导通状态，电容停止充电；之后 u_2 再次对电容充电，重复上述各段工作过程。

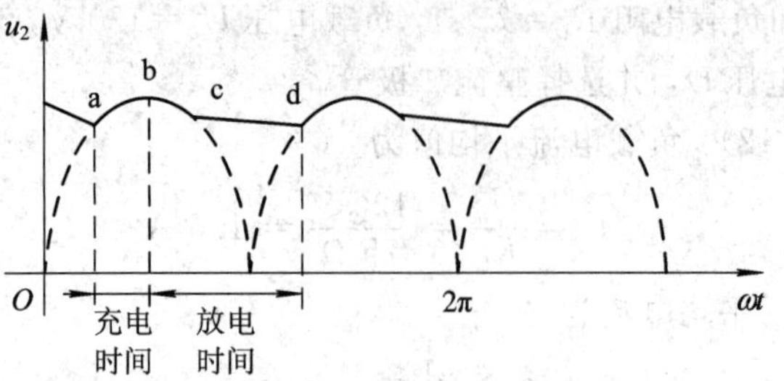

图 12-7　电容滤波输出电压波形

从图 12-7 所示的波形可以看出，经滤波后的输出电压为一个近似锯齿波的电压，不仅脉动小，而且平均值也得到了提高。

从以上分析可知，当电容充电时，回路电阻是变压器副边线圈电阻与两只二极管正向电阻之和即 R，理想情况下回路电阻为 0，即 $\tau_{充}=RC=0$，充电时间极短。当电容向电路放电时，回路电阻为 R_L，即 $\tau_{放}=R_LC$。可见，滤波效果取决于放电时间。电容值越大，负载电阻越大，滤波后输出电压越平滑，且平均电压越大。或者说，当滤波电容容量一定时，若负载电阻减小，则 $\tau_{放}=R_LC$ 减小，放电速度加快，输出电压脉动变大，且其平均电压下降。为了获得较好的滤波效果，在实际工作中经常根据下式选取滤波电容，即

$$\tau_{放}=R_LC\geqslant(3\sim5)\frac{T}{2} \tag{12-15}$$

式中，T 为电源电压的周期。一般情况下滤波电容容量从几十微法到几千微法，且采用电解电容，考虑到电源电压的波动范围(±10%)，电容的耐压值应大于 $1.1\sqrt{2}U_2$，U_2 为整流变压器副边电压有效值。

在单相全波整流或桥式整流电容滤波电路中，若满足式(12-12)，则输出电压平均值为

$$U_o\approx1.2U_2 \tag{12-16}$$

在电路空载，即 $R_L=\infty$ 时，电容存储的电荷没有放电回路，因此输出电压平均值 U_o 将等于变压器副边电压的峰值，即 $U_o=\sqrt{2}U_2=1.4U_2$。这种负载直流电压随负载电流增加而减小的变化关系称为输出特性曲线或外特性曲线，如图 12-8 所示。

总之，电容滤波电路简单，负载直流电压 U_o 较高，脉动也较小；它的缺点是输出特性较差。所以该电路适用于负载电压较高，且负载变动不大的场合。

如果要进一步提高滤波效果，可在整流电路和负载之间接入如图 12-9 所示的 π 型 RC 滤波电路。它的缺点是：由于 R 的存在，当负载电流增大时，输出电压下降较多。

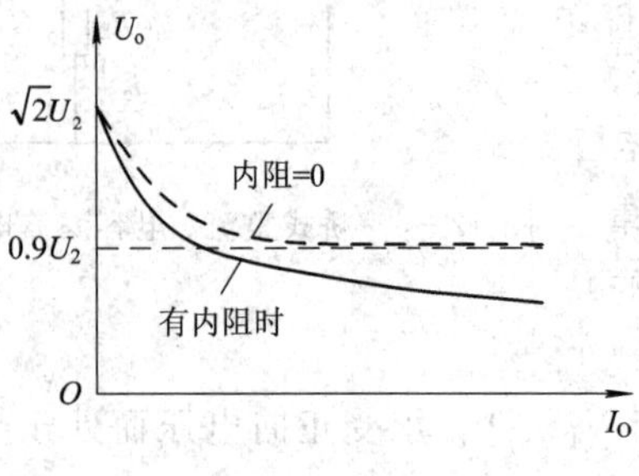

图 12-8　电容滤波电路的外特性

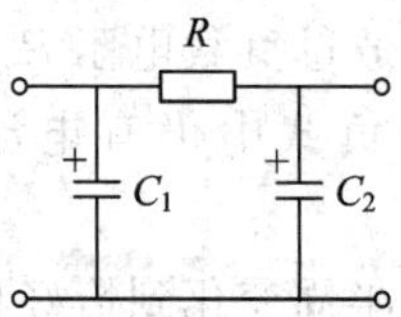

图 12-9　π 型 RC 滤波电路

12.2.2　电感滤波电路

在桥式整流电路和负载电阻 R_L 之间可接入一个电感 L，如图 12－10(a)所示。利用电感的储能作用可以减小输出电压的脉动，从而得到比较平滑的直流电压。当忽略电感的电阻时，负载上输出的平均电压与纯电阻不带电感 L 滤波负载情况相同，$U_O = 0.9U$。

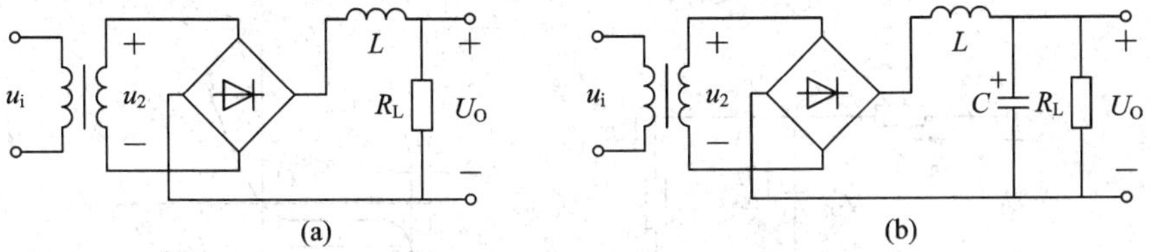

图 12－10　L、LC 滤波电路

电感滤波的优点是，由于电感 L 的反电动势使整流管的导通角增大，峰值电流很小，输出特性比较平坦。其缺点是，由于电感铁心的存在，笨重、体积大，易引起电磁干扰。电感滤波一般只适用于低电压、大电流的场合。

此外，为了进一步减小负载电压中的脉动，电感后可接一电容而构成倒 L 型滤波电路(如图 12－10(b)所示)或 π 型 LC 滤波电路(如图 12－11 所示)。

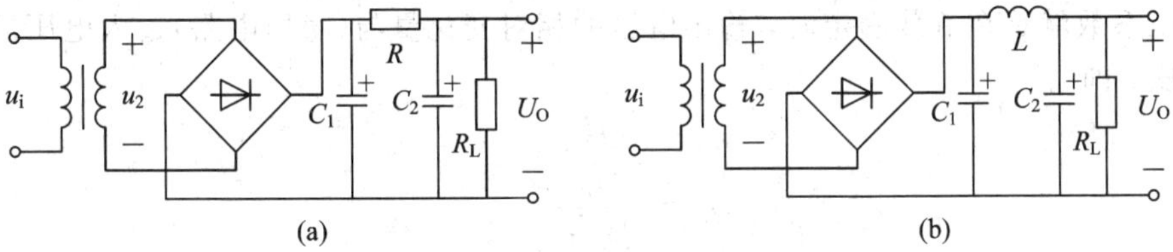

图 12－11　π 型滤波电路

12.3　稳 压 电 路

如前所述，经过整流和滤波后的直流电压，虽然脉动已较小，但是它的幅值还不稳定，还会受外界因素的影响。例如，电网电压的波动，负载的改变等，都可能造成直流电源输出的变化。为此就要采用稳压措施，使直流电源输出电压保持稳定。

12.3.1　并联硅稳压管稳压原理

如图 12－12(a)所示并联硅稳压管稳压电路，输入电压 U_I 保持不变，当负载电阻 R_L 减小，I_L 增大时，由于电流在电阻 R 上的压降升高，输出电压 U_O 将下降。由于稳压管并联在输出端，由伏安特性可看出，当稳压管两端的电压略有下降时，电流 I_Z 将急剧减小，而 $I_R = I_L + I_Z$，所以 I_R 基本维持不变，R 上的压降也就维持不变，从而保证输出电压 U_O 基本不变，即

$$R_L\downarrow \rightarrow I_L\uparrow \rightarrow I_R\uparrow \rightarrow U_O\downarrow \rightarrow I_Z\downarrow \rightarrow I_R\downarrow = I_L + I_Z$$

$$\rightarrow U_O\uparrow$$

负载电阻 R_L不变，当电网电压升高时，将使 U_1增加，随之输出电压 U_O也增大，由稳压管伏安特性(如图 12-12(b)所示)可见，I_Z 将急剧增加，则电阻 R 上的压降增大，$U_O=U_1-U_R$，从而使输出电压基本保持不变，即

$$U_I\uparrow \to U_O\uparrow \to I_Z\uparrow \to I_R\uparrow \to U_R\uparrow \to U_O\downarrow$$

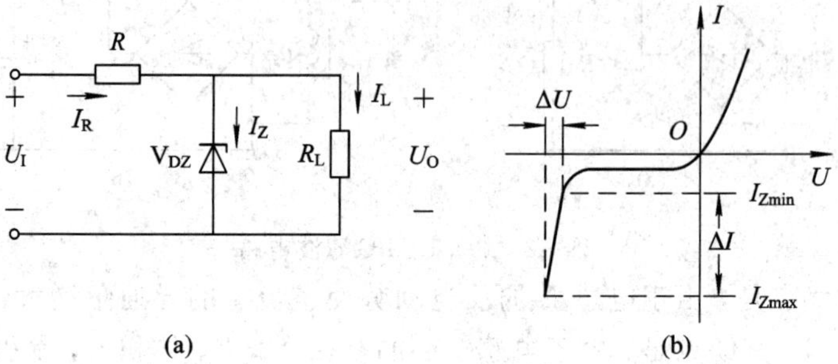

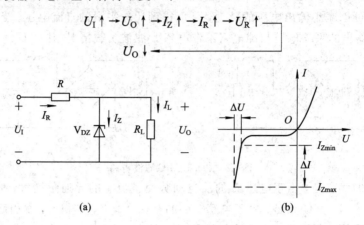

图 12-12　并联稳压管稳压电路

12.3.2　稳压系数 S_r

稳压系数就是在负载固定时，输出电压的相对变化量与(稳压电路)输入电压的相对变化量之比，即

$$S_r=\left.\frac{\dfrac{\Delta U_O}{U_O}}{\dfrac{\Delta U_I}{U_I}}\right|_{R_L=常数} \tag{12-17}$$

式中，U_I是整流滤波后的直流电压；S_r是反映电网电压波动影响的指标。

12.3.3　稳压电路的输出电阻 R_O

同基本放大电路一样，可以用输出电阻 R_O来表示稳压电路受负载变化的影响，其定义为

$$R_O=\left.\frac{\Delta U_O}{\Delta I_O}\right|_{U_I=常数} \tag{12-18}$$

除以上两个主要指标外，还有一些其他指标，如反映输出电压脉动的最大脉动电压、反映输出受温度影响的温度系数等。

并联硅稳压电路是最简单的稳压电路。从稳压管的伏安特性可知，在电路中正确选择限流电阻 R，使稳压管始终工作在其稳压区内，即 $I_{Zmin}\leqslant I_Z\leqslant I_{Zmax}$，如图 12-12(b)所示，则 U_O基本上是稳定的，约为 U_Z。

当负载电阻 R_L不变，而输入电压 U_I变化，且只考虑它的变化量时，稳压电路的微变等效电路如图 12-13 所示，其中 r_Z是稳压管的动态电阻，可以由手册查得，也可以从伏安特性中求得，即

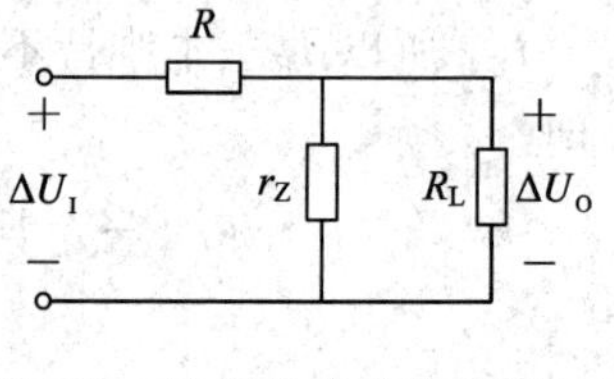

图 12-13　稳压电路的交流等效电路

$$r_Z = \frac{\Delta U_Z}{\Delta I_Z} \tag{12-19}$$

由微变等效电路可得

$$\Delta U_O = \frac{r_Z \mathbin{/\!/} R_L}{R + (r_Z \mathbin{/\!/} R)} \cdot \Delta U_I$$

一般情况下 $R_L \gg r_Z$，因此

$$\Delta U_O \approx \frac{r_Z}{R + r_Z} \cdot \Delta U_I$$

$$S_r = \left. \frac{\dfrac{\Delta U_O}{U_O}}{\dfrac{\Delta U_I}{U_I}} = \frac{\Delta U_O}{\Delta U_I} \cdot \frac{U_I}{U_O} = \frac{r_Z}{R + r_Z} \right|_{R_L = 常数}$$

可见，r_Z越小，R_L越大，ΔU_O变化越小，S_r越小，稳压效果越好。

显然，当输入电压 U_I不变，负载电阻 R_L改变时，从图 12－13 负载端向左看去的稳压电路的输出电阻 R_O在 $R_L \gg r_Z$时为

$$R_O = R \mathbin{/\!/} r_Z \approx r_Z \tag{12-20}$$

可见，r_Z越小，带负载能力越强，稳压效果越好。当 $r_Z = 0$ 时，此时电路变成理想电压源。

硅稳压管稳压电路的稳压原因是当稳压管工作电流在 $I_{Zmin} \leqslant I_Z \leqslant I_{Zmax}$时，其输入电压和负载电流变化很大，而稳压管两端的电压 $U_Z(U_O)$基本稳定，所以限流电阻 R 的选择必须保证稳压管工作电流满足条件。其中 I_{Zmax}是由稳压管允许的功率损耗决定的，当 I_Z越过 I_{Zmax}时，将可能损坏稳压管；当 I_Z小于 I_{Zmin}时，稳压管将失去稳压作用。因此，根据以上要求限流电阻 R 应满足下列条件：

$$\frac{U_{Imax} - U_Z}{R} - I_{Omin} < I_{Zmax}$$

整理可得

$$R > \frac{U_{Imax} - U_Z}{I_{Zmax} + I_{Omin}} \tag{12-21}$$

式(12－21)中 U_{Imax}是电网电压为最大值时的整流滤波输入电压值；I_{Omin}是负载电流的最小值。同理，当电网电压出现最小值 U_{Imin}和负载电流出现最大值 I_{Omax}时，有

$$\frac{U_{Imin} - U_Z}{R} - I_{Omax} > I_{Zmin}$$

整理得

$$R < \frac{U_{Imin} - U_Z}{I_{Zmin} + I_{Omax}} \tag{12-22}$$

可见，R 应同时满足式(12－21)和式(12－22)，否则说明电网电压和负载电流变化已超出稳压管电流 I_Z的允许范围，需要重新限制变化范围或选用更大容量的稳压管。

选择稳压管时，一般取

$$\left.\begin{aligned} U_Z &= U_O \\ I_{Zm} &= (1.5 \sim 3) I_{Om} \\ U_I &= (2 \sim 3) U_O \end{aligned}\right\} \tag{12-23}$$

12.4 串联型线性直流稳压电源

稳压管稳压电路的稳压效果不够理想，稳压输出不能随意调节，而且输出电流不大，它仅适用于负载电流较小的场合。所以，使用更多的直流稳压电源是串联型晶体管稳压电路，其原理方框图如图 12-14 所示。

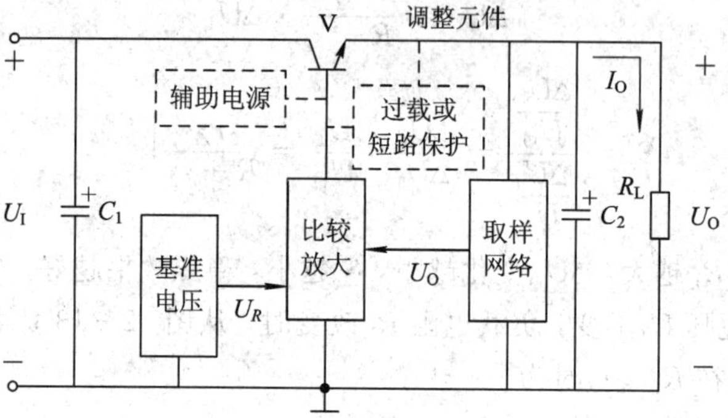

图 12-14 串联型稳压电路原理方框图

几种典型的串联型稳压电路如图 12-15 所示。现以图 12-15(a)为例说明稳压电路的组成。该电路由采样电路、基准电压、比较放大电路和调整电路四大部分组成。

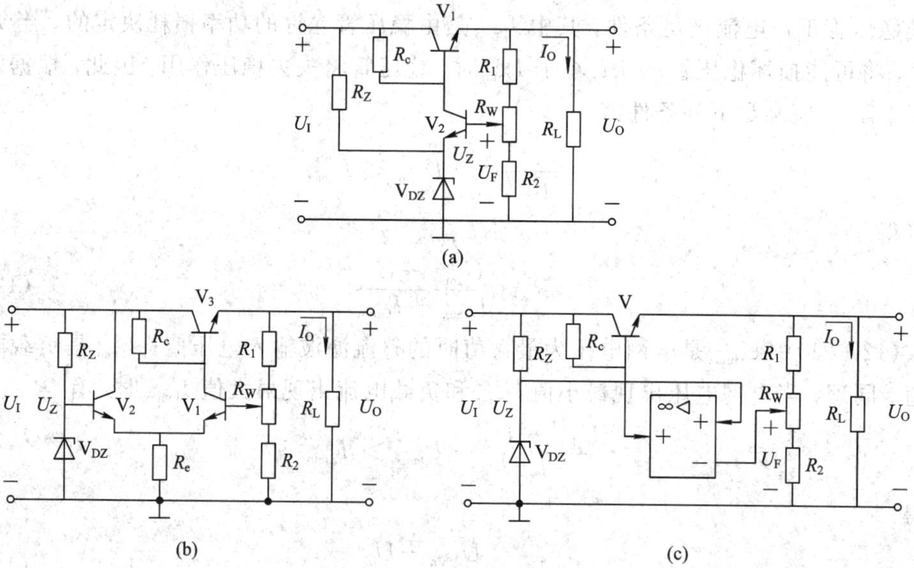

图 12-15 几种串联型稳压电路

(1) 采样电路：是由 R_1、R_2、R_W组成的电阻分压器，它是将输出电压 U_O的一部分 U_F(采样电压)取出并送到放大环节。电位器 R_W是用于调节电压 U_F的。

(2) 基准电压：由稳压管 D_Z和电阻 R_2组成。稳压管的稳压电压 U_Z是一个稳定性较高的直流电压，作为调整、比较的基准电压。R_2是稳压管的限流电阻。

(3) 比较放大电路：是一个由晶体管 V_2构成的直流放大电路，V_2的基—射极电压 U_{BE2}是采样电压与基准电压之差，即 $U_{BE2}=U_F-U_Z$。U_{BE2}经放大后去控制调整管 V_1。R_c为 V_2

的负载电阻，同时也是调整管 V_1 的偏置电阻。

(4) 调整电路：一般由工作于线性区的功率管 V_1 组成，其基极电流受到比较放大电路输出信号的控制。只要控制基极电流 I_{B1}，就可以改变集电极电流 I_{C1} 和集—射极电压 U_{CE1}，从而调节输出电压 U_O。

图 12－15(a)所示电路的稳压过程为：当输出电压 U_O 升高时，采样电压 U_F 增大，V_2 的基—射极电压 U_{BE2} 增大，基极电流 I_{B2} 增大，集电极电流 I_{C2} 上升，使得集—射极电压 U_{CE2} 下降。因此，V_1 的基—射极电压 U_{BE1} 减小，I_{C1} 减小，U_{CE1} 将增大使输出电压下降，U_O 保持稳定。当某种原因引起 U_O 下降时，其自动调节过程相反。

由分析可见，图 12－15 中引入的是串联电压负反馈电路，因为调整管 V_1 与负载串联，故称为串联型稳压电路。

根据电路分析可知输出电压的范围为

$$\frac{R_1+R_W+R_2}{R_2}(U_Z+U_{BE}) \geqslant U_O \geqslant \frac{R_1+R_W+R_2}{R_W+R_2}(U_Z+U_{BE}) \tag{12-24}$$

利用运算放大器实现的串联型稳压电路如图 12－15(c)所示。

【例 12－3】 图 12－15(a)所示的串联型稳压电路中，稳压管 D_Z 的稳定电压 $U_Z=5.3$ V，晶体管 $U_{BE}=0.7$ V，电阻 $R_1=300\ \Omega$，$R_2=500\ \Omega$，$R_W=400\ \Omega$，三极管 V 饱和时，$U_{CES}=3$ V。试求：(1) 输出电压 U_O 的可调范围；(2) 滤波电容 C_1 足够大时，变压器副边电压 U 是多少？

解　(1) 根据式(12－24)可求得

$$U_{Omax}=\frac{R_1+R_W+R_2}{R_2}(U_Z+U_{BE})=\frac{300+400+500}{500}\times(5.3+0.7)=14.4\ \text{V}$$

$$U_{Omin}=\frac{R_1+R_W+R_2}{R_W+R_2}(U_Z+U_{BE})=\frac{300+400+500}{400+500}(5.3+0.7)=8\ \text{V}$$

(2) 因为三极管 V_1 的饱和压降 $U_{CES1}=3$ V，则稳压电路的输入电压 U_I 至少为

$$U_I=U_{Omax}+U_{CES1}=(14.4+3)\text{V}=17.4\ \text{V}$$

又因为 C_1 足够大，$U_I=1.2U$，故

$$U=\frac{U_I}{1.2}=\frac{17.4}{1.2}=14.5\ \text{V}$$

【例 12－4】 在图 12－15(c)中，V_{DZ} 稳压电压 $U_{DZ}=U_R=7$ V，采样电阻 $R_A=1\ \text{k}\Omega$，$R_B=680\ \Omega$，$R_W=200\ \Omega$，试估算输出电压的调节范围。

解　根据式(12－24)可求得

$$U_{Omax}=\frac{R_A+R_B+R_W}{R_B}U_Z=\frac{1+0.2+0.68}{0.68}\times 7=19.35\ \text{V}$$

$$U_{Omin}=\frac{R_A+R_B+R_W}{R_B+R_W}U_Z=\frac{1+0.2+0.68}{0.2+0.68}\times 7=14.95\ \text{V}$$

12.5　集成稳压电源

目前，电子设备中常用输出电压固定的集成稳压电路，这种电路一般有三端和多端引出脚两种外部结构形式。本节仅介绍有输入、输出和公共接地端的三端集成稳压电源的构

成和使用方法。

12.5.1 三端集成稳压电源的组成

图 12－16 是三端集成稳压电源的组成方框图。它是由典型的串联稳压电路再外加保护电路、起动电路构成的,因此两者的工作原理是一样的。

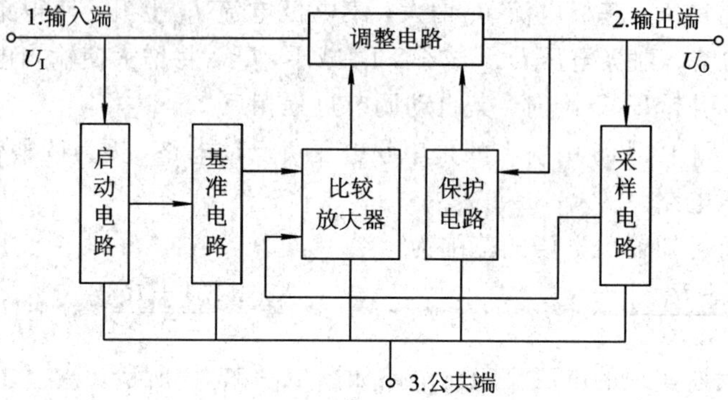

图 12－16 三端集成稳压电源的组成方框图

在集成稳压电源中,常采用许多恒流源,当输入电压 U_I 接通后,由于这些恒流源均难以自行接通,所以稳压电路无法正常工作,因此必须用起动电路给恒流源三极管提供足够的基极电流。当起动完毕并进入正常工作状态时,起动电路和稳压电路的联系自行切断,避免了它对稳压性能的影响。

在集成稳压电源中,设有保护电路。常用的保护电路有过压保护、过流保护和过热保护。因为在串联型稳压电路中,调整管与负载串联,当输出电流过大或输出短路时,调整管因电压过高或电流过大,使管耗过大而损坏。当然,当芯片因电流过大或环境温度过高时,也会使稳压电源因过热而损坏。

三端集成稳压电源有 CW78××(正电压输出)和 CW79××(负电压输出)两个系列。它们的输出电压有±5 V、±6 V、±9 V、±12 V、±18 V、±24 V 等。规定型号的后两位数字代表其输出电压值,输出电流在保证良好散热条件下均为 1.5 A。如型号为 CW7809,表示该稳压电源能输出 1.5 A 的额定电流和 9 V 的稳定电压;型号为 CW7909,表示该稳压电源能输出 1.5 A 的额定电流和－9 V 的稳定电压。

图 12－17 是三端集成稳压电源的电路符号。

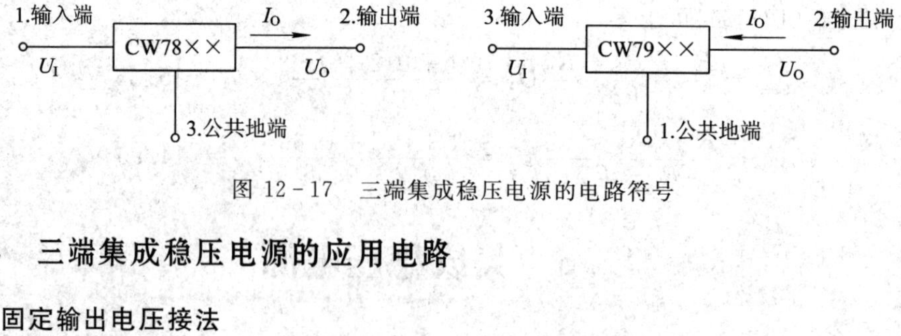

图 12－17 三端集成稳压电源的电路符号

12.5.2 三端集成稳压电源的应用电路

1. 固定输出电压接法

图 12－18 为 CW78××和 CW79××系列稳压电源固定输出电压的接法。C_I 和 C_O 分

别用以减小输入、输出电压脉动和改善负载瞬态响应。整流滤波后的电压必须小于器件允许的最大输入电压。正常工作时，应保证 $U_I - U_O = 2 \sim 3$ V(即输入比输出高 2～3 V)。

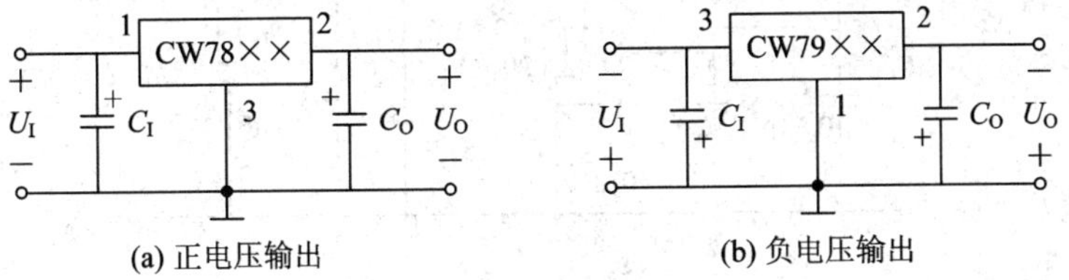

图 12-18　固定输出电压接法

2. 同时输出正、负电压接法

分别用 CW78×× 和 CW79×× 系列稳压电源各一块，可以组成同时输出两组正、负电压的稳压电路，如图 12-19 所示。

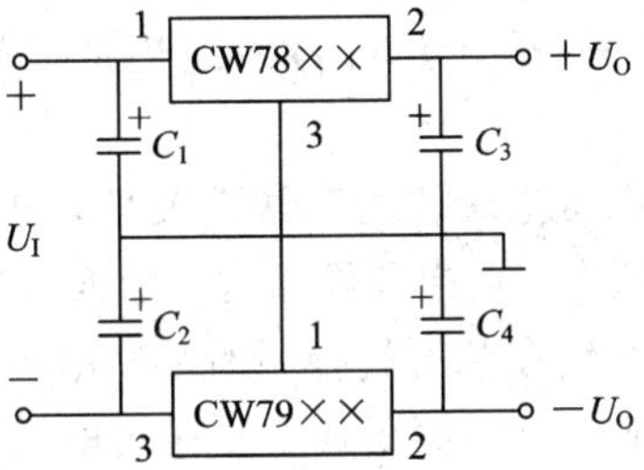

图 12-19　同时输出两组电压接法

3. 改变输出电压接法

在固定输出电压接法中，外接一些元器件可以改变输出电压值。图 12-20 所示是输出电压可调接法。

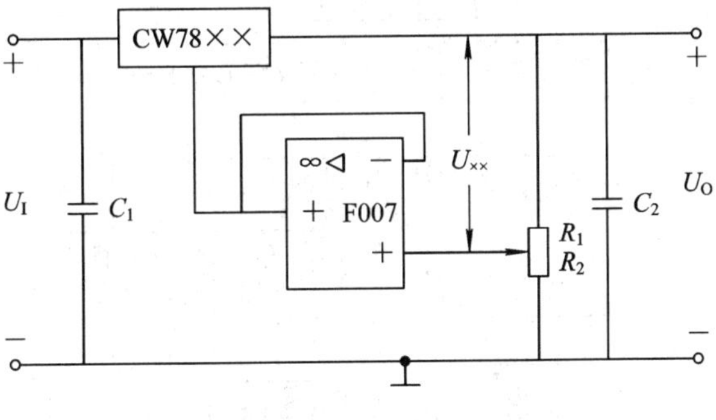

图 12-20　输出电压可调电路

对图 12-20 所示电路，输出电压为

$$U_O = \left(1 + \frac{R_2}{R_1}\right) \times U_{××}$$

可见，调节 R_W 可以改变输出电压 U_O 的大小。

4. 扩大输出电流接法

目前 CW78×× 和 CW79×× 系列稳压电源最大输出电流为 1.5 A。当需要大于 1.5 A 的输出电流时，可采用外接大功率管或用相同型号的稳压器件并联，以扩大输出电流。图 12-21 所示为其中一种典型接法。

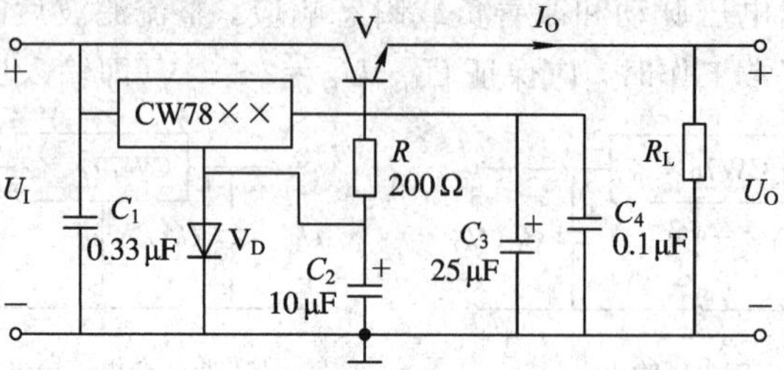

图 12-21 扩大输出电流的电路

*12.6 开关型直流稳压电源

前面所讨论的线性串联稳压电路，由于调整管工作在线性放大区，所以在负载电流较大时，调整管的集电极损耗($P_C=U_{CE}\cdot I_O$)比较大，电源的效率较低，有时需配备庞大、笨重的散热装置。

为了克服上述缺点，可将稳压电源改为串联开关型，电路中的串联调整管工作在开关状态，即饱和导通和截止两种状态。在饱和导通时，管压降U_{CES}很小；而在管子截止时，电流 I_{CEO}又很小，所以管耗主要发生在状态转换过程中，电源的效率可提高 80%～90%，同时体积小、重量轻。开关型稳压电源的主要缺点是输出电压所含脉动大。但由于优点突出，目前应用日益广泛。

串联开关型直流稳压电源的方框图如图 12-22 所示。它和线性串联型稳压电源相比，电路增加了产生固定频率的三角波发生器、LC 型储能滤波电路以及由脉宽调制电压比较器组成的驱动电路。

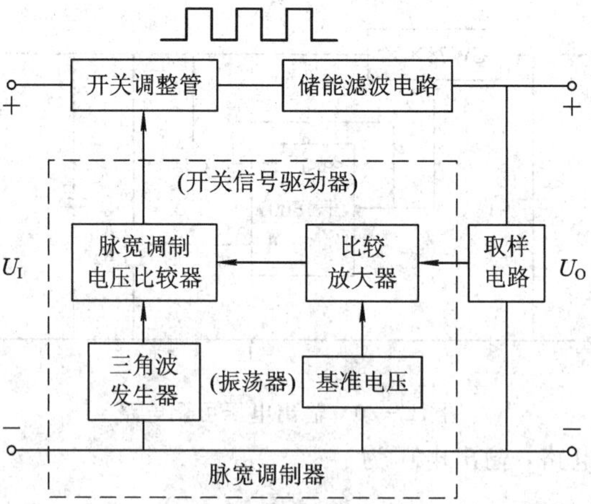

图 12-22 串联开关型稳压电源的方框图

图 12-23 是串联开关型稳压电源的电路原理图。图中 U_I是整流电路的输入电压，u_{O2}是比较器的输出电压，利用 u_{O2}控制串联调整管 V 的通断，将 U_I变成断续的矩形波电压 u_E。当 u_{O2}为高电平时，V 饱和导通，U_I加到二极管 V_D 的两端，使 V_D 承受反向电压而截止，此时负载中有电流 I_O流过，电感 L 存储能量。当 u_{O2}为低电平时，V 由饱和导通变为截止，滤波电感产生自感电动势(极性如图 12-23 所示)，使二极管 V_D 导通，此时电感 L 中

存储的能量通过二极管 V_D 向负载 R_L 释放，使负载中仍有电流。所以常称 V_D 为续流二极管。

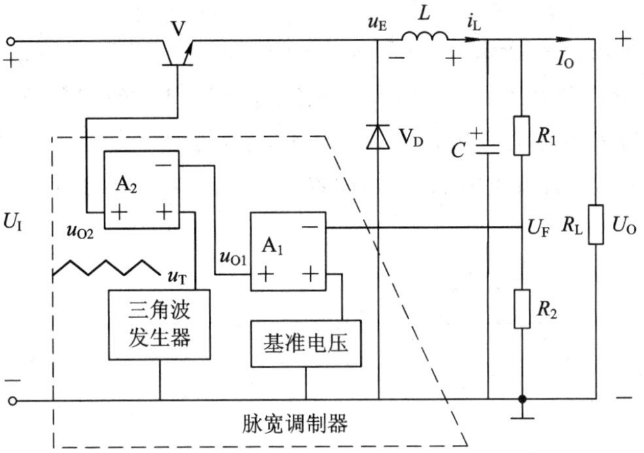

图 12－23　串联开关型稳压电源的电路原理图

虽然调整管处于开关工作状态，但由于二极管 V_D 的续流作用和 LC 的滤波作用，输出电压 U_O 还是比较平滑的。图 12－24 画出了电压 $u_E(u_D)$、电流 i_L 和 u_O 的波形。图中 t_{on} 是调整管的导通时间，t_{off} 是调整管的截止时间，$T=t_{on}+t_{off}$ 是开关周期。在忽略滤波电感 L 的直流压降情况下，稳压电源输出电压的平均值为

$$U_O=\frac{t_{on}}{T}(U_I-U_{CES})+(-U_D)\frac{t_{off}}{T}\approx U_I\frac{t_{on}}{T}=qU_I$$

式中，$q=t_{on}/T$ 称为脉冲波形的占空比。当 U_I 一定时，调节 q 就可以调节输出电压 U_O。利用反馈网络构成的闭环系统中，电路自动调整和稳定输出电压。

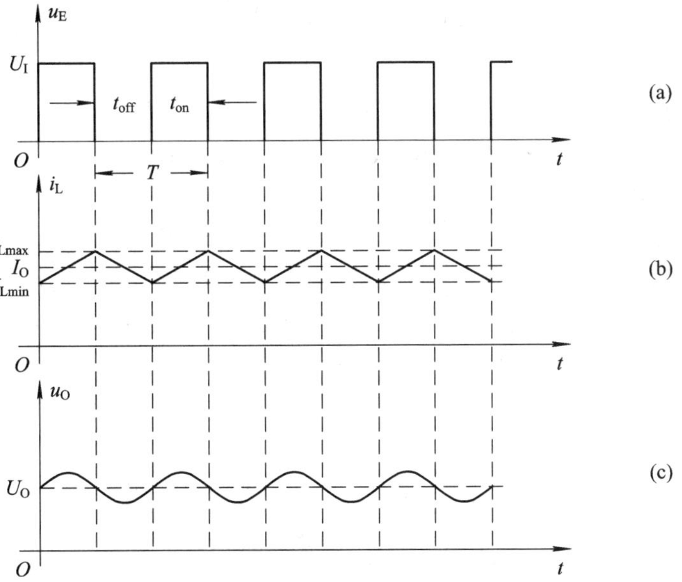

图 12－24　u_E、i_L 和 u_O 波形

习 题 12

12-1 已知图 12-25 所示电路中，$u_i=10\sin(\omega t)$V，设 V_{D1}、V_{D2} 为理想二极管，$R=1000\ \Omega$。试定性画出输出电压 u_o 的波形，并求流过 V_{D1}、V_{D2} 的正向最大电流。

12-2 在图 12-26 中，已知 $R_L=80\ \Omega$，直流电压表 V_0 的读数为 110 V。忽略二极管的正向压降。试求：(1) 直流电流表 A 的读数；(2) 整流电流的最大值；(3) 交流电压表 V_2 的读数。

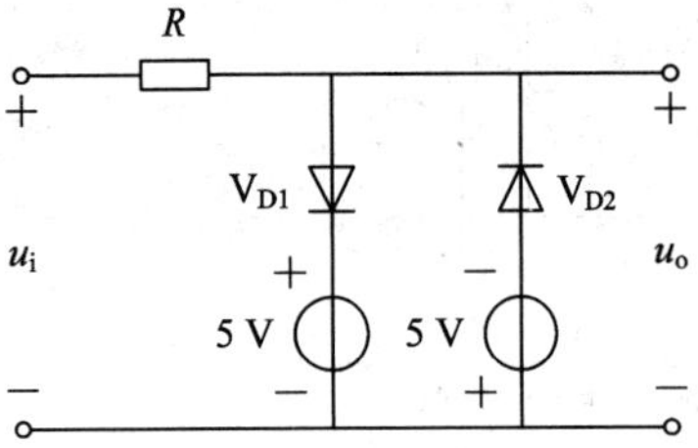

图 12-25 习题 12-1 图

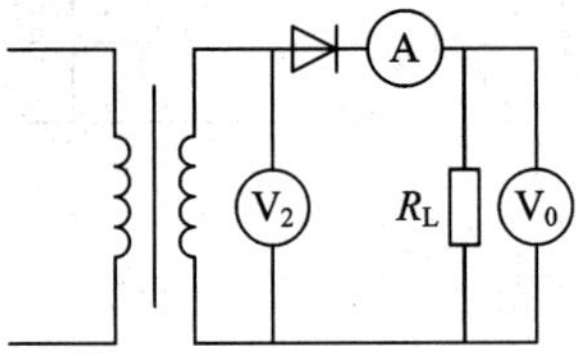

图 12-26 习题 12-2 图

12-3 在图 12-27 所示单相桥式整流电路中，如果二极管 V_{D1} 的正、负极性接反会出现什么现象？如果 V_{D1} 被击穿短路，又会出现什么现象？

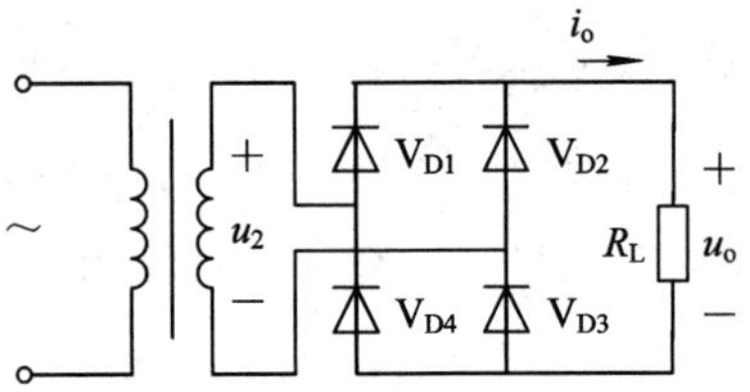

图 12-27 习题 12-3 图

12-4 在图 12-27 所示电路中，已知 $U_2=110$ V，如果二极管 V_{D2} 质量变坏，工作时产生 20 V 的正向压降。试求：(1) u_o 的波形；(2) 负载的平均电压 U_o；(3) 每只二极管承受的最高反向工作电压 U_{DRM}。

12-5 在图 12-28 所示电路中，已知 $C=1000\ \mu$F，$R_L=40\ \Omega$，电源为工频电源，用交流电压表测得变压器副边电压 $U_2=20$ V。合上开关 S 后用直流电压表测量负载两端的电压 U_O。出现下列几种情况时，试分析哪些是合理的，哪些表明出了故障，并指出原因。

(1) $U_o=28$ V；(2) $U_o=18$ V；(3) $U_o=24$ V；(4) $U_o=9$ V。

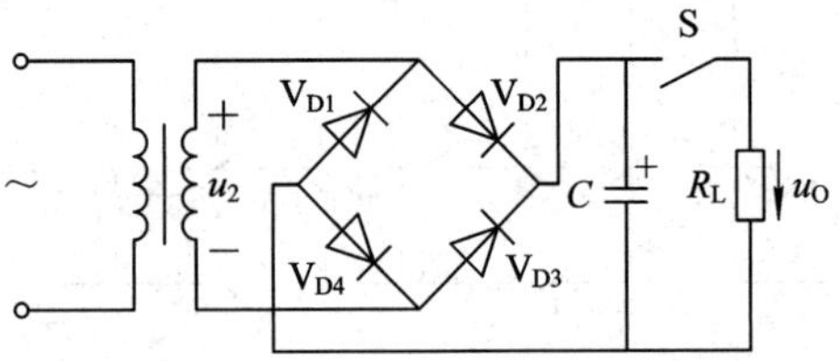

图 12-28 习题 12-5 图

12－6　在图 12－28 所示电路中，电源为工频电源，当要求负载的平均电压 $U_o=30$ V，负载的电流为 $I_o=150$ mA 时，试选用整流管的型号和滤波电容器。

12－7　在图 12－29 所示电路中，整流变压器副边绕组两端的电压有效值为 U_2。试回答以下问题：

(1) 分别画出无滤波电容和有滤波电容两种情况下负载电阻上电压 u_o 的波形，该电路是半波整流还是全波整流？

(2) 分别说明无滤波电容和有滤波电容两种情况下二极管上所承受的最高反向电压 U_{DRM} 都为 $2\sqrt{2}U_2$。

(3) 如果整流二极管 V_{D2} 虚焊，U_o 是否是正常工作情况下的一半？如果变压器副边中心抽头虚焊，这时有输出电压吗？

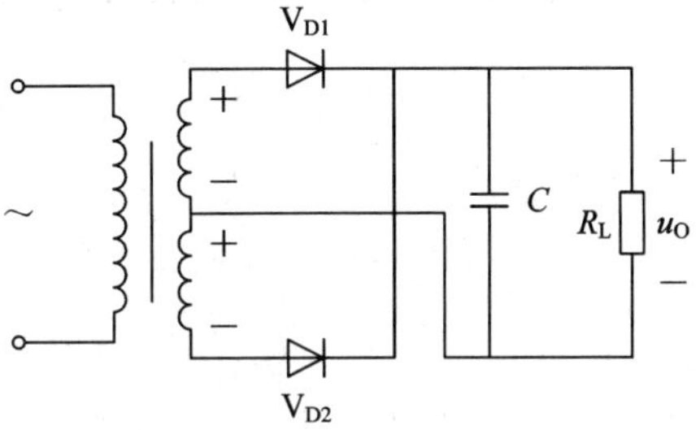

图 12－29　习题 12－7 图

(4) 如果把 V_{D2} 的极性接反，能否正常工作？会出现什么问题？

(5) 如果 V_{D2} 因过载损坏造成短路，还会出现什么问题？

(6) 如果输出短路，将会出现什么问题？

(7) 如果把 V_{D1}、V_{D2} 的极性都接反，是否仍有整流作用？与原整流电路所不同的是什么？

12－8　在图 12－30 所示桥式整流 π 形 RC 滤波电路中，现要求负载电压 $U_o=6$ V，负载电流 $I_o=100$ mA。试选择滤波电容和滤波电阻。

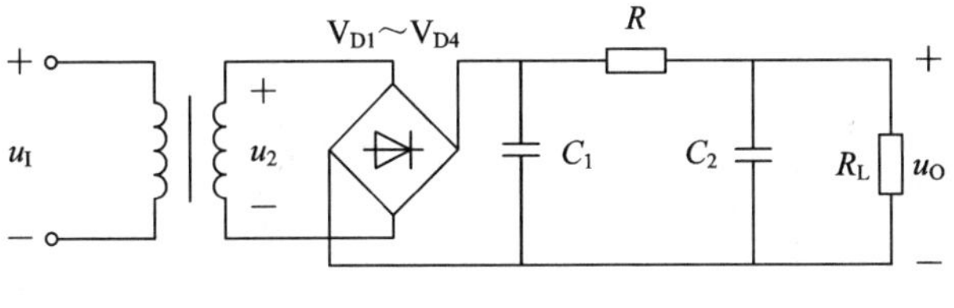

图 12－30　习题 12－8 图

12－9　整流电路如图 12－31 所示，若忽略变压器和二极管的正向压降，试求：

(1) 负载电阻 R_{L1} 和 R_{L2} 上的平均电压 U_{o1}、U_{o2} 和平均电流 I_{o1}、I_{o2}。

(2) 流过二极管 V_{D1}、V_{D2}、V_{D3} 的平均电流 I_{D1}、I_{D2}、I_{D3} 和各二极管所承受的最大反向工作电压。

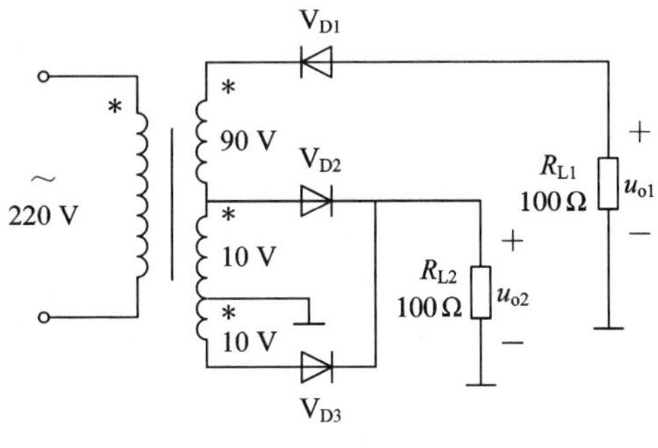

图 12－31　习题 12－9 图

12－10　对于桥式整流电容滤波电路，已知交流电源电压为 220 V 工频，$R_L=50$ Ω，要求输出的直流电压 $U_o=24$ V。

(1) 试选择整流二极管的型号及滤波电容器；

(2) 试确定整流变压器的容量。

12-11　图 12-32 所示是倍压整流电路，试分析 U_o 和 U_2 之间的关系。

12-12　电路如图 12-33 所示，V_{DZ} 的型号为 2DW7A，最大负载电流 $I_{Omax}=10$ mA，电压 $U_I=18$ V，U_I 允许有±10%的变化范围，试确定电阻 R 的大小范围。

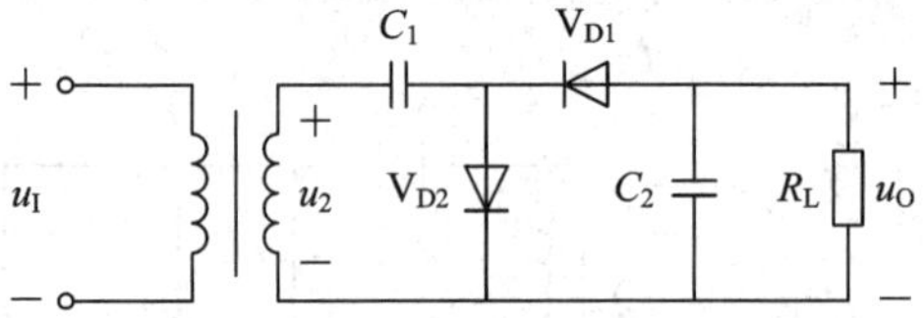

图 12-32　习题 12-11 图

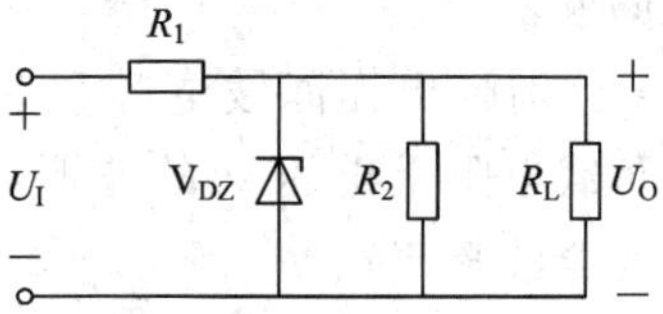

图 12-33　习题 12-12 图

12-13　为了使负载开路时稳压管电流不至过大，有时采用如图 12-33 所示的电路。其中稳压管的稳压值约为 6 V，允许耗散功率为 240 mW，最小稳定电流为 5 mA，$r_Z<15\ \Omega$，$U_I=20\sim24$ V，$R_1=400\ \Omega$。

(1) 为保证负载开路时稳压管电流不过大，R_2 应选多大？

(2) 在此情况下负载电阻允许的变化范围是多大？

(3) 当负载电阻为最小值时，电路的稳压系数是多大？

12-14　具有整流、滤波和放大环节的稳压电路如图 12-34 所示。

(1) 分析电路中每个元器件的作用。

(2) 若 $U_I=24$ V，稳压管的稳压值 $U_Z=5.3$ V，晶体管 $U_{BE}\approx0.7$ V，$U_{CES1}\approx2$ V，$R_3=R_4=R_P=300\ \Omega$，试计算 U_o 的可调范围。

(3) 试估算变压器副边的电压有效值 U_2。

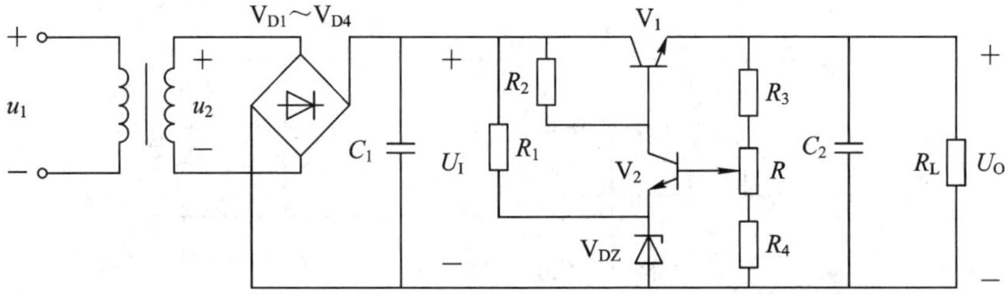

图 12-34　习题 12-14 图

12-15　电路如图 12-35 所示，试求输出电压 U_o 的可调范围。

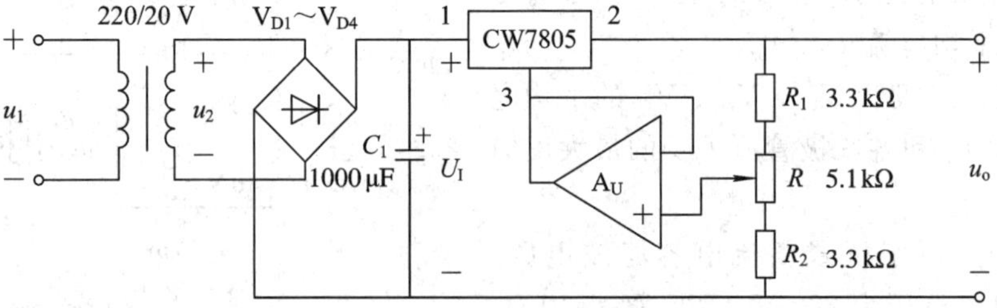

图 12-35　习题 12-15 图

第 13 章　数字电路基础

数字电路具有速度快、精度高和抗干扰能力强等优点。自 20 世纪 90 年代以来，数字化已经成为信息处理的发展方向，它无不渗透到科技、生产、娱乐和家用电器的各个方面，数字电子计算机是数字系统的典型代表。本章主要讨论数字电路的基本概念、数制与编码、逻辑代数的基本定律和规则、逻辑函数的化简、简单逻辑门电路，为后续章节对具体数字电路的分析与设计打下坚实基础。

13.1　概　　述

13.1.1　电子电路的分类

自然界中的物理量，就其变化规律的特点而言，它们不外乎两大类。其中一类物理量的变化在时间上和数量上都是离散的，也就是说，它们的变化在时间上是不连续的，总是发生在一系列离散的瞬间。而且，它们数值的大小和每次的增减变化都是某一个最小数量单位的整数倍，而小于这个最小数量单位的数值没有任何物理意义。我们把这一类物理量称为数字量，把表示数字量的信号称为数字信号，并把工作在数字信号下的电路称为数字电路。例如，我们统计通过某一个桥梁的汽车数量，得到的就是一个数字量，最小数量单位的“1”代表“一辆”汽车，小于 1 的数值已经没有任何物理意义。另外一类物理量的变化在时间上或在数值上则是连续的。我们把这一类物理量称为模拟量，把表示模拟量的信号称为模拟信号，并把工作在模拟信号下的电子电路称为模拟电路。例如，热电偶工作时输出的电压或电流信号就是一种模拟信号，因为被测的温度不可能发生突跳，所以测得的电压或电流无论在时间上还是在数值上都是连续的。而且，这个信号在连续变化过程中的任何一个取值都有具体的物理意义，即表示一个相应的温度。

13.1.2　数字电路的特点

数字电路主要有以下特点：

(1) 数字电路中处理的信号是脉冲信号，一般只有高低电平两种状态。往往用数字 1、0 表示这些高、低电平，所以称为数字电路。

(2) 数字电路所研究的是电路输入与输出之间的逻辑关系，它本质上就是一个逻辑控制电路，故也常称数字电路为数字逻辑电路。

(3) 数字电路结构简单，便于集成化生产，工作可靠，精度较高，随着电子技术及加工工艺的日益进步，尤其是计算机的日益普及，使数字电路得到了越来越广泛的应用。

13.1.3 脉冲信号(数字信号)

数字信号通常以脉冲的形式出现，脉冲信号通常是指作用时间很短，可以是短到几微秒甚至几纳秒(10^{-9} s)的突变电压或电流信号。

在数字电子技术中，矩形波和尖顶波用得比较多，实际矩形波和尖顶波并非像图 13-1 所示的那么理想。图 13-2 所示为一实际矩形脉冲波形。

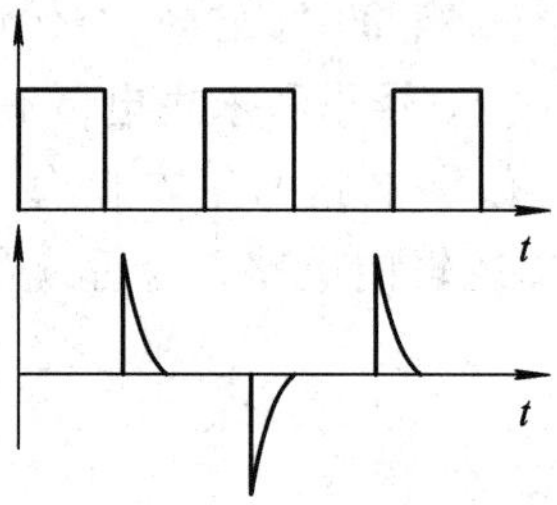

图 13-1 理想矩形波和尖顶波

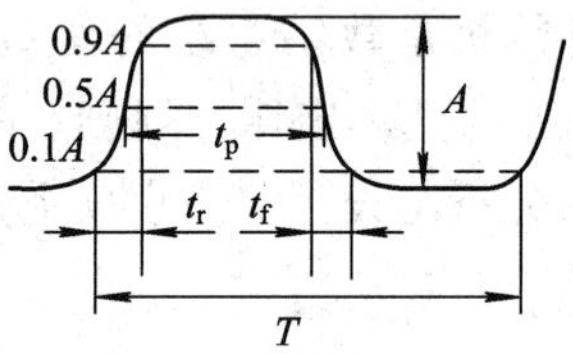

图 13-2 实际矩形脉冲波形

下面介绍脉冲波的几个基本概念。

(1) 脉冲幅度 A：脉冲信号电压变化的最大值。

(2) 脉冲前沿 t_r：从脉冲幅度的 10%上升到 90%所需的时间。

(3) 脉冲后沿 t_f：从脉冲幅度的 90%下降到 10%所需的时间。

(4) 脉冲宽度 t_p：从上升沿的脉冲幅度的 50%到下降沿脉冲幅度的 50%所需的时间，这段时间也称为脉冲持续时间。

(5) 脉冲周期 T：周期性脉冲信号相邻两个上升沿(或下降沿)的脉冲幅度的 10%两点之间的时间间隔。

(6) 脉冲频率 f：单位时间内的脉冲数，它和周期的关系是 $f=1/T$。

电路中没有脉冲信号的状态称为静态，静态时的电压值可以为正、为负或等于零。脉冲出现后电压幅度大于静态电压值为正脉冲，电压幅度小于静态电压值为负脉冲。对于正脉冲，脉冲前沿是上升沿，脉冲后沿是下降沿。因为矩形波脉冲电路只有高低电平两种信号状态，所以在分析数字电路时只要用 1、0 两个数码就可以分别代表脉冲的有、无两种状态，数字电路对脉冲信号的电压幅度值要求不严格，因而抗干扰能力较强，准确度较高。

13.2 数　　制

13.2.1 进位计数制

数制是指进位计数制的方法，人们日常普遍使用的是十进制计数方法，有些地方也采用其他进制，如时间的分秒是六十进制。为了便于实现，在数字电路中采用二进制数，但二进制数表示一个数会太长，也不便于记忆，所以有时也采用八进制、十进制或十六进制数表示。R 进制的特点是：基本数符为 R 个，基数为 R，逢 R 进一。R 也是计数制的模。

下面列出常用的几种进位计数制，如表 13-1 所示。

表 13-1　几种常用进制对照表

基本数制	十进制	二进制	八进制	十六进制
	0~9	0，1	0~7	0~9，A~F
各种进制之间的互相转换	0	0	0	0
	1	1	1	1
	2	10	2	2
	3	11	3	3
	4	100	4	4
	5	101	5	5
	6	110	6	6
	7	111	7	7
	8	1000	10	8
	9	1001	11	9
	10	1010	12	A
	11	1011	13	B
	12	1100	14	C
	13	1101	15	D
	14	1110	16	E
	15	1111	17	F
	16	10000	20	10

13.2.2　数的位置表示法和多项式表示法

下面举例说明数的表示方法。

例如，十进制数 253.87 可以写成：

位置表示法　　　　　　　　多项式表示法

$$(2\quad 5\quad 3.\quad 8\quad 7)_{10}=2\times10^2+5\times10^1+3\times10^0+8\times10^{-1}+7\times10^{-2}$$

$$\downarrow\quad\downarrow\quad\downarrow\quad\downarrow\quad\downarrow$$

$$10^2\quad 10^1\quad 10^0\quad 10^{-1}\quad 10^{-2}$$

位置表示法中每一位数所处的位置不同，它所具有的值就不同。每一位数其值的大小由这一位的基数和这一位权值的乘积来决定。其中，10^2、10^1、10^0、10^{-1}、10^{-2}分别表示百位、十位、个位、十分位、百分位的权值。为了避免混淆，应该用下标表示数的“模”或特别说明该数的数制，否则会认为是十进制数。等号的右边是多项式表示法，主要用于不同进制间的转换。任意一个 R 进制具有 n 位整数和 m 位小数的数按权展开式为

$$(B_{n-1}\cdots B_1B_0\cdot B_{-1}\cdots B_{-m})_R$$
$$=B_{n-1}\times R^{n-1}+\cdots+B_1\times R^1+B_0\times R^0+B_{-1}\times R^{-1}\cdots+B_{-m}\times R^{-m}$$

13.2.3 二进制的运算规则

二进制的运算规则如下：

0+0=0	0−0=0	0×0=0	0÷1=0
0+1=1	0−1=1	0×1=0	1÷1=1
1+0=1	1−0=1	1×0=0	
1+1=10	1−1=1	1×1=1	

【例 13-1】 $(1011.11)_2+(100.10)_2=(10000.01)_2$

$(1011.11)_2-(100.10)_2=(111.01)_2$

被加数＝1011.11　　　　被减数＝1011.11

＋)加数＝100.10　　　　－)减数＝100.10

＋)进位＝1111.00　　　　－)借位＝1000.00

和＝10000.01　　　　差＝0111.01

【例 13-2】 $(10110.11)_2\times(101.1)_2=(1111101.001)_2$

$(10110)_2\times(101)_2=(100)_2$……余$(10)_2$

```
   10110.11
 ×   101.1
 ----------
   101101 1
  1011011
1011011
 ----------
1111101.001
```

```
       100
101 ) 10110
      101
     -----
        10
```

13.2.4 数制转换

常用二进制数位权的十进制转换如表 13-2 所示。

表 13-2 常用二进制数位权的十进制转换

$2^0=1$	$2^5=32$	$2^{10}=1024\approx10^3$	$2^{-2}=0.25$
$2^1=2$	$2^6=64$	$2^{20}=10^6$	$2^{-3}=0.125$
$2^2=4$	$2^7=128$	$2^{30}=10^9$	$2^{-4}=0.0625$
$2^3=8$	$2^8=256$	$2^{40}=10^{12}$	$2^{-5}=0.03125$
$2^4=16$	$2^9=512$	$2^{-1}=0.5$	

1. 任意进制数转换成十进制数

任意进制数转换成十进制数的方法是将任意进制数按权展开，在十进制中求和。

【例 13-3】 将二进制数$(11111111)_2$转换成十进制数。

解 将上面的二进制数按权展开，即

$$(11111111)_2=1\times2^7+1\times2^6+1\times2^5+1\times2^4+1\times2^3+1\times2^2+1\times2^1+1\times2^0$$
$$=128+64=32+16+8+4+2+1$$
$$=(255)_{10}$$

某些有规律的二进制数可以通过观察直接转化。若二进制数是连续 n 个 1，就等于 2^n-1，即$(11111111)_2=(100000000-1)_2=(2^8-1)_{10}=(255)_{10}$。

【例 13－4】 将十六进制数$(\mathrm{ABC\cdot F})_{16}$转换成十进制数。

解　先将 ABCF 写成十进制数，然后“加权”并在十进制数中求和。

$$\begin{aligned}(\mathrm{ABC\cdot F})_{16}&=10\times16^2+11\times16^1+12\times16^0+15\times16^{-1}\\&=2560+176+12+0.9375\\&=(2748.9375)_{10}\end{aligned}$$

2. 十进制数转换成任意进制数

十进制数转换成任意进制数的方法是整数部分和小数部分分别进行转换。

整数部分：除基取余，直到商为零。

小数部分：乘基取整，按精度要求确定位数。

【例 13－5】 将十进制数$(168.625)_{10}$转换为二进制数。

解　采用整数部分和小数部分分别转换的方法。

整数部分采用除 2 取余法：

除数	商		余数	
2	168			低位
2	84	…	0	↑
2	42	…	0	
2	21	…	0	
2	10	…	1	
2	5	…	0	
2	2	…	1	
2	1	…	0	
	0	…	1	高位

小数部分乘 2 取整法：

运算		整数部分
0.625 × 2 = 1.25	…………	1
0.25 × 2 = 0.5	…………	0
0.5 × 2 = 1.0	…………	1

把转换结果合并得到所求的二进制数，即

$$(168.625)_{10}=(10101000.101)_2$$

3. 二进制数—八进制数—十六进制数之间的相互转换

由于八和十六都是二的整数倍关系，因此它们之间的转换变得十分简单。方法是：以小数点为中心向两边划分，每三位二进制数是一位八进制数，每四位二进制数是一位十六进制数，不足部分可以在二进制数的两边加零。

【例 13-6】 将$(11010110101.1100101)_2$转换为八进制数和十六进制数。

解 从小数点开始分别向左、向右将二进制数按每三(四)位一组分组(不足三或四位补 0)，求出三(四)位二进制数对应的八(十六)进制数即可。

$$(11010110101.1100101)_2=\underline{011}\,\underline{010}\,\underline{110}\,\underline{101}.\underline{110}\,\underline{010}\,\underline{100}=(3265.624)_8$$

$$(11010110101.1100101)_2=\underline{0110}\,\underline{1011}\,\underline{0101}.\underline{1100}\,\underline{1010}=(6B5.CA)_{16}$$

4. R_1进制数转换为 R_2进制数

R_1 进制数转换为 R_2 进制数的方法是先将 R_1 进制数转换成十进制数，然后再转换成 R_2进制数。

13.3 基本逻辑门电路

13.3.1 逻辑门电路的基本概念

顾名思义，门电路的作用就像一个门一样，在满足一定条件时，门电路打开，允许信号通过，而当条件不满足时，门电路关闭，信号不能通过。门电路是否打开，有无输出信号，这个结果是由输入信号的情况决定的，输入信号反映了门电路打开的条件，这种条件与结果间的因果关系即所谓的逻辑。门电路的输出信号和输入信号间具有一定的逻辑关系，故也称为逻辑门电路。

在数字电路中，逻辑关系是以输入、输出脉冲信号电平的高低来实现的。如果约定高电平用逻辑 1 表示，低电平用逻辑 0 表示，便称为“正逻辑系统”。反之，如果高电平用逻辑 0 表示，低电平用逻辑 1 表示，便称为“负逻辑系统”。我们讨论时采用正逻辑系统。

逻辑关系是渗透在生产和生活中的各种因果关系的抽象概括。事物之间的逻辑关系是多种多样的，也是十分复杂的，但最基本的逻辑关系却只有三种，即与逻辑关系、或逻辑关系和非逻辑关系。

1. 与逻辑关系

所谓“与”逻辑关系，即一个事件的有关条件全部具备时，该事件才能发生。图 13-3(a)中，只有当 S_1、S_2两个开关全部闭合时，电灯才亮。可见，灯亮这个事件的发生和两个开关闭合这些条件之间为“与”逻辑关系，“与”的含义为条件 S_1与条件 S_2全部具备。

2. 或逻辑关系

在图 13-3(b)中，若将两个开关改为并联，则只要有一个开关闭合，灯就点亮。我们把灯亮这个事件的发生和两个开关闭合这些条件之间的逻辑关系称为“或”逻辑关系。“或”逻辑关系为：当一个事件的有关条件至少具备一个时，事件就会发生，“或”是指这个或那个条件之意。

3. 非逻辑关系

所谓"非"逻辑，即否定之意。图 13-3(c)中，开关 S 闭合，灯反而熄灭，开关 S 不闭合灯才亮，则灯亮与开关 S 闭合之间为"非"逻辑关系。

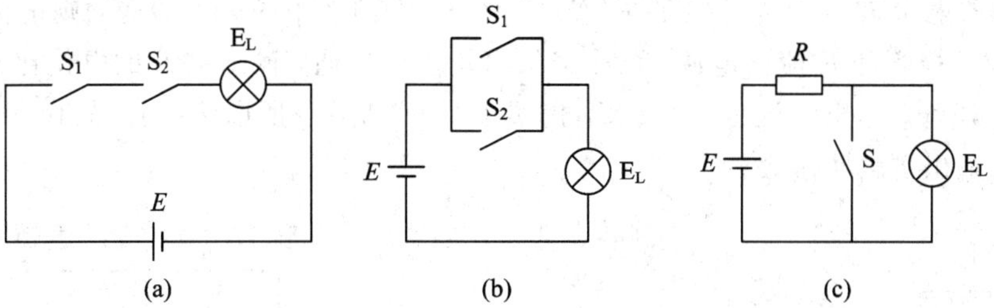

图 13-3　由开关组成的逻辑门电路

13.3.2　分立元件门电路

由电阻、电容、二极管和三极管等构成的各种逻辑门电路称作分立元件门电路。

1. 二极管与门电路

二极管与门电路如图 13-4(a)所示。其逻辑符号如图 13-4(b)所示。若两个输入端都是高电平($A=B=1$)，设两者电位都是 3 V，则电源 E_C 向这两个输入端输入电流，两个二极管均正向导通，输出端电位比输入端高一个正向导通压降，锗管(一般采用锗管)，其正向压降为 0.2～0.3 V，则输出端电压为 3.2～3.3 V，仍属于"3 V 左右"，所以 $F=1$。

若两个输入端中有一个是低电平，设 $A=0$ V，另一个是高电平，由二极管的导通特性知，二极管正端并联时，负端电平最低的二极管 V_{D1} 导通，另一个二极管 V_{D2} 截止，输出端电位比 A 端电位高一个正向导通压降，$U_F=0.2$ V，属于"0 V 左右"，所以，$F=0$，输入端和输出端的逻辑关系和与逻辑关系相符，故称做与门电路。

图 13-4(a)中有两个输入端，输入信号有 1 和 0 两种状态，共有四种组合，因此可用表 13-3 所示完整地列出四种输入、输出逻辑状态，称之为逻辑状态表。

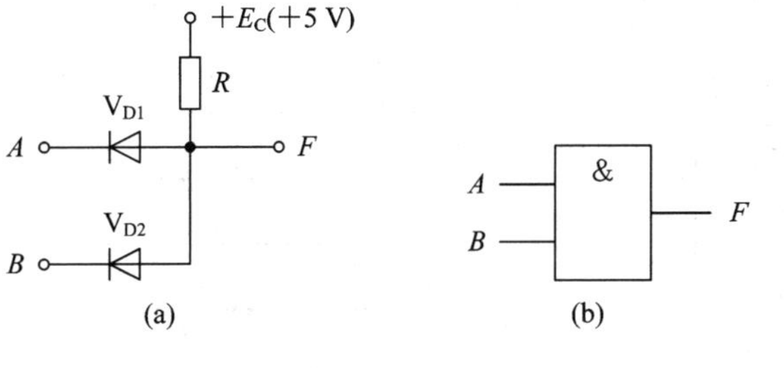

图 13-4　二极管与门电路

表 13-3　与门逻辑状态表

A	B	F
0	0	0
0	1	0
1	0	0
1	1	1

只有当输入变量 A 和 B 全为 1 时，输出变量 F 才为 1，这符合与门的逻辑要求。与逻辑关系式为

$$F = A \cdot B \tag{13-1}$$

2. 二极管或门电路

二极管或门电路如图 13-5(a)所示，其逻辑符号如图 13-5(b)所示。若两个输入端中

只有一个是高电平(设 $A=1$, $U_A=3$ V)，则电流从 A 经 V_{D1} 和 R 流向电源，V_{D1} 正向导通，另一个二极管截止，输出端 F 的电位比输入端 A 低一个正向导通压降，锗管(一般采用锗管)，其正向压降为 0.2～0.3 V，则输出端电压为 2.8 V，仍属于"3 V 左右"，所以，$F=0$。

当两个二极管输入全为低电平时($A=B=0$)，设两者电位都是 0 V，则电流从两个输入端经两个二极管和 R 流向电源，两个二极管均正向导通，输出端 F 的电位比输入端低一个正向导通压降，输出电压为−0.2 V，仍属于"0 V"左右，所以 $F=0$。表 13-4 所示是或门的输入、输出逻辑状态表。

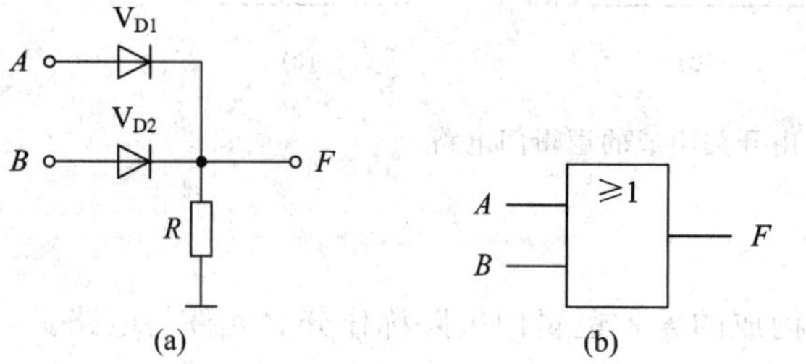

图 13-5　二极管或门电路

表 13-4　或门逻辑状态表

A	B	F
0	0	0
0	1	1
1	0	1
1	1	1

只有当输入变量全为 0 时，输出变量 F 才为 0，因此两个二极管都截止。或逻辑关系式为

$$F = A + B \tag{13-2}$$

3. 三极管非门电路

图 13-6(a)所示为三极管非门电路，其逻辑符号如图 13-6(b)所示。三极管非门电路不同于放大电路，管子的工作状态或从截止转为饱和，或从饱和转为截止。非门电路只有一个输入端 A。当 A 为 1(设其电位为 3 V)时，三极管饱和，其集电极即输出端 F 为 0(其电位在零伏附近)；当 A 为 0 时，三极管截止，输出端 F 为 1。

表 13-5 所示为非门的输入、输出逻辑状态表。

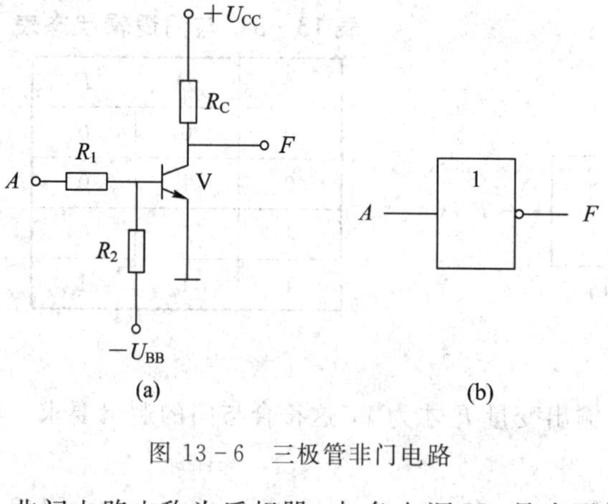

图 13-6　三极管非门电路

表 13-5　非门逻辑状态表

A	F
0	1
1	0

非门电路也称为反相器。加负电源 U_{BB} 是为了使三极管可靠截止。

非逻辑关系式为

$$F = \overline{A} \tag{13-3}$$

在实际应用中可以将这些基本逻辑电路组合起来，构成组合逻辑电路，以实现各种逻辑功能。表 13－6 所示列出了与非门和或非门的逻辑关系及其符号。

表 13－6　与非门和或非门的逻辑关系及其符号

逻辑关系	含　义	逻辑表达式	记忆口诀	逻辑符号
与非	条件 A、B 都具备时，事件 F 则不发生	$F=\overline{A\cdot B}$	入全 1 则出 0 入有 0 则出 1	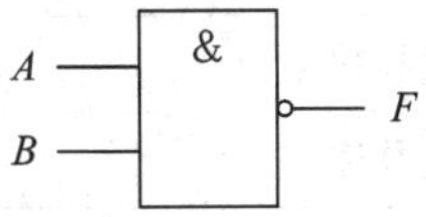
或非	条件 A、B 中任一具备时，事件 F 则不发生	$F=\overline{A+B}$	入全 0 则出 1 入有 1 则出 0	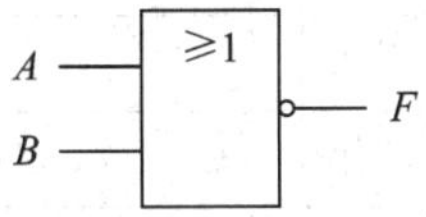

【例 13－7】 两个输入端的与门、或门和与非门的输入波形如图 13－7(a)所示，试画出其输出信号的波形。

解　设与门的输出为 F_1，或门的输出为 F_2，与非门的输出为 F_3，根据逻辑关系其输出波形如图 13－7(b)所示。

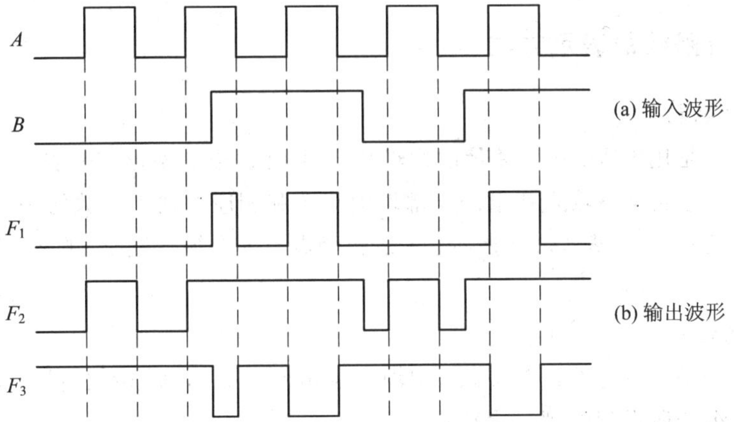

图 13－7　例 13－7 图

13.4　逻 辑 代 数

13.4.1　逻辑代数运算法则

逻辑代数也称为布尔代数，是由英国数学家乔治布尔于 1847 年首先提出来的，后来应用于逻辑电路的分析，即将逻辑电路中各种复杂的逻辑关系用逻辑符号来表示，它是分析设计逻辑电路的数学工具。应用数字逻辑的方法进行处理，可以使逻辑分析与逻辑综合大大简化。在逻辑代数中只有逻辑乘(与运算)、逻辑加(或运算)和求反(非运算)三种基本运算。根据这三种基本运算可以推导出逻辑运算的一些法则，表 13－7 就是所列出的逻辑代数运算法则。

表 13-7 逻辑代数运算法则

名称	公式 1	公式 2
0-1律	$A\cdot 1=A$ $A\cdot 0=0$	$A+0=A$ $A+1=1$
互补律	$A\overline{A}=0$	$A+\overline{A}=1$
重叠律	$AA=A$	$A+A=A$
交换律	$AB=BA$	$A+B=B+A$
结合律	$A(BC)=(AB)C$	$A+(B+C)=(A+B)+C$
分配律	$A(B+C)=AB+AC$	$A+BC=(A+B)(A+C)$
反演律	$\overline{AB}=\overline{A}+\overline{B}$	$\overline{A+B}=\overline{A}\cdot\overline{B}$
吸收律	$A(A+B)=A$ $A(\overline{A}+B)=AB$ $(A+B)(\overline{A}+C)(B+C)=(A+B)(\overline{A}+C)$	$A+AB=A$ $A+\overline{A}B=A+B$ $AB+\overline{A}C+BC=AB+\overline{A}C$
对合律	$\overline{\overline{A}}=A$	

13.4.2 逻辑函数的表示方法

1. 逻辑状态表

逻辑状态表是用输入、输出变量的逻辑状态(1 或 0)以表格形式来表示逻辑函数的，直观明了。逻辑状态表是将输入变量的全部取值组合和相应的输出函数值一一列举出来，填入表格中，如表 13-3～表 13-5 所示。若逻辑函数有 n 个输入变量，则有 2^n 个不同的取值组合。

2. 逻辑表达式

逻辑表达式是按一定的逻辑关系，把输出逻辑变量表示为输入逻辑变量的与、或、非等逻辑运算的组合所得到的逻辑代数式。

1) 由逻辑状态表写出逻辑式

(1) 取 Y=“1”(或 Y=“0”) 列逻辑式。

(2) 对一种组合而言，输入变量之间是与逻辑关系。对应于 $F=1$，若输入变量为“1”，则取输入变量本身(如 A)；若输入变量为“0”，则取其反变量(如 $\overline{A}$)。

(3) 各种组合之间是或逻辑关系，应取以上乘积项之和。

2) 最小项

在含有 n 个变量的逻辑函数中，若 m 为包含 n 个变量的乘积项(与项)，且这 n 个变量均以原变量或反变量的形式在 m 中出现一次，则 m 称为该组变量的最小项。

两个变量 A、B 可以构成四个最小项：

$$\overline{A}\overline{B}、\overline{A}B、A\overline{B}、AB$$

三个变量 A、B、C 可以构成八个最小项：

$$\overline{A}\overline{B}\overline{C}、\overline{A}\overline{B}C、\overline{A}B\overline{C}、\overline{A}BC、A\overline{B}\overline{C}、A\overline{B}C、AB\overline{C}、ABC$$

可见，n 个变量的最小项共有 2^n 个。这些最小项的性质为：

(1) 对于任意一个最小项，只有变量的一个/组组合取值才使得它的值为 1，而在变量取其余各组值时，该最小项的值都为 0。

(2) n 变量的全部最小项的逻辑和恒为 1。

(3) 任意两个不同最小项的逻辑乘恒为 0。

(4) n 变量的每一个最小项有 n 个相邻项。例如，三变量的某一最小项 $\overline{A}\overline{B}C$ 有三个相邻项 $\overline{A}\overline{B}\overline{C}$、$\overline{A}BC$、$A\overline{B}C$，这种相邻关系对于逻辑函数化简十分重要。

如果在一个与或表达式中，所有与项均为最小项，则称这种表达式为最小项表达式，或称为标准与或式、标准积之和式。

【例 13-8】 写出逻辑函数 $F=AB+CA+AB\overline{C}$ 的最小项表达式。

解

$$\begin{aligned} F &= AB(C+\overline{C})+CA(B+\overline{B})+AB\overline{C} \\ &= ABC+AB\overline{C}+ABC+A\overline{B}C+AB\overline{C} \\ &= ABC+AB\overline{C}+A\overline{B}C \end{aligned}$$

可见，同一个逻辑函数可以用不同的逻辑表达式来表达，但由最小项组成的与或逻辑式则是唯一的，而逻辑状态表是用最小项表示的，因此也是唯一的。

3. 逻辑图

逻辑图一般由逻辑式画出。逻辑乘用与门实现，逻辑加用或门实现，求反用非门实现。由逻辑图也可以写出表达式。因为逻辑式不是唯一的，所以逻辑图也不是唯一的。

【例 13-9】 依据逻辑函数的表达式，画出下列函数的逻辑图，并列出逻辑状态表。

$$F=A\cdot\overline{B}+\overline{A}\cdot B$$

解　可用两个非门、两个与门和一个或门组成逻辑图，如图 13-8(a)所示。其逻辑状态表如表 13-7 所示，当输入端 A 或 B 不是同为 1 或 0 时，输出为 1；否则，输出为 0。这种电路称为异或门电路，其逻辑符号如图 13-8(b)所示。逻辑式也可写为

$$F=A\cdot\overline{B}+\overline{A}\cdot B=A\oplus B$$

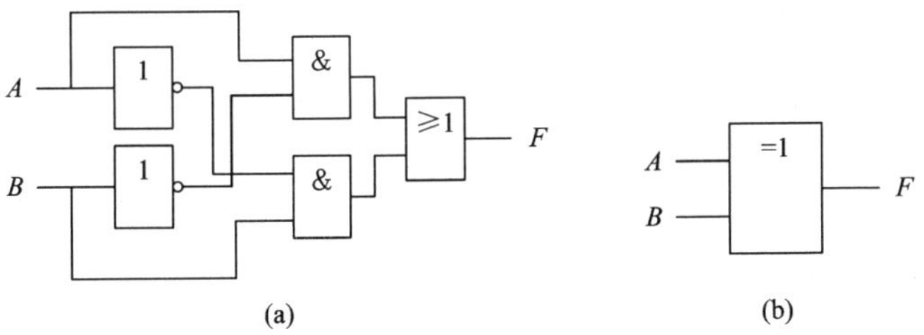

图 13-8　例 13-9 图

表 13-8　异或门的逻辑状态表

A　B	F
0　0	0
0　1	1
1　0	1
1　1	0

13.4.3　逻辑函数的化简

对逻辑函数化简应当消去不必要的中间逻辑变量，可以使逻辑关系更加明晰，使逻辑电路更加简单、安全、可靠。逻辑函数最简式的要求是：以与或式为基本形式，使乘积项最少，每个乘积项中所含变量的个数也最少。逻辑函数的最简形式往往不唯一。另外，逻辑函数的与或式可以很方便地变换成或与式、与非与非式、或非或非式、与或非式等。

1. 公式法化简

公式法化简要求熟记并灵活应用逻辑代数中的基本公式、定律和规则。公式法化简常用下列方法：

(1) 消去法：利用互补律、吸收律、多余律消去"逻辑变量"或"与项"(如例 13-11、例 13-12)。

(2) 配项法：对不易识别是否为最简的公式，先配上有关项成为标准与或式，然后重新组合可以消去更多的项(如例 13-13)。

【例 13-10】 化简：

$$F=A\overline{B}\overline{C}+\overline{A}\,\overline{B}\overline{C}+\overline{A}B\overline{C}+AB\overline{C}$$

$$=\overline{C}(A\overline{B}+\overline{A}\,\overline{B}+\overline{A}B+AB)\qquad \text{(分配律、互补律)}$$

$$=\overline{C}$$

【例 13-11】 化简：

$$F=\overline{A}\,\overline{B}+(AB+A\overline{B}+\overline{A}B)C$$

$$=\overline{A}\,\overline{B}+(A+\overline{A}B)C$$

$$=\overline{A}\,\overline{B}+(A+B)C\qquad \text{(分配律、互补律、反演律、吸收律)}$$

$$=\overline{A}\,\overline{B}+\overline{\overline{A}\,\overline{B}}C$$

$$=\overline{A}\,\overline{B}+C$$

【例 13-12】 化简：

$$F=\overline{\overline{AB+C}+A(\overline{B}+\overline{C})}$$

$$=(AB+C)\cdot\overline{A(\overline{B}+\overline{C})}$$

$$=(AB+C)\cdot(\overline{A}+BC)\qquad \text{(反演律、分配律、吸收律)}$$

$$=ABC+\overline{A}C+BC$$

$$=\overline{A}C+BC$$

【例 13-13】 化简：

$$F=AB+A\overline{C}+\overline{A}\,\overline{B}+\overline{B}\,\overline{C}+\overline{A}C+BC$$

$$=AB+A\overline{C}+\overline{A}\,\overline{B}+\overline{A}C+BC$$

$$=AB(C+\overline{C})+A\overline{C}(B+\overline{B})+\overline{A}\overline{B}(C+\overline{C})+\overline{A}C(B+\overline{B})\qquad \text{(多余律、配项)}$$

$$=ABC+AB\overline{C}+A\overline{B}\,\overline{C}+\overline{A}\,\overline{B}C+\overline{A}\,\overline{B}\,\overline{C}+\overline{A}CB$$

$$=AB+\overline{B}\,\overline{C}+\overline{A}C$$

或 $F=\overline{A}\overline{B}+A\overline{C}+BC$，其结果不是唯一的。

【例 13-14】 试证明：

$$ABC\overline{D}+ABD+BC\overline{D}+ABC+BD+B\overline{C}=B$$

证明

$$ABC\overline{D}+ABD+BC\overline{D}+ABC+BD+B\overline{C}$$

$$=ABC(1+\overline{D})+BD(1+A)+BC\overline{D}+B\overline{C}$$

$$=ABC+BD+BC\overline{D}+B\overline{C}$$

$$=B(AC+D+C\overline{D}+\overline{C})$$

$$=B(AC+D+C+\overline{C})$$

$$=B(AC+D+1)=B$$

2. 卡诺图化简

所谓卡诺图，是与变量的最小项对应的按一定规则排列的方格图，每一小方格填入一个最小项。卡诺图是逻辑函数化简的图形方法，它是建立在逻辑函数标准与或式的基础上的。卡诺图化简法十分直观、简便，而且有规律可循。

n 个变量有 2^n 种组合，最小项就有 2^n 个，卡诺图也相应有 2^n 个小方格。图 13－9 所示分别为二变量、三变量和四变量卡诺图。在卡诺图的行和列分别标出变量及其状态。变量状态的次序是 00，01，11，10，而不是二进制递增的次序 00，01，10，11。这样排列是为了使任意两个相邻最小项之间只有一个变量改变。小方格也可用二进制对应于十进制数编号，如图中的四变量卡诺图，也就是变量的最小项可用 m_0，m_1，m_2，m_3 等来编号。

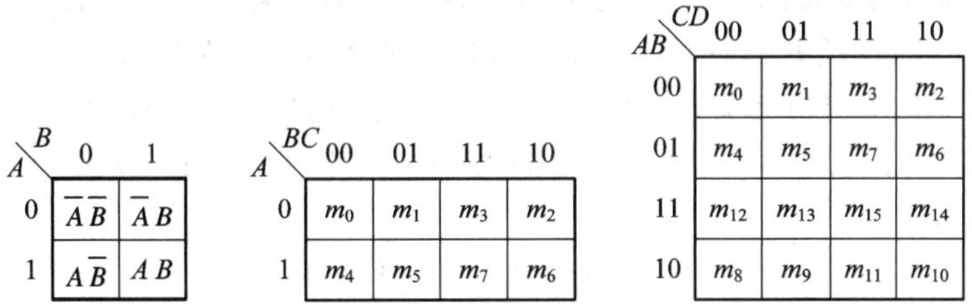

(a) 二变量　　(b) 三变量　　(c) 四变量

图 13－9　卡诺图

应用卡诺图化简逻辑函数时，先将逻辑式中的最小项（或逻辑状态表中取值为 1 的最小项)分别用 1 填入相应的小方格内。如果逻辑式中的最小项不全，则填写 0 或空着不填。如果逻辑式不是由最小项构成的，一般应先化为最小项(或列其逻辑状态表)。具体方法如下：

(1) 将取值为 1 的相邻小方格圈成矩形或方形，相邻小方格包括最上行与最下行及最左列与最右列同列或同行两端的两个小方格。

所圈取值为 1 的相邻小方格的个数应为 2^n($n=0$，1，2，3，…)，即为 1，2，4，8，…，不允许为 3，6，10，12 等。

(2) 圈的个数应最少，圈内小方格个数应尽可能多。每圈一个新的圈时，必须包含至少一个在已圈过的圈中未出现过的最小项，否则会重复而得不到最简式。

每一个取值为 1 的小方格可被圈多次，但不能遗漏。

(3) 相邻的两项可合并为一项，并消去一个因子；相邻的四项可合并为一项，并消去两个因子；依此类推，相邻的 2^n 项可合并为一项，并消去 n 个因子。

(4) 将合并的结果相加，即为所求的最简与或式。

【例 13－15】 将 $Y=ABC+AB\overline{C}+\overline{A}BC+A\overline{B}C$ 用卡诺图表示并化简。

解　卡诺图如图 13－10 所示。

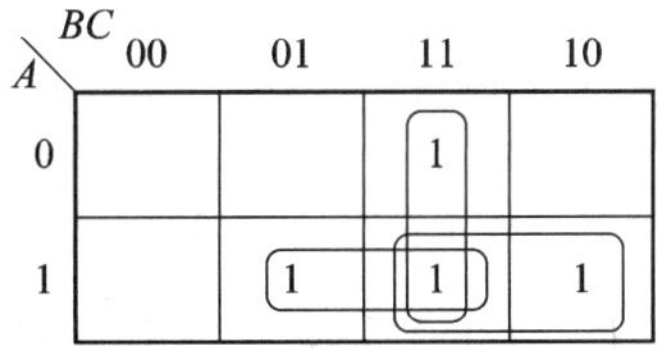

图 13－10　例 13－15 图

将相邻的两个 1 圈在一起，共可圈成三个圈。三个圈的最小项分别为

$$ABC + AB\overline{C} = AB(C + \overline{C}) = AB$$

$$ABC + \overline{A}BC = BC(A + \overline{A}) = BC$$

$$ABC + A\overline{B}C = CA(B + \overline{B}) = CA$$

于是得出化简后的逻辑式

$$Y = AB + BC + CA$$

与应用逻辑代数运算法则化简比较，是应用了配项法，加了两项 ABC。对卡诺图化简法来讲，就是保留一个圈内最小项的相同变量，而除去相反的量。

【例 13-16】 应用卡诺图化简 $Y=\overline{A}+\overline{A}\overline{B}+BC\overline{D}+B\overline{D}$。

解 首先画出四变量的卡诺图(见图 13-11)，将式中各项在对应的卡诺图小方格内填入 1。在本例中，每一项并非只对应一个小方格。如 $\overline{A}$ 项，应在含有 $\overline{A}$ 的所有小方格内都填入 1(与其他变量为何值无关)，即图中上面八个小方格。含有 $\overline{A}\overline{B}$ 的小方格有最上面四个，已含在 $\overline{A}$ 项内。同理，可在 $BC\overline{D}$ 和 $B\overline{D}$ 所对应的小方格内也填入 1。而后圈成两个圈，相邻项合并，得出

$$Y = \overline{A} + AB\overline{D} = \overline{A} + B\overline{D}$$

【例 13-17】 应用卡诺图化简 $Y=\overline{A}\overline{B}\overline{C}\overline{D}+\overline{A}\overline{B}C\overline{D}+A\overline{B}\overline{C}\overline{D}+A\overline{B}C\overline{D}$。

解 卡诺图如图 13-12 所示，可将最上行两角的 1 圈在一起，将最下行两角的 1 圈在一起，则可得出

$$Y = \overline{A}\,\overline{B}\,\overline{D} + A\overline{B}\,\overline{D} = \overline{B}\,\overline{D}(A + \overline{A}) = \overline{B}\,\overline{D}$$

也可将四个 1 圈在一起，其相同变量为 $\overline{B}\overline{D}$，故可直接得出

$$Y = \overline{B}\,\overline{D}$$

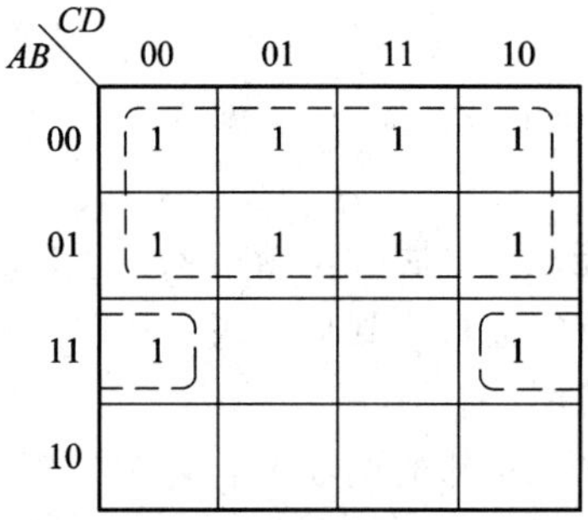

图 13-11 例 13-16 图

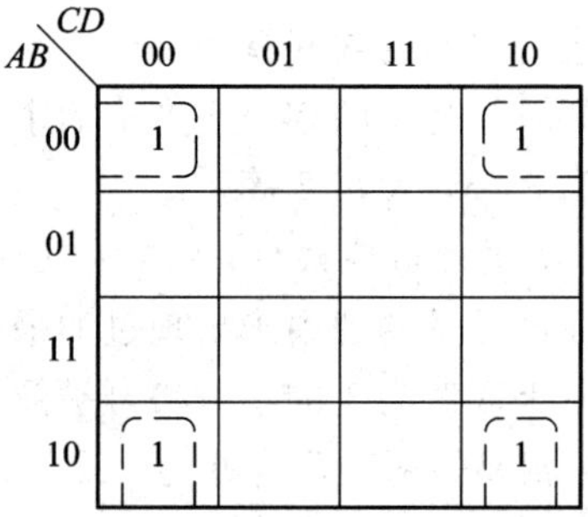

图 13-12 例 13-17 图

13.5 TTL 门电路

双极型数字电路中最常用的是 TTL 电路。

13.5.1 TTL 与非门

TTL 与非门的典型电路如图 13-13(a)所示，13-13(b)是 TTL 与非门对应的逻辑符号。

1. 内部结构和工作原理

在晶体管—晶体管逻辑电路(Transistor - Transistor Logic，TTL)与非门的内部结构

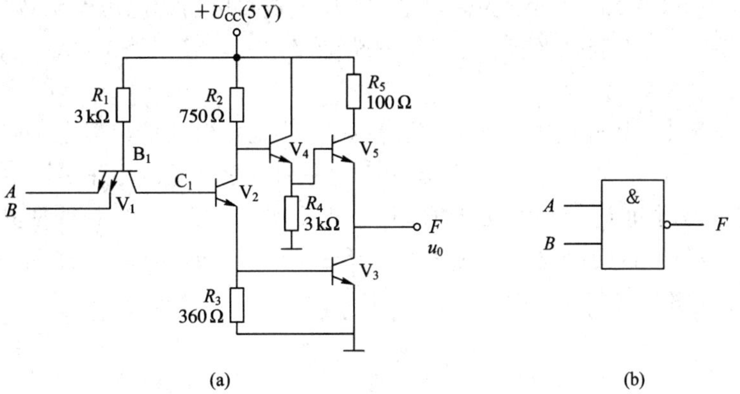

图 13-13　TTL 与非门电路及其逻辑符号

中，输入级 V_1 是二输入的与门，只要输入中有一个是低电平就会造成 V_1 导通并使得 V_2 基极为低电平，除非两个输入都是高电平，才会有 V_1 截止并使 V_2 基极为高电平；中间放大级由 V_2 组成，其集电极和发射极的两个输出分别控制由（V_4）V_5 和 V_3 组成的推拉式电路工作。所谓推拉，就是当（V_4）V_5 导通时，V_3 截止将输出拉向高电平；当 V_3 导通时，（V_4）V_5 截止将输出推向低电平。V_4 和 V_5 作为射极跟随器有较强的驱动能力，由 V_3 组成的反相器也有很强的驱动能力。

2. 电压传输特性和主要参数

1）电压传输特性

TTL 与非门的电压传输特性如图 13-14(a)所示，与非门的延迟时间如图 13-14(b)所示。

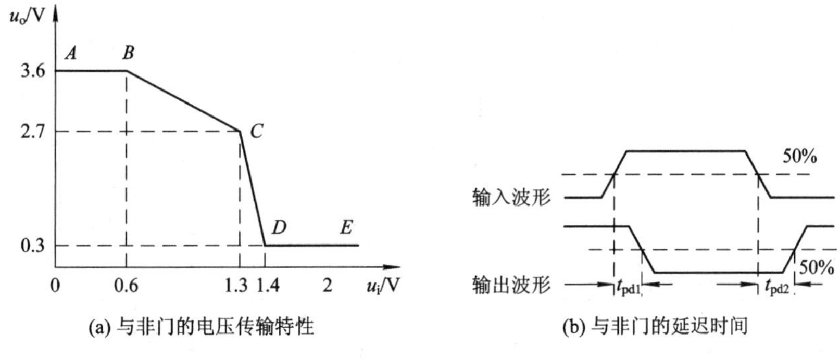

图 13-14　TTL 与非门的电压传输特性和延迟时间

图 13-14(a)中：

在 AB 段，输入电压 $u_i<0.6$ V，V_1 饱和导通，V_2 和 V_3 截止，V_4 和 V_5 导通，电路处于截止状态，关门电压 $U_{off}\approx 0.6$ V。此时输出为高电平，输出高电平电压 $U_{OH}=3.6$ V；

在 BC 段，$0.6\text{ V}<u_i<1.3$ V 时，V_1 截止，V_2 导通，V_3 截止，电路处于线性区，u_o 下降；

在 CD 段，$u_i>1.3$ V 时，V_1 截止，V_2 和 V_3 均饱和导通，电路处于开启状态，开启电压 $U_{on}\approx 1.4$ V。输出为低电平，$U_{OL}=0.3$ V。

2）主要参数

(1) 输出高电平 U_{OH} 和输出低电平 U_{OL}。输出高电平 U_{OH} 是指输入端有一个或一个以上接低电平(u_i<0.6 V)时输出端为高电平，当集成逻辑电路的电源电压U_{CC}为5 V时，典型值U_{OH}=3.6 V；输出低电平U_{OL}是指输入端全部接高电平(u_i>3.6 V)时输出为低电平，其典型值U_{OL}=0.3 V。

(2) 关门电平U_{off}和开门电平U_{on}。关门电平U_{off}是指保证输出高电平时的最大输入电平(约0.85 V)；开门电平U_{on}是指保证输出低电平时的最小输入电平(约1.5 V)。

(3) 平均延迟时间t_{pd}。平均延迟时间t_{pd}是反映门电路工作速度的重要指标，如图13-14(b)表明信号经过门电路存在时间上的延迟。平均延迟时间t_{pd}是前沿延迟时间t_{pd1}和后沿延迟时间t_{pd2}和的平均值，即

$$t_{pd}=\frac{t_{pd1}+t_{pd2}}{2}$$

(4) 扇入系数N_i和扇出系数N_o。扇入系数N_i是指逻辑门的输入端口数；扇出系数N_o是指输出端可以驱动同类下一级门电路的数目，反映了门电路的带负载能力。一般N_o=6～8。

(5) 输入高电平电流I_{IH}和输入低电平电流I_{IL}。当某一输入端接高电平，其余端接低电平时，流入该输入端的电流称为输入高电平电流I_{IH}；当某一输入端接低电平，其余端接高电平时，从该输入端流出的电流称为输入低电平电流I_{IL}。

(6) 空载导通功耗P_{ON}和输入短路电流I_{IS}。P_{ON}是指输出无负载且为低电平时电路的总功耗，该值越小越省电。其值为

$$P_{ON}=U_{CC}I_C$$

I_{IS}是指输入端接地时的输入电流，该值越小表明向前一级索取的电流越小。

74系列TTL集成逻辑器件是国际上通用的标准器件，有多种系列，图13-15是两种常见的74系列TTL与非门的外引脚排列图。在一片集成器件内，各逻辑门共用电源和地线，但互相独立，可以单独使用。74LS00内含4个二输入的与非门，74LS20内含2个四输入的与非门。

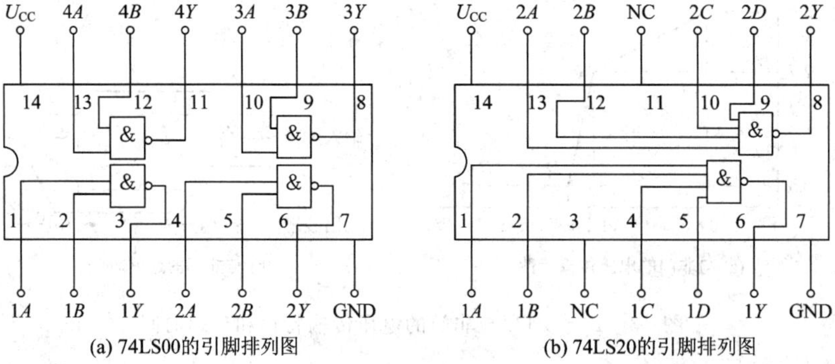

图13-15 两种常见的74系列TTL与非门外引线排列图

13.5.2 TTL集电极开路与非门(OC与非门)

普通TTL与非门电路的输出不允许将多个输出端直接并联使用。因为假如一个门输出高电平，而另外一个门输出低电平，将有较大的电流从截止门流向导通门(参考图13-16所示)，这个较大的电流会抬高导通门输出的低电平，破坏电路的逻辑功能，甚至可能会将导通门烧毁。

集电极开路与非门电路可以实现输出端的直接并联使用。它的门电路和逻辑符号如图 13－16(a)、(b)所示。与普通 TTL 与非门电路相比，取消了 V_5、R_5 构成的射极输出器，并使 V_3 的集电极悬空，OC 门工作时需要外接电阻和电源。

OC 门的特点是可以实现几个与非门的线与。如图 13－16(c)所示，只要任何一个 OC 门的输出管 V 导通，都将使输出 F 为低电平；只有全部 OC 门的输出管 V 截止时，输出才可能为高电平，即

$$F = F_1 \cdot F_2 = \overline{A_1B_1C_1} \cdot \overline{A_2B_2C_2}$$

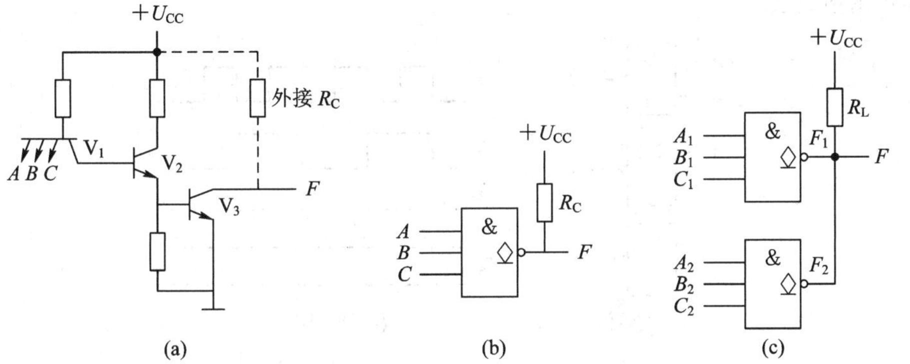

图 13－16　集电极开路与非门电路逻辑符号和线与图

13.5.3　TTL 三态门

TTL 三态门原理电路如图 13－17(a)所示。当控制端 E 为低电平时，通过两个与门箝制 V_1、V_2的基极为低电平而使其截止，F 称为浮空态，也称为高阻态或断开态；当控制端 E 为高电平时，两个与门成为传输门，$F=A(0, 1)$，由此得名三态门，常把它称为驱动器或缓冲器。在计算机的总线结构中，各种功能部件都是通过三态门连接到总线上的，任何时候只允许有两个功能部件与总线接通进行相互间的数据传送，连接其余部件的三态门都是断开的。

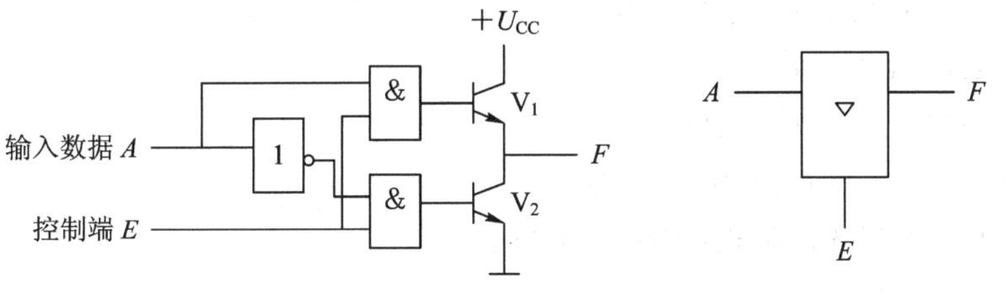

图 13－17　TTL 三态门

习　题　13

13－1　将下列十进制数转换为二进制数：

13　　81　　4097　　31.3125　　89.75

13－2　将下列二进制数转换为十进制数、八进制数和十六进制数：

1101　　101101　　11101　　11010.0101

13－3　数制转换：

(1) $(563)_8=(\quad)_{16}$

(2) $(EA9.C)_{16}=(\quad)_8=(\quad)_4$

(3) $(2120.12)_3=(\quad)_{10}$

(4) $(371)_{10}=(\quad)_5$

13－4　已知逻辑门及其输入波形如图 13－18 所示，试分别画出输出 F_1、F_2、F_3 的波形，并写出逻辑式。

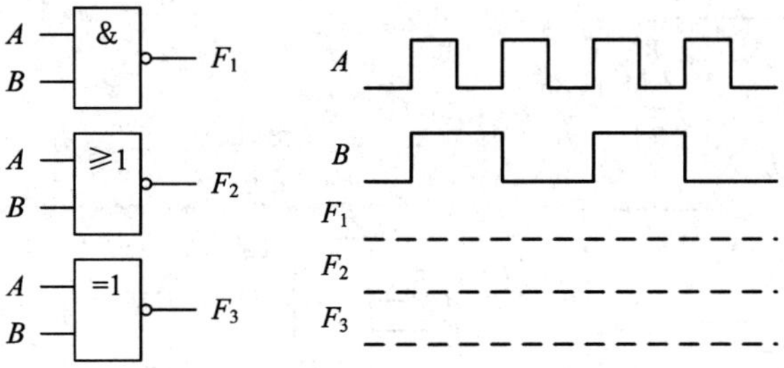

(a) 逻辑门　　(b) 波形图

图 13－18　习题 13－4 图

13－5　用公式法证明下列等式：

(1) $AB+BCD+\overline{A}C+\overline{B}C=AB+C$

(2) $(A+B)(A+\overline{B})(\overline{A}+B)(\overline{A}+\overline{B})=0$

(3) $ABC+\overline{A}\overline{B}\overline{C}=\overline{A\overline{B}+B\overline{C}+C\overline{A}}$

(4) $A(\overline{A}+B)+B(B+C)+B=B$

(5) $\overline{\overline{(\overline{A}+B)}+\overline{(A+\overline{B})}}+\overline{(\overline{\overline{A}B})(\overline{A\overline{B}})}=1$

(6) $A\overline{B}+\overline{\overline{B}+\overline{C}+E}+\overline{B\overline{E}}=\overline{B}+C+E$

13－6　用公式法化简下列各式：

(1) $F=\overline{A}\overline{B}C+\overline{A}BC+ABC+AB\overline{C}$

(2) $F=AB+\overline{A}C+\overline{BC}$

(3) $F=\overline{A}B+\overline{A}C+\overline{B}\overline{C}+AD$

(4) $F=(A+B+C)(\overline{A}+B)(A+B+\overline{C})$

13－7　根据下列各逻辑式，画出逻辑图。

(1) $F=AB+BC$

(2) $F=(A+B)(A+C)$

(3) $F=A(B+C)+BC$

13－8　用卡诺图化简下列函数为最简“与或式”并用门电路画出逻辑图。

(1) $F=\overline{A}\overline{B}+\overline{A}B\overline{C}$

(2) $Y=AB+\overline{A}BC+\overline{A}B\overline{C}$

(3) $F(A,B,C)=\sum m(1,3,4,5,7)$

(4) $F=A\overline{B}\,\overline{C}+\overline{A}\,\overline{B}+\overline{A}B\overline{C}+BC$

13－9　逻辑电路如图 13－19 所示，写出逻辑式，并化简。

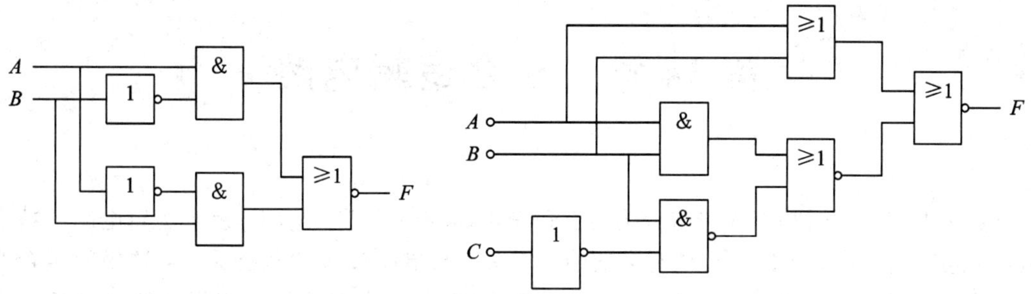

(a)　　　　(b)

图 13－19　习题 13－9 图

13－10　试用逻辑状态表证明下式：

$$ABC+\overline{A}\ \overline{B}\ \overline{C}=\overline{A\overline{B}+B\overline{C}+C\overline{A}}$$

13－11　思考题：TTL 三输入与非门对二输入变量进行运算，多余的输入端如何处理？如果什么都不接，会是什么情况？

13－12　已知函数 $F_1=\overline{B}CD+B\overline{C}+\overline{C}\overline{D}$ 和 $F_2=\overline{A}\overline{B}\overline{C}+A\overline{D}+CD$，试求：

(1) $F=F_1+F_2$

(2) $F=F_1\cdot F_2$

(3) $F=F_1\oplus F_2$

第 14 章　组合逻辑电路

数字电路按逻辑功能和结构分为组合逻辑电路与时序逻辑电路。组合逻辑电路的特点是：任意时刻电路的输出仅与该时刻的输入有关，与电路过去的状态无关，这说明组合逻辑电路不具有记忆功能。本章首先讨论小规模集成电路构成的组合逻辑电路的分析与设计，在此基础上详细介绍加法器、编码器和译码器。最后简单介绍数据选择器和数据分配器。

14.1　组合逻辑电路的分析

所谓组合逻辑电路的分析，就是在给定逻辑电路的条件下，找出它的输出和输入之间的逻辑关系，并指出电路的逻辑功能。组合逻辑电路分析的任务和步骤是：

(1) 根据指定的逻辑电路图写出输出函数的表达式。

(2) 根据逻辑表达式列逻辑状态表(真值表)。

(3) 分析逻辑状态表并说明逻辑电路的功能以及改进的方案。

【例 14-1】 分析图 14-1(a)所示的逻辑电路。

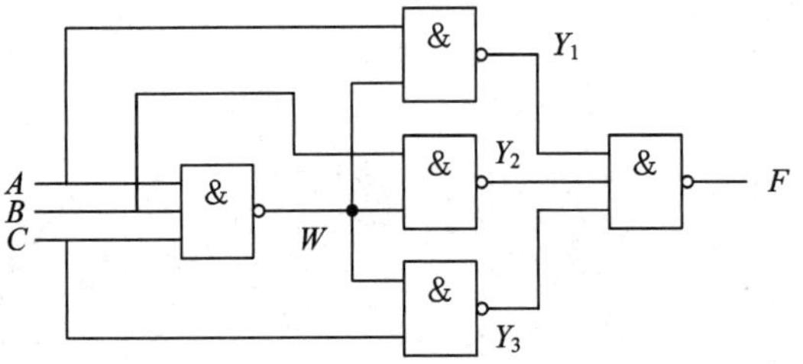

(a) 逻辑电路图

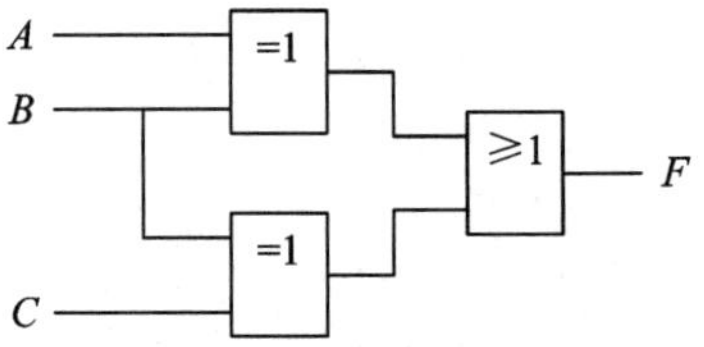

(b) 改进后的电路

图 14-1　例 14-1 图

解　第一步：根据图示电路写出输出函数的表达式。如果门电路的级数很多，可以一级一级地写，对每一级的输出规定一个中间变量，如图 14-1(a)中的 Y_1、Y_2、Y_3 和 W，最后再把中间变量用输入变量替换掉。

$$
\begin{aligned}
F &= \overline{Y_1 \cdot Y_2 \cdot Y_3} = \overline{\overline{AW} \cdot \overline{BW} \cdot \overline{CW}} \\
&= A \cdot W + B \cdot W + C \cdot W \\
&= (A+B+C) \cdot \overline{ABC} \qquad \text{(反演律、结合律)} \\
&= \overline{A}B + A\overline{B} + \overline{A}C + A\overline{C} \\
&= A \oplus B + A \oplus C
\end{aligned}
$$

第二步：列逻辑状态表如表 14-1 所示。

表 14-1　例 14-1 的逻辑状态表

A	B	C	F
0	0	0	0
0	0	1	1
0	1	0	1
0	1	1	1
1	0	0	1
1	0	1	1
1	1	0	1
1	1	1	0

第三步：说明逻辑功能及改进意见。

从逻辑状态表中可以看出这是一个"三输入不一致"电路，当三个输入变量相同时，输出为0；三个输入变量不同时，输出为1。改进的方案如图14-1(b)所示，改进后所用的门电路较少。

【例 14-2】　已知在图14-2所示的电路中，AB端加入波形不同的脉冲电路，分析该电路的功能。

解　由图14-2可见，当$M=0$时，与非门1的输出恒为1，与A端的输入信号无关；同时，与非门2输出为1，因此与非门3的输出仅由B端的输入决定；又因为与非门1输出为1，与非门4的输出由与非门3决定，习惯上称门3此时被打开，所以输出$F=\overline{B}$。

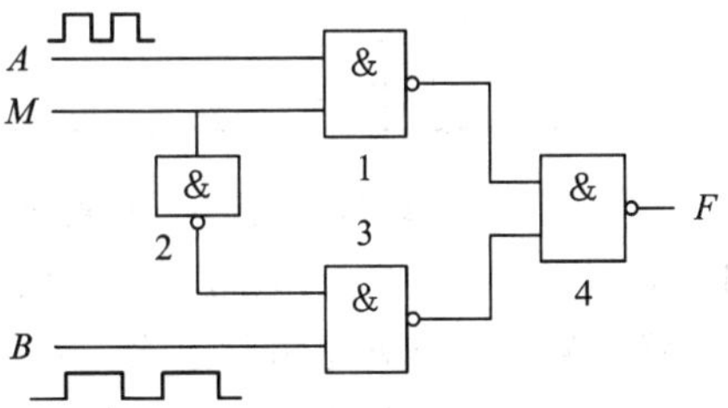

图 14-2　例 14-2 图

同理可得，当$M=1$时，输出$F=A$。

可见，虽然有两个信号同时加在电路的输入端，但可通过控制M电平的高低来选择F输出信号A还是信号B，这种电路称为选通电路。

14.2　组合逻辑电路的设计

组合逻辑电路的设计是分析的逆过程，它是根据给定的逻辑功能要求，设计出实现这些功能的最佳电路。组合逻辑电路设计的任务和步骤是：

(1) 根据题目对逻辑功能的要求定义输入和输出变量、列逻辑状态表，并由逻辑状态表写出逻辑函数的标准与或式。

(2) 根据题目指定使用的器件类型进行化简，若未指定器件类型，则器件类型可以任选。

(3) 画出逻辑电路图。

【例 14-3】　设计一个逻辑电路供三人(A，B，C)表决使用。每人有一电键，如果他赞成，就按电键，表示 1；如果不赞成，则不按电键，表示 0，表决结果用指示灯来表示。如果多数赞成，则指示灯亮，$Y=1$；反之则不亮，$Y=0$。

解 (1) 由题意列出逻辑状态表。共有八种组合，其中 $Y=1$ 的取值情况只有四种组合。逻辑状态表如表 14-2 所示。

(2) 由逻辑状态表写出逻辑式：

$$Y=AB\overline{C}+A\overline{B}C+\overline{A}BC+ABC$$

(3) 应用逻辑代数运算法则对上式进行变换和化简：

$$\begin{aligned}Y&=AB\overline{C}+A\overline{B}C+\overline{A}BC+ABC+ABC+ABC\\&=AB(C+\overline{C})+BC(A+\overline{A})+CA(B+\overline{B})\\&=AB+BC+CA\end{aligned}$$

(4) 由逻辑式画出逻辑图。由化简后的逻辑式画出逻辑图，如图 14-3 所示。

表 14-2 例 14-3 的逻辑状态表

0	0	0	0
0	0	1	0
0	1	0	0
0	1	1	1
1	0	0	0
1	0	1	1
1	1	0	1
1	1	1	1

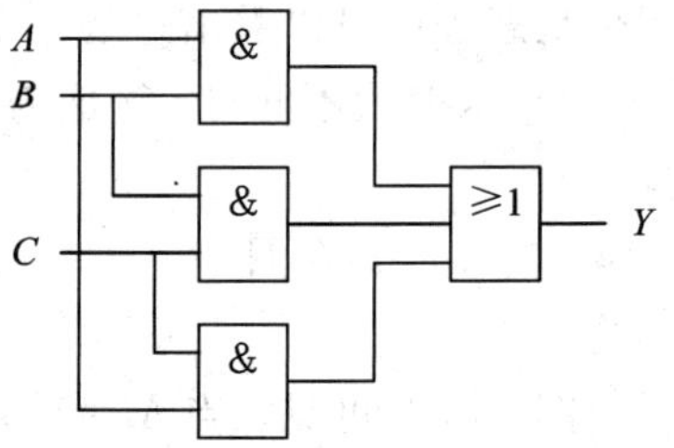

图 14-3 例 14-3 图

【例 14-4】 设计一个 8421 码乘以 5 的组合逻辑电路，使其电路的输入和输出都是 8421 码，并证明该逻辑电路不需要任何门电路。

解 第一步：列逻辑状态表。输入变量是一位 8421 码，用 $X_3X_2X_1X_0$ 表示；输出是二位 8421 码，用 $X_7X_6X_5X_4X_3X_2X_1X_0$ 表示，其表示过程如表 14-3 所示。

表 14-3 例 14-4 表

十进制数	$X_3X_2X_1X_0$	$X_7X_6X_5X_4X_3X_2X_1X_0$	十进制数×5
0	0000	0000 0000	00
1	0001	0000 0101	05
2	0010	0001 0000	10
3	0011	0001 0101	15
4	0100	0010 0000	20
5	0101	0010 0101	25
6	0110	0011 0000	30
7	0111	0011 0101	35
8	1000	0100 0000	40
9	1001	0100 0101	45

第二步：写出输出函数的表达式，通过观察逻辑状态表就可以得到。

$$Y_7 = Y_3 = Y_1 = 0,\quad Y_5 = X_2,\quad Y_2 = Y_0 = X_0,\quad Y_6 = X_3,\quad Y_4 = X_1$$

第三步：画逻辑图。输出表达式说明实现该功能不需要任何门电路，只用连线将输入变量 0 连接到输出变量上，如图 14－4 所示。

Y_7	Y_6	Y_5	Y_4	Y_3	Y_2	Y_1	Y_0
↓	↓	↓	↓	↓	↓	↓	↓
0	X_3	X_2	X_1	0	X_0	0	X_0

图 14－4　输入与输出的连线

14.3　加　法　器

在数字系统，尤其是在计算机的数字系统中，二进制加法器是它的基本部件之一，而二进制运算可以用逻辑运算来表示，所以可以用逻辑设计的方法来完成运算电路。

14.3.1　半加器

所谓“半加”，就是只求本位的和，暂不管低位送来的进位数。

设两个一位二进制数 A、B 相加，S 表示 A 和 B 两个数半加和，C 为进位。根据二进制数加法运算法则，可以列出半加器的逻辑状态表，如表 14－4 所示。由逻辑状态表写出逻辑表达式：

$$S = \overline{A}B + A\overline{B} = A \oplus B$$
$$C = AB$$

根据上述分析，半加器可用一个异或门和一个与门实现。半加器的逻辑电路如图 14－5(a)所示，其逻辑符号如图 14－5(b)所示。

表 14－4　半加器的逻辑状态表

A	B	S	C
0	0	0	0
0	1	1	0
1	0	1	0
1	1	0	1

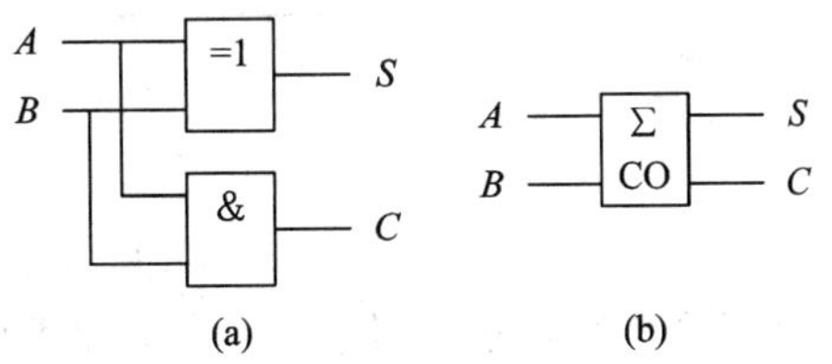

图 14－5　半加器的逻辑电路和逻辑图

14.3.2　全加器

在进行多位二进制数相加时，不仅要考虑某一位被加数与加数相加，还要考虑来自低位的进位。一位二进制数全加器是一个具有三个输入端和两个输出端的，能对被加数、加数以及来自低位的进位相加得到“全加和”和“全加进位”的组合电路。一位二进制数全加器的逻辑状态表如表 14－5 所示，逻辑图及逻辑符号如图 14－6(a)、(b)所示。其中 A_i、B_i、C_{i-1} 分别代表输入的被加数、加数以及来自低位的进位，S_i 是本位和，C_i 是向高位的进位。

根据逻辑状态表写出输出函数的表达式如下：

$$
\begin{aligned}
S_i &= \overline{A}_i\overline{B}_iC_{i-1} + \overline{A}_iB_i\overline{C_{i-1}} + A_i\overline{B}_i\overline{C_{i-1}} + A_iB_iC_{i-1} \\
&= \overline{A}_i(B_i \oplus C_{i-1}) + A_i\overline{(B_i \oplus C_{i-1})} \\
&= A_i \oplus B_i \oplus C_{i-1} \\
C_i &= \overline{A}_iB_iC_{i-1} + A_i\overline{B}_iC_{i-1} + A_iB_i\overline{C_{i-1}} + A_iB_iC_{i-1} \\
&= (A_i \oplus B_i) \cdot C_{i-1} + A_iB_i
\end{aligned}
$$

表 14-5 全加器的逻辑状态表

A_i	B_i	C_{i-1}	S_i	C_i
0	0	0	0	0
0	0	1	1	0
0	1	0	1	0
0	1	1	0	1
1	0	0	1	0
1	0	1	0	1
1	1	0	0	1
1	1	1	1	1

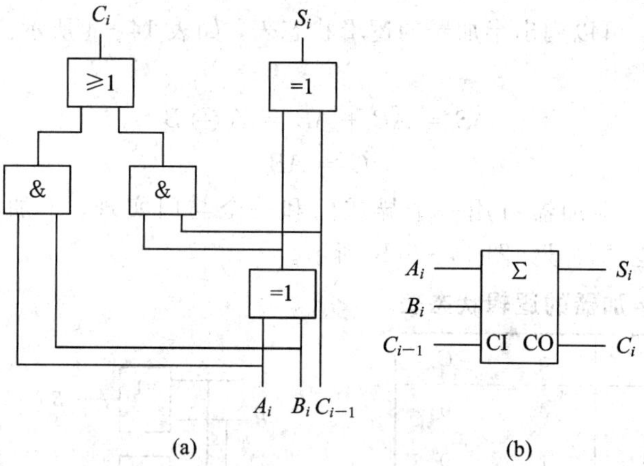

图 14-6 全加器的逻辑图和逻辑符号

如果要实现四位二进制数相加，就可以将四个一位全加器级联构成一个四位全加器进行运算。

14.4 编 码 器

用数字或某种文字和符号来表示某一对象或信号的过程，称为编码。十进制编码和文字符号的编码虽然在日常生活中用得很多，但在数字电路中却难于实现。在数字电路中，一般用的是二进制编码。二进制只有 0 和 1 两个编码，一位二进制代码只可以表示两个信号，两位二进制代码有 00、01、10、11 四种状态，可以表示四个信号。依此类推，n 位二进制代码可以表示 2^n 个信号。由前面的讨论知道，这种二进制编码在电路上容易实现。用来实现编码功能的电路，称为编码器。按照被编信号的不同特点和要求，编码器可分为二进制编码器、二一十进制编码器、优先编码器等。

14.4.1　二进制编码器

二进制编码器是将某种信号编成二进制代码的电路。例如，要把 Y_0、Y_1、Y_2、Y_3、Y_4、Y_5、Y_6、Y_7 八个输入信号编成对应的二进制代码输出，其编码过程如下：

（1）确定二进制代码的位数。因为输入有八个信号，要求有八种状态，所以输出的是 3 位（$2^n=8$，$n=3$）二进制代码。

（2）列编码表（真值表）。编码表是由待编码的八个信号和对应的二进制代码列成的表格，这种对应关系是人为的。用 3 位二进制代码表示八个信号的方案很多，表 14－6 所列为其中的一种。每种方案都应有一定的规律性，以便于记忆。这里是按二进制的计数方式排列的。

表 14－6　二进制编码器的编码表

输入	输　出		
	C	B	A
Y_0	0	0	0
Y_1	0	0	1
Y_2	0	1	0
Y_3	0	1	1
Y_4	1	0	0
Y_5	1	0	1
Y_6	1	1	0
Y_7	1	1	1

（3）由编码表写出各个输出量的逻辑表达式。

$$C=Y_4+Y_5+Y_6+Y_7$$

$$B=Y_2+Y_3+Y_6+Y_7$$

$$A=Y_1+Y_3+Y_5+Y_7$$

当然逻辑式也可以用与非式来实现。

（4）由逻辑表达式画出逻辑电路图。依据上面的表达式，用或门可以实现此编码功能。其逻辑电路如图 14－7 所示。

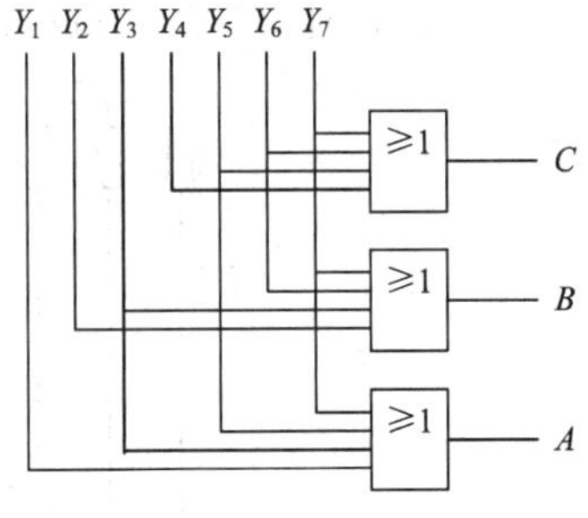

图 14－7　逻辑电路图

14.4.2　8421BCD 码编码器

8421BCD码编码器是最常见的一种二一十进制编码器。因为十进制是人们最熟悉的一种编码方式，二一十进制编码是指将十进制数码转换成二进制代码的电路。二一十进制编码器又有许多编码方法，这里介绍最常用的一种二一十进制编码器。

（1）确定二进制代码的位数。因为输入有 10 个信号，要求有 10 种状态，所以输出的是四位（$2^n>10$，$n=4$）二进制代码。

(2) 8421BCD码逻辑状态表，如表14-7所示。

表14-7　8421BCD码逻辑状态表

输入	输出			
	D	C	B	A
Y_0	0	0	0	0
Y_1	0	0	0	1
Y_2	0	0	1	0
Y_3	0	0	1	1
Y_4	0	1	0	0
Y_5	0	1	0	1
Y_6	0	1	1	0
Y_7	0	1	1	1
Y_8	1	0	0	0
Y_9	1	0	0	1

(3) 由编码表写出各个输出量的逻辑表达式。

$$D=Y_8+Y_9=\overline{\overline{Y_8}\cdot\overline{Y_9}}$$

$$C=Y_4+Y_5+Y_6+Y_7=\overline{\overline{Y_4}\cdot\overline{Y_5}\cdot\overline{Y_6}\cdot\overline{Y_7}}$$

$$B=Y_2+Y_3+Y_6+Y_7=\overline{\overline{Y_2}\cdot\overline{Y_3}\cdot\overline{Y_6}\cdot\overline{Y_7}}$$

$$A=Y_1+Y_3+Y_5+Y_7+Y_9$$

$$=\overline{\overline{Y_1}\cdot\overline{Y_3}\cdot\overline{Y_5}\cdot\overline{Y_7}\cdot\overline{Y_9}}$$

(4) 画出逻辑电路图。编码器广泛应用于键盘电路，按上述逻辑将十进制数编成四位逻辑电路的原理图如图14-8所示。当按下某个按钮后(如按下数码5)，电路四个输出电平 $DCBA$ 为0101，即产生与按钮号对应的8421码。

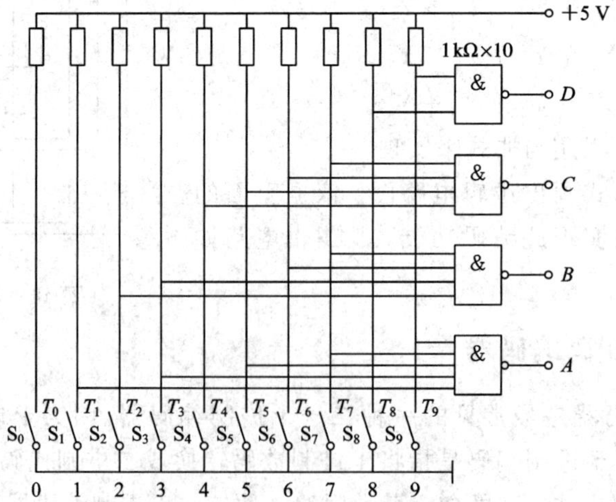

图14-8　逻辑电路原理图

14.4.3　集成 TTL 编码器

国产的 TTL 编码器都采用 8421 码，并按优先排队方式工作，即如果同时输入两个数码，输出代码与数码大的那个对应。

74LS147 是 8421BCD 码优先编码器，其逻辑状态表如表 14-8 所示，逻辑符号如图 14-9 所示。表中的输入和输出信号均以反码表示，低电平有效(逻辑符号上的小圆圈代表该信号是低电平有效)。当$\overline{D_i}$有效时，优先权比它低的$\overline{D_{i-1}}$，$\overline{D_{i-2}}$，…都无效。74LS147 只对输入的九条数据线编码到 8421BCD 码的四条线输出，当所有九条数据线均为高电平时，编码表示十进制 0，不需要单独设置输入条件。

表 14-8　74LS147 的逻辑状态表

$\overline{D}_1$	$\overline{D}_2$	$\overline{D}_3$	$\overline{D}_4$	$\overline{D}_5$	$\overline{D}_6$	$\overline{D}_7$	$\overline{D}_8$	$\overline{D}_9$	$\overline{D}$	$\overline{C}$	$\overline{B}$	$\overline{A}$
1	1	1	1	1	1	1	1	1	1	1	1	1
×	×	×	×	×	×	×	×	0	0	1	1	0
×	×	×	×	×	×	×	0	1	0	1	1	1
×	×	×	×	×	×	0	1	1	1	0	0	0
×	×	×	×	×	0	1	1	1	1	0	0	1
×	×	×	×	0	1	1	1	1	1	0	1	0
×	×	×	0	1	1	1	1	1	1	0	1	1
×	×	0	1	1	1	1	1	1	1	1	0	0
×	0	1	1	1	1	1	1	1	1	1	0	1
0	1	1	1	1	1	1	1	1	1	1	1	0

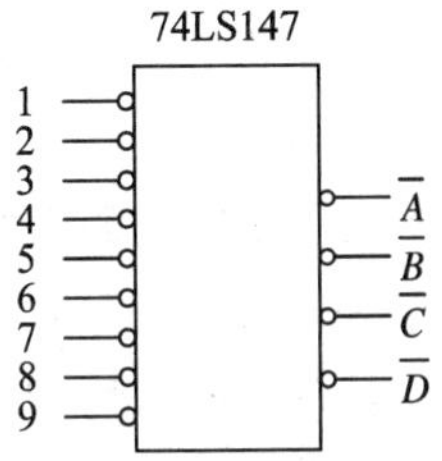

图 14-9　74LS147 的逻辑图

14.5　译　码　器

14.5.1　2—4 线译码器

译码是编码的逆过程，即按原来编码的含义“翻译”过来。变量译码器的定义有 n 个输入端和 2^n 个输出端，每个输出是输入的一个最小项。根据需要，设计成在 2^n 个输出中只有一个有效是高电平，其余无效都是低电平；或者在 2^n 个输出中只有一个有效是低电平，其余无效都是高电平。无论输出是高电平有效还是低电平有效，只要保证了输出的唯一性，就是变量译码器，也称之为多译一的线译码器或最小项发生器。下面以 2—4 线译码器为例来说明其基本结构和应用。2—4 线译码器的逻辑状态表如表 14-9 所示，其逻辑图和电路符号如图14-10(a)、(b)所示。

2—4 译码器的使能端 E 决定译码器是否投入工作。当 $E=0$ 时，所有输出都为 0；当 $E=1$ 时，四个输出中仅有一个为高电平，每一个输出是输入的最小项。即

$$Y_0=\overline{A}\overline{B}\qquad Y_1=\overline{A}B$$

$$Y_2=A\overline{B}\qquad Y_3=AB$$

表 14-9　2—4 线译码器的逻辑状态表

E	A	B	Y_0	Y_1	Y_2	Y_3
0	×	×	0	0	0	0
1	0	0	1	0	0	0
1	0	1	0	1	0	0
1	1	0	0	0	1	0
1	1	1	0	0	0	1

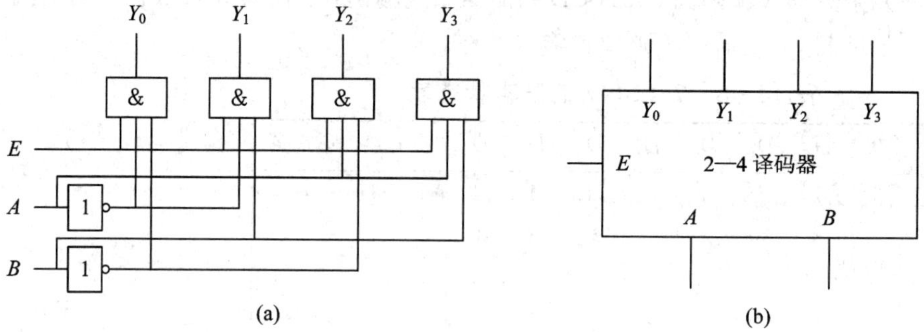

图 14-10　2—4 线译码器的逻辑图和电路符号

将 2—4 线译码器扩展为 3—8 线译码器需要两个 2—4 线译码器，连线如图 14-11 所示。从逻辑状态表 14-10 中可以看出，当 $a=0$ 时，$Y_0 \sim Y_3$有输出，左边的译码器工作，故 $E_1=\overline{a}$；当 $a=1$ 时，$Y_4 \sim Y_7$有输出，右边的译码器工作，故 $E_2=a$。在 $a=0$ 和 $a=1$ 时，b、c 都有四种组合方式，故 b、c 应接在两个 2—4 线译码器的输入端 A 和 B 上。

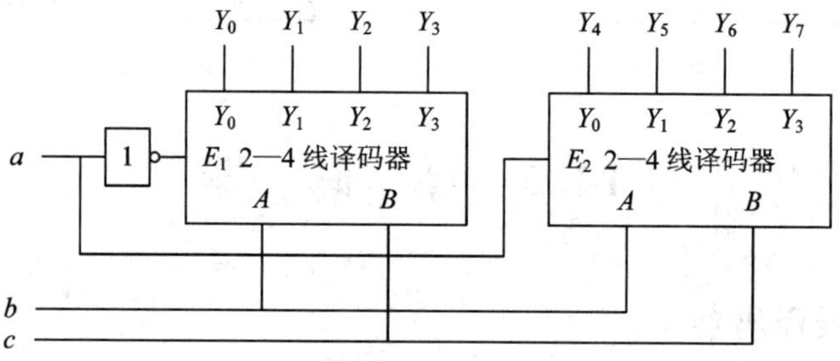

图 14-11　扩展为 3—8 线译码器的逻辑图

表 14-10　扩展为 3—8 线译码器的逻辑状态表

a	b	c	Y_0	Y_1	Y_2	Y_3	Y_4	Y_5	Y_6	Y_7
0	0	0	1	0	0	0	0	0	0	0
0	0	1	0	1	0	0	0	0	0	0
0	1	0	0	0	1	0	0	0	0	0
0	1	1	0	0	0	1	0	0	0	0
1	0	0	0	0	0	0	1	0	0	0
1	0	1	0	0	0	0	0	1	0	0
1	1	0	0	0	0	0	0	0	1	0
1	1	1	0	0	0	0	0	0	0	1

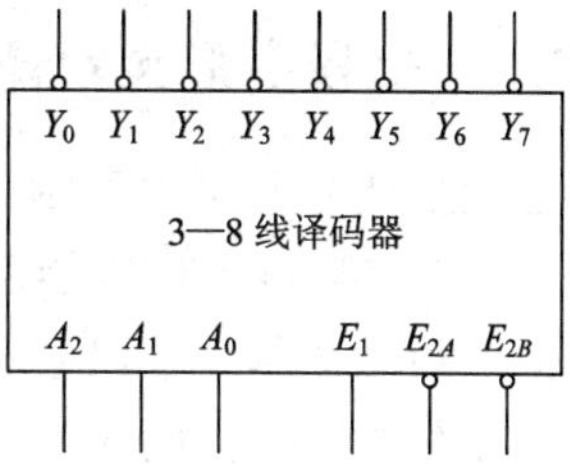

图 14-12　3—8 线译码器逻辑符号

74LS138 是最为常用的 3—8 线译码器，图 14-12 为 3—8 线译码器的逻辑符号，功能表如表 14-11 所示。图中，A_2、A_1、A_0 为地址输入端，A_2 为高位。$\overline{Y}_0 \sim \overline{Y}_7$ 为状态信号输出端，低电平有效，E_1 和 E_{2A}、E_{2B} 为使能端。由功能表可看出，只有当 E_1 为高电平，E_{2A}、E_{2B} 都为低电平时，该译码器才有有效状态信号输出；若有一个条件不满足，则译码器不工作，输出全为高电平。

如果用 $\overline{Y}_i$ 表示 i 端的输出，则输出函数为

$$\overline{Y}_i = \overline{E \cdot m_i} \qquad (i = 0 \sim 7)$$

$$E = E_1 \cdot \overline{E_{2A} + E_{2B}} = E_1 \cdot \overline{E_{2A}} \cdot \overline{E_{2B}}$$

可见，当使能端有效($E=1$)时，每个输出函数也正好等于输入变量最小项的非。

二进制译码器的应用很广泛，典型的应用有三种：① 实现存储系统的地址译码；② 实现逻辑函数；③ 带使能端的译码器可用做数据分配器或脉冲分配器。

表 14-11　3—8 线译码器的功能表

E_1	$E_{2A}+E_{2B}$	A_2	A_1	A_0	$\overline{Y}_0$	$\overline{Y}_1$	$\overline{Y}_2$	$\overline{Y}_3$	$\overline{Y}_4$	$\overline{Y}_5$	$\overline{Y}_6$	$\overline{Y}_7$
0	×	×	×	×	1	1	1	1	1	1	1	1
×	1	×	×	×	1	1	1	1	1	1	1	1
1	0	0	0	0	0	1	1	1	1	1	1	1
1	0	0	0	1	1	0	1	1	1	1	1	1
1	0	0	1	0	1	1	0	1	1	1	1	1
1	0	0	1	1	1	1	1	0	1	1	1	1
1	0	1	0	0	1	1	1	1	0	1	1	1
1	0	1	0	1	1	1	1	1	1	0	1	1
1	0	1	1	0	1	1	1	1	1	1	0	1
1	0	1	1	1	1	1	1	1	1	1	1	0

【例 14-5】 用 74LS138 和门电路实现一位全加器。

解　根据 14.3.2 节讨论过的结果，被加数、加数以及来自低位的进位分别用 A_i、B_i、C_{i-1} 表示；本位和 S_i 及进位 C_i 的函数最小项之和表达式为下式，逻辑图如图 14-13 所示。

$$S_i(A_iB_iC_{i-1}) = m_1 + m_2 + m_4 + m_7 = \overline{\overline{m_1} \cdot \overline{m_2} \cdot \overline{m_4} \cdot \overline{m_7}}$$

$$C_i(A_iB_iC_{i-1}) = m_3 + m_5 + m_6 + m_7 = \overline{\overline{m_3} \cdot \overline{m_5} \cdot \overline{m_6} \cdot \overline{m_7}}$$

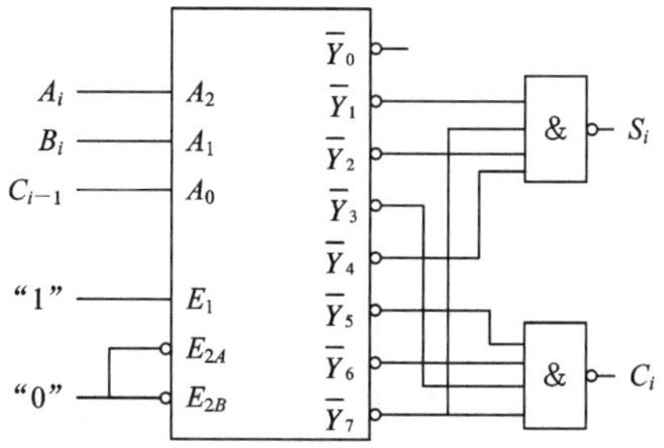

图 14-13　例 14-5 图

14.5.2　七段字形显示译码器

七段数码管是可以显示十六进制数字 0～9 和 A～F 或其他符号的简单显示器，其正视图、七段字形显示译码器逻辑图如图 14－14 所示。如果需要显示小数点 dp，应选择带小数点的七段数码管。数码管是由发光二极管并联组成的，有共阴极连接和共阳极连接两种，只有在二极管正偏导通时才发光。七段字形显示译码器又称为 4—7 线译码器，它将输入的四位二进制数译成十六进制数的七位字形码输出，以便驱动数码管。设数码管是共阴极连接，显示译码器的逻辑状态表如表 14－12 所示。

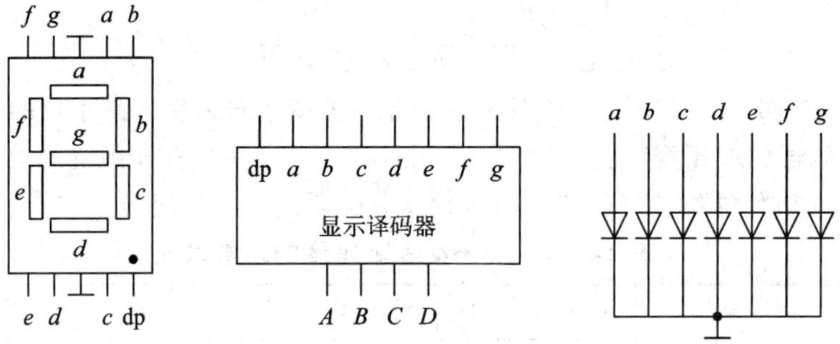

(a) LED 数码管　　(b) 显示译码器　　(c) 共阴极等效电路

图 14－14　七段字形显示译码器

表 14－12　七段字形显示译码器的逻辑状态表

输入				输出							字形码和字形	
A	*B*	*C*	*D*	*g*	*f*	*e*	*d*	*c*	*b*	*a*		
0	0	0	0	0	1	1	1	1	1	1	3FH	0
0	0	0	1	0	0	0	0	1	1	0	06H	1
0	0	1	0	1	0	1	1	0	1	1	5BH	2
0	0	1	1	1	0	0	1	1	1	1	4FH	3
0	1	0	0	1	1	0	0	1	1	0	66H	4
0	1	0	1	1	1	0	1	1	0	1	6DH	5
0	1	1	0	1	1	1	1	1	0	1	7DH	6
0	1	1	1	0	0	0	0	1	1	1	07H	7
1	0	0	0	1	1	1	1	1	1	1	7FH	8
1	0	0	1	1	1	0	1	1	1	1	6FH	9
1	0	1	0	1	1	1	0	1	1	1	77H	A
1	0	1	1	1	1	1	1	1	0	0	7CH	B
1	1	0	0	0	1	1	1	0	0	1	39H	C
1	1	0	1	1	0	1	1	1	1	0	5EH	D
1	1	1	0	1	1	1	1	0	0	1	79H	E
1	1	1	1	1	1	1	0	0	0	1	71H	F

MSI BCD 七段译码器就是根据上述原理组成的，只是为了使用方便，增加了一些辅助控制电路。这类集成译码器产品很多，类型各异，它们的输出结构也各不相同，因而使用

时要予以注意。图 14-15 是 BCD 七段译码器驱动 LED 数码管(共阴极)的接法。图中，电阻是上拉电阻，也称限流电阻，当译码器内部带有上拉电阻时，则可省去。数字显示译码器的种类很多，现已有将计数器、锁存器、译码驱动电路集于一体的集成器件，还有连同数码显示器也集成在一起的电路可供选用。

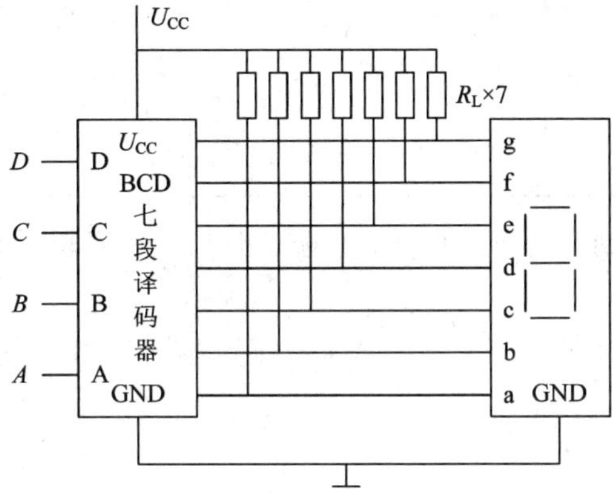

图 14-15　BCD 七段译码器驱动 LED 数码管共阴极接法

14.6　数据选择器

数据选择器又称为多路开关,在地址信号的控制下从多路输入中选择其中的一路作为输出，是一个多输入单输出的组合逻辑电路，常用缩写 MUX(Multiplexer)来表示。

常用的数据选择器有 2 选 1、4 选 1、8 选 1、16 选 1 等。图 14-16 是 4 选 1 数据选择器的逻辑图及逻辑符号，其中 $D_0 \sim D_3$是数据输入端，也称为数据通道；A_1、A_0是地址输入端，也称为选择输入端；Y 是输出端；E 是使能端，低电平有效。当 $E=1$ 时，输出 $Y=0$，即无效，当 $E=0$ 时，在地址输入 A_1、A_0的控制下，从 $D_0 \sim D_3$中选择一路输出，其功能表见表 14-13。

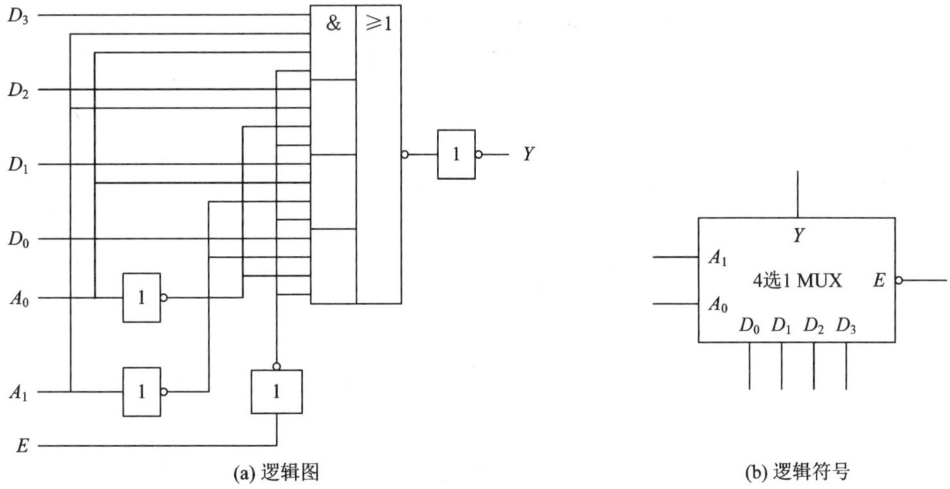

图 14-16　4 选 1 数据选择器

表 14－13　4 选 1 MUX 的功能表

E	A_1	A_0	Y
0	0	0	D_0
0	0	1	D_1
0	1	0	D_2
0	1	1	D_3
1	×	×	0

从功能表中可以看到，当 $E=0$ 时，4 选 1 MUX 的逻辑功能还可以用以下表达式表示：

$$Y=\overline{A}_1\overline{A}_0D_0+\overline{A}_1A_0D_1+A_1\overline{A}_0D_2+A_1A_0D_3$$

$$=\sum_{i=0}^{3}m_iD_i$$

式中，m_i是地址变量 A_1、A_0所对应的最小项，称为地址最小项。

图 14－17 为 8 选 1 MUX 的逻辑符号，其功能表如表 14－14 所示，输出表达式为

$$Y=\sum_{i=0}^{7}m_iD_i$$

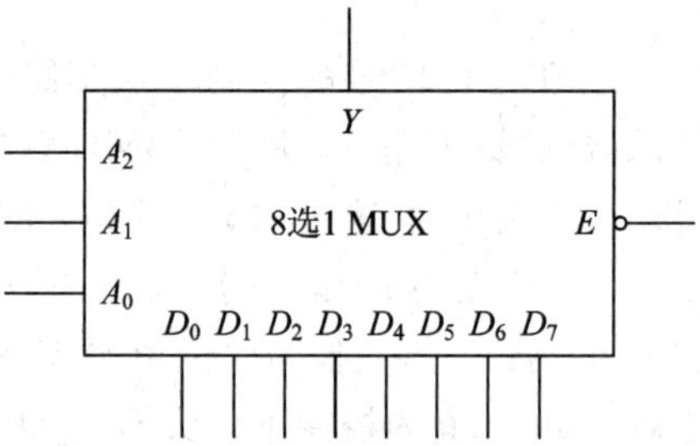

图 14－17　8 选 1 MUX 的逻辑符号

表 14－14　8 选 1 MUX 的功能表

E	A_2	A_1	A_0	Y
1	×	×	×	0
0	0	0	0	D_0
0	0	0	1	D_1
0	0	1	0	D_2
0	0	1	1	D_3
0	1	0	0	D_4
0	1	0	1	D_5
0	1	1	0	D_6
0	1	1	1	D_7

数据选择器主要应用于选择数据和函数发生器两个方面。

为了降低成本，利用现有的电话线，远距离传输数据是一位一位传送的，这就需要发送方在发送数据之前将并行的多位二进制数一位一位地放到传输线上，这种做法被称为并行到串行的转换；同理，接收方是一位一位地接收一串数据，需要将串行数据转换为并行的数据。

【例 14-6】 试用 4 选 1 MUX 实现三变量函数：

$$F=\overline{A}\,\overline{B}C+\overline{A}\,\overline{B}\,\overline{C}+\overline{A}BC+A\overline{B}\,\overline{C}$$

解　利用代数法来实现：

(1) 选择地址输入，令 $A_1A_0=AB$，则多余输入变量为 C，余函数 $D_i=f(C)$。

(2) 确定余函数 D_i。

用代数法将 F 的表达式变换为与 Y 相应的形式：

$$Y=\overline{A}_1\overline{A}_0D_0+\overline{A}_1A_0D_1+A_1\overline{A}_0D_2+A_1A_0D_3$$

$$\begin{aligned}F&=\overline{A}\,\overline{B}C+\overline{A}\,\overline{B}\,\overline{C}+\overline{A}BC+A\overline{B}\,\overline{C}\\&=\overline{A}\,\overline{B}(C+\overline{C})+\overline{A}BC+A\overline{B}\,\overline{C}\\&=\overline{A}\,\overline{B}\cdot 1+\overline{A}B\cdot C+A\overline{B}\cdot\overline{C}+AB\cdot 0\end{aligned}$$

将 F 与 Y 对照可得

$$D_0=1,\ D_1=C,\ D_2=\overline{C},\ D_3=0$$

画出它的逻辑电路图，如图 14-18 所示。

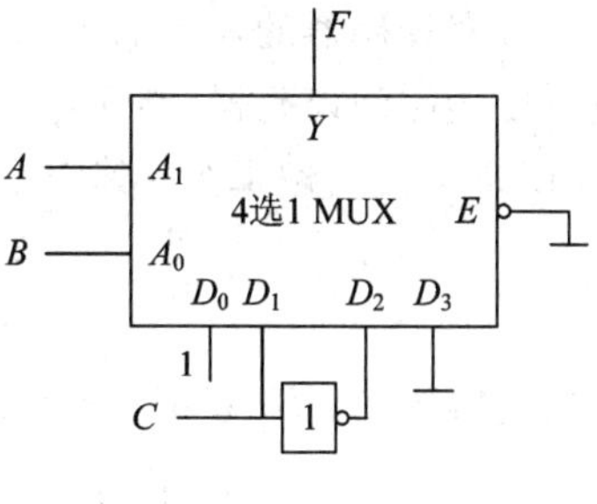

图 14-18　例 14-6 图

14.7　数据分配器

数据分配器又称多路分配器(DEMUX)，其功能与数据选择器相反，它可以将一路输入数据按 n 位地址分送到 2^n 个数据输出端上。图 14-19 为 1—4 路 DEMUX 的逻辑符号，其功能表如表 14-15 所示。其中 D 为数据输入，A_1、A_0 为地址输入，$Y_0\sim Y_3$ 为数据输出，E 为使能端。

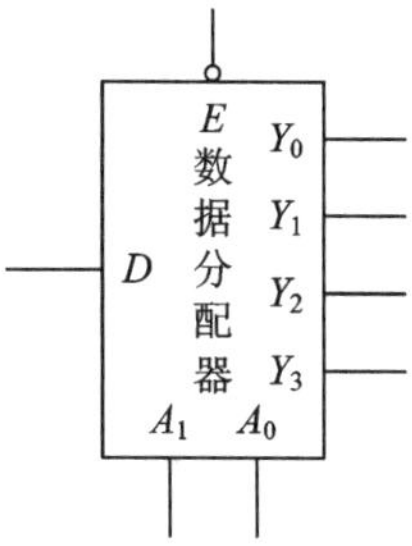

图 14-19　1—4 路 DEMUX 逻辑符号

表 14-15　1—4 路 DEMUX 功能表

E	A_1	A_0	Y_0	Y_1	Y_2	Y_3
1	×	×	1	1	1	1
0	0	0	D	1	1	1
0	0	1	1	D	1	1
0	1	0	1	1	D	1
0	1	1	1	1	1	D

常用的 DEMUX 有 1—4 路 DEMUX、1—8 路 DEMUX、1—16 路 DEMUX 等。从表 14-15 中可看出，1—4 路 DEMUX 与 2—4 线译码器功能相似，如果将 2—4 线译码器的使能端 E 用做数据输入端 D(见图 14-20(a))，则 2—4 线译码器的输出可写成

$$\overline{Y}_i=\overline{\overline{E}m_i}=\overline{\overline{D}m_i}\quad(i=0,1,2,3)$$

随着译码器输入地址的改变，可使某个最小项 m_i 为 1，则译码器相应的输出 $Y_i=D$，因而只要改变译码器的地址输入 A、B，就可以将输入数据 D 分配到不同的通道上。因此，凡是具有使能端的译码器，都可以用做数据分配器。图 14-20(b)是将 3—8 线译码器用做 1—8 路 DEMUX 的逻辑图。其中：

$$E_1=D,E_{2A}=E_{2B}=0$$
$$\overline{Y}_i=\overline{E_1m_i}=\overline{Dm_i}$$

当改变地址输入 A、B、C 时，$Y_i=D$，即输入数据被反相分配到各输出端。

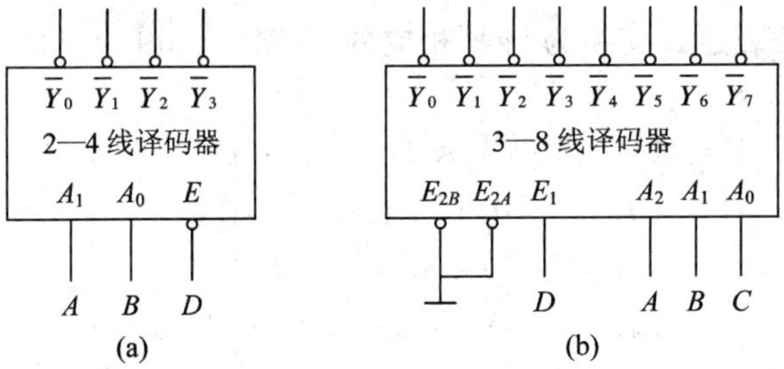

图 14-20 用译码器实现 DEMUX

数据分配器常与数据选择器联用，以实现多通道数据分时传送。例如，发送端由 MUX 将各路数据分时送到公共传输线上，接收端再由分配器将公共传输线上的数据适时分配到相应的输出端，而两者的地址输入都是同步控制的，其示意图如图 14-21 所示。

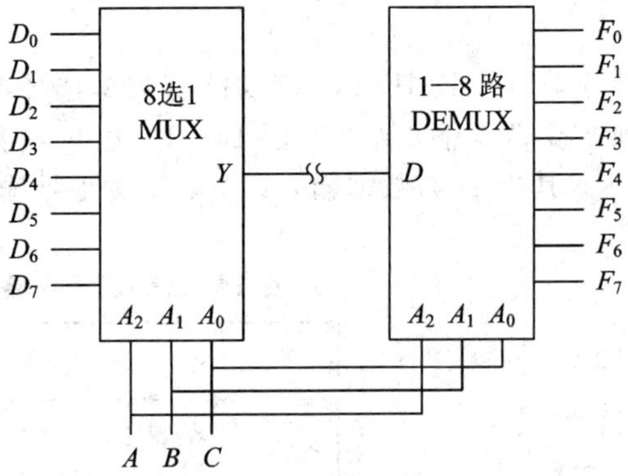

图 14-21 多通道数据分时传送

习 题 14

14-1 分析逻辑图 14-22 所示电路的逻辑功能。

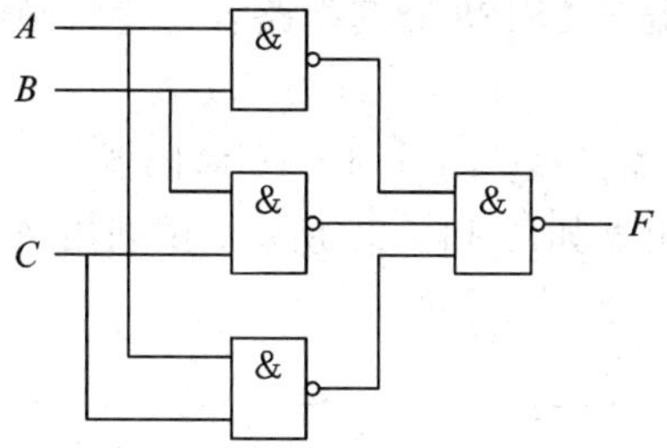

图 14-22　习题 14-1 图

14-2　分析逻辑图 14-23 所示电路的逻辑功能。

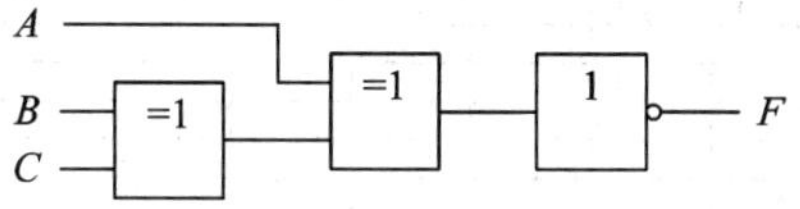

图 14-23　习题 14-2 图

14-3　分析逻辑图 14-24 所示电路的逻辑功能。

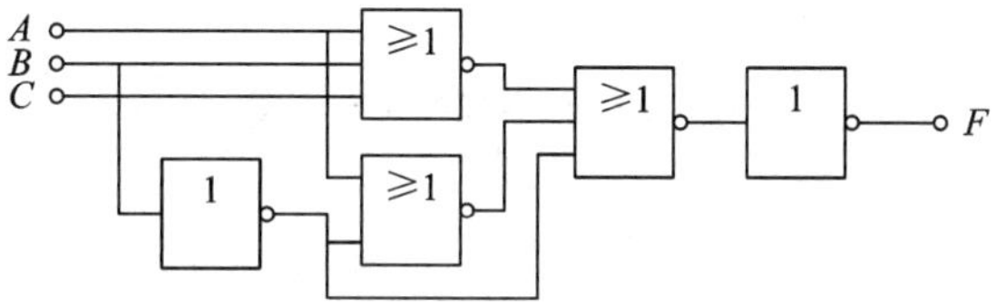

图 14-24　习题 14-3 图

14-4　某泵站有两台主电动机 A、B 和一台备用电动机 C，它们工作时都向保护电路发出一个信号，当主电动机出故障时，应使备用电动机立即投入运行，以保证任何时候都有两台电动机同时运行，当不满足此要求时，保护电路发出报警信号。试用与非门构成此电路。

14-5　对于如图 14-25 所示的电路，已知 $F_1=A+B$，F_3 为与门并且输出 $F_3=A$，则 F_2 的逻辑函数表达式是怎样的？

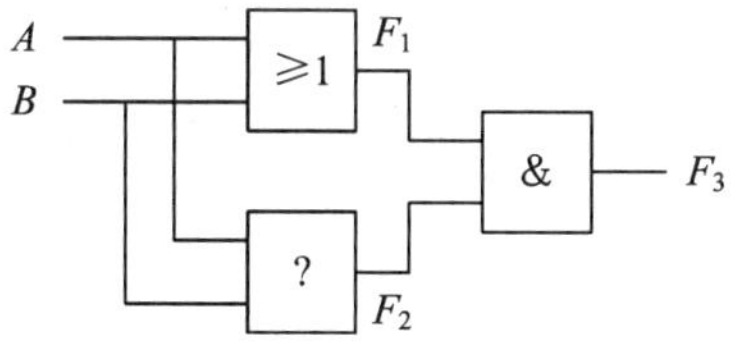

图 14-25　习题 14-5 图

14-6　旅客列车分特快、直快和普快，并依此为优先通行次序。某站在同一时间只能有一趟列车从车站开出，即只能给出一个开车信号，试画出满足上述要求的逻辑电路。设 A、B、C 分别代表特快、直快、普快，开车信号分别为 Y_A、Y_B、Y_C。

14-7　某车间有 A、B、C、D 四台电动机，现要求：(1) A 机开机时 B 机必须关机；(2) C、D 两机不能同时开机；(3)至少要有两台电动机开机。若上述要求不满足，则报警灯亮($F=1$)，试设计逻辑电路图。

14-8　参照表 14-12 七段字形显示译码器的逻辑状态表，试推算出七段数码管显示字符“O”、“P”、“E”、“H”的字形码各是多少。

14-9　用 3—8 线译码器 74LS138 和门电路实现逻辑函数：

$$F=\overline{X}\,\overline{Y}+XY\overline{Z}$$

14-10　用 2—4 线译码器扩展为一个 4—16 译码器。

14-11　三位二进制编码器如图 14-26 所示，试列出 A、B、C 的逻辑式及编码表。

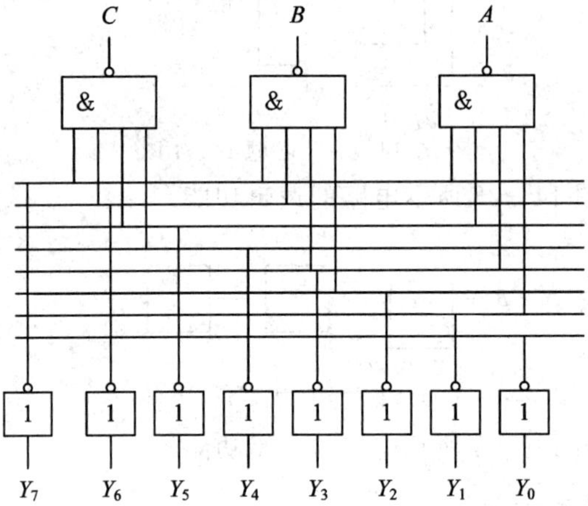

图 14-26　习题 14-11 图

第 15 章　触发器和时序逻辑电路

门电路是构成组合逻辑电路的基本逻辑单元。组合逻辑门电路的特点是当前的输出状态只取决于该时刻的输入信号状态，与电路原来的输出状态无关，即组合逻辑电路没有记忆功能。在数字系统中，常需要保存一些数据和运算结果，因此需要具有记忆功能的电路，即电路当前的输出状态不仅取决于当前输入信号的状态，还与电路原来的输出状态有关，这种具有记忆功能的电路叫做时序逻辑电路。组合逻辑电路和时序逻辑电路是数字电路的两大类，触发器是构成时序逻辑电路的最基本单元。本章先介绍一些常见触发器的组成及工作原理、所能完成的逻辑功能及其动作特点，进而介绍由触发器组合的寄存器、计数器等时序逻辑电路和多谐振荡器及单稳态触发器。

15.1　双稳态触发器

能够存储一位二值信号(逻辑“0”和逻辑“1”)的基本逻辑单元电路统称为触发器。触发器按照其稳定工作状态可分为双稳态触发器、单稳态触发器、无稳态触发器(多谐振荡器)等。双稳态触发器按其逻辑功能可分为 RS 触发器、JK 触发器、D 触发器和 T 触发器等；按其结构可分为主从型触发器和维持阻塞型触发器等。双稳态触发器有 0 和 1 两种稳定的输出状态。

15.1.1　RS 触发器

1. 基本 RS 触发器

图 15-1(a)所示为由两个与非门 G_1 和 G_2 交叉连接组成的基本 RS 触发器。图中 Q 和 $\bar{Q}$ 是触发器的输出端，正常情况下 Q 与 $\bar{Q}$ 的状态是相反的，一般用 Q 表示其输出状态。两输入端中的 $\bar{R}_D$ 称为直接复位端或者直接置 0 端，$\bar{S}_D$ 称为直接置位端或者直接置 1 端。$\bar{R}_D$ 和 $\bar{S}_D$ 都为低电平有效。通常把 Q 端的状态规定为触发器的状态。

基本 RS 触发器有两种稳定的状态：当 $Q=0$、$\bar{Q}=1$ 时称为 0 态或者复位态；当 $Q=1$、$\bar{Q}=0$ 时称为 1 态或者置位态。

下面分四种情况具体分析基本 RS 触发器的逻辑功能。

1) $\bar{S}_D=\bar{R}_D=1$

设触发器的初始状态为 0，即 $Q=0$，$\bar{Q}=1$。由图 15-1(a)所示电路可知，Q 的 0 状态接到 G_2 门的输入端，以确保 G_2 门的输出端为 1，$\bar{Q}$ 的 1 状态接到 G_1 门的输入端，以确保 G_1 门的输出端为 0。

设触发器的初始状态为 1，即 $Q=1$，$\bar{Q}=0$。由图 15-1(a)所示电路可知，Q 的 1 状态接到 G_2 门的输入端，以确保 G_2 门的输出端为 0，$\bar{Q}$ 的 0 状态接到 G_1 门的输入端，以确保 G_1 门的输出端为 1。

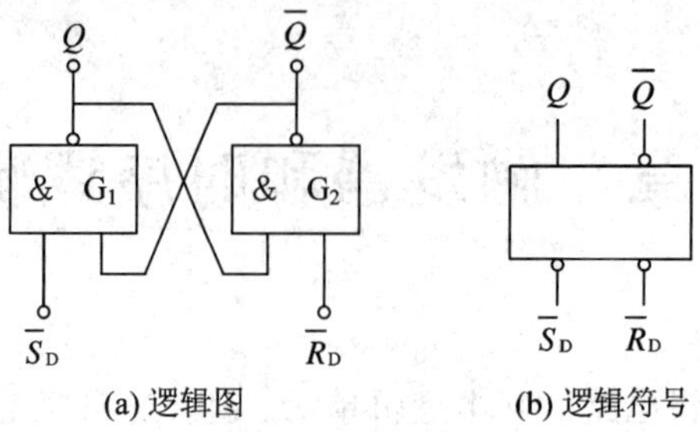

图 15-1　由与非门组成的基本 RS 触发器和逻辑符号

由上述分析可见，不论触发器的原状态是 0 还是 1，只要 $\overline{S}_D=\overline{R}_D=1$，触发器就能保持原状态不变，此时称触发器为记忆态。1 位基本 RS 触发器可以记忆 1 位二进制数。

2) $\overline{S}_D=1$，$\overline{R}_D=0$

当 $\overline{R}_D=0$ 时，无论 $\overline{Q}$ 原来状态如何，都会使 $\overline{Q}=1$。$\overline{Q}$ 的 1 态接到 G_1 门的输入端以确保 $Q=0$，Q 的 0 态接到 G_2 门的输入端以确保 $\overline{Q}=1$。当 $\overline{R}_D$ 上的低电平消失时，$\overline{S}_D=\overline{R}_D=1$，根据上面1)的分析可知，触发器将保持 $Q=0$ 的状态不变。

可见，当 $\overline{S}_D$ 端接高电平、$\overline{R}_D$ 端接低电平时，可使触发器置 0 并保持。

3) $\overline{S}_D=0$，$\overline{R}_D=1$

当 $\overline{S}_D=0$ 时，无论 Q 的原来状态如何，都会使 $Q=1$。Q 的 1 状态接到 G_2 门的输入端以确保 $\overline{Q}=0$。$\overline{Q}$ 的 0 态接到 G_1 门的输入端以确保 $Q=1$。当 $\overline{S}_D$ 上的低电平消失时，$\overline{S}_D=\overline{R}_D=1$，触发器保持 $Q=1$ 的状态不变。

可见，当 $\overline{R}_D$ 端接高电平、$\overline{S}_D$ 端接低电平时，可使触发器置 1 并保持。

4) $\overline{S}_D=\overline{R}_D=0$

当 $\overline{S}_D=\overline{R}_D=0$ 时，无论 Q 的原状态如何，都使 $Q=\overline{Q}=1$，这违反了 Q 与 $\overline{Q}$ 状态相反的逻辑关系。当 $\overline{R}_D$ 和 $\overline{S}_D$ 上的低电平同时消失时，$\overline{R}_D$ 和 $\overline{S}_D$ 同时由 0 变为 1，G_1 门和 G_2 门的输入全部为 1。理论上，此时两个门的输出都应为 0。但由于 G_1 门和 G_2 门的传输延迟时间不同，因此或者 G_1 门先变为 0，或者 G_2 门先变为 0，只要有一个门先变为 0，另一个门就不会变为 0 了。

可见，$\overline{R}_D$ 和 $\overline{S}_D$ 端同时由 0 变为 1 时，触发器的状态是不确定的，所以要禁止这种状态出现。

综上所述，基本 RS 触发器具有置 0、置 1 并保持的功能。需置 0 时，令 $\overline{S}_D=1$，在 $\overline{R}_D$ 端加上低电平；需置 1 时，令 $\overline{R}_D=1$，在 $\overline{S}_D$ 端加上低电平；低电平除去后，置位端和复位端都处于"1"态(平时固定接高电平)，但不允许在 $\overline{R}_D$ 和 $\overline{S}_D$ 端同时加低电平。

图 15-1(b)是由与非门组成的基本 RS 触发器的逻辑符号，图中输入端引线靠近方框的小圆圈表示触发器用负脉冲来置 0 或置 1，即低电平有效，故用 $\overline{R}_D$ 和 $\overline{S}_D$ 来表示。

表 15-1 列出了由与非门组成的基本 RS 触发器的逻辑功能状态表。在表中，我们规定用 Q_n 表示触发器的原始状态(原态)，用 Q_{n+1} 表示触发器的下一个状态(次态)。

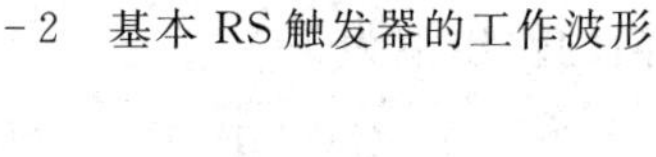

图 15-2　基本 RS 触发器的工作波形图

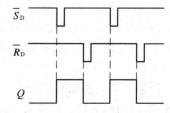

图 15-2 所示为基本 RS 触发器的工作波形，图

中触发器的初始状态为 0。

表 15-1　由与非门组成的基本 RS 触发器的逻辑状态表

$\overline{R}_D$	$\overline{S}_D$	Q_n	Q_{n+1}	功　能
1	1	0 1	0 1 } Q_n	保持
0	1	0 1	0 0 } 0	复位(置 0)
1	0	0 1	1 1 } 1	置位(置 1)
0	0	0 1	× × } ×	应禁止出现此状态

以上是用与非门组成的基本 RS 触发器，也可以由或非门来组成基本 RS 触发器。

2. 可控 RS 触发器

基本 RS 触发器是构成各种双稳态触发器的共同部分。其缺点是输入信号直接控制输出，一旦输入的置 0、置 1 信号出现，其输出端的状态就发生变化。这在实际中很少使用。因为在一个实际处理系统中往往包含多个触发器，各触发器的响应时间都应该受到控制，才能按一定的时间节拍协调动作，即一般触发器还有导引电路(或称控制电路)部分，通过它把输入信号引导到基本触发器。

图 15-3(a)所示是可控 RS 触发器的逻辑图，其中，与非门 G_1 和 G_2 组成基本 RS 触发器，与非门 G_3 和 G_4 组成导引电路。R 和 S 是置 0 和置 1 信号输入端，高电平有效。

CP 是时钟脉冲控制输入端。$\overline{R}_D$ 和 $\overline{S}_D$ 分别为直接复位端和直接置位端，就是不经过时钟脉冲 CP 的控制就可以对基本触发器置“0”或置“1”。$\overline{R}_D$ 和 $\overline{S}_D$ 一般用在工作之初，预先使触发器处于某一给定状态，在工作过程中不用它们，不用时让它们处于“1”态(高电平)。

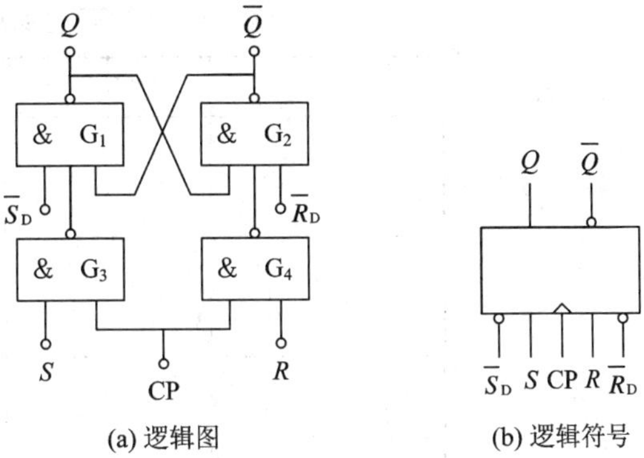

(a) 逻辑图　(b) 逻辑符号

图 15-3　可控 RS 触发器

数字电路中所使用的触发器往往用一种正脉冲来控制触发器的翻转时刻，这种正脉冲就称为时钟脉冲 CP，它是一种控制命令。通过导引电路来实现时钟脉冲对输入端 R 和 S 的控制，故将图 15-3 称为可控 RS 触发器。可控 RS 触发器也称为同步触发器，是一种电平触发方式的触发器，激励输入 R、S 受使能信号 CP 的控制。其逻辑符号如图 15-3(b)所示。

可控 RS 触发器有两种稳定的输出状态，其状态的翻转不仅取决于输入信号 R 和 S 的状态，还要受时钟脉冲 CP 的控制。在时钟信号到来之前，即 CP=0 时，G_3 门和 G_4 门的输出均为“1”，使基本 RS 触发器的输入全为 1 而保持原输出状态不变。此时不论输入端 R 和 S 的电平如何变化，输出也不可能翻转。只有当时钟信号到来，即 CP=1 时，触发器的状态才有可能翻转。

下面分四种情况来分析当 CP=1 时可控 RS 触发器的逻辑功能。

1) $R=S=0$

由于 $R=S=0$，因此无论有无 CP 到来，G_3 门和 G_4 门的输出均为“1”。由于基本 RS 触发器的输入全为 1，因而保持触发器的原状态不变。

2) $R=0$，$S=1$

由于 $S=1$，因此当 CP 到来时，G_3 门输入全 1 而使其输出端为 0，G_4 门的输出端为 1，它们即为基本 RS 触发器的输入。由基本 RS 触发器的逻辑功能可知，此时可控 RS 触发器的 $Q=1$，$\bar{Q}=0$。

3) $R=1$，$S=0$

由于 $R=1$，因此当 CP 到来时，G_4 门输入全 1 而使其输出端为 0，G_3 门的输出端为 1。由基本 RS 触发器的逻辑功能知，此时可控 RS 触发器的 $Q=0$，$\bar{Q}=1$。

4) $R=S=1$

由于 $R=S=1$，因此当 CP 到来时，G_3 门和 G_4 门的输出端均为 0。由基本 RS 触发器的逻辑功能知，此时可控 RS 触发器的状态将不能确定。

综上所述，可控 RS 触发器也具有置 0、置 1 和保持原状态不变的逻辑功能，但与基本 RS 触发器不同的是，其状态的翻转要受到时钟脉冲 CP 的控制。

根据上面的分析讨论，可列出可控 RS 触发器的逻辑状态表如表 15-2 所示。

表 15-2 可控 RS 触发器的逻辑状态表

S	R	Q_n	Q_{n+1}	功 能
0	0	0 1	0 1 } Q_n	保持
0	1	0 1	0 0 } 0	置 0
1	0	0 1	1 1 } 1	置 1
1	1	0 1	× × } ×	状态不确定，禁用

图 15-4 是可控 RS 触发器的波形图，触发器的初始状态为 0。

从上面两种 RS 触发器的讨论中可看出，它们的相同之处在于都有一个不允许的状态，这给我们的使用带来了不便；它们的不同之处在于可控 RS 触发器多一个时钟脉冲来控制触发器输出响应的时刻，显然这个时钟脉冲不能太宽，且在这个时钟脉冲宽度范围内，R、S 端输入不能发生变化，否则就起不到控制作用。分析其中的原因可以看到，对于可控 RS 触发器，只要在 CP=1 时，触发器就能触发(动作)，这种在规定的电平下触发器的状态便能翻转的触发方式称为电位触发或电平触发。电位触发的缺点是在电位有效期间，输入端 R、S 上所加的信号电平不能发生变化，否则状态会相应改变(不受控制)，容易发生“空翻”现象，因此电位触发的抗干扰能力差。

为了提高触发器的抗干扰能力和信号处理的同步性，增强电路工作的可靠性，常要求触发器状态的翻转只取决于时钟脉冲的上升沿或下降沿前一瞬间输入信号的状态，而与其他时刻的输入信号状态无关。边沿触发器可以有效地解决触发器的“空翻”问题。

如果在可控 RS 触发器电路上做一些改进，即可构成主从型触发器和维持阻塞型触发器。

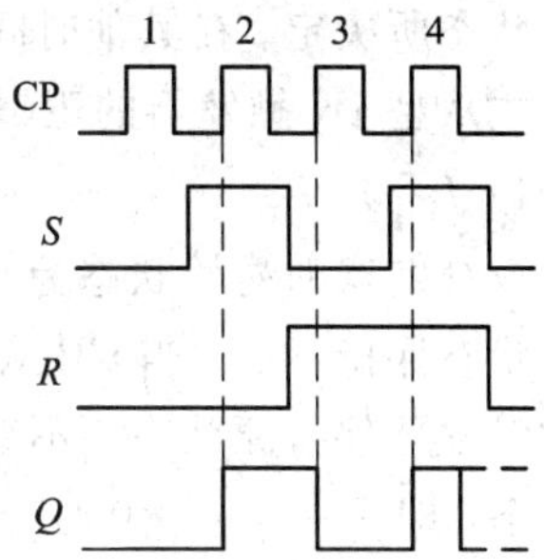

图 15-4　可控 RS 触发器的波形图

15.1.2　JK 触发器

图 15-5(a)是主从型 JK 触发器的逻辑图。它由两个可控 RS 触发器串联组成，分别称为主触发器和从触发器。时钟脉冲(CP=1)使主触发器先工作，而后(CP=0)使从触发器工作，这就是“主从型”的由来。此外，还有一个非门将两个触发器联系起来。J 和 K 是信号输入端，它们分别与 $\overline{Q}$ 和 Q 构成与逻辑关系，成为主触发器的 S 端和 R 端，即 $S=J\overline{Q}$，$R=KQ$。从触发器的 S 和 R 端即为主触发器的输出端。

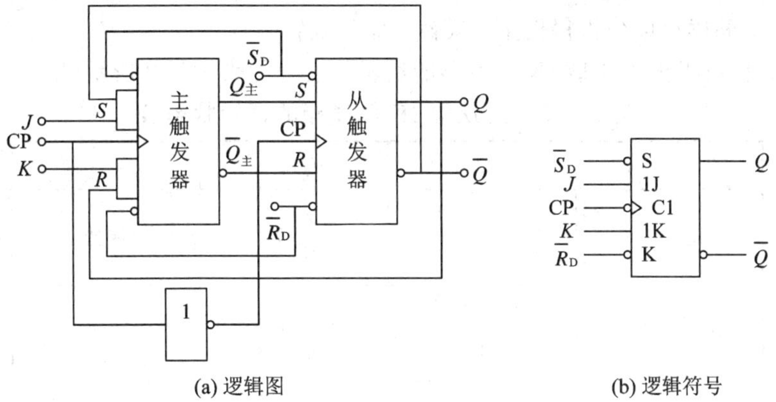

图 15-5　主从型 JK 触发器

从图 15-5(a)中可以看出，由于主、从两个触发器的触发信号互补，两者分时工作，因此当一个工作时，另一个被封锁。在时钟脉冲 CP=1 期间，主触发器工作，输出 $Q_主$ 和 $\overline{Q_主}$ 受激励输入 J、K 及从触发器的状态 $\overline{Q}$ 和 Q 的控制而改变状态，但从触发器的控制端无效，故输出 Q、$\overline{Q}$ 保持不变。

当时钟脉冲 CP 下跳，即 CP 从“1”变为“0”时，主触发器控制端被禁止，输出 $Q_主$ 记忆此前瞬间的信息并保持，从触发器的控制端有效，电路输出 Q、$\overline{Q}$ 随 $Q_主$、$\overline{Q_主}$ 改变状态。

另外，当时钟脉冲 CP=0 时，由于主触发器控制端信号无效，输出不受激励控制，所以在 CP=0 期间虽然从触发器的控制端有效，但因它的激励信号 $Q_主$、$\overline{Q_主}$ 不变，故输出状态保持稳定。

综上分析，主从型 JK 触发器在时钟脉冲 CP=1 时可接收激励输入信息，在 CP=0 时可改变输出状态。由于其分时工作的特性，主从型 JK 触发器的状态变化只能发生在 CP 信号的下降沿时刻，输出状态值由 CP 下降沿前瞬间的激励输入、从触发器的状态及主触发器的状态所决定。在其他时间，无论激励 J 和 K 怎样变化，电路状态都不会变化。

主从型 JK 触发器的逻辑功能分析如下：

1) $J=0$，$K=0$

设触发器的初始状态为 0，当时钟脉冲 CP=1 时，由于主触发器的 $S=0$，$R=0$，因此它的状态保持不变。当 CP 从 1 下跳为 0 时，非门输出为 1，由于从触发器的 $S=0$，$R=1$，因此触发器保持原状态 0 不变。设触发器的初始状态为 1，可以分析得出主、从触发器都保持 1 态，即 $J=0$，$K=0$ 时，触发器保持原状态不变。

2) $J=0$，$K=1$

不论触发器的初始状态为 0 还是 1，从图 15-5(a)可分析得出触发器输出置为 0。

3) $J=1$，$K=0$

不论触发器的初始状态为 0 还是 1，从图 15-5(a)可分析得出触发器输出置为 1。

4) $J=1$，$K=1$

若触发器的初始状态为 0，则主触发器的 $S=J\bar{Q}=1$，$R=KQ=0$，时钟脉冲 CP=1 时，主触发器的输出 Q_{n+1} 翻转为 1 态。当 CP 从 1 下跳为 0 时，非门输出为 1，由于这时从触发器的 $S=1$，$R=0$，它也翻转为 1 态，因此主、从触发器状态一致。反之，若触发器的初始状态为 1，同样可以分析得出主、从触发器都翻转为 0 态。

从以上分析可得出主从型 JK 触发器的逻辑状态表如表 15-3 所示。

表 15-3　主从型 JK 触发器的逻辑状态表

J	K	Q_n	Q_{n+1}	功　能
0	0	0 1	0 1 } Q_n	保持
0	1	0 1	0 0 } 0	置 0
1	0	0 1	1 1 } 1	置 1
1	1	0 1	1 0 } $\overline{Q_n}$	计数

从表 15-3 中可见，主从型 JK 触发器在 $J=1$，$K=1$ 的情况下，每来一个时钟脉冲，其输出就翻转一次，这种情况称为触发器的计数功能。

图 15-6 为主从型 JK 触发器的波形图，设其初态为 0。

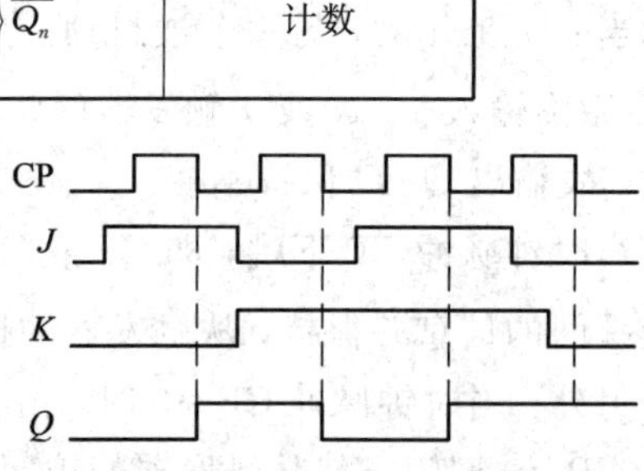

图 15-6　主从型 JK 触发器的波形图

根据前面的分析可知，主从型 JK 触发器的主触发器在 CP=1 时紧随激励输入改变状态，在 CP=0 时状态保持不变。因此，主从触发器的输出完全由时钟下降沿前瞬间激励输入的状态决定，即它具有在 CP 从 1 下跳为 0 时翻转的特点，也就是具有在时钟脉冲下降沿触发的特点。图 15－5(b)是主从型 JK 触发器的逻辑符号，下降沿触发的逻辑符号在 CP 输入端靠近方框处用一小圆圈表示。

15.1.3　维持阻塞型 D 触发器

图 15－7(a)所示是维持阻塞型 D 触发器的逻辑图。它由六个与非门组成，其中，G_1、G_2组成基本触发器，G_3、G_4组成时钟控制电路，G_5、G_6组成数据输入 D 的导引电路。其结构也就是在可控 RS 触发器的基础上增加了 G_5和 G_6两个门以及一对维持线和一对阻塞线。

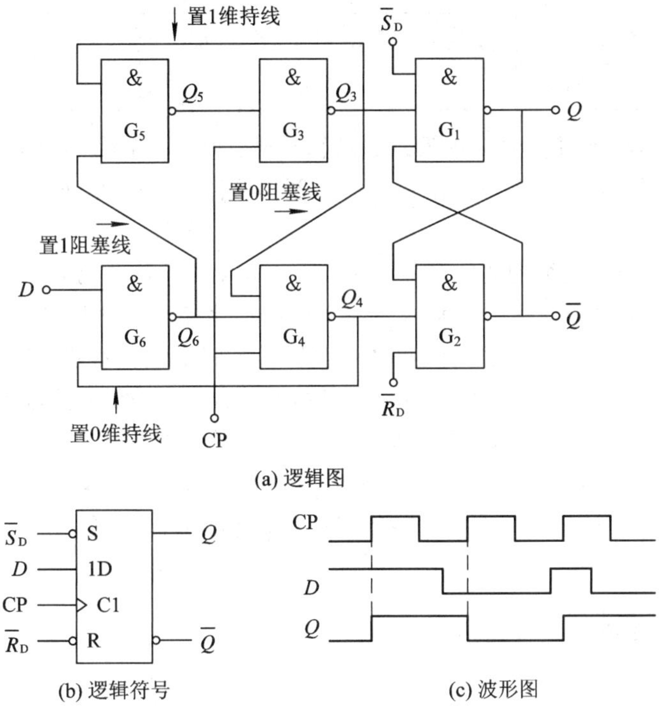

图 15－7　维持阻塞型 D 触发器

从图 15－7(a)所示的逻辑图可以看出，G_5和 G_6这两个门存储了脉冲边沿到来之后瞬间 G_3和 G_4的状态，在脉冲到来之后的一个周期内，一对维持线连接在自身一侧维持自身的状态始终不变，一对阻塞线连接到对方阻止对方与自己相同，从而保证了 Q 和 $\overline{Q}$ 总是互补的。

当时钟脉冲 CP＝0 时，电路中可控 RS 触发器的时钟控制端无效，输出状态不变。同时，G_3门和 G_4门的输出 Q_3和 Q_4为 1，输入信号 D 可以通过导引门 G_5和 G_6控制 Q_5、Q_6的状态。

当时钟脉冲从 0 上跳为 1 时，电路中可控 RS 触发器的时钟控制端有效，输出状态根据 Q_5、Q_6的控制改变，使 $Q_{n+1}=Q_5=D$，$\overline{Q_{n+1}}=Q_6=\overline{D}$，同时 G_3门和 G_4门的输出为 $Q_3=\overline{D}$，$Q_4=D$。

当时钟脉冲 CP＝1 时，虽然电路中可控 RS 触发器的控制端仍然有效，但一对维持线和置 0 阻塞线禁止了输入信号 D 对触发器输出状态的影响。

综上所述，维持阻塞型 D 触发器具有在时钟脉冲上升沿触发的特点，其逻辑功能为：

输出端 Q 的状态在时钟脉冲的上升沿发生变化，并且变化后次态 Q_{n+1} 等于时钟上升沿前激励输入 D 的状态。

维持阻塞型 D 触发器的逻辑状态表如表 15－4 所示。

表 15－4　D 触发器的逻辑状态表

D	Q_n	Q_{n+1}	功　能
0	0 1	0 0 } 0	置 0
1	0 1	1 1 } 1	置 1

图 15－7(b)是维持阻塞型 D 触发器的逻辑符号。为了与下降沿触发相区别，在逻辑符号中时钟脉冲 CP 输入端靠近方框处不加小圆圈。维持阻塞型 D 触发器的工作波形如图 15－7(c)所示。

上面介绍了三类不同结构的触发器。可控 RS 触发器的动作特点为电平触发，只要控制电平有效，即产生相应动作，最大的不足是可能产生空翻。主从结构触发器分为两步：控制电平有效期间主触发器工作，无效时从触发器按照主触发器状态变化。主从 JK 触发器中主触发器具有一次翻转性，因而降低了其抗干扰能力。边沿触发器在上升沿或下降沿到来时触发器动作，可靠性高，为目前时序逻辑电路的基本动作方式。需要说明的是，从外部特性来看，主从 JK 触发器与下降沿触发器非常类似，但触发器接收输入信号是在上升沿及 CP＝1 期间，只是触发器最终状态翻转在下降沿。应注意它与下降沿触发器的区别。

15.1.4　T 触发器和 T′触发器

1. T 触发器

实际应用中常要求每来一个脉冲信号 CP 触发器就翻转一次，这种触发器常称为 T 触发器。其电路构成如图 15－8(a)所示，在可控 RS 触发器的基础上通过加反馈线并改接就可得到 T 触发器。

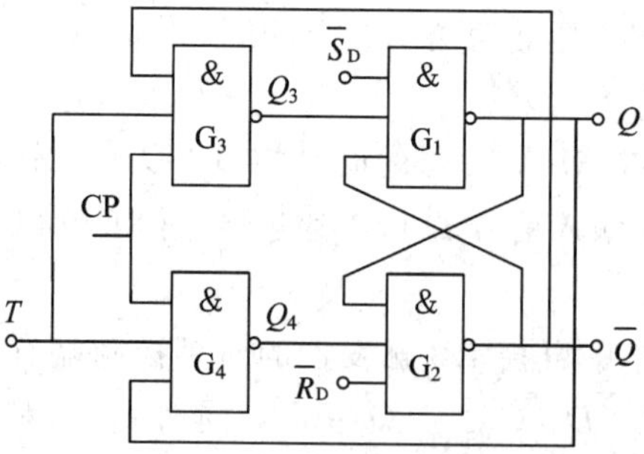

(a) 逻辑图

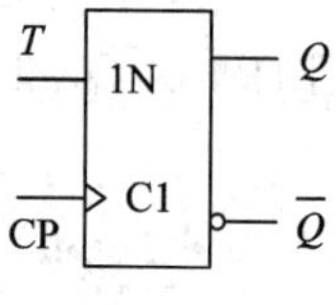

(b) 逻辑符号

图 15－8　T 触发器

由图 15－8 分析 T 触发器的逻辑功能可知：T 触发器电路具有在 CP＝0 时触发器处于

保持状态，在 CP=1 时触发器的状态由 T 决定的特点。其逻辑状态表如表 15-5 所示。

表 15-5　T 触发器的逻辑状态表

CP	T	Q_n	Q_{n+1}	功　能
0	×	0 1	0 1 } Q_n	保持($Q_{n+1}=Q_n$)
1	0	0 1	0 1 } Q_n	保持($Q_{n+1}=Q_n$)
1	1	0 1	1 0 } $\overline{Q_n}$	翻转($Q_{n+1}=\overline{Q_n}$)

2. T′触发器

如果使 T 触发器的激励 T=1，则构成了没有输入、只受触发时钟脉冲控制的 T′触发器，即

$$Q_{n+1} = \overline{Q_n}$$

如果 T′触发器的初始状态为 0，奇数个触发脉冲输入后其状态为“1”，偶数个触发脉冲输入后其状态为“0”，类似于以一位二进制数累计触发脉冲输入的个数(进位溢出不计)。因此把具有 T′触发器特性的触发器称为计数型触发器，其输出状态随触发脉冲 CP 输入连续翻转。

*15.1.5　不同逻辑功能触发器的相互转换

根据实际需要，可将某种逻辑功能的触发器经过改接或附加一些门电路后转换为另一种触发器。市场上供应较多的是主从型 JK 触发器和维持阻塞型 D 触发器，其中双端输入的 JK 触发器的逻辑功能较为完善，而单端输入的 D 触发器的使用最为方便。当实际应用中需要其他逻辑功能的触发器时，可通过转换电路实现。

表 15-6 归纳了主从型 JK 触发器和维持阻塞型 D 触发器转换为其他类型触发器的功能转换图。

表 15-6　JK 触发器和维持阻塞型 D 触发器转换为其他类型触发器

转换类型	D→JK	D→T	D→T′
转换电路图	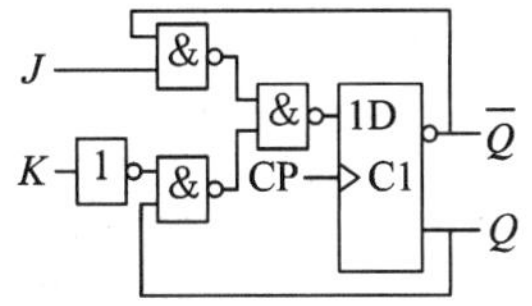	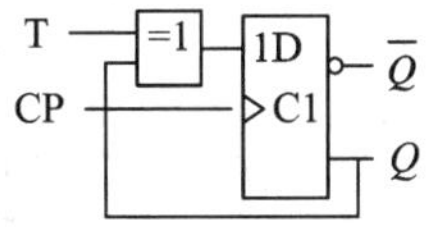	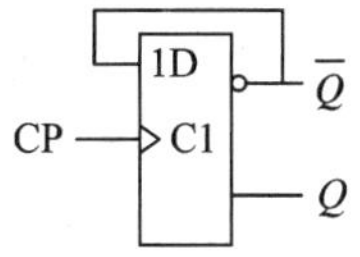
转换类型	JK→D	JK→T	JK→T′
转换电路图	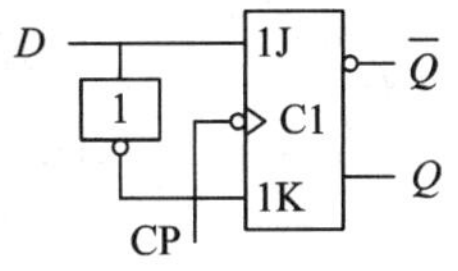	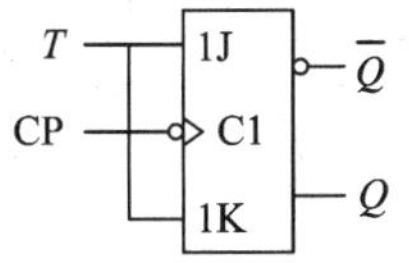	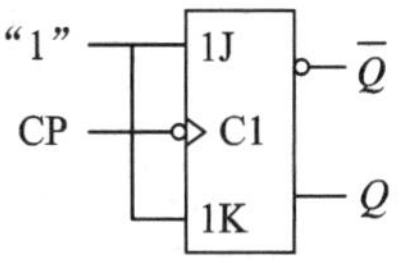

15.2 寄 存 器

寄存器用来暂时存放参与运算的数据和运算的结果，由具有存储功能的触发器组成。一个触发器只能寄存一位二进制数，要存多位数时，就要用多个触发器。常用的有 4 位、8 位、16 位等寄存器。显然，用 n 个触发器组成的寄存器能存放一个 n 位的二值代码。

寄存器存放数码的方式有并行和串行两种。并行方式就是每一位数码都有一个相应的输入端，当来一个控制信号(寄存信号)时，数码从各对应位同时输入到寄存器中。这种方式存入速度快，但输入导线也多。串行方式就是数码从一个输入端逐位输入到寄存器中，每来一个控制信号，寄存一位。显然，这种寄存器速度比较慢，但传输线少，适用于远距离传输。

寄存器取出数码的方式也有并行和串行两种。在并行方式中，被取出的数码各位在对应于各位的输出端上同时出现；而在串行方式中，被取出的数码在一个输出端逐位出现。

按照功能的不同，寄存器分为数码寄存器和移位寄存器两大类，其区别在于有无移位功能。

15.2.1 数码寄存器

数码寄存器只有寄存数码和清除原有数码的功能。图 15-9 是一种由 D 触发器构成的带清零端和缓冲级的四位数码寄存器。清零端 $\bar{R}_D=0$ 时清零并禁止输入，$\bar{R}_D=1$ 时允许输入数据；输入端是四个与门，如果要输入四位二进制数 $d_3\sim d_0$，可使与门的输入控制信号 IE=1，把它们打开，$d_3\sim d_0$ 便输入。当时钟脉冲 CP=1 时，$d_3\sim d_0$ 以反量形式寄存在四个 D 触发器 $FF_3\sim FF_0$ 的 $\bar{Q}$ 端。缓冲级由三态门组成，如果要输出所寄存的四位数据，可使三态门的输出控制信号 OE=1，数据 $d_3\sim d_0$ 便可从三态门的 $Q_3\sim Q_0$ 端输出，OE=0 时输出端是开路的。缓冲器级可起到隔离、驱动信号的作用。

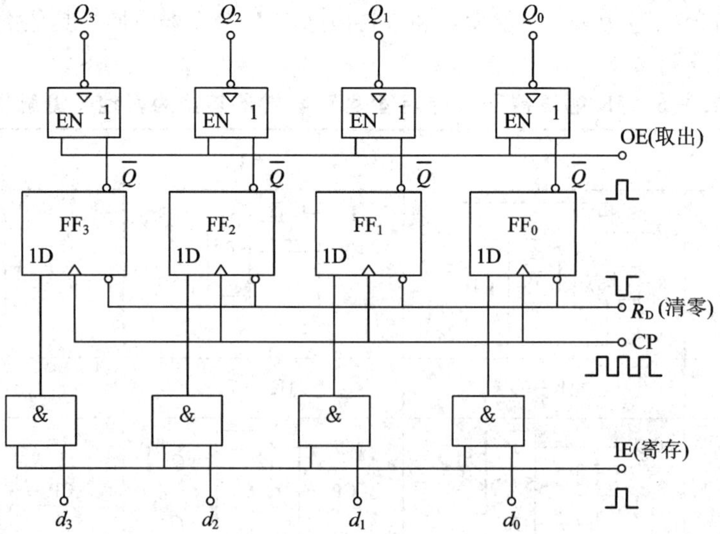

图 15-9 四位数码寄存器

15.2.2　移位寄存器

移位寄存器不仅能存放数据或代码，还具有移位的功能。所谓移位功能，是指寄存器中存放的数据或代码在触发器时钟脉冲(移位脉冲)的作用下依次逐位右移或左移，即寄存的数码可以在移位脉冲的控制下依次进行移位。移位寄存器还可以实现数据的串行-并行转换。

按照在移位控制时钟脉冲 CP 作用下移位情况的不同，移位寄存器又分为单向移位寄存器和双向移位寄存器两大类。

1. 单向移位寄存器

图 15 - 10 是由 JK 触发器组成的四位移位寄存器。FF_0接成 D 触发器，数码由 D 端输入。设寄存的二进制数为 1011，按移位脉冲(即时钟脉冲)的工作节拍从高位到低位依次串行送到 D 端。工作之初先清零，则四个触发器的输出状态为“0000”。

(1) $D=1$，第一个移位脉冲的下降沿来到时使触发器 FF_0翻转，$Q_0=1$，其他仍保持 0 态。寄存器状态为“0001”。

(2) $D=0$ 时，FF_1的 $J_1=Q_0=1$，FF_0的 $J_0=0$，当第二个移位脉冲的下降沿来到时使 FF_0和 FF_1同时翻转，所以 $Q_1=1$，$Q_0=0$，Q_2和 Q_3因各自的 J 端为 0，K 端为 1，输出都为 0。寄存器状态为“0010”。

(3) $D=1$ 时，$J_0=1$，$J_1=Q_0=0$，$J_2=Q_1=1$，所以当第三个移位脉冲下降沿到来时使 FF_0、FF_1和 FF_2同时翻转，$Q_2=1$，$Q_1=0$，$Q_0=1$，因 $J_3=0$，$K_3=1$，故输出 Q_3为 0。寄存器状态为“0101”。

(4) $D=1$ 时，$J_3=Q_2=1$，$J_2=Q_1=0$，$J_1=Q_0=1$，所以当第四个移位脉冲下降沿到来时使 FF_1、FF_2和 FF_3同时翻转，则 $Q_3=1$，$Q_2=0$，$Q_1=1$，因 $J_0=1$，$K_0=0$，故输出 Q_0为 1。寄存器状态为“1011”。

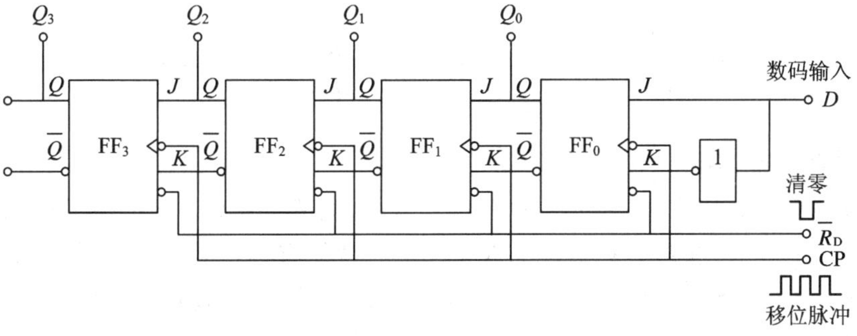

图 15 - 10　由 JK 触发器组成的四位移位寄存器

移位过程如表 15 - 7 所示，移位一次，存入一个新数码，经过四个脉冲后存数结束。这时，可以从四个触发器的 Q 端得到并行的数码输出。

如果再经过四个移位脉冲，则所存的数码 1011 逐位从 Q_3端串行输出。

从对移位寄存器工作过程的分析中可以看出，存在空翻现象的触发器不能组成移位寄存器。

表 15－7　移位寄存器的状态表

移位脉冲数	寄存器中的数码				移位过程
	Q_3	Q_2	Q_1	Q_0	
0	0	0	0	0	清零
1	0	0	0	1	左移一位
2	0	0	1	0	左移二位
3	0	1	0	1	左移三位
4	1	0	1	1	左移四位

2. 双向移位寄存器

在一些场合要求寄存器中存储的数码能根据需要具有向左或向右移位的功能，这种寄存器称为双向移位寄存器。在单向移位寄存器的基础上加上一定的控制门电路就能构成双向移位寄存器。图 15－11 所示为由 D 触发器构成的双向移位寄存器。当右移控制信号 $M=1$ 时，所有“与或非”门中左边的“与”门均开启，与此同时封锁了全部右边的与门，这时在 CP 的作用下，可串行输入(右移口的)数码，并实现右移位。反之，当左移控制信号 $\overline{M}=1$ 时，可实现左移位。

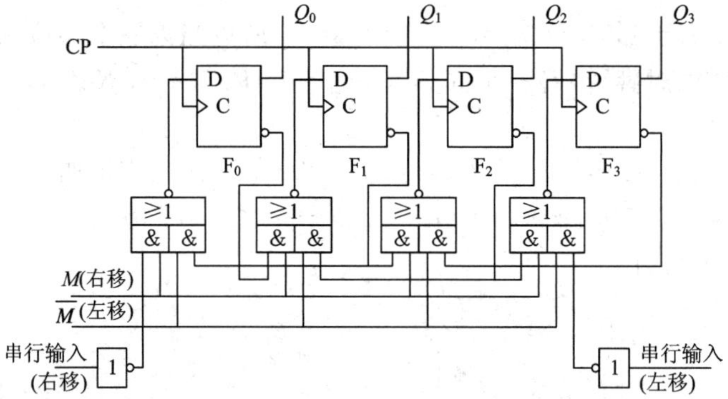

图 15－11　双向移位寄存器

3. 集成移位寄存器

在移位寄存器的基础上，增加一些辅助功能(如清零、置数、保持等)便构成了集成移位寄存器。目前，集成移位寄存器产品较多，主要产品有四位移位寄存器 74LS195、四位双向移位寄存器 74LS194 和 74HC194、八位移位寄存器 74LS164、八位双向移位寄存器 74LS198 等。

移位寄存器主要用于实现数据传输方式的转换(串行到并行或并行到串行)，也可实现时序电路状态的周期性循环控制(计数器)。

图 15－12 是单向移位寄存器 74LS195 的逻辑符号。图中，$\overline{CR}$是清零端，低电平有效；SH/$\overline{LD}$是移位置数控制端；$D_3 \sim D_0$为并行数据输入端；J、$\overline{K}$ 为数据输入端；$Q_0 \sim Q_3$是寄存器状态输出端。

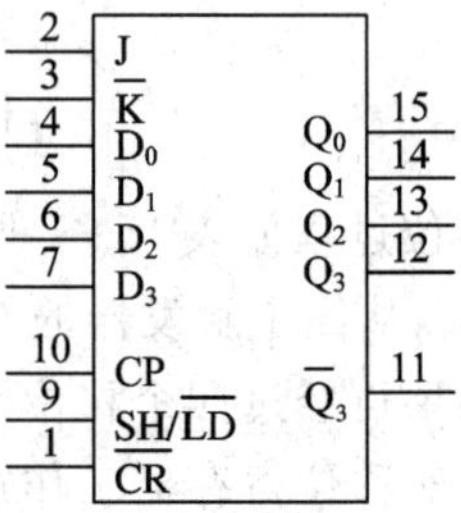

图 15－12　74LS195 的逻辑符号

74LS195 功能表如表 15－8 所示。

表 15－8　74LS195 功能表

$\overline{CR}$	SH/$\overline{LD}$	J	K	CP	D_0	D_1	D_2	D_3	Q_0	Q_1	Q_2	Q_3
0	×	×	×	×	×	×	×	×	0	0	0	0
1	0	×	×	↑	d_0	d_1	d_2	d_3	d_0	d_1	d_2	d_3
1	1	0	1	↑	×	×	×	×	Q_0	Q_0	Q_1	Q_2
1	1	0	0	↑	×	×	×	×	0	Q_0	Q_1	Q_2
1	1	1	0	↑	×	×	×	×	$\overline{Q_0}$	Q_0	Q_1	Q_2
1	1	1	1	↑	×	×	×	×	1	Q_0	Q_1	Q_2
1	1	×	×	0	×	×	×	×	Q_0	Q_1	Q_2	Q_3

由表 15－8 可看出，集成四位移位寄存器 74LS195 具有如下功能：

(1) 清零功能。当$\overline{CR}$=0 时，移位寄存器异步清零。

(2) 并行送数功能。$\overline{CR}$=1，SH/$\overline{LD}$=0 时，在 CP 脉冲上升沿的作用下，可将加在并行输入端 D_0～D_3的数码 d_0～d_3送入移位寄存器。

(3) 右移串行送数功能。当$\overline{CR}$=1，SH/$\overline{LD}$=1 时，在 CP 脉冲上升沿的作用下，执行右移位寄存器功能，Q_0接受 J、$\overline{K}$ 串行输入数据。

(4) 保持功能。当 $\overline{CR}$=1，SH/$\overline{LD}$=1，CP=0 时，移位寄存器状态保持不变。

图 15－13 是 74LS194 型双向移位寄存器的外引线排列和逻辑符号。

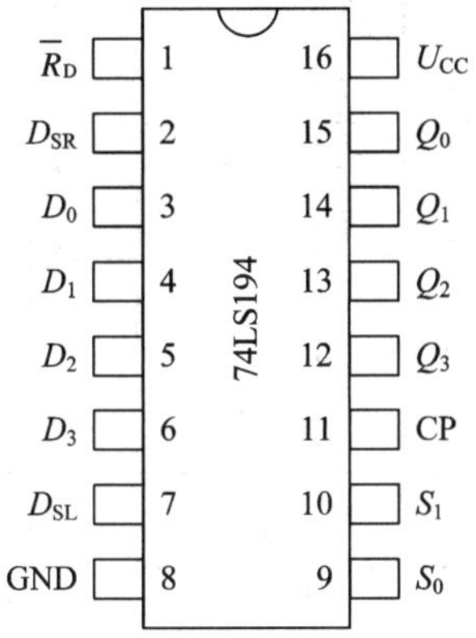

(a) 外引线排列图

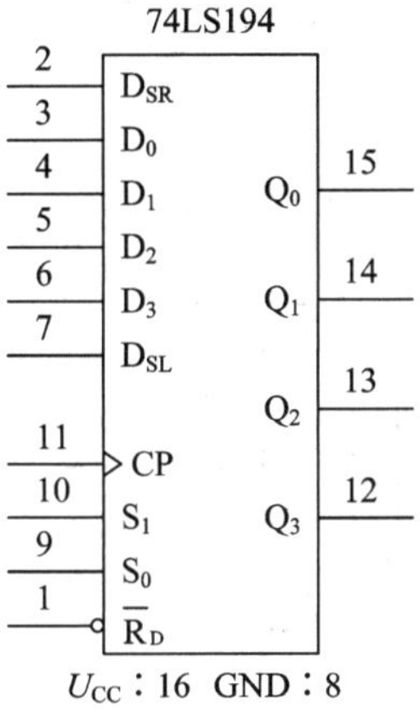

(b) 逻辑符号

图 15－13　74LS194 型双向移位寄存器

各外引线端的功能如下：

1 为数据清零端 $\overline{R}_D$，低电平有效；

3～6 为并行数据输入端 D_0～D_3；

12～15 为数据输出端 Q_3～Q_0；

2 为右移串行数据输入端 D_{SR}；

7 为左移串行数据输入端 D_{SL}；

11 为时钟脉冲输入端 CP，上升沿有效(CP↑)。

9、10 为工作方式控制端 S_0、S_1：当 $S_0=S_1=1$ 时，数据并行输入；$S_0=1$，$S_1=0$ 时，右移数据输入；$S_0=0$，$S_1=1$ 时，左移数据输入；$S_0=S_1=0$ 时，寄存器处于保持状态。

8 和 16 为电源地端(GND)和 U_{CC} 端。

表 15-9 是 74LS194 型移位寄存器的功能表。从表中可知，74LS194 型移位寄存器具有清零、保持、并行输入、串行输入、数据右移和左移等功能。

表 15-9　74LS194 型移位寄存器的功能表

输入										输出			
$\overline{R}_D$	CP	S_1	S_0	D_{SL}	D_{SR}	D_3	D_2	D_1	D_0	Q_3	Q_2	Q_1	Q_0
0	×	×	×	×	×	×	×	×	×	0	0	0	0
1	0	×	×	×	×	×	×	×	×	Q_3^n	Q_2^n	Q_1^n	Q_0^n
1	↑	1	1	×	×	d_3	d_2	d_1	d_0	d_3	d_2	d_1	d_0
1	↑	0	1	×	d	×	×	×	×	d	Q_3^n	Q_2^n	Q_1^n
1	↑	1	0	d	×	×	×	×	×	Q_2^n	Q_1^n	Q_0^n	d
1	×	0	0	×	×	×	×	×	×	Q_3^n	Q_2^n	Q_1^n	Q_0^n

图 15-14 是用两片 74LS194 型四位移位寄存器接成八位双向移位寄存器的电路图。$G=0$，数据右移；$G=1$，数据左移。

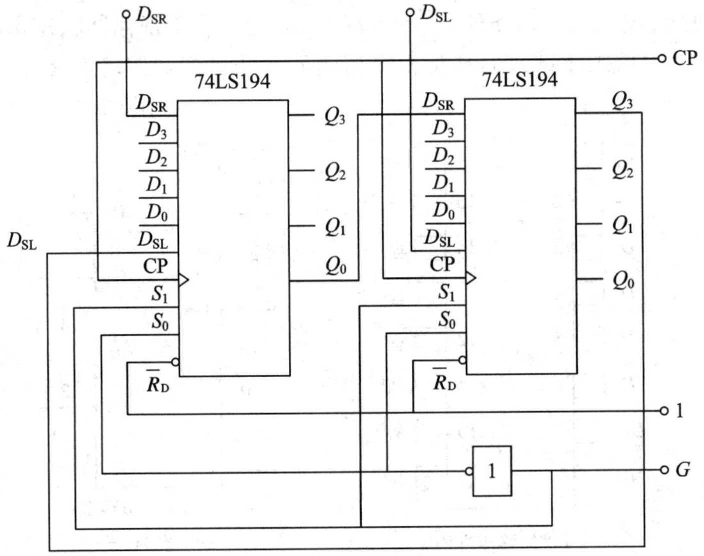

图 15-14　八位双向移位寄存器

15.3 计 数 器

计数器是一种典型的时序逻辑电路，其主要功能是能够累计输入脉冲的数目。在数字逻辑系统中，需要对输入脉冲的个数进行计数或对脉冲信号进行分频、定时，以实现数字测量、运算和控制。因此，计数器是数字系统中一种基本的逻辑部件。

计数器的种类很多，按计数脉冲的作用方式可分为异步计数器和同步计数器；按计数的功能可分为加法计数器、减法计数器和可逆计数器；按进位制可分为二进制计数器、十进制计数器和任意进制计数器。

计数器可以由 JK 或 D 触发器构成，目前广泛应用的是各种类型的集成计数器。

15.3.1　二进制计数器

二进制只有 0 和 1 两个数码。由于双稳态触发器有 1 和 0 两个状态，所以一个触发器可以表示一位二进制数。如果要表示 n 位二进制数，就得用 n 个触发器。

1. 异步二进制计数器

1）异步二进制加法计数器

根据二进制加法的特点可列出四位二进制加法计数器的逻辑状态表如表 15 - 10 所示，表中同时也列出了对应的十进制数。

表 15 - 10　四位二进制计数器的状态表

计数脉冲数	二进制数				十进制数
	Q_3	Q_2	Q_1	Q_0	
0	0	0	0	0	0
1	0	0	0	1	1
2	0	0	1	0	2
3	0	0	1	1	3
4	0	1	0	0	4
5	0	1	0	1	5
6	0	1	1	0	6
7	0	1	1	1	7
8	1	0	0	0	8
9	1	0	0	1	9
10	1	0	1	0	10
11	1	0	1	1	11
12	1	1	0	0	12
13	1	1	0	1	13
14	1	1	1	0	14
15	1	1	1	1	15
16	0	0	0	0	0

要实现表 15 - 10 所列的四位二进制加法计数，必须用四个双稳态触发器，且要具有计数功能。图 15 - 15 所示为由四级下降沿触发的 JK 触发器组成的四位异步二进制加法计数的逻辑图。它的特点是：各级触发器的时钟来源不同，除第一级 FF_0 时钟脉冲端由外加时

钟脉冲控制外，其余各级时钟脉冲输入端与其前一级的输出端相连。各触发器动作时刻不一致，所以称做异步计数器。

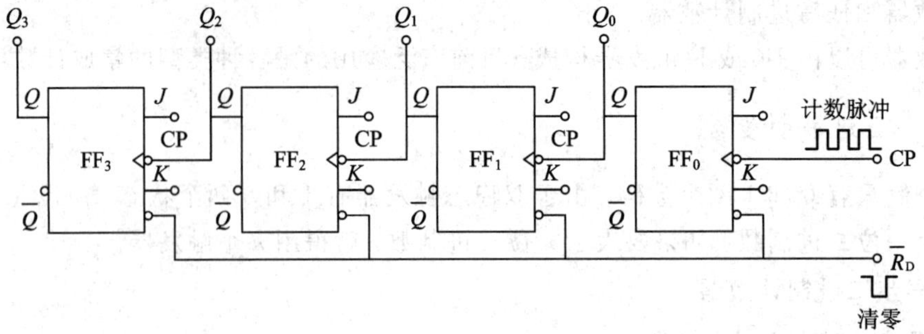

图 15－15　主从型 JK 触发器组成的四位异步二进制加法计数器逻辑图

根据触发器的翻转规律可画出在一系列时钟脉冲信号作用下，四位异步二进制加法计数器输出端的波形图，如图 15－16 所示。

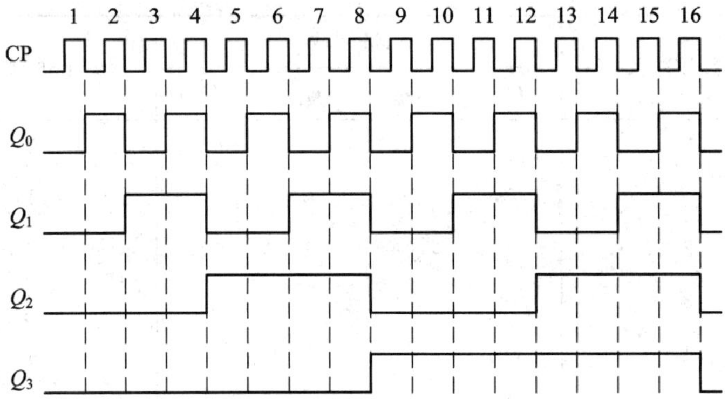

图 15－16　四位异步二进制加法计数器的波形图

2）异步二进制减法计数器

图 15－17 是用四级上升沿触发的 D 触发器构成的四位异步二进制减法计数器的逻辑图。各个触发器均为由 D 触发器转换的 T′触发器，具有 $Q_{n+1}=\overline{Q_n}$的计数功能。这种触发器在上升沿触发翻转。因此，触发器 FF_1、FF_2、FF_3应在 Q_0、Q_1、Q_2的上升沿翻转。

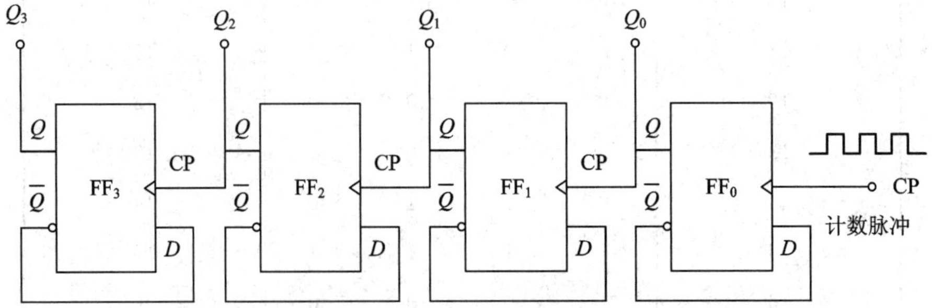

图 15－17　D 触发器组成的四位异步二进制减法计数器逻辑图

电路中各输出端的波形图和逻辑状态表分别示于图 15－18 和表 15－11 中。

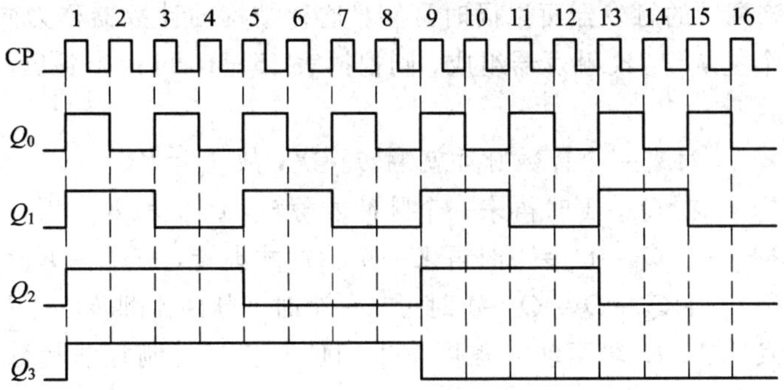

图 15-18　四位异步二进制减法计数器的波形图

表 15-11　四位二进制减法计数器的状态表

计数脉冲数	二进制数				十进制数
	Q_3	Q_2	Q_1	Q_0	
0	0	0	0	0	0
1	1	1	1	1	15
2	1	1	1	0	14
3	1	1	0	1	13
4	1	1	0	0	12
5	1	0	1	1	11
6	1	0	1	0	10
7	1	0	0	1	9
8	1	0	0	0	8
9	0	1	1	1	7
10	0	1	1	0	6
11	0	1	0	1	5
12	0	1	0	0	4
13	0	0	1	1	3
14	0	0	1	0	2
15	0	0	0	1	1
16	0	0	0	0	0

在异步二进制计数器中，高位触发器的状态翻转必须在相邻触发器产生进位信号或借位信号之后才能实现，所以异步计数器虽然电路结构简单，但工作速度较低，为了提高计数速度可采用同步计数器。

2. 同步二进制计数器

1）同步二进制加法计数器

为了加快计数速度，将计数脉冲同时加到各个触发器的时钟脉冲控制端。在计数脉冲作用下，所有应该翻转的触发器可以同时翻转，这种结构的计数器称为同步计数器。如果计数器还是由四个主从型 JK 触发器组成，则根据表 15-10 可得出各位触发器 J、K 端驱动方程分别如下：

(1) 触发器 FF_0，每来一个计数脉冲就翻转一次，故 $J_0=K_0=1$；

(2) 触发器 FF_1，在 $Q_0=1$ 时再来一个脉冲才翻转，故 $J_1=K_1=Q_0$；

(3) 触发器 FF_2，在 $Q_1=Q_0=1$ 时再来一个脉冲才翻转，故 $J_2=K_2=Q_1Q_0$；

(4) 触发器 FF_3，在 $Q_2=Q_1=Q_0=1$ 时再来一个时钟脉冲才翻转，故 $J_3=K_3=Q_2Q_1Q_0$。

由上述各触发器 J、K 端驱动方程可得出四位同步二进制加法计数器的逻辑图如图 15-19 所示。

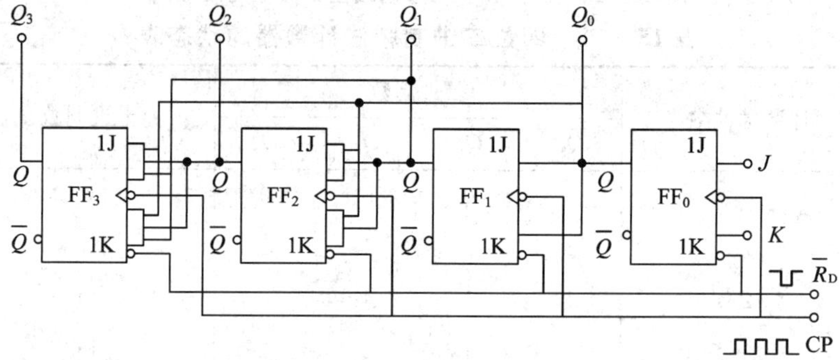

图 15-19　由主从型 JK 触发器组成的四位同步二进制加法计数器

图 15-19 中，触发器 FF_2、FF_3 分别有多个 J 端和 K 端，而每个 J 端之间、K 端之间都是相“与”的逻辑关系。此电路图的时序波形图和图 15-16 所示四位异步二进制加法计数器的波形图相同。由时序波形图可以看出，Q_0、Q_1、Q_2、Q_3 端输出脉冲的频率分别为时钟脉冲频率的 1/2、1/4、1/8、1/16。因为计数器具有这种分频作用，所以计数器也叫分频器。另外，从表 15-10 中还可看出，每经过 16 个计数脉冲，计数器工作一个循环，并在 Q_3 输出端产生一个进位输出信号，故又把图 15-19 所示电路叫做十六进制计数器。

在上述四位二进制加法计数器中，当输入第十六个计数脉冲时，又将返回起始状态 0000。因此，四位二进制加法计数器能计的最大十进制数为 $2^4-1=15$。计数器能计到的最大数称为计数器的容量，它等于计数器所有位全为 1 时的数值。可以推出 n 位二进制加法计数器的容量为 2^n-1。

2) 同步二进制减法计数器

四位同步二进制减法计数器的逻辑状态表同样如表 15-11 所示。分析表 15-11 所示的减法规律，可以看出，若将图 15-19 所示电路的各触发器的驱动方程分别改为

$$J_0=K_0=1$$

$$J_1=K_1=\overline{Q_0}$$

$$J_2=K_2=\overline{Q_1}\,\overline{Q_0}$$

$$J_3=K_3=\overline{Q_2}\,\overline{Q_1}\,\overline{Q_0}$$

就构成了四位同步二进制减法计数器。图 15-20 所示电路为四位同步二进制减法计数器的逻辑图。

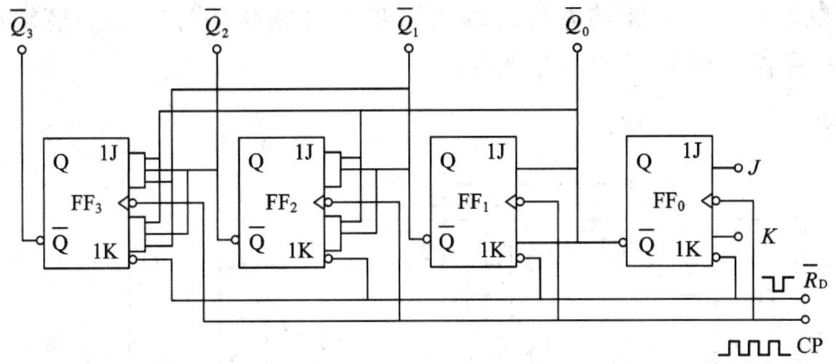

图 15-20　四位同步二进制减法计数器的逻辑图

15.3.2　十进制计数器

按十进制数规律进行计数的电路称为十进制计数器。十进制计数器是在二进制计数器的基础上得出的，用四位二进制数来代表十进制的每一位数，所以也称为二一十进制计数器。二进制计数器虽然结构简单，但是不符合人们的读数习惯，所以在需要观察计数结果的场合大多都采用十进制计数器。

1. 同步十进制加法计数器

十进制计数器采用 8421BCD 码方式，取四位二进制数前面的 0000～1001 来表示十进制的 0～9 十个数码，而去掉后面的 1010～1111 六个数。表 15-12 是 8421 码十进制加法计数器的状态表。从表中可以看出，计数器计到第九个脉冲时再来一个脉冲，由 1001 变为 0000，经过十个脉冲循环一次。

如果十进制加法计数器仍采用四个主从型 JK 触发器并用同步方式触发，与二进制加法计数器比较(比较表 15-10 与表 15-12)，可见，第十个脉冲不是由 1001 变为 1010，而是恢复为 0000，则各触发器 J、K 端的逻辑关系式驱动方程应作如下修改：

$$J_0 = K_0 = 1 \qquad J_1 = \overline{Q_3^n} Q_0^n,\ K_1 = Q_0^n$$

$$J_2 = K_2 = Q_1^n Q_0^n \qquad J_3 = Q_2^n Q_1^n Q_0^n,\ K_3 = Q_0^n$$

表 15-12　8421 码十进制加法计数器的状态表

计数脉冲数	二进制数				十进制数
	Q_3	Q_2	Q_1	Q_0	
0	0	0	0	0	0
1	0	0	0	1	1
2	0	0	1	0	2
3	0	0	1	1	3
4	0	1	0	0	4
5	0	1	0	1	5
6	0	1	1	0	6
7	0	1	1	1	7
8	1	0	0	0	8
9	1	0	0	1	9
10	0	0	0	0	0(进位)

由上述各触发器输入端驱动方程可画出同步十进制加法计数器的逻辑图如图 15－21 所示。其输出时序波形图如图 15－22 所示。

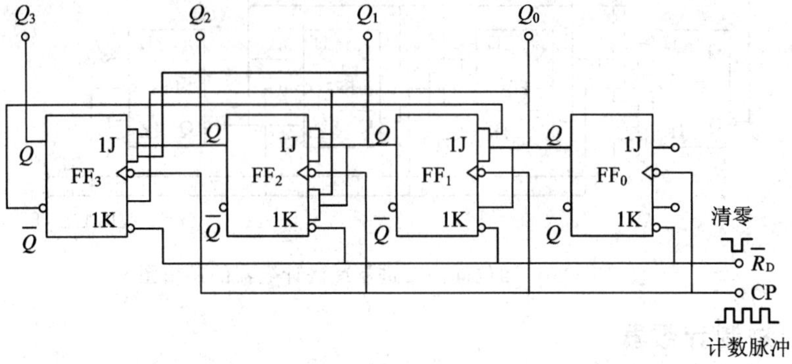

图 15－21　由主从型 JK 触发器组成的同步十进制加法计数器逻辑图

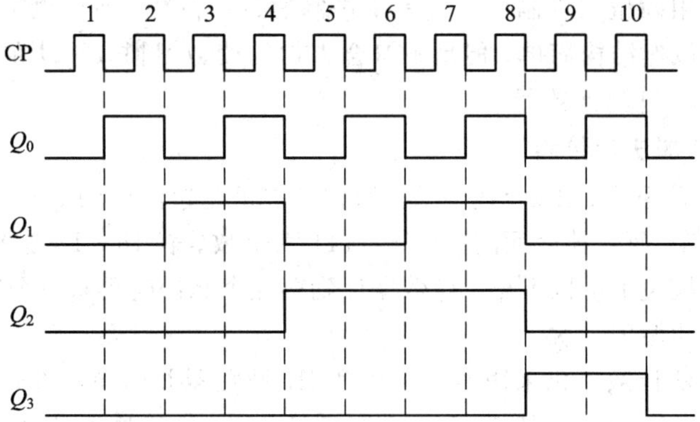

图 15－22　十进制加法计数器的时序波形图

2. 异步十进制加法计数器

异步十进制加法计数器仍采用四个主从型 JK 触发器构成，电路的设计方法与异步二进制加法计数器的方法相似，将最低位触发器 FF_0 的时钟脉冲输入端接计数脉冲 CP，其他各位触发器的时钟脉冲输入端接相邻低位触发器的输出 Q 端。由表 15－12 所示状态表分析，可得各触发器的驱动方程应为：$J_0=K_0=1$；$J_1=\overline{Q_3^n}$，$K_1=1$；$J_2=K_2=1$；$J_3=Q_2^nQ_1^n$，$K_3=1$。由此可得出由下降沿触发的主从型 JK 触发器组成的异步十进制加法计数器的逻辑图如图 15－23 所示。

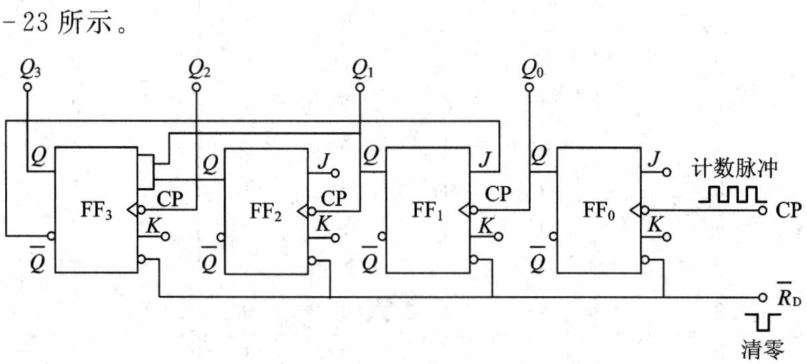

图 15－23　由主从型 JK 触发器组成的同步十进制加法计数器逻辑图

15.3.3　集成计数器及其应用

目前计数器的集成电路比较多，中规模集成计数器的电路结构是在基本计数器的基础上增加了一些附加电路，以扩展其功能。要正确使用集成计数器，必须查出它们的外引线排列图，并看懂它们的功能表。限于篇幅，这里只介绍集成同步二进制计数器 74LS161 和集成异步十进制计数器 74LS290。

1. 集成同步二进制计数器

74LS161 计数器是由 JK 触发器组成的中规模同步二进制加法计数器，它的外引线排列图和逻辑符号如图 15－24 所示。

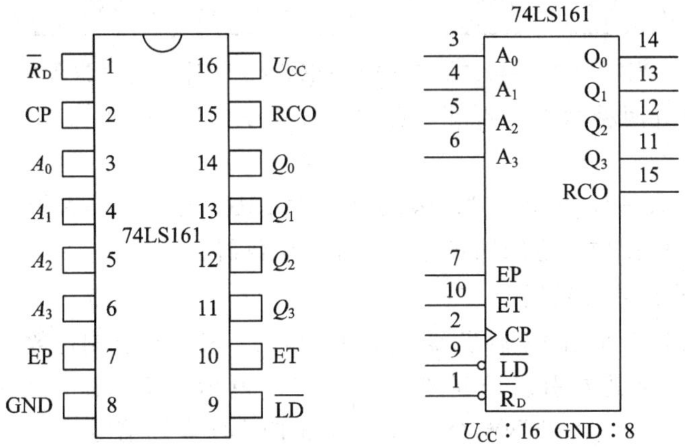

(a) 外引线排列图　　(b) 逻辑符号

图 15－24　74LS161 型四位同步二进制计数器

各外引线端的功能如下：

1 为清零端$\overline{R_D}$(或表示成$\overline{CR}$)，低电平有效。

2 为时钟脉冲输入端 CP，上升沿有效(CP↑)。

3～6 为数据输入端 A_0～A_3(或表示成 D_0～D_3)，是预置数，可预置任何一个四位二进制数。

7、10 为计数器工作状态控制端 EP、ET(或表示成 CT_P、CT_T)：当两者或其中之一为低电平时，计数器保持原态；当两者均为高电平时，计数。

9 为同步并行置数控制端$\overline{LD}$，低电平有效。

11～14 为数据输出端 Q_3～Q_0。

15 为进位输出端 RCO(或 CO)，高电平有效。

表 15－13 是 74LS161 型四位二进制同步加法计数器的功能表。

由表 15－13 可以看出，集成四位二进制同步加法计数器具有以下功能：

(1) 异步清零功能。当$\overline{R_D}$=0 时，计数器清零。$\overline{R_D}$=0，其他输入信号都不起作用。

(2) 同步并行置数功能。当$\overline{R_D}$=1，$\overline{LD}$=0 时，在 CP 脉冲上升沿的操作下，将并行输入数据端 A_0～A_3输入的数据 d_0～d_3置入计数器。

(3) 二进制同步加法计数功能。当$\overline{R_D}$=$\overline{LD}$=1 时，若 EP=ET=1，则四位二进制同步加法计数器对输入的 CP 计数脉冲进行加法计数。

表 15-13　74LS161 型同步二进制加法计数器的功能表

输入									输出				进位输出
$\overline{R}_D$	CP	$\overline{LD}$	EP	ET	A_3	A_2	A_1	A_0	Q_3	Q_2	Q_1	Q_0	RCO
0	×	×	×	×	×				0	0	0	0	0
1	↑	0	×	×	d_3	d_2	d_1	d_0	d_3	d_2	d_1	d_0	0
1	↑	1	1	1	×				计数				0
1	×	1	0	×	×				保持				0
1	×	1	×	0	×				保持				0

(4) 保持功能。当$\overline{R_D}=\overline{LD}=1$时，若 EP·ET=0，则计数器将保持原来状态不变。对于进位输出 RCO 有两种情况：如果 ET=0，那么 RCO=0；如果 ET=1，那么 RCO=$Q_3^n Q_2^n Q_1^n Q_0^n$。

综上所述，表 15-13 所示的功能表反映了 74LS161 是一个具有异步清零、同步置数、可以保持状态不变的四位二进制同步上升沿加法计数器。

2. 集成异步十进制计数器

74LS290 型计数器是由 JK 触发器组成的异步二一五一十进制计数器。

图 15-25 所示是其外引线排列图，图 15-26 所示是 74LS290 型计数器的逻辑图。$R_{0(1)}$和$R_{0(2)}$是清零输入端，当两端全为“1”时，将四个触发器清零；$S_{9(1)}$和$S_{9(2)}$是置“9”输入端，当两端全为 1 时，即表示十进制数 9。清零时，$S_{9(1)}$和$S_{9(2)}$中至少有一端为 0，以保证清零可靠进行。它有两个时钟脉冲输入端 CP_0 和 CP_1。

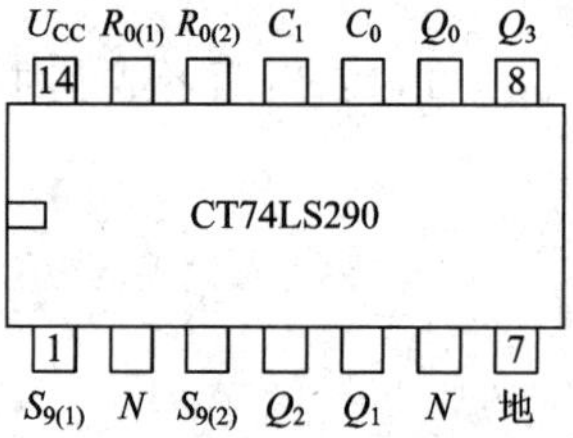

图 15-25　74LS290 型计数器外引线排列图

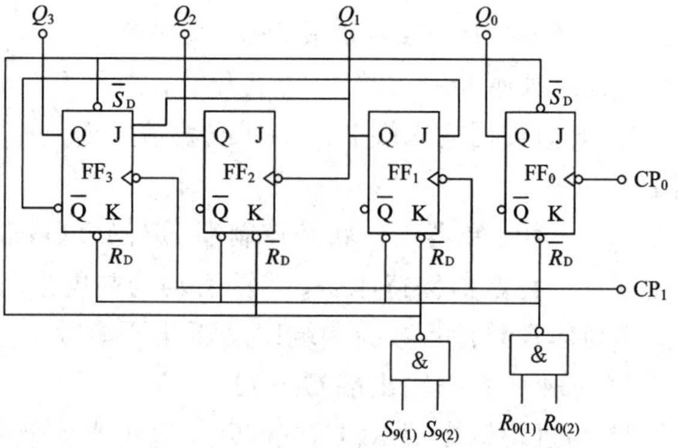

图 15-26　74LS290 型计数器逻辑图

表 15-14 是集成十进制异步计数器 74LS290 的功能表。

从表 15-14 中可以看出，74LS290 具有以下功能：

(1) 异步清零功能。当 $R_{0(1)}=R_{0(2)}=1$，$S_{9(1)}\cdot S_{9(2)}=0$ 时，计数器异步清零。

(2) 置“9”功能。当 $S_{9(1)}=S_{9(2)}=1$，计数器实现置“9”功能，即被置“1001”状态。这种置“9”是通过触发器输入端直接进行的，与计数脉冲无关。

表 15－14　74LS290 型计数器的功能表

$R_{0(1)}$	$R_{0(2)}$	$S_{9(1)}$	$S_{9(2)}$	Q_3	Q_2	Q_1	Q_0
1	1	0	×	0	0	0	0
		×	0				
×	×	1	1	1	0	0	1
×	0	×	0	计数			
0	×	0	×	计数			
0	×	×	0	计数			
×	0	0	×	计数			

(3) 计数功能。有四种基本情况：

① 将计数脉冲 CP 加到 CP_0 端，即只输入计数脉冲 CP_0(CP_0＝CP)，由 Q_0 输出，触发器 FF_0 工作，FF_1～FF_3 三位触发器不用，形成一位二进制计数器，也称为二分频(因为 Q_0 变化的频率是 CP 脉冲频率的 1/2)。

② 只将计数脉冲 CP 加到 CP_1 端，即 CP_1＝CP，由 Q_3、Q_2、Q_1 输出，触发器 FF_0 不工作，FF_1、FF_2、FF_3 工作，构成五进制异步计数器(或称为五分频电路)。具体过程请读者自行分析。

③ 若将计数脉冲 CP 加到 CP_0 端，即 CP_0＝CP，并且将 Q_0 端与 FF_1 的 CP_1 端从外部连接起来，即 CP_1＝Q_0，则构成 8421BCD 码异步十进制计数器，即从初始状态 0000 开始计数，经过 10 个脉冲后恢复 0000。

④ 如果按 CP_1＝CP，CP_0＝Q_3，虽然电路仍然是十进制异步计数器，但计数规律就不再是按照 8421BCD 码计数了。

15.3.4　任意 N 进制计数器

目前常用的计数器主要是二进制和十进制，当需要任意一种进制的计数器时，只能将现有的计数器改接而得。

N 进制计数器又称模 N 计数器，当 $N=2^n$ 时，就是前面讨论的 n 位二进制计数器；当 $N\neq 2^n$ 时，为非二进制计数器。利用集成计数器可以很方便地构成 N 进制计数器。由于集成计数器是厂家生产的定型产品，其函数关系已经固定了，状态分配即编码不能改变，而且多为纯自然态序编码，因此，在用集成计数器构成 N 进制计数器时，需要利用清零和置数端，外加适当的门电路，让计数电路跳过某些状态。下面介绍两种用 M 进制中规模集成计数器设计任意 N 进制计数器的改接方法。

1. 反馈清零法

如将计数器适当改接，利用其清零端进行反馈置 0，可得出小于原进制的多种进制的计数器，称为清零法。清零法也称为复位法，有利用异步清零端的复位法和利用同步清零端的复位法两种。它是利用集成 M 进制计数器的清零控制端 $\overline{CR}$ 的作用来实现的。利用异步清零端的复位法就是当集成 M 进制计数器从状态 S_0 开始计数时，若输入的 CP 计数脉冲输入了 N 个脉冲，则 M 进制计数器就处于 S_N 状态。如果利用 S_N 状态产生一个清零信号，加到异步清零端，则使计数器回到 S_0 状态，这样就跳过了($M-N$)个状态，故实现了

模值数为 N 的 N 进制计数器。

【例 15－1】 试分析图 15－27 所示电路分别是几进制计数器。

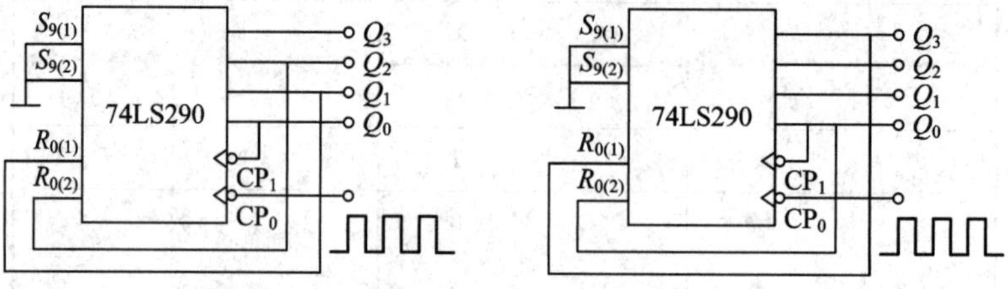

(a)　　　　　　(b)

图 15－27　用 74SL290 设计的计数器

解　由表 15－14 所示的 74LS290 的逻辑功能分析可知：图 15－27(a)中，它从 0000 开始计数，来五个脉冲 CP_0 后，变为 0101。当第六个脉冲来到后，出现 0110 的状态，由于 Q_2 和 Q_1 端分别接到 $R_{0(1)}$ 和 $R_{0(2)}$ 清零端，强迫清零，0110 这一状态转瞬即逝，显示不出，立即回到 0000。它经过六个脉冲循环一次故为六进制计数器，状态循环如图 15－28 所示，其状态循环中不含 0110、0111、1000、1001 四个状态。

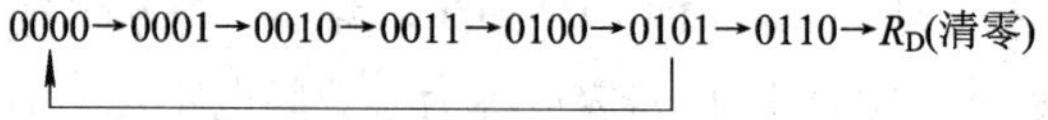

图 15－28　六进制计数器的状态循环图($Q_3Q_2Q_1Q_0$)

同理，图 15－27(b)是九进制计数器。

2. 反馈置数法

置数法也称为置位法，此法适用于某些有并行预置数的计数器。有同步置数和异步置数两种方式。它是利用集成 M 进制计数器的置数控制端 $\overline{LD}$ 的作用，预置数的数据输入端 D_0～D_3 均为 0 来实现的。具体地讲，利用同步置数端的置数法就是当 M 进制计数器从状态 S_0 开始计数时，若输入的 CP 计数脉冲输入了($N-1$)个脉冲后，M 进制计数器处于 S_{N-1} 状态。如果利用 S_{N-1} 状态产生一个置数控制信号，加到置数控制端，当 CP 计数脉冲到来时，则使计数器回到 S_0 状态，即 $S_0=Q_3Q_2Q_1Q_0=D_3D_2D_1D_0=0000$，这样就跳过了 $M-N$ 个状态，故实现了模值数为 N 的 N 进制计数器。若是利用异步置数端置数，则是利用 S_N 状态产生一个置数控制信号，加到置数控制端，当第 N 个 CP 计数脉冲到来时，则使计数器回到 S_0 状态。

【例 15－2】 试利用 74LS161 的置数控制端设计一个十二进制计数器。

解　(1) 由 74LS161 的功能表知：令 $\overline{LD}=0$，$\overline{CR}=1$，当 CP 计数脉冲到来时，计数器实现并行置数，即 $Q_3Q_2Q_1Q_0=D_3D_2D_1D_0$。令状态 $S_0=0000$，则 d_0～d_3 均为 0。

(2) 写出状态：

$$S_{N-1}=S_{12-1}=S_{11}=1011$$

(3) 求出置数控制函数 $\overline{LD}$：

$$\overline{LD}=\overline{Q_3Q_1Q_0}$$

(4) 画出电路图如图 15－29 所示。

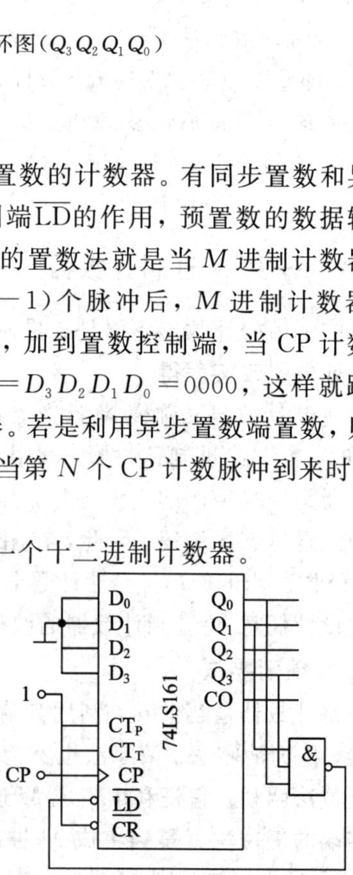

图 15－29　用反馈置数法设计的十二进制计数器

上面介绍的用 M 进制计数器实现 N 进制计数器的方法均是针对 $N<M$ 的 N 进制计数器。如果要设计 $N>M$ 的 N 进制计数器，则需要利用集成计数器容量的扩展。

【例 15-3】 试分析图 15-30 所示电路的逻辑功能。

解　(1) 接法分析。图 15-30 所示电路由两片 74LS161 和两个非门组成。两片 74LS161 的 $\overline{CR}$、CT_P、CT_T 均接高电平，$\overline{LD}=\overline{CO}$。芯片(1)的 $D_3D_2D_1D_0=1001$，芯片(2)的 $D_3D_2D_1D_0=0111$。可见，当 $\overline{LD}$ 无效时，计数器处于正常计数状态。当计数器计数到最大值时，$\overline{CO}=0$。当下一个计数脉冲上升沿到来时，计数器置数，进入 $D_3D_2D_1D_0$ 设置的状态。

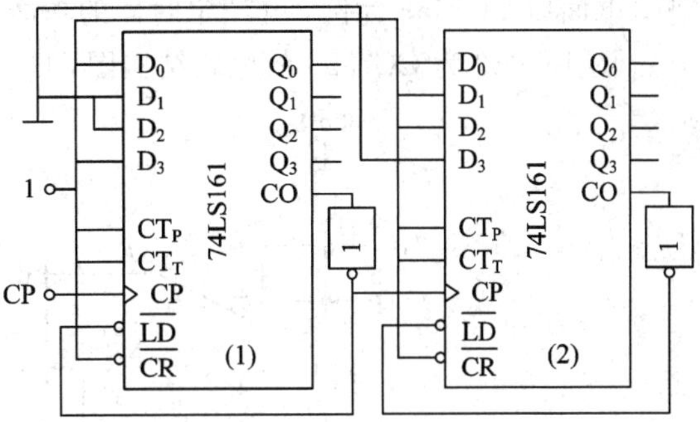

图 15-30　例 15-3 逻辑电路图

(2) 功能分析。分析可得芯片(1)为七进制加法计数器。芯片(2)为九进制加法计数器。

从图 15-30 可看出，芯片(2)的计数脉冲为芯片(1)的进位脉冲。而芯片(1)每计七个 CP 计数脉冲产生一个进位输出信号，所以图 15-30 所示电路为 $N=7\times9=$ 六十三进制计数器。

【例 15-4】 数字钟表中的分、秒计数都是六十进制，试用两片 74LS290 型二—五—十进制计数器连成六十进制电路。

解　六十进制计数器由两位组成，个位(1)为十进制，十位(2)为六进制，电路连接如图 15-31 所示。个位的最高位 Q_3 连到十位的 CP_0 端。

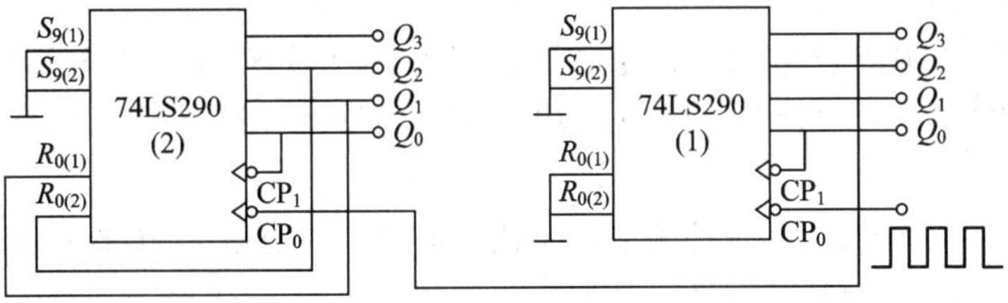

图 15-31　例 15-4 逻辑电路图

个位十进制计数器经过 10 个脉冲循环一次，每当第 10 个脉冲来到时，Q_3 由 1 变为 0，相当于一个下降沿，使十位六进制计数器计数。个位计数器经过第一次 10 个脉冲，十位计数器计数为 0001；经过 20 个脉冲，十位计数器计数为 0010；依此类推，经过 60 个脉冲，十位计数器计数为 0110。接着，立即清零，个位和十位计数器都恢复为 0000。这就是六十进制计数器。

15.4　脉冲信号的产生及整形

15.4.1　555 定时器

555 定时器是目前应用最多的一种数字—模拟混合的时基电路，用它可以构成多谐振荡器、单稳态电路和施密特电路等脉冲产生和波形变换电路，所以在波形的产生和变换、工业自动控制、定时、仿真、家用电器、电子乐器、防盗报警等方面获得了广泛的应用。

目前的集成定时器产品中，双极型的有 5G555(NE555)，CMOS 型的有 CC7555、CC7556 等。CMOS 器件的电源电压为 4.5～15 V，能提供与 MOS 电路相兼容的逻辑电平。下面以 CC7555 为例，介绍定时器的功能。

图 15－32 为 CC7555 的电路结构图，CC7555 为双列直插式封装，共有 8 个引脚。

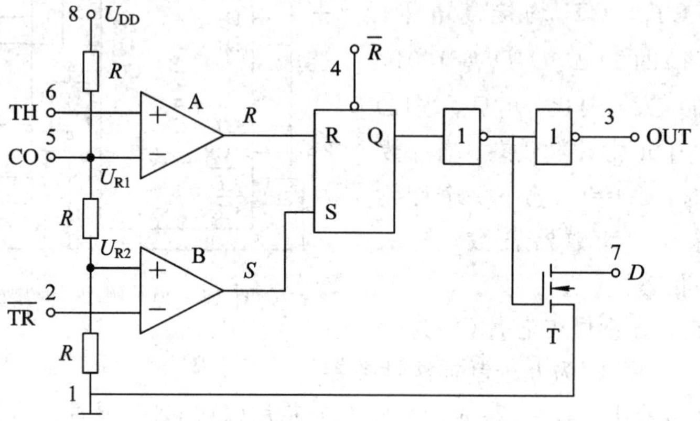

图 15－32　CC7555 电路结构图

CC7555 的组成电路有：

(1) 分压器：由 3 个阻值为 5 kΩ 的等值电阻 R 构成电阻分压器(故得名 555 定时器)，它向比较器 A 和 B 提供参考电压：$U_{R1}=\dfrac{2}{3}U_{DD}$、$U_{R2}=\dfrac{1}{3}U_{DD}$。电压控制端 CO 也可外加控制电压改变参考电压值，CO 端不用时，可以接一个 0.01 μF 的去耦电容，以消除干扰，保证控制端的参考电压。

(2) 比较器：集成运算放大器 A、B 组成两个电压比较器，每个比较器的两个输入端分别标有"＋"号和"－"号，当 $U_{+}>U_{-}$ 时，电压比较器输出为高电平；当 $U_{+}<U_{-}$ 时，比较器的输出为低电平。

(3) 基本 RS 触发器：R、S 的值取决于比较器 A、B 的输出。R 端为 RS 触发器的复位端，当 $\overline{R}=0$ 时，$Q=0$，OUT 端为低电平。

(4) 放电管 T(也称开关管)和输出缓冲器：T 管为 N 沟道增强型 MOS 管，当 OUT 为低电平时，其栅极电位为高电平，T 导通；当 OUT 为高电平时栅极电位为低电平，T 截止。OUT 前面的反相器构成输出缓冲器，用来提高定时器的带负载能力，同时也隔离负载对定时器的影响。

CC7555 的静态电流约 80 μA，输入电流约 0.1 μA，输入阻抗很高。

15.4.2　多谐振荡器

多谐振荡器是一种自激振荡器，在接通电源后，不需要外加触发信号就能自动地产生矩形脉冲。由于矩形波中除基波外，还有丰富的谐波分量，故得名多谐振荡器。时序电路中的时钟信号即为矩形脉冲波。

产生矩形脉冲的电路很多，例如，用 TTL 与非门构成的基本多谐振荡器和 RC 环形振荡器，用 CMOS 或非门组成的多谐振荡器。这里主要介绍用集成定时器构成的多谐振荡器。

用 CC7555 构成的多谐振荡器如图 15－33(a)所示，R_1、R_2和 C 是外接的定时元件。电路的工作波形如图 15－33(b)所示。

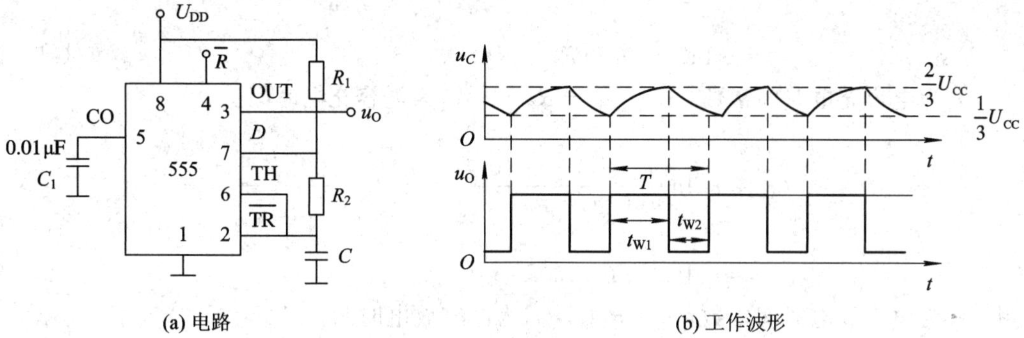

图 15－33　由 CC7555 定时器构成的多谐振荡器

下面结合 CC7555 的功能来分析图 15－33(a)所示电路的工作原理。

参看图 15－33 和表 15－15，接通电源瞬间，TH 和$\overline{TR}$端的电位 $u_C=0$，基本 RS 触发器的 $R=0$，$S=1$，触发器置 1，输出 OUT(u_O)为高电平，MOS 管截止，电源经 R_1、R_2对 C 充电，u_C逐渐升高。在$\frac{1}{3}U_{DD}<u_C<\frac{2}{3}U_{DD}$时，输出 OUT($u_O$)保持原态不变，仍为高电平，但比较器 B 的输出端 S 已跳变为低电平。

表 15－15　CC7555 的功能表

输　入			输　出	
高触发端 TH	低触发端$\overline{TR}$	复位端$\overline{R}$	输出端 OUT	放电管 T 状态
×	×	0	低	导通
$>\frac{2}{3}U_{DD}$	$>\frac{1}{3}U_{DD}$	1	低	导通
$<\frac{2}{3}U_{DD}$	$>\frac{1}{3}U_{DD}$	1	不变	保持原状态
$<\frac{2}{3}U_{DD}$	$<\frac{1}{3}U_{DD}$	1	高	截止
$>\frac{2}{3}U_{DD}$	$<\frac{1}{3}U_{DD}$	1	高	截止

当 $u_C\geqslant\frac{2}{3}U_{DD}$时，比较器 A 的输出即 RS 触发器的 R 端跳变为高电平，RS 触发器置 0，输出 OUT(u_O)跳变为低电平，这时 MOS 管导通，电容 C 通过 R_2及 MOS 管放电，u_C下降。当$\frac{1}{3}U_{DD}<u_C<\frac{2}{3}U_{DD}$时，输出 OUT($u_O$)保持原态低电平不变，而比较器 A 的输出端 R 已跳变为低电平。

当 $u_C\leqslant\frac{1}{3}U_{DD}$时，比较器 B 的输出即 RS 触发器的 S 端跳变为高电平，输出 OUT(u_O)再次跳变到高电平，MOS 截止，C 再次充电 …… 如此周而复始，输出端就得到了重复的脉冲序列。

由上述分析可知，多谐振荡器无稳定状态，只有两个暂稳态，故又称为无稳态电路。由图 15－33(b)所示工作波形的充放电过程可知，电路的特性参数计算如下：

$$t_{W1}=\tau_1\ln\frac{u_C(\infty)-u_C(0_+)}{u_C(\infty)-u_C(t_{W1})}=\tau_1\ln\frac{U_{DD}-\frac{1}{3}U_{DD}}{U_{DD}-\frac{2}{3}U_{DD}}$$

$$=\tau_1\ln2\approx0.7(R_1+R_2)C \tag{15-1}$$

式中，τ_1为电容充电时间常数，$\tau_1=(R_1+R_2)C$，t_{W1}为电容充电时间。

$$t_{W2}=\tau_2\ln\frac{u_C(\infty)-u_C(0^+)}{u_C(\infty)-u_C(t_{W2})}=\tau_2\ln\frac{0-\frac{2}{3}U_{DD}}{0-\frac{1}{3}U_{DD}}$$

$$=\tau_2\ln2\approx0.7R_2C \tag{15-2}$$

式中，τ_2为电容放电时间常数，$\tau_2=R_2C$，t_{W2}为电容放电时间。

振荡周期：

$$T=t_{W1}+t_{W2}\approx0.7(R_1+2R_2)C \tag{15-3}$$

振荡频率：

$$f=\frac{1}{T}\approx\frac{1.43}{(R_1+2R_2)C} \tag{15-4}$$

占空比(脉冲宽度与周期之比)：

$$q=\frac{t_{W1}}{t_{W1}+t_{W2}}\approx\frac{0.7(R_1+R_2)C}{0.7(R_1+2R_2)C}=\frac{R_1+R_2}{R_1+2R_2} \tag{15-5}$$

用两个555多谐振荡器可以构成间歇音响电路，如图15-34(a)所示，调节R_{A1}、R_{B1}、C_1和R_{A2}、R_{B2}、C_2使振荡器Ⅰ的频率为1 Hz，振荡器Ⅱ的频率为1 kHz。由于振荡器Ⅰ的输出接到振荡器Ⅱ的复位端$\bar{R}$(4脚)，因此在u_{O1}输出高电平时，振荡器Ⅱ才能振荡，u_{O1}为低电平时，Ⅱ被复位，振荡停止。这样，扬声器便发出间歇(频率为1 Hz)的1 kHz音响，其工作波形如图15-34(b)所示。

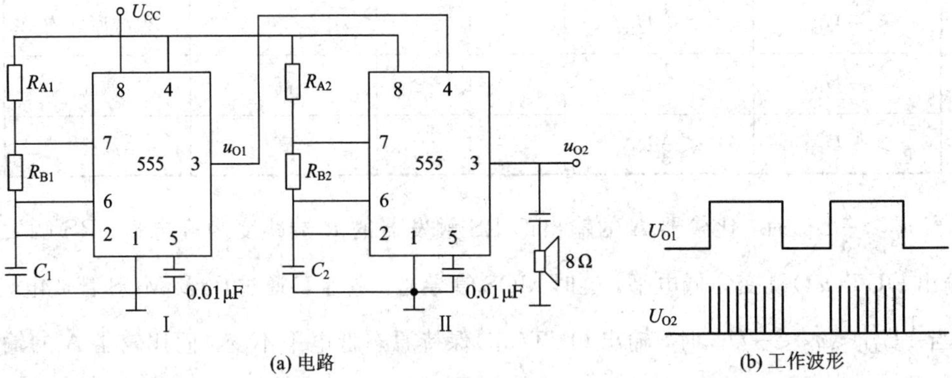

图 15-34 间歇音响电路

15.4.3 单稳态触发器

单稳态触发器只有一个稳态，另外还有一个暂稳态。在外加信号的作用下，单稳态触发器能够从稳态翻转到暂稳态，经过一定的时间后又自动返回稳态，电路在暂稳态的时间等于单稳态触发器输出脉冲的宽度。

如图 15-35(a)所示为用 555 定时器构成的单稳态触发器电路。

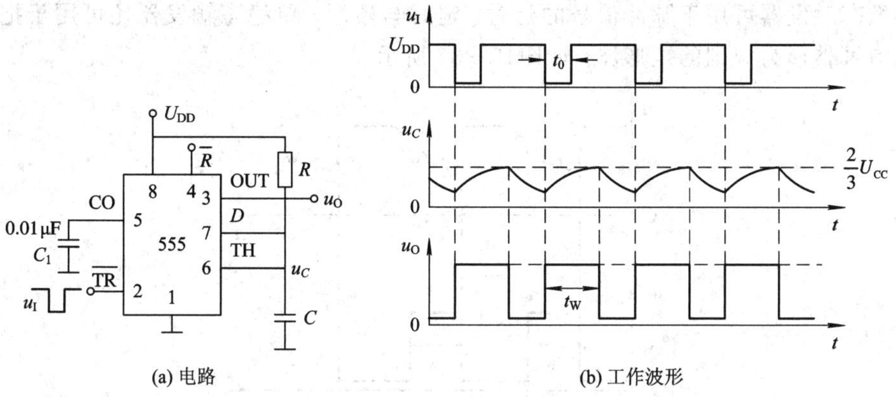

图 15-35　用 555 定时器构成的单稳态触发器

图 15-35(a)中，输入触发信号 u_I加在低触发端$\overline{TR}$，OUT 端输出信号为 u_O，R 和 C 是外接定时元件。

电路的工作原理简述如下：

接通电源后，触发信号没有到来时，低触发端$\overline{TR}=U_{DD}$，保持高电平。电源 U_{DD}对 C 充电到使 $u_C>\frac{2}{3}U_{DD}$时，输出 OUT 端为低电平，此时放电管 T 导通，C 放电到使 $u_C\approx0$，使 TH 端为低电平，并保持输出 OUT 端 u_O为低电平，电路处于稳态。

输入端触发脉冲信号到来时，u_I负跳变为 $u_I<\frac{1}{3}U_{DD}$，输出 OUT 端跳变为高电平，放电管 T 截止，电源经 R 向电容 C 充电，电路处于暂稳态。

随着电容 C 的充电，u_C逐渐升高，TH 端的电位也不断上升，当上升到 $u_C\geqslant\frac{2}{3}U_{DD}$时(此时 u_I必须已恢复到 U_{DD})，输出 OUT 端又跳变为低电平，放电管 T 导通，电容 C 又放电到 $u_C\approx0$，电路又回到稳态。其工作波形如图 15-35(b)所示。

输出脉冲宽度 t_W为定时电容 C 上的电压 u_C由零上升到$\frac{2}{3}U_{DD}$所需的时间。t_W 的计算如下：

$$t_W=\tau\ln\frac{u_C(\infty)-u_C(0^+)}{u_C(\infty)-u_C(t_W)}$$

$$\tau=RC$$

$$u_C(\infty)=U_{DD}$$

$$u_C(0^+)=0$$

$$u_C(t_W)=\frac{2}{3}U_{DD}$$

因此

$$t_W=RC\ln\frac{U_{DD}-0}{U_{DD}-\frac{2}{3}U_{DD}}=RC\ln3\approx1.1RC \tag{15-6}$$

通过以上分析可知，要求输入触发脉冲的宽度 $t_0<t_W$，单稳态触发器方能由暂稳态返

回稳态。若 $t_0 > t_W$，可在输入端加 RC 微分电路。

单稳态触发器可用于脉冲信号的延时、定时与整形。单稳态触发器还可用于把不规则的脉冲信号整形为规则的矩形波，如图15－36 所示。

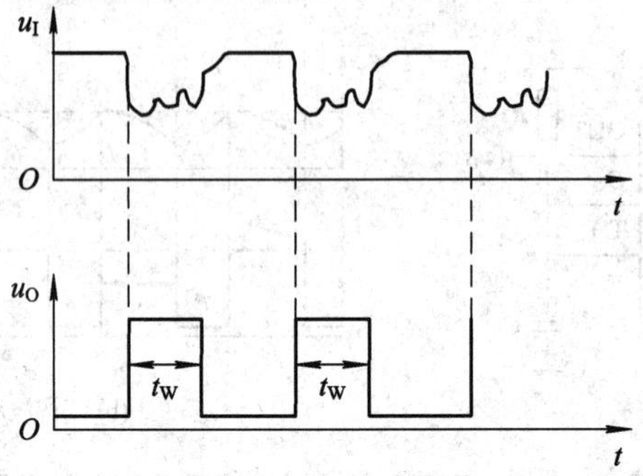

图 15－36　单稳态触发器的整形

下面列举两个比较常用的时序逻辑电路的例子。

【例 15－5】 图 15－37 是一优先裁决电路，例如在游泳比赛中用来自动裁决优先到达者。图中，输入变量 A_1、A_2来自设在终点线上的光电检测管。平时，A_1、A_2为 0，复位开关 S 断开。比赛开始前，按下复位开关 S 使发光二极管 LED 全部熄灭。当游泳者到达终点线时，通过光电管的作用，使相应的 A 由 0 变为 1，同时使相应的发光二极管发光，以指示出谁首先到达终点。

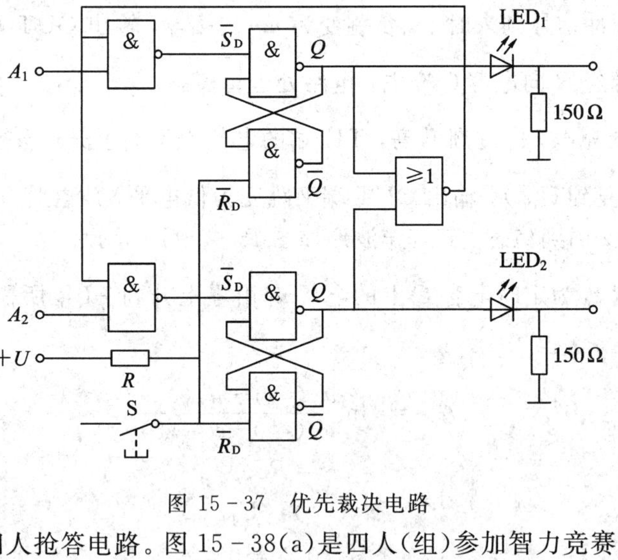

图 15－37　优先裁决电路

【例 15－6】 四人抢答电路。图 15－38(a)是四人(组)参加智力竞赛的抢答电路，电路中的主要器件是 74LS175 型四上升沿 D 触发器，它的清零端 $\overline{R}_D$ 和时钟脉冲 CP 是四个 D 触发器共用的。图 15－38(b)是 74LS175 的管脚图。

抢答前先清零，$Q_1 \sim Q_4$ 均为 0，相应的发光二极管 LED 都不亮；$\overline{Q}_1 \sim \overline{Q}_4$ 均为 1，与非门 G_1输出为 0，扬声器不响。同时，G_2输出为 1。将 G_3开通，时钟脉冲 CP 可以经过 G_3进入 D 触发器的 CP 端。此时，由于 $S_1 \sim S_4$ 均未按下，$D_1 \sim D_4$ 均为 0，所以触发器的状态不变。

抢答开始，若 S_1 首先被按下，D_1 和 Q_1 均变为 1，相应的发光二极管亮；$\overline{Q}_1$ 变为 0，G_1 的输出为 1，扬声器响。同时，G_2 输出为 0，将 G_3 关断，时钟脉冲 CP 便不能经过 G_3 进入 D 触发器。由于没有时钟脉冲，因此再接着按其他按钮就不起作用了，触发器的状态不会改变。

抢答判别完毕，清零，准备下次抢答用。

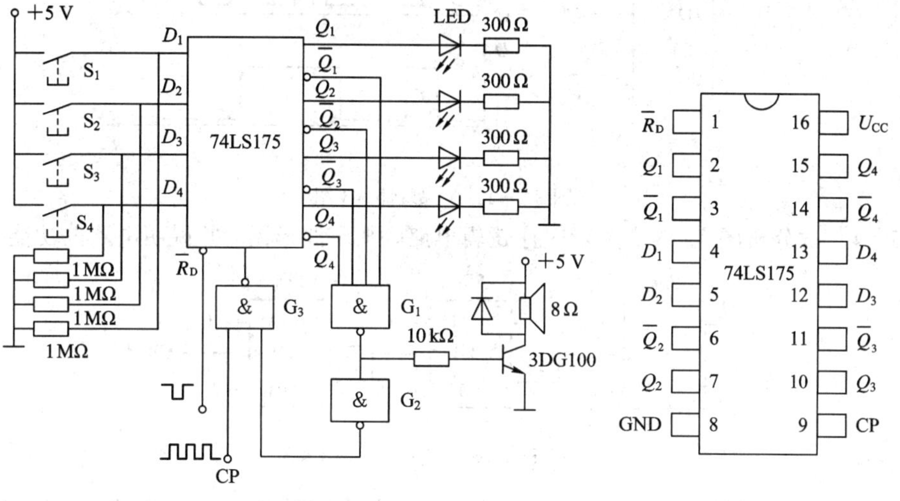

图 15－38　四人抢答电路

习　题　15

15－1　触发器及 CP、J、K 的波形如图 15－39 所示，试画出对应的 Q 和 $\overline{Q}$ 的波形。

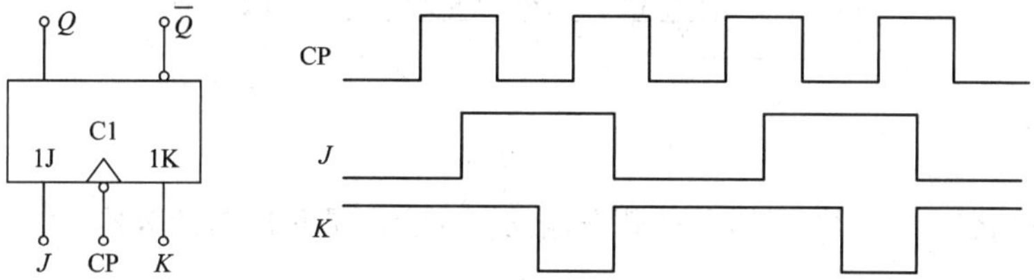

图 15－39　习题 15－1 图

15－2　如图 15－40(a)所示的逻辑电路，时钟脉冲 CP 的波形如图 15－40(b)所示，试画出 Q_1 和 Q_2 端的波形。如果时钟脉冲的频率是 4000 Hz，那么波形的频率各为多少？设初始状态 $Q_1=Q_2=0$。

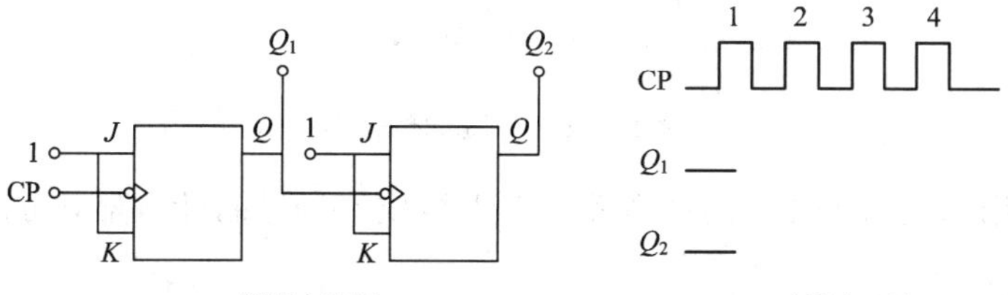

(a) 逻辑电路图　　(b) 时钟波形图

图 15－40　习题 15－2 图

15－3 输入端 D 和时钟信号 CP 的电压波形如图 15－41 所示，试画出 Q 和 $\bar{Q}$ 端对应的电压波形。假定初始状态为 $Q=0$。

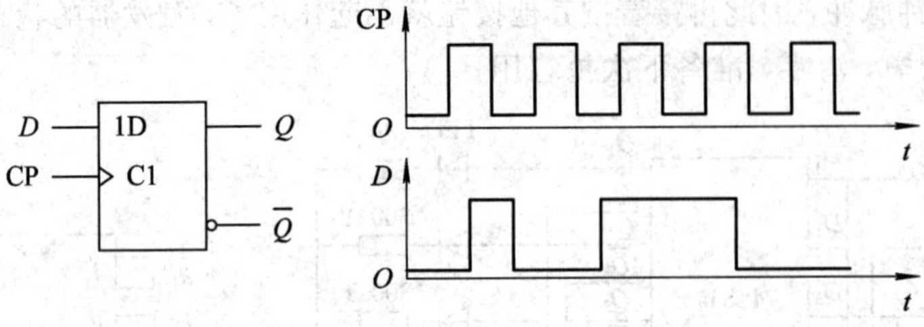

图 15－41 习题 15－3 图

15－4 试分析图 15－42 所示时序逻辑电路，画出波形图，并说明电路的功能。

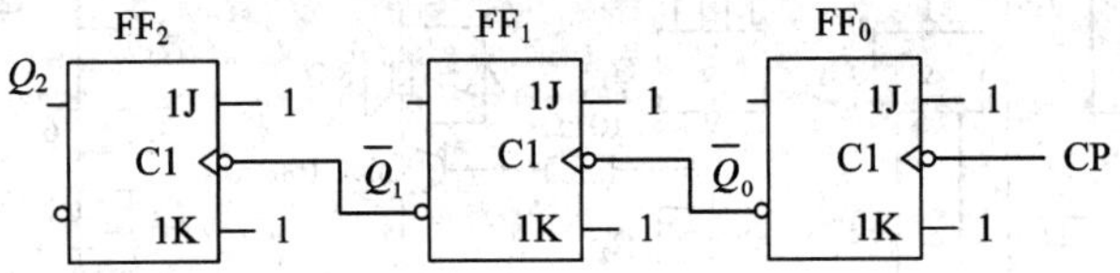

图 15－42 习题 15－4 图

15－5 分析图 15－43 所示的计数器电路，说明这是几进制计数器，并画出状态转换图。

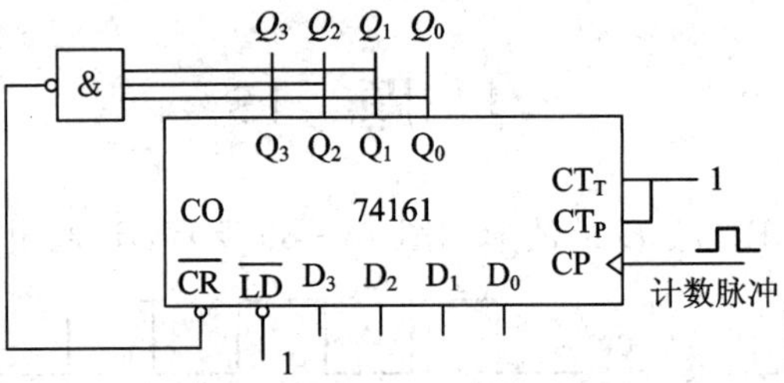

图 15－43 习题 15－5 图

15－6 分析图 15－44 所示的计数器电路，说明这是几进制计数器。

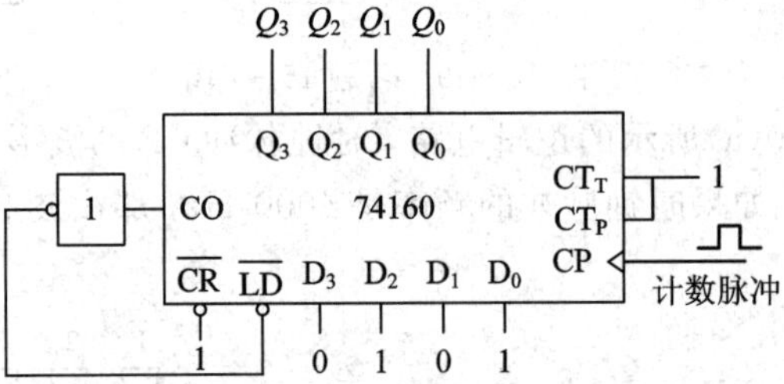

图 15－44 习题 15－6 图

15－7 试用四位同步二进制计数器 74161 接成十一进制计数器，可以附加必要的门电路。

15－8 试列出图 15－45 所示计数器的状态表，从而说明它是一个几进制计数器。设初始状态为 000。

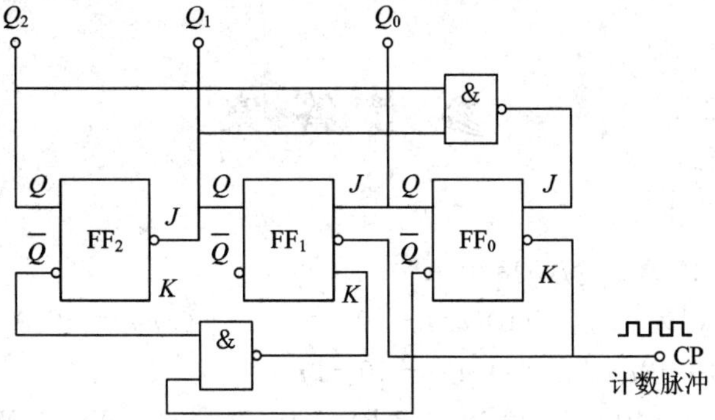

图 15-45　习题 15-8 图

15-9　如图 15-46 所示为用 555 定时器构成的多谐振荡器，其主要参数为：$U_{DD}=10$ V，$C=0.1$ μF，$R_A=20$ kΩ，$R_B=80$ kΩ。求该多谐振荡器的振荡周期 T，并画出对应的 u_C、u_O 的波形。

15-10　如图 15-47 所示为一个由 555 定时器构成的简易触摸开关电路，当用手触摸金属片时，发光二极管亮，经过一定时间，发光二极管熄灭。说明其工作原理，并计算二极管能亮多长时间。

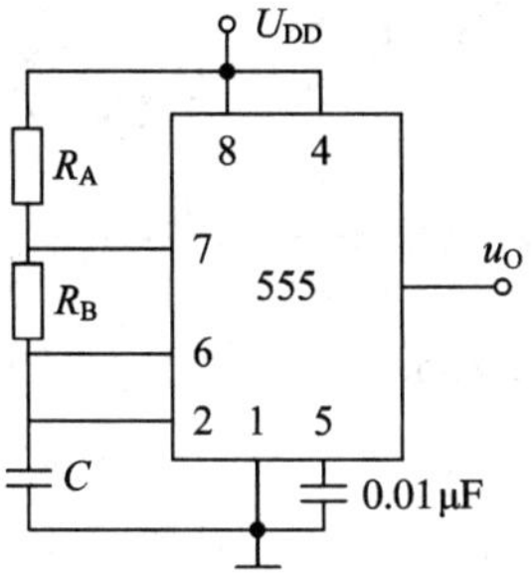

图 15-46　习题 15-9 图

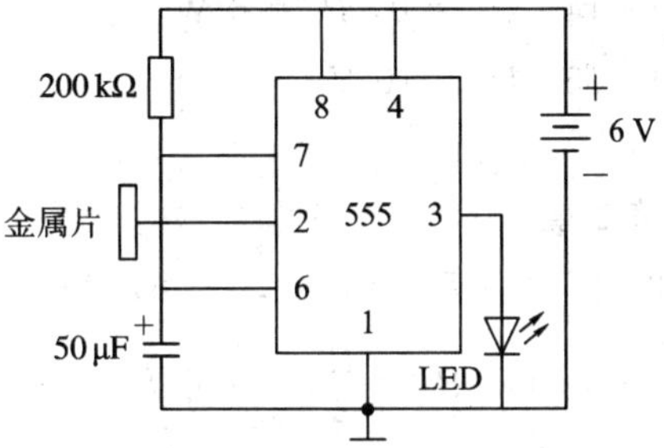

图 15-47　习题 15-10 图

15-11　如图 15-48 所示为一个由 555 定时器构成的单稳态触发器，已知 $U_{DD}=10$ V，$R=30$ kΩ，$C=0.1$ μF，求输出脉冲的宽度 t_W，并画出对应的 u_I、u_O、u_c 的波形。

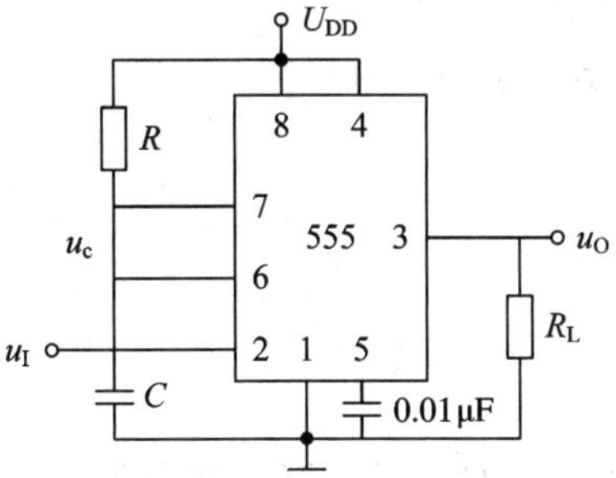

图 15-48　习题 15-11 图

参 考 答 案

第 1 章

1-3　$i(0.5)=10\ \mathrm{A}$　　$i(5)=0\ \mathrm{A}$

1-4　(a) $u=10^4 i$　　(b) $u=-10^3 i$　　(c) $i=-2\ \mathrm{A}$

　　(d) $u=10+2i$　　(e) $u=-10-2i$

1-5　(a) −30 W，10 W，20 W；　(b) −15 W，−30 W，45 W

1-6　$I=6.29\ \mathrm{A}$

1-8　(a) $I=1\ \mathrm{A}$　　(b) $U=10\ \mathrm{V}$

1-9　元件 A：−20 W；元件 B：10 W；元件 C：15 W；元件 D：−5 W

1-10　$i_1=1\ \mathrm{A}$，$u_{ab}=-40\ \mathrm{V}$

1-11　$u=8\ \mathrm{V}$

1-12　$U_A=-2\ \mathrm{V}$

1-13　$U_a=160\ \mathrm{V}$，$U_b=205\ \mathrm{V}$

1-14　$P_{U_s}=0$，$P_{I_s}=6\ \mathrm{W}$

1-15　$U_{oc}=10\ \mathrm{V}$

第 2 章

2-3　(a) $R_{ab}=36\ \Omega$，　(b) $R_{ab}=6\ \Omega$，　(c) $R_{ab}=3\ \Omega$

2-4　(a) $R_{ab}=\frac{R}{2}$，　(b) $R_{ab}=5.18\ \Omega$

2-5　$U_{oc}=20\ \mathrm{V}$　　$R_0=10\ \Omega$

2-7　$I=-\frac{2}{3}\ \mathrm{A}$

2-8　$i_1=1.5\ \mathrm{A}$，$i_2=0$，$i_3=1.5\ \mathrm{A}$，$u=3\ \mathrm{V}$

2-9　$I_1=2\ \mathrm{A}$，$I_2=0$，$P_{R_3}=20\ \mathrm{W}$

2-10　$P_{7A}=70\ \mathrm{W}$(提供功率)，$P_{5A}=0$

2-12　$u=3.15\ \mathrm{V}$

2-13　$I=0.5\ \mathrm{A}$

2-14　$I=-\frac{1}{6}\mathrm{A}$

2-15　$U=6\ \mathrm{V}$

2-16　$U_{ab}=6\ \mathrm{V}$(开路电压)，$R_{ab}=16\ \Omega$(等效电阻)

2-17　$I_{ab}=-\frac{2}{3}\ \mathrm{A}$(短路电流)，$R_{ab}=3\ \Omega$(等效电阻)

2-18　$U_{oc}=10\ \mathrm{V}$(开路电压)，$I_{sc}=\frac{1}{150}\ \mathrm{A}$(短路电流)，$R_0=1500\ \Omega$(等效电阻)

第3章

3-1 $U=220$ V，$u=311\sin(314t-45°)$V，$u(t=0.0025\text{ s})=0$ V

3-2 $i_1=2\sqrt{2}\sin(\omega t+90°)$A，$i_2=2\sqrt{2}\sin(\omega t+30°)$A，$i_1=3\sqrt{2}\sin(\omega t-120°)$A

3-3 (1) $\dot{U}=10\angle 0°$V

(2) $\dot{I}=\dfrac{5}{\sqrt{2}}\angle 120°$A

(3) $\dot{U}=220\angle 120°$V

(4) $\dot{I}_1=10\angle 60°$A

3-4 $\dot{U}=U(\cos 0°+\text{j}\sin 0°)=U=U\text{e}^{\text{j}0°}=U\angle 0°$V

$\dot{I}_1=10[\cos(-45)°+\text{j}\sin(-45)°]=0.707-\text{j}0.707=10\text{e}^{\text{j}-45°}=10\angle -45°$A

$\dot{I}_2=5\sqrt{2}(\cos 90°+\text{j}\sin 90°)=\text{j}5\sqrt{2}=5\sqrt{2}\,\text{e}^{\text{j}90°}=5\sqrt{2}\angle 90°$A

3-5 (4)、(7)正确，其余错误。

3-6 $A_2=A_3=3$ A

3-7 $Z_{ab}=(3+\text{j})\Omega$

3-8 $X_C=5.36\ \Omega$ 或 $X_C=74.64\ \Omega$

3-9 $i=2.5\sqrt{2}\sin 628t$ A

$i_1=2.5\sqrt{2}\sin(628t-45°)$A，

$i_2=2.5\sqrt{2}\sin(628t+90°)$A

3-10 $i_1=10\sin(314t+45°)$A，$Z_1=10\angle -30°\Omega$，$Z_2=10\angle 60°\Omega$

3-11 $\dot{I}_1=20\angle -67°$A，$\dot{I}_2=20\angle 60°$A，$\dot{I}=17.85\angle 3.5°$A

3-12 $C=559\ \mu$F

3-13 $f_0=500$ Hz，$Q=25.1$，$I_0=0.2$ A，$U_{R0}=10$ V，$U_{L0}=U_{C0}=251$ V

3-14 这三个电动势的大小相等，频率相同，但彼此相位差不相等，故不是对称的三相电压。

3-15 $I_p=I_l=1.1$ A，$I_N=0$ A

3-16 $I_p=11.52$ A，$I_l=20$ A

3-17 提示：$I=I_Y+I_{l\Delta}=39.3$ A

第4章

4-1 (a) 10 V，−0.5 A　(b) 24 A，60 V　(c) −3.5 A，1.5 V

(d) 48 V，0 A，0 V　(e) 4.5 A，3A，1.5 A

4-2 30e^{-50t} V，-7.5e^{-50t} mA

4-3 (1) 2e^{-3000t} A

(2) 0.1A

4-4 -2e^{-t} A，　$\dfrac{1}{2}\text{e}^{-t}$ A

4-5 $2\text{e}^{-12.5t}$ A，　$-0.67\text{e}^{-12.5t}$ A，　$-10\text{e}^{-12.5t}$ V

4-6 10 Ω，　10 H

4-7　$3(1-e^{-1000t})V$

4-8　$2(1-e^{-10^6 t})mA$

4-9　$3(1-e^{-0.1t})V$，　$(1-0.4e^{-0.1t})A$

4-10　1.39 μs

4-11　(a) $\tau=\frac{2}{15}\ \mu s$，　$u_L(\infty)=0$，$i(\infty)=\frac{8}{3}$ A，$i_L(\infty)=i_1(\infty)=\frac{4}{3}$ A

(b) $\tau=34\ \mu s$，　$i_C(\infty)=0$，$i(\infty)=5$ A，$u_C(\infty)=10$ V

(c) $\tau=2$ s，　$i(\infty)=-2$ A，$u_C(\infty)=14$ V

(d) $\tau=0.5$ s，　$i(\infty)=0$，$u_C(\infty)=6$ V

4-12　$u_C(t)=\frac{2}{3}+\frac{4}{3}e^{-\frac{1}{2}t}$ V

4-13　$i_L(t)=\frac{4}{5}+\frac{1}{5}e^{-2.5t}$ A

4-14　$u(t)=30e^{-10^5 t}$ V，$i(t)=-0.9e^{-100t}$ mA

4-15　$u_C(t)=7.5+92.5e^{-0.1t}$V，$i_C(t)=-18.5e^{-0.1t}$ A

4-16　$u_C(t)=\frac{36}{5}-\frac{6}{5}e^{-\frac{5}{9}t}$V，$i(t)=\frac{3}{5}+\frac{2}{5}e^{-\frac{5}{9}t}$A

4-17　$u_C(t)=11-10e^{-0.5t}$ V，$i(t)=-1+5e^{-0.5t}$A

第 5 章

5-4　可将一次侧作一闭合回路，一次绕组电阻 R_1 为该回路中负载。

5-5　不可以，由于励磁电流大大增加，将使绕组烧坏。

5-6　(1) 磁感应强度不变，线圈电流不变，铜损也不变。

(2) 磁感应强度减小为原来的 1/2，线圈电流减小为原来的 1/2，铜损减小为原来的 1/4。

(3) 磁感应强度增加一倍，线圈电流不变，铜损也不变。

(4) 磁感应强度减小为原来的 1/2，线圈电流减小为原来的 1/4，铜损减小为原来的 1/16。

(5) 磁感应强度增加 1 倍，线圈电流增加 1 倍，铜损增加为原来的 4 倍。

(6) 磁感应强度不变，线圈电流不变，铜损也不变。

5-7　$I=0.075$ A

5-8　$U_{20}\approx 100$ V

5-9　(1) $\Delta P_{Cu}=12.5$ W，$\Delta P_{Fe}=337.5$ W

(2) $R=0.5\ \Omega$，$R_0=13.5\ \Omega$，$X_0=14.3\ \Omega$

5-10　$I_1\approx 0.273$ A，$N_2=90$ 匝，$N_3=30$ 匝

5-11　625 个，$I_{1N}\approx 7.58$ A，$I_{2N}\approx 227.3$ A

5-12　(1) $I_{1N}=1$ A，$I_{2N}=43.5$ A

(2) 4.3%

5-13　$\dot{U}=8\angle 0^\circ$V

5-14　$I_{1N}\approx 5.77$ A，　$I_{2N}\approx 144$ A

第 6 章

6-1　会使定子电流大大增加，可能烧坏定子绕组。

6-2　电动机发热，同时转速下降。

6-4　转子被卡住时定子电流会增大，若不及时排除，会烧坏电动机。

6-5　1480 r/min

6-6　都会使电动机因发热而烧坏。

6-7　$S_N=0.01$，$f_2=0.5$ Hz

6-8　243 A，40 A

6-9　(1) 30 r/min　(2) 194.9 N·m　(3) 0.88

6-10　(1) $s_N=0.04$　(2) $I_N=8.77$ A

(3) $I_{st}=61.4$ A　(4) $T_N=26.5$ N·m

(5) $T_{st}=58.4$ N·m　(6) $T_{max}=58.4$ N·m

(7) $P_1=4734$ W

6-11　2.0

6-12　5.5 kW

第 7 章

7-3　不能将两个线圈串联使用

7-6　如习题 7-6 解答图所示。

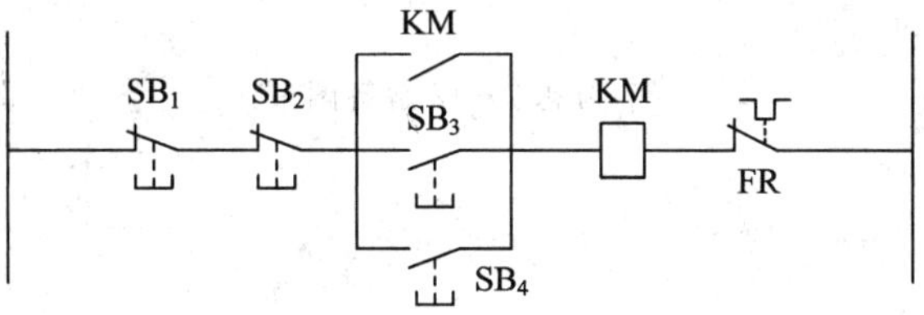

习题 7-6 解答图

7-9　如习题 7-9 解答图所示。

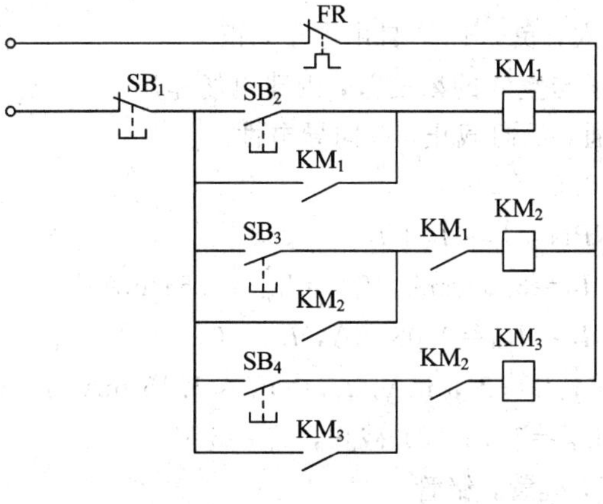

习题 7-9 解答图

7-11　如习题 7-11 解答图所示。

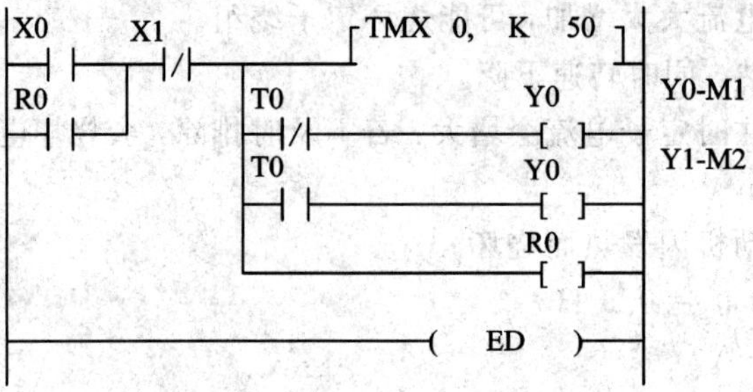

习题 7-11 解答图

7-12　如习题 7-12 解答图所示。

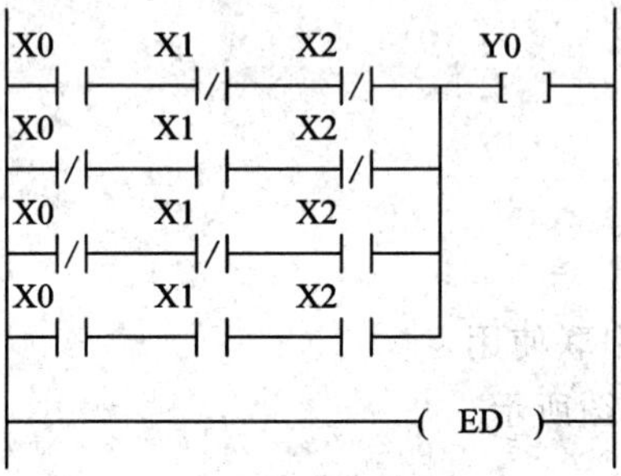

习题 7-12 解答图

第 8 章　(略)

第 9 章

9-1　(1) √　(2) ×　(3) ×　(4) √

9-2　(3)

9-3　(1) A　(2) B　(3) B　A　(4) C　(5) A　(6) B

9-4　(1) +3，空穴，负，+5，自由电子，正

(2) 自由电子与空穴的浓度差，内建电场作用

(3) 正向导通，反向截止，单向导电性

(4) 0.1 V，0.5 V

(5) PNP，NPN　$I_E=I_B+I_C$

9-8　(1) $V_Y=0$，$I_R=3.08$ mA，$I_{DA}=I_{DB}=1.54$ mA；

(2) $V_Y=0$，$I_R=I_{DB}=3.08$ mA，$I_{DA}=0$；

(3) $V_Y=3$ V，$I_R\approx2.3$ mA，$I_{DA}=I_{DB}\approx1.15$ mA

9-10　(1) 稳压，$U_O=6$ V；(2) 截止，$U_O=5$ V

9-12　硅管，锗管，硅管，锗管

9-15　$I_D=0.18$ mA，$g_m=0.24$ mS

9－16　P 沟道耗尽型绝缘栅管，N 沟道耗尽型绝缘栅，N 沟道结型管，P 沟道结型管

第 10 章

10－2　(a) $I_B=42\ \mu A$　$I_C=2.1\ mA$　$U_{CE}=5.6\ V$　在放大区

(b) $I_B=23\ \mu A$　$I_C=1.3\ mA$　$U_{CE}=-0.2\ V$　在饱和区

10－3　(1) $R_B=250\ k\Omega$，$R_C=2.5\ k\Omega$，$R_L=3.75\ k\Omega$；

(2) $U_{imax}=34.5\ mV$；

(5) I_B不变，I_C减小近一半，U_{CE}增大，$|A_u|$将减小一半

10－4　(1) $A_{u1}=-\dfrac{\beta R_C}{r_{be}+(1+\beta)R_E}$　$A_{u2}=\dfrac{(1+\beta)R_E}{r_{be}+(1+\beta)R_E}$

(2) $r_i=R_{B1}/\!/R_{B2}/\!/[r_{be}+(1+\beta)R_E]$　$r_{o1}=R_C$　$r_{o2}\approx\dfrac{r_{be}}{\beta}$

10－6　(1) $I_C=3.32\ mA$，$I_B=0.05\ mA$，$U_{CE}=8.06\ V$；

(3) $r_{be}=0.72\ k\Omega$；　(4) $A_u=-183.7$；　(5) $A_u=-302.5$；

(6) $r_i\approx0.72\ k\Omega$，$r_o\approx3.3\ k\Omega$

10－7　(1) 6.55 V　(2) 12 V　(3) 0.5 V　(4) 12 V　(5) 12V

10－8　(1) $R_b=565\ k\Omega$　(2) $R_L=1.5\ k\Omega$

10－9　(1) $I_{EQ}\approx1\ mA$，$I_{BQ}\approx10\ \mu A$，$U_{CEQ}\approx5.7\ V$；

$A_u\approx-7.73$；$r_i\approx3.7\ k\Omega$，$r_o\approx5\ k\Omega$

10－10　(1) $I_{BQ}\approx32\ \mu A$，$I_{CQ}\approx2.6\ mA$，$U_{CEQ}\approx7.16\ V$；

(2) $R_L=\infty$时：$A_u\approx0.996$，$r_i\approx110\ k\Omega$；

$R_L=3\ k\Omega$ 时：$A_u\approx0.992$，$r_i\approx76\ k\Omega$

(3) $r_o\approx37\ \Omega$

10－12　(1) 共模输入 $u_{ic}=8\ mV$，差模输入 $u_{id}=12.5\ mV$

(2) 共模输入 $u_{ic}=10.25\ mV$，差模输入 $u_{id}=10.25\ mV$

10－13　(1) $I_{C1}\approx1\ mA$，$I_{B1}\approx25\ \mu A$，$U_{CE1}\approx6.6\ V$；

$I_{C2}\approx1.8\ mA$，$U_{CE2}\approx10.8\ V$；

10－16　(1) $U_{GSQ}=6\ V$，$I_{DQ}=2.5\ mA$，$U_{DSQ}=4.5\ V$，

(2) $A_u=-7.5$，$r_i=2\ M\Omega$，$r_o=3\ k\Omega$

10－17　$A_u=0.952$，$R_o=476\ \Omega$

10－18　(1) $U_{GSQ}=3.5\ V$，$I_{DQ}=0.5\ mA$，$U_{DSQ}=4.5\ V$

(2) $A_u=-5$，$r_i=1.01\ M\Omega$，$r_o=10\ k\Omega$

第 11 章

11－1　$R_{11}=1\ k\Omega$，$R_{12}=6\ k\Omega$

11－2　$u_o=3\ V$

11－3　$u_o=5.5\ V$

11－4　$u_o=-7.5\ V$

11-6 $A_{uf}=-\dfrac{R_F(R_2+R_3)}{R_1R_2+R_2R_3+R_1R_3}$

11-7 $u_o=\dfrac{2R_F}{R_1}u_i$

11-8 $t=1$ s

11-9 $t=3$ s

11-13 $u_{o1}=7.6$ V，$u_{o2}=-0.6$ V，$u_o=-4.7$ V

第 12 章

12-1 $I_{Dmax}=15$ mA

12-2 (1) $I_D=1.375$ A；(2) $I_F=1.513$ A；(3) $U_2=244.4$ V

12-4 (2) $U_o=90$ V；(3) $U_{DRM}=155.5$ V；127.3 V

12-6 $C=250\ \mu$F

12-8 $R=12\ \Omega$；$C=330\ \mu$F

12-9 (1) $U_{o1}=40.5$ V；$U_{o2}=9$ V；$I_{o1}=4.05$ mA；$I_{o2}=90$ mA

(2) $I_{D1}=4.05$ mA；$I_{D2}=I_{D3}=45$ mA；

$U_{DRM1}=127.3$ V；$U_{DRM2}=U_{DRM3}=28.2$ V

12-10 (2) $S=117.3$ VA

12-11 $U_o=2\sqrt{2}U_2$ V

12-12 $R=345\sim510\ \Omega$

12-13 (1) $R_2=1.2$ kΩ；

(2) $R_L=240\ \Omega\sim\infty$；

(3) $S_r=0.135$

12-14 (2) $U_o=9\sim18$ V；

(3) $U_2=16.7$ V

12-15 $U_o=7\sim18$ V

第 13 章

13-6 化简结果不唯一，下面是其中的一种答案。

(1) $F=\overline{A}C+AB$ (2) $F=1$

(3) $F=\overline{A}+\overline{B}\overline{C}+D$ (4) $F=B$

13-8 化简结果不唯一，下面是其中的一种答案，逻辑图略。

(1) $F=\overline{A}\overline{B}+\overline{A}\overline{C}$ (2) $F=B$

(3) $F=C+A\overline{B}$ (4) $F=\overline{A}+BC+\overline{B}\overline{C}$

13-9 (a) $F=\overline{A\overline{B}+\overline{A}B}=AB+\overline{A}\overline{B}$

(b) $F=\overline{\overline{AB+\overline{\overline{B}\,\overline{C}}}+(A+B)}=\overline{\overline{AB+\overline{B}+C}+(A+B)}$

$=\overline{\overline{\overline{B}+A+C}+(A+B)}=\overline{\overline{A}B\overline{C}+(A+B)}$

$=\overline{A+B\overline{C}+B}=\overline{A+B}$

13-12　(1) $F=F_1+F_2=AB+\overline{C}\,\overline{D}+\overline{A}D+AC$

(2) $F=F_1\cdot F_2=A\overline{C}\,\overline{D}+\overline{B}\,\overline{C}\,\overline{D}+\overline{B}CD$

(3) $F=F_1\oplus F_2=\overline{A}B\overline{C}+BD+AC\overline{D}+\overline{A}\,\overline{C}D$

第 14 章

14-1　$F=AB+BC+AC$

14-2　$F=\overline{A(\overline{B\overline{C}+\overline{B}C})+(B\overline{C}+\overline{B}C)\overline{A}}$

14-3　$F=\overline{AB}$

14-4　$F=\overline{A}\,\overline{B}+\overline{B}\,\overline{C}+\overline{A}\,\overline{C}+ABC$

14-5　$F_2=A+\overline{B}$

14-6　$Y_A=A$，$Y_B=\overline{A}B$，$Y_C=\overline{A}\,\overline{B}C$

14-8　3FH　73H　79H　76H

14-9　$F(X, Y, Z)=\overline{\overline{m_0}\cdot\overline{m_1}\cdot\overline{m_6}}$

14-11　$C=\overline{\overline{Y}_4\overline{Y}_5\overline{Y}_6\overline{Y}_7}$，$B=\overline{\overline{Y}_2\overline{Y}_3\overline{Y}_6\overline{Y}_7}$，$A=\overline{\overline{Y}_1\overline{Y}_3\overline{Y}_5\overline{Y}_7}$

第 15 章

15-3　如习题 15-3 解答图所示。

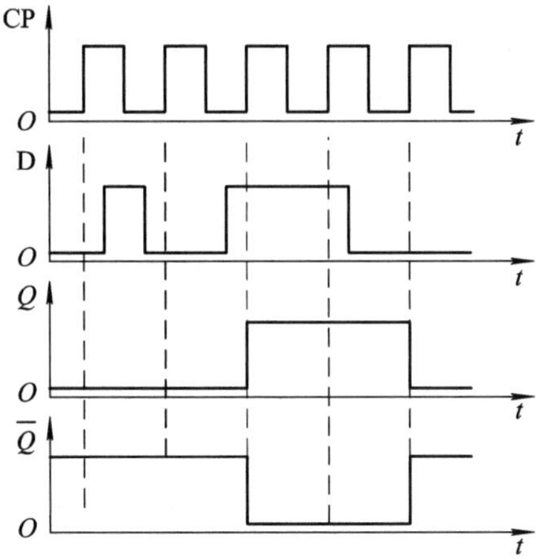

习题 15-3 解答图

15-4　如习题 15-4 解答图所示。

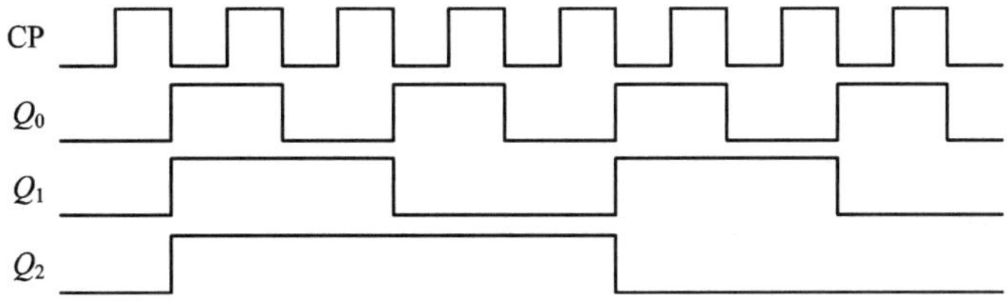

习题 15-4 解答图

15-5　该电路为七进制计数器，状态转换图如习题 15-7 解答图所示。

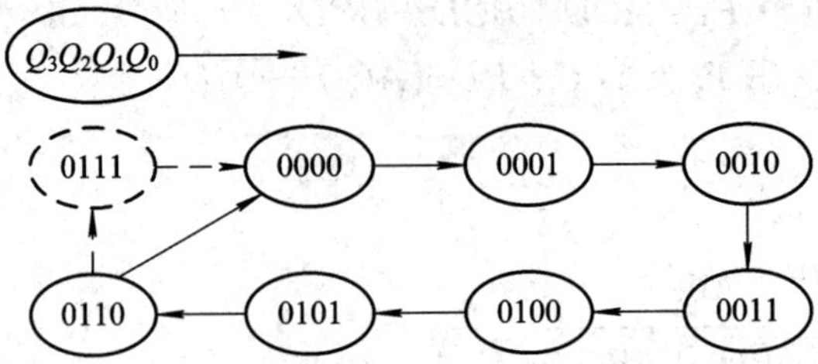

习题 15-7 解答图

15-6　五进制计数器

15-8　七进制计数器

15-9　T=12.6 ms

15-10　11 s

15-11　t_W=3.3 ms

附录 A　仿真软件 EWB 在电工电子学中的应用

A.1　EWB 软件简介

随着电子技术和计算机技术的发展，电子产品已与计算机紧密相连，电子产品的智能化日益完善，电路的集成度越来越高，而产品的更新周期却越来越短。电子设计自动化(EDA)技术使得电子线路的设计人员能在计算机上完成电路的功能设计、逻辑设计、性能分析、时序测试直至印刷电路板的自动设计。

目前在电子类实验方面已经出现了很多 EDA 设计、分析软件，利用虚拟的概念，在计算机上进行电路的分析和设计。20 世纪 80 年代末加拿大的 Interactive Image Technologies 公司就推出了一个专门用于电子电路仿真的虚拟工作平台 EWB(Electronics Workbench)软件。从事电子工程的工作人员可以利用这个虚拟工作平台对所设计的电路进行仿真和调试。一方面，EWB 可用来验证所设计电路是否达到既定设计目标；另一方面，可以通过改变电路中的元器件参数，使得整个电路的电气性能更加完善。EWB 具有以下特点：

(1) 软件仪器的控制面板外形和操作方式都与实物相似，可以实时显示测量结果。

(2) EWB 软件带有丰富的电路元件库，提供多种电路分析方法。

(3) 作为设计工具，EWB 可以同其他流行的电路分析、设计和制板软件交换数据。

(4) EWB 还是一个优秀的电子技术训练工具，利用它提供的虚拟仪器可以用比实验室中更灵活的方式进行电路实验，还可以仿真电路的实际运行情况，熟悉常用电子仪器测量方法。

目前，世界上很多大学已经将 EWB 工作平台引入电子类课程的教学实验中。学习电子技术，不仅要掌握电子电路的工作原理和分析方法，更重要的应是在掌握原理的基础上，重点掌握对电路的分析、设计及开发应用。实验室的条件限制使得在学生实验课中无法进行各种电路的设计和分析，而利用 EWB 工作平台就可以避开这个条件限制，只要在一台 PC 上安装 EWB 软件，就仿佛拥有了一个电子实验室，在这里可以找到种类丰富的电子元器件以及多种先进的测量设备，从而为完成对多种电路的分析和设计工作做好准备。接着，EWB 的使用者就可以在其中选择不同的器件及设备完成多种电路的设计和分析。这样不仅可以提高实验效率，而且还可突出实验教学以学生为中心的开放模式。当然，传统的实验手段也是必需的，但在先期的基础课程中运用计算机辅助分析仍具有许多优点，不仅可以突破传统实验方法、实验条件的限制，而且还可以使学生有更多的时间去研究电路的基本原理，理解电路的一些特性。在此基础之上，使学生可以发挥自己的想象，独立完成一定的开放性电路设计，对提高学生独立发现问题、分析问题和解决问题的能力具有很好的辅助作用。

A.2 电路设计及分析流程

下面以一个一阶高通滤波器为例，来说明利用EWB来进行电路设计和分析的步骤。

A.2.1 创建电路图

1. 起动EWB软件

先在机器上找到EWB应用程序所在的目录，进入EWB软件包，然后激活EWB执行程序，进入EWB主窗口，如图A-1所示。

图A-1 起动EWB应用程序

2. 元器件的摆放

(1) 首先从基本器件库中选出两个电阻元件，将它安排在工作区内，然后逐个调整电阻元件参数，如图A-2所示。

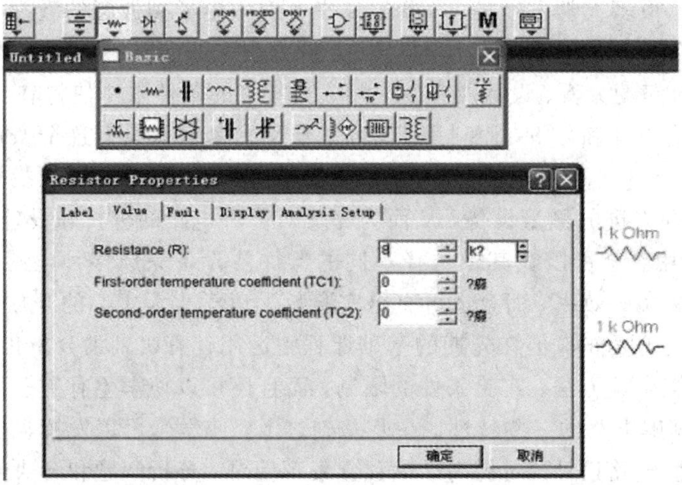

图A-2 电阻元件的选择

图 A－2 中光标所在位置处的电阻图标为我们正在调整参数的元件，这里将它的数值选择为 8 kΩ。

（2）依次从所对应的元器件库中分别将电容、运算放大器以及函数信号发生器、示波器、波特图绘图仪等元器件摆放在工作区中（如图 A－3 所示），再对各元器件参数和工作条件进行设定，即可完成元器件的选择流程。

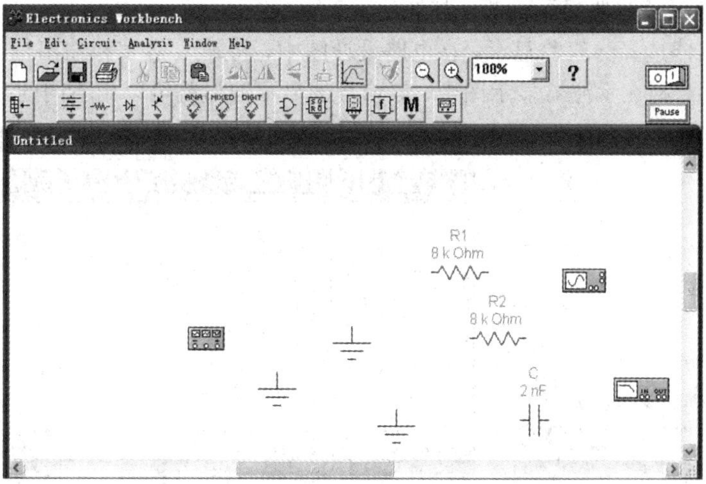

图 A－3　元器件的选取

（3）从电路设计的角度以及整体布局的合理性出发，将元器件进行摆放，如图 A－4 所示。

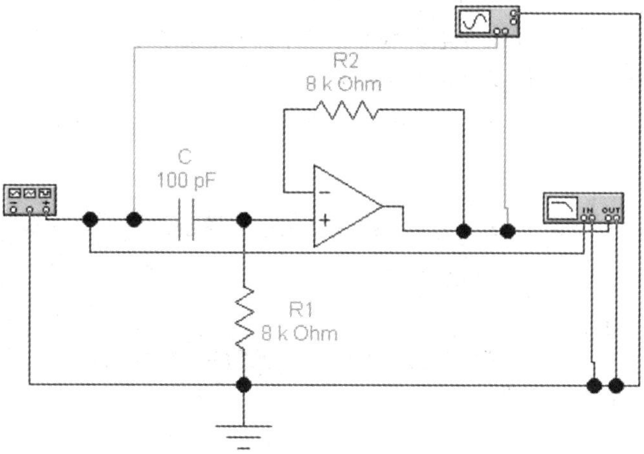

图 A－4　元器件的摆放及导线连接图

3. 导线的连接

将元器件摆放合适之后，接着按照起初所设计的电路将各元器件之间的导线连接好。

注意：在连接导线时，一般从元器件的某个端点开始拖动鼠标，若从导线中间拖动，则结果往往是对导线的移动。需从导线中间连线时，可在需要连线位置放置节点，导线连好后进行微调，使导线的弯曲变得更合理一些。

A.2.2 运用虚拟仪器观察实验结果

电路完全连接好后，就可利用 EWB 的虚拟仪器对电路仿真结果进行观察了。在工作区中双击仪器图标，出现仪器数据显示面板，首先可以调整函数信号发生器所提供的输入信号的特性。输入方波，频率为 1 MHz，幅度为 10 V，占空比为 50%，偏置为 0。然后双击示波器图标，出现示波器显示面板，如图 A-5 所示。

注意：示波器选择为双踪显示，在电路设计图中，将输入信号和输出信号可能用不同颜色的线进行连接，则在示波器显示图中，该信号的显示波形就可以用不同的颜色来区分。

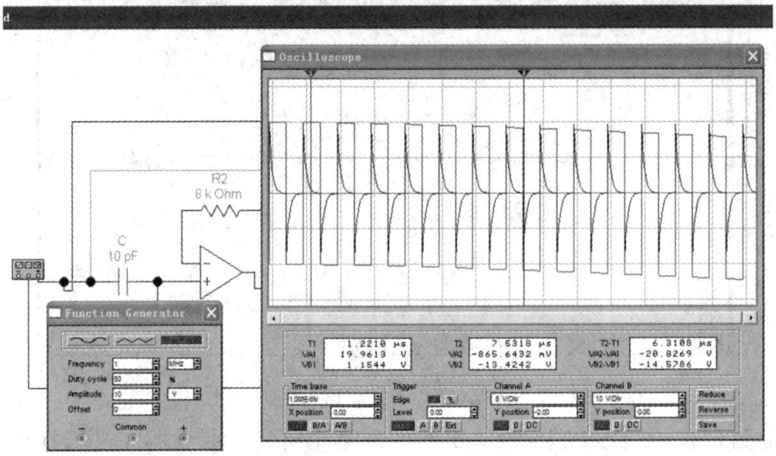

图 A-5 电路仿真结果

我们可以任意改变一些电路参数，观察电路的频率特性以及电路输入/输出信号波形之间的关系，从而对电路特性与电路设计参数之间的关系增加一些感性的认识，在今后的设计中就能设计出性能更加优良的电路。

如果改变电路中的电容参数为 10 pF，并进行电路仿真，就可以看到如图 A-6 所示的结果。

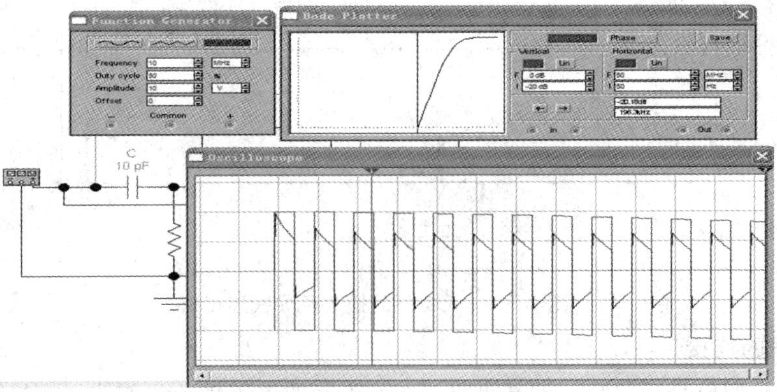

图 A-6 电容为 10 pF 时电路的仿真结果

如果将电容调整为 1 pF 和 100 pF，电路的仿真结果将发生变化，如图 A-7(a)、(b)所示。

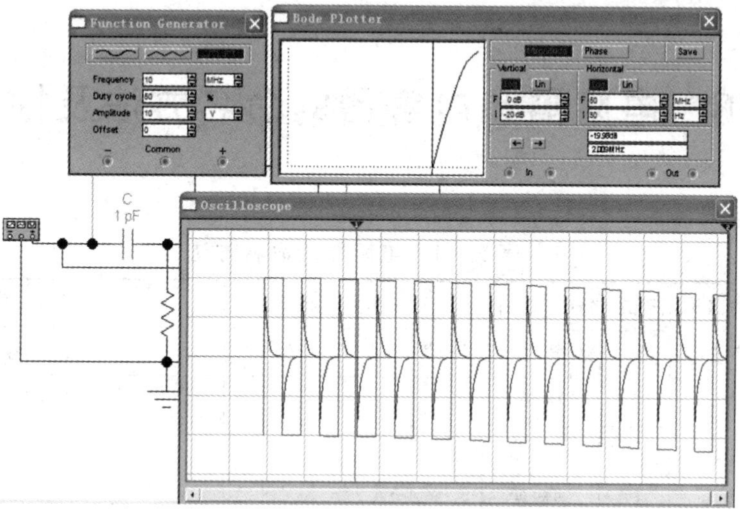

(a) C=1 pF

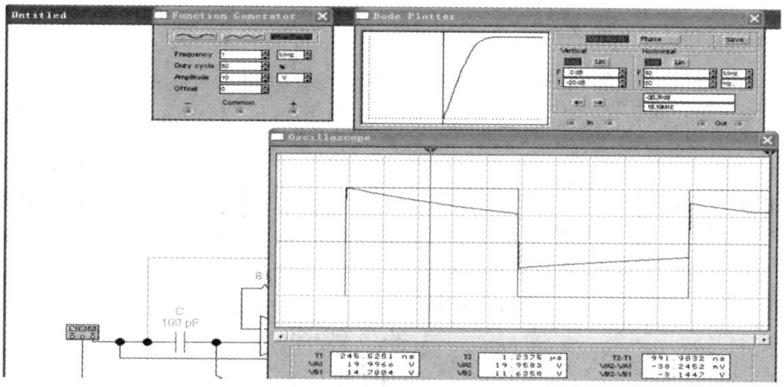

(b) C=100 pF

图 A-7　当电容参数变化时电路的仿真结果

由以上三个仿真结果可以看到，该电路是一个高通滤波网络，当电路中电容值发生变化时，电路的频率特性发生改变，电路输出信号波形发生变化。从理论分析可知，对于高通电路，电路的低频截止频率与电路的 R、C 参数有关，电路的转折频率为

$$\omega = \frac{1}{R_{eq}C}$$

式中，R_{eq} 为电路的等效电阻值。由上述公式可知，随着电容值的增加，电路的转折频率变低，电路的通频带变宽，电路的截止频率向低频方向移动。对于方波信号，当高通网络的通频带变宽时，信号的低频分量损失变小，因此输出信号波形中的低频成分增多，输出信号波形接近于输入信号波形。

由此可知，通过仿真结果我们可以很清晰地验证电路分析的一些理论。而且在仿真过程中，对电路的参数调整并不像在传统实验中那么困难，因此可以通过反复调整电路参数来观察结果，从而对电路理论分析或实验中受实验条件限制不能完成的现象验证有更感性的认识，对一些比较抽象的理论有更深一步的理解。

附录B 电阻器和电容器的命名方法及性能参数

表B-1 电阻器的命名方法

第一部分 名称		第二部分 材料		第三部分 特征		第四部分
符号	意义	符号	意义	符号	意义	序号
R	电阻器	T	碳膜			用数字1，2，3，…表示 说明：对名称、材料、特征相同，仅尺寸、性能指标略有差别，但基本上不影响互换的产品，则标同一序号
		P	硼碳膜			
		U	硅碳膜			
		H	合成膜			
		J	金属膜			
		Y	氧化膜			
		X	线绕			
		S	实心			
		M	压敏			
		G	光敏			
		R	热敏	B	温度补偿用	
				C	温度测量用	
				G	功率测量用	
				P	旁热式	
				W	稳压用	
				Z	正温度系数	

表B-2 电阻器的功率等级

名称	额定功率/W
实心电阻器	0.25 0.5 1 2 5
线绕电阻器	0.5 1 2 5 10 15 25 35 50 75 100 150
薄膜电阻器	0.025 0.05 0.125 0.25 0.5 1 2 5 10 25 50 100

表 B-3　电阻器的值系列

标称值系列	精度	标　称　值
E24	+5%	1.0　1.1　1.2　1.3　1.5　1.6　1.8　2.0　2.2　2.4　2.7　3.0 3.3　3.6　3.9　4.3　4.7　5.1　5.6　6.2　6.8　7.5　8.2　9.1
E12	+10%	1.0　1.2　1.5　1.8　2.2　2.7　3.3　3.9　4.7　5.6　6.8　8.2
E6	+20%	1.0　1.5　2.2　3.3　4.7　6.8

注：表中数值再乘以 10^n，其中 n 为正整数或负整数。

表 B-4　色标的基本色码及意义

色标	左第一环	左第二环	左第三环	右第二环	右第一环
	第一位数	第二位数	第三位数	应乘倍数率	精度
棕	1	1	1	10^1	F+1%
红	2	2	2	10^2	G+2%
橙	3	3	3	10^3	
黄	4	4	4	10^4	
绿	5	5	5	10^5	D+0.5%
蓝	6	6	6	10^6	C+0.2%
紫	7	7	7	10^7	B+0.1%
灰	8	8	8	10^8	
白	9	9	9	10^9	
黑	0	0	0	10^0	
金				10^{-1}	J+5%
银				10^{-2}	K+10%

色标电阻(色环电阻)可分为三环、四环、五环三种标法，含义如下：

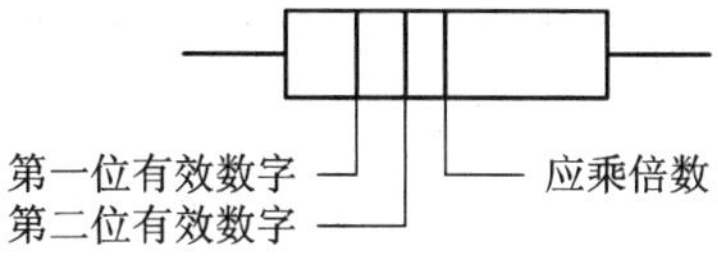

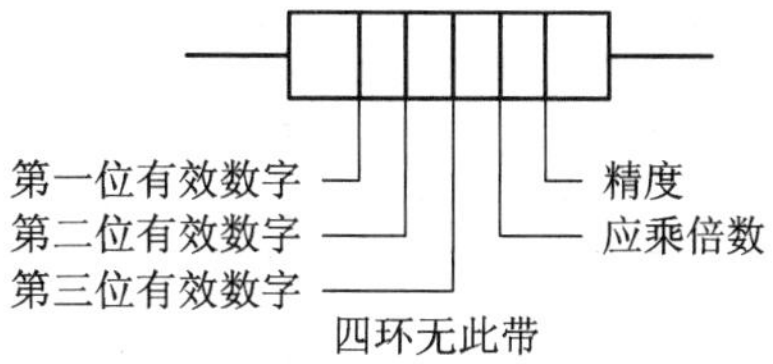

表 B-5 电容器的命名方法

第一部分 名称		第二部分 材料		第三部分 特征		第四部分
符号	意义	符号	意 义	符号	意 义	序 号
C	电容器	C	瓷介	T W	铁电 微调	用数字 1，2，3，…表示 说明：对名称、材料、特征相同，仅尺寸、性能指标略有差别，但基本上不影响互换的产品，则标同一序号
		Y	云母	W	微调	
		I	玻璃铀			
		O	玻璃(膜)	W	微调	
		B	聚苯乙烯	J	金属化	
		F	聚四氟乙烯			
		L	涤纶	M	密封	
		S	聚碳酸酯	X	小型、微调	
		Q	漆膜	G	管型	
		Z	纸质	T	筒型	
		H	混合介质	L	立式矩型	
		D	(铝)电解	W	卧式矩型	
		A	(钽)电解	Y	圆型	
		N	铌			
		T	钛			
		M	压敏			

表 B-6 固定式电容器的标称容量系列

系列	精度	标 称 值
E24	+5%	1.0 1.1 1.2 1.3 1.5 1.6 1.8 2.0 2.2 2.4 2.7 3.0 3.3 3.6 3.9 4.3 4.7 5.1 5.6 6.2 6.8 7.5 8.2 9.1
E12	+10%	1.0 1.2 1.5 1.8 2.2 2.7 3.3 3.9 4.7 5.6 6.8 8.2
E6	+20%	1.0 1.5 2.2 3.3 4.7 6.8

注：表中数值再乘以 10^n，其中 n 为正整数或负整数。

表 B-7 电容器工作电压系列 单位：V

1.6	4	6.3	10	16	25	32	40
50	63	100	125	160	250	300	400
450	500	630	1000	1600	2000	2500	3000
4000	5000	6300	8000	10 000	15 000	20 000	25 000
30 000	35 000	40 000	45 000	50 000	60 000	80 000	100 000

附录C　半导体分立器件命名方法及性能参数

表C-1　半导体分立器件型号命名方法

（国家标准 GB249—1989）

<table>
<tr><td colspan="2">第一部分</td><td colspan="2">第二部分</td><td colspan="2">第三部分</td><td>第四部分</td><td>第五部分</td></tr>
<tr><td colspan="2">用阿拉伯数字表示器件的电极数目</td><td colspan="2">用汉语拼音字母表示器件的材料和极性</td><td colspan="2">用汉语拼音字母表示器件的类型</td><td>用阿拉伯数字表示序号</td><td>用汉语拼音字母表示规格号</td></tr>
<tr><td>符号</td><td>意义</td><td>符号</td><td>意　义</td><td>符号</td><td>意　义</td><td></td><td></td></tr>
<tr><td rowspan="4">2</td><td rowspan="4">二极管</td><td>A</td><td>N型，锗材料</td><td rowspan="10">P
V
W
C
Z
L
S
N
U
K
X
G
D
A
T
Y
B
J
CS
BT
FH
PIN
JG</td><td rowspan="10">普通管
微波管
稳压管
参量管
整流管
整流堆
隧道管
阻尼管
光电器件
开关管
低频小功率管
高频小功率管
低频大功率管
高频大功率管
半导体晶闸管
体效应管
雪崩管
阶跃恢复管
场效应器件
半导体特殊器件
复合管
PIN管
激光器件</td><td rowspan="10"></td><td rowspan="10"></td></tr>
<tr><td>B</td><td>P型，锗材料</td></tr>
<tr><td>C</td><td>N型，硅材料</td></tr>
<tr><td>D</td><td>P型，硅材料</td></tr>
<tr><td rowspan="5">3</td><td rowspan="5">三极管</td><td>A</td><td>PNP型，锗材料</td></tr>
<tr><td>B</td><td>NPN型，锗材料</td></tr>
<tr><td>C</td><td>PNP型，硅材料</td></tr>
<tr><td>D</td><td>NPN型，硅材料</td></tr>
<tr><td>E</td><td>化合物材料</td></tr>
<tr><td colspan="4">示例：如3AG1B表示PNP型锗材料高频小功率三极管。
3 —— 三极管
A —— PNP型，锗材料
G —— 高频小功率管
1 —— 序号
B —— 规格号</td></tr>
</table>

表 C-2 部分稳压二极管的型号和参数

型 号	参数名称				
	稳定电压 U_Z/V	稳定电流 I_Z/mA	最大稳定电流 I_{ZM}/mA	最大功率损耗 P_{ZM}/mW	动态电阻 r_Z/Ω
2CW11	3.2～4.5	10	55	250	≤70
2CW12	4～4.5		45		≤50
2CW13	5～6.5		38		≤30
2CW14	6～7.5		33		≤15
2CW15	7～8.5	5	29		≤152
2CW16	8～9.5		26		≤12
2CW17	9～10.5		23		≤25
2CW18	10～12		20		≤30
2CW19	11.5～14		18		≤40
2CW20	13.5～17		15		≤50
2CW51	2.5～3.5	10	71		≤60
2CW52	3.2～4.5		55		≤70
2CW53	4～5.8		41		≤50
2CW54	5.5～6.5		38		≤30
2CW56	7～8.8		27		≤15
2CW57	8.5～9.5		26		≤20
2CW59	10～11.8	5	20		≤30
2CW60	11.5～12.5		19		≤40
2CW103	4～5.8	50	165	1000	≤20
2CW110	11.5～12.5	20	76		≤20
2CW113	16～19	10	52		≤40
2DW1A	5	30	240		≤20
2DW6C	15		70		≤8
2DW7C	6.1～6.5	10	30	200	≤10B

表 C-3 部分二极管的型号和参数

型 号	参数名称			
	最大整流电流 I_{OM}/mA	最大正向电流 I_F/mA	最高反向工作电压 U_{RM}/V	最高反向电流 I_{RM}/μA
2AP1	16		20	
2AP7	12		100	
2AP11	25		10	
2CP1	500		100	
2CP10	100		25	
2CP20	100		600	
2CZ11A	1000		100	
2CZ11B	1000		200	
2CZ11C	1000		300	
2CZ11H	1000		800	
2CZ12A	3000		50	
2CZ12B	3000		100	
2CZ122G	3000		600	
2AK1		150	10	
2AK5		200	40	
2AK14		250	50	
2CK70A～E 2CK72A～E 2CK76A～E		10 30 200	A-20 B-30 C-40 D-55 E-90	

表 C-4 部分晶体管的型号和参数

类型	型号	电流放大系数 β	穿透电流 I_{CEO}/mA	集电极最大允许电流 I_{CM}/mA	最大允许耗散功率 P_{CM}/mW	集电极-发射极击穿电压 $U_{(BR)CEO}$/V	截止频率 f_T/MHz
低频小功率管	3AX51A	40～150	≤500	100	100	≥12	≥0.5
	3AX55A	30～150	≤1200	500	500	≥20	≥0.2
	3AX81A	30～250	≤1000	200	200	≥10	≥0.006
	3AX81B	40～200	≤700	200	200	≥15	≥0.006
	3CX200B	50～450	≤0.5	300	300	≥18	
	3DX200B	55～400	≤2	300	300	≥18	
高频小功率管	3AG54A	≥20	≤300	30	100	≥15	≥30
	3AG87A	≥10	≤50	50	300	≥15	≥500
	3CG100B	≥25	≤0.1	30	100	≥25	≥100
	3CG120A	≥25	≤0.2	100	500	≥15	≥200
	3DG110A	≥30	≤0.1	50	300	≥20	≥150
	3DG120A	≥30	≤0.01	100	500	≥30	≥150
大功率管	3DD11A	≥10	≤3000	30 A	300 W	≥30	
	3DD15A	≥30	≤200	5 A	50 W	≥60	
开关管	3DK8A	≥20		200	500	≥15	≥80
	3DK10A	≥20		1500	1500	≥20	≥100

附录D 半导体集成电路器件型号命名方法及分类

表 D-1 半导体集成电路器件型号组成部分的符号及意义

(国家标准 GB/T3430—1989)

第〇部分		第一部分		第二部分	第三部分		第四部分	
用字母表示器件符合国家标准		用字母表示器件的类型		用阿拉伯数字表示器件的系列和品种代号	用字母表示器件的工作温度范围		用字母表示器件的封装	
符号	意义	符号	意义		符号	意义	符号	意义
C	符合国家标准	T	TTL		C	0～70℃	F	多层陶瓷扁平
		H	HTL		G	−25～70℃	B	塑料扁平
		E	ECL		L	−25～85℃	H	黑瓷扁平
		C	CMOS		E	−40～85℃	D	多层陶瓷双列直插
		M	存储器		R	−55～85℃	J	黑瓷双列直插
		F	线性放大器		M	−55～125℃	P	塑料双列直插
		W	稳压器				S	塑料单列直插
		B	非线性电路				K	金属菱形
		J	接口电路				T	金属圆形
		AD	A/D 转换器				C	陶瓷片状载体
		DA	D/A 转换器				E	塑料片状载体
							G	网格阵列

示例：通用型集成运算放大器 CF741CT 型号的含义：

C —— 符合国家标准；

F —— 线性放大器；

741 —— 通用型运算放大器；

C —— 工作温度 0～70℃；

T —— 金属圆形封装。

表 D-2　数字集成电路各系列型号分类表

系列	子系列	名　　称	国标型号	国际型号	速度/ns-功耗/mW
TTL	TTL	标准 TTL 系列	CT1000	54/74×××	10-10
	HTTL	高速 TTL 系列	CT2000	54/74H×××	6-22
	STTL	肖特基 TTL 系列	CT3000	54/74S×××	3-19
	LSTTL	低功耗肖特基 TTL 系列	CT4000	54/74LS×××	9.5-2
	ALSTTL	先进低功耗肖特基 TTL 系列		54/74ALS×××	4-1
MOS	PMOS	P 沟道场效晶体管系列			
	NMOS	N 沟道场效晶体管系列			
	CMOS	互补场效晶体管系列	CC4000		125 ns-1.25 μW
	HCMOS	高速 CMOS 系列			8-2.5
	HCMOST	与 TTL 兼容的 HC 系列			8-2.5

表 D-3　TTL 门电路、触发器和计数器的部分品种型号

类　型	型　　号	名　　称
门电路	CT4000(74LS00)	四 2 输入与非门
	CT4004(74LS04)	六反相器
	CT4008(74LS08)	四 2 输入与门
	CT4011(74LS11)	三 3 输入与门
	CT4020(74LS20)	双 4 输入与非门
	CT4027(74LS27)	三 3 输入或非门
	CT4032(74LS32)	四 2 输入或门
	CT4086(74LS86)	四 2 输入异或门
触发器	CT4074(74LS74)	双上升沿 D 触发器
	CT4112(74LS112)	双下降沿 JK 触发器
	CT4175(74LS175)	四上升沿 D 触发器
计数器	CT4160(74LS160)	十进制同步计数器
	CT4161(74LS161)	二进制同步计数器
	CT4162(74LS162)	十进制同步计数器
	CT4192(74LS192)	十进制同步可逆计数器
	CT4290(74LS290)	二-五-十进制计数器
	CT4293(74LS293)	二-八-十六进制计数器

参 考 文 献

[1] 秦曾煌. 电工学. 7 版(上、下册) [M]. 北京：高等教育出版社，2009
[2] 邱关源. 电路. 5 版. 北京：高等教育出版社，2006
[3] 秦曾煌. 电工学简明教程. 2 版[M]. 北京：高等教育出版社，2007
[4] 唐介. 电工学(少学时). 3 版[M]. 北京：高等教育出版社，2009
[5] 王智忠，等. 电工学(上、下册)[M]. 北京：中国电力出版社，2009
[6] 赵秀华，孙辉. 电工电子技术基础[M]. 北京：国防工业出版社，2012
[7] 秦曾煌. 电工学. 6 版(上、下册) [M]. 北京：高等教育出版社，2004
[8] 杨振坤. 应用电工电子技术(上册)[M]. 北京：电子工业出版社，2011
[9] 徐淑华. 电工电子技术. 2 版[M]. 北京：电子工业出版社，2008
[10] 李洁，等. 电子技术基础[M]. 北京：清华大学出版社，2008
[11] 童诗白，华成英. 模拟电子技术基础. 3 版 [M]. 北京：高等教育出版社，2001
[12] 高玉良. 电路与模拟电子技术. 2 版[M]. 北京：高等教育出版社，2008
[13] 孙肖子. 模拟电子电路及技术基础. 2 版[M]. 西安：西安电子科技大学出版社，2008
[14] 张永瑞. 电路分析基础. 3 版. 西安：西安电子科技大学出版社，2006
[15] 刘志民. 电路分析. 2 版. 西安：西安电子科技大学出版社，2005
[16] 刘波粒. 模拟电子技术. 2 版. 北京：国防工业出版社，2007
[17] 江晓安. 数字电子技术学习指导与题解. 西安：西安电子科技大学出版社，2003
[18] 焦素敏. 数字电子技术基础. 北京：人民邮电出版社，2005
[19] 陈小虎. 电工电子技术(多学时) [M]. 北京：高等教育出版社，2000
[20] 刘文豪. 电路与电子技术[M]. 北京：科学出版社，2006
[21] 张宇飞，史学军，周井泉. 电路分析基础[M]. 西安：西安电子科技大学出版社，2010
[22] 清华大学电子学教研室. 数字电子技术基础. 5 版[M]. 北京：高等教育出版社，2006
[23] 石生. 电路基本分析. 2 版[M]. 北京：高等教育出版社，2003
[24] 刘涳. 常用低压电器与可编程序控制器 [M]. 西安：西安电子科技大学出版社，2005
[25] 杨立功，蒋军，吴培明. 电路及电子技术[M]. 重庆：重庆大学出版社，2001
[26] 李瀚荪. 电路分析基础. 4 版[M]. 北京：高等教育出版社，2006
[27] 韩桂英. 数字电路与逻辑设计实用教程[M]. 北京：国防工业出版社，2005